R. Fritzsche H. Decker
W. Lehmann E. Karl K. Geißler

Resistenz von Kulturpflanzen gegen tierische Schaderreger

Mit 32 Abbildungen,
49 Tabellen und 8 Tafeln

Springer-Verlag Berlin Heidelberg New York
London Paris Tokyo

Prof. Dr. agr. sc. Rolf Fritzsche
Wissenschaftlicher Abteilungsleiter

Dr. rer. nat. Ewald Karl
Wissenschaftlicher Mitarbeiter

Dr. rer. nat. Klaus Geißler
Wissenschaftlicher Mitarbeiter

Dr. rer. nat. Wolfram Lehmann
Wissenschaftlicher Mitarbeiter

Institut für Phytopathologie Aschersleben
der Akademie der Landwirtschaftswissenschaften der DDR

Prof. Dr. agr. sc. Heinz Decker
Dozent

Wilhelm-Pieck-Universität Rostock
Sektion Meliorationswesen und Pflanzenproduktion
Wissenschaftsbereich Phytopathologie und Pflanzenschutz

Die Originalausgabe erscheint im VEB Gustav Fischer Verlag, Jena
Vertrieb ausschließlich für die DDR und die sozialistischen Länder

Lizenzausgabe für alle übrigen Länder im
Springer-Verlag Berlin Heidelberg New York London Paris Tokyo

ISBN-13:978-3-642-72798-6 e-ISBN-13:978-3-642-72797-9
DOI: 10.1007/978-3-642-72797-9

CIP-Kurztitelaufnahme der Deutschen Bibliothek
Resistenz von Kulturpflanzen gegen tierische Schaderreger
R. Fritzsche ... — Berlin; Heidelberg; New York; London;
Paris; Tokyo: Springer, 1987
ISBN-13:978-3-642-72798-6

NE: Fritzsche, Rolf [Mitverf.]

Softcover reprint of the hardcover 1st edition 1988

2131/3140-543210

Autoren

Prof. Dr. agr. sc. Rolf Fritzsche
Wissenschaftlicher Abteilungsleiter

Dr. rer. nat. Klaus Geißler
Wissenschaftlicher Mitarbeiter

Dr. rer. nat. Ewald Karl
Wissenschaftlicher Mitarbeiter

Dr. rer. nat. Wolfram Lehmann
Wissenschaftlicher Mitarbeiter

Institut für Phytopathologie Aschersleben der Akademie der Landwirtschaftswissenschaften der DDR

Prof. Dr. agr. sc. Heinz Decker
Dozent

Wilhelm-Pieck-Universität Rostock
Sektion Meliorationswesen und Pflanzenproduktion
Wissenschaftsbereich Phytopathologie und Pflanzenschutz

Vorwort

In den kommenden Jahren werden die Anforderungen an eine quantitative und qualitative Leistungssteigerung in Landwirtschaft und Gartenbau ständig zunehmen. Sich dieser Forderung zu stellen, bedeutet eine effektivere und umfassendere Nutzung aller dafür geeigneten Möglichkeiten und Verfahren. Eine größere Bedeutung als bisher werden dabei die Züchtung und der Anbau von Kulturpflanzensorten mit Resistenz gegen biotische Schadfaktoren erlangen; der Widerstandsfähigkeit gegen tierische Schaderreger ist dabei der ihrer wirtschaftlichen Bedeutung entsprechende Platz einzuräumen. Optimale Ergebnisse bei der Stabilisierung und Erhöhung der Erträge lassen sich dauerhaft nur durch eine sinnvolle Kombination und Nutzung aller zur Verfügung stehenden Verfahren einschließlich des Anbaues resistenter Sorten erreichen.

Während die Züchtung von Kulturpflanzenarten auf Resistenz gegen pilzliche Krankheitserreger bereits seit etwa 80 Jahren weltweit betrieben wird, hat die Intensivierung der Forschung zur Resistenz gegen tierische Schaderreger erst vor rund 30 Jahren begonnen; heute wird sie in zahlreichen Ländern mit intensiver landwirtschaftlicher und gärtnerischer Produktion zielstrebig betrieben. Die erreichten Erfolge werden durch eine ganze Anzahl bereits im Anbau befindlicher Kulturpflanzensorten mit Widerstandsfähigkeit gegen tierische Schaderreger unterschiedlicher systematischer Zugehörigkeit belegt.

Die Fülle des Materials läßt einen Gesamtüberblick über das Gebiet der Resistenz von Kulturpflanzen nur schwer gewinnen, der aber für eine den modernen Anforderungen entsprechende Nutzung des vorhandenen Potentials für die Züchtung neuer Sorten mit Resistenz auch gegen tierische Schaderreger dringend erforderlich ist. Da in der deutschsprachigen Literatur eine zusammenfassende Darstellung hierzu fehlt, halten wir eine entsprechende, auf internationalen Ergebnissen sowie eigenen Untersuchungen basierende Bearbeitung dieses Problemkreises für notwendig. Den Schwerpunkt haben wir auf die vielfältigen Wechselbeziehungen zwischen Schaderreger und Pflanze und deren Bedeutung für die Ausprägung der Resistenz bei letzterer gelegt. Die zugrunde liegenden Prinzipien werden an Hand von Beispielen erläutert. Wir beschränken uns dabei nicht allein auf den europäischen Raum, sondern berücksichtigen auch die anderen Kontinente mit ihren verschiedenen Klimazonen, weil gerade aus diesen Gebieten eindrucksvolle Beispiele für die Züchtung und den Anbau von Pflanzensorten mit Resistenz gegen tierische Schaderreger bekannt geworden sind.

Das vorliegende Buch wendet sich an alle Kreise, die bei der Züchtung ertragreicher und gegen tierische Schaderreger widerstandsfähiger Kulturpflanzensorten zusammenarbeiten. Das sind in erster Linie Pflanzenzüchter, Phytopathologen einschließlich Entomologen, Akarologen und Nematologen, Biologen, Spezialisten des Pflanzenschutzes und der Pflanzenproduktion in wissenschaftlichen Einrichtungen und wirtschaftsleitenden Organen sowie der landwirtschaftlichen und gärtnerischen Praxis, Fachbibliotheken und Studenten von Fach- und Hochschulen. Trotz der schnellen Entwicklung auf dem Gebiet der Resistenzforschung waren wir darum bemüht, den Anforderungen der Interessenten durch Auswahl instruktiver Beispiele sowie die Herausarbeitung der Grundprinzipien gerecht zu werden.

Wir sind für jede Anregung und fördernde Kritik stets dankbar und hoffen, daß mit diesem

Buch die in der deutschsprachigen Literatur bestehende Lücke geschlossen wird. Unser besonderer Dank gebührt dem Verlag, der in bewährter und entgegenkommender Weise das Erscheinen des Werkes gefördert und gestaltet hat. Gleichzeitig verbinden wir hiermit unseren Dank an alle technischen Mitarbeiterinnen und Mitarbeiter unserer Einrichtungen, die zum Gelingen und zur äußeren Gestaltung beitrugen.

R. Fritzsche, H. Decker, W. Lehmann, E. Karl, K. Geißler

Bei der Abfassung des Manuskriptes wurden alle Arbeiten berücksichtigt, die uns bis zum 31. 12. 1984 zugänglich waren.

Inhaltsverzeichnis

1. Einleitung

Die Züchtung von Kulturpflanzensorten mit Resistenz gegen Krankheiten und tierische Schaderreger sowie ihr Anbau werden weltweit in zunehmendem Maße Bestandteil integrierter Bekämpfungsmaßnahmen. Damit kommt der Charakter der Resistenz als einer Komponente der vielfältigen Wechselbeziehungen im Rahmen eines Ökosystems zum Ausdruck. Der Resistenz gegen Krankheitserreger und gegen tierische Schädlinge liegen — von wenigen Ausnahmen abgesehen — die gleichen Prinzipien zugrunde; das gleiche gilt für die Resistenzzüchtung. Trotzdem hat sich die Resistenz gegen tierische Schaderreger, sowohl historisch als auch sachlich begründet, zu einem eigenständigen Gebiet der Forschung und Züchtung entwickelt; deshalb erscheint eine auf diese Organismengruppe ausgerichtete Darstellung als gerechtfertigt. Es soll jedoch dadurch auf keinen Fall der Eindruck entstehen, daß Resistenz gegen Krankheitserreger und Resistenz gegen tierische Schädlinge unabhängig voneinander bestehen. Vielmehr bilden sämtliche Schaderregergruppen einer Kulturpflanzenart mit dieser zusammen ein Pathosystem, das durch vielfältige Wechselbeziehungen innerhalb des Systems wie auch mit anderen Komponenten des gesamten Ökosystems gekennzeichnet ist. Diese Zusammenhänge widerspiegeln sich nicht zuletzt im Streben nach Züchtung auf komplexe Resistenz.

Alle bisherigen Kompendien über die Resistenz der Pflanzen gegen tierische Schaderreger befassen sich ausschließlich mit Arthropoden (Insekten und Milben); die pflanzenparasitären Nematoden bleiben unberücksichtigt. Die Gründe hierfür sind vielschichtig. Ein Hauptgrund ist zweifellos die Tatsache, daß sich in der Vergangenheit in vielen Ländern zwei weitgehend selbständig nebeneinander bestehende Disziplinen, die Phytopathologie (im engeren Sinne) und die Entomologie, entwickelt hatten. Die erst später zur Entwicklung gelangte Nematologie wurde vielfach, z. B. auch in den USA, zur Phytopathologie gestellt, da die Nematoden z. T. echte Krankheiten hervorzurufen vermögen. In anderen Ländern, z. B. in der UdSSR, wurde die Nematologie als eine tierische Organismen behandelnde Disziplin von der Entomologie mitbetreut. Demzufolge sind im amerikanischen entomologischen Schrifttum über Resistenzprobleme die Nematoden nicht enthalten. Andererseits weisen die Nematoden gegenüber den pilzlichen Krankheitserregern so viele anders geartete Verhaltensweisen auf, daß sie auch bei den Resistenzproblemen der in der Phytopathologie im engeren Sinne zusammengefaßten Schaderregergruppen (Bakterien, Pilze u. a.) keine Berücksichtigung fanden.

In der DDR wird, entsprechend unserer geschichtlichen Entwicklung, ebenso wie in der BRD versucht, die Einheit des Gesamtgebietes der Phytopathologie im weitesten Sinne zu bewahren. Sie findet u. a. auch in der Einführung des Begriffes „Phytomedizin" ihren Ausdruck, der jedoch nicht überall akzeptiert wird.

Hinsichtlich der Resistenzursachen und -mechanismen gibt es zwischen den Arthropoden und Nematoden eine Reihe von Parallelen, die es auch aus diesem Grunde als gerechtfertigt erscheinen lassen, die pflanzenparasitären Nematoden in die vorliegende Zusammenfassung mit einzubeziehen. Wir finden bei ihnen die Erscheinung von Präferenz und Nichtpräferenz ebenso wie bei den Arthropoden, wenn auch die aktive Wanderung im Vergleich zu den Gliedertieren gering ist. Ähnlich wie bei diesen kann die Resistenz bereits außerhalb der Pflanze über die Ausscheidung abschreckender oder toxischer Substanzen wirksam werden.

Sie kann andererseits an der Pflanzenoberfläche einsetzen und die Einwanderung der Nematoden hemmen bzw. verhindern oder erst innerhalb der Pflanze zur Wirkung gelangen, z. B. durch Ausbleiben der normalen Wirtsreaktion (Synzytienbildung, Hyperplasien u. a.) oder durch Überempfindlichkeitsreaktionen, die mit der Entwicklung von Nekrosen die Nematoden zum Auswandern veranlassen bzw. bei den sedentären Arten ihren Tod bewirken (Antibiose). Deshalb lassen sich die Nematoden auch ohne grundsätzliche Probleme in die Darstellung der Resistenz von Pflanzen gegen tierische Schaderreger einordnen.

Gewisse Probleme gibt es hinsichtlich der Verwendung bestimmter Begriffe. Die anfangs skizzierte zweigleisige Entwicklung der Phytopathologie bzw. Entomologie hat beispielsweise dazu geführt, die bakteriellen und pilzlichen Krankheitserreger als „Pathogene" zu bezeichnen und sie den tierischen Organismen (Insekten bzw. Arthropoden) gegenüberzustellen. Man hat dabei vergessen, daß der Begriff „pathogen" ein Adjektiv ist, welches durchaus auch für tierische Organismen zutrifft. Unter den pflanzenparasitären Nematoden kennen wir viele Arten, die tief in den pflanzlichen Stoffwechsel einzugreifen und „echte" Pflanzenkrankheiten auszulösen vermögen. Ja, sie können z. T. die Bildung von Phytoalexinen in den befallenen Pflanzen anregen, ähnlich wie es auch von pilzlichen Krankheitserregern bekannt ist. Hier findet sich eine enge Beziehung zu den phytopathogenen Mikroorganismen. Andere Nematodenarten verursachen durch das Anstechen von Zellen mehr Beschädigungen der oberflächlich gelegenen Zellschichten, ohne dabei den Stoffwechsel der Pflanze wesentlich zu verändern. Diese Heterogenität der Lebens- und Parasitierungsweisen bedingt eine Vielzahl unterschiedlicher Resistenzmechanismen und führt gelegentlich auch zu Abweichungen von den für die übrigen tierischen Schaderregergruppen dargestellten verallgemeinerten Befunden; wir haben sie bewußt herausgestellt.

Wir haben uns bemüht, die Komplexität der Resistenz herauszuarbeiten; dabei waren wir uns der damit verbundenen Problematik durchaus bewußt. Die beste Lösung schien uns zu sein, den Gesamtkomplex unter verschiedenen Aspekten zu betrachten. Dies bedeutet zwangsläufig die Hervorhebung bestimmter Fakten und Bereiche und damit gleichzeitig Zurückstellung anderer, ebenso wichtiger Teile. Diese Betrachtungsweise führt außerdem zu Überschneidungen von Problemkreisen innerhalb und zwischen den einzelnen Kapiteln und in bestimmten Fällen auch zu Wiederholungen, die im Interesse der Verständlichkeit der Einzeldarstellung nicht zu vermeiden, z. T. aber auch gewollt waren. Wir haben uns bewußt nicht das Ziel gestellt, ein Nachschlagewerk zu erarbeiten, sondern versucht, grundlegende Zusammenhänge und Prinzipien deutlich zu machen. Im Vordergrund unseres Bemühens stand, die Bedeutung der Resistenz von Kulturpflanzen gegen tierische Schaderreger im Gesamtsystem aufzuzeigen und davon abgeleitet die Potenzen und Grenzen bei ihrer Nutzung im Rahmen der integrierten Schaderregerbekämpfung darzustellen.

Als Grundlage für die Bearbeitung des Stoffgebietes haben wir über 1900 Arbeiten des internationalen einschlägigen Schrifttums ausgewertet. Die Vielzahl der Einzelinformationen ließ deutlich werden, daß heute ein geschlossenes, allgemein anerkanntes theoretisches System zu dem vorliegenden Problemkreis noch nicht vorhanden ist und wahrscheinlich auch in absehbarer Zeit nicht erwartet werden kann. Wir haben es deshalb bewußt vermieden, vorzeitig bestimmte Sachverhalte zu systematisieren, sondern uns darauf beschränkt, dem gegenwärtigen Forschungsstand entsprechende Fakten darzustellen und auf die bestehenden Lücken in unseren Kenntnissen über Wechselbeziehungen zu anderen Bestandteilen des Gesamtkomplexes hinzuweisen.

Dem Grundanliegen des vorliegenden Buches entsprechend konnte bei den genannten Beispielen eine Vollständigkeit nicht angestrebt werden. Auch ist vom Umfang der Ausführungen nicht prinzipiell auf die ökonomische Bedeutung der betreffenden Wirt-Schaderreger-Kombination zu schließen; wir haben uns vielmehr bemüht, Beispiele auszuwählen, die eine besonders instruktive Darstellung des Sachverhaltes erlauben.

Da die Zahl der Publikationen zum Problem der Resistenz von Kulturpflanzen gegen tierische Schaderreger sich in den letzten Jahren sprunghaft erhöht hat und weiter zunimmt, war es notwendig, sich in den Literaturzitaten Beschränkungen aufzuerlegen, wobei die Nennung oder Nichtnennung auf keinen Fall als Bewertungsmaßstab angesehen werden darf. Es wurde die Literatur der außereuropäischen Länder in gleicher Weise berücksichtigt wie die des europäischen Raumes. Im Text wird sie als Zahl ausgewiesen, die der alphabetischen Reihenfolge im Literaturverzeichnis entspricht. Bei den wissenschaftlichen Tier- und Pflanzennamen wurde im Text auf die Nennung der Autoren verzichtet; die vollständige Angabe der Tiernamen findet sich im Register des Buches.

Die Übersichtslisten über die Kulturpflanzen, bei denen Resistenz gegen tierische Schaderreger nachgewiesen wurde oder die in dieser Hinsicht bearbeitet werden (Kap. 13), erheben keinen Anspruch auf Vollständigkeit, wenn wir uns auch bemüht haben, diese so informativ, wie es die uns zugängliche Literatur zuließ, zu gestalten. Die Pflanzenfamilien sind nach dem botanischen System geordnet, die Gattungen bzw. Arten innerhalb der Familien in alphabetischer Reihenfolge. Die Anordnung der Schaderregergruppen entspricht dem zoologischen System, innerhalb der Tierordnungen sind die Gattungen bzw. Arten wiederum in alphabetischer Reihenfolge aufgeführt. Bei der für das betreffende Land zitierten Literatur wurde in der Regel die nach unserer Meinung charakteristischste bzw. die neueste Arbeit ausgewählt.

Um die systematische Einordnung der Schädlinge zu kennzeichnen und ein schnelles Auffinden einer bestimmten Schädlingsgruppe zu ermöglichen, wurde für jede behandelte Tiergruppe ein Symbol eingesetzt. In Kapitel 13 ist nur jeweils der erste Vertreter einer Tiergruppe mit dem entsprechenden Symbol gekennzeichnet. Eine Übersicht über diese Symbole befindet sich auf dem Vorsatz.

Für die Ausprägung der Resistenz einer Pflanze haben vielfach sekundäre Pflanzeninhaltsstoffe eine entscheidende Bedeutung. So weit es uns möglich war, haben wir die Strukturformeln solcher Verbindungen ermittelt und am Ende des Buches zusammengestellt. Die Ziffern in runden Klammern nach einer chemischen Verbindung verweisen auf die entsprechende Strukturformel.

Schließlich bedarf es noch des Hinweises darauf, daß auch die Kapitel zur Resistenzzüchtung und -prüfung Beispielcharakter tragen. Es war nicht beabsichtigt und auch nicht möglich, auf alle spezifischen Belange der Züchtung auf Resistenz gegen tierische Schaderreger einzugehen sowie einen umfassenden und vollständigen Katalog der Prüfmethoden vorzulegen. Wir glauben aber, mit der Auswahl der Beispiele auch auf diesem Gebiet dem Anliegen des vorliegenden Buches gerecht zu werden.

1.1. Wirtschaftliche Bedeutung des Anbaues von Kulturpflanzen mit Resistenz gegen tierische Schaderreger

Die wirtschaftliche Bedeutung des Anbaues von Kulturpflanzensorten mit Resistenz gegen tierische Schaderreger wird in erster Linie durch die Höhe der Schäden, die durch den jeweiligen Schädling verursacht werden, bestimmt.

Schätzungen aus dem Jahre 1972 besagen, daß in den zentralen Schwarzerdegebieten der UdSSR der jährliche Mehrertrag seit dem Anbau von Weizensorten mit Resistenz gegen die Hessenfliege (*Mayetiola destructor*) mehr als 1 Mill. t beträgt. Aus den USA liegen Angaben darüber vor, daß durch Anbau der resistenten Weizensorte ‚Pawnee' Mehrerträge im Wert von 15 Mill. Dollar jährlich entstehen. — Die Prüfung eines Weizensortimentes in der UdSSR ergab, daß Arten und Formen mit Resistenz gegen die Getreidehalmwespen (*Cephus* spp.) um 35—50% höhere Erträge bringen als anfällige. Allein durch den Anbau von 7 Weizensorten in den USA mit Resistenz gegen die Weizenhalmwespe (*Cephus cinctus*) auf ca. 600000 ha werden jährlich Verluste bis zu 5 Mill. Dollar vermieden.

Nach neueren Erhebungen werden die Schäden, die der 1917 in die USA eingeschleppte Maiszünsler (*Ostrinia nubilalis*) verursacht, durch den Anbau resistenter Sorten jährlich um 600 Mill. Dollar vermindert. In der UdSSR erntet man beim Anbau von Maishybriden mit

Resistenz gegen den Maiszünsler in den Hauptschadgebieten jährlich 5—8 dt/ha mehr an Körnern.

Die von der Gefleckten Luzerneblattlaus (*Therioaphis trifolii maculata*) verursachten Schäden wurden in den USA 1955/56 noch auf 34—41 Mill. Dollar geschätzt. Durch Anbau der innerhalb von 5 Jahren gezüchteten hoch resistenten Luzernesorten konnten diese Verluste auf ein Minimum gesenkt werden.

Die erheblichen wirtschaftlichen Verluste, die in den Ländern Asiens mit Reisanbau durch verschiedene Zikadenarten verursacht werden, waren Anlaß zu intensiver Bemühung um die Züchtung resistenter Sorten. Durch ihren großräumigen Anbau können die jährlichen Verluste, die man auf etwa 8% der Gesamternte schätzt, wesentlich gesenkt werden.

Durch Befall mit den Kartoffelzystenälchen (*Globodera rostochiensis*, *G. pallida*) kann auf stark verseuchten Flächen der Ertrag bei frühen und mittelfrühen Kartoffelsorten um 50—80%, bei späten Sorten um etwa 30% zurückgehen. In diesem Falle ist heute nicht mehr bestritten, daß der Anbau resistenter Sorten in den Hauptbefallsgebieten der DDR von großer wirtschaftlicher Bedeutung ist. Obwohl diese Sorten im Ertrag z. T. hinter nichtresistenten Sorten auf unbefallenen Flächen zurückstehen, erreichen bei ihnen die Ertragsminderungen auf verseuchten Flächen nur einen Bruchteil der Werte, die bei Anbau nichtresistenter Sorten auf solchen Flächen auftreten würden (vgl. 12.1.1.). In Norwegen erzielte man beim Anbau resistenter Kartoffelsorten im 7jährigen Durchschnitt doppelt so hohe Erträge wie mit anfälligen Sorten (366,5 dt/ha: 180,9 dt/ha). Ähnliche Ergebnisse liegen auch aus der DDR vor.

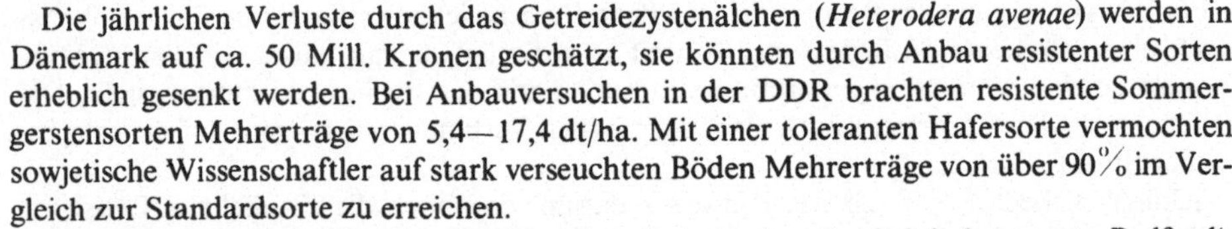

Die jährlichen Verluste durch das Getreidezystenälchen (*Heterodera avenae*) werden in Dänemark auf ca. 50 Mill. Kronen geschätzt, sie könnten durch Anbau resistenter Sorten erheblich gesenkt werden. Bei Anbauversuchen in der DDR brachten resistente Sommergerstensorten Mehrerträge von 5,4—17,4 dt/ha. Mit einer toleranten Hafersorte vermochten sowjetische Wissenschaftler auf stark verseuchten Böden Mehrerträge von über 90% im Vergleich zur Standardsorte zu erreichen.

Umfangreiche Versuche in den USA brachten beim Anbau der Sojabohnensorte ‚Bedford', die resistent gegen die wichtigste zystenbildende Nematodenart in den USA, das Sojabohnenälchen (*Heterodera glycines*), ist, Mehrerträge von 32—44% im Vergleich zu anfälligen Spitzensorten. Auch beim Einsatz von Nematiziden vor dem Anbau anfälliger Sorten wurden mit ‚Bedford' noch um 20—25% höhere Erträge erzielt.

Die Schäden, die durch Wurzelgallenälchen (*Meloidogyne* spp.) in Gewächshäusern an Gurken, Tomaten und einigen Zierpflanzen verursacht werden, können erheblich sein. Sie werden allein in der DDR auf jährlich einige Hunderttausend Mark geschätzt. Die hohen Ertragsausfälle, verbunden mit den Schwierigkeiten bei der Bekämpfung dieser Schaderreger, waren vor allem in der UdSSR, den Niederlanden und den USA Veranlassung, bei Tomaten und anderen Kulturen intensive Resistenzzüchtung zu betreiben [324, 349, 507]. Spektakuläre Erfolge erzielte beispielsweise die Einführung der gegen *Meloidogyne incognita* resistenten Tabaksorte ‚NC 95', die alljährlich einen Nutzen von einigen Millionen Dollar bringt.

Weitere Ausführungen zur wirtschaftlichen Bedeutung des Anbaues von Kulturpflanzensorten mit Resistenz gegen tierische Schaderreger finden sich vor allem noch in Kapitel 12.

1.2. Begründungen für Untersuchungen zur Resistenz von Kulturpflanzen gegen tierische Schaderreger

Ausgehend von der wirtschaftlichen Bedeutung der verschiedenen tierischen Schädlinge sind die Gründe, die in den einzelnen Ländern dazu geführt haben, bei bestimmten Schaderreger-Pflanze-Kombinationen Resistenzforschung bzw. -züchtung aufzunehmen und zu betreiben, unterschiedlich. Sie lassen sich in folgenden Schwerpunkten zusammenfassen:

— Probleme der Bekämpfung

Hier sind vor allem die pflanzenschädigenden Nematoden zu nennen, deren Bekämpfung mit chemischen und anderen Maßnahmen des Pflanzenschutzes zur Zeit noch nicht oder nur unbefriedigend möglich ist. Für das Gebiet der DDR betrifft dies vor allem die Kartoffelzystenälchen (*Globodera rostochiensis*, *G. pallida*), das Rübenzystenälchen (*Heterodera schachtii*), das Getreidezystenälchen (*Heterodera avenae*) sowie das Stengelälchen (*Ditylenchus dipsaci*). In der UdSSR und den USA gehört zu diesem Schwerpunkt die Züchtung auf Resistenz gegen die Hessenfliege (*Mayetiola destructor*), die Getreidehalmwespen (*Cephus cinctus*, *C. pygmaeus*) sowie die Fritfliege (*Oscinella frit*), in den maisanbauenden Ländern die Züchtung auf Resistenz gegen den Maiszünsler (*Ostrinia nubilalis*) und in den weinanbauenden Ländern die Züchtung auf Resistenz gegen die Reblaus (*Viteus vitifolii*).

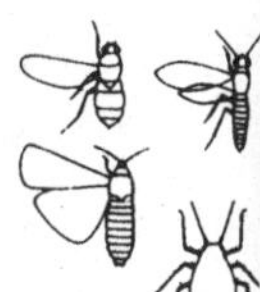

— Minderung der Umweltbelastung

Dieser Schwerpunkt steht u. a. im Vordergrund der Bemühungen zur Auffindung resistenter Sorten bei Luzerne gegen die Gefleckte Luzerneblattlaus (*Therioaphis trifolii maculata*) in den USA, bei Erbse gegen die Erbsenlaus (*Acyrthosiphon pisum*) in der UdSSR und den USA sowie in der DDR bei den Untersuchungen zur Resistenz von Ackerbohne gegen *Aphis fabae*. Auch die Suche bei verschiedenen Gemüsearten nach Material mit Resistenz gegen oberirdisch schädigende Insektenarten (vor allem Weiße Fliege und Blattläuse) sowie gegen Spinnmilben gehört hierher.

— Resistenz tierischer Schaderreger gegen Bekämpfungsmittel

Dieses Problem liegt in erster Linie den resistenzzüchterischen Arbeiten bei Baumwolle, Buschbohne, Erdbeere, Gurke und Tomate zur Bekämpfung von Spinnmilben in den USA zugrunde, da diese Schädlingsgruppe auf Grund der dort praktizierten häufigen Akarizidanwendung besonders schnell zur Ausbildung wirkstoffresistenter Stämme neigt. Für das Gebiet der DDR ist dieser Gesichtspunkt für die Prüfung von Gemüse unter Glas und Plasten auf Resistenz gegen die Weiße Fliege (*Trialeurodes vaporariorum*) und Spinnmilben von Bedeutung, evtl. auch gegen die Zwiebelfliege (*Delia antiqua*) bei Zwiebeln sowie gegen andere Wurzelfliegen bei Freilandgemüse.

— Erhöhung des Wirkungsgrades von Bekämpfungsverfahren

Hierfür liegen vor allem aus den Baumwoll- und Maisanbaugebieten der UdSSR und der USA zahlreiche Beispiele vor. Aber auch bei den verschiedensten anderen Kulturpflanzenarten gibt es Hinweise auf eine Erhöhung der Wirksamkeit chemischer Bekämpfungsmaßnahmen durch Kombination mit dem Anbau einer resistenten Sorte. So erzielte man beim Anbau einer virus- und vektoranfälligen Zuckerrübensorte mit wiederholtem Einsatz von Demetonmethyl gegen die Blattlausvektoren eine Ertragssteigerung von 13%. Der Anbau einer virusresistenten und für *Myzus persicae* wenig anfälligen Sorte ohne Vektorbekämpfung ergab einen Ertragsgewinn von 14%. Durch den Einsatz von Insektiziden gegen die Vektoren und den Anbau dieser resistenten Sorte erreichte man dagegen einen Ertragsanstieg von 39% [698].

— Veränderungen im Massenwechsel tierischer Schaderreger durch Veränderungen der Anbaustruktur

Dieser Gesichtspunkt wird vor allem in der UdSSR und den USA als Begründung für die Züchtung von Getreide auf Resistenz gegen die Fritfliege (*Oscinella frit*), die Hessenfliege (*Mayetiola destructor*) sowie die Halmwespen (*Cephus* spp.), von Mais gegen den Maiszünsler (*Ostrinia nubilalis*), von Baumwolle gegen verschiedene Schädlinge sowie von Erbse gegen den Erbsenwickler (Cydia *nigricana*) angeführt. In der DDR könnten in diesem Zusammenhang auch die Weizengallmücken (*Contarinia tritici*, *Sitodiplosis mosellana*) einmal Bedeutung erlangen. Schließlich ist auch das zunehmend starke Auftreten bestimmter Nematodenarten auf Probleme der Anbaukonzentration und der Fruchtfolge zurückzuführen. Es wäre jedoch verfehlt, die Ursachen zunehmender Nematodenvermehrung und damit zunehmender Ertragsminderungen ausschließlich durch Resistenzzüchtung ausgleichen zu wollen. Die Erfahrungen bei den Kartoffelzystenälchen (*Globodera* spp.) lehren vielmehr, daß durch sinn-

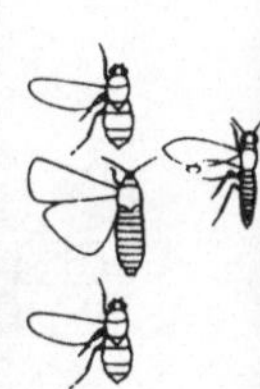

volle Kombination von Kulturmaßnahmen mit dem gezielten Anbau resistenter Sorten befallsbedingte Ertragsverluste erheblich gesenkt werden können.

Nach Shapiro und Vilkova [1574] hat sich gezeigt, daß durch Einführung neuer Sorten oder durch Veränderung von Anbaubedingungen verschiedene Insektenarten erhebliche Möglichkeiten zur Steigerung ihrer Lebens- und Vermehrungsfähigkeit erhalten können. Bisher haben sich im allgemeinen mit jedem Sortenwechsel die Bedingungen für die Vermehrung der Schädlinge verbessert. Dies trifft besonders dann zu, wenn mit der neuen Sorte durch Verbesserung bestimmter Qualitätseigenschaften auch eine Erhöhung des Nahrungswertes für die betreffende Schaderregerart einherging. Für Spinnmilben konnte eine derartige Tendenz sowohl bei verschiedenen *Phaseolus*-Sorten als auch bei verschiedenen Apfelsorten nachgewiesen werden. Bei beiden Pflanzengruppen führen sortentypische Unterschiede im Blattzuckergehalt in bestimmten Grenzen auch zu sortentypischen Vermehrungsraten der Spinnmilben, wobei die Vermehrung um so höher ist, je höher die Relativwerte des Blattzuckergehaltes sind. Veränderungen im Blattzuckergehalt bei gleicher Sorte können jedoch auch durch unterschiedliche Kulturmaßnahmen (Kaliumdüngung, Strohmulch) ausgelöst werden. Auch diese wirken sich auf die Vermehrungsrate der Spinnmilben aus, sind jedoch im Gegensatz zu den sortenbedingten Unterschieden reversibel und können daher Resistenz vortäuschen [518, 520].

— Nutzung des Resistenzpotentials der Kulturpflanzenarten und -sorten

Die Hinwendung der Forschung auf diesen Schwerpunkt eröffnet die Möglichkeit der Erschließung von bisher noch unbekannten oder ungenutzten Ertragsreserven in der Pflanzenproduktion. Ein besonders eindrucksvolles Beispiel dafür, daß im Sortiment bzw. Zuchtmaterial einer Kulturpflanzenart bisher unerkannt Resistenzpotentiale gegen bestimmte tierische Schaderreger vorhanden sind, die durch intensive Prüfung erkannt und selektiert werden können, ist die Luzerne. Allein die erheblichen wirtschaftlichen Verluste, die in den USA durch die Gefleckte Luzerneblattlaus (*Therioaphis trifolii maculata*) verursacht werden, und die besonderen Schwierigkeiten der chemischen Bekämpfung dieses Schädlings waren Veranlassung, eine systematische Prüfung auf Resistenz vorzunehmen. Dabei wurde erkannt, daß in dem bereits vorhandenen ertragreichen Zuchtmaterial ein Resistenzpotential vorlag, das ohne schwierige züchterische Bearbeitung innerhalb von 5 Jahren zu heute weit verbreitet angebauten Sorten weiterentwickelt werden konnte. Letzten Endes ist auch die Züchtung nematodenresistenter Kartoffeln auf die gezielte Nutzung eines im Wildsortiment bereits vorliegenden Resistenzpotentials zurückzuführen (vgl. 10.2.4.).

Diese Ergebnisse weisen aus, daß es durchaus sinnvoll ist, von einem gewissen Stadium des Zuchtprozesses an bestimmte Kulturpflanzenarten zusätzlich hinsichtlich ihres Resistenzpotentials gegen wichtige tierische Schaderreger zu prüfen. Es ist dann möglich, bei Zulassung der Sorte gleichzeitig Aussagen über ihre Resistenzeigenschaften machen zu können.

Bisher wurde nur ein kleiner Teil der Kulturpflanzensorten bzw. -zuchtstämme hinsichtlich ihrer Resistenz gegen tierische Schaderreger geprüft. Die wenigen bisher gewonnenen Ergebnisse sind jedoch durchaus als aussichtsreich zu bezeichnen, so daß in Zukunft dieses Potential in Anbetracht der wirtschaftlichen Vorteile nicht unberücksichtigt bleiben kann.

— Senkung des Aufwandes für chemische Pflanzenschutzmaßnahmen

Die Erfordernisse der ökonomischen Strategie für die nächsten Jahrzehnte geben diesem Gesichtspunkt für die Aufnahme von Resistenzforschung und Züchtung auf Resistenz gegen bestimmte tierische Schaderreger zunehmend Gewicht. Allein durch den Anbau von Maissorten mit Resistenz gegen den Maiszünsler (*Ostrinia nubilalis*) kommen, verglichen mit der Zeit vor dem Anbau dieser Sorten, jährlich bis zu 22600 t Insektizide nicht zum Einsatz. Die Insektizideinsparung in den USA bei der Bekämpfung der Gefleckten Luzerneblattlaus (*Therioaphis trifolii maculata*) wird jährlich mit 280 t, bei der Wanze *Blissus leucopterus* an Mais mit 6800 t angegeben (vgl. Kap. 12). Sollten sich bei Gemüse unter Glas und Plasten, besonders im Gurken- und Tomatensortiment bzw. im Zuchtmaterial, Resistenzpotentiale gegen Spinnmilben und Weiße Fliegen finden, dann dürfte hiermit in Verbindung mit dem Ein-

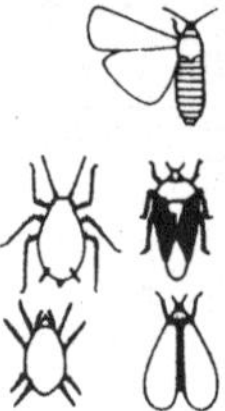

satz von Räubern und Parasiten, insbesondere aus den Gattungen *Typhlodromus* und *Encarsia*, eine erhebliche Senkung des Pflanzenschutzmitteleinsatzes zu erwarten sein. Es ist nicht ausgeschlosssen, daß sich auch bei anderen Kulturpflanzenarten Eigenschaften der Resistenz gegen wirtschaftlich wichtige Schaderreger (z. B. Blattläuse, Nematoden) ermitteln lassen, die nach entsprechender Nutzung im Zuchtprozeß und dem anschließenden Anbau resistenter Sorten zu erheblichen Einsparungen an Pflanzenschutzmitteln, verbunden mit Einsparung an Ausbringungsenergie und Arbeitskraft, führen können [507].

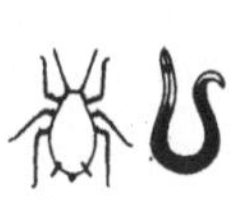

1.3. Geschichtliche Entwicklung der Resistenzforschung bei tierischen Schaderregern

Die erste Angabe über Resistenz von Kulturpflanzen gegen tierische Schädlinge stammt aus dem Jahr 1788, als Chapman erkannte, daß durch Anbau frühwüchsiger Weizenvarietäten der Schaden durch die Hessenfliege (*Mayetiola destructor*) gesenkt werden kann [1648]. Bereits 1792 wird über die hessenfliegenresistente Weizensorte ‚Underhill' berichtet, die in den USA zum Anbau kam, und wo dieser Schaderreger seit 1776 auftrat. 1831 beschreibt Lindley [993] die Resistenz der Apfelsorten ‚Winter Majetin' und ‚Siberian Bitter-Sweet' gegen die Blutlaus (*Eriosoma lanigerum*). 15 Jahre nach der Beschreibung der Reblaus (*Viteus vitifolii*) als wirtschaftlich wichtiger Schädling der Weinrebe, durch dessen Auftreten in bestimmten Gebieten der Weinanbau fast zum Erliegen kam, wird an Amerikanerreben ein hoher Grad an Resistenz gegen diesen Schaderreger festgestellt, worüber 1860 berichtet wird [1469].

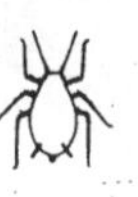

Trotzdem bleibt die Forschungsaktivität auf dem Gebiet der Resistenz von Kulturpflanzen gegen tierische Schädlinge gering. In der Zeit zwischen 1788 und 1920, also innerhalb von 132 Jahren, werden nur 37 Arbeiten hierzu bekannt, die sich fast ausschließlich auf Schadinsekten beziehen.

In der Geschichte der Züchtung auf Resistenz gegen pflanzenparasitäre Nematoden kann man zwei Perioden unterscheiden:

— Suche nach resistenten und toleranten Sorten,
— gezielte Einkreuzung des Resistenzfaktors in anfällige Sorten.

Die erste Periode beginnt mit Neal 1889 [1179], der die Aufmerksamkeit auf die Möglichkeit der Bekämpfung von Nematodenkrankheiten durch Verwendung resistenter Sorten und Unterlagen richtet, z. B. durch die Pfropfung anfälliger *Citrus*-Sorten auf resistente Unterlagen zur Lösung des Wurzelgallenälchen-Problems. Er erkennt auch bereits die hohe Resistenz von *Parcirus trifoliata* gegen wurzelparasitäre Nematoden. Zimmermann [1918] empfiehlt in Java das Pfropfen von *Coffea arabica* auf die resistente *C. liberica*-Unterlage als Möglichkeit zur Bekämpfung des Kaffeenematoden (*Pratylenchus coffeae*).

Die zweite Periode beginnt mit Nilsson-Ehle 1920 [1205]; er weist nach, daß die Resistenz einiger Gerstensorten gegen das Getreidezystenälchen (*Heterodera avenae* (damals *H. schachtii* genannt)) durch ein dominant vererbendes einzelnes Gen kontrolliert wird.

Nach 1930 nimmt die Zahl der Untersuchungen zur Resistenz von Pflanzen gegen Arthropoden und Nematoden stark zu, wobei der Schwerpunkt der Forschung in den USA und der UdSSR liegt. Erste nematodenresistente Pfirsichsorten werden durch Einkreuzung der resistenten ‚Shalil'-Introduktion No. 63850 in die anfälligen Sorten ‚Leman Free', ‚Gold Drop' und ‚Veteran' Anfang der 40er Jahre in den USA erhalten [1856].

Einen besonderen Aufschwung erlebt dieses Forschungsgebiet jedoch erst nach dem Zweiten Weltkrieg. In dieser Zeit wird auch die erste nematodenresistente Kartoffelsorte zugelassen. Es erscheinen grundlegende theoretische Arbeiten sowie zusammenfassende Darstellungen, die mit den Namen Snelling [1648], Painter [1260], Česnokov [245], Shapiro [1564], Bingefors [145], Rhode [1400], Gorlenko [607] u. a. verbunden sind. Heute wird in fast allen Ländern der Erde mit intensivem Feld- und Gartenbau bei jeweils spezifischen Schaderreger-

Pflanze-Kombinationen an Problemen der Resistenzforschung und -züchtung gearbeitet. Bisher liegen bei über 60 Kulturpflanzengattungen bzw. -arten und über 300 verschiedenen tierischen Schädlingsarten praktisch nutzbare bzw. bereits genutzte Ergebnisse vor.

Im Weltmaßstab haben bisher die Ergebnisse der Züchtung von Sorten mit Resistenz gegen tierische Schaderreger in folgenden Kombinationen besonders große wirtschaftliche Bedeutung erlangt und gehören zum Bestandteil der Pflanzenproduktion:

Nematoden
Kartoffel — Kartoffelzystenälchen
Getreide — Getreidezystenälchen
Sojabohne — Sojabohnenzystenälchen
Luzerne — Stengelälchen, Wurzelgallenälchen
Tomate — Wurzelgallenälchen

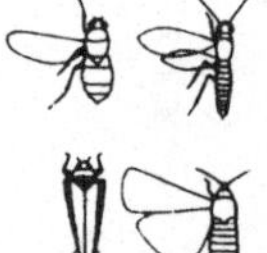

Arthropoden
Weizen — Hessenfliege, Halmwespen
Mais — Maiszünsler
Reis — Zikaden
Baumwolle — Zikaden, *Heliothis*-Arten
Luzerne — Blattläuse
Weinrebe — Reblaus

Insgesamt zeichnen sich heute folgende Schwerpunkte der Resistenzforschung und -züchtung bei tierischen Schaderregern ab, die das Profil der Forschung in fast allen Ländern bestimmen:

— Entwicklung von Methoden zur Resistenzprüfung bzw. zur Ermittlung von Befallsunterschieden und deren wirtschaftliche Auswirkung.

— Gezielte Suche nach resistentem Pflanzenausgangsmaterial für züchterische Zwecke durch Prüfung von Wildformen, Zuchtstämmen und Sorten. Hierzu gehören auch die Untersuchungen zur Resistenzgenetik einschließlich der Pathotypen- bzw. Biotypenproblematik.

— Untersuchungen zu den Ursachen unterschiedlichen Befalls, den Reaktionen von Pflanzen auf einen Befall bzw. die Reaktion der Schaderreger auf das Angebot unterschiedlicher Pflanzenarten, -sorten und -zuchtstämme auf Befallsverlauf und zu erwartenden Schaden. Hierzu gehört die Aufklärung der Wechselwirkung zwischen Pflanze, Schaderreger und Umwelt sowie der gegenseitigen Beeinflussung der Schaderreger im Pathosystem und deren Rückwirkung auf das Resistenzverhalten der Pflanzen. Letzteres Problem gewinnt zunehmend Bedeutung bei den Bemühungen um multiple oder komplexe Resistenz. Wie in der Züchtung auf Resistenz gegen pflanzenpathogene Viren und Pilze [891] zeichnen sich auch bei tierischen Schädlingen grundlegende Untersuchungen zur Resistenzinduktion ab.

Shapiro und Vilkova [1574] weisen mit Recht darauf hin, daß sich die Züchtung und der Anbau von Pflanzensorten, die relativ widerstandsfähig gegen tierische Schaderreger sind, weltweit in den kommenden Jahren verstärken wird.

2. Das Pathosystem

Mit dem Begriff Resistenz wird ein sehr vielschichtiger und komplexer Sachverhalt bezeichnet. Er soll einen bestimmten Ausschnitt der Beziehungen zwischen Pflanze und Umwelt, speziell auf Schaderreger bezogen, im Rahmen eines Ökosystems umfassen. Dieses grundlegende Merkmal der Komplexität ist die Ursache erheblicher Schwierigkeiten sowohl bei der Beschreibung bzw. Darstellung, wie sie im folgenden versucht werden soll, wie auch bei der wissenschaftlichen Bearbeitung bis hin zur praktischen Nutzung der gewonnenen Erkenntnisse und der Pflanzenzüchtung. Es erscheint uns daher notwendig, den folgenden Ausführungen einige allgemeine, grundsätzliche Bemerkungen voranzustellen.

Die Literatur enthält viele Versuche, das Phänomen der Resistenz zu erklären und theoretisch zu begründen. Die Bearbeiter gehen dabei — verständlicherweise und wohl auch notwendigerweise — fast ausnahmslos von ihrem Spezialgebiet aus, d. h., sie gewinnen ihre Erkenntnisse aus der fachspezifisch eingeengten Sicht des Virologen, Bakteriologen, Mykologen, Nematologen, Entomologen usw. Gemeinsamkeit besteht darin, daß die Pflanze als Zielobjekt der Einflußnahme fungiert, die durch Auslese und Züchtung eine erhöhte Widerstandsfähigkeit gegen den Schaderreger erlangen soll. Gerade weil die Autoren von ihrem begrenzten Spezialgebiet ausgehen, mit einer unterschiedlichen Wertung von Teilaspekten, oft mit einer abweichenden Handhabung von Begriffen sowie nicht selten mit auf das Spezialgebiet zugeschnittener Begriffsneubildung, ergibt sich die Vielfalt der Anschauungen. Dabei wäre es sicher vermessen, eine Einteilung dieser Anschauungen in richtig und falsch vorzunehmen, da jede Theorie wenigstens im Kern oder in Teilbereichen den tatsächlichen Gegebenheiten entspricht; wir lehnen daher eine derartige Wertung ab.

Der Mannigfaltigkeit der Lebensformen auf der Seite der Schaderreger, vom Virus bis zum Tierorganismus, mit den ebenso vielfältigen Möglichkeiten der Einflußnahme auf den Wirt, steht auf der anderen Seite eine vergleichsweise einheitliche Komponente, die Pflanze, gegenüber. Eine Pflanzenart wie auch eine Einzelpflanze kann von einer Vielzahl verschiedenartiger Schaderreger auf sehr unterschiedliche Weise gleichzeitig, aber auch nacheinander, in verschiedenen Abschnitten ihrer Entwicklung, befallen werden. Es wäre zu untersuchen, in welchem Umfang die Vielfalt und Verschiedenartigkeit der Einwirkung der Schaderreger in ihrer so unterschiedlichen Organisationshöhe auf die Pflanze von dieser in gleicher Vielfalt beantwortet wird, d. h., ob sie eine entsprechende Anzahl von Resistenzmechanismen entwickelt hat. Wir sind in Übereinstimmung mit Wolffgang [1879] der Ansicht, daß es wahrscheinlich nur eine begrenzte, nicht allzugroße Zahl von Resistenzmechanismen gibt.

Offensichtlich erfolgt die Auseinandersetzung zwischen den Partnern auf verschiedenen Organisationsebenen. So kann z. B. der Mechanismus der Resistenz gegen Virusvermehrung schwerpunktmäßig auf die zelluläre Ebene beschränkt sein, während erhöhte Widerstandsfähigkeit gegen blattfressende Insekten im Sinne einer Nichtpräferenz (vgl. 3.5.2.) auf Eigenschaften der gesamten Pflanze, vom Habitus bis zu biochemischen bzw. physiologischen Faktoren, beruhen kann. Nimmt man die Pflanze als Bezugsbasis, dann müßte es möglich sein, eine einheitliche Konzeption der Resistenz zu erarbeiten, die die Abwehrmechanismen gegen alle Schaderreger, gleich welcher Art und Entwicklungshöhe, erfaßt und gleichwertig berücksichtigt. Ob eine solche umfassende Theorie der Resistenz bei dem gegenwärtigen Stand der Kenntnisse von den Resistenzmechanismen tatsächlich konzipiert werden kann, sei dahingestellt. Sie kann allerdings auf jeden Fall, auch bei einer begrenzten Anzahl von Resistenzmechanismen, nur sehr allgemein gehalten sein [1882].

Die Resistenz der Pflanzen gegen Schaderreger ist komplexer Natur. Die Tatsache, daß nicht einzelne Ursachen Resistenz bedingen, sondern die zur Resistenz führenden Faktoren komplex wirken, wird in der Literatur oft hervorgehoben. Aus dieser Erkenntnis ist eine entscheidende Forderung abzuleiten (besonders deutlich und konsequent von Robinson [1429] vertreten), nämlich die Notwendigkeit einer ganzheitlichen Betrachtungsweise. Nur sie kann dem Komplex Pflanze — Schaderreger, dem Systemcharakter zuzuschreiben ist, gerecht werden. Sie setzt eine interdisziplinäre Zusammenarbeit voraus, die bisher nur in wenigen Fällen realisiert werden konnte. Obwohl wir uns im vorliegenden Werk bemühen, dieser Forderung nach ganzheitlicher Betrachtungsweise zu entsprechen, kann sie doch nicht vollkommen befriedigend erfüllt werden; es widerspricht ihr bereits die in der Konzeption begründete Beschränkung auf tierische Schaderreger. Wir haben versucht, die Teilaspekte so weit wie möglich im Gefüge des gesamten Systems zu sehen und begründen damit unsere Überzeugung von der Berechtigung und Nützlichkeit der vorgenommenen Abgrenzung.

Es wurde gerade der Systemcharakter des Komplexes Pflanze—Schaderreger erwähnt. In der Ökologie als der Wissenschaft von den Beziehungen der Organismen zur Umwelt wird der Systembegriff für die Charakterisierung der Verknüpfung einer Vielzahl von Organismen in einer Gemeinschaft durch gegenseitige Beziehungen und Abhängigkeiten angewendet: Tansley [1730] führte den Begriff Ökosystem für das Miteinander-in-Beziehung-Stehen von Lebewesen und Lebensstätte ein. Die systemgemäße Interpretation, d. h. die Erkenntnis von Zusammenhängen und Abhängigkeiten, geht im Rahmen der Ökologie allerdings noch weiter zurück. Bereits 1877 prägte Möbius [1136] den in der Folge viel diskutierten Begriff Biozönose für eine Gemeinschaft von Lebewesen, „die sich gegenseitig bedingen und durch Fortpflanzung in einem abgemessenen Gebiet dauernd erhalten.“ In dieser Definition sind schon wesentliche Merkmale eines Systems wie Beziehungsgefüge, Regulation und Gleichgewicht, im Ansatz enthalten. Robinson [1429] übertrug den Systembegriff auf das Verhältnis Pflanze—Schaderreger und legte ihn konsequent seinen Betrachtungen zugrunde. Nach seiner Auffassung gehört alles, was Ernteverluste durch Parasiten betrifft, zu einem Pathosystem. (Unter einem Parasiten versteht Robinson einen Organismus, der zu seiner Ernährung eines lebenden Wirtes bedarf, den er normalerweise nicht zerstört wie ein Räuber seine Beute (vgl. 3. 1.).) Von diesem Standpunkt aus leitet er ab, daß Pflanzenzüchtung, Phytopathologie, Entomologie, Nematologie u. a. nicht länger als eigene abgegrenzte Gebiete anzusehen sind, sondern seiner Konzeption des Pathosystems bei dessen Analyse und Handhabung entsprechend in einer neuen, ganzheitlichen Betrachtungsweise zusammengefaßt werden sollten.

Wenn wir dieser ganzheitlichen Auffassung folgen wollen, erweist es sich als notwendig, zunächst etwas näher auf die Eigenschaften von Systemen im allgemeinen einzugehen.

2.1. Gliederung

Ein System besteht aus Elementen, die zu bestimmten Mustern geordnet sind. Diese Anordnung kann räumlich wie auch zeitlich erfolgen, d. h., es gibt Muster im Raum, Muster in der Zeit und Muster in Zeit und Raum. Jedes Element eines Musters kann wiederum ein Muster von Elementen darstellen (und damit ein eigenes System, Subsystem), wie auch jedes System ein Element eines übergeordneten Musters (Supersystem) sein kann. Daraus ergibt sich eine Stufenfolge verschachtelter Systeme, die einer Rangordnung unterworfen sein können. In solchen hierarchischen Systemen, die aus einer Rangfolge von Subsystemen bestehen, ist jeder niedere Rang dem höheren qualitativ untergeordnet, tritt aber in größerer Anzahl als jener auf. In der Ökologie bezeichnet man die Individuen einer Art in einem Raum als Population. Die Individuen können als Elemente aufgefaßt werden, die in einem bestimmten

Muster — mit räumlichen wie auch zeitlichen Aspekten — der Population, angeordnet sind. Aus mehreren Populationen, die ihrerseits einer bestimmten Anordnung in Zeit und Raum unterliegen und damit auch ein bestimmtes Muster darstellen, besteht dann das Ökosystem.

Ein die Landwirtschaft betreffendes System kann man z. B. als Muster verschiedener Kulturpflanzenbestände auffassen, einen Kulturpflanzenbestand als Muster von Pflanzenindividuen, eine Pflanze als Muster von Zellen usw. Es ergeben sich somit verschiedene Systemebenen oder -niveaus, die man, je nach der Aufgabenstellung, der Untersuchung oder Betrachtung zugrunde legen kann.

2.2. Dynamik

Die Analyse eines Systems beginnt mit der Untersuchung seiner Struktur, d. h. der Anordnung seiner Elemente. Wesentlich schwieriger ist die Untersuchung der zweiten Eigenschaft von Systemen, ihrem Verhalten. Dazu ist eine ganzheitliche Betrachtungsweise notwendig als Voraussetzung für eine gleichwertige Beurteilung der verschiedenen Elemente des Systems und der Berücksichtigung ihrer Zusammenhänge und Abhängigkeiten. Robinson [1426] kritisiert in diesem Zusammenhang die traditionelle Phytopathologie, die das Pathogen überbewertet und die Rolle der Wirtspflanze unterschätzt. Auch in der Entomologie und Nematologie beginnt man erst, Populationen von Wirt und Schaderreger in diesem Zusammenhang, in ihrer Wechselwirkung und Dynamik, zu untersuchen.

Wir haben es bei dem System Pflanze—Schaderreger mit einem dynamischen System zu tun, dessen grundlegende Eigenschaft die Veränderung ist. (Einem statischen System entspräche z. B. die Taxonomie.) Sie kann auf jedem Systemniveau in Erscheinung treten, verschiedene Zeitspannen umfassen und mit verschiedenen Zeiteinheiten gemessen werden. Der zeitliche Aspekt der Veränderung bedingt gleichzeitig, daß jedes dynamische System eine Geschichte hat, die bei der Analyse zu berücksichtigen ist.

2.3. Wachstum und Vermehrung

Ein weiteres Merkmal dynamischer Systeme ist das Wachstum, das auf allen Systemniveaus abläuft. In diese Vorstellung von Wachstum ist die Vermehrung eingeschlossen, d. h. die Neubildung von Mustern. Sie ist eine wichtige Eigenschaft evolutionärer Systeme und kann sich gleichfalls auf allen Systemniveaus abspielen. Die Wachstumsgeschwindigkeit hängt mit dem Systemniveau zusammen. Auf dem unteren Niveau einer Zelle erfolgt das Wachstum viel schneller als auf der höheren Ebene des Individuums, und die Entstehung einer neuen Art auf dem nächst höheren Niveau verläuft noch langsamer.

Zum positiven Wachstum gehört als Kehrseite das negative Wachstum, das, wenn es irreversibel ist, zum Aussterben des betreffenden Subsystems führt. Es stellt gewissermaßen den Gegenspieler der Vermehrung dar, erfolgt mit gleicher Häufigkeit und ebenfalls auf allen Systemebenen. Auf dem Niveau des Organismus und der Zelle geht dabei in der ersten Phase des negativen Wachstums das Verhalten des Systems zugrunde, das bedeutet seinen Tod. In der zweiten Phase geht die Struktur verloren, d. h. es beginnt die Zersetzung. Sie bietet wieder neue Möglichkeiten für Wachstum und Vermehrung.

Die Begriffe Wachstum bzw. Vermehrung und Aussterben sind in diesem Zusammenhang nicht in einer Beschränkung auf den engeren Wortsinn zu verstehen. Sie umfassen vielmehr alle Formen der Zu- und Abgänge, die Veränderungen des Systems bedingen. Zu den Einflußgrößen, die Systemänderungen verursachen, gehören z. B. Fertilität (Fruchtbarkeit) und Mortalität (Sterblichkeit), Zu- und Abwanderung, Konkurrenz (mit dem Parasitismus als besonderer Form) und als Gegensatz Kooperation. In einem dynamischen, d. h. ständigen Veränderungen unterworfenen System sind in der Regel die Einflüsse nicht gleichmäßig ausgewogen, sondern es überwiegen zeitweise bestimmte Faktoren wie z. B. Vermehrung oder Konkurrenz. Wenn dadurch bedingt die Systemänderung einseitig verläuft, können Stabilität und Beständigkeit des Systems in Frage gestellt sein. Zum Beispiel kann ein Parasit seinen Wirt so stark schädigen, daß dessen Überleben gefährdet ist; mit dem Wirt stirbt allerdings auch der Parasit aus, d. h. unkontrollierte, nicht regulierte Konkurrenz kann das System zerstören.

Hieraus ergibt sich:

— Nur ein ausgewogenes Verhältnis von Zu- und Abgang sichert den Bestand des Systems, d. h. eine Art Gleichgewicht der einwirkenden Kräfte.

— Die Überschreitung einer oberen wie auch einer unteren Grenze muß vermieden werden, wenn das System erhalten bleiben soll, d. h., die Schwankungen dürfen sich nur innerhalb eines festgelegten Bereiches vollziehen.

— Um im Durchschnitt ein bestimmtes Niveau einhalten zu können, ist eine Regelung erforderlich.

Diese Aspekte sind im Bereich der Tierökologie schon seit geraumer Zeit Gegenstand der Untersuchung und Diskussion, mit dem Ergebnis der Entwicklung verschiedener Theorien. Wir wollen in diesem Zusammenhang der von Wilbert [1866] vertretenen Auffassung mit der Erweiterung und Präzisierung von Schwerdtfeger [1539] folgen und sie nach einer allgemeinen Übersicht in Verbindung mit Robinson [1429] auf das Pathosystem anwenden.

2.4. Regelung und Systemgleichgewicht

Grundlage jeder selbsttätigen Regelung ist in der Technik das Prinzip der Rückkoppelung, sie hat sich auch als Grundprinzip der Lebensvorgänge im Organismus erwiesen. Wilbert [1866] übertrug dieses Prinzip auf die Abundanzdynamik, deren Regelmechanismus er folgendermaßen beschreibt.

Die Populationsdichte entspricht der Regelgröße, die durch Störgrößen unregelmäßig verändert wird. Als solche Störgrößen wirken die oben erwähnten Faktoren wie dichteunabhängige Fruchtbarkeit und Sterblichkeit, wie auch Zu- und Abwanderung. Sie verursachen Schwankungen um ein angestrebtes Dichteniveau, das als Sollwert angesehen werden kann. Abweichungen vom Sollwert setzen einen Regelmechanismus in Gang: Dichteabhängige Faktoren als Regler mit dichteabhängiger Fruchtbarkeit und Sterblichkeit sowie Abwanderung als Stellglieder wirken auf den Istwert der Regelgröße in einer der Abweichung entgegengesetzten Richtung ein und verändern die Regelgröße in Richtung Sollwert.

Auf das Pathosystem bezogen, könnte eine solche Regelung beispielsweise so verlaufen: Die Populationsdichte eines Schädlings (Regelgröße) erhöht sich (Abweichung vom Sollwert) durch Zuflug (Störgröße). Die Zunahme der Populationsdichte verstärkt die Konkurrenz um die Nahrungsquelle (Regler). Die daraus resultierende unzureichende Ernährung bedingt eine verminderte Fruchtbarkeit, veranlaßt u. U. auch einen Teil der Population zur Abwanderung (dichteabhängige Faktoren, Stellglieder), so daß die angestrebte Populationsdichte (Sollwert) wieder erreicht wird.

Welche Rolle spielt nun die Resistenz der Pflanzen im Regelkreis? Resistente Pflanzen können die Fruchtbarkeit eines Schaderregers verringern bzw. seine Sterblichkeit erhöhen (Antibiose, vgl. 3. 5.3.) oder ihn zu einer verstärkten Abwanderung veranlassen (Nichtpräferenz, vgl. 3.5.2.). Sie verursachen also Veränderungen der Populationsdichte des Schaderregers und sind deshalb unter die Störgrößen einzuordnen; sie bestimmen aber auch die Höhe der Gleichgewichtsdichte. Die Auswirkungen resistenter Pflanzen auf das gesamte System werden im Kapitel 7 besprochen.

Die Festlegung eines bestimmten Bereiches, in dem die Populationsdichte entsprechend den jeweiligen Bedingungen schwankt, bezeichnet Schwerdtfeger [1539] als Determination; sie bestimmt die Amplitude der Dichteschwankungen.

In der Natur entspricht die Einstellung bzw. Einhaltung einer bestimmten Populationsdichte nur selten einem solchen einfachen Regelkreis, wie er eben beschrieben wurde, in dem sich der Ist-Wert der Populationsdichte aus der Vermehrungspotenz und der Wirkung eines vollständig-dichteabhängigen Faktors (Interferenz und Konkurrenz) ergibt. In den meisten Fällen wird die Abundanzdynamik weitgehend von den Einwirkungen anderer Populationen und abiotischer Umweltkomponenten bestimmt. Diese Einflußgrößen können zum Teil vollkommen dichteabhängig sein, dann wirken sie wie im einfachen Regelkreis regulatorisch. Andere wiederum, wie z. B. die Witterungsbedingungen, üben einen fördernden oder hemmenden Einfluß aus, der dem Zufall unterworfen, aber nicht von der Populationsdichte abhängig ist. In solchen Fällen spricht man von einem komplexen Regelkreis. Hier wird ein Überschreiten der Dichtegrenzen von der Regulation in Verbindung mit zufälligen Einwirkungen verhindert; dafür verwendet Schwerdtfeger [1539] den Begriff Limitation. Determination legt die Amplitude der Dichteschwankungen fest, Limitation die Einhaltung der Grenzen (Abb. 1).

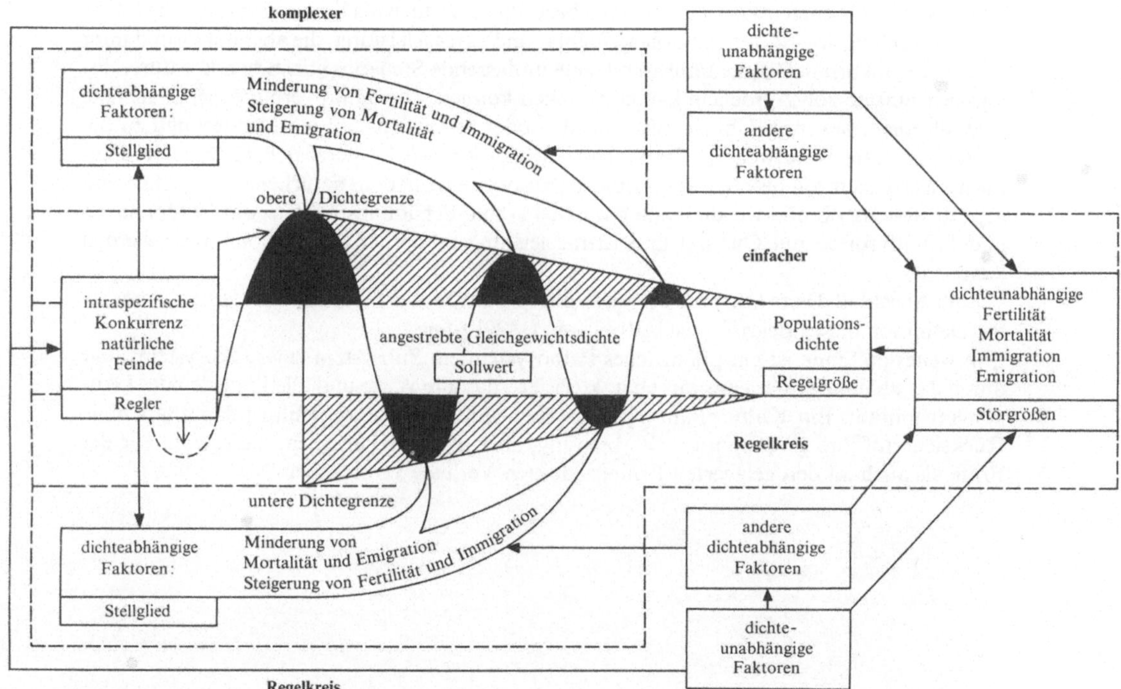

Abb. 1. Schema der Abundanzdynamik und ihrer Regelung.
In Anlehnung an Schwerdtfeger 1968.

Das Ergebnis der Regulation aller Veränderungen der Populationsdichte ist eine Gleichgewichtsdichte; das System strebt einen Gleichgewichtszustand an. Ein heute existierendes natürliches Pathosystem besteht aus Wildpflanzen mit ihren spezifischen Schaderregern in einer bestimmten Umwelt. Es hat sich im Verlauf der Evolution herausgebildet und konnte nur deshalb überleben, weil es sich dank seiner selbstregulatorischen Fähigkeit im Gleichgewicht erhielt und befindet. Robinson [1429] bezeichnet ein solches natürliches Pathosystem als Krankheitsdreieck (Wirt—Schaderreger—Umwelt).

Von dem natürlichen unterscheidet sich das künstliche Pathosystem, das aus Kulturpflanzen mit ihren Schaderregern in einer bestimmten Umwelt besteht, durch seine Regelung. Hier kommt als vierte Komponente des Systems der Mensch hinzu; man spricht daher auch von einem Krankheitsquadrat (Wirt—Schaderreger—Umwelt—Mensch). Mit Erreichung einer bestimmten Stufe im Verlauf der Evolution war der Mensch in der Lage, sich aus dem natürlichen Ökosystem, dessen Komponente er bis dahin war, herauszulösen und nun selbst das System seinen Zwecken entsprechend zu beeinflussen. Er wählt z. B. nach bestimmten Gesichtspunkten Samen für die nächste Aussaat aus; damit wird ein positiver Selektionsdruck auf bestimmte Merkmale, die sich letztlich auf Quantität und Qualität der Ernteprodukte beziehen, ausgeübt. Andere natürliche Selektionsdrucke werden vermindert. So ist z. B. der Schutz der Pflanzen vor zu starker natürlicher Konkurrenz ein wesentliches Merkmal des Pflanzenbaues, das bedeutet aber eine Schwächung der Konkurrenzfähigkeit im Vergleich zum natürlichen Ökosystem. Diese Einflußnahme des Menschen verhindert also die autonome Regelung des Systems, es wird abhängig, und sein Bestand muß durch eine Regelung von außen gesichert werden; man spricht dann von Steuerung.

Die natürliche autonome Evolution einer neuen Art dauert Millionen von Jahren. Die zweckentsprechende (deterministische) Steuerung der Evolution ermöglicht die Schaffung neuer Sorten in wenigen Jahrzehnten, man bezeichnet sie auch als Domestizierung. Sie führte zur Entwicklung von Sorten mit hoher Qualität und Ertragsleistung, die aber auf Grund ihrer geringen Konkurrenzfähigkeit nur durch eine umfassende Steuerung, insbesondere durch intensiven Einsatz von Agrochemikalien, bestehen können. Die damit verbundenen Nachteile sind allgemein bekannt. Um sie zu vermeiden oder wenigstens auf ein Mindestmaß zu beschränken, wäre es notwendig, das Systemgleichgewicht wieder herzustellen. Dazu muß zunächst das System analysiert, das künstliche Pathosystem mit dem natürlichen verglichen und geprüft werden, ob und wie die hohe Krankheits- und Schädlingsresistenz der Wildpflanzen und Primitivsorten mit Qualität und Ertragsleistung moderner Sorten kombiniert werden kann.

Zum Abschluß dieses kurzen Überblicks über Struktur und Funktion des Pathosystems sei die Definition dieses Begriffes nach Robinson [1429] zitiert:

„Im weitesten Sinne ist ein pflanzliches Pathosystem ein Subsystem eines Ökosystems und durch das Phänomen Parasitismus charakterisiert, das alle Wirte und alle Parasiten des Ökosystems umfaßt. Ein Kulturpflanzenpathosystem umfaßt nur eine Kulturpflanzenart ohne Rücksicht auf ihre geographische Verbreitung, aber alle ihre Parasiten, die sowohl vor der Ernte als auch an den gelagerten Ernteprodukten Verluste verursachen."

3. Theoretische Betrachtungen zur Resistenz und Begriffsdefinitionen

Im Kapitel 2 wurde bereits auf die Komplexität des Phänomens „Resistenz“ und die daraus resultierende Vielfalt der Anschauungen hingewiesen, die zu einer ebenso großen Vielfalt von Begriffsbildungen geführt hat. Zwar meint Harris [659], daß die Wechselwirkungen zwischen Arthropoden und Pflanzen mit ähnlichen Begriffen beschreibbar sein sollten wie die zwischen Pathogenen und Pflanzen, wenn man annimmt, daß letztlich die Auseinandersetzung zwischen den Organismen auf genetischem Niveau stattfindet und daß dieser Prozeß dem Wesen nach für Arthropoden und Pathogene ähnlich ist. Bisher war man jedoch nicht sehr erfolgreich bei der Entwicklung einer interdisziplinären wie auch einer auf den Komplex Pflanze—tierische Schaderreger beschränkten Terminologie, und man kann De Ponti [1334] nur zustimmen, wenn er die Terminologie der Wirtspflanzenresistenz als „babel of tongues“ kennzeichnet.

Sinn und Ziel dieser Ausführungen können weder eine Wertung der Begriffe (als falsch oder richtig) noch die Entwicklung eines neuen, zusätzlichen Begriffsgebäudes sein. Wir wollen vielmehr — die Komplexität des Gegenstandes zwingt dazu — die Erscheinung der Resistenz unter verschiedenen Gesichtspunkten betrachten, die in der Literatur zu findenden Begriffe dem jeweiligen Aspekt zuordnen und in diesem Zusammenhang erklären. Dabei soll die Ganzheit des Pathosystems berücksichtigt und versucht werden, den Geltungsbereich der Begriffe im Hinblick auf die unterschiedlichen Schaderregergruppen zu bestimmen. Besonders wichtig erscheint uns in diesem Zusammenhang, Gemeinsamkeiten wie auch Unterschiede zwischen nichttierischen Krankheitserregern (Viren, Bakterien, Pilze) und tierischen Schaderregern zu ermitteln und die daraus resultierende Abgrenzung bzw. Gemeinsamkeit der Begriffe abzuleiten. Am Ende eines Abschnitts werden die jeweils diskutierten Begriffe mit einer kurzen Definition zusammengefaßt.

3.1. Allgemeine Begriffe

Zu Beginn wollen wir uns mit einigen Begriffen befassen, die für die weiteren Betrachtungen über Resistenz wichtig sind, aber eine über diesen Rahmen weit hinausgehende allgemeine Bedeutung haben. Dementsprechend gibt es für sie auch unterschiedliche Definitionen; die von uns verwendeten und dem Anliegen des Buches am angemessensten erscheinenden erheben keinen Anspruch auf Allgemeingültigkeit.

Im Kapitel 2 wurde der Komplex Pflanze—Schaderreger besprochen und als Pathosystem bezeichnet. Aus diesen Ausführungen ging hervor, daß das entscheidende Merkmal eines solchen Systems der Parasitismus ist. Wir wollen als **Parasit** einen Organismus (einschließlich der Viren) bezeichnen, der auf Kosten seines Wirtes lebt und ihn schädigen kann, ohne ihn jedoch unmittelbar abzutöten bzw. zu zerstören. Im gleichen umfassenden Sinn, jedoch auf Kultur- und Nutzpflanzen bezogen, verstehen wir unter **Schaderreger** solche Organismen, die einen Schaden an den Pflanzen hervorrufen können; dabei spielt es keine Rolle, ob es sich um pflanzliche oder tierische Erreger oder um Viren handelt.

Der Schaden kann durch eine Krankheit oder eine Beschädigung entstehen. Unter einer **Krankheit** versteht man jede Abweichung vom normalen Verlauf der Stoffwechselprozesse, die das Leben bzw. die Leistung der Pflanze oder ihrer Teile beeinträchtigt und die durch permanente Reizung bedingt wird. Demgegenüber werden solche Veränderungen an der Pflanze als **Beschädigung** bezeichnet, die auf mechanische Einwirkung (z. B. Fraß) zurückgehen, wobei der auslösende Reiz in der Regel nur kurzfristig einwirkt und nur wenig in lebenswichtige Auf- und Abbauprozesse eingreift. Die Beschädigungen sind im Gegensatz zu den Krankheiten nicht direkt die Folge anormaler Stoffwechselvorgänge [1532]. Es gibt jedoch keine klare Grenze zwischen Krankheit und Beschädigung, sondern einen fließenden Übergang.

Die Erreger von Pflanzenkrankheiten werden als Phytopathogene, oft auch, in der Kurzform, als **Pathogene** bezeichnet. Es sind außer Viren, Bakterien und Pilzen auch eine Reihe pflanzenparasitärer Nematoden sowie einige Milben- und Insektenarten, die Pflanzenkrankheiten im echten Sinne des Begriffes verursachen können. Andererseits ist zu beachten, daß bei weitem nicht alle Mikroorganismen und Phytonematoden eine Pathogenität besitzen. Daher sollte dieser Begriff nur in Verbindung mit seinem Bedeutungsinhalt verwendet werden, d. h. zur Charakterisierung einer bestimmten Wirt-Parasit-Beziehung, die zu einer Krankheit führt. Hierauf wies bereits Mountain [1153] mit aller Dringlichkeit hin.

Als Verursacher von Beschädigungen kommen vor allem Arthropoden in Betracht; nicht nur Arten mit beißend-kauenden, sondern auch solche mit stechend-saugenden Mundwerkzeugen können Beschädigungen auslösen. Das trifft in gleicher Weise auf eine Reihe von pflanzenparasitären Nematoden zu, die als Ektoparasiten an den Wurzeln leben.

Der Begriff des Schadens ist anthropozentrisch, aus dem Nützlichkeitsdenken des Menschen entstanden, und bezieht sich auf wirtschaftliche Verluste, die auf die Einwirkung von Organismen, aber auch auf abiotische Faktoren (Witterung, Nährstoffmangel u. a.) zurückzuführen sind. Von dieser wirtschaftlichen Schädlichkeit unterscheidet man die biologische [1393]. Ein biologisch schädliches Insekt fügt zwar auch seinem Wirt Schaden zu, ist aber unter wirtschaftlichen Gesichtspunkten nützlich, wenn die Wirtspflanze ein Unkraut ist. So ist es möglich, daß eine bestimmte Art einmal als Schädling und einmal als Nützling anzusehen ist [505]. Die Bezeichnung Pflanzenschädling umfaßt alle Organismen, die eine Minderung der normalen Leistungsfähigkeit der Nutzpflanzen verursachen. Vielfach beschränkt man jedoch den Begriff **Schädling** auf die tierischen Schaderreger. Wir wollen in unseren Ausführungen dieser Einschränkung folgen und den Schädlingen (= tierische Schaderreger) die nichttierischen Schaderreger (= Viren, Bakterien, Pilze) gegenüberstellen.

Die Ausbreitung einer Schaderregerpopulation, räumlich wie auch zeitlich, in einer Wirtspopulation wird als **Epidemie** bezeichnet [1429]. Voraussetzung für den Beginn einer Epidemie ist es, daß es zu einem Kontakt zwischen Schaderreger und Wirt kommt. Treten in der Folge beide Partner in Wechselbeziehungen, kann sich daraus eine Epidemie entwickeln. Die Aufnahme von Wechselbeziehungen zwischen Schaderreger und Wirt kann man mit dem übergeordneten Begriff **Befall** bezeichnen, der zwar vorwiegend auf tierische Schaderreger, aber auch auf Viren, Bakterien und Pilze als Pathogene (Krankheitsbefall) angewendet wird. Der Begriff **Infektion** wird vorwiegend bei nichttierischen Schaderregern, aber auch bei pflanzenparasitären Nematoden gebraucht. Er bezeichnet einen Vorgang, der das Eindringen in den Wirt (Einwanderung oder Invasion bei Nematoden) einschließt und erst mit der Herstellung eines stabilen parasitischen Verhältnisses zwischen Erreger und Wirt abgeschlossen wird (Abb. 2).

Im Rahmen des Pathosystems und der oben geforderten ganzheitlichen Betrachtungsweise ist die Epidemie ebenfalls als System aufzufassen. Robinson [1429], der seine Vorstellungen am Beispiel von Pathogenen (nichttierischen Schaderregern) entwickelt, teilt das System der Epidemie in 2 Subsysteme. Eine Verbreitung des Pathogens im Bereich eines Wirtsindividuums, z. B. von Blatt zu Blatt, wird als **Auto-Infektion** bezeichnet, das entsprechende epidemiologische Subsystem als **Esodemie**. Erstreckt sich die Ausbreitung des Pathogens auf eine andere Pflanze (z. B. durch Wind), handelt es sich um **Allo-Infektion** mit dem Subsystem der **Exodemie**. Somit vollzieht sich die Esodemie auf dem Niveau des Individuums, die Exodemie auf dem der Population; die Exodemie als System stellt ein Muster dar, das sich aus Elementen der u. U. unterschiedlichen Esodemie jeder Einzelpflanze der Population zusammensetzt.

Außer dem epidemiologischen Niveau des Pathosystems müssen wir das histologische Niveau berücksichtigen. Auch auf dieses Niveau wird der Begriff Infektion angewendet; er bezieht sich hier auf das Eindringen des Pathogens in den Wirt.

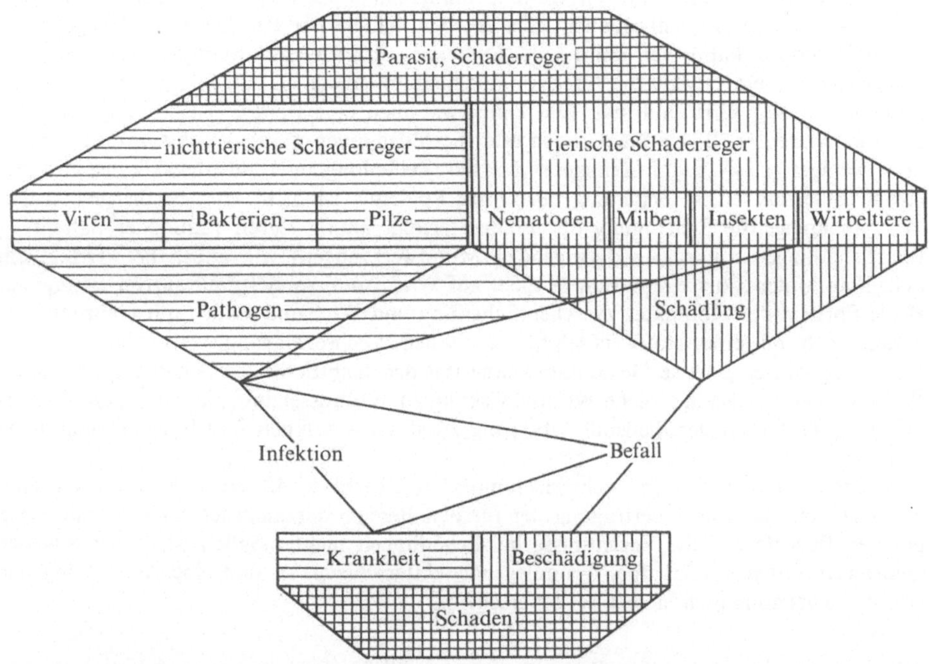

Abb. 2. Beziehungen zwischen den Begriffen Schaderreger, Pathogen, Schädling, Infektion, Befall, Krankheit, Beschädigung und Schaden.

In welchem Umfang lassen sich nun diese Begriffe auf tierische Schaderreger anwenden? Zunächst ist festzustellen, daß sich die beiden Schaderregergruppen in der Kontaktaufnahme mit dem Wirt unterscheiden. Die Allo-Infektion, die Verbreitung eines Pathogens von Pflanze zu Pflanze, erfolgt passiv, ohne Aktivität seitens des Pathogens, weder bei der Ortsveränderung noch durch Auswahl des Wirtes. Das Pathogen braucht demnach Transportmittel, um die Entfernung zwischen Infektionsquelle und Infektionsort überwinden zu können (Luftströmungen, Regen, auch tierische Organismen, die dann als Vektoren bezeichnet werden).

Eine Ausnahme stellen bestimmte Bakterienzellen sowie Vermehrungsorgane einiger pflanzenpathogener Bodenpilze dar, die sich — sofern ein Flüssigkeitsfilm vorhanden ist — über kurze Entfernungen entsprechend einem chemischen Reizgefälle mit Hilfe ihrer Geißeln aktiv in Richtung auf eine Wirtspflanze hin bewegen können.

Ein Schädling wird zwar auch oft passiv durch Luftströmungen oder Wasser verbreitet, meist erfolgen jedoch zumindest Start und Landung unter seiner aktiven Beteiligung, wobei Umweltreize als auslösende und steuernde Faktoren eine wichtige Rolle spielen. Die Allo-Infektion ist für das Pathogen ein einmaliger Vorgang; nach erfolgter Infektion ist ein Wirtswechsel desselben Organismus nicht mehr möglich. Bei einem Schädling sind die Verhältnisse komplizierter. Ein phytophages Insekt, das als Imago durch Blattfraß schädigend wirkt, ist nicht an ein Wirtspflanzenindividuum gebunden, sondern kann entsprechend seinen Ernährungsbedürfnissen, von Qualität und Quantität des nutzbaren Wirtsgewebes abhängig, und nach Maßgabe seiner artspezifischen Möglichkeiten zur Ortsveränderung mehrere Pflanzen befallen. Ein weibliches Insekt, das seine Eier an oder in Pflanzengewebe legt, trifft damit bereits die Wahl für die aus den Eiern schlüpfenden Larven, die dann bis zu einem gewissen Grade an diese Pflanze als Wirt gebunden sind. Sie können u. U. den Wirt wechseln, sofern sie an seiner Oberfläche leben und Fortbewegungsorgane besitzen. Im Wirtsgewebe minierenden Entwicklungsstadien ist ein derartiger Wechsel meist nicht möglich. Hier ergeben sich gewisse Parallelen zu Pathogenen.

Ein Pathogen kann nur dann eine Epidemie verursachen, wenn der Infektion auf epidemiologischem Niveau die Infektion auf histologischem Niveau folgt, d. h., wenn das Pathogen in den Wirt eindringt. Das kann, wie auch eine weitere Ausbreitung im Wirt, aktiv geschehen (z. B. bei Nematoden oder bei Pilzhyphen durch Wachstum), oder mehr oder weniger passiv durch Transport bei der Zellteilung oder mit dem Transpirationsstrom. Eine von einem Schädling ausgelöste Epidemie ist nicht vom Eindringen in den Wirt abhängig, die Schädigung der Pflanze erfolgt häufig durch Fraß oder Saftentzug (bei Schädlingen mit stechend-saugenden Mundwerkzeugen) von außen her. Dringt ein Schädling in den Wirt ein, beruht es nicht auf Wachstum, sondern auf aktiver Bewegung. Beide Formen des Kontaktes zwischen Schädling und Wirt sind jedoch mit Nahrungsaufnahme, d. h. mit einer stoffwechselphysiologischen Wechselwirkung, verbunden; in dieser Beziehung gibt es gewisse Gemeinsamkeiten mit den nichttierischen Schaderregern, deren Wachstum ebenfalls eine solche Wechselwirkung zur Voraussetzung hat. In diesem Zusammenhang wird auch der fließende Übergang zwischen Krankheit und Beschädigung deutlich.

Bereits an diesem kurzen, nicht erschöpfenden Überblick läßt sich erkennen, daß eine einfache, schematische Übertragung der für den Bereich der nichttierischen Schaderreger gültigen Begriffe auf die Verhältnisse bei Schädlingen nicht möglich ist. Trotz gewisser Gemeinsamkeiten gibt es doch grundlegende Unterschiede, so daß eine Ausweitung der Begriffsanwendung nicht gerechtfertigt erscheint.

Allo-Infektion	Verbreitung eines Pathogens von einem Wirtsindividuum auf ein anderes; Pathogenspender und -empfänger sind verschiedene Individuen.
Auto-Infektion	Verbreitung eines Pathogens im Bereich eines Wirtsindividuums; Pathogenspender und -empfänger sind identisch.
Befall	Aufnahme von Wechselbeziehungen zwischen Schaderreger und Wirt.
Beschädigung	Mechanische Einwirkung auf die Pflanze; der auslösende Reiz wirkt kurzfristig und greift nur wenig in lebenswichtige Auf- und Abbauprozesse ein.
Epidemie	Ausbreitung einer Schaderregerpopulation in einer Wirtspopulation.
Esodemie	Der durch Auto-Infektion bedingte Teil einer Epidemie.
Exodemie	Der durch Allo-Infektion bedingte Teil einer Epidemie.
Infektion	Kontakt zwischen Wirt und Pathogen (epidemiologisches Niveau des Pathosystems) und Eindringen des Pathogens in den Wirt (histologisches Niveau des Pathosystems) bis zur Herstellung eines stabilen parasitischen Verhältnisses zwischen Erreger und Wirt.
Krankheit	Durch permanente Reizung bedingte Abweichung vom normalen Verlauf der Stoffwechselprozesse der Pflanze, die ihr Leben bzw. ihre Leistung beeinträchtigt.
Parasit	Organismus, der zu seiner Ernährung einen lebenden Wirt benötigt, ihn schädigen kann, aber normalerweise nicht zerstört.
Pathogen	Parasitisch lebender Organismus, der bei seinem Wirt eine Krankheit hervorruft (Bakterien, Pilze, Viren, z. T. auch Nematoden, Milben und Insekten).
Schaderreger	Organismus (einschließlich Virus), der die normale Entwicklung der Leistungsfähigkeit der Nutzpflanzen mindert.
Schädling	Tierischer Schaderreger, der die normale Entwicklung und Leistungsfähigkeit der Nutzpflanzen mindert.

3.2. Evolutionäre Aspekte der Resistenz

Mit der Dynamik des Systems Pflanze — Schaderreger wird die Eigenschaft der Veränderung erfaßt, d. h. ein in der Zeit ablaufender Wechsel der Elemente und ihrer Muster (vgl. 2.2.). Dieser Wechsel bzw. diese Veränderungen sind gleichzeitig Voraussetzung und Grundlage der Evolution. Ein Veränderungen auslösendes Moment unter anderen sind die Wechselbeziehungen zwischen Pflanze und Schaderreger. Wie wir gesehen haben, werden sie in ihrer Wirkung in einem natürlichen Pathosystem als Folge seiner regulatorischen Fähigkeit so in Grenzen gehalten, daß ein Gleichgewichtszustand angestrebt wird, der die Voraussetzung für das Überleben beider Partner ist. Die Entwicklung der Beziehungen Pflanze — Schaderreger und ihre Bedeutung für die Evolution soll zunächst am Beispiel phytophager Insekten dargestellt werden.

Man kann annehmen, daß fast 85% aller mitteleuropäischen Insektenarten in bestimmten Entwicklungsabschnitten phytophag sind, d. h., sie verwenden für ihren Bau- oder Betriebsstoffwechsel von der Pflanze produzierte organische Substanz [889]. Derartige Pflanze-Insekt-Beziehungen bestehen schon sehr lange, Fraßspuren an Blättern sind bereits aus dem Perm bekannt (d. h. seit rund 230 Mill. Jahren). Die heute fast unübersehbare Vielfalt der Beziehungen zwischen Insekten und Pflanzen entstand aber erst im Verlauf der Entwicklung der Angiospermen, die gegen Ende des Mesozoikums (vor rund 65 Mill. Jahren) erfolgte. Die Vielzahl und Mannigfaltigkeit der dadurch neu auftretenden ökologischen Nischen boten auch den Insekten in Verbindung mit Spezialisierungsprozessen weitere Entwicklungsmöglichkeiten.

Nach Günther [620] versteht man unter einer ökologischen Nische ein dynamisches Bezugssystem zwischen Tierart und Umwelt, das durch autozoische und ökische Dimensionen gekennzeichnet ist. Unter den autozoischen Dimensionen sind die Potenzen einer Tierart zu verstehen, die sich aus ihren spezifischen Organisations- und Funktionseigenschaften ergeben. Die ökische Dimension (von Osche [1251] auch als ökologische Lizenz bezeichnet) ist die Beschaffenheit der Umwelt, wozu auch die Wirtspflanzen gehören. Die für jede Tierart charakteristische ökologische Nische ist der Bereich, in dem beide Dimensionen zur Deckung kommen.

Es sei daran erinnert, daß eine Wirtspflanze für das mit ihr vergesellschaftete Insekt nicht nur Nahrungsquelle ist, sondern eine Vielzahl von Funktionen im Leben des Phytophagen ausübt. Dem entspricht eine Vielfalt an Selektionswirkungen, die Morphologie, Physiologie und Ethologie der Phytophagen beeinflußt und geformt haben. Das Überleben der Partner war dabei von gegenseitiger Anpassung abhängig, über deren zeitliche Abfolge und Abhängigkeit unterschiedliche Auffassungen bestehen.

Wenn man die Anzahl der phytophagen Insektenarten (ca. 500000) der Artenzahl der Gefäßpflanzen (ca. 300000) gegenüberstellt [712], dann wird deutlich, daß trotz ihrer Vielfalt nur ein Bruchteil der theoretisch möglichen Phytophagen-Pflanze-Beziehungen realisiert wird. Das Fehlen einer Wechselwirkung wird oft als Folge eines Verteidigungsmechanismus der Pflanze angesehen, der das Insekt hindert, zu ihr in Beziehung zu treten. Harris [659] macht darauf aufmerksam, daß das Verhältnis der beiden Partner zueinander auch von der Seite des Arthropoden aus zu betrachten ist. Die Individuen, die schneller und mit geringerem Energieaufwand eine Pflanze als ungeeignet für die Aufnahme erfolgreicher Wechselbeziehungen erkennen, sind im Vorteil gegenüber weniger unterscheidungsfähigen Individuen; sie werden in der Population zunehmen und schließlich überwiegen. So können Mechanismen zur Vermeidung von Nichtwirten ebenso zur Beschränkung der Arthropoden-Pflanze-Wechselbeziehungen beitragen wie die Verteidigungsmechanismen der Pflanze. Auf Wirtswahl, Wirtsbindung und ihre Entwicklung sowie Wirtskreisänderungen wird im Kapitel 8 näher eingegangen.

Der Charakter der tatsächlich realisierten Pflanze-Insekt-Beziehungen wird vielfach als antagonistisch aufgefaßt, als Auseinandersetzung zwischen Abwehrstrategie der Pflanze und Angriffsstrategie des Insekts. Eine Pflanze kann durch bestimmte Eigenschaften, z. B. morphologischer Art, vor Insektenfraß geschützt sein. Dadurch übt sie einen Selektionsdruck auf das Insekt aus, der zu Anpassungserscheinungen führt, mit deren Hilfe der Abwehrmechanismus der Pflanze durchbrochen werden kann. Die darauf folgende zunehmende Schädigung der Pflanze durch das angepaßte Insekt übt dann wieder einen Selektionsdruck auf die Pflanze aus, die mit neuen Abwehrmechanismen, z. B. mit der Entwicklung sekundärer Pflanzeninhaltsstoffe, reagiert. Diese Verteidigung könnte das Insekt wiederum durch Bildung von Enzymen, die solche Verbindungen entgiften, beantworten und überwinden. Man kann dieses Wechselspiel zwischen Pflanze und Insekt als eine Art Wettlauf betrachten, der zu parallel verlaufenden Entwicklungslinien beider Partnergruppen geführt hat und als **Koevolution** angesehen wird.

Die Bedeutung der Insekten als Selektionsfaktor für die Evolution der Pflanzen wird allerdings nicht uneingeschränkt anerkannt. Zwar können bei hoher Populationsdichte mono- und oligophage Arten einen regulierenden Einfluß auf die Häufigkeit ihrer Wirtspflanzen und möglicherweise auch einen Selektionsdruck auf sie ausüben, nach Jermy [785] ist es jedoch schwer vorstellbar, daß die im Vergleich zur Biomasse der Wirtspflanzen geringe Populationsdichte der phytophagen Insekten als wichtiger Selektionsfaktor für die Evolution der Pflanzen in Frage kommt. Wahrscheinlich waren die Abwehrmechanismen der Pflanzen zuerst vorhanden [126], aber nicht notwendigerweise als Folge eines von spezifischen Insektenarten ausgeübten Selektionsdruckes. Die Evolution der Pflanzen vollzog sich unter dem Einfluß von Klima, Boden, zwischenpflanzlichen Wechselbeziehungen, auch von Insekten, als Selektionsfaktoren. Diese immer weiter fortschreitende Evolution der Pflanzen zwingt die Insekten zu einer ständigen Nachfolgeanpassung, die man als **Aufeinanderfolge-Evolution** (subsequent evolution) bezeichnet. Nach Klausnitzer [889] kann für die Phytophagie wohl nur diese Form der Evolution zutreffen; wahrscheinlich hat dieser Prozeß 70—80 Mill. Jahre gedauert.

Das Prinzip der Koevolution gilt natürlich nicht nur bei Insekten und ihren Wirtspflanzen, sondern gleichermaßen auch für andere hochentwickelte tierische Parasiten wie z. B. die stark spezialisierten sedentären Wurzelnematoden. Hier haben sich im Ergebnis der Wechselbeziehungen zwischen Wirt und Parasit im Wurzelgewebe spezifische, für die Entwicklung der Nematoden notwendige neue Strukturen in Form von Nährzellensystemen (Synzytien und Coelozytien) ausgebildet (vgl. 5.4.1.).

Krall und Krall [917, 919] waren die ersten, die auf die evolutionäre Bindung der zystenbildenden Nematoden an bestimmte Pflanzenarten bzw. -gruppen hinwiesen. Stone [1701, 1702] unterstützte die Auffassungen der sowjetischen Autoren durch weitere Untersuchungen und Überlegungen. Interessante Vorstellungen über den Zusammenhang der Koevolution von Pflanzen und Nematoden in Beziehung zu ihrer geographischen Verbreitung veröffentlichte Ferris [473]. Es gibt offenbar Zusammenhänge zwischen der Kontinentalverschiebung, die vor ca. 180 Mill. Jahren begann, und der ursprünglichen Verbreitung der Nematodengattungen und -arten der Heteroderidae, wie am Beispiel der *Globodera*-Arten an Solanaceen und Compositen in Südamerika bzw. Eurasien erläutert wird. In Abbildung 3 sind die prinzipiellen Schritte der Koevolution von zystenbildenden Nematoden und ihren Wirten unter besonderer Berücksichtigung von Resistenz und Pathotypen dargestellt. Nach dem gegenwärtigen Wissensstand muß angenommen werden, daß die Koevolution von pflanzenparasitären Nematoden und ihren Wirtspflanzen seit Jahrmillionen andauert.

Während bei den hochspezialisierten Endoparasiten durch die Koevolution von Wirt und Parasit auch hochspezialisierte Wechselbeziehungen entstanden sind, bei denen beide Partner um einen genetischen Fortschritt konkurrieren, gibt es bei den ektoparasitären Wurzelnematoden nur wenig spezifische Nahrungserfordernisse und demzufolge größere Wirtspflanzenkreise. Eine Resistenz kommt praktisch nicht vor, weil der Selektionsdruck durch die Parasiten gering ist, und der Wirt nur einen geringen Fortschritt durch die Ausbildung spezifischer Resistenzgene erlangen würde [1423]. Die wandernden Endoparasiten nehmen eine Mittelstellung ein (Abb. 4).

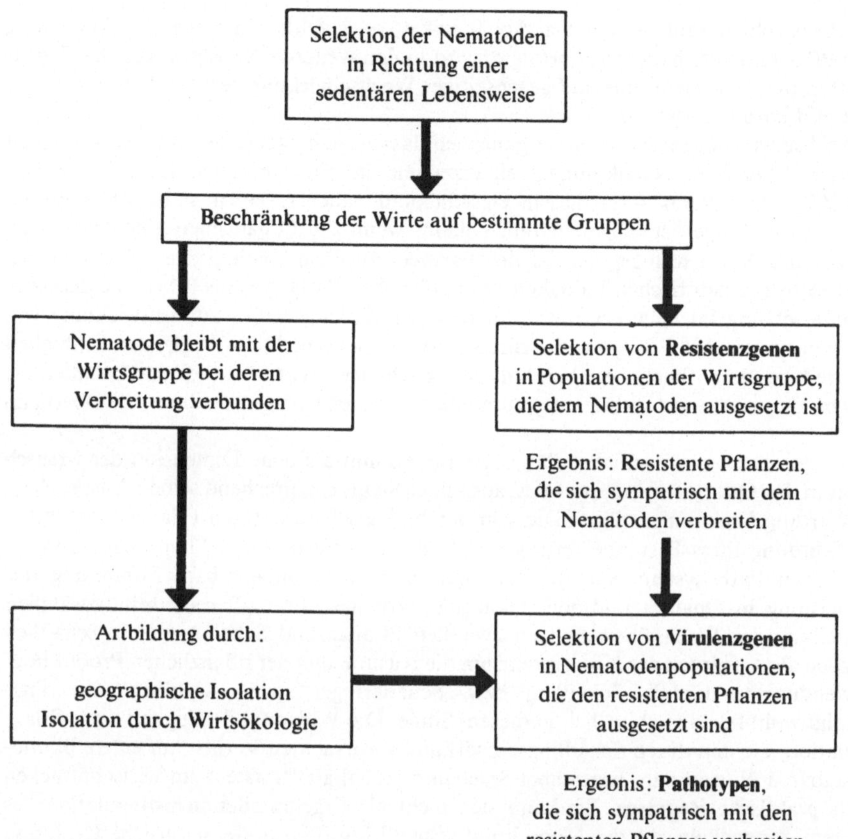

Abb. 3. Koevolution von zystenbildenden Nematoden und ihren Wirten. In Anlehnung an Stone 1983.

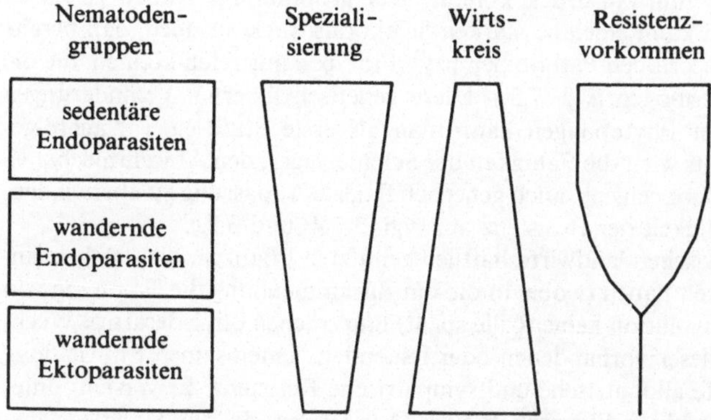

Abb. 4. Beziehungen zwischen Spezialisierung, Wirtskreis und Vorkommen von Resistenz bei den ökologisch-biologischen Hauptgruppen pflanzenparasitärer Nematoden. In Anlehnung an Roberts 1982.

Ohne Rücksicht darauf, in welcher Abhängigkeit oder zeitlichen Folge die Anpassung zwischen Pflanze und Schaderreger erfolgte, wird in den weiteren Ausführungen der Begriff Koevolution für die gemeinsame, auf gegenseitiger Wechselwirkung beruhende Entwicklung von Wirt und Parasit verwendet.

Die Wechselwirkungen zwischen Organismen lassen sich, gemessen an der Fähigkeit der Partner, fruchtbare Nachkommen zu erzeugen, in nützlich, schädlich oder neutral einteilen [659]. Man kann unter diesem Gesichtspunkt auch in einem natürlichen Pathosystem von Schädlingen sprechen, nämlich dann, wenn die Organismen einen negativen Einfluß auf das Vermehrungspotential des Partners ausüben (biologische Schädlichkeit). Dank der selbstregulatorischen Fähigkeit des natürlichen Pathosystems führt eine derartige Auseinandersetzung im Rahmen eines dynamischen Gleichgewichts zur Entwicklung von Schutzsystemen bei den Pflanzen, die ihren Bestand sichern. Diese Widerstandsfähigkeit der Pflanze bezeichnet Smeljanez [1635] als **biologische Resistenz**. Anscheinend behalten die Pflanzen bei dieser Auseinandersetzung, zumindest im gegenwärtigen Stadium, die Oberhand [1092].

Mit der Entwicklung künstlicher Pathosysteme kommt als neue Dimension der Mensch hinzu, der in das Ökosystem eingreift und aus seiner Sicht, entsprechend seinen Ansprüchen, andere Wertungskriterien einführt. Die von der biologisch resistenten Pflanzenpopulation ohne Gefährdung ihres Bestandes ertragenen Substanzverluste durch Phytophage können im künstlichen Pathosystem eine für den Menschen nicht annehmbare Minderung der Pflanzenleistung in Qualität und/oder Quantität bedeuten. Er trifft seinerseits zusätzlich eine Einteilung der Wechselbeziehungen zwischen Pflanze und Schaderreger in schädlich und nützlich als Ausdruck der Konkurrenz um die Ausnutzung der pflanzlichen Produktion. Die Verwendung der Begriffe „Schädling“ bzw. „Schaderreger“ sowie „schädlich“ und „nützlich“ erfolgt wohl fast ausschließlich in diesem Sinne. Die Widerstandsfähigkeit einer Pflanzenpopulation, die den durch Schädlingseinwirkung verursachten Verlust auf einem ökonomisch tragbaren Niveau hält, bezeichnet Smeljanez [1635] als Resistenz im wirtschaftlichen Sinne, als **praktische Resistenz**. Sie kann sich nicht als Ergebnis der Selbstregulation des Pathosystems entwickeln, die der Mensch mit seinen Eingriffen in die natürliche Evolution durch die Pflanzenzüchtung verhindert. Diese Steuerungstätigkeit, mit der die Pflanze unter wirtschaftlichen Gesichtspunkten beeinflußt wird, schützt sie gleichzeitig vor der Wirkung von Schaderregern als Selektionsfaktoren; in einem künstlichen Pathosystem kann daher keine Koevolution ablaufen.

Das künstliche Pathosystem liefert aber gute Beispiele für die Anpassungsfähigkeit phytophager Organismen, wie sie besonders deutlich bei der Entstehung von Pathotypen bzw. Biotypen (Nematoden, Insekten) zum Ausdruck kommt. Der großräumige Anbau genetisch einheitlicher resistenter Sorten kann einen so starken Selektionsdruck ausüben, daß bereits innerhalb weniger Vegetationsperioden Pathotypen bzw. Biotypen auftreten können, die die Resistenz zu durchbrechen vermögen (vgl. 7.2.). Diese genetisch fixierten Veränderungen wesentlicher Eigenschaften der Phytophagen kann man als erste Stufe einer Nachfolge-Evolution ansehen. Andererseits wirft die Fähigkeit der Schaderreger, den Abwehrmechanismus einer resistenten Pflanze durch eigene, auch genetisch fixierte Anpassung zu überwinden, die Frage nach der Dauerhaftigkeit der Resistenz auf (vgl. 3.7.4. und 3.8.).

Man kann unterscheiden zwischen landwirtschaftlich genutzten Pflanzen, die sich gemeinsam mit Phytophagen entwickelt haben (wobei in diesem Zusammenhang die Trennung von Koevolution und Nachfolge-Evolution keine Rolle spielt) und solchen ohne derartige Wechselbeziehungen. Auf Grund dieser vorhandenen oder fehlenden gemeinsamen Entwicklung prägte Harris [658] die Begriffe allopatrische und sympatrische Resistenz. Er versteht unter **allopatrischer Resistenz** „jene erbliche Eigenschaft eines Organismus, die das Maß des Schadens beeinflußt, der von einer parasitischen Art verursacht wird, die vorher mit diesem Organismus keine gemeinsame Entwicklung durchlaufen hat“. Als Beispiel für allopatrische

Resistenz kann die Resistenz von Weizen gegen die Hessenfliege *(Mayetiola destructor)*

angeführt werden. Läßt sich eine gemeinsame Entwicklung von Pflanze und Schaderreger nachweisen, handelt es sich um **sympatrische Resistenz**. Die sympatrische Resistenz kann auf zwei Wegen erreicht werden, deshalb ist eine Unterteilung notwendig, die auf der Charakterisierung ihres genetischen Ursprungs beruht. Gene des ursprünglichen Verteidigungsmechanismus der Pflanze, die sich als Reaktion auf den Selektionsdruck durch den Schaderreger entwickelt haben und erhalten geblieben sind, bezeichnet Harris [659] als „mit-entwickelte" Gene (having coevolved). Wenn durch sie in den heute genutzten Pflanzen eine Schadminderung erreicht wird, liegt die eine Form der sympatrischen Resistenz vor. Davon zu unterscheiden sind solche Gene, die nicht Bestandteil des ursprünglichen Verteidigungsmechanismus waren, die unabhängig vom Selektionsdruck des Schädlings im Genpool existieren, ihr Vorhandensein also in keiner Beziehung zum Schädling steht. Auch solche Gene können zur Minderung der Schadwirkung beitragen; man kann sie als „nicht selektiert" (being unselected) bezeichnen.

Da unsere Kenntnisse über Ursprung, Evolution und Genetik der Nutzpflanzen und ihrer Schaderreger nur sehr lückenhaft sind, wird es schwierig sein, im Einzelfall die Resistenz einer Pflanze einer dieser Kategorien zuzuordnen. Man muß ihnen aber trotzdem eine gewisse Bedeutung für die Praxis der Pflanzenzüchtung zuschreiben (vgl. 10.). Die Form der Resistenz, die für die Anwendung in der Züchtung landwirtschaftlich genutzter Pflanzen zur Verfügung steht, ist in den meisten Fällen eine allopatrische oder sympatrische, nichtselektierte Resistenz [659]. In beiden Fällen handelt es sich um eine zufällige genetische Grundlage der Resistenz im Gegensatz zur mitentwickelten sympatrischen Resistenz. Es hat sich herausgestellt, daß die Resistenz dann am erfolgreichsten zu nutzen war, wenn man als Resistenzquelle solches Genmaterial verwendete, das sich — im Gegensatz zu den nichttierischen Schaderregern — nicht gemeinsam mit dem Schädling entwickelt hatte.

Allopatrische Resistenz	Widerstandsfähigkeit der Pflanze gegen einen Schaderreger nach unabhängiger Evolution beider Partner.
Aufeinanderfolge-Evolution	Ständige Nachfolge-Anpassung der Phytophagen an die fortschreitende Evolution der Pflanzen.
Biologische Resistenz	Widerstandsfähigkeit der Pflanze, die auf der Selbstregulation eines natürlichen Pathosystems beruht.
Koevolution	Gemeinsame Entwicklung von Pflanzen und Phytophagen auf der Grundlage eines gegenseitig ausgeübten Selektionsdruckes; antagonistische Beziehung.
Praktische Resistenz	Widerstandsfähigkeit der Pflanze in einem künstlichen Pathosystem, hält den durch Schaderreger verursachten Verlust auf einem ökonomisch tragbaren Niveau.
Sympatrische Resistenz	Widerstandsfähigkeit der Pflanze gegen einen Schaderreger, die auf gemeinsamer Evolution beruht.

3.3. Aspekte von Resistenz-Intensität und -Wirkungsbreite

Jede Pflanze besitzt auf Grund ihrer genetischen Konstitution die Fähigkeit, verschiedenen Schaderregern als Wirt zu dienen und für andere Parasiten ein Nichtwirt zu sein. Diese Fähigkeit wird als **Disposition** bezeichnet. Sie kann alle Übergänge zwischen höchster Anfälligkeit und völliger Unanfälligkeit aufweisen. Bezieht sich die Wirtseignung, die Aufnahme von Wirt-Parasit-Beziehungen, nur auf ein bestimmtes Entwicklungsstadium oder Alter der Pflanze, spricht man von **Phasendisposition**. Die durch Umweltfaktoren beeinflußte Disposition, ihre spezifische Ausprägung zum Zeitpunkt des Befalls, wird als **Prädisposition** bezeichnet.

Es gibt keine Pflanzenart, die nicht von irgendwelchen Schaderregern befallen werden kann und andererseits keinen Schädling, der alle Pflanzen zu befallen vermag. Voraussetzung für die Entstehung einer Wechselwirkung zwischen Schaderreger und Pflanze ist eine Affinität der

Partner, d. h., die Parasiten müssen auf die Pflanze ansprechen. Je nach dem Vorhandensein oder Fehlen einer solchen Wechselwirkung kann man die Pflanzen grundsätzlich in zwei Gruppen einteilen: in Wirtspflanzen und Nichtwirtspflanzen.

Zwischen Nichtwirtspflanze und Schaderreger gibt es bis auf Mechanismen, die zur Erkennung der Nichtwirt-Eigenschaften einer Pflanze und ihrer Ablehnung dienen, keine Beziehungen. Dieses Fehlen von Wechselbeziehungen zwischen beiden Organismengruppen, die vollständige Nichteignung einer Pflanze als Wirt, bezeichnet man vielfach als **Immunität**. Es ist ein absoluter Begriff, der nicht mit qualifizierenden Zusätzen wie „ziemlich", „mehr", „etwas" usw. verbunden werden kann; eine immune Pflanze ist ein Nichtwirt.

Diese Definition bedeutet andererseits, daß eine Wirtspflanze, d. h. eine Pflanze, mit der ein spezifischer Schaderreger zumindest potentiell in Beziehung zu treten vermag, nie immun gegen diesen Schaderreger sein kann; die Begriffe Wirtspflanze und Immunität schließen einander aus. Da die Eigenschaft der Resistenz immer eine Pflanze-Schaderreger-Beziehung voraussetzt, kann sie nur im Bereich der Wirtspflanzen des betreffenden Schaderregers zum Ausdruck kommen. Deshalb ist es auch höchst unwahrscheinlich, daß innerhalb einer Kulturpflanzenart eine immune Einzelpflanze zu finden ist, wenn eine andere Pflanze dieser Art anfällig für einen Schaderreger ist. Es ist jedoch sehr wahrscheinlich, daß innerhalb einer Wirtspflanzenart einige Individuen mehr resistent (oder anfällig) sind als andere. Nichtwirtspflanzen liegen außerhalb der Betrachtungen zur Resistenz und ihrer Klassifizierung. Für die Pflanzenzüchtung haben sie kaum Bedeutung; von Interesse sind nicht immune Pflanzen, sondern Unterschiede im Grad der Resistenz.

Der Begriff der Immunität wird aber nicht nur in der Phytopathologie, sondern auch in der Veterinär- und Humanmedizin angewendet, d. h. auf einen viel größeren Bereich von Organismen, als es die Pflanzen darstellen. Shapiro et al. [1578] und Popkova [1338] berücksichtigen in ihrer Definition diesen umfassenden Charakter des Begriffes und verstehen unter Immunität die Nichtanfälligkeit eines Organismus gegen alle Fremdstoffe mit fremdartiger genetischer Information (mit Antigenwirkung), aber auch andere ungünstige Einwirkungen. Im Prozeß der Evolution hat sich ein System immunologischer Schranken entwickelt, das bei höheren Tieren und beim Menschen seine höchste Vollendung erreichte. Es beruht auf der Bildung von Antikörpern, die durch das Humoralsystem im Körper verbreitet werden. Ein Immunsystem haben nach der Auffassung der genannten Autoren auch die Pflanzen im Verlauf der Evolution in der Auseinandersetzung mit der Entwicklung der Nahrungsspezialisierung der Konsumenten (Schaderreger) herausgebildet. Dabei unterscheidet sich die Immunität von Pflanzen gegen Krankheitserreger grundsätzlich von der gegen Schädlinge, in die in diesem Zusammenhang die Nematoden einbezogen werden. Insgesamt wird die Immunität nur auf dem Niveau höherer taxonomischer Einheiten (ab Familie) als absolute Größe, d. h. vollständige Nichtbefallbarkeit der Pflanze durch einen Schaderreger, angesehen. Auf den unteren Ebenen der Gattungen, Arten und Sorten sprechen die Autoren der Immunität nur einen relativen Charakter zu, sie entspricht hier der Resistenz.

Es werden allerdings Bedenken geäußert, den Immunbegriff im Bereich der Phytopathologie anzuwenden. Die Unterschiede in der inneren Struktur zwischen Pflanze und tierischem Organismus, die die Voraussetzung für die Ausbildung eines Immunsystems ist, sind doch so erheblich, daß es uns in Übereinstimmung mit Fröhlich [523] und Schumann [1532] als angemessener erscheint, auf die Anwendung des Begriffes Immunität nach Möglichkeit zu verzichten.

Kommt es zu einer Beziehung zwischen Schaderreger und Pflanze, bietet sie ihm eine Möglichkeit zur Ansiedlung, Ernährung und gegebenenfalls auch zur Vermehrung, so wird sie als **Wirtspflanze** bezeichnet. In der Nematologie ist in diesem Begriff die Vermehrungsmöglichkeit in jedem Fall eingeschlossen; Pflanzen, die nur Nahrung liefern, werden als **Nährpflanzen** bezeichnet.

Man unterscheidet Haupt- oder Primärwirte, Neben- oder Sekundärwirte, Ausweich- oder Ersatzwirte sowie Zufalls- oder Gelegenheitswirte. Diese Begriffe spiegeln die Bedeutung (Rangordnung) der jeweiligen Pflanzenart für die Existenz oder Entwicklung eines Parasiten wider. Allerdings können die Begriffe Haupt- und Nebenwirt auch einen anderen Inhalt haben. So wird bei wirtswechselnden Arten (z. B. Aphiden) als Hauptwirt diejenige Pflanze

bezeichnet, auf der im Herbst die Geschlechtstiere und als Nebenwirt solche, auf der nur parthenogenetische Formen leben. Im gleichen Sinne werden auch die Begriffe Winter- und Sommerwirt verwendet.

Viele Parasiten haben mehrere Wirte, auf denen sie sich entwickeln und vermehren können; diese Pflanzen bilden den Wirtskreis oder das Wirtsspektrum des Schaderregers. Innerhalb des Wirtskreises kann die Wirtseignung unterschiedlich sein. Man spricht demzufolge von sehr guten, guten, mäßigen oder schlechten Wirten. Die Abgrenzung dieser Kategorien ist oft willkürlich und stets relativ. Trotzdem können diese Begriffe, wenn sie mit konkreten Angaben versehen werden, eine hohe Aussagefähigkeit erreichen. Als Beispiel sind die Einordnungscharakteristika für die Wirts- und Vermehrungseignung von Pflanzenarten für den sedentären Nematoden *Rotylenchulus reniformis* [355] angeführt (Tab. 1).

Tabelle 1
Einordnungscharakteristika für die Wirts- und Vermehrungseignung von Pflanzenarten für den sedentären Nematoden *Rotylenchulus reniformis*. Nach Decker und Rodriguez Fuentes [355].

Eignungsgruppe	Charakteristika	Beispiele
I Nichtwirte	keine Weibchen mit Eiersäcken an den Wurzeln	Mais
II Gelegenheitswirte ohne Vermehrungswirkung	bis 2 Weibchen/g Wurzel; ohne Eier im Eiersack	Kartoffel Möhre
III geringe Wirts- und Vermehrungseignung	bis 4 Weibchen/g Wurzel; <100 Eier/g Wurzel	Wassermelone Paprika Rettich
IV mäßige Wirts- und Vermehrungseignung	5—12 Weibchen mit Eiersäcken/g Wurzel; 100—300 Eier/g Wurzel	Tabak Baumwolle Knoblauch
V gute Wirts- und Vermehrungseignung	13—25 Weibchen mit Eiersäcken/g Wurzel; 300—1000 Eier/g Wurzel	Gartenbohne Sojabohne Sonnenblume
VI sehr gute Wirts- und Vermehrungseignung	>25 Weibchen mit Eiersäcken/g Wurzel; >1000 Eier/g Wurzel	Süßkartoffel Tomate Salat

Die Wirtspflanze eines Schaderregers unterscheidet sich von einer Nichtwirtspflanze durch die Eigenschaft der **Anfälligkeit**. Die Beziehungen zwischen anfälligen Pflanzen und ihren spezifischen Schaderregern können, wenn sie realisiert werden, ein weit gefächertes Spektrum der Intensität gegenseitiger Einwirkungen aufweisen. Die Höhe der Anfälligkeit einer Pflanze wird vom Ausmaß ihrer Widerstandsfähigkeit gegenüber dem Schaderreger bestimmt; damit stellt die Anfälligkeit den Gegensatz zur Resistenz dar, sie ist ihr umgekehrt proportional. Auf der einen Seite reicht die Skala gegenseitiger Einwirkungen bei extrem geringer Anfälligkeit bis zur Befallsfreiheit der Pflanze: **extreme Resistenz**. Aus den oben genannten Gründen ist es nicht richtig, diese Befallsfreiheit mit Immunität zu bezeichnen; diesem Zustand liegen andere Mechanismen zugrunde. Durch entsprechende Einflüsse kann eine auch extrem resistente Pflanze wenigstens bis zu einem gewissen Grade anfällig werden, eine immune Pflanze (Nichtwirtspflanze) wird unter keinen Umständen anfällig. Denkbar wäre lediglich ein sich über große Zeiträume erstreckender Anpassungsprozeß, wie er bei der Ausweitung der Wirtsspektren im Verlauf der Phylogenese von Phytophagen und Wirt erfolgte (Abb. 5).

Die Intensität der Resistenz wird nach verschiedenen Maßstäben beurteilt und eingestuft.

Sie ist keine starre Größe, sondern variabel bei den verschiedenen Wirt-Parasit-Kombinationen ausgeprägt. Für praktische Belange werden meist drei Resistenzgrade unterschieden:

niedrige Resistenz (low resistance),
mittlere oder mäßige Resistenz (intermediate oder moderate resistance),
hohe Resistenz (high resistance).

Dabei handelt es sich um keine absoluten Werte, sondern stets um relative; meist werden sie in Beziehung zu einer anfälligen Sorte gesetzt (vgl. 11.10.).

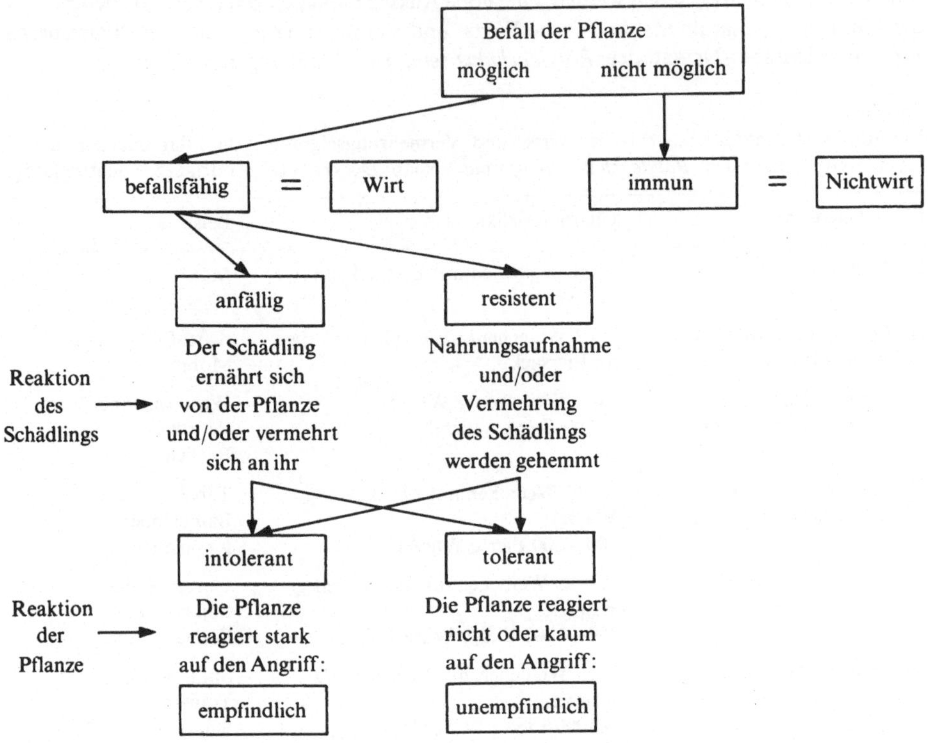

Abb. 5. Reaktion der Pflanze auf Schädlingsbefall.

Die zur Abmessung der Resistenzgrade angewendeten Maßstäbe müssen sich einerseits an der Biologie des Schaderregers orientieren, andererseits aber auch die praktischen Anforderungen bei der Bonitur berücksichtigen; daher können sie bei den verschiedenen Schaderregergruppen unterschiedlich sein.

Die Resistenz einer Pflanze wirkt sich bei den Nematoden in erster Linie hemmend auf deren Entwicklung und damit meist auch auf den durch sie verursachten Schaden aus. Dabei sind dies zwar zwei häufig miteinander verbundene, aber in Wirklichkeit unterschiedliche Wirkungsebenen. Die Stärke der Nematodenvermehrung wird bedingt durch die **Wirtseffizienz** (Wirtseignung). Sie kann alle Stufen von hoher Resistenz bis hoher Anfälligkeit umfassen. Der Ertragsverlust bzw. Schaden ist als Reaktion der Pflanze auf den Schaderregerbefall ein Maß für die **Wirtsempfindlichkeit**. Er kann nicht oder kaum feststellbar sein — in diesem Fall bezeichnen wir dies als Toleranz (vgl. 3.5.1.) — und sehr große Ausmaße annehmen, die Pflanze ist dann intolerant. In der Abbildung 6, die sich auf die Verhältnisse des Getreidezystenälchens *(Heterodera avenae)* an verschiedenen Getreidearten und -sorten bezieht, werden diese Beziehungen dargestellt.

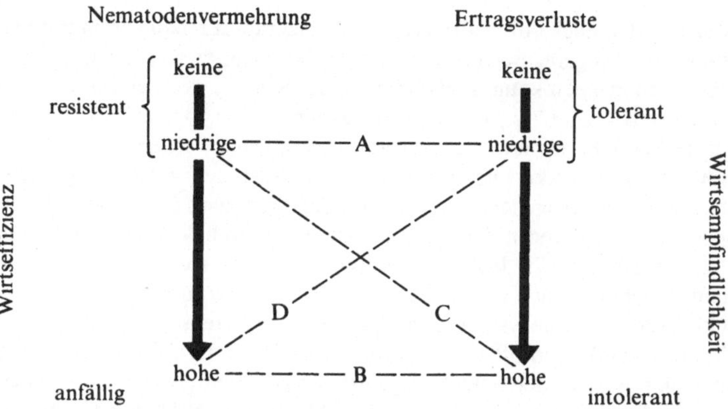

Abb. 6. Beziehungen zwischen Wirtseffizienz und Wirtsempfindlichkeit, dargestellt am Getreidezystenälchen *(Heterodera avenae)* an verschiedenen Getreidearten und -sorten. In Anlehnung an Cook 1974.

Die Linien A—D repräsentieren folgende Verhältnisse:

A = Durch ein Resistenzgen wird die Nematodenvermehrung unterbunden, der Schaden bleibt gering (*H. avenae* an resistenter Sommergerste).

B = Hoch anfällige Sorte mit hoher Nematodenvermehrung und entsprechend hohem Schaden (*H. avenae* an anfälliger Hafersorte).

C = Sorte mit einem Resistenzgen, das die Nematodenvermehrung unterbindet, aber den Schaden nicht verhindern kann (*H. avenae* an resistenter Hafersorte).

D = Tolerante Sorte, die eine hohe Vermehrung des Nematoden erlaubt, ohne dabei wesentlichen Schaden zu nehmen.

Eine Abstufung der Resistenzgrade auf der Grundlage des Schadens kann dort notwendig werden, wo eine exakte vergleichbare quantitative Erfassung des Befalls bzw. der Vermehrungsfähigkeit des Schaderregers nicht oder nur mit großen Schwierigkeiten möglich ist. Dabei darf die Tatsache, daß in diesem Fall die Aspekte der Toleranz bzw. Intoleranz einbezogen sind, nicht außer Betracht gelassen werden.

Der erkennbaren Ausprägung eines Resistenzgrades bzw. der Resistenzintensität können durchaus verschiedene Ursachen zugrunde liegen, wie Horber [726] am Begriff mittlere Resistenz aufzeigte. Danach sind mindestens drei Situationen denkbar, aus denen sich ein derartiger Resistenzgrad ergeben kann:

— Eine Sorte kann aus Pflanzen bestehen, die zwar phänotypisch ähnlich sind, sich aber auf Grund ihrer physiologischen Eigenschaften im Resistenzgrad unterscheiden. Sie enthält neben Pflanzen mit hoher Resistenz auch solche, die nur einen niedrigen Resistenzgrad besitzen, so daß sich für die Sorte insgesamt ein mittlerer oder mäßiger Resistenzgrad ergibt.

— Mäßige Resistenz kann auch auf genetischen Ursachen beruhen. Sie ist bei einer Sorte zu erwarten, wenn die Pflanzen, aus denen sie sich zusammensetzt, heterozygot für unvollständig dominante Gene sind und wenn diese Gene, sofern sie homozygot vorliegen, einen hohen Resistenzgrad verleihen.

— Eine Pflanze kann auch dann mäßig resistent sein, wenn diese Eigenschaft homozygot verankert ist und die betreffenden Gene nur diesen Resistenzgrad verleihen.

Der Pflanzenzüchtung wird oft das Ziel gesetzt, einen möglichst hohen Grad der Resistenz gegen einen Schaderreger zu erreichen, im Idealfall eine **vollständige Resistenz** (complete resistance; entspricht der extremen Resistenz) [1705]. Das kann am ehesten durch spezifische (vertikale) Resistenz (vgl. 3.7.1.) erreicht werden, ist aber u. U. mit einer mehr oder weniger geringen Wirkungsdauer verknüpft. Vielfach muß man sich mit einem niedrigeren Resistenzgrad, d. h. mit **partieller** oder **Teilresistenz** (partial resistance) [1705], begnügen. Es sollte aber nicht vergessen werden, daß auch ein niedrigerer Resistenzgrad durchaus ökonomische Bedeutung erlangen und bei geringerer Schaderregerdichte den Einsatz von Schädlingsbekämpfungsmitteln entbehrlich machen kann. Außerdem ist der Schutz, wenn er auf unspezifischer (horizontaler) Resistenz (vgl. 3.7.2.) beruht, von Dauer.

Bisher haben wir unsere Betrachtungen auf die Wechselwirkungen zwischen einem Parasiten und seiner Wirtspflanze beschränkt. Die Pflanze ist aber einem mehr oder weniger umfangreichen und unterschiedlich heterogenen Komplex von Schaderregern aus verschiedenen taxonomischen Gruppen ausgesetzt, gegen den sie sich schützen muß bzw. durch Züchtung auf Resistenz geschützt werden soll. Wir hatten im Kapitel 2 bereits erwähnt, daß das im natürlichen Pathosystem bestehende, sich im Verlauf der Evolution herausgebildete Schutzsystem der Pflanze im künstlichen Pathosystem, d. h. unter den vom Menschen geschaffenen Anbaubedingungen, bei Kulturpflanzen oft nicht ausreicht. Aufgabe der Pflanzenzüchtung ist es nun, entsprechend der Anzahl der Schaderregerarten und ihres jeweils spezifischen Anteils am Schadausmaß, die Widerstandsfähigkeit der Pflanze zu erhöhen bzw. zu ergänzen. Daß dabei oft komplizierte Zusammenhänge und Abhängigkeiten im Rahmen des gesamten Agro-Ökosystems zu berücksichtigen sind, wird im Kapitel 7 näher ausgeführt. Hier wollen wir nur einige Begriffe erläutern, die zur Kennzeichnung des Umfanges der Resistenzwirkung in Gebrauch sind. Bei exakter Abgrenzung sind folgende Stufen der Wirkungsbreite denkbar und begrifflich zu differenzieren:

- Resistenz gegen eine Schaderregerart;
- Resistenz gegen mehrere, nahe verwandte Schaderregerarten;
- Resistenz gegen mehrere Schaderregerarten aus verschiedenen Ordnungen (z. B. Coleopteren, Dipteren und Lepidopteren);
- Resistenz gegen Schaderreger aus verschiedenen Tierklassen (z. B. Resistenz gegen Insekten-, Milben- und Nematodenarten);
- Resistenz gegen tierische Schaderreger und Pathogene.

Eine einheitlich geübte begriffliche Abgrenzung dieser verschiedenen Wirkungsbreiten der Resistenz ist in der Literatur nicht zu erkennen. Im wesentlichen wird nur eine über die auf eine Art bezogene, auch als **selektive** Form bezeichnete **Resistenz** [1635] hinausgehende Schutzwirkung unterschieden. Sie wird als **Mehrfachresistenz** (bezogen auf Pathogene: Kegler und Kleinhempel [843]) oder **multiple Resistenz** (multiresistente Sorte) [726, 1469] bezeichnet, teilweise auch als komplexe Resistenz. Smeljanez [1635] unterscheidet noch eine **gruppenspezifische** Form der **Resistenz**, die Schutz vor einer Gruppe nahe verwandter Schädlingsarten verleiht. Wir sind der Meinung, daß insbesondere die Abgrenzung der letzten Resistenzstufe, die tierische Schaderreger und Pathogene umfaßt, notwendig und eine entsprechende Begriffsbildung gerechtfertigt ist. Hierfür scheint uns die Bezeichnung **komplexe Resistenz** am geeignetsten zu sein; dieser Begriff sollte diesem Zweck vorbehalten und nur in diesem Sinne verwendet werden. Das entspricht auch der Auffassung von Shapiro et al. [1578]; Kegler und Kleinhempel [843] dagegen beschränken seine Anwendung auf alle relevanten Pathogene, Smeljanez [1635] auf einen Komplex von Schädlingen. Der komplexen Resistenz entspricht der von Robinson [1429] verwendete Begriff der **umfassenden horizontalen Resistenz** (comprehensive horizontal resistance), die gegen alle örtlich wichtigen Parasiten und Pathotypen wirkt. Mit dem gleichen Inhalt, d. h. unter Einbeziehung nichttierischer Schaderreger, manchmal aber auch nur auf zwei Pathogene beschränkt, findet man die Bezeichnung **kombinierte Resistenz**. Andererseits benutzen Horber [726] und Russell [1469] den Begriff multiple Resistenz in diesem umfassenden Sinne, wobei Horber sogar noch die verschiedensten Umwelteinflüsse wie Hitze, Trockenheit, Hagel, Kälte u. a. einbezieht.

Anfälligkeit	Eignung einer Pflanze als Wirt für einen Schaderreger. Die Höhe der Anfälligkeit ist umgekehrt proportional zur Höhe der Resistenz.
Disposition	Potentielle Fähigkeit der Pflanze, einem Schaderreger als Wirt zu dienen.

Extreme Resistenz	Höchster Resistenzgrad; Pflanze befallsfrei.
Gruppenspezifische Resistenz	Resistenz gegen eine Gruppe nahe verwandter Schaderreger.
Immunität	Absolute Nichteignung einer Pflanze als Wirt für einen Schaderreger.
Kombinierte Resistenz	s. komplexe Resistenz.
Komplexe Resistenz	Resistenz gegen tierische und nichttierische Schaderreger.
Mehrfachresistenz	Resistenz gegen mehrere Schaderreger.
Multiple Resistenz	s. Mehrfachresistenz.
Nährpflanze	Pflanze, die dem Schaderreger nur Nahrung liefert.
Partielle Resistenz	Niedrigerer Resistenzgrad, der der Pflanze nur einen Teilschutz verleiht.
Phasendisposition	Auf ein bestimmtes Entwicklungsstadium oder Alter bezogene Fähigkeit der Pflanze, einem Schaderreger als Wirt zu dienen.
Prädisposition	Spezifische Disposition der Pflanze zum Zeitpunkt des Befalls.
Selektive Resistenz	Resistenz gegen eine Schaderregerart.
Teilresistenz	s. partielle Resistenz.
Umfassende horizontale Resistenz	s. komplexe Resistenz.
Vollständige Resistenz	s. extreme Resistenz.
Wirtseffizienz	Eignung des Wirtes zur Vermehrung der Schaderregerpopulation.
Wirtsempfindlichkeit	Reaktion des Wirtes auf Infektion bzw. Befall hinsichtlich seiner Schädigung (Leistungsfähigkeit, Ertragsleistung).
Wirtspflanze	Pflanze, auf der sich der Schaderreger ansiedeln, ernähren und gegebenenfalls vermehren kann.

3.4. Funktionelle Aspekte der Resistenz

Wir wollen unter diesem Gesichtspunkt zunächst alle die Erscheinungsformen der Resistenz abhandeln, die bei normalerweise empfindlichen Wirtspflanzen auftreten und ihnen vorübergehend eine erhöhte Widerstandsfähigkeit verleihen. Bei derartigen Resistenzformen spielt die Umwelt eine große Rolle, die den Befallsgrad bzw. das Schadmaß wesentlich beeinflußt und bestimmt. Damit soll jedoch nicht zum Ausdruck kommen, daß Umweltfaktoren für die Ausprägung von Resistenzeigenschaften bei anderen Formen der Resistenz keine Bedeutung hätten. Sie sind nur nicht in diesem Ausmaß von der Umwelt abhängig, und die Pflanzen bewahren ihre Widerstandsfähigkeit über einen breiteren Bereich von Umwelteinflüssen. Die im folgenden beschriebenen Erscheinungen beruhen nicht notwendigerweise auf vererbbaren Merkmalen bzw. Eigenschaften der Pflanzen, man faßt sie auch unter dem Begriff **Pseudoresistenz** [1259] oder **ökologische Resistenz** [1635] zusammen.

Hat sich ein Phytophage auf einen bestimmten Wirt spezialisiert, dann bedeutet das auch eine zeitliche Anpassung des Lebenszyklus an die Entwicklungsphasen der Pflanze. Sie kann eine Störung bzw. Aufhebung dieser Synchronisation als Abwehrstrategie entwickeln, so daß es zu einem Bruch zwischen wichtigen Entwicklungsabschnitten der Partner kommt. Zwölfer [1923] nennt es „eingeplante Unberechenbarkeit“, wenn z. B. die in mehrjährigem, ungleichmäßigem Rhythmus erfolgende Samenproduktion der Koniferen eine Massenvermehrung auf den Samenverzehr spezialisierter Phytophagen erschwert, und auf diese Weise eine Bestandsgefährdung verhindert wird. Eine ähnliche Wirkung kann die Pflanze dadurch erzielen, daß sie — verstärkt und begünstigt durch geeignete Umweltbedingungen — das empfindliche, dem Schaderreger in besonderem Maße ausgesetzte und von ihm besonders benötigte Stadium schnell durchläuft: **Ausweichen des Wirtes (host evasion** nach Painter [1259]; **avoidance** nach Roberts [1419] oder **phänologische Resistenz** [1578]. So kann z. B. durch Vorverlegung des Reifetermins bei einer Sorte der Schaden gemindert werden. Um echte Resistenz würde es sich handeln, wenn die Widerstandsfähigkeit dieser Sorte auch bei Spätanbau, d. h. nach Wiederherstellung der zeitlichen Koinzidenz mit dem Schaderreger, erhalten bliebe. Ähnlich wirkt eine genetisch bedingte phänologische Uneinheitlichkeit einer Wirtspflanzenart.

Bei einheimischen Eichen z. B. unterscheidet man „Früh-", „Mittel-" und „Spättreiber", die, wenn sie gemeinsam in einem Bestand auftreten, sich hemmend auf die Massenvermehrung des Eichenwicklers (*Tortrix viridana*) auswirken. Seine aus dem Ei schlüpfenden Raupen sind auf ein bestimmtes Entwicklungsstadium der Laubblätter angewiesen, und bei mangelnder Koinzidenz mit dem Schlüpftermin sind die betreffenden Bäume vor Fraßschaden geschützt [1526].

Die Uneinheitlichkeit, die die Anpassung des Phytophagen erschwert und daher eine wirksame Abwehrstrategie der Pflanze darstellt, kann sich auch auf den phytochemischen Bereich erstrecken. Als Beispiel für einen solchen phytochemischen Polymorphismus [1923] kann die wechselnde Menge und Zusammensetzung von Alkaloiden in *Lupinus*-Arten genannt werden [388].

Es sei aber an dieser Stelle darauf hingewiesen, daß Unberechenbarkeit und Uneinheitlichkeit des Wirtes keinen dauerhaften Schutz verleihen. Der Phytophage kann auf diese Abwehrstrategie der Pflanze mit gesteigerter Variabilität reagieren und damit den Schutzmechanismus wenigstens teilweise überwinden (Strategie der Risikostreuung nach Den Boer [161]).

Für mangelhafte oder fehlende Koinzidenz von Schaderreger und Wirt, in zeitlicher wie auch räumlicher Beziehung, wird auch der Begriff **escape** verwendet. Roß [1454] gebraucht ihn im Sinne von **Entwachsen**, als **Scheinresistenz**, in ähnlicher Bedeutung wie Painter [1259] den Begriff Ausweichen des Wirtes (host evasion) (s. o.). Auch Harris [659] unterlegt dem Begriff escape als **Entkommen** einen ähnlichen Inhalt. Er zählt diese Form der Widerstandsfähigkeit gegen Arthropodenangriffe zu den natürlichen Pflanzenmechanismen und unterteilt sie in räumliches und zeitliches Entkommen. Ersteres umfaßt die Anordnung bestimmter Teile an der Wirtspflanze wie auch der Individuen innerhalb einer Population (z. B. ungleichmäßige Verteilung, an bestimmten Stellen zusammengeballt u. a.), häufiges bzw. seltenes Vorkommen der Wirtspflanze usw. Bei dem durch zeitliche Differenzen bedingten Entkommen unterscheidet man Verfrühung oder Verspätung, d. h., die verschiedenen Entwicklungsabschnitte des Wirtes wie Keimung, Auflaufen, Blühen, Fruchten usw. beginnen früher bzw. später als gewöhnlich. Die Entwicklungsstadien der Pflanze können auch langsamer oder schneller als üblich durchlaufen werden. Harris [659] weist darauf hin, daß diese Mechanismen mit anderen (strukturellen, chemischen) zusammen in einer jeder Pflanzenart eigenen Mischung wirken, die wiederum von Individuum zu Individuum, von Zeit zu Zeit und von Ort zu Ort Schwankungen unterworfen ist.

Auch Parlevliet [1269] verwendet den Begriff escape, aber mit einer anderen Bedeutung. Sie ergibt sich daraus, daß er ihn auf Pathogene bezieht und mit **Pseudoresistenz** gleichsetzt im Gegensatz zu echter, wahrer Resistenz. Alle die vielen vorkommenden Resistenzformen sind nach seiner Meinung in eine dieser beiden Kategorien einzuordnen, denen er folgenden Inhalt zuschreibt: Pseudoresistenz wirkt vor der Entstehung eines engen Kontaktes zwischen Wirtsgewebe und Pathogen, sie ist bereits vor der Infektion vorhanden und verringert die Wahrscheinlichkeit der Kontaktaufnahme. (In dieser Beziehung ergeben sich Parallelen zur passiven Resistenz, vgl. 3.5.3.) Vielfach sind es morphologische Eigenschaften wie Struktur der Blattoberfläche, Blattbehaarung, Dicke der Kutikula u. a., die ziemlich unspezifisch, d. h. gegen verschiedene Schaderreger, wirken. Diese unspezifische Natur der Resistenz erschwert die Anpassung des Pathogens; die Gene des Wirtes wirken unabhängig von den Genen des Pathogens.

Im Gegensatz zur Pseudoresistenz greift die **echte Resistenz** erst nach vollzogenem engen Kontakt zwischen Pathogen und Wirt ein und reduziert dessen Wachstumsrate bzw. seine Entwicklung. (Hier ergeben sich Parallelen zur aktiven Resistenz, vgl. 3.5.3.) Man nimmt an, daß die Resistenzgene der Wirtspflanze (unabhängig davon, ob mono- oder polygen) in einer Gen-für-Gen-Beziehung mit den Virulenzgenen des Pathogens wirken, d. h. auf eine sehr spezifische Art. Diese Vorstellungen treffen nur zum Teil auch auf tierische Schaderreger zu, wie aus den folgenden Kapiteln zu entnehmen ist.

Painter [1259] verwendet den Begriff escape zwar auch im Sinne von Entkommen, aber mit einer anderen Bedeutung. Er kennzeichnet damit die Beobachtung, daß in einem Bestand anfälliger Wirtspflanzen sogar bei starkem Schädlingsauftreten einige Pflanzen ohne Befall bleiben können. Diese Pflanzen zeichnen sich nicht notwendigerweise durch besondere Eigenschaften aus, die ihnen eine erhöhte Widerstandsfähigkeit verleihen. Ob tatsächlich Resistenz vorliegt, kann nur durch Untersuchung ihrer Nachkommen festgestellt werden. Diese Form der Pseudoresistenz ist auch bei der Suche nach Resistenzquellen auf dem Wege der Screening-Tests zu berücksichtigen (vgl. 11.).

Unter den funktionellen Aspekten der Resistenz wollen wir auch den Begriff **induzierte Resistenz** diskutieren. Er wird in unterschiedlicher Bedeutung und — insbesondere bei tierischen Schaderregern — mit nicht klar umrissenem Inhalt angewendet.

Allgemein ist unter induzierter Resistenz eine Erhöhung der Widerstandsfähigkeit der Pflanze zu verstehen, eine Aktivierung ihrer Abwehrmechanismen ohne genetische Eingriffe und ohne Anwendung toxischer, direkt auf den Schaderreger wirkender Verbindungen [1518]. In der Human- und Veterinärmedizin wird dieser Vorgang als Immunisierung bezeichnet. Die Pflanze besitzt zwar kein dem tierischen Organismus vergleichbares Abwehrsystem, ihr steht jedoch eine beachtliche Breite der Reaktionen auf äußere Einwirkungen zur Verfügung.

Unterschiedliche Ansichten gibt es hinsichtlich der Abgrenzung bzw. des Umfanges der Einbeziehung von Faktoren, die zur Auslösung oder Steigerung der Resistenz von Pflanzen führen. Besondere Umweltverhältnisse einschließlich Kulturmaßnahmen wie Bodenfruchtbarkeit, Bodenfeuchtigkeit und Wechsel in der Wasserversorgung, Düngung, auch Pflanzenschutzmittel und Wachstumsregler, können eine zeitweilige Erhöhung der Widerstandsfähigkeit einer Pflanze verursachen, die Painter [1259] sowie Tingey und Singh [1759] als induzierte Resistenz bezeichnen.

Bei erhöhter Widerstandsfähigkeit gegen Pflanzenkrankheiten, die durch Viren, Bakterien oder Pilze bedingt sind, spricht man dann von induzierter Resistenz, wenn „eine Pflanze durch vorhergehende Infektion oder auch nur Inokulation mit anderen Organismen oder Applikation einer nicht toxischen Substanz vor einer Infektion geschützt wird". Diese von Schönbeck et al. [1518] formulierte Definition begrenzt die Faktoren, die das natürlich vorhandene Resistenzpotential der Pflanze aktivieren (sog. Induktoren), auf Krankheitserreger und bestimmte chemische Verbindungen. Als charakteristische Eigenschaften der induzierten Resistenz werden hier die Ausbreitung der Induktorwirkung in einem gewissen Umfang vom Ort der Applikation aus und die unspezifische Wirkung hervorgehoben, die nicht rassen- und sortenspezifisch, häufig nicht einmal artspezifisch ist. Unspezifität stellte man in dreierlei Hinsicht fest:

- Ein Induktor löst bei einer Pflanzenart Resistenz gegen verschiedenartige Erreger aus.
- Ein Induktor hat die gleiche Wirkung nicht nur bei einer, sondern bei allen geprüften Pflanzenarten.
- Gleichartig wirkende Resistenz kann von Induktoren verschiedener Organismen erzeugt werden.

Als weiteres Merkmal induzierter Resistenz gilt, daß nach der Applikation des Induktors eine gewisse Zeitspanne vergehen muß, ehe die Resistenz wirksam wird; daraus ist zu schließen, daß der Induktor die Neubildung oder vermehrte Produktion einer oder mehrerer Substanzen veranlaßt.

Diese aus Untersuchungen mit Bakterien und Pilzen gewonnenen Erkenntnisse [1518] treffen auch für pflanzenpathogene Viren zu [999]. In welchem Umfang auch tierische Schaderreger als Induktoren wirken und die Produktion bestimmter Abwehrstoffe in der Pflanze veranlassen können, werden wir im Kapitel 8.4. behandeln.

Kogan und Paxton [907] schlagen folgende Definition der induzierten Resistenz vor: „Induzierte Resistenz ist die qualitative oder quantitative Vergrößerung der Verteidigungsmechanismen einer Pflanze gegen Schädlinge als Antwort auf von außen wirkende physikalische oder chemische Reize. Diese äußeren Reize sind als Induktoren oder Auslöser bekannt."

Wir wollen für unsere weiteren Ausführungen unter induzierter Resistenz die Aktivierung der Abwehrmechanismen der Pflanze, die Erhöhung ihrer Widerstandsfähigkeit gegen tierische Schaderreger durch solche Faktoren (Induktoren) verstehen, die als Organismus bzw. Pathogen die Pflanze befallen bzw. infizieren können oder als chemische Substanzen angewendet werden, aber nicht direkt auf den Schaderreger einwirken. Die Umweltfaktoren einschließlich ackerbaulicher Maßnahmen und ihre Einflüsse auf die Ausprägung der Resistenz beziehen wir nicht in den Begriff der induzierten Resistenz ein, da sie Resistenzmechanismen nicht nur aktivieren, sondern auch abschwächen können; wir behandeln sie unter 8.1. und 8.2.

Ausweichen des Wirtes	Fehlende oder mangelhafte räumliche und zeitliche Koinzidenz der Entwicklungsstadien von Wirt und Parasit (s. auch ökologische Resistenz).
avoidance	s. Ausweichen des Wirtes.
Echte Resistenz (nach Parlevliet)	Spezifisch wirkende Resistenz, reduziert Wachstum bzw. Entwicklung des Pathogens erst nach vollzogenem Kontakt mit dem Wirt.
Entkommen des Wirtes	s. Ausweichen des Wirtes.
Entwachsen des Wirtes	s. Ausweichen des Wirtes.
escape	s. Ausweichen des Wirtes.
host evasion	s. Ausweichen des Wirtes.
Induzierte Resistenz	Aktivierung von Resistenzmechanismen der Pflanze durch Organismen oder chemische Substanzen, die nicht direkt auf den Schaderreger wirken.
Ökologische Resistenz	Widerstandsfähigkeit anfälliger Pflanzen, die vorübergehend ist, stark von Umwelteinflüssen abhängt und auf zeitlicher oder räumlicher Inkoinzidenz von Wirt und Parasit beruht.
Phänologische Resistenz	s. ökologische Resistenz.
Pseudoresistenz	s. ökologische Resistenz.
Pseudoresistenz (nach Parlevliet)	Unspezifisch wirkende Resistenz, bereits vor der Infektion vorhanden, verringert die Wahrscheinlichkeit der Kontaktaufnahme von Wirt und Pathogen.
Scheinresistenz	s. ökologische Resistenz.

3.5. Aspekte der Erscheinungsformen der Resistenz und ihrer Mechanismen

Eine Zuordnung der in der Natur zu beobachtenden Resistenzerscheinungen zu bestimmten Mechanismen stößt auf beträchtliche Schwierigkeiten. Das hat mehrere Gründe.

In vielen Fällen hat man zwar in Siebtesten Unterschiede im Schädlingsbefall bei den Versuchspflanzen festgestellt und die geeigneten für die weitere Züchtung genutzt, jedoch keine Untersuchungen über den zugrunde liegenden Resistenzmechanismus angestellt. Es fehlen also oft die als Voraussetzung für eine Einordnung einer bestimmten Resistenzform notwendigen Kenntnisse. (Für die Praxis der Pflanzenzüchtung sind sie wohl auch nicht unbedingt erforderlich.)

Die Resistenz beruht auf morphologischen, anatomischen, physiologischen oder biochemischen Eigenschaften der Pflanze. Sie können als Einzelfaktoren, aber auch gemeinsam, gleichzeitig oder nacheinander wirksam werden und unterschiedlich auf die verschiedenen Etappen der Schaderreger-Wirt-Beziehung Einfluß nehmen (z. B. in der Reihenfolge der Wechselwirkung zwischen den Partnern bei Wirtsfindung — Eiablage — Larvenentwicklung). Bezeichnet man jede dieser Komponenten auf der Pathosystemebene der Wirtspflanze als Resistenzmechanismus [1429], dann wird sich in den meisten Fällen die Resistenz einer Pflanze gegen einen Schaderreger aus mehreren Mechanismen zusammensetzen. Auf dem nächsten, untergeordneten Systemniveau der Wirtspflanzenzelle ist schließlich jeder Resistenzmechanismus auf eine mehr oder weniger große Vielzahl biochemischer Komponenten zurückzuführen. Vielschichtigkeit und Komplexität der Resistenzmechanismen und -faktoren erschweren eine Kategorisierung ebenso wie die Zuordnung des Resistenzverhaltens einer bestimmten Pflanze, das sich in einer bestimmten Resistenzerscheinungsform (Toleranz, Nichtpräferenz, Antibiose) äußert, zu einem speziellen Resistenzmechanismus. So beruht auch die Einteilung von Resistenztypen, wie sie Painter [1259] in bezug auf Schadinsekten vornahm, auf einem Kompromiß zwischen einer Kategorisierung nach der Erscheinung und den Ursachenfaktoren. Sie ist willkürlich, und nicht alle Resistenzformen können unzweideutig einer seiner drei Hauptkategorien Nichtpräferenz, Antibiose und Toleranz zugeordnet werden.

Man hat die bekannten Resistenzmechanismen nach verschiedenen Gesichtspunkten eingeteilt, z. B. in aktive und passive Mechanismen, in physiologische, physikalische, mechanische u. a. Auf die Einzelmechanismen und -faktoren wird noch im Kapitel 6 eingegangen. Wir wollen hier zunächst die drei von Painter [1259] für Insekten eingeführten Hauptkategorien der Resistenz vorstellen und erläutern.

3.5.1. Toleranz

Wir hatten bereits unter 3.3. darauf hingewiesen, daß Ertragsverluste bzw. Schaden als Reaktion der Pflanze auf Schaderregerbefall ein Maß für die Wirtsempfindlichkeit sind. Eine Pflanze oder Sorte mit geringer Wirtsempfindlichkeit duldet die Entwicklung von Schaderregern, ohne selbst deutlich Schaden zu nehmen; man bezeichnet sie als tolerant. Sie erleidet bei gleich starkem Befall geringeren Schaden (gemessen an Ertrag oder Qualität) als eine anfällige, die sich durch eine höhere Wirtsempfindlichkeit mit hohem Schaden, **Intoleranz**, auszeichnet. Toleranz drückt auch die Fähigkeit der Pflanze aus, verursachte Beschädigungen wieder auszugleichen (z. B. durch Regenerierung von Gewebe).

Dieser zunächst einfach erscheinende Sachverhalt des unterschiedlichen Schadausmaßes bei intoleranten und toleranten Sorten ist in der Praxis gar nicht so leicht nachweisbar. Es ist z. B. möglich, daß 2 Sorten, die sich bei gleich starkem Schädlingsbefall im Ertrag unterscheiden, ohne Befall denselben oder einen ähnlichen Unterschied aufweisen. Die Ertragsdifferenz wäre dann nicht auf Toleranz, sondern auf die sortenspezifische Ertragsleistung zurückzuführen. Die quantitative Abgrenzung der Toleranz von der Intoleranz kann nur mit relativen Maßstäben, im Vergleich zu befallsfreien Bedingungen, erfolgen. Z. B. schlagen Stelter und Meinl [1692] beim Pathotyp 1 des Kartoffelzystenälchens (*Globodera rostochiensis*) vor, anfällige Kartoffelsorten, bei denen die Ertragsminderungen unter 20% liegen, als tolerant einzustufen.

Wie ist nun die Toleranz in die Konzeption des Pathosystems einzubauen und ihr Verhältnis zur Resistenz zu kennzeichnen? Wenn man von der oben genannten Definition ausgeht, darf der Toleranzbegriff nur im künstlichen Pathosystem angewendet werden. Ertrag und Qualität, die die bestimmenden Merkmale der Toleranz und ihre Gradmesser darstellen, werden erst durch die vierte Komponente, den Menschen, in das Pathosystem eingeführt; im natürlichen Pathosystem haben diese Kriterien keine Daseinsberechtigung oder Grundlage. Die Widerstandsfähigkeit der Pflanzen im natürlichen Pathosystem, die sich im Verlauf der Evolution im gegenseitigen Anpassungsprozeß mit dem Schaderreger entwickelt hat, ist Voraussetzung und Ausdruck des Systemgleichgewichts, d. h., Resistenz ist hier der Normalzustand.

Mit der Domestizierung der Pflanzen und der damit verbundenen Verhinderung der autonomen Regelung, d. h. mit dem Übergang zum künstlichen Pathosystem, wird die Toleranz der normale Zustand, d. h., die tolerante Wirtspflanze erleidet normale Ertragsverluste. Toleranz bedeutet im künstlichen Pathosystem ebenso wie Resistenz im natürlichen Pathosystem Systemgleichgewicht. Verlust an Resistenz im natürlichen Pathosystem (durch verminderte Wirksamkeit von Resistenzmechanismen) wie Verlust an Toleranz im künstlichen Pathosystem (durch unnormal erhöhte Empfindlichkeit) bedeuten gleichermaßen

Verlust an Systemgleichgewicht. Auf epidemiologischem Niveau sind demnach die Wirkungen von Resistenz- und Toleranzverlust identisch; die Toleranz ist eine Komponente der Resistenz [1429].

Painter [1259] zählt die Toleranz neben Nichtpräferenz und Antibiose zu den Hauptkategorien der Resistenz. Sie nimmt aber eine Sonderstellung ein, da sie eine andere biologische Beziehung zwischen Pflanze und Schaderreger einbezieht, und ist deshalb von ihnen abzutrennen [125]. Die Pflanzenreaktionen auf Schädlingsbefall, die als Toleranz bezeichnet werden, müssen nicht notwendigerweise zu einer Beeinträchtigung des Schaderregers führen. Demzufolge üben tolerante Pflanzen im Gegensatz zu solchen mit Eigenschaften der Nichtpräferenz oder Antibiose auch keinen Selektionsdruck auf die Schaderreger aus [726].

Zweifellos ist die Eigenschaft der Toleranz ein wichtiges Pflanzenmerkmal von großer biologischer und praktischer Bedeutung. Es sei hier nur an die Entwicklung toleranter Rebsorten erinnert, an denen sich die Reblaus *(Viteus vitifolii)* entwickelt, ohne nennenswerten Schaden zu verursachen. Andererseits ist aber zu berücksichtigen, daß tolerante Sorten in epidemiologischer Hinsicht eine Gefahrenquelle darstellen können. Pflanzen mit solchen Eigenschaften führen im Unterschied zu resistenten zu keiner Beeinträchtigung des Schaderregers. Es besteht auch keine Notwendigkeit, gegen ihn Bekämpfungsmaßnahmen einzuleiten, da er ja eine tolerante Pflanze kaum schädigt. Der Schaderreger kann sich also ungehindert entwickeln, vermehren und auf weitere Pflanzen im Bestand und darüber hinaus ausbreiten. Ein besonderes Problem stellen in dieser Hinsicht Pflanzen mit Toleranz gegen bestimmte Viren dar. Sie bilden Infektionsquellen, von denen ausgehend die Vektoren andere Bestände verseuchen können.

3.5.2. Präferenz — Nichtpräferenz

Diese zweite der von Painter [1259] aufgestellten klassischen Resistenzkategorien soll alle die Pflanzeneigenschaften und Insektenreaktionen umfassen, die — im Falle der Präferenz — das Insekt veranlassen, eine Pflanze oder Sorte zur Eiablage, zur Ernährung, als Versteck (oder eine Kombination davon) anzunehmen. Sinngemäß trifft das gleiche auch für andere Arthropoden zu. Eine solche Pflanze besitzt die Eigenschaften, die sie im weitesten Sinne als Wirtspflanze auszeichnen. Fehlen einer Pflanze oder Sorte derartige, ihre Wirtseignung bestimmende Merkmale, reagiert das Insekt bei der Suche nach Eiablagestellen, Nahrungsquellen oder Versteckmöglichkeiten negativ bis zur vollständigen Meidung: Nichtpräferenz.

Legt man den ursprünglichen Wortsinn zugrunde (praeferre = vorziehen), dann bezieht er sich ausschließlich auf die Verhaltensweise des Insekts; die Begriffe Präferenz und Nichtpräferenz dürften demnach nicht zur Kennzeichnung bestimmter Pflanzeneigenschaften verwendet werden. Da dies aber insbesondere mit dem Begriff Nichtpräferenz häufig geschieht, schlugen Kogan und Ortman [906] vor, ihn durch **Antixenosis** (Gastfeindlichkeit) zu ersetzen. Als Parallelbegriff zu Antibiose soll er zum Ausdruck bringen, daß eine Pflanze auf Grund schlechter oder fehlender Wirtseigenschaften gemieden wird.

Die Begriffe Präferenz bzw. Nichtpräferenz dürften — genau genommen — nur dann angewendet werden, wenn im Verhalten des Schaderregers eine Auswahl zwischen verschiedenen Reizquellen zum Ausdruck kommt. In den meisten Fällen geht es aber darum, daß eine resistente Pflanze weniger annehmbar für den Schädling ist als eine anfällige; er lehnt sie ab, auch wenn keine geeignetere Pflanze, keine Auswahlmöglichkeit, zur Verfügung steht [1469]. Van Marrewijk und De Ponti [1070] prägten daher den Begriff **Nicht-Annahme** (non acceptance) für diesen Resistenztyp. Er hat sich allerdings nicht durchgesetzt, obwohl er den Sachverhalt genauer erfaßt. In den weiteren Ausführungen wird der Begriff Nichtpräferenz auch in diesem Sinne der Nicht-Annahme angewendet.

Eine exakte und eindeutige Abgrenzung der Begriffe Nichtpräferenz und Antibiose bei der Zuordnung eines spezifischen Sachverhaltes stößt oft auf Schwierigkeiten, sie ist vielfach nicht möglich oder, wenn sie getroffen wird, mehr oder weniger willkürlich. Eine gewisse Orientierung kann insofern erfolgen, als bei Resistenzformen, die man in den Bereich der Nichtpräferenz einordnet, die aktive Komponente des Insektenverhaltens, durch Sinnesreize ausgelöst und gesteuert, bei der Auseinandersetzung mit der Pflanze im Vordergrund steht. Der Resistenzmechanismus der Antibiose dagegen setzt erst nach dieser Auseinandersetzung ein, gewissermaßen als ihre Folge (vgl. 3.5.3.), wobei die Aktivität des Insekts zwar die auslösende, im weiteren Verlauf aber eine untergeordnete Rolle spielt. Der Resistenztyp der Antibiose umfaßt im wesentlichen den Bereich der Nahrungsaufnahme, wobei sie ihre Wirkung als Folge dieser Aktivität entfaltet. Die Beeinflussung aller vorangegangenen Verhaltensabschnitte im Sinne einer Hemmung oder Förderung durch Pflanzenreize gehören zur Kategorie der Nichtpräferenz bzw. Präferenz. Derartige Reaktionen eines Schädlings lassen sich, wie eingangs erwähnt, auch bei anderen Insekt-Pflanze-Wechselbeziehungen außer der Nahrungsaufnahme nachweisen.

3.5.3. Antibiose

Nach Painter [1259] ist Antibiose eine der drei Hauptkategorien der Resistenz. Er verwendet den Begriff im ursprünglichen Sinne einer Tendenz, Leben zu verhindern, zu schädigen oder zu zerstören, und zwar bezogen auf Eigenschaften einer Pflanze, die in dieser Richtung wirksam werden, wenn ein Insekt dieselbe als Nahrungsquelle verwendet. Auch Horber [726] und Shapiro et al. [1578] fassen alle nachteiligen Einflüsse der Pflanze auf die Biologie des Insekts (Überleben, Entwicklung, Vermehrung) unter dem Begriff Antibiose zusammen.

Definitionsgemäß kann eine Pflanze antibiotische Wirkung im wesentlichen nur auf einen bestimmten Abschnitt der breiten Skala der Beziehungen zwischen Schaderreger und Pflanze ausüben. Sie setzt im allgemeinen eine Aufnahme von Pflanzenbestandteilen oder, allgemeiner ausgedrückt, einen stoffwechselphysiologischen Kontakt des Schaderregers mit dem Wirt voraus, bezieht sich also auf einen Bereich der Nahrungsaufnahme. Die ursprünglich auf Insekten bezogene Definition trifft sinngemäß für alle tierischen Schaderreger zu. Der Antibiose sind außerdem aber auch gewisse Pflanzeneigenschaften zuzurechnen, die unabhängig von Nahrungsbeziehungen die Lebensfähigkeit des Schaderregers beeinträchtigen. Als Beispiel sei die Ausbildung spezifischer Haare auf den Blättern gewisser Kartoffelsorten erwähnt, an denen Blattläuse haften bleiben und eingehen, ohne Nahrung aufzunehmen (vgl. 6.2.2.3.).

Tierische Schaderreger nutzen in verschiedenen Abschnitten ihrer Entwicklung unterschiedliche Pflanzenteile zur Ernährung. In jedem dieser Abschnitte kann ein nachteiliger, hemmender oder auch zerstörender Einfluß der Pflanze wirksam werden. Er kann auf einem Mangel an spezifischen, lebensnotwendigen Nahrungsbestandteilen beruhen, aber auch auf einem Gehalt an Stoffwechselhemmern oder anderweitig mehr oder weniger giftig wirkenden Verbindungen (vgl. 6.2.). Daraus ergeben sich mehrere Reaktionsmöglichkeiten für den Schädling, z. B. verminderte Fruchtbarkeit, geringere Größe, Verlängerung der Larvenentwicklungszeit, Verkürzung der Lebensdauer oder erhöhte Sterblichkeit, die z. T. einander bedingen (z. B. geringere Größe — verminderte Fruchtbarkeit) bzw. in verschiedenen Kombinationen auftreten können.

Aus dieser Aufzählung antibiotischer Wirkungen geht hervor, daß ihnen eine Vielzahl verschiedenartiger Faktoren zugrunde liegt. Smeljanez [1635] teilt sie in zwei Gruppen ein:

- Faktoren, die die Vorliebe einer Schaderregerart für eine bestimmte Pflanze abschwächen. Hier werden optische, olfaktorische und auch gustatorische Reize als Auslöser entsprechender Reaktionen die Hauptrolle spielen. Sie bedingen Resistenzformen, die — wie oben angedeutet — der Kategorie der Nichtpräferenz zuzuordnen sind.
- Faktoren, die aktiv auf die Schaderreger einwirken. Hierher sind solche zu rechnen, die eine antibiotische Wirkung im Sinne der oben angeführten Definition ausüben, also z. B. Verbindungen, die eine Vergiftung des Schaderregers auslösen.

Eine andere Einteilung antibiotisch wirkender Faktoren wird nach dem Anlaß bzw. dem

Zeitpunkt ihrer Bildung getroffen. Sie können zur Grundausstattung einer Pflanze gehören, d. h., sie sind schon vor dem Schädlingsbefall vorhanden; ihre Entstehung und potentielle Wirksamkeit hängen nicht vom Kontakt mit dem Schaderreger ab. Man bezeichnet die auf derartigen Faktoren beruhende Resistenz als **passive Resistenz** [1454, 1569], auch als **konstitutive**, **angeborene**, **natürliche** oder **präinfektionelle Resistenz** [523]. Von ihnen sind solche Resistenzfaktoren zu unterscheiden, die ihre Schutzwirkung erst als Antwort auf den Schaderregerbefall entwickeln; diese Form wird **aktive Resistenz** (vielleicht treffender **reaktive Resistenz**) genannt [1454, 1469], auch **induzierte**, **erworbene** oder **postinfektionelle Resistenz** [523]. Die Reaktionen von Pflanzen auf Befall durch Schaderreger hat man in den letzten Jahren besonders eingehend untersucht und dabei interessante Ergebnisse gewonnen. Wir werden darauf im Kapitel 8.4. (Induzierte Resistenz) näher eingehen.

Abschließend ist noch zu prüfen, ob und in welchem Umfang die für tierische Schaderreger getroffene Einteilung und Begriffsbildung im Sinne einer ganzheitlichen Betrachtung auch auf nichttierische Schaderreger übertragbar ist. Da das Kriterium der Toleranz der Schaden (bzw. die Verminderung der Schädigung) ist und nicht der schadauslösende Faktor, ist dieser Begriff ohne weiteres auf Pflanzenkrankheiten anwendbar; er wird mit der unter 3.5.1. beschriebenen Bedeutung auch allgemein so gebraucht. Präferenz bzw. Nichtpräferenz beziehen sich auf eine Verhaltensweise, d. h., sie setzen nicht nur die Möglichkeit bzw. Fähigkeit zur Wahrnehmung bestimmter Reize voraus, sondern auch ihre Verarbeitung und als deren Ergebnis eine Entscheidung zwischen Annahme oder Ablehnung mit entsprechender Reaktion. Diese Abhängigkeit von besonderen Organen zur Aufnahme, Leitung, Verarbeitung und Beantwortung von Reizen schließt die Anwendung beider Begriffe auf Viren, Bakterien und Pilze aus. Es wurde aber auch darauf hingewiesen, daß insbesondere der Begriff Nichtpräferenz häufig auf Pflanzeneigenschaften bezogen wird. Damit soll eine Ungastlichkeit, **Axenie**, zum Ausdruck gebracht werden [1454], die auf Strukturen und Substanzen der Pflanzen beruht, die sie — unabhängig vom Befall durch einen Schaderreger — besitzt. Die Axenie ist daher der passiven Resistenz gleichzusetzen und der Begriff auf tierische wie auch nichttierische Schaderreger anwendbar. Gleiches trifft für die Antibiose zu, soweit die verantwortlichen Faktoren bereits vor dem Schaderregerbefall vorhanden und demnach der passiven Resistenz zuzuordnen sind. Die Anwendung des Begriffs Antibiose als Resistenzkategorie ist jedoch auf tierische Schaderreger beschränkt geblieben. Das trifft auch für solche Fälle der Antibiose zu, die auf Abwehrreaktionen der Pflanze als Antwort auf Befall beruhen und die deshalb der aktiven Resistenz zuzuordnen sind. Im Bereich der Mikrobiologie wird der Begriff Antibiose zwar auch gebraucht, aber mit einer abweichenden Bedeutung. Er kennzeichnet hier die Hemmung der Entwicklung oder Abtötung einer Mikroorganismenart durch eine andere mittels erzeugter Stoffwechselprodukte (Antibiotika).

Aktive Resistenz	Die Reaktion der Pflanze erfolgt als Antwort auf den Schaderregerbefall.
Angeborene Resistenz	s. passive Resistenz.
Antibiose	Lebensfeindlichkeit; die Pflanze (Sorte) übt bei der Nutzung als Nahrungsquelle einen nachteiligen Einfluß auf den Parasiten aus (Überleben, Entwicklung, Vermehrung).
Antixenosis	Gastfeindlichkeit; die Pflanze (Sorte) wird wegen mangelhafter oder fehlender Wirtseignung von einem Parasiten gemieden (vgl. Nichtpräferenz).
Axenie	Ungastlichkeit; beruht auf Faktoren, die eine Pflanze unabhängig vom Befall durch einen Schaderreger besitzt (s. passive Resistenz).
Erworbene Resistenz	s.aktive Resistenz.
Induzierte Resistenz	s. aktive Resistenz.
Intoleranz	Die befallene Pflanze reagiert mit Minderung der Leistungsfähigkeit (Ertrag).
Konstitutive Resistenz	s. passive Resistenz.
Natürliche Resistenz	s. passive Resistenz.

Nicht-Annahme s. Nichtpräferenz.

Nichtpräferenz Ablehnung bzw. Meidung einer Pflanze (Sorte) für Ernährung, Eiablage oder als Versteck durch den Parasiten.

Passive Resistenz Die die Resistenz bedingenden Faktoren sind, unabhängig vom Kontakt mit dem Schaderreger, in der Pflanze vorhanden.

Postinfektionelle Resistenz s. aktive Resistenz.

Präferenz Bevorzugung einer Pflanze (Sorte) zur Ernährung, Eiablage oder als Versteck durch einen Parasiten.

Präinfektionelle Resistenz s. passive Resistenz.

Reaktive Resistenz s. aktive Resistenz.

Toleranz Eigenschaft einer Pflanze (Sorte), bei ihrer Nutzung durch einen Parasiten weniger Schaden zu erleiden als eine anfällige Sorte, ohne dabei den Schaderreger zu beeinträchtigen.

3.6. Genetische Aspekte der Resistenz

Zu Beginn der Betrachtungen genetischer Kategorien der Resistenz wollen wir an die unter 3.2. behandelten evolutionären Aspekte erinnern. Dort wurde bereits zum Ausdruck gebracht, daß Eigenschaften des Wirtes wie auch des Schaderregers, die im Verlauf der Evolution in gegenseitiger Anpassung entstanden sind, vererbt werden; d. h., Resistenz und Parasitismus sind erbliche Eigenschaften. Die Verhaltensweisen und Reaktionen der Partner gehen also letztlich auf die Wirkung der Gesamtheit der jeweiligen Genausstattung zurück, mit anderen Worten: Die Ausprägung der Resistenz einer Pflanze gegen einen Schaderreger und ihre Stabilität hängen ab vom **Genotyp** der Pflanze, vom Genotyp des Schaderregers und von der genetischen Wechselwirkung zwischen beiden.

Das Pathosystem besteht aus Individuen, die — auf einem höheren Niveau — zu mehr oder weniger umfangreichen Individuengruppen, den Populationen, zusammengefaßt werden. Die unter 2.1. gegebene ökologische Definition für eine Population (Individuen einer Art in einem bestimmten Raum) kann um eine genetische Dimension erweitert werden: Eine Population ist eine Fortpflanzungsgemeinschaft, eine Gruppe von sich bisexuell fortpflanzenden Individuen, die ein Areal besiedelt, das ein hohes Maß an Kreuzungen untereinander gewährleistet. Sie haben einen gemeinsamen Genbestand, der als Gesamtheit der verschiedenen Allele dieser Organismen auch als **Genpool** bezeichnet wird [620]. Der Genpool ist die Quelle der Gameten für die nächste Generation und damit auch gleichzeitig die Quelle der Variabilität, die sich aus dem Verhältnis der verschiedenen Allele dieser Gene ergibt [1043].

Genetische Variation und Umwelteinflüsse gemeinsam bedingen die phänotypische Variation, die zu neuen Formen innerhalb einer Schaderregerart, zu infraspezifischen Kategorien, führt, für deren Bezeichnung eine Reihe von Begriffen wie z. B. Rasse (geographische, biologische, physiologische Wirtsrasse usw.), Biotyp, Ökotyp, Pathotyp, Form, Stamm u. a. entwickelt wurde. Aus mangelnder Übereinkunft über Definition und Anwendung dieser Begriffe haben sich Mißverständnisse und Kontroversen ergeben (z. B. bei der Einordnung der Variation in der Virulenz der Zikade *Nilaparvata lugens* an verschiedenen Reissorten, vgl. 7.2.), so daß es notwendig erscheint, etwas näher auf ihren Inhalt einzugehen. Grundlegende Ausführungen, insbesondere zur Anwendung des Begriffes Biotyp auf Wechselbeziehungen zwischen Pflanze und Insekt, findet man bei Claridge und den Hollander [297], denen wir uns weitgehend anschließen.

Wir hatten festgestellt, daß es innerhalb einer Population immer eine gewisse genetische Variabilität gibt, die u. a. auf Selektionsdrücke reagiert, wie sie von der Umwelt, darunter auch der Resistenz der Wirtspflanze, ausgeübt werden. Dabei ist eine Variation, die innerhalb einer Population oder Gruppen benachbarter Populationen vorkommt (lokale, sympatrische Variation), von einer Variation zwischen geographisch getrennten Populationen (geographische, allopatrische Variation) zu unterscheiden. Der Begriff **Rasse** bezieht sich nach Claridge und den Hollander [297] auf eine geographisch definierte Population oder auf eine Gruppe von Populationen, die sich von anderen der gleichen Art unterscheidet. Die Unterschiede können morphologischer, physiologischer, verhaltensmäßiger u. a. Art sein. Seit Ritzema Bos [1411] wendet man insbesondere in der Nematologie den Begriff Rasse zur Kennzeichnung von Populationen an, die sich vor allem in der Wirtsbevorzugung und durch ihre vererbte Fähigkeit (oder Unfähigkeit) unterscheiden, erfolgreich an verschiedenen Pflanzenarten zu parasitieren: **Wirtsrasse.** Der Gebrauch der Präfixe „biologisch“ oder „physiologisch“ in Verbindung mit der Wirtsspezifität ist nach Videgard [1809] nicht berechtigt, da alle Phänomene in der Biologie „biologisch“ sind und eine „physiologische“ Basis haben.

Viele in der Vergangenheit zunächst als Wirtsrassen betrachtete Organismengruppen haben sich später als selbständige Arten erwiesen. In der Phytonematologie gibt es viele Beispiele dafür, wie die Wurzelgallenälchen und manche zystenbildende Nematoden. Es ist gegenwärtig nicht auszuschließen, daß sich unter dem Begriff Rasse verschiedene Kategorien wie z. B. Geschwisterarten oder verschiedene Biotypen einer Art verbergen. Man kann den Begriff Wirtsrasse für solche Gruppen von Parasiten einer Art akzeptieren, deren Wirtspflanzenkreise Vertreter verschiedener Familien enthalten und dabei eine deutlich differenzierte Wirtsspezifität gegenüber anderen Individuengruppen der gleichen Art aufweisen. Diese Variation der Wirtsspezifität über Gattungs- und Familiengrenzen hinaus läßt auf eine heterogene genetische Basis schließen, die sich vermutlich durch natürliche Selektion verschiedener Genotypen unter Beibehaltung der phänotypischen Ähnlichkeit entwickelt hat.

Bei bisexuell sich fortpflanzenden parasitischen (einschließlich der phytophagen) Insekten konzentriert sich die Auseinandersetzung auf die Frage, ob sympatrische Wirtsrassen in der Natur häufig vorkommen. Treten tatsächlich genetisch und wirtspflanzenbezogen unterschiedliche Populationen auf (zur Bestätigung sind noch umfangreiche und detaillierte Freilanduntersuchungen notwendig), dann empfehlen Berlocher [135] wie auch Gonzales et al. [601], in diesem Fall eher den Begriff Biotyp als Wirtsrasse anzuwenden. Weitgehende Übereinstimmung besteht nach Claridge und den Hollander [297] darin, daß der Begriff Rasse auf allopatrische, d. h. geographisch oder räumlich getrennte Populationen beschränkt werden sollte.

Der genetisch fixierten Widerstandskraft der Pflanze gegen einen Angriff durch Schaderreger (Resistenz) entspricht auf der anderen Seite die Fähigkeit des Schaderregers zum Angriff auf die Pflanze, die gleichfalls genetisch verankert ist und als **Aggressivität** bezeichnet wird. Es kommt nur dann zu einem Befall, wenn die Aggressivität des Schaderregers größer ist als die Widerstandsfähigkeit der Pflanze. Daher ist die Aggressivität selbst nicht quantitativ erfaßbar, sondern nur der Teil, der als parasitische Aktivität realisiert wird, man nennt ihn **Virulenz** (Virulenz = Aggressivität > Resistenz).

Die natürliche Widerstandsfähigkeit einer Pflanze, die ihr von den Resistenzgenen verliehen wird, kann ein Schaderreger überwinden, wenn er entsprechende, korrespondierende Gene, auch **Virulenzgene** genannt, besitzt [535]. Fehlt einem Parasiten das mit einem bestimmten Resistenzgen korrespondierende Virulenzgen, ist er nicht fähig, die betreffende Pflanze zu nutzen. Diese Gen-für-Gen-Konzeption, bei der jedem Wirtsgen, das über das Verhalten gegenüber einem Schaderreger entscheidet, ein Gen des Parasiten entspricht, das seine Parasitierungsfähigkeit bestimmt, wurde von Flor [482] für den Flachsrost postuliert und später von Hatchett und Gallun [669] mit ihren Arbeiten über die Hessenfliege *(Mayetiola destructor)* auf Insekten übertragen. Sie trifft für Resistenz zu, die durch Hauptgene, also mono- oder oligogen (s. u.), vererbt wird. Solche korrespondierenden Gene werden auch als **vertikale Gene** bezeichnet, sie verleihen der Pflanze vertikale Resistenz. Mit diesem Begriff und seiner Ergänzung, der horizontalen Resistenz, wollen wir uns im nächsten Abschnitt auseinandersetzen.

Der Zusammenhang zwischen der Virulenz eines Schädlings und der Resistenz einer

Pflanze wird, wie wir gesehen haben, durch eine Gen-für-Gen-Beziehung charakterisiert. Eine Gruppe von Individuen mit der gleichen genetischen Zusammensetzung, die sich hinsichtlich Aggressivität und Pathogenität von anderen Individuengruppen der gleichen Art unterscheidet, bezeichnet man als **Biotyp**. Nach Eastop [420] ist — bezogen auf Aphiden — die wichtigste biologische Eigenschaft derartiger Biotypen die Fähigkeit, an solchen Pflanzen zu saugen und sie zu schädigen, die gegen alle anderen Biotypen resistent sind. Hier kommt die Verbindung zur Virulenz deutlich zum Ausdruck. Bei der Hessenfliege hat man bis zu 8 Biotypen mit Virulenzgenen identifiziert, die mit Resistenzgenen in der Weizenpflanze korrespondieren (vgl. Tab. 22). Jeder Biotyp des Weizenschädlings ist genetisch homogen für ein bestimmtes Hauptgen oder eine Gruppe von Hauptgenen; er besteht aus Individuen, die in bezug auf ein Virulenzgen identisch sind. Diese genetische Homogenität ist sonst jedoch nur bei asexuell oder parthenogenetisch sich vermehrenden Organismengruppen möglich, bei sich bisexuell fortpflanzenden Organismen ergibt die Verschmelzung vom männlichen und weiblichen Gameten eine große genetische Variabilität unter den Nachkommen, so daß man sich die Existenz von natürlichen Populationen, die nur aus genetisch identischen Individuen bestehen, nicht vorstellen kann.

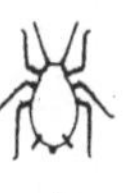

Der Biotypbegriff in dem geschilderten spezifischen Sinn geht auf eine Definition von Johannsen [786] zurück, die auf dem Plant Pathology Congress 1968 in London empfohlen wurde. Für seine Anwendung ist die genetische Homogenität, zumindest für die Virulenzeigenschaften, Voraussetzung. Das bedeutet eine Einschränkung des Geltungsbereiches auf Aphiden (mit mindestens einer parthenogenetischen Phase der Fortpflanzung im Lebenszyklus, bei der eine relativ geringe genetische Variation von Generation zu Generation anzunehmen ist) und auf die Hessenfliege, die einzige bisexuell sich fortpflanzende Insektenart, bei der man eindeutige Gen-für-Gen-Beziehungen nachweisen konnte (nach Gallun [533] gibt es einige ungewöhnliche Besonderheiten im genetischen System dieser Diptere). Bei Nematoden empfiehlt Sturhan [1709] die Anwendung des Biotyp-Begriffes nur bei Arten mit ameiotischer Parthenogenese, z. B. bei den Wurzelgallenälchen *Meloidogyne incognita* und *M. arenaria*.

Der Begriff Biotyp wird aber auch noch in einem allgemeineren Sinn verwendet, um Unterschiede bei phytophagen Insekten in der Wirtspflanzen-Präferenz oder der Überlebensfähigkeit an verschiedenen Pflanzenarten oder Sorten zu kennzeichnen, ohne eine diesbezügliche genetische Homogenität vorauszusetzen. Nach Gallun und Khush [535] versteht man im entomologischen Schrifttum unter Biotypen „Individuen oder Populationen, die sich vom Rest der Art durch Kriterien außer morphologischen unterscheiden, z. B. durch einen Unterschied in der Parasitierungsfähigkeit". Mit dieser allgemeinen Bedeutung wird der Begriff verwendet, um Insekten zu kennzeichnen, die die Fähigkeit haben, eine bestimmte Sorte zu befallen und zu schädigen und sie von anderen Individuen oder Populationen der gleichen Art zu unterscheiden, die diese Eigenschaft nicht besitzen. Wir werden in unseren weiteren Ausführungen den Biotypbegriff anwenden, wenn und wie er an der betreffenden Literaturstelle gebraucht wurde, ohne in jedem Fall auf den spezifischen oder allgemeinen Begriffsinhalt hinzuweisen.

Howard [732] prägte den Begriff **Pathotyp**, mit dem er — unabhängig von der genetischen Basis (verschiedene Allele, Gene oder Genkombinationen) — die pathogene Spezifität gegenüber verschiedenen Sorten einer Art bzw. verschiedenen, meist verwandten Arten, in den Mittelpunkt der Charakterisierung stellt. Robinson [1429] faßt unter der Beziehung Pathotyp alle die Individuen im Rahmen des Pathosystems zusammen, die in einer bestimmten, auf dieses System bezogenen Eigenschaft (z. B. in der Parasitierungsfähigkeit) übereinstimmen (vgl. 3.7.). Es ist nicht üblich, den Begriff Pathotyp zur Kennzeichnung von Virulenzunterschieden innerhalb einer Insektengruppe zu verwenden, da Insekten im allgemeinen nicht als Pathogene (Krankheitserreger) wirken, sondern Beschädigungen an Pflanzen verursachen (vgl. 3.1.). Demgegenüber hat sich dieser Begriff in der Nematologie weitgehend durchgesetzt. So versteht Stone [1703] unter Pathotypen Populationen einer

Nematodenart, die sich durch eine vererbte Fähigkeit (oder Unfähigkeit) auszeichnen, sich an speziellen Linien einer Wirtspflanzenart vermehren zu können, obwohl sie verschiedene, gegen diese Nematodenart wirkende Resistenzgene enthält.

Obwohl die Eigenschaft der Resistenz als Ausdruck für die kombinierte Wirkung aller Gene eines Organismus angesehen werden muß, ist doch eine Einteilung in folgende Kategorien üblich:

Monogene Resistenz: wird durch ein einzelnes Gen bestimmt.
Oligogene Resistenz: wird durch einige wenige Gene bestimmt.
Polygene Resistenz: wird durch viele Gene bestimmt.
Außerdem unterscheidet man folgende, genetisch bedingte Formen der Resistenz:
Hauptgen-Resistenz (major gene resistance). Eine Pflanze, die ein Hauptgen für Resistenz gegen einen Schaderreger besitzt, unterscheidet sich deutlich von einer Pflanze mit einem allelen Gen für Anfälligkeit. In gleicher Weise verhält sich ein Schaderreger mit Hauptgen-Parasitierungsfähigkeit entsprechend einer Alles-oder-Nichts-Reaktion; die Organismen besitzen die Eigenschaft der Resistenz bzw. der Parasitierungsfähigkeit, oder sie fehlt ihnen. Die Nachkommen einer Kreuzung zwischen resistenten und anfälligen Eltern zeigen hinsichtlich dieses Merkmals eine klare Aufspaltung. In einer Population ist die Häufigkeitsverteilung resistenter und anfälliger Pflanzen ungleichmäßig (diskontinuierlich): **qualitative Resistenz.**

Simmonds [1605] unterscheidet davon die **nichtspezifische Hauptgen-Resistenz**, die zwar auch auf einem Hauptgen (oder auf einem zytoplasmatischen Faktor) beruht, aber — im Unterschied zur vertikalen Resistenz (vgl. 3.7.1.) — vor allen bekannten Biotypen bzw. Pathotypen schützt.

Nebengen-Resistenz (minor gene resistance). Bei dieser Resistenzform ist der Einfluß des einzelnen Gens nur gering, die äußerlich erkennbare Ausprägung der Resistenz ergibt sich aus der additiven Wirkung der beteiligten Gene. Sie unterliegt bei den einzelnen Individuen einer Population entsprechend der Genzahl Schwankungen, so daß, auch bei Kreuzungen, eine kontinuierliche Abstufung zwischen Resistenz und Anfälligkeit zu beobachten ist: **quantitative Resistenz.** Im allgemeinen ist der Resistenzgrad bei dieser Resistenzform niedrig oder mäßig (moderate).

Beide Einteilungsprinzipien entsprechen einander insofern, als die Hauptgen-Resistenz auf den Einfluß eines (monogen) oder weniger (oligogen) Gene beruht, die Nebengen-Resistenz dagegen polygen bedingt ist.

In dieser Einteilung kommt nicht zum Ausdruck, daß sich die Resistenzgene gegenseitig beeinflussen können. Wird die Resistenz durch zwei oder mehr nichtallele Gene kontrolliert, kann die Wechselwirkung ergänzend sein, aber auch additiv, wenn die Ausprägung der Resistenz mit der Anzahl der beteiligten Gene zunimmt. Gene, die zur Entfaltung der vollen Wirkung eines anderen Resistenzgens nötig sind, bezeichnet man als **Modifikatoren.** Ein Resistenzgen kann über ein anderes, nichtalleles Gen dominieren, auch die Wirkung eines anderen Gens maskieren. Schließlich vermögen auch mehrere Gene denselben Resistenzmechanismus zu kontrollieren, obwohl jedes einzelne Gen das gleiche Resistenzniveau verleiht wie jede Kombination der anderen Gene.

Völlig in Frage gestellt wird die Berechtigung zur Trennung der Resistenzgene in Haupt- und Nebengene von Nelson [1186]. Er führt eine Reihe von Eigenschaften an, die beiden Gengruppen gemeinsam sind, z. B.: Haupt- wie auch Nebengene können als Modifikatoren der jeweils anderen Gengruppe wirken; additive Wirkung ist bei Haupt- wie auch Nebengenen, aber auch zwischen Haupt- und Nebengenen möglich; Hauptgene können Nebengene maskieren und umgekehrt; mehrere Gene, die gemeinsam horizontale Resistenz (vgl. 3.7.2.) bedingen, verleihen einzeln vertikale Resistenz (vgl. 3.7.1.), ebenso vermögen Einzelgene, die vertikale Resistenz bedingen, gemeinsam horizontale Resistenz zu verleihen; Resistenzgene können vor einem bestimmten genetischen Hintergrund als Hauptgene, vor einem anderen als Nebengene wirken. Alle diese Beobachtungen veranlaßten Nelson [1186] zu der Feststellung, daß es keine Haupt- und Nebengene gibt, sondern nur Gene für Krankheitsresistenz. Aus dieser Auffassung ist aber nicht zu schlußfolgern, daß die zahllosen

Resistenzgene gleich wären in bezug auf ihre Wirksamkeit oder ihren Wirkungsgrad. Sie führt jedoch in der Konsequenz zur Ablehnung der Begriffe vertikale und horizontale Resistenz und der ihnen zugrunde liegenden Konzeption, die im nächsten Abschnitt behandelt wird.

Die eingangs dieses Abschnittes erwähnten evolutionären Aspekte spielen auch in der Vorstellung Nelsons [1186] von der Resistenz eine Rolle, die wir abschließend anführen wollen. Danach leben heute Wirt und Parasit in einer gewissen Harmonie, in einem gewissen Gleichgewicht. Dieser Zustand wurde durch eine mehr oder weniger lange Koevolution mit Anhäufung einer gewissen Menge von Resistenzgenen auf der einen und von Virulenzgenen auf der anderen Seite erreicht. Das gegenwärtig bestehende Gleichgewicht sieht Nelson als Anzeichen dafür, daß das letzte Resistenzgen, das in das Wirtsgenom eingebaut wurde, keinen massiven, für den Schaderreger unüberwindlichen Schutz gewährleistete, wie auch umgekehrt das letzte eingebaute Virulenzgen dem Schaderreger keine Eigenschaften verlieh, die die Existenz des Wirtes bedrohen konnten. Die Sicherheit für das Bestehen beider Partner beruht auf einer jeweils angesammelten Anzahl von Resistenz- bzw. Virulenzgenen. Gene, die früher einmal einzeln und mit zeitlich begrenztem Erfolg wirkten, üben nun ihren Einfluß mit dauerhafterer Wirkung aus. Die Beständigkeit der Resistenz, ein wichtiges Kriterium nicht nur bei der Unterscheidung von vertikaler und horizontaler Resistenz, sondern auch von entscheidender Bedeutung für den Züchter, wird unter 3.8. behandelt.

Aggressivität	Die genetisch fixierte Fähigkeit eines Schaderregers, eine Pflanze zu befallen (potentielles Angriffsvermögen).
Biotyp	Im allgemeinen Sinn: Individuen oder Population, die sich von anderen Individuen oder Individuengruppen der gleichen Art durch Kriterien mit Ausnahme morphologischer unterscheiden (z. B. in der Parasitierungsfähigkeit). Im spezifischen Sinn: Gruppe von Individuen mit gleicher genetischer Zusammensetzung, die sich von anderen Individuengruppen der gleichen Art hinsichtlich Aggressivität und Pathogenität unterscheidet.
Genotyp	Gesamtheit der genetischen Information der Chromosomen.
Genpool	Gesamtheit der verschiedenen Allele der zu einer Population gehörenden Individuen.
Hauptgen-Resistenz	Die Resistenz beruht auf dem Einfluß eines oder weniger Gene (mono- oder oligogene Vererbung), sie hat qualitativen Charakter (vgl. vertikale Resistenz).
Modifikator	Gen, das allein keine Wirkung zeigt, aber zur Entfaltung der vollen Wirkung eines anderen Resistenzgens erforderlich ist.
Monogene Resistenz	Die Resistenz wird durch ein einzelnes Gen kontrolliert.
Nebengen-Resistenz	Die Resistenz beruht auf dem Einfluß vieler Gene (polygene Vererbung), sie ergibt sich aus der additiven Wirkung der beteiligten Gene und hat quantitativen Charakter (vgl. horizontale Resistenz).
Nichtspezifische Hauptgen-Resistenz	Die Resistenz beruht auf einem Hauptgen oder einem zytoplasmatischen Faktor, sie schützt vor allen bekannten Biotypen bzw. Pathotypen.
Oligogene Resistenz	Die Resistenz wird durch einige wenige Gene kontrolliert.
Pathotyp	Organismengruppe mit einer sortenspezifischen Virulenz, die als Maßstab der Pathogenität dieser Gruppe dienen kann (jedoch nicht identisch mit ihr ist).
Pathotyp (bei Nematoden)	Population einer Nematodenart mit einer vererbten Fähigkeit, sich an speziellen Linien einer Wirtspflanzenart (oder -rasse) vermehren zu können, obwohl sie gegen diese Nematodenart wirkende Resistenzgene besitzt.
Polygene Resistenz	Die Resistenz wird durch viele Gene kontrolliert.

Qualitative Resistenz	Anfällige und resistente Pflanzen sind in der Population diskontinuierlich verteilt; die Vererbung erfolgt durch Hauptgene (mono- bzw. oligogen) unter klarer Aufspaltung bei Kreuzungen (vgl. vertikale Resistenz).
Quantitative Resistenz	Kontinuierliche Abstufung zwischen Resistenz und Anfälligkeit in der Population und bei Kreuzungen; die Vererbung erfolgt durch Nebengene (polygen) (vgl. horizontale Resistenz).
Rasse	Population, die sich in einem Merkmal (z. B. morphologisch, physiologisch, in der Wirtsspezifität u. a.) von anderen, geographisch oder räumlich getrennten (allopatrischen) Populationen der gleichen Art unterscheidet.
Vertikales Gen	s. Virulenzgen.
Virulenz	Fähigkeit eines Parasiten, die Wirkung eines Resistenzgenes der Wirtspflanze zu überwinden; Maß der realisierten parasitischen Aktivität.
Virulenzgen	Das mit einem Resistenzgen der Wirtspflanze korrespondierende Gen des Schaderregers, das die Resistenz überwindet; auch vertikales Gen genannt.
Wirtsrasse	Individuengruppe, die sich durch einen über Gattungs- und Familiengrenzen hinausreichenden Wirtspflanzenkreis mit einer deutlich differenzierten Wirtsspezifität gegenüber anderen Individuengruppen der gleichen Art auszeichnet.
Wirtsrasse (bei Nematoden)	Populationen einer Nematodenart, die sich durch die vererbte Fähigkeit unterscheiden, erfolgreich an verschiedenen Pflanzenarten zu parasitieren.

3.7. Epidemiologische Aspekte der Resistenz

Bei der Besprechung der Erscheinungsformen der Resistenz (vgl. 3.5.) sind wir von den Beziehungen zwischen einer Pflanze und einem ihrer spezifischen Schaderreger ausgegangen, d. h. von mehr oder weniger individuell geprägten Wechselwirkungen; das entspricht dem histologischen Niveau des Pathosystems [1429]. Bei den weiteren Betrachtungen müssen wir ein höheres Systemniveau einbeziehen, denn die genetischen wie auch die epidemiologischen Aspekte der Resistenz sind nur dann zu beschreiben und zu verstehen, wenn man vom epidemiologischen Niveau des Pathosystems ausgeht, d. h. die Betrachtungen auf die Population der Pflanze wie auch des Schaderregers ausdehnt. Hier gewinnen über die individuellen Beziehungen zwischen den Partnern hinausgehende, umfassendere Gesetzmäßigkeiten, wie sie dem höheren Systemniveau entsprechen, Bedeutung. Dabei spielt als neue Dimension die Variabilität von Wirt und Schaderreger, die sich in der Herausbildung von Rassen, Biotypen und Pathotypen äußert, eine entscheidende Rolle. Andererseits ist unter diesen Gesichtspunkten die Auseinandersetzung von Parasit und Wirt nicht nur ausschließlich von der Seite des einen oder des anderen Partners her zu betrachten, sondern wir müssen die Wechselwirkung beider, gewissermaßen als neues, besonderes Element, in den Mittelpunkt stellen.

Robinson [1429] verwendet folgende Begriffe für die Populationen von Wirtspflanzen und Schaderreger im Pathosystem: **Pathodem** und **Pathotyp**. Es sind darunter Populationen zu verstehen, die sich aus Individuen zusammensetzen, denen allen eine Pathosystemeigenschaft eigen ist: eine bestimmte Resistenz (Wirtspflanzen) bzw. eine bestimmte Parasitierungsfähigkeit (Parasiten) (vgl. 3.6.). Pathodeme und Pathotypen mit ihren Wechselwirkungen sind Gegenstand der Epidemiologie, diesbezügliche Probleme werden im Kapitel 7 behandelt. An dieser Stelle wollen wir uns insbesondere mit den Begriffen vertikale und horizontale Resistenz auseinandersetzen.

Die Bezeichnung vertikal bzw. horizontal zur Kennzeichnung von zwei Resistenzkategorien geht auf van der Plank [1326] zurück. Auf dieser Grundlage entwickelte Robinson [1429] ein logisches Begriffssystem mit Schlußfolgerungen für die Praxis der Pflanzenzüchtung. Nach wie vor ist jedoch diese Konzeption der Resistenz umstritten. Im Rahmen unserer Betrachtungen können wir nur auf einige wesentliche Punkte der Auseinandersetzung eingehen; wir wollen auch keinen zusätzlichen Diskussionsbeitrag liefern, sondern vor allem prüfen, inwieweit die Kategorien der vertikalen und horizontalen Resistenz, die als Interpretation von Versuchsergebnissen mit Pathogenen (nichttierischen Schaderregern) entwickelt wurden, auf tierische Schädlinge übertragbar sind. Dazu ist es notwendig, zunächst beide Begriffe zu erläutern, wobei wir am besten auf ihren Ursprung, die klassischen Diagramme von van der Plank [1326], zurückgreifen.

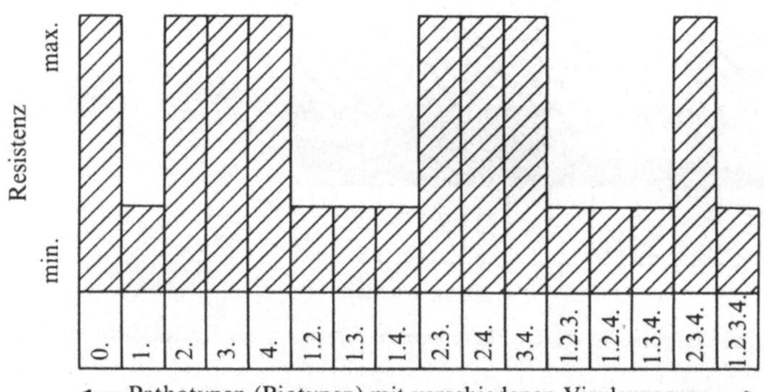

Abb. 7. Ausmaß der Krautfäule (verursacht durch *Phytophthora infestans*) bei einer Kartoffelsorte mit dem Resistenzgen R_1. Nach Robinson 1976.

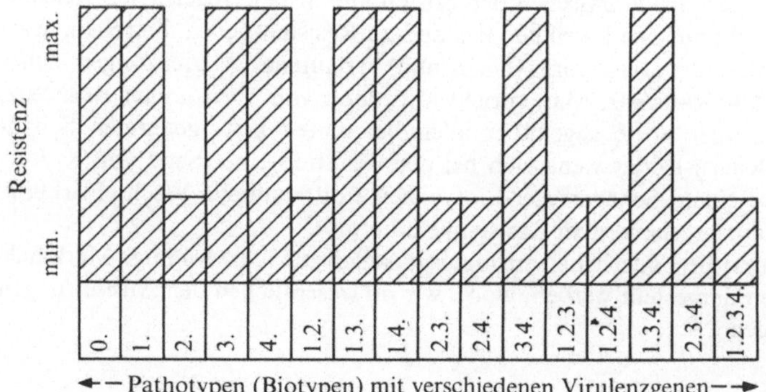

Abb. 8. Ausmaß der Krautfäule (verursacht durch *Phytophthora infestans*) bei einer Kartoffelsorte mit dem Resistenzgen R_2. Nach Robinson 1976.

In den Abbildungen 7 und 8 wird das Ausmaß der Krautfäule, verursacht durch 16 verschiedene Rassen (Biotypen) von *Phytophthora infestans*, bei zwei Kartoffelsorten dargestellt. Eine Sorte besitzt das Resistenzgen R_1. Sie ist anfällig für jede *Phytophthora*-Rasse, die das korrespondierende, mit v_1 bezeichnete Virulenzgen besitzt, aber vollkommen resistent gegen alle Rassen, denen dieses Gen fehlt. Die gleichen Verhältnisse zeigt die andere Kartoffelsorte, die das Resistenzgen R_2 besitzt und deshalb gegen alle *Phytophthora*-Rassen resistent ist mit Ausnahme derjenigen, die das korrespondierende v_2-Gen besitzen. Da die Unterschiede im Befall bzw. die Resistenzwirkung sich parallel zur Ordinate (vertikal) des Diagramms ausprägen, wird diese Form **vertikale Resistenz** genannt.

Verallgemeinert wird der Begriff dann angewendet, wenn beim Befall einer Serie von Biotypen eines Schaderregers eine unterschiedliche (differentielle) Wechselwirkung beobachtet wird, d. h., wenn einige Sorten gegen einen bestimmten Schaderregerbiotyp resistent, andere für denselben Biotyp jedoch empfindlich sind.

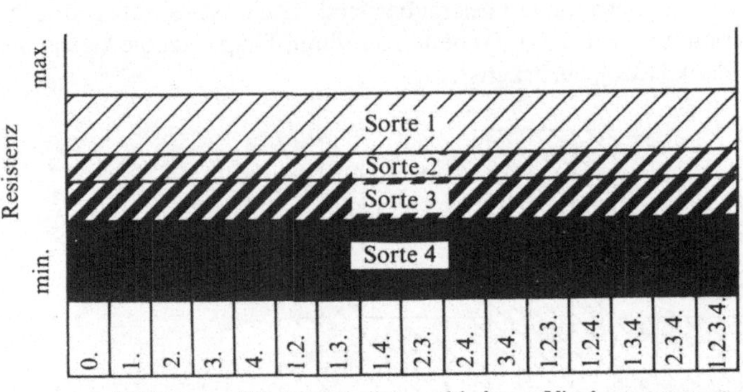

Abb. 9. Ausmaß der Krautfäule (verursacht durch *Phytophthora infestans*) bei Kartoffelsorten ohne R-Gene. Nach Robinson 1976.

Die Abbildung 9 veranschaulicht die Verhältnisse bei Kartoffelsorten, die keine R-Gene besitzen. Demzufolge sind sie für alle *Phytophthora*-Rassen (Biotypen) anfällig, wenn auch in unterschiedlichem Maße; einige Sorten zeichnen sich durch einen höheren Resistenzgrad aus als andere. Da die Unterschiede zwischen den Sorten alle Schaderregerrassen gleichermaßen, d. h. ohne Rücksicht auf den jeweiligen Bestand an Resistenzgenen, betreffen, ergeben sich parallel zur Abszisse des Diagramms (horizontal) verlaufende Abgrenzungen, daher die Bezeichnung **horizontale Resistenz**. Man spricht also dann von horizontaler Resistenz, wenn der Resistenzgrad einer Sorte gegenüber allen bekannten bzw. getesteten Schaderreger-Biotypen etwa gleich ist oder wenn sich bei der Reaktion einer Serie von Kulturpflanzensorten gegenüber einem Schaderreger-Biotyp keine differentielle Wechselwirkung, sondern eine Rangfolge entsprechend dem Resistenzgrad ergibt.

Ohne auf Spezialfälle und Besonderheiten einzugehen, sollen zunächst wichtige Merkmale der beiden Resistenztypen dargestellt werden, wobei wir im wesentlichen den Ausführungen von Robinson [1429] folgen.

3.7.1. Vertikale Resistenz

Wie bereits erwähnt (vgl. 3.6.), realisiert die vertikale Resistenz eine Gen-für-Gen-Beziehung; daraus folgt, daß vertikale Resistenz und — von der Seite des Parasiten her — vertikaler Parasitismus mono- oder oligogen vererbt werden. Die diese Resistenz bestimmenden Eigenschaften der Pflanze bzw. des Parasiten sind entweder vorhanden oder fehlen, sie sind also qualitativer Natur.

Die vertikale Resistenz verleiht normalerweise einen vollständigen Schutz vor dem Schaderreger. Diesem Vorteil steht jedoch der Nachteil der Unbeständigkeit gegenüber. Konzentrierter und weiträumiger Anbau einer Sorte mit vertikaler Resistenz übt einen starken Selektionsdruck auf den Schaderreger aus. Entsprechend seiner genetischen Plastizität bzw. Variabilität und Mutationshäufung werden früher oder später Individuen auftreten und selektiert, die das zum Resistenzgen korrespondierende Virulenzgen besitzen. Es entwickelt sich ein neuer Biotyp (vgl. 7.2.), der in der Lage ist, die bis dahin resistenten

Pflanzen als Wirt zu nutzen. Das bedeutet, daß die Resistenz der Sorte in dem Ausmaß zusammenbricht, wie der neue Biotyp die bisherige Population ersetzt. Da die vertikale Resistenz nur auf bestimmte Rassen bzw. Biotypen des Schaderregers wirkt, wird sie auch als **rassenspezifische Resistenz** bezeichnet. Um Schutz vor dem neuen Schaderreger-Biotyp zu erreichen, ist der Züchter gezwungen, eine neue Sorte mit neuen Resistenzgenen zu züchten.

Jeder Resistenzmechanismus, der vertikale Resistenz verleiht, beruht auf solchen Pflanzeneigenschaften, die im Bereich der Anpassungsfähigkeit des Schaderregers liegen, d. h., auf die er durch Veränderungen reagieren kann. Hierbei handelt es sich um Mikroevolution, die Robinson [1429] durch drei Merkmale von der Makroevolution unterscheidet: Die Veränderungen des Schaderregers betreffen Eigenschaften, die nicht neu sind; der Übergang von einer Eigenschaft zur anderen Eigenschaft ist reversibel; die Veränderungen vollziehen sich in wenigen Jahren. Die Makroevolution dagegen führt irreversibel zu neuen Eigenschaften, wozu Millionen von Jahren benötigt werden. Mikro- wie Makroevolution werden durch Selektionsdruck ausgelöst. Aus der in kurzen Zeiträumen verlaufenden reversiblen Veränderung des Parasiten als Reaktion auf vertikale Resistenz der Wirtspflanze ist abzuleiten, daß der auslösende vertikale Resistenzmechanismus einfach sein muß.

Die verschiedenen Merkmale, die für vertikale Resistenz charakteristisch sind, kommen in den Namen zum Ausdruck, mit denen man diese Resistenzform belegt hat: **spezifische Resistenz**, Hauptgenresistenz, qualitative Resistenz u. a. Ihre Anwendung kann nach Robinson [1429] für einen bestimmten Zusammenhang geeignet sein; da sie jedoch deskriptiven Charakter haben, d. h. sich auf jeweils spezifische Eigenschaften beziehen, sind sie nicht als Synonym zu dem abstrakten Begriff „vertikal" anzusehen.

3.7.2. Horizontale Resistenz

Bei der Interpretation der horizontalen Resistenz ergeben sich größere Schwierigkeiten als bei der vertikalen Resistenz. Das betrifft zunächst den Vererbungsmodus. Übereinstimmend wird festgestellt, daß sowohl polygen vererbte Resistenz wie auch polygen vererbter Parasitismus nur horizontal sein können; beide stehen nicht in einem Abhängigkeitsverhältnis wie bei der vertikalen Resistenz. Die umgekehrte Beziehung (horizontale Resistenz wird nur polygen vererbt) gilt nach Robinson [1429] jedoch nicht, da auch oligogen vererbte horizontale Resistenz bekannt, wenn auch selten ist. Die polygene Vererbung bedingt die quantitative Wirkung der Resistenz, wobei jedes der Resistenzgene einen bestimmten Anteil an der Ausprägung des quantitativen Merkmals hat. Er hängt ab von der Anzahl der Gene, die dieses Merkmal kontrollieren, und von der relativen Bedeutung des Gens.

Die horizontale Resistenz verleiht keinen vollständigen Schutz, wirkt aber gegen alle Rassen oder Biotypen des Schaderregers und wird daher auch als **unspezifische Resistenz** bezeichnet. Aus der Abbildung 9 ist aber nicht abzuleiten, daß der Wirt gegen alle Pathotypen einen gleichmäßig hohen Resistenzgrad besitzt. Auf Grund der unterschiedlichen Aggressivität der Pathotypen ist die Resistenz des Wirtes, wenn Versuchsergebnisse wiedergegeben werden sollen, als mehr oder weniger breites Band einzuzeichnen (Abb. 10); die Darstellung der horizontalen Resistenz als gerade Linie ist eine Abstraktion.

Wegen der umfassenden, unspezifischen Wirkung der horizontalen Resistenz führen Veränderungen in der Schaderregerpopulation nicht zum Zusammenbruch der Resistenz. Sie gewährt im Gegensatz zur vertikalen Resistenz einen dauerhaften Schutz, da die ihr zugrunde liegenden Resistenzmechanismen außerhalb der Anpassungsfähigkeit des Schaderregers liegen. Wahrscheinlich handelt es sich um zahlreiche oder komplexe Mechanismen, obwohl es auch einfache Resistenzmechanismen gibt, denen sich der Schaderreger nicht anzupassen vermag und die deshalb horizontale Resistenz verleihen. Dazu gehört z. B. die Blattbehaarung als Resistenzeigenschaft (vgl. 6.1.2.2.). Nach Robinson [1429] wirken wahrscheinlich alle einfachen horizontalen Resistenzmechanismen auf physikalische Weise.

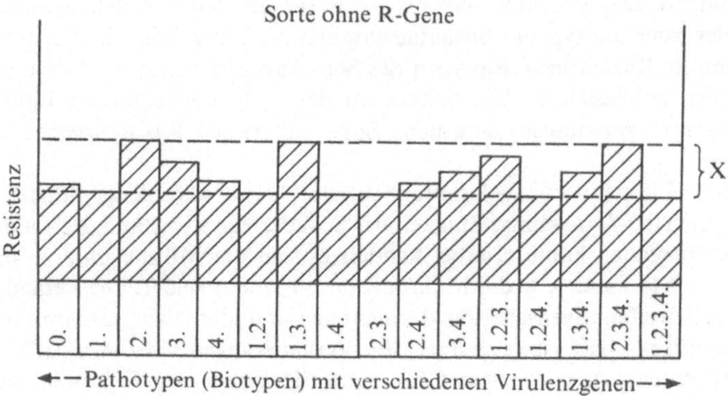

Abb. 10. Reaktion einer Kartoffelsorte ohne R-Gene unter Berücksichtigung der unterschiedlichen unspezifischen Pathogenität der verschiedenen Pathotypen. Nach Ullrich 1976.

Auch für die horizontale Resistenz wurde eine Reihe deskriptiver Begriffe eingeführt und verwendet, z. B. **allgemeine Resistenz, relative Resistenz**, Nebengenresistenz, multigene Resistenz, partielle Resistenz, polygene Resistenz, quantitative Resistenz u. a. (Ullrich [1781] führt 20 Begriffe auf, die als mehr oder weniger zutreffende Synonyme für horizontale Resistenz in der Literatur zu finden sind.) Wegen des abstrakten Charakters des Begriffes „horizontal" ist aber hier ebenso wie bei dem Begriff „vertikal" ein Ersatz durch andere Begriffe im Sinne von Synonymen nicht zulässig.

Mit gewissen Einschränkungen kann der horizontalen Resistenz die **Feldresistenz** zugeordnet werden. Man versteht darunter eine Resistenzform, die im Freiland, unter natürlichen Bedingungen auf dem Feld, beobachtet wird. Sie ist schwer und nur dann mit Gewächshaus- oder Labortesten zu entdecken oder zu charakterisieren, wenn Freilandbedingungen mit hinreichender Genauigkeit simuliert werden können. Der Zusammenhang mit der horizontalen Resistenz ergibt sich daraus, daß Feldresistenz unspezifisch ist und gegen alle lokal auftretenden Biotypen bzw. Pathotypen des Schaderregers wirkt, oft polygen kontrolliert wird und oft dauerhaft ist [1469]. Sie kann Sämlings- und Altersresistenz (vgl. 3.8.) wie auch die drei Erscheinungsformen der Resistenz (Toleranz, Nichtpräferenz, Antibiose) umfassen [726]. Wegen des allgemeinen Charakters schätzt man Feldresistenz als wertvollen Begriff für die Beschreibung von komplexen Arten der Resistenz, die unter Freilandbedingungen die wirksame Kontrolle eines Parasiten gewährleisten [1469].

3.7.3. Beziehungen zwischen vertikaler und horizontaler Resistenz

Wir hatten festgestellt, daß vertikale Resistenz einen zwar vollständigen, aber nicht dauerhaften Schutz vor einem Schaderreger gewährt. Ist die vertikale Resistenz einer Pflanze als Folge der Entwicklung neuer Pathotypen bzw. Biotypen zusammengebrochen, müßten solche Pflanzen bzw. Sorten eine absolute Anfälligkeit zeigen. Das tritt jedoch in der Natur nicht auf, es verbleibt immer noch ein gewisser Resistenzgrad, der der Pflanze eine gewisse Widerstandsfähigkeit verleiht. Der Schaderreger kann sie nicht überwinden, da die zugrunde liegenden Resistenzmechanismen außerhalb seiner Anpassungsfähigkeit liegen. Demnach muß nach dem Zusammenbruch der vertikalen Resistenz horizontale Resistenz übrigbleiben. Nach Robinson [1429] „deuten alle Beweise darauf hin, daß vertikale Resistenz eine ungewöhnliche und zusätzliche Art der Resistenz in der Natur ist und daß tatsächlich in jeder Pflanze gegen jeden Parasiten horizontale Resistenz vorkommt, auch wenn sie in manchen Sorten zur Zeit auf einer pflanzenbaulich unzureichenden Höhe ist". Und an anderer Stelle führt er aus, daß alle Pflanzen mit vertikaler Resistenz auch horizontale Resistenz besitzen, viele Pflanzen nur horizontale und keine vertikale, aber keine Pflanze nur vertikale Resistenz besitzt. Bereits van der Plank [1327] wies darauf hin, daß vertikale Resistenz wahrscheinlich nie ohne horizontale vorkommt. Auch Engel [444] vertritt die Ansicht, daß horizontale und vertikale Resistenz meist zusammen in einer Wirtspflanze auftreten.

Die Koppelung beider Resistenzformen in einer Wirtspflanze erschwert ihre Abgrenzung, denn in diesen Fällen erweist sich die vertikale Resistenz als quantiativ, d. h., die differentielle Wechselwirkung zeigt quantitative Abstufungen.

3.7.4. Diskussion der Begriffe

Mit seinen Veröffentlichungen und der Einführung der Begriffe vertikale und horizontale Resistenz hat van der Plank eine Diskussion ausgelöst, die bis zur Gegenwart andauert und der auch wir uns bei aller gebotenen Beschränkung auf den vorgegebenen Rahmen stellen müssen.

Russell [1469] empfiehlt Vorsicht bei der Anwendung insbesondere des Begriffes der horizontalen Resistenz als nichtrassenspezifische Resistenz, d. h. einer Resistenz, die gegen alle genetischen Varianten eines bestimmten Schaderregers wirksam ist. Es ist niemals möglich, Sorten oder Zuchtmaterial gegen alle denkbaren Pathotypen zu testen, und er weist darauf hin, daß bei vielen Pflanzensorten die Resistenz als nichtrassenspezifisch beschrieben wurde, bis sie von einer resistenzbrechenden Variante eines Schaderregers befallen wurde. Hierauf weist auch Simmonds [1605] in seinem Konzept der Strategie der Resistenzzüchtung ausdrücklich hin. Russell [1469] hält in Übereinstimmung mit Johnson und Law [794] die Dauerhaftigkeit der Resistenz für ein besseres Charakterisierungsmerkmal als horizontal oder vertikal. Er führt eine Reihe von Beispielen für dauerhafte Resistenz an (Tab. 2), die durch Hauptgene kontrolliert und rassenspezifisch ist, d. h., daß mit der Rassenspezifität nicht als unvermeidliche Folge ein völliger Zusammenbruch der Resistenz verbunden sein muß. Resistenztypen, die polygen kontrolliert werden (und mehrere verschiedene Resistenzmechanismen einschließen), sind wahrscheinlich dauerhafter als solche, die sich nur auf einen einfachen Resistenzmechanismus gründen; deshalb sind sie jedoch nicht zwangsläufig rassenunspezifisch bzw. dauerhaft [1301]. Es ist nicht bekannt, warum in einigen Fällen die rassenspezifische Resistenz einen dauerhaften Schutz gewährt, in anderen jedoch von kürzerer Wirkung ist [1470].

Besonders scharf kritisiert Nelson (1186) die Begriffe vertikale und horizontale Resistenz. Seiner Meinung nach liegt der Fehler in der Definition der Begriffe, da sie der Interpretation der zugrunde liegenden Versuche nicht entsprechen. Er führt die entstandene Verwirrung darauf zurück, daß van der Plank die horizontale und vertikale Resistenz in Begriffen der Populationskinetik definiert und unmittelbar danach epidemiologisch interpretiert.

Entsprechend der unterschiedlichen epidemiologischen Auswirkungen kann man die Resistenz gegen pilzliche und bakterielle Krankheitserreger in zwei Haupttypen einteilen [1185, 1186]:
— Resistenz gegen Infektion: Der Wirt reduziert die Möglichkeit der Aufnahme parasitischer Beziehungen durch Einschränkung der Infektionsstelle und des Infektionsprozesses. Diese Form der Resistenz verringert den Umfang des wirksam werdenden Initial-Inokulums. Sie entspricht Begriffen wie rassenspezifische Resistenz, vertikale Resistenz, Hauptgen-Resistenz und **Hypersensibilität.**
— Resistenz gegen Ansiedlung und Vermehrung des Parasiten: Ihr Einfluß beginnt erst nach erfolgter Infektion. Sie vermindert das an der Pflanze sichtbare Ausmaß der Krankheit, reduziert also die an den Krankheitssymptomen erkennbare Infektionsrate: rate-reducing resistance. Diese Resistenzform wird auch durch Begriffe wie rassenunspezifische Resistenz, horizontale Resistenz, Nebengen-Resistenz, partielle Resistenz, Feldresistenz, allgemeine Resistenz u. a. gekennzeichnet.

Auch hier ist — wie in vielen anderen Fällen — eine scharfe Trennung nicht immer möglich, und Resistenz im Sinne der zweiten Form, die die sichtbare Infektionsrate reduziert, entspricht nicht immer genau einer Resistenz gegen Ansiedlung und Vermehrung (Sporulation) des Parasiten.

Wenn auch die Aufteilung der Resistenz in diese zwei Formen berechtigt sein sollte – ihre Gültigkeit für tierische Schaderreger wäre noch zu prüfen –, so ist doch die Schlußfolgerung fraglich, daß sie durch zwei verschiedene Arten von Genen bedingt werden. Nach Nelson et al. [1187] sind die Gene für horizontale und vertikale Resistenz die gleichen. Die Ausprägung der einen oder anderen Resistenzform beruht nicht auf der Wirkung verschiedenartiger Gene, sondern auf einer unterschiedlichen Wirkung derselben Gene im Zusammenhang mit einem verschiedenen genetischen Hintergrund.

Tabelle 2
Beispiele für dauerhafte Hauptgen-Resistenz gegen Krankheiten und Schädlinge. Nach Russell [1470].

Krankheit oder Schädling	Kulturpflanze
Viren	
Baumwollblattkräusel-Virus	Baumwolle
Kartoffel-X-Virus	Kartoffel
Kartoffel-Y-Virus	Kartoffel
Tabakmosaik-Virus	Tabak
Bakterien	
Xanthomonas malvacearum	Baumwolle
Pseudomonas spp.	Tabak
Pilze	
Cercospora spp.	Gurke
Periconia circinata	Sorghum
Botrytis cinerea	Himbeere
Venturia inaequalis	Apfel
Synchytrium endobioticum	Kartoffel
Fusarium oxysporum	Kohl, Tomate, Erbse
Nematoden	
Ditylenchus dipsaci	Hafer
Insekten	
Amphorophora spp.	Himbeere
Eriosoma lanigerum	Apfel
Therioaphis trifolii maculata	Luzerne
Empoasca spp.	Baumwolle
Mayetiola destructor	Weizen
Oulema melanopa	Weizen

Die Unterscheidung von horizontaler und vertikaler Resistenz im natürlichen Pathosystem hält Parlevliet [1269] für wenig nützlich, da sich hier im Verlauf gemeinsamer Entwicklung von Parasit und Wirt ein integriertes System von Resistenz- und Virulenzgenen herausgebildet hat, in dem alle Gene auf ähnliche Weise wirken. In unseren Agro-Ökosystemen, den künstlichen Pathosystemen, liegen jedoch grundsätzlich andere Bedingungen vor. Die Einschränkung der genotypischen Variabilität der Wirtspopulationen (durch Auslese, Züchtung und Anbau genetisch mehr oder weniger einheitlicher Sorten) bedingte eine Spezialisierung der Schaderreger auf die vorhandenen Resistenzgene; dadurch ging die Stabilität des integrierten Systems verloren (vgl. Kap. 2). Unter den Bedingungen moderner Agro-Ökosysteme hält Parlevliet [1269] die Unterteilung der Resistenz in horizontale und vertikale für zweckmäßig.

Gallun und Khush [535] halten die Anwendung der Begriffe vertikale und horizontale Resistenz auf Insektenschädlinge für ebenso nützlich wie bei Pflanzenkrankheiten. Das ist verständlich, weil sie die Resistenz von Weizen gegen die Hessenfliege *(Mayetiola destruc-*

tor) bearbeitet haben, eines der wenigen Beispiele aus dem Bereich der Entomologie, bei dem die Entwicklung von Biotypen im spezifischen Sinn eindeutig nachgewiesen wurde (vgl. 3.6., 7.2.) und damit die Voraussetzung für die Unterscheidung der beiden Resistenztypen erfüllt ist.

Speziell für die Belange der Resistenzzüchtung unterscheidet Simmonds [1605] außer der vertikalen und horizontalen Resistenz noch die nichtspezifische Hauptgen-Resistenz (vgl. 3.6.) und die **Interaktions-Resistenz**. Letztere ist nicht in dem Sinne genetisch charakterisiert wie die anderen Formen, sondern dient zur Kennzeichnung der Resistenzeigenschaften von Vielliniensorten oder Sortenmischungen, die in einem geringeren Schädlingsbefall der heterogenen Population im Vergleich zum Durchschnittsbefall jeder einzelnen Komponente zum Ausdruck kommt.

Abweichend von dem bisher dargestellten Begriffsinhalt verwendet Smeljanez [1635] die Begriffe vertikale und horizontale Resistenz. Er benutzt sie zur Kennzeichnung von Unterschieden in der Variabilität des Resistenzgrades bei allen drei von ihm auf die Verhältnisse bei Insekten bezogenen Resistenzarten (Antibiose, Sich-Entziehen, Toleranz). Erstreckt sich die Variabilität des Resistenzgrades auf verschiedene Pflanzenarten oder -sorten, liegt der horizontale Typ vor. Mit vertikal bezeichnet er die Variabilität des Resistenzgrades innerhalb einer Pflanzenart oder -sorte.

Zum Abschluß unseres kurzen Ausschnittes aus der Diskussion um die Begriffe vertikale und horizontale Resistenz wollen wir trotz des im Grunde unbefriedigenden Ergebnisses auch eine positive Seite erwähnen. Sie ist darin zu sehen, daß die Auseinandersetzung dazu zwang, Wege und Ziele der Resistenzzüchtung neu zu überdenken, und führte zu einer Erweiterung der Vorstellungen über die Pathogenität von Krankheitserregern [1781]. Es bleibt zu untersuchen, ob und in welchem Umfang Gleiches auch für tierische Schaderreger gilt.

Zweifellos ist die Anwendung der Begriffe vertikale und horizontale Resistenz auf tierische Schaderreger in solchen Fällen berechtigt, wo die Bedingungen dafür gegeben sind; sie werden hier ebenso nützlich sein wie bei Wirt-Pathogen-Beziehungen. Wenn wir uns die eingangs des Kapitels erläuterten Merkmale der vertikalen und horizontalen Resistenz vergegenwärtigen, hebt sich deutlich als grundlegende und entscheidende Voraussetzung für eine Erkennung und Unterscheidung der beiden Resistenzformen die Differenzierung des Schaderregers in Biotypen bzw. Pathotypen heraus. Als sicherster Nachweis für das Vorliegen einer vertikalen Resistenz kann die Feststellung einer Gen-für-Gen-Beziehung gelten, sie ist eines ihrer wesentlichsten Merkmale. Sie äußert sich in der differentiellen Wechselwirkung, die aber nur nach der Testung einer Serie von Biotypen (Pathotypen) und Pathodemen (Differentialwirten) erkennbar wird: Zur Identifizierung eines Biotyps (Pathotyps) ist eine Serie von Pathodemen nötig, gleichermaßen zur Identifizierung eines Pathodems eine Serie von Biotypen (Pathotypen). Für den experimentellen Nachweis horizontaler Resistenz ist ebenfalls eine Serie verschiedener Biotypen (Pathotypen) und eine Serie verschiedener Pathodeme erforderlich. Nur unter dieser Voraussetzung kann man das charakteristische Merkmal der horizontalen Resistenz, eine konstante Rangordnung der Biotypen (Pathotypen) nach ihrer Pathogenität wie auch der Pathodeme entsprechend ihrer Resistenz, erkennen. (Auf Schwierigkeiten beim experimentellen Nachweis der konstanten Rangordnung, die sich z. B. dann ergeben, wenn der Wirt gleichzeitig vertikale Resistenz besitzt, soll nicht näher eingegangen werden.)

Diese Abhängigkeit der Resistenzklassifizierung vom Auftreten von Biotypen (Pathotypen) schränkt die Anwendungsmöglichkeiten der Begriffe vertikale und horizontale Resistenz auf den Bereich tierischer Schaderreger weitgehend ein. Wie unter 3.6. dargelegt wurde, sind bei tierischen Schädlingen bisher Biotypen im spezifischen Sinn bzw. Pathotypen nur in vergleichsweise geringer Anzahl und bei wenigen taxonomischen Gruppen (Nematoden, Dipteren, Homopteren) bekannt und mit Sicherheit nachgewiesen worden. In den Fällen, in denen Gen-für-Gen-Beziehungen erkennbar sind (z. B. beim Pathosystem Weizen — Hes-

senfliege), ist die Anwendung des Begriffs vertikale Resistenz sicher gerechtfertigt, in allen anderen Fällen von Resistenz gegen tierische Schaderreger jedoch dem gegenwärtigen Erkenntnisstand entsprechend nicht möglich und gegenstandslos.

Allgemeine Resistenz	s. horizontale Resistenz.
Feldresistenz	Häufig polygen kontrollierte, meist dauerhafte und unspezifische Resistenz, die unter Freilandbedingungen eine teilweise Kontrolle aller lokalen Biotypen (Pathotypen) des Parasiten gewährleistet.
Horizontale Resistenz	Unspezifische Resistenz, die auf alle Rassen (Biotypen, Pathotypen) des Schaderregers bei einer Serie von Wirtspflanzensorten in quantitativer Abstufung entsprechend dem Genbestand wirkt und polygen (durch Nebengene) vererbt wird. Sie verleiht unvollständigen, aber dauerhaften Schutz.
Hypersensibilität	Überempfindlichkeit des pflanzlichen Gewebes als Reaktion auf den Befall durch einen Schaderreger, die sich meist im Absterben des befallenen Gewebes äußert; aktiver Resistenzmechanismus, in der Regel zur vertikalen Resistenz gerechnet.
Interaktions-Resistenz	Geringerer Schädlingsbefall einer heterogenen Pflanzenpopulation (Vielliniensorten oder Sortenmischungen) im Vergleich zum Durchschnittsbefall der Einzelkomponenten.
Partielle Resistenz	s. horizontale Resistenz.
Pathodem	Population einer Wirtspflanzenart in einem Pathosystem, deren Individuen eine bestimmte Eigenschaft des Pathosystems, die Resistenz, gemeinsam haben.
Pathotyp (nach Robinson)	Population einer Parasitenart in einem Pathosystem, deren Individuen eine bestimmte Eigenschaft des Pathosystems, die Parasitierungsfähigkeit, gemeinsam haben.
Rassenspezifische Resistenz	Die Resistenz wirkt entsprechend der Gen-für-Gen-Beziehung nur gegen solche Rassen (Biotypen, Pathotypen), denen die korrespondierenden (vertikalen) Virulenzgene fehlen (vgl. vertikale Resistenz).
Relative Resistenz	s. horizontale Resistenz.
Spezifische Resistenz	s. rassenspezifische Resistenz.
Unspezifische Resistenz	Die Resistenz wirkt gegen alle bekannten Rassen (Biotypen, Pathotypen) eines Schaderregers (vgl. horizontale Resistenz).
Vertikale Resistenz	Für bestimmte Rassen (Biotypen, Pathotypen) spezifische Resistenz, die sich in einer differentiellen Wechselwirkung äußert, auf Gen-für-Gen-Beziehung beruht und mono- oder oligogen (durch Hauptgene) vererbt wird. Sie verleiht vollständigen, aber nur vorübergehenden Schutz.

3.8. Zeitliche Aspekte der Resistenz

Bei den Betrachtungen in den vorangegangenen Abschnitten spielte stets auch der Zeitfaktor eine Rolle, der — wenn er nicht besonders hervorgehoben wurde — nicht immer deutlich erkennbar war. Da die Resistenz, ein spezieller Ausschnitt in der Auseinandersetzung zwischen Parasit und Pflanze, als ein in der Zeit ablaufender Prozeß aufzufassen ist, ist sie stets auch untrennbar mit einem bestimmten Zeitmaß und einer bestimmten Sequenz von Ereignissen in einer zeitlich spezifisch fixierten Reihenfolge als charakteristisches Merkmal verbunden. Die Zeitkomponente der Resistenz kann dabei — je nach dem gewählten Blickwinkel — sehr unterschiedliche Dimensionen annehmen. Wir wollen in diesem Abschnitt versuchen, einen gewissen Überblick über die vielfältigen Aspekte der Zeit in ihrer Beziehung zu verschiedenen Aspekten der Resistenz zu geben und im Zusammenhang darzustellen.

Kurze Zeitspannen in der Größenordnung von Minuten bis Stunden sind kennzeichnend für Pflanzenreaktionen auf histologischem Niveau, wie sie z. B. für die Produktion spezifischer

Verbindungen als Antwort auf Schädlingsfraß nachzuweisen sind. Wir haben sie unter aktiver Resistenz erwähnt (3.5.3.) (vgl. auch induzierte Resistenz, 8.4.4.).

Auf dem nächsten, übergeordneten Niveau des Pathosystems haben wir es mit Individuen, den Wirtspflanzen mit ihren Parasiten, zu tun. Beide durchlaufen jeweils spezifische Stadien der Entwicklung, unterliegen also Veränderungen im morphologischen und physiologischen Bereich in der Zeit. Die dafür beanspruchten Zeiträume haben sich im Ergebnis der Auseinandersetzung mit der Umwelt im Verlauf der Evolution herausgebildet und sind artspezifisch fixiert, jedoch in mehr oder weniger großem Umfang von den jeweils aktuellen Umweltverhältnissen beeinflußbar und abhängig.

Die einzelnen Entwicklungsstadien einer Pflanze können sich in ihrer Resistenz gegen einen Schaderreger unterscheiden. Tritt die Resistenzeigenschaft bei Jungpflanzen besonders deutlich hervor, spricht man von **Sämlings-** bzw. **Jugendresistenz** (seedling bzw. juvenile resistance). Es ist in verschiedener Hinsicht vorteilhaft, wenn Resistenzprüfungen, insbesondere umfangreiche Screening-Tests, mit möglichst jungen Pflanzen durchgeführt werden können (vgl. Kap. 11). In diesem Entwicklungsstadium ist vertikale Resistenz am leichtesten nachzuweisen und zu unterscheiden [726]. Es gibt aber auch Resistenzeigenschaften, die weniger deutlich im Jugendstadium erkennbar sind, sondern erst an der reifen Pflanze sichtbar bzw. wirksam werden. Diese Form wird als **Alters-** bzw. **Reiferesistenz** (adult bzw. mature plant resistance) bezeichnet. Bei der reifen Pflanze prägt sich die horizontale Resistenz besonders deutlich aus; das bedeutet aber nicht, daß horizontale Resistenz auf dieses Stadium beschränkt ist.

Wenn wir das Verhältnis zwischen Pflanze und Parasit von der Seite des tierischen Schaderregers her betrachten, läßt sich ebenfalls die Rolle des Zeitfaktors deutlich machen, hier insbesondere in Form der Abhängigkeit von der Einhaltung einer bestimmten Sequenz von Verhaltensweisen. Wir haben darauf im Zusammenhang mit Präferenz — Nichtpräferenz und Antibiose (vgl. 3.5.2. und 3.5.3.) hingewiesen. Eine Störung in der zeitlich fixierten Abfolge des Verhaltens des tierischen Schaderregers, wie sie die Pflanze durch Veränderungen bzw. Ausschaltung der ein bestimmtes Verhaltensmuster auslösenden Reize erreichen kann, bedeutet Resistenz — von der Pflanze her gesehen — und mehr oder weniger vollständigen Schutz vor dem Schädling. Für ihn kann diese Störung Verlängerung der Larvenentwicklung, Verkürzung der Lebensdauer u. a. bedeuten, also wiederum zeitabhängige bzw. zeitbedingte Vorgänge.

Wir wollen nun die dritte Komponente des Wirt-Parasit-Systems, die Wechselwirkungen zwischen beiden Partnern, in ihrer Beziehung zur Zeit untersuchen. Man kann zunächst verschiedene Etappen der Pflanze-Parasit-Beziehung unterscheiden, die oben bereits angedeutet wurden und deren Einordnung in die Erscheinungsformen der Resistenz im Zusammenhang hier noch einmal dargestellt werden soll. Farrell [458] unterscheidet 7 Phasen bei Insekten-Pflanzen-Beziehungen, die maßgebend für die Resistenz sind (Tab. 3). Innerhalb dieses Schemas kann den verschiedenen Entwicklungsstadien der Insekten eine unterschiedliche Bedeutung zukommen; z. B. vermag jedes Stadium die Pflanze zu besiedeln (d. h. engen räumlichen Kontakt für eine gewisse Zeit aufrechtzuerhalten), aber nur Adulte verwenden sie zur Eiablage; Larven und Imagines können dieselben, aber auch verschiedene Teile der Pflanze nutzen usw. Für die Ausprägung der Resistenz sind die Resistenzfaktoren, erbliche Pflanzeneigenschaften, verantwortlich. Ein einzelner Resistenzfaktor kann auf verschiedene Phasen der Resistenz einwirken (z. B. beeinflußt die Blattbehaarung bei der Resistenz von Weizen gegen das Getreidehähnchen *(Oulema melanopa)* Eiablage, Überleben der Eier und Nahrungsaufnahme der Larven). Es kann aber auch jede Phase von einem speziellen Faktor abhängig sein (z. B. bei der Resistenz von Baumwolle gegen den Kapselwurm *(Anthonomus grandis)*).

Wir hatten im Abschnitt 3.4. darauf hingewiesen, daß fehlende oder mangelhafte Synchronisation der beiderseitigen Entwicklungsphasen zu einer erhöhten Widerstandsfähigkeit der Pflanze gegen Schaderreger führen kann. Die verschiedenen Möglichkeiten des zeitlichen

Entkommens (temporal escape), die Harris [659] beschrieb, wurden bereits erwähnt, ebenso die phänologische Uneinheitlichkeit der Wirtspflanze, die die Anpassung des Parasiten erschwert.

Der Einteilung in postinfektionelle (aktive) und präinfektionelle (passive) Resistenz liegt ebenfalls — wie bereits in der Bezeichnung zum Ausdruck kommt — eine Beziehung zur Zeit zugrunde. Sie betrifft den Zeitpunkt der Entstehung eines Resistenzfaktors, wobei der Befall, die unmittelbare Einwirkung des Schaderregers auf die Pflanze, den Bezugspunkt darstellt. Dieser ist auch entscheidend für eine Anwendung beider Begriffe ohne Bezugnahme auf die Ausbildung von Resistenzfaktoren, wie er vor allem in der Nematologie üblich ist. Hier bezeichnet man alle Faktoren, die vor der Infektion, d. h. der Begründung eines stabilen Parasit-Wirt-Verhältnisses, zur Wirkung kommen und zu einem Ausbleiben bzw. einer Verringerung des Befalls führen, als präinfektionelle Resistenz. Die postinfektionelle Resistenz wird erst danach, nach erfolgter Einwanderung der Nematoden in die Pflanzen, wirksam.

Tabelle 3
Phasen der Resistenz. Nach Farrell [458].

Zweck	Phase	Mechanismus (nach Painter [1259])
Besiedlung (Anfangsgröße der Population)	Annäherung Verweilen Eiablage	Nichtpräferenz
Nutzung (Larvenwachstum, Überleben, Fruchtbarkeit der Adulten)	Nahrungsaufnahme	Nichtpräferenz / Antibiose
	Assimilation Umwandlung	Antibiose
Ausbreitung (Folgegröße der Population)	Abwanderung	Antibiose

Die individuellen, artspezifischen Entwicklungsstufen, die tierische Schaderreger durchlaufen, unterscheiden sich in verschiedener Hinsicht von denen der Pflanzen und der Pathogene (z. B. durch die Fähigkeit zur Ortsveränderung, eine gewisse Möglichkeit zur Auswahl und Entscheidung bei Ort und Objekt der Ernährung, die oft unterschiedlichen Nahrungsansprüche der verschiedenen Stadien usw.). Sie haben sich jedoch in ständiger Auseinandersetzung mit der Wirtspflanze im Verlauf der Evolution herausgebildet mit dem Ergebnis einer Anpassung, die — im natürlichen Pathosystem — das Überleben beider Partner sichert. Den Prozeß der Anpassung kann man in zwei Etappen einteilen, die sich durch die beanspruchte Zeitspanne unterscheiden. Als Reaktion auf Mechanismen, die vertikale Resistenz verleihen, kann der Schaderreger reversibel innerhalb weniger Jahre Eigenschaften entwickeln, die ihn zur Überwindung einer derartigen Resistenz befähigen. Dieser sogenannten Mikroevolution [1429] steht die Makroevolution gegenüber, die bis zu Millionen von Jahren beansprucht und der Art neue, irreversible Eigenschaften verleiht. Der zugrunde liegende Mechanismus ist in beiden Fällen der durch die Wirtspflanze ausgelöste Selektionsdruck (vgl. 3.7.).

Auf dem Niveau der Population treten wieder andere zeitbedingte Abhängigkeiten in den Vordergrund, insbesondere wenn man das System der Epidemie betrachtet, das die Populationen von Wirt und Parasit einschließlich ihrer Wechselbeziehungen umfaßt. Wir hatten bereits im Kapitel 2 auf die Dynamik dieses Systems hingewiesen, d. h. den in der Zeit ablaufenden Wechsel der Systemelemente und ihrer Muster. Die Epidemie, die Ausbreitung einer Parasitenpopulation, besteht nicht nur aus einer räumlichen, sondern auch aus einer zeitlichen Komponente. Hier gewinnen insbesondere zyklische Vorgänge Bedeutung, wie sie durch den Wechsel von Tag und Nacht oder durch die Folge der Jahreszeiten gegeben sind. Diesen solar bedingten Zyklen sind die biologischen Zyklen tierischer Schaderreger, d. h. das Durchlaufen der Entwicklungsstadien sowie die Abfolge der Generationen, weitgehend unterworfen. Über den Zeitfaktor sind beide Prozesse voneinander abhängig, denn je weniger Zeit ein individueller Entwicklungszyklus beansprucht, um so mehr Generationen können im Verlauf einer Vegetationsperiode gebildet werden. Das kann wiederum Bedeutung für die Ausbildung von Biotypen (Pathotypen) haben, denn kurze Lebensdauer und hohe Anzahl von Generationen können die Wahrscheinlichkeit der Entstehung und Selektion resistenzbrechender Populationen erhöhen (vgl. 3.6.). In diesem Zusammenhang wird deutlich, daß auch die genetischen Aspekte der Resistenz eine zeitliche Dimension haben.

Im Anschluß daran ergibt sich die Frage nach der Dauerhaftigkeit der Resistenz, die in Verbindung mit der Diskussion der horizontalen und vertikalen Resistenz bereits erörtert wurde (vgl. 3.7.4.). Zweifellos hat die Zeitspanne, in der eine Sorte angebaut werden kann, ohne daß ihre Resistenz von einem Schaderreger überwunden wird, große praktische Bedeutung. Johnson [792, 793] hält es deshalb für angebracht, den Begriff der **dauerhaften Resistenz** einzuführen. Er soll für Sorten angewendet werden, die weit verbreitet und während einer längeren Periode angebaut wurden, ohne ihre Resistenzeigenschaften zu verlieren. Dabei schließt die Dauerhaftigkeit nicht ein, daß die Resistenz gegen alle Varianten eines Parasiten wirksam ist. Die genetische Basis für dauerhafte Resistenz kann variieren, sie ist oft noch nicht eindeutig bestimmt, und eine Zuordnung zum horizontalen oder vertikalen Resistenztyp, zur rassenunspezifischen oder rassenspezifischen Resistenz als Voraussetzung für die Anerkennung als dauerhafte Resistenz, ist in diesem Zusammenhang ohne Bedeutung und nicht notwendig. Johnson [792] hält es für besser, diese retrospektive Beurteilung zu akzeptieren, als zu vermuten, daß eine Resistenz dauerhaft sein wird, weil sie einen mittleren Resistenzgrad aufweist, oder den unbeweisbaren Anspruch zu erheben, daß die Resistenz horizontal sei.

Johnson [792] geht bei seinen Darlegungen und Verallgemeinerungen von Untersuchungen der Resistenz bei Weizensorten gegen Rostpilze aus. Bei tierischen Schaderregern stellt sich das Problem der Dauerhaftigkeit der Resistenz nicht in dem Umfang und der Bedeutung wie bei pilzlichen und bakteriellen Krankheitserregern. Nach Russell [1469] haben Biotypen von tierischen Schaderregern in keinem Fall Anlaß zum Zurückziehen einer Sorte aus dem Handel gegeben, wie es oft z. B. durch die Entwicklung physiologischer Rassen von Getreiderosten oder Mehltau erforderlich wurde. Er hält es für sehr unwahrscheinlich, daß das Auftreten von Biotypen tierischer Schädlinge einen vollständigen Zusammenbruch der Resistenz in einem großen Gebiet zur Folge hat. Es gibt mehrere Erklärungsmöglichkeiten dafür, z. B. die geringere Individuenzahl von Schädlingen, die eine Pflanze befallen, im Vergleich zu nichttierischen Pathogenen. Sicher spielt auch eine Rolle, daß es vorwiegend passive Resistenz ist, die gegen tierische Schaderreger wirkt. Sie ist oft mit morphologischen oder anatomischen Eigenschaften der Pflanze verbunden, die gewöhnlich einen dauerhafteren Schutz verleihen als andere Mechanismen.

Die Dauerhaftigkeit der Resistenz gegen Schädlinge scheint allerdings nicht mit einem besonderen Resistenztyp verbunden zu sein. Nach Russell [1469] traten die meisten resistenzbrechenden Biotypen zwar im Zusammenhang mit Resistenztypen auf, an denen Antibiose beteiligt war; es gibt aber mehr Beispiele für dauerhafte Resistenz, die auf Antibiose beruht. Auch die Genetik scheint keinen grundsätzlichen Einfluß zu haben; in einigen Fällen wird dauerhafte Resistenz durch Hauptgene kontrolliert, in anderen durch Nebengene, sie kann auch polygen bedingt sein. Es ist unwahrscheinlich, daß die größere Dauerhaftigkeit der Resistenz gegenüber tierischen Schaderregern auf eine geringere genetische Variabilität im Vergleich zu Pathogenen zurückzuführen ist; insgesamt gesehen sind die Gründe dafür unbekannt.

Altersresistenz Die Resistenzeigenschaft ist in der älteren bzw. reifen Pflanze wirksam.
Dauerhafte Resistenz Beständigkeit der Resistenz einer Sorte bei verbreitetem Anbau über einen größeren Zeitraum.
Jugendresistenz Die Resistenzeigenschaft ist im Jugendstadium der Pflanze wirksam.
Reiferesistenz s. Altersresistenz.
Sämlingsresistenz s. Jugendresistenz.

3.9. Synthese und Definitionen des Resistenzbegriffes

Zum Abschluß dieses Kapitels wollen wir versuchen, das für die Besprechung in den einzelnen Abschnitten in verschiedene Aspekte zerlegte Phänomen der Resistenz wieder zu dem einheitlichen Prozeß zusammenzufügen, den es darstellt, aus den einzelnen Mosaiksteinchen ein Gesamtbild zusammenzusetzen. Am überzeugendsten wäre das mit einer schematischen Darstellung zu erzielen. Aus der Literatur sind uns aber nur wenige derartige Versuche bekannt geworden; soweit sie unternommen wurden, betreffen sie nur Teilaspekte (z. B. Resistenz gegen Viren, vgl. Kap. 9). Auch Smeljanez [1635] beschränkt sich in seinem Schema auf einen Teil der Gesamtheit, die phytophagen Insekten; er bringt aber den Systemcharakter des Resistenzprozesses zum Ausdruck. Er stellt dem Schutzsystem der Pflanze das Adaptationssystem der Insekten gegenüber (Abb. 11), eine Konzeption, die im Prinzip zweifellos für alle Schädlinge zutrifft, aber nur begrenzt auf nichttierische Schaderreger anzuwenden wäre. Hier machen sich die unter 3.1. und 3.5.3. aufgezeigten Unterschiede zwischen den beiden Hauptgruppen der Schaderreger bemerkbar.

Das Schutzsystem der Pflanzen hat sich im Verlauf der Evolution in ständiger Auseinandersetzung mit den Phytophagen herausgebildet und ist die Voraussetzung für die Erhaltung der Art. Derselbe Prozeß vollzog sich gleichzeitig (Koevolution) mit dem gleichen Ziel bei den Phytophagen. Sie mußten, um die Existenz der Art zu gewährleisten, ein Adaptationssystem entwickeln, spezifische Reaktionen, mit deren Hilfe sie einen bestimmten Organisationsgrad des pflanzlichen Schutzsystems überwinden konnten. Schutz- wie auch Adaptationssystem setzen sich aus mehreren, sich jeweils entsprechenden Komplexen zusammen, die wiederum aus einzelnen, elementaren Faktoren gebildet werden; jedem Schutzfaktor der Pflanze entspricht eine spezifische Anpassung des Schädlings.

Das von Smeljanez [1635] entwickelte Schema bietet eine gute Übersicht über die Wechselbeziehungen zwischen Wirtspflanze und Insekt, die u. U. noch ausgebaut werden könnte. Denkbar wäre z. B. eine Erweiterung der Schutzkomplexe, bei der vor dem olfaktorischen noch ein visueller Schutzkomplex eingeschoben werden könnte. Ihm ist als Faktor die abschreckende bzw. abweisende Farbwirkung mancher Pflanzen zuzuordnen. Auch sollte der mechanisch-kontaktbezogene Schutzkomplex (z. B. die Schutzwirkung der Blattbehaarung) vom kontakt-geschmacksbezogenen Komplex abgetrennt werden.

Das Problem einer den ganzen Bereich der Resistenz umfassenden Gesamtschau ergibt sich nicht nur bei der Darstellung, sondern stellt sich auch in der Terminologie. Aus unseren Ausführungen sollte die Vielfältigkeit und die Komplexität der Wirt-Parasit-Beziehungen deutlich werden, bei denen — aus epidemiologischer Sicht — jedes Wirt-Parasit-Paar spezifischen Gesetzmäßigkeiten unterliegt. Andererseits ist aber der Wert einer einheitlichen Begriffsbildung und -anwendung wohl unumstritten. Wir hatten bereits versucht zu begründen, warum eine Übertragung von Begriffen, die für Pathogene entwickelt und eingeführt wurden, nicht in jedem Fall auch auf tierische Schaderreger möglich ist, und umgekehrt. Aber auch bei dem zentralen Begriff „Resistenz“ macht sich der Zwiespalt zwischen Vielfalt und Allgemeingültigkeit bemerkbar. Abschließend wollen wir, gestützt auf die in diesem Kapitel vermittelten Erkenntnisse, verschiedene Definitionen dieses Begriffes diskutieren. Wenn die Vielfalt der Erscheinungen und Prozesse vollständig einbezogen und damit Allgemeingültigkeit erreicht werden soll, dann kann die Definition nur sehr allgemein gehalten sein. Jede zu eng aufgefaßte bzw. unter einem spezifischen Blickwinkel entstandene Begriffsbestimmung birgt die Gefahr der Vernachlässigung anderer, wesentlicher Faktoren in sich.

Aus der Vielzahl der in der Literatur zu findenden Definitionen des Begriffes Resistenz können wir nur einige Beispiele auswählen. An ihnen wird deutlich, daß in der Mehrzahl einzelne Faktoren in den Vordergrund gestellt werden und sich die Formulierungen z. T. nur auf Einzelbeispiele beziehen, ohne dem allgemeinen Charakter der Wechselbeziehungen zwischen Wirt und Parasit in ihrem zeitlichen Ablauf gerecht zu werden. Teilweise erheben die Autoren auch gar keinen Anspruch auf Allgemeingültigkeit, sondern beschränken ihre Formulierung bewußt auf den durch ihre Erörterungen gegebenen Rahmen. So bezieht sich z. B. Rohde [1400] auf das Wirt-Parasit-Verhältnis zwischen Nematoden und ihren Wirtspflanzen: „Eine nematodenresistente Pflanze ist eine Pflanze, an welcher sich Nematoden nicht oder nur sehr gering entwickeln können, und eine tolerante Pflanze ist eine Pflanze, an welcher selbst bei Entwicklung einer starken Nematodenpopulation nur sehr geringe Schäden auftreten.“

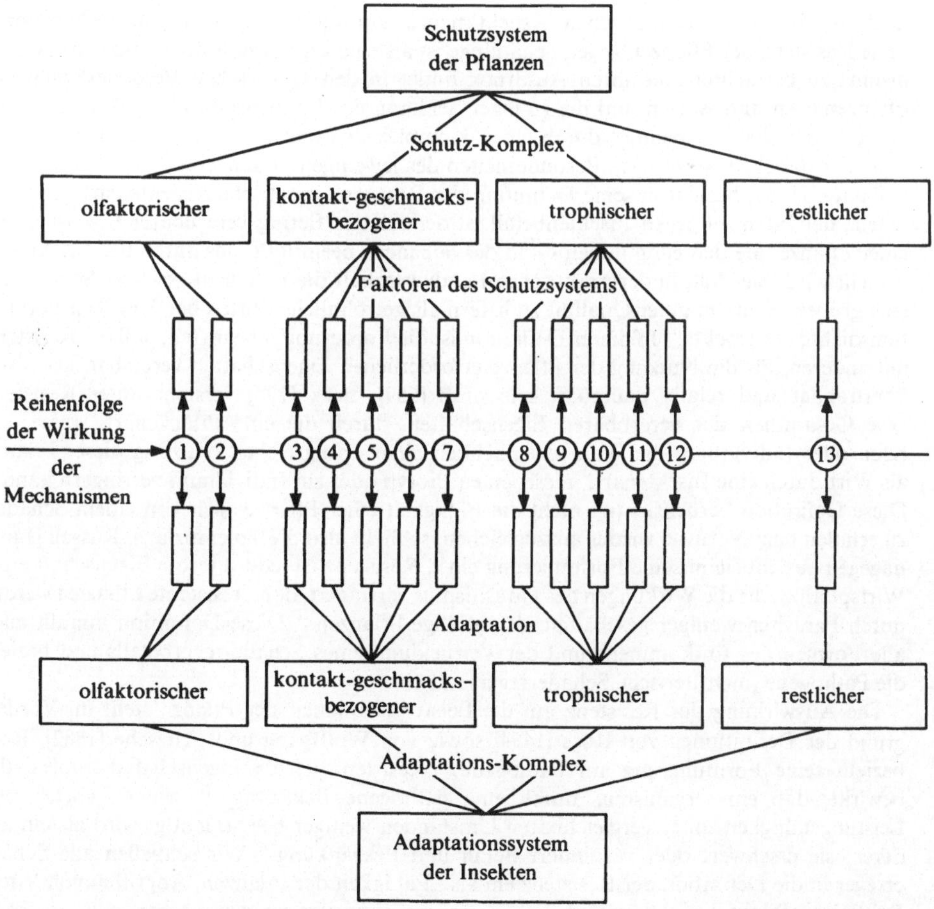

Schutzsystem der Pflanzen
Schutz-Komplex
olfaktorischer
kontakt-geschmacks-bezogener
trophischer
restlicher
Faktoren des Schutzsystems
Reihenfolge der Wirkung der Mechanismen
1 2 3 4 5 6 7 8 9 10 11 12 13
Adaptation
olfaktorischer
kontakt-geschmacks-bezogener
trophischer
restlicher
Adaptations-Komplex
Adaptationssystem der Insekten

Abb. 11. Die Beziehungen zwischen dem Schutzsystem der Pflanze und dem Adaptationssystem der phytophagen Insekten. Nach Smeljanez 1978.

Eine interessante Auffassung, die auf dem Krankheitsbegriff aufbaut und daher speziell die Nematoden einbezieht, sonst aber sehr umfassend gehalten ist, vertritt Veech [1798]. Danach ist „Resistenz die Abwesenheit oder Hemmung der Krankheitsentwicklung auf die Herausforderung durch ein pathogenes Agens. Daher trägt alles, was die Krankheitsentwicklung verhütet, hemmt oder begrenzt, zur Wirtsresistenz bei." Er schließt ausdrücklich auch die verschiedenen präinfektionellen Faktoren der Resistenz auf der Basis von Allelochemikalien, die abschreckend oder toxisch wirken oder den Larvenschlupf hemmen und die häufig den „Nichtwirtscharakter" einer Pflanze bedingen, mit in den Resistenzbegriff ein.

Einige Definitionen gründen sich auf Beobachtungen bei Insekten als Schädlinge, sie könnten z. T. aber auch auf andere tierische Schaderreger und Pathogene ausgedehnt werden. So versteht z. B. Snelling [1648] unter Resistenz solche Eigenschaften der Pflanzen, die sie befähigen, Angriffe von Insekten zu vermeiden, zu tolerieren oder sich von ihnen zu erholen unter Bedingungen, die andere Pflanzen derselben Art stärker schädigen würden.

Česnokov [245] betont in seiner Definition, die sich auf tierische Schaderreger bezieht, noch stärker den ökonomischen Aspekt neben Hinweisen auf Resistenzmechanismen: „Die Resistenz der Pflanzen gegen Schädlinge ist als eine Eigenschaft des pflanzlichen Organismus zu betrachten, die ihren Ausdruck findet in den spezifischen Besonderheiten der Pflanzenarten und -sorten und die zu einer Senkung des Verlustes durch Schädlinge führt. Diese Eigenschaft ist bedingt durch einen Komplex anatomisch-morphologischer, physiologischer, biochemischer u. a. Besonderheiten des jeweiligen Organismus."

Painter [1259] bezieht in seine Definition der Resistenz genetische Aspekte ein: „Die Resistenz der Pflanzen gegen Insektenbefall ist der relative Betrag vererbbarer Eigenschaften einer Pflanze, die den endgültigen Grad des Schadens beeinflußt, der durch das Insekt verursacht wird. Sie stellt in der praktischen Landwirtschaft die Fähigkeit gewisser Sorten dar, eine größere Ernte in guter Qualität zu liefern als gewöhnliche Sorten bei derselben Populationsdichte des Insekts." In dieser Definition ist die Forderung inbegriffen, daß die Resistenz mit anderen, für die Nutzung der Pflanze erforderlichen Eigenschaften vereinbar, genetisch übertragbar und relativ dauerhaft sein muß [659]. Beck [125] versteht unter Resistenz „die Gesamtheit der vererbbaren Eigenschaften, durch die eine Pflanzenart, -rasse, ein Klon oder Individuum die Wahrscheinlichkeit einer erfolgreichen Nutzung dieser Pflanze als Wirt durch eine Insektenart, -rasse, einen Biotyp oder ein Individuum verringern kann." Diese Definition berücksichtigt nicht die Fähigkeit einer Pflanze, sich von einem Schaden zu erholen bzw. Verluste wieder auszugleichen, schließt also die Toleranz aus. Russell [1469] dagegen bezieht sie in seine Formulierung ein: „Resistenz ist jede vererbte Eigenschaft einer Wirtspflanze, die die Wirkungen des Parasitismus verringert, d. h., resistente Pflanzen werden durch Parasiten weniger geschädigt als anfällige Pflanzen." Diese Definition umfaßt auch alle Formen des Entkommens und der Vermeidung eines Schaderregerbefalls und bezieht die Pathogene (nichttierische Schaderreger) mit ein.

Die Auswirkung der Resistenz auf die Leistungsfähigkeit der Pflanze steht im Vordergrund der Definitionen von Ross [1454] sowie von Wolffgang und Fritzsche [1882]. Ross bezieht seine Formulierung auf Pathogene: „Resistenz ist ein Eigenschaftskomplex, der bewirkt, daß ein Organismus durch eine pathogene Belastung in seiner Lebens- und Leistungsfähigkeit unter vergleichbaren Umständen weniger beeinträchtigt wird als ein anderer; sie erschwert oder verhindert Befall und Erkrankung." Wir schließen alle Schaderreger in die Definition der Resistenz ein als „Fähigkeit der Pflanzen, Angriffen von Viren, Bakterien, Pilzen bzw. tierischen Schaderregern entweder zu widerstehen oder sie ohne wesentliche Einbußen ihrer Leistungsfähigkeit in Qualität oder Quantität des Ertrages zu ertragen. Der Prüfstein für Resistenz besteht also darin, ob es zu einem parasitischen Verhältnis kommt und welche Folgen dieses für die Leistungsfähigkeit der Pflanzen hat" [1882].

In anderen Definitionen wird der epidemiologische Aspekt der Resistenz berücksichtigt;

Robinson [1429] z. B. beschränkt sich nur auf diesen: „Die Resistenz ist die Fähigkeit einer Wirtspopulation, die Epidemie oder den Befall zu verringern." Fröhlich [523] bezieht auch die Widerstandsfähigkeit gegen abiotische Umwelteinflüsse ein und versteht unter Resistenz „die angeborenen morphologischen und physiologischen Eigenschaften eines Organismus, ungünstigen Umwelteinflüssen (abiotischen wie auch biotischen) zu widerstehen bzw. die Fähigkeit einer Wirtspopulation (Pathodem), den Befall durch Schaderreger (Pathotyp) zu verhindern und damit deren epidemisches Auftreten zu unterdrücken."

Die Definition von Shapiro et al. [1578] enthält auch den evolutionären Aspekt und betont den Systemcharakter der Resistenz. „Die Immunität (entspricht auf der Ebene der Gattungen, Arten und Sorten der Resistenz, vgl. 3.3.) von Pflanzen gegen Schädlinge ist ein System von Eigenschaften der Pflanzen, das ihren Selbstschutz vor Nematoden, Arthropoden und anderen Vertretern der Mesofauna garantiert und sich im Prozeß der Evolution im Zusammenhang mit der Spezifität der Wechselbeziehungen im biologischen System Phytophage—Wirtspflanze herausgebildet hat." Der Systemcharakter liegt schließlich auch der Formulierung von Smeljanez [1635] zugrunde: „Das Kriterium der Resistenz ist das beobachtete Merkmal oder ein Komplex von Merkmalen, die das Vorhandensein von Schutzfaktoren bei einer Pflanze anzeigen, sowie die Möglichkeit ihrer praktischen Anwendung beim Kontakt mit einem Insekt."

4. Wirtswahl

Die Resistenzforschung und -züchtung ist im Grunde genommen bestrebt, die Fähigkeit der Pflanze zur Entwicklung von Abwehrsystemen auszunutzen und für die Bedürfnisse der menschlichen Gesellschaft zu steuern. Ehe wir in den folgenden Kapiteln näher auf diese Abwehrmechanismen eingehen, müssen wir uns zunächst mit dem Komplex der Auseinandersetzung zwischen Pflanzen und Phytophagen im ganzen beschäftigen, wie er in der Auswahl eines geeigneten Wirtes durch den Parasiten und seiner Ansiedlung auf diesem zum Ausdruck kommt.

Wenn wir zunächst die Nematoden betrachten, fallen gewisse Unterschiede zu den phytophagen Arthropoden, insbesondere den Insekten, auf. Sie ergeben sich — entsprechend der unterschiedlichen Organisationshöhe der Tiere — aus ihrer Lebensweise und betreffen vor allem Fähigkeiten und Möglichkeiten zur Ortsveränderung und zum Differenzierungs- und Auswahlvermögen. Diese Unterschiede sind jedoch weniger prinzipieller als vielmehr gradueller Art, denn obwohl die Nematoden keine Augen besitzen, sind sie sehr wohl in der Lage, ihre Wirtspflanzen sicher zu erkennen.

Es unterliegt keinem Zweifel, daß die Wirtsspezifität bei pflanzenparasitären Nematoden wie bei den Arthropoden das Ergebnis der Koevolution von Pflanze und Parasit ist. Im allgemeinen besitzen die endoparasitären Arten einen engeren Wirtspflanzenkreis als die ektoparasitären. Unter den endoparasitären Vertretern sind es wiederum diejenigen, die zu einer sessilen Lebensweise im Wirt übergegangen sind, die sich durch eine engere Bindung an verwandte Pflanzenfamilien, -gattungen oder -arten auszeichnen. So gibt es Arten, die nur an einer Pflanzenart parasitieren, z. B. *Heterodera carotae* an Möhre, andere gehen an mehrere Pflanzenarten der gleichen Familie. Wir dürfen nicht vergessen, daß die Koevolution des Wirt-Parasit-Verhältnisses der verschiedenen Kombinationen in unterschiedlichen erdgeschichtlichen Epochen eingesetzt hat und demzufolge unterschiedliche Entwicklungsgrade festzustellen sind. Verallgemeinernd kann man schlußfolgern, daß die Spezialisierung um so enger ist, je entwicklungsgeschichtlich jünger die Pflanzen und ihre Parasiten sind.

Im Laufe der Koevolution haben sich Mechanismen herausgebildet, die für die Wirtsfindung eine wichtige Rolle spielen. So sprechen viele zystenbildende Nematoden positiv auf die Wurzelausscheidungen ihrer Wirtspflanzen an, die gelöst im Bodenwasser oder gasförmig im Porenraum den Boden durchziehen. Die aktiven Stadien der Nematoden wandern gerichtet auf diese Ausscheidungsquellen zu. Haben sie die Wurzeln erreicht, so erproben sie diese mit ihrem Kopf und dem Mundstachel. Dabei pressen sie die Lippenregion fest an die Wurzeloberfläche und führen mit dem Mundstachel einige Probestiche durch. Fallen die Reaktionen auf die vermutlich taktilen wie auch chemischen Stimuli positiv aus, so beginnen die Nematoden mit der Einwanderung bzw. bei den ektoparasitären Arten mit der Nahrungsaufnahme. Wird die Wurzel als zu einem Nichtwirt gehörend „erkannt", lösen sich die Tiere von der Wurzeloberfläche und wandern ab.

Gelegentlich kommt es auch vor, daß die Larven in die Wurzeln von Nichtwirten einwandern. Wird dies rechtzeitig erkannt, erfolgt die Auswanderung, sonst sind die Tiere zum Absterben verurteilt. Dies trifft besonders auf solche Individuen zu, die sich schon länger aktiv im Boden aufgehalten und dabei den größten Teil ihrer körpereigenen Reservestoffe verbraucht haben, so daß sie nicht mehr fähig sind, die Wurzeln zu verlassen. In den Wurzeln resistenter Sorten versagt in der Regel das Erkennungsvermögen der Tiere.

Die Schwierigkeiten der Untersuchung und Beobachtung von Verhaltensreaktionen bei Nematoden dürften eine Ursache dafür sein, daß über das Wirtswahlverhalten dieser Phytophagengruppe relativ wenig bekannt ist. Die folgenden Ausführungen beziehen sich daher im wesentlichen auf Insekten.

Zunächst muß man bei der lokomotorischen Aktivität von Insekten zwei Anlässe mit unterschiedlichen Funktionen unterscheiden: die Dispersion und das Suchen [127]. Während die Dispersion eine mehr oder weniger homogene Verteilung einer Arthropodenpopulation in einem bestimmten Territorium bewirkt, soll das Suchen die Wahrscheinlichkeit des Zusammentreffens mit Reizen erhöhen, die eine Verhaltenskette in Gang setzen, die schließlich zur Auffindung einer geeigneten Nähr- oder Wirtspflanze führt mit dem Endziel der Nahrungsaufnahme oder Eiablage. Beide Verhaltensformen unterscheiden sich zwar oft in der Reaktion der Tiere auf vorhandene Reize, sind jedoch nicht voneinander getrennt zu betrachten. Das Suchverhalten ist aber nicht in jedem Fall mit einem Dispersionsverhalten verbunden, und bei der Wirtsfindung zum Zweck der Eiablage ist es oft schwierig oder sogar unmöglich, zwischen einer Dispersions- und Suchaktivität zu unterscheiden.

Bei Blattläusen unterscheidet man zwischen Distanz- und Befallsflug. Frisch geschlüpfte Geflügelte reagieren negativ auf die grüne Blattfarbe und positiv auf das kurzwellige Himmelslicht, sie fliegen daher aufwärts. Nach einiger Zeit des — entsprechend den Windverhältnissen oft passiven — Distanzfluges, der der Dispersion dient, erfolgt eine sinnesphysiologische Umstimmung. Die Tiere reagieren jetzt positiv auf langwelliges Licht, insbesondere auf die Farben Gelb, Grün und Orange. Nunmehr dominiert das Suchverhalten, es beginnt der aktive Befallsflug, der in Bodennähe stattfindet [1137]. Erweist sich die Pflanze, auf der die Aphide gelandet ist, als Nichtwirt, fliegt das Tier wieder auf und setzt das Suchen fort. Dieser Vorgang wiederholt sich so oft, bis eine geeignete Wirtspflanze gefunden ist.

Der Vorgang der Besiedlung einer Pflanze durch ein Insekt läßt sich in verschiedene Abschnitte einteilen. Einen Überblick über die einzelnen Phasen und die Pflanzeneigenschaften, die die jeweiligen Aktivitäten beeinflussen, vermittelt Tabelle 4. Prinzipiell ist es möglich, jede der aufgeführten Pflanzencharakteristika zu nutzen, um die Widerstandsfähigkeit einer Pflanze gegen einen bestimmten Schaderreger zu erhöhen, ihr Nichtwirt-, d. h. Resistenzeigenschaften zu verleihen bzw. dieselben zu verstärken.

Unter 3.3. hatten wir eine Wirtspflanze dadurch charakterisiert, daß sich von ihr der Schaderreger ernähren, auf ihr ansiedeln und z. T. auch vermehren kann. Demzufolge läßt sich das Verhalten des Phytophagen bei der Wahl seines Wirtes im wesentlichen auf das Orientierungs- sowie Fraß- und/oder Eiablageverhalten (Phasen I, II und VI) beziehen mit dem Ziel, eine für die Ernährung und/oder Entwicklung geeignete Pflanze zu finden; die Wirtspflanze muß den biologischen Ansprüchen der Schaderregerart in einem bestimmten Lebensabschnitt entsprechen. Die auf dieses Ziel gerichtete Aktivität eines phytophagen Insekts mit der entsprechenden physiologischen Bereitschaft besteht aus einer vielgliedrigen Kette einzelner, der jeweils aktuellen Reizsituation entsprechender Verhaltensabläufe. Beck [125] faßt das jeweils spezifische Muster von Verhaltenskomponenten bei der Nahrungsaufnahme eines Phytophagen in folgende Stufen zusammen:

— Wirtspflanzenerkennung und Orientierung,
— Auslösung der Nahrungsaufnahme,
— Durchführung und Beibehaltung der Nahrungsaufnahme,
— Abschluß der Nahrungsaufnahme, gewöhnlich gefolgt vom Verlassen der Nahrungsquelle.

Die Abfolge dieser Stufen ist nur dann gesichert, wenn die Pflanze eine entsprechende Sequenz von Reizen gewährleistet. Ist dies nicht der Fall, wird die Nahrungsaufnahme verhindert oder gestört; damit besitzt die Pflanze Resistenzeigenschaften.

Einen Überblick über die verschiedenen Reize, die jeden Verhaltensabschnitt bestimmen und den Übergang zum nächsten Abschnitt ermöglichen (oder verhindern), geben Dethier et. al. [363], Beck [125], Hoffmann et al. [715] und Heinicke [682] (Abb. 12). Am Beginn der Kette von Verhaltenskomponenten, die schließlich zur Nahrungsaufnahme führen sollen, steht die Orientierung. Sie wird in der ersten Phase durch Reize ausgelöst und gesteuert, die das Tier veranlassen, sich entweder auf die Reizquelle hin zu bewegen (Attraktant, Lockstoff) oder sich von ihr zu entfernen (Repellent, Schreckstoff). Ist der Kontakt mit der Reizquelle hergestellt, dann sorgen weitere Reize dafür, daß die lokomotorische Bewegung verlangsamt oder eingestellt wird (Arrestant, Bewegungshemmer) bzw. bei negativer Reizbeantwortung eine Ortsbewegung weg von der Reizquelle in Gang gesetzt oder beschleunigt wird (locomotor stimulant, Bewegungsanreger). Die Aktivitäten, die den Vorgang der Nahrungsaufnahme selbst betreffen, d. h. die Betätigung der kauenden oder stechend-saugenden Mundwerkzeuge, werden durch weitere Reize ausgelöst (feeding incitant, Fraßauslöser) oder verhindert (feeding suppressant, Fraßunterdrücker). Die Beibehaltung der Nahrungsaufnahme bzw. ihr Abbruch unterliegen schließlich Reizen, die man als Fraßanreger (feeding stimulant, Phagostimulant) bzw. Fraßhemmer (feeding deterrent) bezeichnet. Insgesamt handelt es sich um Reize, die unterschiedliche Sinnesorgane ansprechen, also nicht nur chemosensorische, sondern auch Mechanorezeptoren.

Tabelle 4
Phasen der Etablierung von Insekten an Pflanzen und die sie beeinflussenden Pflanzencharakteristika. Nach Saxena [1501].

Phasen der Etablierung	Reaktionstypen von Insekten auf unterschiedliche Pflanzencharakteristika	Art der Pflanzencharakteristika, die Insekten beeinflussen
I	Orientierung positive Reaktion (Attraktion): Auffinden und Verbleiben an der Pflanze negative Reaktion (Repulsion): Meiden der Pflanze	physikalische Faktoren (visuelle) und chemische Faktoren (Allomone, Kairomone, Wassergehalt)
II	Fraßverhalten Beginn der Nahrungsaufnahme Menge der aufgenommenen Nahrung	physikalische Faktoren (visuelle, mechanische) und chemische Faktoren (phagostimulatorische und Deterrent-Wirksamkeit)
III	Metabolisierung der aufgenommenen Nahrung Verdauung und Absorption der aufgenommenen Nahrung intermediärer Stoffwechsel bis zur Assimilation der Nährstoffe im Körpergewebe	Nährwert der Nahrung: — Verdaulichkeit von Nährstoffen — Eignung der Nährstoffe zur Assimilation, d. h. Erfüllung aller Nährstoffansprüche — Abwesenheit von Stoffwechselinhibitoren (Toxinen)
IV	Wachstum	— Verdaulichkeit, die die aufgenommene Nahrungsmenge bestimmt
V	Überlebensrate und Eiproduktion der Adulten	— Nährwert, der die Metabolisierung der aufgenommenen Nahrung bestimmt
VI	Eiablage	Eignung zur Eiablage auf Grund physikalischer und chemischer Faktoren

Bestimmte Stufen des Verhaltensablaufs, die ebenfalls komplexer Natur sind und von unterschiedlichen Stimuli beeinflußt werden, sind auch bei der Eiablage zu unterscheiden. Sie beginnt mit der Erkennung der Pflanze als Ganzes, es folgen Orientierung auf bestimmte Pflanzenteile, Auswahl einer spezifischen Eiablagestelle, die Eiablage selbst und schließlich die Entfernung von der Eiablagestelle [125].

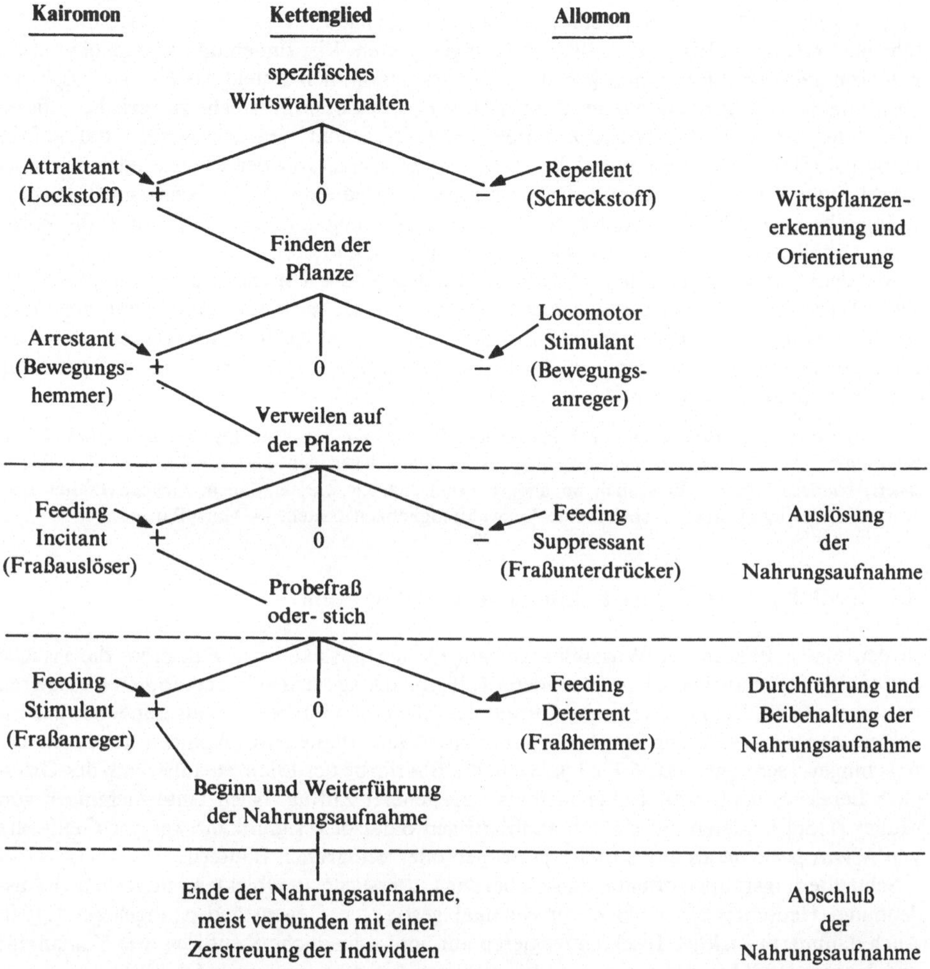

Kairomon	**Kettenglied**	**Allomon**	
	spezifisches Wirtswahlverhalten		
Attraktant (Lockstoff) +	0	− Repellent (Schreckstoff)	Wirtspflanzenerkennung und Orientierung
	Finden der Pflanze		
Arrestant (Bewegungshemmer) +	0	− Locomotor Stimulant (Bewegungsanreger)	
	Verweilen auf der Pflanze		
Feeding Incitant (Fraßauslöser) +	0	− Feeding Suppressant (Fraßunterdrücker)	Auslösung der Nahrungsaufnahme
	Probefraß oder- stich		
Feeding Stimulant (Fraßanreger) +	0	− Feeding Deterrent (Fraßhemmer)	Durchführung und Beibehaltung der Nahrungsaufnahme
	Beginn und Weiterführung der Nahrungsaufnahme		
	Ende der Nahrungsaufnahme, meist verbunden mit einer Zerstreuung der Individuen		Abschluß der Nahrungsaufnahme

Abb. 12. Verhaltenskette bei der Wirtswahl. Nach Dethier et al. 1960; Beck 1965; Hoffmann et al. 1976; Heinicke 1978.

Die Pflanze kann die Eiablage verhindern, wenn sie den entsprechenden auslösenden Reiz nicht ausbildet oder andere Reize liefert, die bestimmte Verhaltenskomponenten hemmen. Insgesamt können auf die Auswahl der Eiablagestellen taktile, chemotaktische und optische Reize Einfluß nehmen, neben diesen Außenweltreizen auch propriorezeptive, d. h. vom eigenen Organismus ausgehende Reize, die z. B. dem Lage- oder Bewegungssinn zugrunde liegen.

Bei Arten, die ihre Eier in den Boden legen (wie z. B. zahlreiche Heuschrecken), spielt die Suche nach geeigneten Pflanzenarten keine Rolle. In der Mehrzahl der Fälle werden aber die Eier so deponiert, daß die schlüpfenden Larven das für sie optimale Futter vorfinden. Dessenungeachtet besitzen auch Insektenlarven ein Wirtswahlvermögen, das sie in die Lage versetzt, bei unfreiwilligem Verlassen der Wirtspflanze — etwa Herabwehen oder Abspülen durch Wind, Regen oder Hagel — diese wiederzufinden. Ebenso kann bei Vernichtung oder Absterben der Wirtspflanze eine andere aufgesucht werden, auch zu dem Zweck, den Angriffen von Parasiten bzw. Prädatoren zu entgehen.

Wird die zur Wirtsfindung führende Reizkette aus irgend einem Grunde unterbrochen, besteht natürlich auch noch die Möglichkeit, daß das Insekt durch Zufall auf eine geeignete

Pflanze gelangt. Bei Vertretern stark spezialisierter Schaderregerarten ist jedoch die Wahrscheinlichkeit besonders groß, daß sie keinen geeigneten Wirt finden und infolge physischer Erschöpfung vorzeitig zugrunde gehen. Im Grunde genommen besteht das Ziel der Resistenzzüchtung darin, Eigenschaften der Pflanze zu verstärken oder ihr solche zu verleihen, die zu einer Unterbrechung der Reizkette führen. Dabei darf nicht vergessen werden, daß auf die einzelnen Glieder der Verhaltenskette neben spezifischen, von der Pflanze oder dem Tier ausgehenden Reizen auch Umweltfaktoren modifizierend einwirken. Ebenso spielt der physiologische Zustand des Schaderregers (Hunger, Ermüdung u. a.) eine Rolle, da er die Wirtssuche stimulieren oder auch vorübergehend hemmen kann.

Mit dem Wirtswahlverhalten wird zunächst das generelle Unterscheidungsvermögen zwischen Wirts- und Nichtwirtspflanzen charakterisiert. Darüber hinaus kann damit aber auch bei oligo- und polyphagen Arten die Festlegung einer Rangfolge der Wirtspflanzenarten nach ihrer „Beliebtheit“ verbunden sein. Beck und Schoonhoven [127] sprechen in diesem Fall von „Wirtspflanzen-Präferenz“.

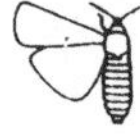

Als Beispiel dafür führen sie den Maiszünsler (*Ostrinia nubilalis*) an. Das Weibchen des Falters nimmt die Wirtswahl zum Zweck der Eiablage wahr. Dabei ist es nicht ausschließlich auf Mais spezialisiert, sondern legt die Eier auch an andere Pflanzenarten wie Gladiolen, Grünen Pfeffer oder Kartoffel, bevorzugt aber — sofern eine Auswahlmöglichkeit besteht — Maispflanzen.

4.1. Einfluß physikalischer Faktoren bei der Wirtswahl

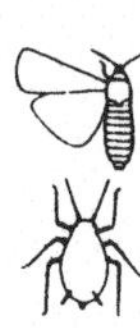

In den ersten Phasen der Wirtspflanzenwahl spielen physikalische Faktoren, die visuelle und taktile Reize ausüben, eine besondere Rolle. Nahrungssuchende Lepidopteren reagieren positiv auf Gelb, Blau und teilweise Ultraviolett, die grüne Farbe wirkt als Landereiz zur Eiablage. Auf die Bedeutung von Farben im Wirtswahlverhalten von Aphiden haben wir bereits hingewiesen (vgl. auch 6.1.1.1.). Wenn die Blattfarbe der Pflanzen außerhalb des Grün-Gelb-Bereiches liegt, erfolgt allgemein ein schwächerer Zuflug. Nach Untersuchungen von Müller [1156] landeten auf einer braunblättrigen Salatsorte signifikant weniger Geflügelte von *Myzus persicae* als auf Sorten mit grünen oder gelbgrünen Blättern.

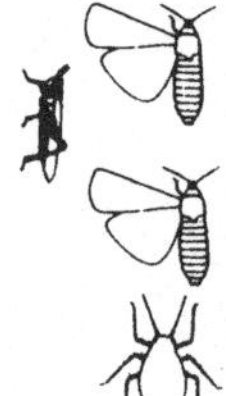

Schmetterlingsraupen orientieren sich bei der Futtersuche an Objekten mit vertikaler Ausdehnung, Heuschrecken werden von vertikal gestreiften Gegenständen angelockt [1164]. Auch dämmerungsaktive Insekten reagieren auf unterschiedliche Konturen, wie Yamamoto und Jenkins [1896] für *Manduca sexta* nachweisen konnten (vgl. auch 6.1.1.2.).

Taktile Reize sind in erster Linie bei der direkten Kontaktnahme zwischen Tier und Pflanze wichtig, sowohl für die Nahrungsaufnahme als auch für die Eiablage. Bei Blattläusen können morphologische Strukturen der Blattoberfläche, wie z. B. eine dichte Behaarung, gleich zu Beginn das Ansiedlungsverhalten negativ beeinflussen (vgl. 6.1.2.2.). *Brevicoryne brassicae* wird durch eine fehlende oder schwach ausgebildete Wachsschicht auf den Blättern von Kohlarten in ihrer Ansiedlung gehemmt [835, 1748, 1838], während bei *Myzus persicae* eine fehlende Wachsbedeckung auf der Pflanzenoberfläche sogar stimulierend wirken kann [835] (vgl. 6.1.2.5.).

Die Oberflächenbeschaffenheit spielt besonders für die Eiablage eine wichtige Rolle. Sie wird u. a. durch am Ovipositor befindliche Mechanorezeptoren geprüft. Für die Nahrungsaufnahme dagegen sind derartige Informationen von untergeordneter Bedeutung. Das heißt jedoch nicht, daß bei der Auswahl geeigneter Nährpflanzen völlig darauf verzichtet wird. Dornen, dichte Behaarung oder harte Blattspreiten können eine Pflanze für ein Tier als Nahrungsquelle durchaus als ungeeignet erscheinen lassen.

4.2. Einfluß chemischer Faktoren bei der Wirtswahl

Die physikalischen Eigenschaften der Pflanzen sind im Vergleich zu den chemischen Reizen, die von ihnen ausgehen, für die Wirtswahl der Insekten nur von untergeordneter Bedeutung. Bereits in den ersten Phasen der Wirtssuche können chemische Faktoren eine wesentliche Rolle spielen. Leicht flüchtige Verbindungen wirken als Geruchsreize über grössere Entfernungen und stimulieren das Insekt zur gezielten, aktiven Bewegung gegen den Duftstrom bis zum Erreichen der Duftquelle. Die anfänglich meist ungerichteten Bewegungen gehen im Wirkungsbereich der Pflanze, in welchem ihr spezifischer Geruch vom Insekt wahrgenommen werden kann, in gerichtete Bewegungen über, die dann meist auch beschleunigt ablaufen. Hohe Konzentrationen des Geruchsstoffes wirken dabei als Arrestant und veranlassen das Tier zur Landung (vgl. 6.2.2.1.).

Eine Pflanze enthält eine Unmenge chemischer Komponenten verschiedenster Art und Funktion. Man teilt sie in zwei Hauptgruppen ein:

Primäre Pflanzeninhaltsstoffe: Nährstoffe wie Aminosäuren, Eiweiße, Zucker, aber auch Sterole, Vitamine u. a.

Sekundäre Pflanzeninhaltsstoffe: Toxine, Antifeedants, Attraktantien, Deterrentien u. a. Die Zuordnung einer bestimmten Verbindung zu einer dieser Gruppen ist nicht nur von der Art des Phytophagen, sondern auch von seinem physiologischen Zustand, der Konzentration der Verbindung und zusätzlich von Umwelteinflüssen abhängig.

Wir wollen uns zuerst mit den **sekundären Pflanzeninhaltsstoffen** beschäftigen, die man zunächst als Abfallprodukte des pflanzlichen Stoffwechsels betrachtete [491, 492]. Bald setzte sich aber die Erkenntnis durch, daß ihre Bildung durch den Selektionsdruck der Phytophagen begünstigt wird, d. h., sie sind am Prozeß der Koevolution beteiligt. Whittaker prägte 1970 [1861] für solche sekundären Pflanzenstoffe den Begriff „allelochemics" (Allelochemikalien). Man hat sie in 3 Hauptklassen eingeteilt:

Pheromone: intraspezifische chemische Botenstoffe, d. h. Verbindungen, die von einem Individuum abgegeben werden und bei einem anderen Individuum der gleichen Art eine spezifische Reaktion auslösen.

Allomone: chemische Botenstoffe mit interspezifischer Funktion. Sie verschaffen dem produzierenden Organismus (z. B. der Pflanze) Anpassungsvorteile, dementsprechend sind sie für den empfangenden Organismus (z. B. Phytophage) von Nachteil, er reagiert negativ auf diese Verbindungen.

Kairomone: chemische Botenstoffe mit interspezifischer Funktion. Sie verschaffen dem empfangenden Organismus Anpassungsvorteile (ein Phytophage nutzt sie z. B. zum Auffinden der Wirtspflanze), dementsprechend können sie für den produzierenden Organismus von Nachteil sein.

Allelochemikalien können — ebenso wie die primären Pflanzenstoffe — über zwei unterschiedliche Mechanismen wirksam werden: in Form der Antibiose als langsam wirkender, chronischer Mechanismus und in Form der Präferenz als rasch wirkender, das Verhalten beeinflussender Mechanismus (Abb. 13).

Rhoades und Cates [1399], Feeny [466] sowie Beck und Schoonhoven [127] vertreten die Ansicht, daß Allelochemikalien primär von den Pflanzen als Allomone entwickelt wurden und die Kairomon-Funktion erst sekundär, nach Überwindung der Allomon-Barriere, als weitere Adaptation von angepaßten Organismen entstand. Die Allomone begrenzen bei polyphagen Insekten den Wirtspflanzenkreis und wirken auf den Angreifer abschreckend oder vergällend als Repellentien oder Depressantien. Darüber hinaus besitzen sie oft auch toxische oder hemmende Eigenschaften [254, 1523]. Allomone sind keineswegs gegen Insekten allein gerichtet; viele sind beispielsweise auch gegen pflanzenfressende Wirbeltiere wirksam [137, 498].

Kairomone wirken oft nur in eng begrenzten Konzentrationsbereichen [1177, 1626] und rufen u. U. bei höheren Konzentrationen sogar negative Effekte hervor [1522]. Sie können für sich allein eine nur geringe Wirksamkeit besitzen [678, 679], die aber in Kombination mit Zuckern oder Aminosäuren erheblich ansteigen kann [738, 739].

Sofern sich das Wirtswahlverhalten phytophager Insekten nur nach dem Vorhandensein bzw. Fehlen bestimmter sekundärer Pflanzeninhaltsstoffe richtet, kann es noch relativ einfach analysiert werden. Tatsächlich beeinflußt aber eine Reihe anderer Faktoren die Insekt-Pflanze-Beziehung mit. Nach der „dual discrimination theory" von Kennedy und Booth [853] sind hier besonders die **primären Pflanzeninhaltsstoffe**, d. h. die in den Pflanzen allgemein verbreiteten Nährstoffe, von Bedeutung. Da phytophage Insekten ihre Wirtspflanzen als Ernährungsbasis nutzen, sollten sie den Erfordernissen der Energieversorgung sowie der Förderung von Wachstum, Entwicklung und Fruchtbarkeit möglichst optimal gerecht werden. Obwohl ein Insekt sich in einem bestimmten Bereich an quantitative wie auch qualitative Unterschiede im Nährstoffangebot anzupassen vermag oder eine andere Pflanze aufzusuchen in der Lage ist, beeinflussen diese Pflanzeneigenschaften die Parasiten insbesondere in ihrem Wirtswahlverhalten doch stärker, als Fraenkel [492] es ihnen beimaß [682].

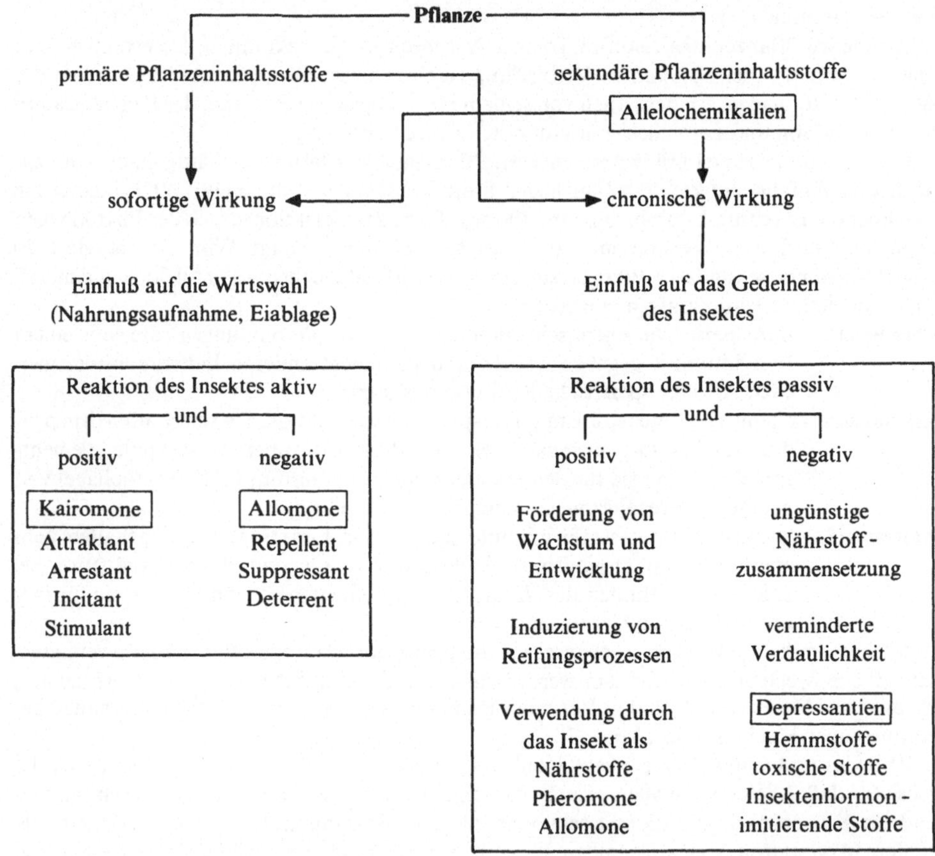

Abb. 13. Schematische Darstellung der Wirkung von Pflanzeninhaltsstoffen auf Insekten. Nach Heinicke 1978.

Es ist bekannt, daß die jeweilige Nährstoffbalance einer Pflanze sich auf die Befallsstärke auswirken kann, d. h., primäre Pflanzenstoffe können Ansiedlung und Vermehrung eines Schädlings hemmen oder fördern. Wesentlich sind dabei sowohl die qualitative Zusammensetzung als auch das Mengenverhältnis der einzelnen Komponenten. Durch Veränderung des

Gleichgewichts der Nährstoffe zuungunsten des Schädlings mittels gezielter Düngungs- oder anderer Kulturmaßnahmen kann man daher auch Einfluß auf den Befall nehmen. Wir werden im Kapitel 8 näher darauf eingehen.

Klingauf und Salem [895] versuchten am Beispiel saugender Insekten eine Synthese der Wirtswahltheorien. Die dabei dargelegte chemische Wechselwirkung zwischen Promotoren (primäre Pflanzenstoffe) und Inhibitoren (sekundäre Pflanzenstoffe) bei einem geeigneten pH-Wert bestätigt die Auffassung von Kennedy und Booth [853] und ergänzt ihre Theorie entsprechend dem seither gewonnenen Erkenntniszuwachs. Die Promotoren sind vornehmlich Aminosäuren, aber auch andere primäre Pflanzenstoffe können entsprechend wirksam werden. Sie ermöglichen die Besiedlung einer Pflanze, wenn sie in ausreichender Menge zur Verfügung stehen und das Insekt eine geeignete chemische Reaktion in Gang setzen kann. Es muß eine chemische Wechselwirkung zwischen Aminosäuren und sekundären Pflanzenstoffen angenommen werden, wobei erstere „entgiftend" wirken. Von entscheidender Bedeutung ist dabei der Ladungszustand der Aminosäuren. Eine solche Entgiftung wäre dann die Voraussetzung für einen dauerhaften Befall. Die Aminogruppe muß jedoch nicht immer die entscheidende Rolle spielen. Bei einer Reihe sekundärer Pflanzenstoffe könnte beispielsweise eine glycosidische Verknüpfung mit Zuckern in Betracht kommen.

Dieses Konzept der Entgiftung ist natürlich nur eine der Möglichkeiten in der Auseinandersetzung zwischen Schaderreger und Pflanze. Ein anderer Weg zur Entgiftung bestünde darin, daß das Tier über Mechanismen verfügt, die die pflanzlichen Metabolite direkt umbauen und so dem eigenen Stoffwechsel nutzbar machen. So nennt Heinicke [682] bei passiver Reaktion von Insekten auf Allelochemikalien die Verwendung von Pflanzeninhaltsstoffen (primärer und sekundärer) durch das Tier als Nährstoffe, Pheromone oder Allomone. In manchen Fällen wäre auch die Unterdrückung der Bildung toxischer Metabolite in der Pflanze durch den Parasiten auf enzymatischem Wege eine Möglichkeit, die Voraussetzungen für einen Befall zu schaffen.

Die bisherigen Ausführungen machen deutlich, daß das Auffinden von Wirtspflanzen und ihre Unterscheidung von Nichtwirtspflanzen bei den Insekten ein hochentwickeltes sensorisches System voraussetzt. Die chemische Prüfung einer Pflanze auf ihre Wirtseignung durch das Insekt erfolgt mittels Chemorezeptoren, die an den Tarsen, Antennen, Mundwerkzeugen und am Ovipositor lokalisiert sind. Phytophage Insekten sind in der Lage, eine große Anzahl chemischer Verbindungen zu erkennen.

Auf *Bruchophagus roddi* wirken beispielsweise von 95 Substanzen aus der Luzerne 38 Verbindungen anlockend und 9 abschreckend, der Rest hat keine stimulierende Wirkung [824]. Auch der Baumwollkapselkäfer (*Anthonomus grandis*) wird von mehreren Substanzen seiner Wirtspflanze geruchlich angezogen [1130], während Gossypol als Kairomon für sich allein nur eine geringe Wirkung hat [679] (vgl. 6.2.2.4.).

Um eine geeignete Wirtspflanze zu finden, müssen die Tiere eine spezifische „Duftnote", die sich aus verschiedenen Bestandteilen zusammensetzt, aus einem Gemisch unterschiedlicher Duftkomponenten in einer Pflanzengesellschaft identifizieren. So bestehen die Geruchsstoffe bei der Kartoffel aus Blattalkoholen und Aldehyden, sie sind in ihrem Vorkommen jedoch nicht nur auf diese Pflanzenart beschränkt. Trotzdem ist der Kartoffelkäfer (*Leptinotarsa decemlineata*) imstande, die für Kartoffeln typische Kombination zu erkennen (vgl. 6.2.2.1.). Es gibt andererseits Pflanzen, bei denen eine Duftkomponente als Orientierungsmerkmal für Insekten dominiert. Das betrifft u. a. das von den Koniferen produzierte α-Pinen, auf das die Mehrzahl der an Nadelgehölzen lebenden Insekten positiv reagiert, oder das Senföl der Cruciferen (vgl. 6.2.2.1.).

An die erfolgte Kontaktaufnahme schließt sich — neben der bereits erwähnten Reaktion auf physikalische Reize — eine Prüfung der chemischen Eigenschaften der Pflanzenoberfläche an [127, 893, 1036]. Es folgen Probefraß oder Probesaugen, die endgültig über Annahme oder Ablehnung der Pflanze entscheiden [426, 836]. Bei der Auswahl des Ortes der Nahrungsaufnahme spielt die Konzentration der primären Inhaltsstoffe eine entscheidende Rolle [692], aber auch die sekundären Pflanzeninhaltsstoffe haben für die geschmackliche Orientierung eine große Bedeutung [493]. Die Wirkung eines Pflanzenstoffes auf einen tierischen

Schaderreger ist meist sehr spezifisch und neben seiner richtigen Konzentration auch von der chemischen Struktur abhängig. So stimuliert beispielsweise β-Alanin den Maiszünsler (*Ostrinia nubilalis*), während α-Alanin abschreckend wirkt [124].

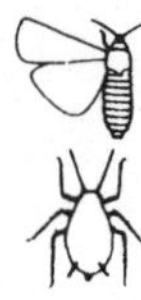

Im Experiment läßt sich die Eignung einer Pflanze als Wirt an verschiedenen Verhaltensparametern ablesen und beurteilen. Zum Beispiel sind auf für Blattläuse geeigneten Nähr- oder Wirtspflanzen die Zeit der ersten (d. h. auf den Kontakt mit der Pflanze folgenden) Wanderung kürzer, die Dauer des ersten Probesaugstiches und die Gesamtprobezeit länger sowie die Probehäufigkeit größer als auf Nichtwirtspflanzen [379, 439, 554, 892, 978, 1171].

Zusammenfassend läßt sich die Bedeutung der primären und sekundären Pflanzenstoffe dahingehend bestimmen, daß beide nebeneinander wirken und sich gegenseitig beeinflussen. Wenn auch den Sekundärstoffen bei der Wirtswahl die dominierende Rolle zugesprochen werden muß, so können doch die komplexen Verhaltensabläufe des Phytophagen beim Befall einer Pflanze ohne Berücksichtigung der Nährstoffe nicht erklärt werden. Die Wirtswahl folgt einem komplexen Muster, in dem nach Beck und Schoonhoven [127] Zeichenstimuli, generelle Komponenten und Nährstoffe gleichsam wie in einem Konzert zusammenwirken.

5. Erscheinungsformen der Resistenz

Im Kapitel 3.5. wiesen wir bereits darauf hin, daß die von Painter [1259] vorgenommene Einteilung der Resistenztypen in Nichtpräferenz, Antibiose und Toleranz einen Kompromiß darstellt zwischen einer Kategorisierung nach der Erscheinungsform und den Ursachenfaktoren bzw. den Mechanismen. Gerade darin besteht der große Vorteil dieser Begriffe, da man ihnen eine beobachtete Resistenzerscheinung auch dann zuordnen kann, wenn sich über den zugrunde liegenden Resistenzmechanismus noch keine oder nur vage Aussagen machen lassen. Trotzdem läßt sich im konkreten Einzelfall die Resistenz häufig nicht mit nur einer einzigen der genannten Erscheinungsformen allein charakterisieren. Nicht selten haben wir es bei Vorliegen von Antibiose außerdem auch noch mit Nichtpräferenz zu tun (vgl. 3.5.2.), ebenso kann mit Toleranz eine gewisse antibiotische Wirkung verbunden sein u. a.; in der Regel dominiert jedoch eine der genannten Resistenzformen.

Eigenschaften einer Pflanze, die das Fraßverhalten des Schädlings negativ beeinflussen (im Sinne einer Abschreckung oder Hemmung), können sich ungünstig auf die Überlebenswahrscheinlichkeit auswirken und bis zum Tod durch Verhungern führen, insbesondere dann, wenn das Tier (z. B. eine Larve) nicht in der Lage ist, auf einen günstigeren Wirt auszuweichen. In solchen Fällen wird es oft schwierig sein, eine Zuordnung zu den Resistenztypen Nichtpräferenz und Antibiose zu treffen. Trotzdem sollte man zwischen einer Resistenz gegen Fraß (Nichtpräferenz) und Resistenz unterscheiden, die als Folge der Nahrungsaufnahme physiologische Prozesse beeinflußt, die die Grundlage für Wachstum, Metamorphose und Vermehrung sind (Phasen III, IV und V der Tabelle 4).

Bei Insekten, deren Entwicklung in oder an einer Pflanze abläuft, d. h., deren Larvenstadien die Pflanze zur Ernährung nutzen, steht am Beginn der Partnerbeziehung die Eiablage, die gleichzeitig der Pflanze die erste Möglichkeit bietet, Resistenz bzw. Abwehrmechanismen dagegen zu entwickeln. Wie bei der Nahrungsaufnahme setzt sich auch der Vorgang der Eiablage aus einer Serie von Verhaltensabläufen zusammen (vgl. Kap. 4), von denen jeder durch spezifische Pflanzenmerkmale ausgelöst wird. Formen der Resistenz, die sich auf das Eiablageverhalten beziehen, werden im wesentlichen dem Typ der Nichtpräferenz zuzuordnen sein.

Wir wollen in diesem Kapitel hauptsächlich Beispiele aus den einzelnen Schaderregergruppen für die Erscheinungsformen der Resistenz bringen, während das folgende die speziellen Resistenzmechanismen zum Inhalt hat. Dabei ließ sich nicht in jedem Fall eine scharfe Trennung zwischen Erscheinungsform und Mechanismus durchführen, so daß gewisse Überschneidungen in Kauf genommen werden müssen.

5.1. Ökologische Resistenz, Ausweichen des Wirtes

Unter 3.4. hatten wir die ökologische Resistenz als die vorübergehende Widerstandsfähigkeit von Pflanzen gegen tierische Schaderreger charakterisiert, die auf fehlender oder mangelhafter zeitlicher oder räumlicher Koinzidenz der Entwicklungsstadien von Wirt und Parasit beruht. Hier werden Regelgrößen im Entwicklungsprozeß der Pflanze wirksam, die zu dieser Divergenz der Entwicklungsrhythmen führen und durch Unterschiede in der Herkunft beider Partner bedingt sind oder über die züchterische Beeinflussung von Kulturpflanzen selektiert wurden. Eine ähnliche Wirkung kann man u. U. durch Verschiebung des Aussaattermins erzielen. Aus den unter 3.4. angeführten Gründen trennt man diese Form der Resistenz als „Pseudoresistenz" von den „klassischen" Erscheinungsformen der Resistenz (Nichtpräferenz, Antibiose, Toleranz) ab. Trotzdem kann die Nichtübereinstimmung der Entwicklungszyklen von Wirtspflanze und Schädling durchaus befallsmindernd oder sogar -verhindernd wirksam werden und als Zuchtziel dienen.

Bereits im Jahr 1933 berichtete Chapman [253] über **Apfel**sorten, die infolge des Fehlens junger Früchte zur Zeit der Eiablage und des Larvenschlupfes von *Rhagoletis pomonella* befallsfrei blieben oder nur schwach befallen waren. Spät blühende Apfelsorten entgehen dem Befall durch *Rhopalosiphum insertum*, *Dysaphis plantaginea*, *Aphis pomi*, *Psylla mali*, *Yponomeuta malinella* und *Anthonomus pomorum* [190].

Die Forderung nach Züchtung einer **Baumwoll**sorte, die sich im Vergleich zu herkömmlichen Sorten durch eine schnellere Entwicklung bei früherem Aussaat- und Erntetermin auszeichnet und dadurch verschiedenen Schädlingen entwächst oder entkommt, erhob Marx [1081]. Baumwollsorten mit einem frühen Blühbeginn und entsprechender Verfrühung der Reife waren — in Verbindung mit einem hohen Gossypol-Gehalt (vgl. 6.2.2.4.) — resistent gegen *Pectinophora gossypiella*, während die Höhe des Befalls durch *Earias insulana* davon unberührt blieb. Wird das besonders gefährdete Stadium der Blüte und der Kapselentwicklung schnell durchlaufen, dann setzt die Entwicklung der Schadinsekten, insbesondere von *Anthonomus grandis*, erst dann ein, wenn bereits die Ernte erfolgt [4].

Mit dem Anbau frühblühender **Erbsen**sorten zu einem möglichst frühen Aussaattermin konnten Nolte und Adam [1208] sowie Geißler [551, 552] eine nahezu vollständige Befallsfreiheit der Bestände vom Erbsenwickler (*Cydia nigricana*) bzw. der Erbsengallmücke (*Contarinia pisi*) erreichen.

Beim Anbau von **Sorghum** hat der Aussaattermin für die Höhe des Befalls durch verschiedene Schädlinge und damit auch für eine Schadensminderung große Bedeutung. Eine frühe, regional einheitliche Aussaat ist in den USA die primäre Maßnahme, den durch *Contarinia sorghicola* verursachten Schaden zu vermindern [1738]. Eine ähnliche Wirkung des Aussaattermins auf den Befall durch *Atherigona soccata* ließ sich in Ostafrika nachweisen. Hier treten schwere Schäden vor allem bei verspäteter Aussaat auf [384]. In Indien dagegen war ein entgegengesetzter Einfluß des Aussaattermins zu beobachten. Der Befall von 11 geprüften *Sorghum*-Sorten durch *A. soccata*, der bei früher Aussaat 39,4—68,7% erreichte, verminderte sich durch Spätsaat auf 11,1—52,4% [361]. Spätsaaten waren außerdem weniger durch Schadfraß von Vögeln gefährdet als Normalsaaten der gleichen Arten bzw. Sorten [731, 1132].

Die Fritfliege (*Oscinella frit*) legt ihre Eier bei **Hafer**pflanzen in einem frühen Stadium der Sämlingsentwicklung in den Spalt zwischen Koleoptile und Sämlingsbasis. Untersuchungen in Schweden ergaben, daß die Wahrscheinlichkeit für eine Sorte, zur Eiablage verwendet zu werden, annähernd proportional der Dauer war, in der dieser Spalt zur Verfügung stand. Hafersorten mit dünnwandigen, schnell welkenden Koleoptilen entgingen daher dem Fritfliegenbefall eher als solche mit dickwandigen, dauerhaften Koleoptilen [796]. — Bei **Mais** ist die kritische Periode für die Eiablage das 1- bis 4-Blattstadium (in Übereinstimmung mit der Flugperiode der Fritfliege). Schnelles Pflanzenwachstum entfernt die Eier und Larven aus dem Bereich der Kolbenanlage, die Pflanze entgeht dem Schaden [1566]; eine Verzögerung der Entwicklung ist dagegen gefährlich [1284].

5.2. Toleranz

Die Toleranz nimmt eine Sonderstellung gegenüber anderen Erscheinungsformen der Resistenz (wie Nichtpräferenz oder Antibiose) ein (vgl. 3.5.1.). Ihre Wirkung setzt, ähnlich wie bei der Antibiose, erst nach vollzogenem Kontakt zwischen Schaderreger und Wirtspflanze ein, erstreckt sich aber im Gegensatz zu dieser nicht auf den Schaderreger, sondern kommt in einer Reaktion der Pflanze zum Ausdruck, die letztendlich am verursachten Schaden bzw. einer Schadensminderung gemessen wird. Dieser Schaden kann als Maß für die Wirtsempfindlichkeit der Pflanze dienen.

Eine tolerante Pflanze behindert weder die Ansiedlung eines Schädlings noch seine Entwicklung oder Vermehrung, sie bringt aber höhere Erträge als eine anfällige Pflanze bei

gleichem Schädlingsbefall. Um die Zusammenhänge zwischen resistent und anfällig (Wirtseffizienz) sowie tolerant und intolerant (Wirtsempfindlichkeit) zu verdeutlichen, verweisen wir auf Abbildung 6, die sich im besonderen auf das Getreidezystenälchen *(Heterodera avenae)* und Getreidesorten bezieht, der im allgemeinen aber auch eine umfassendere Gültigkeit zukommt. Die dort aufgezeigten Beziehungen konnten Grosse und Decker [617] in ihren Versuchen demonstrieren.

Linie A (geringe Nematodenvermehrung — geringer Ertragsverlust) entspricht den Ergebnissen mit den resistenten Sommergerstensorten ‚Gitte' und ‚Simba', die Linie B (hohe Nematodenvermehrung — hoher Ertragsverlust) dem Verhalten der Hafersorten ‚Solidor' und ‚Svea', die Linie C (geringe Nematodenvermehrung — hoher Ertragsverlust) der Reaktion der resistenten Hafersorte ‚Hedwig' und dem resistenten Stamm ‚SV 71559'. Die Linie D entspricht der Reaktion der Sommergerstensorte ‚Welam', die als resistent bezeichnet wird, aber nach den Befunden von Grosse und Decker [617] eine Vermehrung der Nematoden nicht verhindern konnte. Sie brachte trotzdem die höchsten Erträge (48,0 dt/ha), die über denen der Sorten ‚Gitte' (43,2 dt/ha) und ‚Simba' (45,7 dt/ha) lagen. Die Sorte ‚Welam' muß daher als tolerant angesehen werden.

In diesem Beispiel wirkt die Resistenz (im Sinne einer Hemmung der Parasitenvermehrung) unabhängig von der Toleranz (im Sinne des Ertragens der Parasitenentwicklung und -vermehrung ohne größere Ertragseinbußen); die Resistenz ist genetisch unabhängig von der Toleranz, beide vererben sich unabhängig voneinander.

Einen Einblick in die quantitativen Beziehungen hinsichtlich der Ertragsverluste bei toleranten und intoleranten resistenten und anfälligen Sorten gibt eine Zusammenstellung vieler Ertragsvergleiche anfälliger und gegen zystenbildende Nematoden und Wurzelgallenälchen resistenter Sorten von Roberts [1423]. Die gefundenen Mittelwerte wurden zur Aufstellung hypothetischer Schadensfunktionen verwendet, die in Abbildung 14 dargestellt sind.

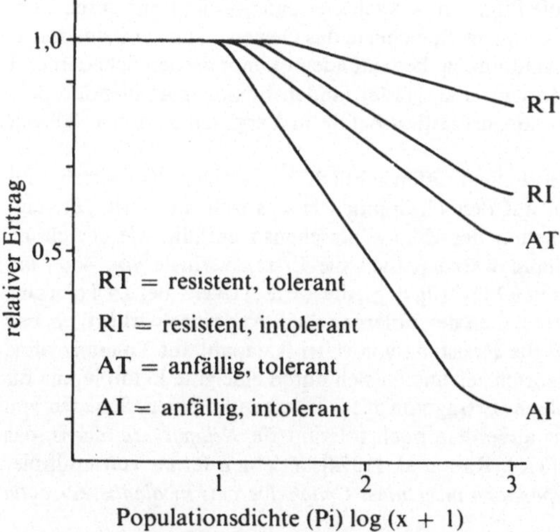

Abb. 14. Hypothetische Schadensfunktionen für Sorten annueller Kulturen mit unterschiedlichen Eigenschaften der Resistenz gegen und Toleranz für Nematoden. In Anlehnung an Roberts 1982.

Es sei wiederum betont, daß in der Pflanze Toleranz, wie auch Nichtpräferenz und Antibiose, in den meisten Fällen nicht isoliert auftritt, sondern in der Kombination mit diesen Resistenzformen wirksam wird. Auf diese Weise können sich verschiedene Resistenztypen ergänzen und in der Wirkung verstärken: Eine Pflanze mit antibiotischem Einfluß auf den Schaderreger und dadurch bedingter geringerer Schädlingspopulation kann sich schneller erholen, die Schäden leichter ausgleichen als eine Pflanze, die keine Antibiose-Eigenschaft besitzt. Da die Antibiose oft nur unterschwellig auftritt, läßt sie sich manchmal überhaupt nur schwer nachweisen.

Die tierischen Schaderreger greifen auf vielfältige Weise in die physiologischen Vorgänge ein, die in einer Pflanze ablaufen; entsprechend vielfältig sind auch die Reaktionen, die die Pflanze entwickelt hat, diese Einflüsse abzuschwächen, aufzuheben oder durch bestimmte Aktivitäten auszugleichen. Wir wollen im folgenden einige Beispiele dafür anführen. Der eigentliche Toleranzmechanismus ist in den meisten Fällen noch nicht aufgeklärt.

Ein **Sorghum**-Schädling, der insbesondere in Ostafrika und Indien große wirtschaftliche Bedeutung erlangt, ist die Hirsehalmfliege *(Atherigona soccata)*. Man unterscheidet zwei Haupttypen der Resistenz gegen diese Fliege: eine Sämlings- und eine Erholungsresistenz (recovery resistance nach Doggett und Majisu [383]). Die Sämlingsresistenz äußert sich in Unterschieden in der Anzahl der Sämlinge, die durch den Schädling befallen werden. Sie beruht im wesentlichen auf Eiablage-Nichtpräferenz. In Uganda und Nigeria konnte man nachweisen, daß in dem dort verfügbaren *Sorghum*-Material keine wertvolle Sämlingsresistenz vorlag, jedoch ein relativ hohes Niveau an Erholungsresistenz festzustellen war. Von der Sorte ‚Serena' erholten sich mehr als 70% der Pflanzen, während die anfällige Linie ‚CK-60' nur 43% erholte Pflanzen aufwies [384]. Bei ihr betrugen die Ertragsverluste 52%, bei resistenten Sorten höchstens 13% [1163]. Diese Form der Resistenz entspricht der Toleranz. Sie ist abhängig von der Fähigkeit der Pflanze, nach dem Schädlingsbefall einen guten Kornertrag zu erzielen und beruht hauptsächlich auf Bestockung. Bei einer offensichtlich guten Vererbung der Erholungsresistenz und einer hohen genetischen Korrelation von erholten Pflanzen und Ertrag schätzt man diese Form der Resistenz (Toleranz) als Hauptschutz der *Sorghum*-Bestände vor der Hirsehalmfliege ein, der in Ostafrika zu erreichen ist [384]. — In Indien erwiesen sich die *Sorghum bicolor*-Linien ‚IS 5490', ‚IS 5604', ‚IS 8315' und ‚IS 2123' als resistent im Sinne einer Nichtpräferenz für Eiablage durch *A. soccata* [173]; *Sorghum purpureo-sericeum*, *S. versicolor* und eine nicht identifizierte Wildart werden sogar als immun gegen Befall bezeichnet [103]. Außerdem fand man tolerante Linien mit erwünschten Pflanzen- und Korneigenschaften und bemüht sich, Sämlings- und Erholungsresistenz zu kombinieren. — In Argentinien gibt es *Sorghum*-Linien, die hoch tolerant für Befall durch die Gallmücke *Contarinia sorghicola* sind [1270]. — Zu den Hauptschädlingen an *Sorghum* gehört ferner *Schizaphis graminum*; diese Blattlaus schädigt die Pflanzen — auch Getreide — nicht nur durch Saftentzug, sondern auch durch Abgabe eines Toxins mit dem Speichel in das Gewebe. Starker Befall führt, insbesondere bei anfälligen Pflanzen im Jugendstadium, zu bedeutenden ökonomischen Schäden und macht Insektizidapplikationen erforderlich. Morgan et al. [1148] fanden homozygot tolerante *Sorghum*-Hybriden, die einem mehr als doppelt so hohen Blattlausbefall im Vergleich zu den anfälligen Kontrollpflanzen widerstanden.

Eine Koppelung von Toleranz mit Antibiose liegt offensichtlich bei einigen **Reis**sorten und *Nilaparvata lugens* vor. Nach Untersuchungen auf den Philippinen erwies sich die Sorte ‚Triveni' in bezug auf Überleben und Populationswachstum der Zikade als ebenso anfällig wie ‚Taichung Native 1' (TN 1); bei starkem Befall im Freiland waren jedoch die Ertragsverluste von 44% bei ‚Triveni' signifikant geringer als die von ‚TN 1' mit 99% [710], d. h., die Sorte ‚Triveni' besitzt Toleranz. Später stellte sich heraus, daß in dieser Reissorte neben der Toleranz auch Antibiose vorliegt, ebenso in den Sorten ‚IR 46' und ‚Kencana', während die Resistenz von ‚Utri Rajapan' auf Toleranz ohne Antibiose beruht [1264]. — Fünf indische Reissorten zeichneten sich durch eine gute Feldtoleranz für die Reisgallmücke *(Orseolia oryzae)* aus mit einem Ertrag von 1,2—2,6 t/ha und einem Schaden von nur 1,1—2,3% [1597]; die Sorte ‚Jet 6187' war außerdem noch tolerant für *Nilaparvata lugens*, das Reis-tungro-Virus und *Xanthomonas oryzae* [1375]. Rao et al. [1374] berichten ferner von multipler Toleranz bei 25 Reissorten, und zwar für *Scirpophaga incertulas*, *Cnaphalocrocis medinalis*, *Orseolia oryzae*, *Baliothrips biformis* und *Hydrellia* sp.

Nach Untersuchungen von Smith [1644] besitzen Tuxpeño-Populationen von **Mais** eine ausgeprägte Toleranz für einen Befall durch *Spodoptera frugiperda*; im Vergleich dazu sind Befallsdifferenzen, die auf Nichtpräferenz und Antibiose beruhen, nur von untergeordneter Bedeutung. Nach Ansicht des Verfassers scheint eine Einkreuzung dieses Merkmals in andere Maisherkünfte möglich und sinnvoll zu sein. — Die Mais-Inzuchtlinie ‚SD 10' ist tolerant für *Diabrotica virgifera*, sie ist durch ein großes Wurzelsystem gekennzeichnet. Unterschiedliche Befallsraten des Schädlings beeinflussen ihre Ertragsleistung nicht, während bei der anfälligen Linie ‚A632' (mit einem schwach ausgebildeten Wurzelsystem) Befallsstärken von mehr als 100 Eiern von *D. virgifera* je 30,5 cm Pflanzenreihe zu einem signifikanten Ertragsabfall führten. Die Zahl der sich entwickelnden Adulten war in beiden Inzuchtlinien gleich [181].

In den USA war die ungarische **Triticale**-Linie ‚OK 711751' tolerant für 2 Biotypen von *Mayetiola destructor* [667]; auch die **Winterweichweizen**sorte ‚Mc Nair 1003' besitzt Toleranz für diesen

Schädling [1191]. Die **Hafer**sorte ‚Borrus' (Schweiz) erlangt durch kräftige und schnelle Bestockung Toleranz für *Oscinella frit* [1770].

Ein weiteres Beispiel dafür, daß Toleranz mit einer anderen Erscheinungsform der Resistenz kombiniert sein kann, ist die sowjetische **Weizen**sorte ‚Odesskaja 51', die über Toleranz und Antibiose gegenüber *Macrosiphum avenae* verfügt. Die Resistenz der Sorte ‚Kavkas' gegen diese Art ist dagegen wohl ausschließlich auf Toleranz zurückzuführen [1202].

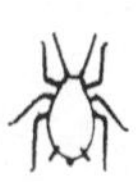

Bei Sorten der **Wiesenrispe** *(Poa pratensis)* mit Toleranz für *Blissus leucopterus hirtus* (USA) waren das Regenerationsvermögen, der Grünmasse-Ertrag und die Trockensubstanz bei gleichem Befall deutlich besser als bei anfälligen Sorten [96].

In Kolumbien hatte man von 1972 bis 1981 über 10000 Nummern der **Gartenbohne** *(Phaseolus vulgaris)* auf Resistenz gegen *Empoasca kraemeri* geprüft. Da keine gesicherte Korrelation zwischen der Populationsdichte der Adulten und Nymphen und dem visuell bewerteten Schaden wie auch dem Ertragsverlust festzustellen war, erfolgte die Einschätzung der Nummern nach ihrer Fähigkeit, auch bei Befall durch den Schädling Ertrag zu bringen, d. h. auf Toleranz. 3,3% der geprüften Nummern wurden als resistent in diesem Sinne eingestuft [540].

Ausgehend von einer Einzelpflanze der **Kundebohne** *(Vigna unguiculata)* aus Nigeria hatte man die Sorte ‚VITA-3' entwickelt, die eine hohe Toleranz für verschiedene *Empoasca*-Arten besitzt, so z. B. für *E. dolichi* in Nigeria, Ghana, Kenia und Tansania, für *E. kerri* in Indien und *E. kraemeri* in Brasilien. Während bei anfälligen Sorten Ertragseinbußen von mehr als 40% eintraten, waren bei ‚VITA-3' keine Ertragsverluste zu verzeichnen. Da diese Sorte außerdem noch Resistenz gegen Krankheitserreger und gegen *Meloidogyne incognita* in sich vereinigt, also die Eigenschaft einer komplexen Resistenz aufweist, wird sie im Kundebohnen-Züchtungsprogramm verwendet [1624].

Auld et al. [83] ermittelten bei **Erbsen**pflanzen Unterschiede in der Toleranz für Fraßschäden durch *Sitona lineatus*. Die F_2-Nachkommen wiesen im Vergleich zu ihren Eltern eine größere Widerstandsfähigkeit auf, d. h., sie reagierten erst bei höheren Beschädigungsraten mit Wachstums- und Entwicklungsverzögerungen bzw. -depressionen.

Wilson [1872, 1873] fand im Verlauf seiner Untersuchungen zur Resistenz gegen *Costelytra zealandica* in einem Sortiment von **Weißklee** *(Trifolium repens)*, das 23 neuseeländische und 74 überseeische Linien und Sorten umfaßte, auch Herkünfte mit Toleranz für den Schädling. Sie wiesen bei gleicher Befallsstärke ein deutlich besseres Regenerationsvermögen ihres Wurzelsystems auf als anfällige Varietäten. Als „wirklich" (true) resistent unterscheidet Wilson demgegenüber Pflanzen mit einem deutlich geringeren Befall durch *C. zealandica*.

Nach Untersuchungen von Meredith und Laster [1112] ist in den **Baumwoll**sorten ‚Stoneville 213' und ‚Coher 201' eine genetisch bedingte Toleranz für Befall durch *Lygus lineolaris* vorhanden, die durch züchterische Maßnahmen (Hybridisierung) verstärkt werden kann. An anderer Stelle wird dies auch für Baumwollhybriden mit der Linie ‚HG-BR-8N' als einem Elter bestätigt [1113]. Die toleranten Varianten wiesen bei gleicher Nymphenzahl je Pflanze eine im Vergleich zu anfälligen Herkünften nur um 25% reduzierte Anzahl von Blütenbüscheln auf.

Die tolerante **Rosenkohl**sorte ‚Darkmar 21' ertrug mehr als doppelt so viele Blattläuse *(Brevicoryne brassicae)* als z. B. die Sorte ‚Irish Elegance'; die Pflanzen erholten sich nach dem Rückgang einer starken Blattlausbesiedlung schneller als die anderer Sorten. Auch weitere Rosenkohlsorten wie ‚Roodnerf', ‚Gravendeel', ‚Rollo' und ‚Stickema' wurden trotz starken Blattlausbefalls nur wenig geschädigt, waren also tolerant [407].

Neuseeländische Untersuchungen ergaben eine hohe Toleranz der **Weinreben**form ‚ARG 1' für das Saugen von Reblauslarven; trotz hoher Larvenanzahl waren die Wurzeln nur wenig geschädigt [881]. Bei der Weinrebe kann sich die Toleranz auch in einer Verlängerung der Lebensdauer äußern. So sterben unter Befallsbedingungen Sorten mit Toleranz für Schädigung durch *Viteus vitifolii* erst nach 10—12 Jahren ab, während nichttolerante Sorten schon nach 4—5 Jahren eingehen.

5.3. Nichtpräferenz

Wie wir bereits unter 3.5.2. dargelegt haben, ist bei der Beschreibung und Einordnung eines bestimmten Resistenzverhaltens, wie es sich in Auswertung eines Versuches ergibt, oft nicht leicht zwischen Nichtpräferenz und Antibiose zu unterscheiden. Im Prinzip kann die Ablehnung einer Pflanze durch einen Schaderreger zwei Ursachen haben. Im ersten Fall verfügt die resistente Pflanze über abstoßende Eigenschaften, welche die auf den Schaderreger positiv wirkenden Reize ersetzen oder überlagern, sie also praktisch ausschalten. Im anderen Fall fehlen ihr ein oder mehrere Merkmale, die eine den Schädling anziehende Funktion ausüben, also für die Wirtsfindung und -annahme entscheidend sind. Die Natur derartiger Pflanzenmerkmale als Grundlage der Resistenzmechanismen werden wir im Kapitel 6 ausführlich besprechen. Wir können hier aber festhalten, daß Pflanzeneigenschaften, die ein Nichtpräferenz-Verhalten bedingen, im Bereich der Sinnesorgane des Schädlings wirksam werden. Sie signalisieren damit die Nichteignung der Pflanze für Ernährung oder Eiablage. Wird dieser erste Schutzmechanismus außer Kraft gesetzt, z. B. dadurch, daß man den Versuchstieren keine Auswahlmöglichkeit bietet und sie zwingt, sich an einer nichtbevorzugten Pflanze anzusiedeln, sich von ihr zu ernähren und sich an ihr zu entwickeln, dann kommen die antibiotischen Eigenschaften der Pflanze zur Wirkung; die biologischen Leistungen des Schädlings werden in diesem Falle geringer sein als an einer anfälligen Pflanze. Offensichtlich stehen demnach die beiden Resistenzformen der Nichtpräferenz und der Antibiose in einer kausalen Abhängigkeit voneinander insofern, als der Antibiosecharakter einer Pflanze offenbar Grundlage und Voraussetzung für eine Ablehnung, d. h. eine Nichtpräferenz-Reaktion des Schädlings, ist. Im Verlauf der Koevolution haben die Herbivoren gewissermaßen „gelernt", auf dieses „Frühwarnsystem" der Pflanze zu reagieren.

In zeitlicher Hinsicht lassen sich verschiedene Phasen einer Nichtpräferenz-Reaktion des Schaderregers unterscheiden. Die abschreckende Wirkung kann bereits vor dem Kontakt mit der Pflanze einsetzen, d. h. eine präinfektionelle Resistenz bedingen, wie z. B. die Antischlüpfstoffe bei Nematoden oder die Wirkung bestimmter Farben auf Blattläuse (Beispiele dafür siehe unter 6.1.1.1.). Sie kann aber auch in späteren Phasen der Pflanze-Schaderreger-Beziehung zur Geltung kommen. Wir verweisen in diesem Zusammenhang auf weitere Darlegungen in den entsprechenden Abschnitten über die Begriffsdefinitionen (3.5.), die Wirtswahl (4.) und die speziellen Resistenzmechanismen (insbesondere 6.1.2.). In vielen Fällen kennen wir die eigentlichen Ursachen noch nicht, die das spezielle Nichtpräferenz-Verhalten eines Schaderregers bedingen. Wir wollen im folgenden einige Beispiele für Resistenz anführen, bei der Nichtpräferenz eine Rolle spielt.

5.3.1. Verhalten bei der Ansiedlung

Beispiele für Nichtpräferenz beim Ansiedlungsverhalten, soweit es den Bereich der präinfektionellen Resistenz betrifft, finden wir bei den Nematoden. Da hier aber eine repellente Wirkung der Pflanze meist von einer nematiziden nicht zu trennen ist, wollen wir diese Schädlinge bei Besprechung der Antibiose abhandeln (5.4.).

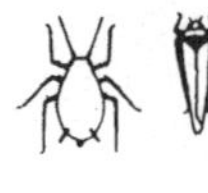

Andere Gruppen tierischer Schaderreger, von denen Nichtpräferenz während der Ansiedlung bekannt ist, sind u. a. Blattläuse und Zikaden. Bei ihnen finden wir eine Reihe von Beispielen dafür, daß sich die Tiere auf bestimmten resistenten Sorten unruhig verhalten und teilweise bestrebt sind, die Pflanze wieder zu verlassen. Meist ist es noch unklar, welche Faktoren dieses Verhalten im einzelnen auslösen.

In der DDR durchgeführte Untersuchungen zur Blattlausresistenz von **Ackerbohnen** gegen *Aphis fabae* haben ergeben, daß Nichtpräferenz die primäre Ursache des geringeren Befalls der Sorte ‚Rastatter' im Vergleich zur anfälligen Sorte ‚Schlanstedter" ist. Beide Sorten werden statistisch in gleicher Häufigkeit beflogen, es siedeln sich jedoch auf ‚Rastatter' nur 1%, auf ‚Schlanstedter' aber 10% der gelandeten Aphiden für längere Zeit an. Infolge der bedeutend höheren Abwanderungsrate beträgt die Anzahl der Initialkolonien auf ‚Rastatter' nur ein Drittel bis ein Fünftel von derjenigen auf der Vergleichssorte [1154]. Zu der Nichtpräferenz kommt bei der Sorte ‚Rastatter' als postinfektionelle Resistenz ein antibiotischer Effekt, der sich in einer Verminderung von Geschwindigkeit und Umfang der Vermehrung äußert [1155]. Die beiden genannten Ackerbohnensorten sind auch ein Beispiel dafür, daß eine Sorte, die gegen einen Schaderreger resistent ist, für eine nahe verwandte andere Art anfällig sein kann. So ist ‚Rastatter' zwar gegen *Aphis fabae*, nicht aber gegen *A. craccivora*, *Acyrthosiphon pisum* und *Megoura viciae* resistent. Andererseits besitzt die für *A. fabae* anfällige Sorte ‚Schlanstedter' Eigenschaften der Resistenz gegen *A. pisum* und *M. viciae* [1158].

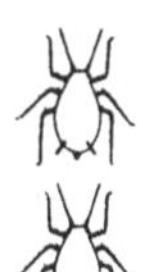

Durch Nichtpräferenz wird auch die Ansiedlung der nordamerikanischen Aphidenart *Amphorophora agathonica* an den **Himbeer**sorten ‚Canby' und ‚Malling Exploit' weitgehend verhindert, während die Sorte ‚Washington' Antibiose-Eigenschaften besitzt [850].

Nichtpräferenz-Verhalten besteht aber nicht nur in einer erhöhten Abwanderungsrate. Bestimmte resistente **Zuckerrüben**-Zuchtlinien wurden zwar von *Myzus persicae* und *Aphis fabae* meist nicht verlassen, aber die Tiere waren unruhiger und ihre Saugzeiten kürzer als auf den anfälligen Pflanzen, was eine geringere Vermehrung auf den resistenten Linien zur Folge hatte. Im Zusammenhang mit dieser Verhaltensweise verwenden Lowe und Russell [1013] den Begriff „Ansiedlungsresistenz" (resistance to settling). Ähnliche Beobachtungen machten Starks und Burton [1676] bei *Schizaphis graminum* an resistenten **Getreide**sorten.

In Indien prüfte man die Abundanz von *Nephotettix virescens* an 18 **Reis**sorten und stellte dabei eine ausgeprägte Präferenz für ‚IET 2815', ‚CR 44-1', ‚Canvery', ‚IET 2895' und ‚TN 1' fest, dagegen nur eine geringe Besiedlungsdichte während der gesamten Beobachtungszeit bei ‚IET 1991' und ‚IR 579' [567]. Ein deutlicher Nichtpräferenz-Mechanismus wurde auch für *Sogatella furcifera* an den Reissorten ‚IET 6288' und ‚ARC 11208' nachgewiesen [1787]. Oft ist jedoch bei Zikaden die Ablehnung einer Pflanze für die Ansiedlung mit Nichtpräferenz für Eiablage und Antibiose gekoppelt.

5.3.2. Verhalten bei der Eiablage

Zwischen Nichtpräferenz- oder Antibiosewirkung einer Pflanze auf den Vorgang der Eiablage kann man bei solchen Schaderregern eindeutig unterscheiden, bei denen die entsprechenden Verhaltensabläufe auf anderen Pflanzen erfolgen als die zur Nahrungsaufnahme erforderlichen Aktivitäten (z. B. Dipteren und Lepidopteren). Bei Larven, die aus Eiern schlüpfen, die an eine nichtbevorzugte Pflanze gelegt wurden (z. B. in Zwangsversuchen), kann dann allerdings durchaus auch ein antibiotischer Einfluß zur Geltung kommen.

Bei der Resistenz von **Sorghum**-Sorten gegen die Hirsehalmfliege *(Atherigona soccata)* in Indien hat die Nichtpräferenz für Eiablage eine ausschlaggebende Bedeutung. Prüfungen von 15 resistenten Sorten im Feldversuch ergaben eine signifikant geringere Eiablage an diesen als an den anfälligen Sorten ‚CSH-1' und ‚Swarna'; das Ergebnis wurde auch unter Bedingungen eines künstlich hervorgerufenen starken Befalls bestätigt, obwohl sich bei starkem Befallsdruck die Wirkung dieses Mechanismus vermindert (vgl. 5.2.) [1618]. Die Eigenschaft der Nichtpräferenz für Eiablage begründete Einstufung und Auslese der Sorten ‚IS 5490', ‚IS 5604', ‚IS 8315' und ‚IS 2123' als resistent [173]. — In Kenia verglich man 7 Sorten von *Sorghum bicolor* mit der anfälligen Hybride ‚CSH-1' und stellte bei den Sorten ‚IS 2146', ‚IS 3962' und ‚IS 5613' eine hoch signifikante Nichtpräferenz für Eiablage durch *A. soccata* fest. Beobachtungen des Verhaltens ergaben, daß die Weibchen auf den Pflanzen zufällig landeten, die genannten resistenten Sorten aber sehr schnell wieder verließen und an ihnen nur dann Eier ablegten, wenn sie vorher mehrere Eier an ‚CSH-1' abgelegt hatten [1367]. — In Japan [1239] stellte man bei Berechnungen der Korrelation zwischen der Resistenz von *Sorghum* gegen *A. soccata* und drei Eigenschaftskomponenten der Pflanzen fest, daß der Hauptteil der Variabilität der Resistenz durch das Merkmal „Anzahl Eier/Pflanze" bedingt wird. Daneben kommt aber auch antibiotischen Eigenschaften eine gewisse Bedeutung zu: Hoch anfällige Sorten waren gegenüber resistenten u. a. durch ein besseres Wachstum der Larven, eine minimale Larven- und Puppenperiode und eine maximale Fruchtbarkeit gekennzeichnet. — Von gleicher Art ist die Resistenz von *Sorghum* gegen *Contarinia sorghicola* in den USA [1890] und Brasilien [1456]. — Unter brasilianischen und argentinischen *Sorghum*-Genotypen belegte *Spodoptera frugiperda* die Herkunft ‚SC 599-6-3' deutlich mit weniger Eiern als die anderen Prüfglieder [1005].

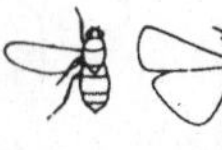

Nichtpräferenz für Eiablage hat man bei **Reis** und den an dieser Kultur schädlichen Zikaden festgestellt, so z. B. für *Nilaparvata lugens* in Indien [1388], Thailand [1330], China [742] und Südkorea [286], für *Nephotettix virescens* und *N. nigropictus* in Indien [1819], gekoppelt mit Nichtpräferenz für Ansiedlung, und auf den Philippinen [684] sowie für *Cofana spectra* in Indien [1552]. — In Nigeria beobachtete Alghali [24], daß die Anfälligkeit von Reissorten für Befall (= Präferenz für Eiablage) durch *Diopsis macrophthalma* anscheinend zu unterscheiden ist von ihrer Eignung für das Wachstum der Larven (= Antibiose). — Bei einem Vergleich von vier Reisherkünften in Brasilien bevorzugten die Falter von *Diatraea saccharalis* für die Eiablage die Varietät ‚IAC-9' vor ‚TKM-6', ‚Bluebelle Chiang' und ‚Tsao Pai Ku' [1078].

Der Anteil der verschiedenen Resistenzformen an der Ausprägung der Resistenz kann bei der gleichen Pflanzenart in Abhängigkeit vom Genotyp unterschiedlich sein.

So erwies sich z. B. Nichtpräferenz als wirksames Prinzip gegen Befall durch *Spodoptera frugiperda* bei der **Mais**sorte ‚Antigua 2D-118', verstärkt durch geringe antibiotische Einflüsse, während beim Genotyp ‚MpSWCB-4' Nichtpräferenz und Antibiose gleichwertig in ihrer Wirkung auf den Schädling waren [1877].

Bei der Prüfung von 220 **Weizen**sorten in China (Feldtest) zeigte sich, daß die Hauptursache für Unterschiede in der Resistenz gegen *Meromyza saltatrix* Nichtpräferenz für Eiablage ist [1916]. Auch bei der Resistenz von Weizen gegen *Mayetiola destructor* in den USA scheint die Ablehnung dichtbehaarter Sorten für die Eiablage eine Rolle zu spielen [73]. — Selektionsversuche mit einem **Sommergersten**-Sortiment und dem Getreidehähnchen *(Oulema melanopa)* ergaben, daß Formen mit Resistenz nicht für die Eiablage geeignet waren [1640, 1846]. — In Schweden fand Jonasson [795] bei einigen **Hafer**sorten Nichtpräferenz für die Eiablage von *Oscinella frit*, kombiniert mit Resistenz gegen das Eindringen der Larven (Antibiose).

Die Zahl der Eier des Kartoffelkäfers *(Leptinotarsa decemlineata)* war in Untersuchungen von Casagrande [236] an der **Wildkartoffel**art *Solanum berthaultii* im Vergleich zu der Kulturart *S. tuberosum* um 96—98% reduziert. Die aus der Kreuzung beider Arten hervorgegangene Hybride ‚B 227—63' wies eine im Vergleich zu dem anfälligen Elter um 78% verminderte Zahl der Eier auf. Darüber hinaus war die Überlebensrate der Larven deutlich geringer und die gesamte Entwicklungszeit verlängert. — Die Larven von *Liriomyza huidobrensis* sind Blattminierer und verursachen durch ihren Fraß Schäden bei Kartoffeln in Peru. Bei 6 peruanischen Kartoffelsorten fand man eine enge Korrelation zwischen Fraßpräferenz (gemessen am Grad des Schadens) und der Anzahl abgelegter Eier. An die Sorte ‚Renacimiento' legte die Fliege signifikant mehr Eier als an andere Sorten, sie wurde auch am stärksten geschädigt [1788], während ‚Tomasa Condemaya' sich durch Nichtpräferenz für Eiablage und ‚Merpata' sich durch hohe Resistenz gegen Fraßschäden (Nichtpräferenz) auszeichneten [1789].

Die **Zwiebel** *Allium fistulosum* (‚Japanese Bunching') wurde in den USA weniger durch die Zwiebelfliege *(Delia antiqua)* geschädigt als Sorten von *Allium cepa*; diese Resistenz beruhte auf Nichtpräferenz für Eiablage [435].

Auf Nichtpräferenz ist die unterschiedlich intensive Eiablage von *Bemisia tabaci* auf verschiedenen **Sojabohnen**-Sorten zurückzuführen. Versuche in Brasilien ergaben, daß auf den Sorten ‚PI 171.451' und ‚PI 229.358' signifikant weniger Eier abgelegt wurden als auf 7 anderen Sorten, darunter ‚Santa Rosa' und ‚Vicoja' [1458]. — Versuche von Akingbohungbe et al. [20] mit einem Sortiment der **Kundebohne** *(Vigna unguiculata)* in Nigeria ergaben, daß *Cydia ptychora* an die Varietät ‚H 13-1' die wenigsten Eier ablegte. Unter Freilandbedingungen wurde in Wahlversuchen von 17 Herkünften die für *Empoasca*-Arten tolerante Sorte ‚Vita-3' (vgl. 5.2.) bevorzugt mit Eiern belegt. Nichtpräferenz für Eiablage von *Chalcodermus aeneus* stellte man bei der Zuchtlinie ‚CR 18-3-1' fest [474]. — Auch bei der **Helmbohne** *(Dolichos lablab)* spielt Nichtpräferenz für Eiablage unter den Abwehrmechanismen gegen *Adisura atkinsoni* eine wichtige Rolle [247]. — Unter 1571 geprüften **Erbsen**zuchtlinien und -sorten erwiesen sich 6 Nummern mit weniger als 4% befressener Samen als resistent gegen *Bruchus pisorum*. Diese Resistenz beruhte auf Nichtpräferenz für Eiablage des Schädlings [1307].

Im Vergleich zu der **Baumwoll**sorte ‚Stoneville 7A' legten *Heliothis*-Arten an der Linie ‚A 17801' 70% weniger Eier ab; die Raupenzahl war um 46% reduziert [1793]. Zu einem ähnlichen Ergebnis kamen Salgado und Silguero [1482].

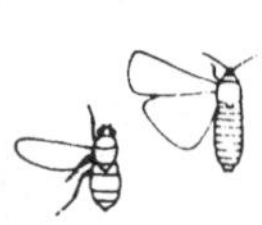

Unterschiede in der Präferenz für Eiablage spielen auch bei **Cruciferen** und verschiedenen Schädlingen eine gewisse Rolle, so z. B. bei *Pieris rapae* und Kopfkohl (vgl. 6.1.1.1.). Besonders gründlich untersuchte man die Beziehungen zwischen der Kleinen Kohlfliege *(Delia brassicae)* und Cruciferen in England. Es zeigte sich, daß die Eiablagepräferenz korreliert ist mit einem Wechsel in der Konzentration bestimmter sekundärer Pflanzeninhaltsstoffe im Verlauf der Pflanzenentwicklung (vgl. 8.3.). Das Pflanzenalter ist demnach ein kritischer Faktor bei der Nichtpräferenz für Eiablage der Kleinen Kohlfliege [437, 650]. Die Radies-Sorte ‚Asmer tip top' zeichnete sich durch hohe, die Sorte

‚Sparkler' durch niedrige Präferenz für Eiablage aus. Dabei nahm die Attraktivität bis zum Erreichen des marktfähigen Alters (etwa 6 Wochen) zu, verringerte sich dann wieder und erreichte eine zweite Spitze beim Treiben der Blütentriebe. Bevorzugte Sorten erreichten die höchste Attraktivität früher als die weniger bevorzugten. Derartige Präferenzunterschiede blieben auch im Freilandversuch erhalten, wenn die Fliegen keine Möglichkeit der Wahl hatten [434, 438]. Diese Form der Resistenz ist jedoch in ihrer Bedeutung nicht zu hoch zu bewerten. Coaker und Finch [299] stellten fest, daß Sorten mit Nichtpräferenz für die Eiablage der Kleinen Kohlfliege gewöhnlich von anderen Schädlingen für die gleiche Aktivität bevorzugt werden. So erwiesen sich z. B. 50—80% der Eier, die zur Zeit des Eiablagemaximums an eine gegen *D. brassicae* resistente Wasserrübensorte abgelegt worden waren, als zu der nahe verwandten *Delia platura* gehörend. Diese Art besitzt nur einen Höhepunkt der Eiablage, der im allgemeinen zwischen den Eiablagespitzen von *D. brassicae* liegt. Dieses Beispiel zeigt, daß ein die Wirtspflanzenselektion bestimmender Faktor für die Resistenz gegen eine Art günstig, in bezug auf eine andere jedoch von entgegengesetzter Wirkung sein kann. Coaker und Finch [299] schätzen auch ein, daß Unterschiede im Schaden, der durch die Kleine Kohlfliege verursacht wird, hauptsächlich auf Antibiose beruhen und weniger auf einer gewissen Repellentwirkung während der Eiablage, obwohl letztere bei bestimmten Kulturen vorkommt.

5.3.3. Verhalten bei der Nahrungsaufnahme

Nichtpräferenz für Nahrungsaufnahme ist einerseits meist gekoppelt mit einem vorzeitigen Verlassen der betreffenden Pflanze, d. h. mit Nichtpräferenz für Ansiedlung, andererseits aber auch eng verbunden mit Antibiose. Der Unterschied zwischen beiden besteht darin, daß — wie bereits eingangs erwähnt —, in dem einen Fall die Eigenschaften der Pflanze auf bestimmte Sinnesorgane des Schädlings wirken und ihn an der Nahrungsaufnahme hindern sollen, im anderen Falle erst nach vollzogener Nahrungsaufnahme zur Wirkung kommen. Es sind vor allem bestimmte chemische Verbindungen, die sich hemmend auf das Fraß- und Saugverhalten auswirken (vgl. 6.2.2.).

Man hat derartige Mechanismen z. B. bei **Reis** und verschiedenen Zikadenarten gefunden. *Nilaparvata lugens* macht an resistenten Sorten mehr Saugversuche, saugt dann aber 6,6- bis 11,9mal weniger als an der anfälligen Sorte ‚TN 1' [1388]. Eine Markierung der Pflanzen mit ^{32}P erlaubte die Messung der aufgenommenen Nahrungsmenge; es zeigte sich eine enge Korrelation zwischen der Nahrungsaufnahme an resistenten bzw. anfälligen Sorten und der Radioaktivität [289]. Zum gleichen Ergebnis kam man bei der Messung der Honigtaumenge, die *Nephotettix virescens* und *N. nigropictus* an anfälligen bzw. resistenten Reissorten ausschieden [1819]. Diese Nichtpräferenz war außerdem mit einer hohen Larvensterblichkeit, d. h. einer antibiotischen Wirkung, verbunden. Untersuchungen der Honigtau-Ausscheidungen von *N. cincticeps* in Japan [1257] ergaben, daß an 3 resistenten und einer anfälligen Reissorte zwar die Menge des ausgeschiedenen Honigtaus gleich groß war, nicht aber sein Zuckergehalt. Daraus war abzuleiten, daß die Zikaden unfähig waren, den Phloemsaft aus den resistenten Sorten aufzusaugen; es erreichten hier signifikant weniger Speichelscheiden die Siebröhren. Die Zikaden führten an den resistenten Sorten 2,4- bis 3,4mal mehr Probestiche durch als an der anfälligen. — Bei *Sogatella furcifera* kamen Khan und Saxena [861] zu etwas abweichenden Ergebnissen. Sie stellten fest, daß die Tiere an der anfälligen Sorte ‚TN 1' schneller Probesaugstiche durchführten und längere Zeit saugten als an der resistenten ‚IR 2035-117-3', daß aber an beiden Sorten die Nahrungsaufnahme aus dem Phloem erfolgte.

Auch bei Blattläusen kann neben dem Ansiedlungs- das Einstichverhalten als Folge bestimmter Pflanzeneigenschaften im Sinne einer Nichtpräferenz negativ beeinflußt werden. Ein Beispiel hierfür ist *Therioaphis trifolii maculata*. Auf bestimmten resistenten **Luzerne**-Formen ist offenbar der Mechanismus zum Auffinden des Phloems gestört, die Tiere müssen schließlich verhungern. Eine toxische Wirkung liegt in diesem Fall nicht vor, denn nach Übertragung der Blattläuse von den resistenten auf anfällige Pflanzen entwickeln sie sich normal weiter [1101]. Mit Hilfe des von McLean und Kinsey [1099] entwickelten elektronischen Meß- und Registrierverfahrens wurde das Einstich- und Saugverhalten von 4 Biotypen dieser Art auf resistenten und anfälligen Luzerneklonen untersucht. Der Biotyp C war an 2 resistenten ‚Moapa'-Klonen nicht in der Lage, die Siebröhren anzustechen und Nahrung aufzunehmen; der Biotyp A konnte an einem der beiden Klone nicht normal saugen. Beide Biotypen zeigten auf den resistenten Klonen eine anormale Abfolge des Probesaugverhaltens; auch war hier die Dauer der Speichelflußphase bedeutend länger als auf anfälligen Klonen [1195].

5.4. Antibiose

Resistenzeigenschaften einer Pflanze, die im Sinne einer Antibiose wirksam werden, beeinflussen die Stoffwechselphysiologie des Schädlings; sie können demnach erst nach vollzogenem Kontakt der Partner, im allgemeinen erst nach der Nahrungsaufnahme eines Herbivoren, in Kraft treten. Deshalb kann man diese Resistenzform auch als postinfektionelle Resistenz bezeichnen (vgl. 3.8.), während Nichtpräferenz wenigstens zum Teil der präinfektionellen Resistenz zuzuordnen ist (vgl. auch 3.5.2., 3.5.3.). Wir möchten aber auch in diesem Zusammenhang noch einmal wiederholen, daß Verhalten und Stoffwechsel eines Schädlings voneinander abhängen, die Einflüsse einer Pflanze darauf nicht klar zu trennen sind und in gleichem Maße auch nicht die Begriffe Nichtpräferenz (Verhalten) und Antibiose (Stoffwechsel).  Zum Beispiel ist für Blattläuse auf manchen resistenten Pflanzenformen das Auffinden des Phloems aus bestimmten Gründen erschwert. Die Tiere können nach erfolglosen Einstichversuchen die Pflanze wieder verlassen, das wäre als Nichtpräferenz-Verhalten einzustufen. Sie können aber auch auf der Pflanze verbleiben und verhungern, in diesem Falle würden wir von Antibiose sprechen. Die vorangegangenen Abschnitte bieten weitere Beispiele für Beziehungen zwischen beiden Resistenzformen.

Die gegen den Schaderreger gerichteten antibiotischen Effekte können auf unterschiedlichen Faktoren beruhen. In vielen Fällen ist das Angebot primärer Pflanzenstoffe, die der Ernährung des Schaderregers dienen, in einer resistenten Sorte ungenügend, was sich negativ auf die Entwicklung der Tiere auswirkt. Häufig ist die Resistenz auch auf einen toxisch wirkenden, sekundären Pflanzenstoff zurückzuführen. (Wir verweisen in diesem Zusammenhang auf 6.2.) Ein weiterer Ursachenkomplex betrifft die Reaktion der Pflanze auf die Nahrungsaufnahme des Schädlings. Hierzu gehören die Bildung von Nekrosen infolge einer Überempfindlichkeitsreaktion, die Ausbildung von Schutzgewebe u. ä. (vgl. 8.4.4.).

Der antibiotische Einfluß einer Pflanze ist häufig schon kurz nach Beginn der Nahrungsaufnahme wirksam, insbesondere dann, wenn er auf Toxinen beruht. Er führt zu einer Schädigung der Tiere und u. U. zu ihrem mehr oder weniger schnellen Absterben. In anderen Fällen, vor allem bei ungenügender Nährstoffversorgung, wirkt sich die Antibiose erst einige Zeit später, über die mangelhafte Ernährung des Schädlings, auf seine Entwicklung und Vermehrung aus.

Typische Erscheinungsformen der Antibiose sind:

- Beeinträchtigung der Nahrungsaufnahme. Sie kann in einer Unfähigkeit zur Herstellung einer Nahrungsbeziehung bestehen, wie wir sie am Beispiel der sedentären Nematoden noch ausführlich behandeln werden, und die zu einer verstärkten Wiederauswanderung führt; die Pflanze kann auch mit einer lokalen Nekrotisierung auf den Einstich einer Blattlaus reagieren und dadurch ihre Nahrungsaufnahme behindern.
- Veränderungen in der Larvenentwicklung, die sich unterschiedlich äußern können, z. B.
  - erhöhte Larvensterblichkeit (bei Nematoden z. B. Absterben der Tiere beider Geschlechter bereits in einem frühen Stadium der Larvenentwicklung),
  - Hemmung der Larvenentwicklung in nur einem Geschlecht, vorwiegend dem weiblichen (bei Nematoden),
  - verlängerte Entwicklungsdauer der Larven.
- Verringerte Körpergröße der Adulten.
- Herabsetzung der Fruchtbarkeit der Weibchen, z. T. auch als Folge einer verkürzten Reproduktionsperiode.
- Allgemein eine hohe Mortalitätsrate.

Diese qualitativen Formen können auch quantitativ variieren, so daß Übergangsformen entstehen. Beispielsweise erhielten Fox et al. [489] bei der Inokulation verschiedener **Sojabohnen**-Sorten mit *Heterodera glycines* bei einheitlicher Ausgangsverseuchung (Pi = 2000 L_2) die in der Tabelle 5 aufgeführten Ergebnisse. Aus diesen Befunden wird deutlich, daß zwei Resistenzmechanismen wirksam sind:

- Reduzierte Nematodenzahl, aber mehr gegen Weibchen als gegen Männchen wirkend (‚Peking', ‚Pine Dell').
- Keine Reduktion der Nematodenzahl, aber die meisten Larven werden Männchen (‚P. I. 90763').

Tabelle 5
Entwicklung der Larven von *Heterodera glycines* an verschiedenen Sojabohnensorten. Nach Fox et al. [489].

Sorte/Stamm	Nematoden/Pflanze	% Männchen
Lee (anfällig)	173	40
Peking (resistent)	12	100
Pine Dell (resistent)	115	70
P. I. 90763	238	94

Daß oft mehrere Mechanismen wirksam werden können, die auf die einzelnen Entwicklungsstadien unterschiedlich Einfluß nehmen, geht auch aus Abbildung 15 hervor, in der vergleichend die Abläufe der Entwicklung des Getreidezystenälchens *(Heterodera avenae)* in einer anfälligen und einer mäßig resistenten **Hafer**sorte dargestellt sind. Bei einer hochresistenten Sorte würde sich das Schema im Prinzip nicht ändern; nur die Anteile der unmittelbar absterbenden Larven und der noch zur Entwicklung kommenden Weibchen und Männchen würden sich stärker zur Seite der vorzeitig absterbenden Tiere verschieben.

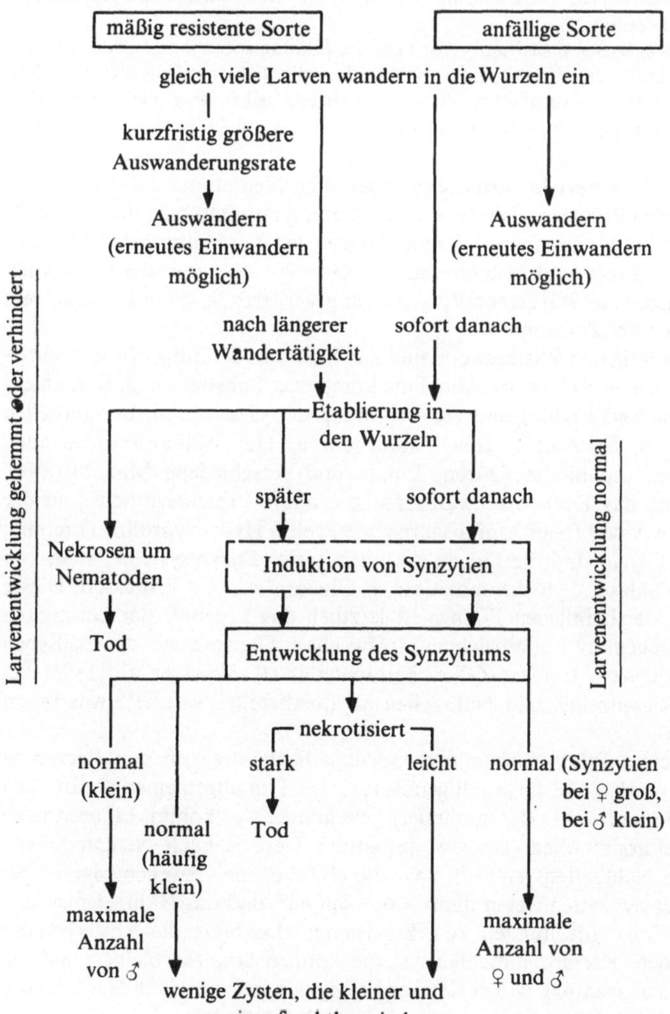

Abb. 15. Schema zur Entwicklung des Getreidezystenälchens *(Heterodera avenae)* an mäßig resistentem (‚Silva') und anfälligem (‚Flämingskrone') Hafer. In Anlehnung an Harmuth 1978.

5.4.1. Einfluß auf die Nahrungsaufnahme

Wegen der Sonderstellung der Nematoden gegenüber den anderen tierischen Schaderregern, die sich aus ihrer Lebensweise ergibt, wollen wir nachfolgend die Verhältnisse bei dieser Tiergruppe im Zusammenhang darstellen. Um die komplizierten Vorgänge und Veränderungen in Pflanzen verstehen zu können, die gegen Nematoden resistent sind, müssen wir zunächst die nicht weniger komplizierte Situation in den Zellen und Geweben anfälliger Pflanzen beim Befall durch Nematoden erläutern (in Anlehnung an Jones [806]).

Zystenbildende Nematoden *(Globodera, Heterodera)* rufen im Wurzelgewebe echte Synzytien hervor, d. h., durch Auflösung der Zellwände verschmelzen jeweils mehrere Zellen zu einer größeren; mehrere solcher vergrößerter Zellen finden sich in Kopfnähe der Parasiten.

Die *Meloidogyne*-Arten rufen keine echten Synzytien hervor, sondern erzeugen Riesenzellen durch Hypertrophie und vermehrte Mitosen ohne Zellteilungen, so daß vielkernige große Zellen, meist 6 (2 bis 12), in Kopfnähe der Parasiten entstehen. Von Bird [151] werden solche Zellen als Coenocyten bezeichnet.

Rotylenchulus macrodoratus ruft die Bildung nur einer Riesenzelle mit extrem vergrößertem Zellkern (bis 200mal) in der Wirtswurzel hervor. Sie entspringt aus der Endodermis oder dem Perizykel und dehnt sich in den Zentralzylinder aus.

Der Zitrusnematode *Tylenchulus semipenetrans* verursacht die Bildung sogenannter „Nährzellen", d. h. 6 bis 10 modifizierter Zellen um den Kopf des Nematoden, die dicht mit Zytoplasma gefüllt sind und einen vier- bis fünffach vergrößerten Zellkern besitzen, selbst aber nicht vergrößert sind. Die Nematoden sind in der Lage, ihren Kopf von der Mitte der Saugstelle zu jeder Nährzelle zu bewegen.

Bei einem Vergleich der Wirtsbeziehungen dieser sedentären Nematoden zeigt sich in jedem Falle bei den betroffenen Pflanzenzellen eine Vergrößerung der Zellkerne und Nucleoli, Verringerung der Zentralvakuole, Zunahme des Zytoplasmas und Vermehrung der Zellorganellen (Ribosomen, Golgi-Körper und Mitochondrien). Gewöhnlich vergrößern sich auch die modifizierten Zellen, aber die Stärke der Vergrößerung variiert; sie kann begleitet sein von einem Zusammenbruch der Zellwand.

Die Veränderungen im befallenen Wirtsgewebe sind das Ergebnis vielfältiger Stoffwechselprozesse. Im allgemeinen kommt es zu einer Abnahme komplexer Substanzen (z. B. Kohlenhydrate, Pektine, Cellulose und Lignin) und zur Erhöhung des Gehaltes an Bestandteilen derartiger Verbindungen (z. B. Zucker, freie Aminosäuren, Hemicellulose sowie auch Nucleotide, Nucleinsäuren, organische Säuren, Lipide und verschiedene Mineralstoffe). Charakteristisch ist die um das Drei- bis Zwanzigfache erhöhte Proteinsynthese und der hohe, mehr als verdoppelte Anteil freier Aminosäuren wie Prolin, Hydroxyprolin, Threonin, Methionin, Histidin und Glycin und die höhere Aktivität vieler Enzymsysteme, z. B. von Peroxidase, Monophenoloxidase, Cytochromoxidase, β-Glucosidase und Proteasen. Dieser veränderte Metabolismus der befallenen Pflanze ist letztlich das Ergebnis der komplexen Wechselwirkung von tierischem und pflanzlichem Stoffwechsel. Die entstehenden Zelltypen werden als nematodeninduzierte transfer-Zellen betrachtet [807]. Wyss et al. [1893] bezeichnen die Synzytien, Riesenzellen und Nährzellen als „Nährzellensysteme", was ihrem Charakter auch entspricht.

In den Wurzeln resistenter Pflanzenarten und -sorten, die häufig von den Larven in gleicher Anzahl besiedelt werden wie die anfälligen Sorten, wird im allgemeinen die Bildung von Nährzellensystemen unterdrückt oder zumindest gehemmt. Zwar kommt es meist nach dem Eindringen der Infektionsstadien (L_2 bzw. präadulte Tiere je nach Nematodenart) zunächst zur Bildung von Nährzellensystemen, aber die einbezogene Gewebemenge ist begrenzt. Im Zytoplasma der Synzytien treten dann Vakuolen auf, und das Nährzellensystem beginnt innerhalb weniger Tage, oft Stunden, zu nekrotisieren. Hiermit ist das Absterben der Infektionsstadien verbunden. Kleine Nährzellensysteme können erhalten bleiben und die Entwicklung von Männchen gestatten, wobei sie aber häufig von nekrotischem Gewebe umgeben sind.

Erwähnenswert ist in diesem Zusammenhang, daß sich bei Wurzelgallenälchenbefall die Bildung der Gallen vollziehen kann, auch wenn die Larven im Innern auf Grund einer Überempfindlichkeitsreaktion bereits abgestorben sind. Die Gallbildung wird durch das Anstechen und erste Saugversuche induziert und verläuft danach unabhängig von der Entwicklung der Larven im Innern. Das haben auch die Untersuchungen von Dropkin et al. [396] mit *Meloidogyne incognita* an verschiedenen **Tomaten**sorten gezeigt (Tab. 6). Die bei den Resistenzreaktionen ablaufenden biochemischen Vorgänge werden, soweit bekannt, unter 8.4.4. dargestellt.

Tabelle 6
Anteil der sich entwickelnden Larven von *Meloidogyne incognita* an verschiedenen Tomatensorten und deren Reaktion (Angaben in %). Nach Dropkin et al. [396].

Sorte	sich entwickelnde Larven	Gallenbildung	Gewebsnekrosen
Enterprise (anfällig)	73	87	0
Nemared (intermediär)	52	74	25
Y-91 (resistent)	4	29	88

Bei den wandernden Wurzelnematoden liegen völlig andere Verhältnisse vor. Die Pflanzenarten werden in unterschiedlichem Maße bevorzugt und unterschiedlich stark geschädigt, wobei Bevorzugung und Schädigung nicht verbunden sein müssen. Offensichtlich spielen die Wechselbeziehungen zwischen der biochemischen Aktivität der Nematoden (z. B. Ausscheidung von β-Glucosidase) und den Pflanzeninhaltsstoffen eine entscheidende Rolle für die unterschiedlich starke Schädigung bei gleicher Befallsstärke. Da die biochemische Aktivität der Nematoden von Art zu Art verschieden ist, vielleicht auch noch innerhalb der einzelnen Entwicklungsstadien einer Art, und andererseits der Gehalt an reaktionsfähigen Pflanzenbestandteilen bei den einzelnen Pflanzenarten variiert und zudem von Entwicklungsstadium und Umweltfaktoren beeinflußt wird, ergeben sich sehr komplizierte Möglichkeiten der Wechselbeziehungen, die aber letztlich die Anfälligkeit oder Resistenz sowie Toleranz oder Intoleranz einer Pflanze gegenüber einer Nematodenart bestimmen.

Einen ersten Einblick in diese Zusammenhänge erlaubten Untersuchungen von Pitcher et al. [1322]. Ausgehend von der Tatsache, daß **Apfel**- und **Pfirsich**wurzeln bei Befall durch *Pratylenchus penetrans* unter sterilen Bedingungen unterschiedlich starke Nekrosen im Wurzelgewebe ausbilden, fanden sie, daß die Nekrotisierung in einer direkten Beziehung zum Vorkommen und der Konzentration von phenolischen Substanzen in den verschiedenen Gewebeschichten der beiden Wirtspflanzen steht. Während bei Pfirsichwurzeln mit den einwandernden Nematoden eine durchgehende Nekrotisierung von der Rhizodermis bis zur Endodermis eintrat, blieben in den Apfelwurzeln die parenchymatösen Rindenzellschichten ohne Nekrosen. Mit der Stärke der Nekrotisierung steht aber die Empfindlichkeit im Zusammenhang: Pfirsich reagiert empfindlicher auf einen *Pratylenchus penetrans*-Befall als Apfel. Andererseits kann sich *P. penetrans* in **Getreide**wurzeln gut entwickeln und vermehren, ohne Nekrosen auszubilden und sichtbare Wachstumsbeeinträchtigungen zu verursachen. Andere *Pratylenchus*-Arten, z. B. *P. crenatus* und *P. fallax*, rufen dagegen an den Wurzeln von Getreidearten Nekrosen und Wachstumshemmungen hervor.

Aber nicht nur Vertreter der Gattung *Pratylenchus* vermögen Nekrosen hervorzurufen, sondern auch zahlreiche weitere Gattungen, die endoparasitär (*Radopholus*, *Scutellonema*) oder ektoparasitär (*Helicotylenchus*, *Rotylenchus*, *Hoplolaimus*, *Hemicriconemoides*, *Longidorus* u. a.) an den Wurzeln leben. Es ist vorstellbar, daß diese häufig zu beobachtende Nekrotisierung der befallenen Wurzelpartie eine Resistenzäußerung im Sinne einer Überempfindlichkeitsreaktion darstellt. Sie hat jedoch auf die wandernden Wurzelnematoden nicht die gleiche Wirkung wie auf die sedentären Arten. Diese gehen dadurch zugrunde, während jene dagegen zu einer größeren Aktivität, d. h. zum Weiterwandern angeregt werden mit der

Folge einer Besiedlung und Schädigung neuer Wurzelteile. Bei einer schnell einsetzenden Nekrotisierung, wie sie meist beobachtet wird, tritt jedoch eine Verringerung der Nematodenvermehrung ein, ohne sie aber völlig zu unterbinden, da sich die jungen, aus den Eiern schlüpfenden Larven selbst unbefallene Wurzeln zur Nahrungsaufnahme suchen können. Man kann also durchaus die Hypothese aufstellen, daß bei dieser Schaderregergruppe die Wirtseignung umgekehrt proportional der Nekrotisierungsintensität an und in den Wurzeln ist.

Hieraus wird aber auch deutlich, daß eine Resistenzzüchtung auf der Basis der hyperergischen Reaktion wenig aussichtsreich erscheint, sofern nur die Verhinderung des Schadens und nicht die Hemmung der Nematodenvermehrung als Zielstellung gesehen wird, während eine Toleranzzüchtung erfolgversprechender ist.

Beim Stengelälchen (*Ditylenchus dipsaci*) sind die Erscheinungsformen der Resistenz vielfältig. Dies hat seine Ursache in dem breiteren Wirtsspektrum und der Rassenhäufigkeit, die in den unterschiedlichsten Kombinationen auch eine Vielzahl von Reaktionsmustern ergeben. Grundlegende Untersuchungen zu dieser Problematik hat Seinhorst [1549, 1550, 1551] angestellt.

Bei anfälligen Pflanzen kommt es nach dem Einwandern der Tiere, das in der Regel über die Spaltöffnungen erfolgt, zu einer Auflösung der Mittellamelle der Zellwände und infolge dieser Gewebelockerung zu einem Anschwellen der befallenen Pflanzenteile. Es entstehen große Interzellularräume, in denen die verschiedenen Entwicklungsstadien (Eier, Larven und adulte Tiere) angetroffen werden. Über die Stimulation von Wuchsstoffen kommt es zu Verkrümmungen, Verdrehungen, verstärktem Austreiben von Seitenknospen und übermäßiger Bestockung. Häufig werden junge befallene Pflanzen im Wachstum so stark gehemmt, daß sie eingehen.

Bei resistenten Pflanzen lassen sich folgende Reaktionsweisen beobachten:

— Die Nematoden dringen nicht oder nur in geringem Maße in die Pflanze ein. Es findet keine Auflösung der Mittellamelle und auch keine Vermehrung statt. Trotzdem reagieren junge Pflanzen mit Wachstumshemmungen und Mißbildungen, die aber nur vorübergehend auftreten. Nach einigen Wochen zeigen die Pflanzen ein normales Aussehen. Diese Reaktion ist z. B. beim **Flachs** zu beobachten, der von der Roggen-, Kartoffel- oder Zwiebelrasse angegriffen wird.

— Geringer Befall tritt ein, der arttypische Wachstumshemmungen und Mißbildungen verursacht, aber die Pflanzen erholen sich nicht wieder. Diese Reaktion zeigt sich, wenn z. B. gelbe **Lupinen** von der Roggen-, Zwiebel- oder Kartoffelrasse angegriffen werden.

— Befall tritt ein, aber die Nematoden entwickeln sich nur langsam oder gar nicht. Entsprechend schwach ist die Symptomausbildung. Diese Reaktion wird beim Befall resistenter **Roggen**sorten durch die Roggenrasse oder bei Befall der **Kartoffel**knollen durch die Roggen- oder Zwiebelrasse beobachtet.

— Auf das Eindringen der Älchen reagiert die Pflanze mit der Ausbildung von Zellnekrosen (Überempfindlichkeitsreaktion). Entwicklung und Vermehrung der Nematoden finden nicht statt. Diese Reaktion ist zu beobachten, wenn z. B. **Rotklee**, **Weißklee** oder **Luzerne** von der Roggen-, Kartoffel- oder Zwiebelrasse befallen werden. In gleicher Weise reagieren resistente Rotklee- und Luzernesorten auf Befall durch die Rotklee- bzw. Luzernerasse.

— Dem Befall folgen eine starke Wachstumshemmung und Reduktion der Blätter, es bilden sich aber keine Anschwellungen aus. Eine derartige Reaktion tritt ein, wenn z. B. **Erbsen** von der Roggenrasse befallen werden. Dagegen verursachen die Zwiebel- und Kartoffelrasse bei Erbsen die üblichen Symptome, d. h. Wachstumshemmungen mit Anschwellungen.

An diesen Beispielen wird deutlich, daß trotz Vorliegens von Resistenz z. T. starke Wachstumshemmungen und andere Krankheitserscheinungen durch Nematodenbefall ausgelöst werden können. Die Kenntnis der Reaktion empfindlich reagierender Nichtwirte bzw. resistenter Wirte ist für die Fruchtfolgegestaltung auf verseuchten Flächen von Bedeutung.

Blattälchen (*Aphelenchoides* spp.) wandern im Blattgewebe resistenter **Chrysanthemen**sorten stärker und stechen mehr Zellen an, wahrscheinlich bedingt durch das Fehlen eines Nahrungsfaktors [1831]. Daher schädigen sie resistente Sorten schneller und stärker als anfällige. Es werden jedoch keine Eier abgelegt; damit geht die Verseuchung zurück, was sich für empfindliche Folgekulturen positiv auswirkt.

Mit lokalen Nekrotisierungen kann die Pflanze nicht nur auf Nematodenbefall antworten, sondern auch auf den Einstich einer Blattlaus, deren Nahrungsaufnahme dadurch erschwert

oder sogar ganz verhindert wird. Diese Form der Antibiose hat man z. B. für *Dysaphis plantaginea* und bestimmte **Apfel**sämlinge nachgewiesen. Auf Pflanzen, die eine Überempfindlichkeitsreaktion in Gestalt solcher Nekrotisierungen zeigten, war im Vergleich zu anfälligen Sämlingen die Wachstumsrate der Junglarven stark reduziert, es überlebten weit weniger Tiere, und die Nachkommenzahl der überlebenden Aphiden war bedeutend geringer [1032]. — Ein anderes Beispiel ist *Sacchiphantes abietis* an **Fichte**. An manchen Bäumen waren die Pseudofundatrixlarven nicht imstande, den Einstich so zu führen, daß die Stechborstenspitze die entscheidende Stelle am basalen Teil des Kerns der Triebknospe erreichte, damit die Gallbildung ausgelöst werden konnte. Außerdem ließ sich in den Knospen einer Anzahl von Fichten in geringerem oder höherem Prozentsatz eine Abwehrreaktion feststellen. Um die Stechborsten des Tieres bildete sich ein Pfropfen aus nekrotisiertem Gewebe, der durch eine an das Phellogen anschließende Zellschicht vom übrigen Rindenparenchym isoliert war. Zwischen der Häufigkeit der nekrotischen Reaktion und der Mortalität der Pseudofundatrizen bestand eine positive Korrelation [1743]. — Schließlich sei auch noch die Reblaus angeführt. Manche resistente **Weinreben**formen beantworten den Befall durch *Viteus vitifolii* mit der Ausbildung eines peridermalen Schutzgewebes.

5.4.2. Einfluß auf Entwicklung und Vermehrung

Ein eindrucksvolles Beispiel für den Einfluß resistenter Pflanzen auf Entwicklung und Vermehrung eines Schädlings als Folge mangelhafter Ernährung lieferten Auclair und Cartier [81] durch ihre Untersuchungen mit den resistenten **Erbsen**sorten ‚Onward‘ und ‚Melting Sugar‘ und *Acyrthosiphon pisum*.

Sie verglichen Wachstum, Vermehrung und Honigtauproduktion auf diesen Sorten mit den Auswirkungen unterschiedlich langer Hungerzeiten auf die Blattläuse; die übrige Versuchszeit verbrachten die Tiere auf der anfälligen Sorte ‚Perfection‘. Es zeigte sich, daß das reduzierte Wachstum von Erbsenläusen, die kontinuierlich auf den resistenten Erbsen gehalten wurden, dem Effekt entsprach, den ein 10- bis 12stündiges tägliches Hungern auslöst. Wurden die Tiere täglich 8—12 h auf den resistenten Sorten gehalten, entsprach die Beeinflussung des Wachstums der Wirkung einer täglichen Hungerperiode von 4—8 h. Auf den resistenten Sorten war auch die Vermehrung der Erbsenläuse etwa in diesem Verhältnis reduziert. Wenn man die Tiere nach einer bestimmten Hungerzeit an die anfällige Erbsensorte setzte, verdoppelte sich ihre Honigtau-Ausscheidung; dieser Anstieg war nicht zu verzeichnen, wenn die Blattläuse auf die resistenten Sorten übertragen wurden. Da sich keine Anhaltspunkte für die Wirkung eines Toxins ergaben, muß die Antibiose in diesem Fall auf einer mangelhaften Ernährungsmöglichkeit an den resistenten Sorten beruhen.

In den meisten Fällen wird der Zusammenhang zwischen Aufnahme und Verwertung der Nahrung als primäre Ursache antibiotischer Auswirkungen und deren Folgeerscheinungen — wie wir sie auch eingangs des Kapitels aufgeführt haben — nicht so klar und eindeutig nachgewiesen. Trotzdem ist anzunehmen, daß er auch bei den nachfolgenden Beispielen besteht.

Saxena und Pathak [1502] unterscheiden als wichtige Faktoren, die mit der Resistenz von **Reis**sorten gegen *Nilaparvata lugens* verbunden sind, solche, die den Eischlupf regulieren, und Faktoren, die das Saugen und die Verwertung der Nahrung bestimmen. Wir wollen an diesem Beispiel die Auswirkungen der einzelnen Faktoren etwas näher betrachten.

Die Eiablage von *Nilaparvata lugens* erfolgte nach Beobachtungen von Saxena und Pathak [1502] an den untersuchten Reissorten (‚Mudgo‘, ‚ASD 7‘, ‚IR 26‘, ‚IR 20‘, ‚IR 8‘, ‚TN 1‘) in etwa gleichem Umfang; an den resistenten Pflanzen schlüpften jedoch signifikant weniger Eier als an der anfälligen ‚TN 1‘. Die dafür verantwortlichen Faktoren sind noch unbekannt. Song et al. [1658] konnten dagegen bei den aus ‚IR-667‘ hervorgegangenen resistenten Linien ‚Suwon 213‘, ‚Suwon 213-1‘, ‚Suwon 214‘ und ‚Suwon 215‘ trotz anderer antibiotischer Wirkungen keine Unterschiede in der Dauer des Eistadiums und in der Schlüpfrate im Vergleich zu anfälligen Sorten feststellen. Daß sich Reissorten in der Anzahl der von *N. lugens* abgelegten Eier unterscheiden können, haben wir unter

5.3.2. dargelegt. — Die mangelhafte Ernährung an resistenten Sorten, die sich aus einer geringeren Menge aufgenommener Nahrung in Verbindung mit ihrem geringeren Nährwert ergibt, hat — wie bereits erwähnt — eine Reihe von Folgen. Mehrfach stellte man eine Verlängerung der Nymphenperiode (= längere Entwicklungsdauer) fest [1330, 1658], die z. B. in Indien im Vergleich zu der anfälligen Sorte ‚TN 1' 3 bis 7 Tage betrug [1388]. Die Schlüpfrate der Adulten war verringert, sie hatten ein niedrigeres Gewicht und eine geringere Körpergröße, die Ovarien der Weibchen waren unterentwickelt und enthielten nur wenige reife Eier; auch die Lebensdauer der Imagines war verkürzt [1330, 1388, 1653, 1658]. Als Ergebnis aller dieser Einwirkungen ermittelte man z. B. in Thailand [1330] an der anfälligen Sorte ‚TN 1' eine um 4- bis 88mal höhere Anzahl Nachkommen als an resistenten Sorten. — Zu diesen Auswirkungen auf die Tiere, die an resistenten Sorten ihre Entwicklung vollenden können, kommt noch eine erhöhte Mortalität. Sie wird insbesondere dann deutlich, wenn man sie an den resistenten Sorten einkäfigt, so daß sie keine Wahl- bzw. Ausweichmöglichkeit haben. Die hohe Sterblichkeit tritt vor allem bei den Nymphen in Erscheinung [707, 1330, 1388, 1653].

Ähnliche Auswirkungen hat die Resistenz von Reissorten auch auf andere Zikadenschädlinge wie *Nephotettix virescens* [684], *N. cincticeps* [899] und *Sogatella furcifera* [49].

Die Antibiose-Resistenz einer Sorte kann auf verwandte Arten mit unterschiedlicher Intensität wirken. So zeigte sich z. B. bei den Versuchen von Dutt und Biswas [415] in Indien, daß alle 15 untersuchten Reissorten mehr resistent gegen *Nephotettix nigropictus* als gegen *N. virescens* waren.

Antibiose bestimmt auch die Resistenz von **Reis**sorten gegen die Reisgallmücke *(Orseolia oryzae)*.

In Indien prüfte man von 1975 bis 1981 in dieser Hinsicht über 2000 Reisformen, von denen sich 78 als resistent erwiesen. Bei allen untersuchten Formen waren die Anzahl der abgelegten Eier und die Larvenmortalität 8 Tage nach der Eiablage ähnlich; 10 Tage später jedoch hatte die Larvensterblichkeit an den resistenten Formen allgemein 100 % erreicht. Daraus ist auf eine Antibiosewirkung in den späteren Stadien der Larvenentwicklung zu schließen [819].

Bei der Resistenz von **Sorghum** gegen *Contarinia sorghicola* und *Atherigona soccata* spielt neben der Nichtpräferenz für Eiablage (vgl. 5.3.2.) auch Antibiose eine Rolle.

In Indien ermittelten Singh und Jotwani [1619] an den resistenten *Sorghum*-Sorten ‚IS 1054', ‚IS-5469' und ‚IS 5490' im Vergleich zu der anfälligen Sorte ‚Swarna' bei *A. soccata* eine um 8—15 Tage verlängerte Larven- und Puppenperiode, geringeres Gewicht der Puppen und Adulten, verringerte Fruchtbarkeit und höhere Mortalität. Regressionsgleichungen gaben Hinweise auf eine mögliche Verbindung zwischen den Mechanismen der Antibiose und der Nichtpräferenz bei der Resistenz dieser drei Sorten. — Nach Untersuchungen in den USA erzeugte die Hirsegallmücke an resistenten Hybriden (ATx2755 × RTx2767 und ATx2761 × RTx2767) im Vergleich zu anfälligen Hybriden (ATx2752 × RTx430 und ATx3042 × RTx2737), unabhängig von der Populationsdichte, 50—60% weniger Nachkommen pro Weibchen. Diese Werte reichten jedoch bei der hohen Ausgangspopulationsdichte nicht aus, um ökonomisch ins Gewicht fallende Schäden an den resistenten Hybriden zu verhüten. Trotzdem rechnet man mit einer kumulativen Wirkung dieser Antibiose, die im Laufe der Zeit zu einer Reduktion der Mückenpopulation führen könnte [1109]. — Sowjetische Untersuchungen an *Sorghum* erbrachten ein weiteres Beispiel für Unterschiede in der antibiotischen Wirksamkeit derselben Sorte innerhalb einer Schädlingsgruppe, und zwar bei Aphiden. Auf der Sorte ‚Odesskoe rannee' war

die Fortpflanzungsaktivität von *Rhopalosiphum maidis* bedeutend niedriger als die von *Schizaphis graminum*, auf der Sorte ‚Sarvaši' dagegen war die Vermehrung von *S. graminum* geringer als die von *R. maidis* [1203].

In den USA testeten Hatchett und Gill [668] 20 **Weizen**linien *(Triticum tauschii)* auf Resistenz gegen die Hessenfliege *(Mayetiola destructor)*.

2 Linien aus dem Iran und 2 Linien unbekannten Ursprungs waren hoch resistent gegen den Biotyp D. Diese Resistenz beruhte auf einem hohen Grad von Antibiose, denn alle Larven des Schädlings starben im ersten Stadium. Ein gleiches Maß an Antibiose zeigte sich in einem synthetischen, hexaploiden, von *Triticum tauschii* abgeleiteten Weizen; auch hier starben alle Larven im ersten Stadium bei 18 und 23 °C. Bei höheren Temperaturen (28 und 31 °C) stieg jedoch die Überlebensrate signifikant an [1777]. — Einen hohen Grad von Antibiose gegen *M. destructor* wiesen ferner **Roggen**sorten (z. B. ‚Gator' und ‚Okema') auf; keine Larven überlebten an den resistenten Pflanzen. An der

Triticale-Linie ‚T 522‘ und den Armadillo-Linien überlebten nur wenige Larven wegen der antibiotischen Wirkung der Pflanzen [667].

In Großbritannien wurden im Rahmen der Entwicklung eines Standard-Testverfahrens für Resistenz gegen Getreideblattläuse 3 Aphidenarten (*Rhopalosiphum padi*, *Macrosiphum fragariae*, *Metopolophium dirhodum*) hinsichtlich Entwicklung, Vermehrung und Fruchtbarkeit an 7 **Gersten**sorten geprüft.

Als brauchbares Kriterium für eine antibiotische Wirkung erwies sich das Gewicht der frisch zum adulten Tier gehäuteten Ungeflügelten der zweiten Generation auf der Testpflanze. Dieses Gewicht korrelierte mit der Anzahl der Embryonen im Blattlauskörper und diese wiederum mit der Gesamtfruchtbarkeit der Aphiden. Die Gewichte der Blattläuse jeder Art an den 7 Sorten waren in jedem Versuch signifikant voneinander verschieden [365].

In der BRD untersuchte man im Labor das Verhalten von 3 Getreideblattlausarten (*Metopolophium dirhodum*, *Macrosiphum avenae*, *Rhopalosiphum padi*) auf 2 teilresistenten **Hafer**sorten (‚Flämingstern‘, ‚Selma‘) im Vergleich zu der anfälligen Sorte ‚Landa‘.

Die Resistenzwirkung trat bei der Kombination *M. dirhodum* — ‚Flämingstern‘ am stärksten in Erscheinung. Hier waren die Entwicklungsdauer der ungeflügelten Aphiden um 2 Tage verlängert, das Gewicht der Tiere um 60% reduziert, die Nachkommenzahl um 76% verringert und die Lebensdauer um 58% verkürzt. Ähnliche Auswirkungen konnte man bei den geflügelten Aphiden nachweisen. Die Resistenz ist nicht nur auf Antibiose, sondern — wie Wirtswahlversuche zeigten — auch auf Nichtpräferenz zurückzuführen [938].

In Kalifornien wurden unter Gewächshausbedingungen Entwicklung und Vermehrung von *Aphis frangulae gossypii* auf resistenten und anfälligen **Melonen** (*Cucumis melo*) untersucht.

Im Vergleich zu den anfälligen Pflanzen hatten geflügelte Adulte auf den resistenten eine signifikant höhere Mortalitäts- und eine auf etwa ein Viertel reduzierte Vermehrungsrate. Die ungeflügelten Adulten erreichten auf den resistenten Melonen eine geringere Größe, ihre präreproduktive Periode war signifikant verlängert, die reproduktive und die postreproduktive Periode waren kürzer, und die durchschnittliche Fruchtbarkeit betrug nur etwa ein Drittel von derjenigen der Tiere auf anfälligen Pflanzen [848]. — Einen antibiotisch wirkenden Einfluß der wilden Melone (*Cucumis callosus*) auf *Dacus cucurbitae* wiesen Chelliah und Sambandam [262] in Indien nach, wenn sie die Fliege auf Früchten dieser Art züchteten. Im Vergleich zu den hoch anfälligen Melonensorten ‚Delta Gold‘ und ‚Smith Perfect‘ waren an der Wildart Larvenüberleben, Wachstumsindex, Puppengröße und -gewicht, das Verhältnis adulter Weibchen zu Männchen sowie Fruchtbarkeit und Lebensdauer der Adulten bei verlängerter Larvenperiode verringert.

Die **Salat**sorten ‚Avoncrisp‘ und ‚Avondefiance‘ weisen gegenüber *Pemphigus bursarius* eine extreme Resistenz auf.

Während diese Sorten in gleicher Häufigkeit von der Aphidenart beflogen werden wie anfälliger Salat, kommt es zu keiner Koloniebildung an den Wurzeln [410]. Offenbar beruht in diesem Fall die Resistenz nur auf Antibiose, wobei ein sehr wirksamer spezieller Resistenzmechanismus zugrunde liegen muß.

Schließlich wollen wir noch ein Beispiel für eine auf Resistenz beruhende Verlängerung der Entwicklungsdauer und Verminderung der Fruchtbarkeit aus der Klasse der Nematoden anführen.

Tabelle 7
Auftreten wichtiger Entwicklungsetappen von *Rotylenchulus reniformis* an 3 Pflanzenarten. Nach Rodriguez Fuentes und Decker [1436].

Entwicklungsphase	Eintreten nach Tagen bei		
	Gartenbohne	Tomate	Mais
Wurzeleinwanderung	3	4	9
Eiersackbildung	6	9	27
Beginn der Eiablage	9	12	—

Rodriguez Fuentes und Decker [1436] untersuchten das Auftreten wichtiger Entwicklungsetappen des sedentären Wurzelnematoden *Rotylenchulus reniformis* an **Gartenbohne**, **Tomate** und **Mais** (Tab. 7). Bei Gartenbohne war zwar die Zeit vom Eindringen der präadulten Weibchen (Infektionsstadium) bis zum Beginn der Eiablage kürzer als bei Tomate, die Fruchtbarkeit jedoch geringer, wie weitere Versuche mit 7 Tomaten- und jeweils 3 Gartenbohnen- und Maissorten ergaben (Tab. 8).

Tabelle 8
Wirtseignung verschiedener Pflanzen für *Rotylenchulus reniformis*. Nach Rodriguez Fuentes und Decker [1436].

Pflanzenart	$\bar{x}$ Weibchen mit Eiersack/g Wurzel	$\bar{x}$ Eier/ Eiersack	$\bar{x}$ Eier/g Wurzel
Gartenbohne	17,5	24,7	479,5
Tomate	31,9	57,0	1818,3
Mais	0,5	—	—

5.5. Kombination verschiedener Erscheinungsformen der Resistenz

Bei der Behandlung von Toleranz, Nichtpräferenz und Antibiose und der Aufzählung von Beispielen für jede dieser Resistenzformen haben wir wiederholt auf den komplexen Charakter der Resistenz, auf die gemeinsame, dem Befallsverlauf angepaßte zeitlich gestaffelte Wirkung der Resistenzformen hingewiesen. Wir wollen zum Abschluß des Kapitels noch einige Fälle anführen, die die gemeinsame Wirkung verschiedener Resistenzformen besonders deutlich erkennen lassen.

Ein typisches Beispiel für die Kombination mehrerer Resistenzformen bieten **Sorghum**sorten zur Abwehr von *Atherigona soccata* (Indien, Ost-Afrika) und *Contarinia sorghicola* (USA, Brasilien). Wir haben bereits über eine durch den Aussaattermin induzierte ökologische Resistenz (Ausweichen des Wirtes, 5.1.), über Toleranz (5.2.), Nichtpräferenz (für Eiablage, 5.3.2.) und Antibiose (5.4.) berichtet.

Auch auf den Zusammenhang zwischen Nichtpräferenz (Eiablage und Nahrungsaufnahme) und Antibiose bei Zikadenschädlingen an **Reis** haben wir schon unter 5.3.2., 5.3.3. und 5.4. hingewiesen. Wir wollen in diesem Zusammenhang noch einmal als Beispiel *Nilaparvata lugens* herausgreifen. Mehrfach hat man hier die Kombination von Nichtpräferenz und Antibiose als Resistenzursache ermittelt. In Indien fanden Reddy und Kalode [1388] Antibiose und einen hohen Grad an Nichtpräferenz bei den Reissorten ‚ARC 5780‘ und ‚ARC 5988‘. Die von den Nymphen der Zikade am wenigsten bevorzugten Sorten waren auch am wenigsten attraktiv für die Eiablage der Weibchen. An den resistenten Sorten führten die Zikaden zwar mehr Saugversuche durch als an anfälligen, ihre Saugtätigkeit insgesamt war aber verringert. Teilweise beobachtete man eine erhöhte Nymphenmortalität und eine Verlängerung der Entwicklungsdauer. Zu gleichen Ergebnissen kamen Pongprasert und Weerapat [1330] in Thailand. Die Resistenz der chinesischen Sorten ‚Nan You 6‘ und ‚Vei You 6‘ beruht ebenfalls auf Antibiose in Verbindung mit Nichtpräferenz [1295].

Durch Kreuzung von *Pyrus communis* mit *Pyrus ussuriensis* erhielt man in den USA eine **Birnen**hybride mit Resistenz gegen den Birnblattsauger (*Psylla pyricola*). Der Schädling legte an dieser Hybride weniger Eier ab (Nichtpräferenz für Eiablage), und die Nymphenmortalität war höher (Antibiose) als an den anfälligen Sorten. Der Resistenzgrad reichte aus zur Unterdrückung der Psyllide, selbst wenn benachbarte anfällige Sorten durch den Schädling entblättert wurden [657, 950].

Unter 5.2. hatten wir die Toleranz von **Kundebohnen**-Sorten für *Empoasca*-Arten als wertvolle Eigenschaft für die Züchtung in Nigeria erwähnt, sie ist z. B. die Grundlage für die Resistenz der Sorte ‚TVu 1190 E‘. Im Vergleich dazu beruht die Resistenz von ‚TVu 59‘,

‚TVu 123', ‚TVu 662', ‚TVu 1509' und ‚TVu 4557' auf Antibiose, denn an diesen Sorten hatte *Empoasca dolichi* eine geringere Wachstumsrate, und die Larven erreichten ein niedrigeres Gewicht bei geringerer Überlebensrate der L_1 und L_5. Bei ‚TVu 59' und ‚TVu 123' kommt noch Nichtpräferenz hinzu. Die Sorten ‚TVu 408 P_2', ‚TVu 410' und ‚Ife Brown' waren resistent gegen *Aphis frangulae gossypii* [833, 1369, 1624].

Obwohl die Blasenfüße unter den Schädlingen der **Erdnuß** in den USA eine untergeordnete Rolle spielen, hat man sich doch im Rahmen der Untersuchungen zur Resistenz dieser Kulturpflanze gegen Arthropoden auch mit den Thysanopteren befaßt. Wie Labor- und Feldversuche ergaben, ist *Thrips*-Resistenz (häufigste Art in den USA an Erdnuß: *Frankliniella fusca*) in Spanish-, Valencia- und Virginia-Typen vorhanden. So besitzt z. B. ‚PJ 280 688', ein Valencia-Typ, Resistenz in Form von Nichtpräferenz für Eiablage, für Saugen der Larven und Adulten sowie auch Antibiose (Überleben der Larven) [1643].

Bei der Untersuchung von Sorten der **Gartenbohne** fanden Schoonhoven et al. [1520] Formen mit Resistenz gegen 2 Bohnenkäferarten. Sie bestand bei *Acanthoscelides obtectus* aus Nichtpräferenz, und zwar bei den Imagines hinsichtlich des Durchbohrens der Hülsen bei der Eiablage, bei den Larven für das Eindringen in die Samen, sowie aus Antibiose. Auch bei *Zabrotes subfasciatus* umfaßte die Resistenz Nichtpräferenz für Eiablage und Antibiose bei den Larven.

Das Kapitel über Erscheinungsformen der Resistenz enthält nur einige ausgewählte Beispiele, es ist weit davon entfernt, einen vollständigen Überblick über alle in diesem Buch berücksichtigten Tiergruppen zu vermitteln. Es ist im Zusammenhang mit dem nächsten Kapitel zu sehen, bei dem die Resistenzmechanismen im Vordergrund stehen, die die Grundlage für die Erscheinungsformen sind.

6. Mechanismen der Resistenz

Noch vor wenigen Jahrzehnten neigte man bei der Bearbeitung tierischer Schaderreger der Kulturpflanzen dazu, die Pflanze lediglich als Objekt anzusehen, das dem Schaderregerbefall ausgesetzt ist und ihn zu ertragen hat. Infolgedessen stand im Mittelpunkt der Forschung der Schädling; von ihm ausgehend und auf ihn bezogen untersuchte man alle die Faktoren, die Einfluß auf den Befall nehmen (z. B. Antagonisten des Schädlings, klimatische Einflüsse und Bekämpfungsstrategien). Der zweite Partner des Systems, die Pflanze, rückte erst in den 50er und 60er Jahren im Zuge verstärkter Untersuchungen der Insekten-Pflanze-Beziehungen wieder in den Vordergrund des Interesses, in Verbindung damit auch die Beschäftigung mit den Abwehrmechanismen der Pflanze. In diesem Zusammenhang sei nicht nur an die im Kapitel 2 geforderte ganzheitliche Betrachtungsweise erinnert, sondern auch auf die evolutionären Aspekte der Resistenz (vgl. 3.2.) verwiesen. Eine Koevolution von Schaderreger und Pflanze war nur auf der Grundlage von Anpassungsstrategien beider Partner möglich, und das Überleben der Pflanze im Prozeß der Evolution beruhte hauptsächlich auf ihrer eigenen Verteidigungsstrategie [466]. Obwohl die insektizide Wirkung von Nicotin, Pyrethrum und anderen sekundären Pflanzenstoffen schon lange bekannt war und auch praktisch genutzt wurde, schien die Erforschung pflanzlicher Abwehrmechanismen wegen der Fortschritte des Pflanzenschutzes auf der Grundlage synthetischer Chemikalien zunächst überflüssig zu sein. Erst heute erlebt die Naturstoff-Forschung eine Renaissance [894]. Selbst solche Pflanzen, die wir als anfällig für einen bestimmten Schaderreger beurteilen, besitzen in Wirklichkeit ein beachtliches Maß an Verteidigungs- bzw. Abwehrkapazität. Das bewies Reese [1392] durch seine Untersuchungen der Wechselwirkungen von Nährstoffen und Allelochemikalien in Beziehung zur Wirtspflanzenresistenz.

Larven von *Agrotis ipsilon*, die er an Sämlingen der Maissorte ‚Pioneer 3368A' (nicht resistent) hielt, erreichten nur 8,1% des Gewichtes von Larven, die sich von einer künstlichen Diät ernährten (die einen erheblich niedrigeren Stickstoffgehalt als die Sämlinge hatte, ohne signifikante Unterschiede in der Aminosäurezusammensetzung). Ein Teil der das Wachstum hemmenden Wirkung hatte eine chemische Basis, da entsprechende Substanzen aus den Pflanzen extrahiert werden konnten.

Vom praktischen Standpunkt der Pflanzenzüchtung und der Schädlingsbekämpfung aus interessieren solche Pflanzeneigenschaften, die eine über die jeder Pflanze eigene Widerstandsfähigkeit gegen bestimmte Phytophage hinausgehende Wirkung entfalten und eine Pflanzensorte für einen Schädling, der sich an Pflanzen derselben Art in Fraß und/oder Eiablage angepaßt hatte, ungeeignet oder weniger geeignet machen. Wir haben solche Pflanzenmerkmale schon mehrfach erwähnt (z. B. in Kap. 4), müssen aber in diesem Zusammenhang noch einmal darauf zurückkommen.

Um einleitend eine gewisse Übersicht zu geben, folgen wir einer Aufzählung von Klingauf [894]. Er grenzt zunächst den chemischen Selbstschutz der Pflanzen gegen Insekten ab und rechnet dazu Abschreck- oder fehlende Attraktivstoffe, Hemmstoffe für Verweilen und Nahrungsaufnahme, Entwicklungshemmer sowie von der Pflanze gebildete Insektizide. Pflanzenstoffe greifen auch in die Pheromonbiosynthese und damit in die Kommunikation ein. Außer chemischen bzw. physiologischen Abwehrmechanismen sind weiterhin physikalische Barrieren (z. B. Haare, Gewebehärte u. a.) zu nennen, die den Befall hemmen können. Ferner kann die zeitliche und räumliche Inkoinzidenz („Flucht aus Zeit und Raum") eine

Schutzfunktion haben (vgl. 3.4. und 5.1.). Schließlich ist noch zwischen präformierten Abwehrsubstanzen und solchen zu unterscheiden, die sich erst im Verlauf des Befalls entwickeln (induzierte Resistenz) (vgl. 3.4. und 8.4.).

Die gegen pflanzenparasitäre Nematoden gerichteten Resistenzmechanismen gehören meist zu der biochemischen Gruppe, wobei weitgehend Parallelen zu den gegen Arthropoden wirkenden Mechanismen zu erkennen sind: Es gibt Substanzen, die von den Wurzeln ausgeschieden werden und repellent wirken oder als Antischlüpfstoffe den Larvenschlupf von zystenbildenden Nematoden hemmen. Den insektizid wirkenden Verbindungen entsprechen hier toxische Substanzen, die die Nematoden bereits im Boden oder beim Einwandern in die Wurzeln abtöten. Die Pflanzen können ferner Substanzen nicht oder in nicht ausreichender Menge enthalten, die für die Nematodenentwicklung notwendig sind. Gleiches ist auch für Insekten nachgewiesen worden (primäre Pflanzeninhaltsstoffe, s. u.). Mechanismen, die wir zur induzierten Resistenz rechnen, sind gleichfalls bei der Resistenz gegen Nematoden bekannt geworden, und zwar in Form von toxisch wirkenden Phytoalexinen, die im Zusammenhang mit dem Befall entstehen. Ein für viele Nematoden typischer Resistenzmechanismus basiert auf der Überempfindlichkeitsreaktion (Hypersensitivreaktion, hyperergische Reaktion) der Pflanze. Dabei kommt es zur Bildung von Nekrosen im Gewebe, die den sedentär gewordenen Parasiten vom funktionsfähigen Gewebe trennen und damit seine Entwicklung unterbinden. In gleicher Weise können manche Pflanzen auf den Einstich von Aphiden reagieren (vgl. 5.4.1.).

Die allgemein übliche Trennung bzw. Zusammenfassung der gegen Arthropodenschädlinge gerichteten Mechanismen in zwei Hauptkategorien entsprechend ihrer biochemischen oder morphologischen Basis ist im Grunde sachlich nicht gerechtfertigt, sondern erfolgt aus rein praktisch-didaktischen Gründen. Norris und Kogan [1210] weisen darauf hin, daß die morphologisch-physikalischen Resistenzfaktoren, die physikalische Barrieren (wie Behaarung, Wachsausscheidungen, Gewebesklerotisierung u. a.) gegen Schädlingsbefall aufrichten, letztendlich die Ausprägung genetisch regulierter biochemischer Prozesse sind. Außerdem können Allomone, die das Verhalten wie auch Stoffwechselprozesse der Insekten beeinflussen, in Verbindung mit den morphologischen Strukturen (z. B. Drüsenhaare) vorkommen. Morphologische und chemische Resistenzfaktoren sind also zu einem einheitlichen Verteidigungsmechanismus der Pflanze verflochten.

Die einheitliche Wurzel der letztlich chemisch bedingten Resistenz von Pflanzen gegen tierische Schädlinge verfolgen Norris und Kogan [1210] bis in den submolekularen Bereich. Sie entwickeln eine Arbeitshypothese, die einige elektrochemische Mechanismen betrifft, mit deren Hilfe die Organismen untereinander und mit ihrer Umwelt kommunizieren. Grundlage ist die Veränderung des Anregungszustandes der Moleküe innerhalb eines jeweils charakteristischen elektrochemischen Bereiches. Beim Übergang vom Grundzustand des Moleküls in einen angeregten Zustand nehmen ein oder mehrere Elektronen Energie auf (oder geben sie ab) und geben sie — gewissermaßen als „Boten" (messenger) — an in gleicher Weise reversible periphere Rezeptormakromoleküle in anderen Organismen (z. B. Insekten) ab (oder nehmen sie auf); bei der Rückkehr zum Grundzustand verläuft die Reaktionskette umgekehrt. Damit postulieren die Autoren — in gewisser Weise analog zum genetischen Code — einen submolekularen Code für die chemische Ökologie.

Die neurophysiologische Wirkung des Boten und die sich daraus möglicherweise ergebenden Veränderungen im Verhalten des Organismus hängen ab von einem Netto-Empfang bzw. einer Netto-Abgabe an Energie durch den Organismus. Jede Energieänderung über einen Schwellenwert hinaus würde auf einige Arten als Kairomon, auf andere als Allomon wirken. Der einheitliche Code der chemischen Ökologie liegt also auf submolekularer Ebene, in der Neigung chemischer Boten, Energie mit lebenden Systemen auszutauschen.

Diese Hypothese wurde u. a. durch Versuche von Norris [1209] erhärtet. Er konnte nachweisen, daß der Unterschied zwischen einem Fraßanreger und einem Fraßhemmer für *Scolytus multistriatus* auf submolekularer Ebene darauf reduziert werden kann, ob ein chemischer Bote ein Elektron abgibt oder aufnimmt. Ein chemischer Bote wirkt auch insofern als „Doppelagent", als er bestimmte

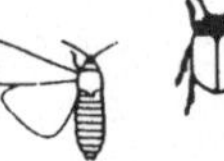

Arten anlocken, andere dagegen abschrecken kann. Z. B. ist das Gossypol (67)*) in den Drüsenzellen der Baumwollblätter (vgl. 6.2.2.4.) ein Anlockstoff für den Baumwollkapselkäfer (*Anthonomus grandis*), schreckt aber andere Schädlinge (z. B. *Heliothis*-Arten) ab. Züchtung und Anbau drüsenloser Baumwollsorten hatten zur Folge, daß sich der Befall durch den Kapselkäfer verringerte, die Anfälligkeit für *Heliothis*-Arten dagegen erhöhte. Wenn eine als Bote wirkende chemische Verbindung nicht für alle Schädlingsarten, die eine bestimmte Pflanzenart oder -sorte befallen, als Allomon wirkt, ist anzunehmen, daß jedes Zuchtprogramm Pflanzensorten hervorbringen wird, die zwar eine verminderte Anfälligkeit für den Zielschädling besitzen, damit aber gleichzeitig eine erhöhte Anfälligkeit für andere Schädlingsarten verbinden.

An dieser Stelle wollen wir auf die im allgemeinen wenig beachtete bio-energetische Seite der Pflanzenresistenz und die sich daraus ergebenden physiologischen Zwänge hinweisen, denen die Pflanze bei ihrer Verteidigung unterworfen ist. Von diesem Standpunkt aus gesehen sind die Phytophagen auf die in der Pflanze vorhandene Energie angewiesen; andererseits hängen Überleben und Produktivität der Pflanze (des Wirtes) davon ab, wie sie die ihr zur Verfügung stehenden Hilfsmittel verwendet, so daß sie mit minimalem Einsatz eine wirksame Abwehr der Schädlinge erzielen kann. Alle Faktoren, die für die Resistenz verantwortlich sind, haben einen „Preis", d. h., ihre Konstruktion (und bei einigen auch ihre Erhaltung) kostet Energie. Die Kosten für die Verteidigung der Pflanze sind aber nicht nur eine Funktion ihrer biosynthetischen Erhaltungs- und Umwandlungskosten, sondern auch eine Funktion des Wertes der Elemente, die bei ihrer Konstruktion verwendet wurden. Dieser Wert leitet sich ab von der Bedeutung, die die verwendeten Elemente für andere Aktivitäten der Pflanze wie Vermehrung, Photosynthese, Nährstoffaufnahme, Speicherung u. a. besitzen. Die Zusammenhänge bei der Verwertung der Hilfsquellen, die der Pflanze zur Verfügung stehen, sind in Abbildung 16 dargestellt. Kohlenstoff und Stickstoff sind die beiden primären Quellen für Verteidigungsstrukturen. Sie werden direkt bei der Konstruktion sekundärer Pflanzenstoffe wie auch bei der Ausbildung von Schutzstrukturen gebraucht. Über die Bindung von Kohlenstoff speichert und überträgt außerdem die Pflanze Energie. Die begrenzte Verfügbarkeit der Hilfsquellen, insbesondere Begrenzungen in der Versorgung mit diesen beiden Elementen, zwingt die Pflanze, bei ihrer Verwendung bzw. Zuteilung bestimmte Prioritäten zu setzen, um sich maximale Überlebenschancen zu sichern [1140].

Mitra und Bhatia [1135] haben versucht, den „Preis", den die Pflanze für ihre Resistenzmechanismen zahlen muß, in Begriffen der Energie einzuschätzen. Sie berechneten Produktionswerte (PVs) für chemische Verbindungen (Allelochemikalien), die für Nichtpräferenz oder Antibiose bei Insekten — Pflanzen — Wechselbeziehungen verantwortlich sind, und gingen dabei von folgender Gleichung aus:

Glucose + O_2 (oder HNO_3 oder H_2SO_4) = Endprodukt + CO_2 + H_2O

Unter der Voraussetzung, daß alle C- und H-Atome im Endprodukt aus der Glucose stammen und die Umwandlungswirksamkeit 100% beträgt, ergibt sich PV als Gewicht des Endproduktes, geteilt durch das Gewicht des Substrates, das für das C-Gerüst und die Energieproduktion erforderlich ist. Obwohl der Biosyntheseweg der meisten in Betracht kommenden Verteidigungs-Chemikalien nicht bekannt ist, läßt sich auf diese Weise einschätzen, welche Menge der grundlegenden Hilfsquelle, der Glucose, die Pflanze für die Synthese jedes Endproduktes benötigt. In der Tabelle 9 sind die Werte, die den Umwandlungsprozeß von Glucose in Allelochemikalien der Pflanze charakterisieren, von einigen Verbindungen zusammengestellt, die im Rahmen der Insekten — Pflanzen — Wechselbeziehungen Nichtpräferenz oder Antibiose bewirken.

Der tatsächliche Preis, den eine Pflanze für ihre Resistenz bezahlen muß (ausgedrückt als Glucosebetrag), ergibt sich aus der Multiplikation von 1/PV mit der Differenz in der Konzentration der betreffenden Verbindung zwischen resistenten und anfälligen Pflanzen. Die Hauptschwierigkeit besteht darin, daß es kaum Angaben über Konzentrationen der für die Resistenz verantwortlichen Verbindungen gibt. In Tabelle 10 sind drei Beispiele zusammengestellt, bei denen dieser Wert bekannt ist.

*) Die Ziffern hinter den Namen chemischer Verbindungen verweisen auf die entsprechenden Strukturformeln auf den Seiten 261 bis 280.

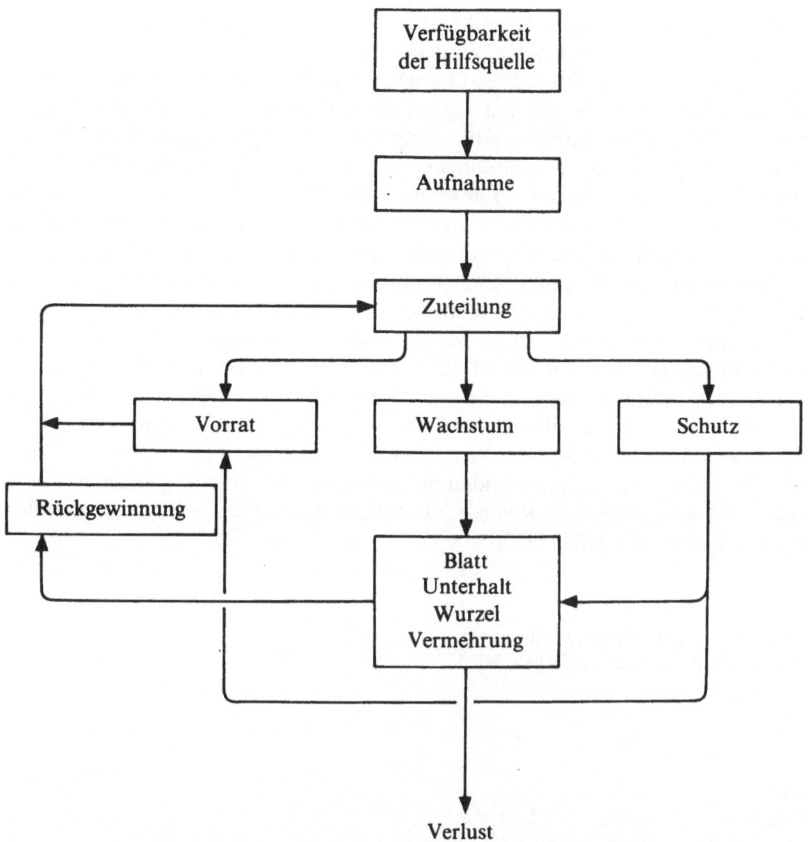

Abb. 16. Flußdiagramm einer Hilfsquelle innerhalb einer Pflanze. Nach Mooney et al. 1983.

Oft hat man Resistenz gegen Schädlinge (und Krankheiten) bei primitiven Sorten gefunden, die wegen zu geringer Erträge oder mangelnder Qualität für den Anbau nicht geeignet waren. Andererseits ist zu beobachten, daß viele anfällige Kulturpflanzen, wenn keine Krankheiten oder Schädlinge auftreten, höhere Erträge bringen als solche Sorten, die speziell auf Resistenz ausgelesen wurden. Daraus geht hervor, daß in den resistenten Genotypen ein Teil der der Pflanze zur Verfügung stehenden Hilfsmittel für die Entwicklung von Verteidigungsmechanismen eingesetzt wird, der dann bei der Ertragsbildung fehlt.

Ehe wir die Darstellung der einzelnen Resistenzmechanismen an Hand von Beispielen beginnen können, müssen wir noch einmal auf das Problem der Einteilung oder Klassifizierung zurückkommen. Mit der im Grunde genommen unberechtigten Einteilung in chemische oder morphologische Resistenzmechanismen haben wir uns bereits auseinandergesetzt. Man kann den chemischen auch die physikalischen Resistenzfaktoren gegenüberstellen, die außer den morphologischen Eigenschaften auch visuelle (z. B. Farbe, Habitus) und taktile Reize der Pflanze umfassen [1396]. Die chemischen Pflanzenfaktoren werden vielfach in primäre und sekundäre Pflanzeninhaltsstoffe unterteilt; wir verweisen in diesem Zusammenhang auf unsere Ausführungen zur Wirtswahl (4.2.) und auf Abbildung 13. Die den sekundären Pflanzenstoffen zugehörigen Allomone kann man nach ihrer Wirkungsweise in zwei Gruppen aufteilen: in unmittelbar wirkende Stoffe, die das Verhalten beeinflussen, und in Verbindungen, die erst nach der Aufnahme durch das Insekt eine langsame, chronische, antibiotische Wirksamkeit entfalten. Die zweite Gruppe läßt sich weiterhin unterteilen in Allomone, die toxisch wirken (qualitative Verteidigung) und solche, die als verdauungsreduzierende Abwehrstoffe bezeichnet werden (quantitative Verteidigung) [1399]. Toxine beeinflussen den Stoffwechsel des Phytophagen; sie müssen die Darmwand durchdringen und bestehen daher im allgemeinen aus kleinen Molekülen mit lipophilem Charakter. Sie wirken bereits in geringen Mengen, so daß der Pflanze nur relativ wenig energetische Kosten bei ihrer Bildung entstehen. Vielfach greifen solche Verbindungen in physiologische Systeme ein (z. B. als Muskel- oder Nervengifte), die die Pflanze nicht besitzt, und die daher für sie ein minimales Selbstvergiftungsrisiko darstellen. Hierher gehören z. B. verschiedene Glycoside, Terpene, Alkaloide und viele andere. Die verdauungsreduzierenden Verbindungen (z. B. hydrolysierte oder kondensierte Tannine) können größere Moleküle sein, da sie im Innern des Darmkanals zur Wirkung kommen. Sie besitzen die Fähigkeit, mit Proteinen und Polysacchariden Bindungen einzugehen, so daß schwer- oder unverdauliche Komplexe entstehen. Solche Verbindungen können bis zu 10% und mehr des Blatt-Trockengewichtes ausmachen, die Pflanze muß also für ihre Synthese beträchtliche Mengen an Kohlenstoff und Energie bereitstellen. Auch spezifische Inhibitoren proteolytischer Enzyme, wie sie in vielen Pflanzen vorkommen, vermögen die Verdauung zu beeinflussen [1474]. Diese beiden Gruppen lassen sich jedoch nicht immer eindeutig abgrenzen, die ihnen zugeordneten Verbindungen bilden eine kontinuierliche Reihe, und manche können der einen wie auch der anderen Kategorie zugeordnet werden [240].

Tabelle 9
Werte zur Charakterisierung des Umwandlungsprozesses von Glucose in einige Allelochemikalien. Nach Mitra und Bhatia [1135].

Verbindung	PV	1/PV
Ferulasäure (13)[1])	0,54	1,85
Benzylalkohol (125)	0,40	2,50
Catechin (29)	0,54	1,85
DOPA (126)	0,60	1,67
Chlorogensäure (15)	0,66	1,52
Resorcin (142)	0,31	3,23
Phloroglucin (143)	0,35	2,86
Zimtsäure (7)	0,41	2,44
p-Cumarsäure (8)	0,46	2,17
Sinigrin (111)	0,87	1,15
Nicotin (75)	0,34	2,94
Canavanin (115)	0,51	1,96
Juglon (144)	0,48	2,08
Gossypol (67)	0,48	2,08
Solanidin (94)	0,34	2,94
DIMBOA (41)	0,70	1,42
Rishitin (137)	0,35	2,86
Lignin	0,46	2,17

PV = Gewicht des Endproduktes/Gewicht des Substrates, das für das C-Gerüst und die Energieproduktion erforderlich ist

1/PV = Gramm Glucose, erforderlich zur Synthese von 1 g Endprodukt

[1]) Die Ziffern hinter den Namen chemischer Verbindungen verweisen auf die entsprechenden Strukturformeln auf S. 261 bis 280.

Tabelle 10
Aufwendungen (in mg Glucose) der Pflanze für ihre Resistenz. Nach Mitra und Bhatia [1135].

Pflanzenart und Verbindung	Konzentration (mg/100 g Trockengewebe)		Erforderliche Glucose (mg) für die Synthese der Verbindung in 100 g Trockengewebe		Mehrbetrag von Glucose (mg), für 100 g Gewebe erforderlich
	resistenter Stamm	anfälliger Stamm	resistenter Stamm	anfälliger Stamm	
Baumwolle					
Gossypol (67)	1700	0	3540	0	3540
Mais					
DIMBOA (41)	290	28,5	412	40,4	371,3
Kartoffel (Knolle)					
Rishitin (137)	120	0,44	342	1,3	340,7

Einer anderen Einteilung der Allomone liegt die Wirkungsbreite zugrunde. Danach unterscheidet Levin [986] zwei Gruppen toxischer Verbindungen von Pflanzen mit Bedeutung für die Resistenz:

— Verbindungen, die spezifische Resistenz verleihen. Sie sind extrem giftig für eine kleine Gruppe spezialisierter Pathogene oder Phytophagen. Jede Verbindung kommt nur in wenigen Pflanzenarten vor, sie sind oft sogar gewebespezifisch. Ihre höchste Konzentration erreichen sie in jungen Blättern oder Früchten. Beispiele: Sinigrin (111), Tomatin (97), Solanin (95), Gossypol (67).
— Verbindungen, die allgemeine Resistenz verleihen. Sie wirken repellent oder sind nur schwach giftig für die meisten Mikroorganismen und/oder Phytophagen. Sie kommen in mehreren Pflanzenarten, manchmal auch in Familien verschiedener Ordnungen vor. Sie sind nicht gewebespezifisch, und ihre Konzentration nimmt mit der Reife des Gewebes zu. Beispiele: Chlorogensäure (15), Quercetin (31), Tannine.

Auch hier ist nicht in jedem Fall eine eindeutige Zuordnung einer Verbindung möglich.

Die Trennung der chemischen Pflanzenstoffe in Nährstoffe und Sekundärstoffe ist keineswegs mit einer ebensolchen Trennung ihrer Wirksamkeit gleichzusetzen. Schon die Erkenntnis, daß Allomone die Verdauung beeinflussen können, zwingt dazu, beide Stoffgruppen gemeinsam, z. B. bei der Einschätzung von Resistenzeigenschaften, zu betrachten. Ein Organismus, dem verbesserte Ernährungsmöglichkeiten zur Verfügung stehen, wird dadurch in die Lage versetzt, mehr Energie für die Entgiftung von Allomonen bereitstellen zu können und dadurch den toxischen Auswirkungen mehr oder weniger gut zu entgehen. Die Wirksamkeit von Allomonen und Nährstoffen ergibt sich aber nicht nur aus ihrer Kombination als Summe ihrer Einzelwirkungen. Klingauf und Salem [895] weisen darauf hin, daß zwischen einzelnen Nährstoffen und Sekundärstoffen eine Wechselwirkung bestehen kann. Die Hauptschwierigkeit für den Nachweis solcher Wechselwirkungen liegt nach Reese [1391] darin, daß es eine große Zahl von Sekundärstoffen und Nährstoffen gibt und damit eine unübersehbare Anzahl von Kombinationsmöglichkeiten. Dazu kommen als weitere Variable die verschiedenen Konzentrationen der einzelnen Verbindungen. Es ist auch zu beachten, daß qualitative wie auch quantitative Unterschiede bezüglich der Allomone zwischen verschiedenen Teilen einer Pflanze ebenso groß sein können wie zwischen Pflanzenarten.

Rees [1390] wies z. B. nach, daß die Konzentration des sekundären Pflanzenstoffes Hypericin (151) zwischen verschiedenen Teilen von *Hypericum hirsutum* um mehr als das 10fache schwanken kann. Während hier keine Konzentrationsänderungen im Verlauf der Wachstumsperiode zu beobachten waren, stellten Ikeda et al. [756] jahreszeitlich bedingte Änderungen in der Konzentration von 13-Keto-8(14)-podocarpen-18-oic-Säure in Nadeln von *Pinus banksiana* fest. Die Larven von 2 *Neodiprion*-Arten fressen nur ältere Nadeln; die jüngeren enthalten die Verbindung in einer abschreckend wirkenden Menge.

Als weitere Möglichkeit der Gliederung sekundärer Pflanzenstoffe nutzen Norris und Kogan [1210] Unterschiede in der Biosynthese dieser Verbindungen. Einige sind das Produkt einer Hauptreaktionskette; dazu gehören z. B. Isoprenoide, Acetogenine, Protoalkaloide und die eigentlichen Alkaloide. Andere dagegen, wie z. B. Glycoside, Flavonoide, Benzophenone, gewisse Cumarine, kondensierte Tannine und Stilbene, werden über mehrere Reaktionsketten synthetisiert (Abb. 19).

Abschließend wollen wir noch darauf verweisen, daß Resistenzmechanismen auch nach der Reichweite ihrer Wirkung eingeteilt werden können. Es gibt physikalische bzw. morphologische Pflanzeneigenschaften wie Färbung oder Form, die eine mehr oder weniger große Fernwirkung haben. Das gleiche gilt für flüchtige sekundäre Pflanzenstoffe, die ebenfalls bereits auf eine gewisse Entfernung anlockend oder abschreckend wirken. Demgegenüber stehen Mechanismen, die ihre Wirkung erst nach einem Kontakt mit dem Phytophagen entfalten können. Zu dieser Gruppe gehören wiederum physikalisch-morphologische wie auch biochemische Faktoren.

6.1. Physikalisch-morphologische Resistenzmechanismen

6.1.1. Physikalische Resistenzmechanismen mit Fernwirkung

6.1.1.1. Farbe

Die Farbe gehört zu den Eigenschaften einer Pflanze, die bereits auf eine mehr oder weniger große Entfernung wirken können. Sie spielt als Attraktant bei der Orientierung bestimmter Phytophagen zur Auffindung geeigneter Wirtspflanzen eine Rolle und kann daher, wird sie in nicht adäquater Qualität geboten, im entgegengesetzten Sinn, d. h. abschreckend, wirken. Visuelle Wahrnehmungen und entsprechende Reaktionen fehlen naturgemäß bei den Nematoden, die keine dafür geeigneten Sinnesorgane besitzen; sie sind vor allem bei den Imagines der Insekten ausgebildet. Obwohl letztere ihre Eier in den meisten Fällen an solche Pflanzen ablegen, die eine angemessene Ernährung und eine vollständige Entwicklung der Larven ermöglichen, ist es notwendig, daß auch diese ein gewisses Wirtsunterscheidungs- und -auswahlvermögen besitzen. Umwelteinwirkungen wie Regen und Wind oder Fluchtreaktionen vor Feinden können Insektenlarven von ihrer Wirtspflanze trennen, und auch wenn diese abstirbt, sind sie gezwungen, eine neue aufzusuchen. Dazu können u. a. Wahrnehmungen des Gesichtssinnes beitragen; auch wenn dieser gewöhnlich weniger leistungsfähig als der der Imagines ist, so ist doch die Unterscheidung von Farben bei Schmetterlings- und Käferlarven nachgewiesen.

Wir haben bereits unter 4.1. auf die Reaktionen von Aphiden auf Farbreize hingewiesen. Die meisten Aphiden, aber auch andere Sternorrhyncha, werden von Blättern angelockt, die Licht mit einer Wellenlänge im Bereich von 500—600 nm (= Gelbgrün) reflektieren. Dabei spielt die Pflanzenart keine Rolle; die erste Orientierung dient anscheinend dazu, eine Pflanze im physiologisch geeigneten Wachstumsstadium aufzufinden [855].

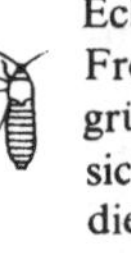

Die Färbung von **Kopfkohl** beeinflußt das Verhalten verschiedener Schädlinge. Dickson und Eckenrode [369] fanden an Sorten mit rotem Farbstoff (Anthocyan) im Blattgewebe sowohl unter Freiland- als auch unter Gewächshausbedingungen deutlich weniger Eier von *Pieris rapae* als an grünen Vergleichssorten. In dem von Verma et al. [1807] geprüften Kopfkohl-Zuchtmaterial erwiesen sich rotblättrige Herkünfte im Vergleich zu Varietäten mit grünen Blättern als weniger attraktiv für die Raupen des Großen Kohlweißlings (*Pieris brassicae*), wobei die Sorten ‚Red Pickling' und ‚Large Blood Red' als tolerant eingestuft wurden. — Die Geflügelten von *Brevicoryne brassicae* befielen rotblättrige Kopfkohlsorten, z. B. ‚Red Hollander‘ und ‚Red Acre‘, deutlich schwächer als grüne Sorten, allerdings nur im Frühjahr [1362]. Das wäre damit zu erklären, daß mit fortschreitender Jahreszeit eine gewisse Änderung im Verhalten der Aphiden insofern eintritt, als bei den späteren Blattlausgenerationen die Farbbevorzugung nicht mehr so ausgeprägt ist. Ähnliche Beobachtungen konnten mit der rotblättrigen **Rosenkohl**sorte ‚Rubine‘ gemacht werden. Diese Sorte war bis in den Hochsommer hinein für zufliegende Migranten von *B. brassicae* nicht attraktiv, im Herbst wurde sie jedoch in zunehmendem Maße und schließlich sehr stark besiedelt. Für die Vermehrung der Kohlblattlaus war die rote Sorte ebenso gut geeignet wie die grünblättrigen Vergleichssorten. Der bis September praktisch ausbleibende Befall von ‚Rubine‘ ist demnach lediglich auf Nichtpräferenz zurückzuführen [405]. Auch *Pieris rapae* wurde von dieser Rosenkohlsorte weniger angelockt als von grünblättrigen [411].

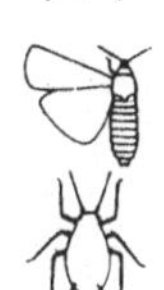

Allein auf farbbedingte Nichtpräferenz ist die in der DDR gemachte Beobachtung zurückzuführen, daß auf der braunblättrigen **Kopfsalat**sorte ‚Indianerperle‘ nur halb so viele Blattläuse landeten wie auf den grünen bzw. gelblich-grünen Sorten [1156].

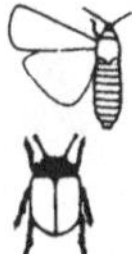

Bei der **Baumwolle** wirkt sich gleichfalls eine Rotfärbung auf das Verhalten mehrerer Schädlinge aus. Im Vergleich zu Sorten mit normalen grünen Blättern werden solche mit roten von *Earias insulana* und *E. vittella* praktisch kaum befallen [400]. Die gleiche Beobachtung konnte Anderson [36] hinsichtlich des Verhaltens von *Heliothis*-Arten machen. — Auch für den Baumwollkapselkäfer *(Anthonomus grandis)* sind rote Baumwollpflanzen weniger attraktiv als grüne, wenn beide zusammen angebaut werden [1694]. Rotstämmige Sorten wiesen eine verminderte Eizahl und z. T. einen geringeren Larvenschlupf auf als Sorten mit grünen Stengeln, wenn dieses Merkmal mit „frego bract“ (= Umbildung der Hüllblätter der Blüte, vgl. 6.1.1.2.) gekoppelt war [1842].

Die Farbe der **Zwiebel**schlotten steuert das Verhalten der Zwiebelfliege vor und nach dem Landen und vor der Eiablage. Harris und Miller [660] stellten in Wahlversuchen fest, daß *Delia antiqua* gelbe Schlotten bevorzugt, auf ihnen landeten die Tiere häufiger und führten mit ihrem Legestachel mehr Probestiche durch als an grau oder blau gefärbten; an gelben Schlotten werden folglich auch mehr Eier abgelegt.

6.1.1.2. Wuchsform der Pflanze

Wie die Farbe gehören auch die Wuchsform der Pflanze, ihr Habitus, die besondere Gestalt eines Pflanzenorgans zu den Reizen, die eine gewisse Fernwirkung haben können, also in die erste Phase der Insekten-Pflanze-Beziehungen, die Orientierung, eingreifen (Auffinden des Wirtspflanzenhabitats, Erkennung der Wirtspflanze). Das betrifft nicht nur die Imagines; auf der Suche nach Nahrung orientieren sich z. B. Schmetterlingsraupen nach aufrecht stehenden Strukturen.

Heuschrecken werden durch vertikale, aber nicht durch horizontale Streifenmuster angelockt. Insekten, die während der Dämmerung fliegen, reagieren gleichfalls auf Strukturen. So nähern sich die Falter von *Manduca sexta* während der Phase ihres Fluges zur Eiablage jedem deutlich gestreiften Objekt, wie es auch eine Pflanze darstellen kann. Werden die Augen des Tieres mit undurchsichtiger Farbe bedeckt, ist es nicht mehr in der Lage, Objekte einschließlich Wirtspflanzen zu lokalisieren.

Pflanzen, denen bestimmte Merkmale fehlen bzw. die sie nicht in der Qualität bieten, die der evolutionär erworbenen Anpassung des Phytophagen entspricht, besitzen keine oder nur eine verringerte Anlockwirkung. Es handelt sich also weniger um eine Abschreckung als vielmehr um mangelnde Attraktivität. Wahrscheinlich induziert die Wahrnehmung der Form gewisse allgemeine Verhaltensmuster; mit dem Pflanzenumriß allein wurde bei Kulturpflanzen kein Resistenzmechanismus in Verbindung gebracht. Bestimmte morphologische Eigenschaften können jedoch mit anderen Resistenzfaktoren gekoppelt sein [1210]. Wir werden deshalb im Zusammenhang mit der Besprechung verschiedener Resistenzmechanismen auch wiederholt auf morphologische Pflanzenmerkmale hinweisen.

Die Reaktion des Phytophagen auf die Wuchsform der Pflanze ist nicht ausschließlich die Folge optischer Sinneswahrnehmungen. So beeinflußt z. B. nicht nur die Form der oberirdischen Pflanzenteile das Verhalten von Phytophagen. Bei verschiedenen pflanzenparasitären Nematoden wurde beobachtet, daß sie Pflanzen mit einem bestimmten Wurzelhabitus weniger befallen als andere Wuchstypen.

So fanden Jena und Rao [778, 780], daß gegen *Meloidogyne graminicola* resistente **Reis**sorten Wurzeln besitzen, die dicht mir Wurzelhaaren besetzt sind und eine feste Kutikula haben. — Für den Grad der Resistenz von **Kartoffeln** gegen *Globodera pallida* kommt offensichtlich der Wurzelstärke eine wichtige Rolle zu. Je dünner die Wurzeln sind, um so höher wird der Anteil der Männchen, die gebildet werden. Das gilt für Wurzeln mit einem Durchmesser von weniger als 500 µm. Anscheinend findet in den dünnen Wurzeln das von den Weibchen zur normalen Entwicklung benötigte Nährzellensystem nicht genügend Raum [1161].

Wasserrübensorten mit starken, runden, langen Wurzeln waren gegenüber der Großen Kohlfliege (*Delia floralis*) mehr tolerant als solche mit dünnen Wurzeln; die Form der oberirdischen Teile der Wirtspflanze ist für den Schädling offenbar nicht wichtig. In diesem Fall kann der Wurzelumriß als Auslesekriterium für die Züchtung dienen [1794].

Šurovenov und Michajlova [1598] stellten fest, daß eine enge Beziehung besteht zwischen der Struktur von **Weizen**ähren und dem von *Haplothrips tritici* verursachten Schaden; dicht geschlossene Ähren waren weniger befallen als solche mit lockerer, offener Wuchsform. — Außer der Blattbehaarung (vgl. 6.1.2.2.) hat bei Weizen auch die Stellung der Blätter Einfluß auf den Befall durch 2 Dipterenarten in China. Schmale, in einem großen Winkel vom Halm abstehende Blätter sind für die Eiablage von *Meromyza saltatrix* hinderlich [1916], während Sorten mit Resistenz gegen *Hydrellia griseola* neben anderen Merkmalen sich durch eng an den Halm anschließende Blattscheiden auszeichnen [1917].

Die **Mais**-Inzuchtlinie ‚B 85', die durch auffällig steil gestellte Laubblätter charakterisiert ist, erwies sich als hoch resistent gegen einen Befall durch die erste Generation von *Ostrinia nubilalis*. Vermutlich hat der Falter bereits beim Anflug und bei der Eiablage Schwierigkeiten [1472]. Allgemein sind Sorten mit gedrungenem Habitus durch den Maiszünsler weniger gefährdet als großwüchsige Sorten [125, 453].

Eine ähnliche Wirkung hat die gedrungene Wuchsform bei **Sorghum**sorten auf *Heliothis armigera* [1261]. Mit der Resistenz gegen *Chilo partellus* und *Atherigona soccata* waren nach Untersuchungen von Khurana [868] in Indien Pflanzenhöhe, Halmdicke, Blattzahl und Blattdicke korreliert. Lange, schmale Blätter in Verbindung mit einem gewissen Härtegrad der Blattscheiden scheinen weitere Resistenzfaktoren zu sein. — Unter natürlichen Befallsbedingungen erwiesen sich die *Sorghum*-Sorten bzw. -Linien ‚I 753', ‚H 109', ‚GIB', ‚3677 B' und ‚BP 53' als frei von Befall durch *Peregrinus maidis*. Diese Sorten zeichneten sich durch Blätter aus, die den Halm eng umfaßten, so daß sie der Zikade keine Versteckmöglichkeit boten; bei den anfälligen Sorten dagegen waren die Blätter sehr locker um den Halm angeordnet [14]. — Raupen von *Diatraea saccharalis* bohren sich in die Halme von *Sorghum*-Genotypen mit geringem Durchmesser weniger häufig ein als in solche mit dickem Halm [962].

Delia antiqua wird in ihrem Eiablageverhalten wesentlich durch Form, Durchmesser und Stellung der **Zwiebel**blätter beeinflußt. Versuche von Harris und Miller [661] ergaben, daß ein normaler Ablauf des Verhaltens nur an vertikalen Zylindern von 4 mm Durchmesser und mindestens 2 cm Länge gewährleistet war; nur unter diesen Voraussetzungen begannen und vollendeten die Weibchen den Stengellauf schnell und ohne Unterbrechung und legten die meisten Eier ab. Bei Abweichungen von den genannten Werten begannen oder vollendeten die Tiere den Stengellauf nicht und legten nur selten Eier ab. — Die Zwiebelsorte ‚Nebuka' wurde in den USA von allen anderen geprüften Sorten im Frühjahr am wenigsten von *Thrips tabaci* angeflogen, sie enthielt später die wenigsten Larven und erlitt die geringsten Schäden. Diese Sorte zeichnet sich durch offenen Wuchstyp und runde Blattstruktur aus, Eigenschaften, die bereits vor 40 Jahren als Merkmale für die Resistenz von Zwiebeln gegen Blasenfüße beschrieben wurden [321].

Von der Wuchshöhe der **Luzerne**pflanze hängt die Dauer der Larvenentwicklung von *Hypera postica* ab. Der Käfer durchläuft in großwüchsigen Sorten sein Larvenstadium schneller als in solchen mit geringer Pflanzenhöhe [1561]. Varietäten mit einem runden Stengelquerschnitt (*Medicago sativa* var. *gnętula*) oder solche, deren Stengel massiv sind und demzufolge wenig Mark enthalten (*M. falcata*), sind als fast immun für Eiablage und Beschädigung durch den Schädling anzusehen [323]. Offensichtlich entspricht ein runder Stengel nicht der Körperform der Larve, während kompakte Stengel infolge ihres geringen Markgehaltes keine ausreichende Ernährungsgrundlage für eine normale Entwicklung bieten. — Für die Resistenz gegen die Eiablage von *Bruchophagus roddi* scheint das

Einrollen der Hülsen verantwortlich zu sein. Die Schutzwirkung des Einrollens könnte darin bestehen, daß dadurch der ventrale Teil der Hülse und die sich dort entwickelnden Samen für den kurzen Ovipositor der Chalcidide unerreichbar werden [1634].

Eine Form-Mutante der **Baumwolle** (*Gossypium hirsutum*) wird „frego bract" genannt; sie zeichnet sich durch eine abweichende Ausgestaltung der Hüllblätter aus, die normalerweise Blütenknospen und Samenkapseln mehr oder weniger eng umschließen. Bei der „frego"-Form sind diese Blätter verschmälert, zusammengedreht und abgespreizt, so daß die jungen Blütenknospen oder Kapseln freiliegen. Eine derartige Eigenschaft einer Baumwollpflanze ist mit einer verringerten Überlebensrate von *Heliothis zea* und mit Resistenz gegen *Anthonomus grandis* verbunden [782]. *Lygus hesperus* dagegen war an „frego"-Baumwolle häufiger als an Pflanzen mit normalen Hüllblättern, und Leigh et al. [979] fanden keine signifikante Wirkung dieser Blattform auf *Empoasca* spp., *Trichoplusia ni*, *Pectinophora gossypiella* und *Heliothis zea*. Ihrer Meinung nach bietet diese Form kaum einen Vorteil unter den Anbaubedingungen Kaliforniens. — Der Befall von 32 Baumwollsorten (*Gossypium hirsutum*) durch *Amrasca biguttula* war in Indien signifikant und positiv korreliert mit der Pflanzenhöhe, signifikant negativ korreliert mit der Blattzahl und der Länge der Internodien [98].

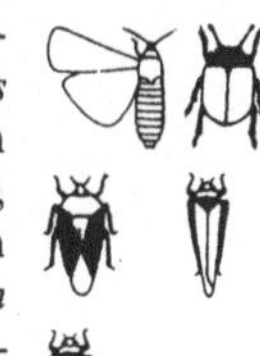

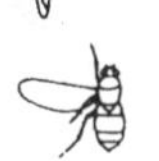

Ansatzhöhe und Stellung der Keimblätter von **Gurken**varietäten hatten nach Untersuchungen von Eason et al. [419] in den USA entscheidenden Einfluß auf die Stärke des Befalls durch *Liriomyza sativa*. Es wird vermutet, daß die damit verbundene Art und Intensität des reflektierten Lichtes die unterschiedlichen Verhaltensweisen auslösen.

Sonnenblumensorten (*Helianthus annuus*) mit konkav geformtem Blütenkopf und einem mittleren Abstand zwischen diesem und dem Stengel sind gegen Fraßbeschädigungen durch die Drosselart *Agelaius phoeniceus* weitgehend geschützt. Auch der Haussperling (*Passer domesticus*) kann konkav herabhängende Samenstände kaum schädigen [1266].

6.1.2. Physikalische Resistenzmechanismen mit Kontaktwirkung

6.1.2.1. Oberflächenstruktur der Pflanze

Reize, die von der Beschaffenheit der Pflanzenoberfläche ausgehen, können ihren Einfluß auf das Verhalten eines Phytophagen erst dann ausüben, wenn er den Kontakt mit der Pflanze aufgenommen hat, d. h., wenn vorher andere Reize (z. B. Farbe, Form, Duft) ihn zur Kontaktaufnahme veranlaßt haben. Solche taktile Reize spielen oft an der Stelle der Reaktionskette eine Rolle, die der Eiablage oder der Nahrungsaufnahme unmittelbar vorangeht.

Der Ovipositor der Insekten enthält Mechanorezeptoren, die anscheinend in den meisten Fällen die einzigen Sinnesorgane sind, die die zur Eiablage erforderlichen Informationen übermitteln, d. h., diese Aktivität des Insekts wird offenbar durch taktile Reize gesteuert.

Eine Reihe von Schmetterlingsarten, z. B. *Plutella xylostella*, bevorzugt zur Eiablage Substrate bzw. Stellen mit kleinen Spalten oder Mulden [633]. *Callosobruchus maculatus* dagegen zieht für die Eiablage Samen mit glatter Oberfläche vor gegenüber Samen mit rauher, runzliger Schale [1215]. Für *Ceutorrhynchus macula-alba*, der seine Eier in junge **Mohn**kapseln legt, ist die Konvexität der Kapsel von entscheidender Bedeutung. Wahrscheinlich erfolgt die Wahrnehmung der Kapselkrümmung durch Propriorezeptoren in den Beinen der Käfer [1489].

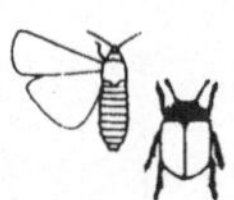

Die Wahl der Nahrungsaufnahmestelle unterliegt nicht in dem Maße wie die Eiablage dem Einfluß taktiler Reize. Trotzdem haben eine Reihe von physikalisch-morphologischen Eigenschaften der Pflanzen für die Wirtswahl und die erfolgreiche Nutzung der Nahrungsquelle Bedeutung.

So zeigten z. B. Beobachtungen im Freiland und Futterauswahlversuche im Labor, daß die Früchte der **Erdbeer**sorte ‚Mieze Schindler' vom Erdbeerlaufkäfer (*Harpalus pubescens*) deutlich weniger stark befressen wurden als diejenigen anderer Sorten. Die Ursache liegt offenbar darin, daß bei ‚Mieze Schindler' die Nüßchen tiefer ins Fruchtfleisch eingesenkt und so den Käfern schwerer zugänglich sind [837].

Daß bei der Nahrungsaufnahme auch taktile Reize eine Rolle spielen, geht allein schon daraus hervor, daß die Mundwerkzeuge der Insekten mit zahlreichen Mechanorezeptoren besetzt sind, die funktionell mit dem Beißen, Kauen und Schlucken in Verbindung stehen. Insbesondere benötigen saugende Insekten, z. B. Aphiden, ein sehr empfindliches mechanosensorisches System, um die während des Probesaugens auftretenden mechanischen Kräfte zu registrieren und dementsprechend über die Wahl der endgültigen Saugstelle zu entscheiden.

6.1.2.2. Behaarung

Resistenzmechanismen, die sich auf eine Behaarung von Pflanzenorganen zurückführen lassen, nehmen Einfluß auf die Ortsbewegung phytophager Arthropoden, auf Eiablage sowie auf Nahrungsaufnahme und -verwertung. Pflanzenhaare können auch bestimmte Arthropoden (z. B. Aphiden und Zikaden) verwunden und abtöten. Ausschlaggebende Bedeutung für die Schutzwirkung haben die Form der Haare, ihre Dichte, der Winkel, den sie mit der Pflanzenoberfläche bilden u. a. Vielfach beruht der Einfluß der Pflanzenhaare auf einer Kombination ihrer morphologischen Ausgestaltung mit Ausscheidungen von Allelochemikalien. Auf derartige Beispiele werden wir erst unter 6.2.2.3. eingehen. Hier wollen wir uns auf die mechanisch-physikalische Wirkung der Pflanzenhaare als Resistenzfaktoren beschränken. Eine Übersicht über Pflanzen, deren Behaarung die an und von ihnen lebenden Arthropoden beeinflußt, vermittelt Tabelle 11.

Tabelle 11
Übersicht über den Einfluß der Behaarung von Kulturpflanzen auf Arthropoden. In Anlehnung an Norris und Kogan [1210].

R = Resistenz
A = Anfälligkeit
N = Nahrungsaufnahme
E = Eiablage
B = Einfluß auf die Bewegungsaktivität (physikalisch)
Tox = Toxische und bewegungshemmende Wirkung der Ausscheidungen von Drüsenhaaren (chemisch)
Rep = Repellente Wirkung von Ausscheidungen
S = Behaarung als Schutz vor Feinden
O = ohne Wirkung
R/A; R/O = widersprechende Angaben

Wirtspflanze und Arthropode	Wirkung der Behaarung	Einfluß auf Verhalten und/oder Physiologie
Gramineae		
Avena		
Oscinella frit	R/O	E
Triticum		
Haplothrips tritici	R	E
Rhopalosiphum padi	R	
Oulema melanopa	R	N, E
Hydrellia griseola	R	E
Phorbia genitalis	A	
Mayetiola destructor	R	E
Meromyza saltatrix	R	E
Oscinella frit	R	
Zea mays		
Diabrotica virgifera	R	N
Heliothis zea	R	
Oryza		
Chilo suppressalis	R	E

Tabelle 11 (Fortsetzung)

Wirtspflanze und Arthropode	Wirkung der Behaarung	Einfluß auf Verhalten und/oder Physiologie
Saccharum		
Aleurolobus barodensis	R	
Melanaspis glomerata	R	
Scirpophaga nivella	R	N
Sorghum		
Sericothrips variabilis	O	E
Trialeurodes abutilonea	O	
Epilachna varivestis	R	N, E, B
Heliothis zea	R	E
Leguminivora glycinivorella	A	E
Plathypena scabro	A	E
Atherigona soccata	R	E
Fagaceae		
Castanea		
Curculio elephas	R	
Brassicaceae		
Phaedon cochleariae	R	
Phyllotreta cruciferae	R	
Fabaceae		
Medicago		
Empoasca fabae	R	N
Hypera postica	R	Tox
Trifolium		
Empoasca fabae	R	
Phaseolus, Vicia, Vigna		
Thrips tabaci	A	S
Empoasca fabae	R	N, E, B
Empoasca kraemeri	R	N, E, B
Acyrthosiphon pisum	R	B
Aphis craccivora	R	B
Aphis fabae	R	B
Myzus persicae	R	B
Ophiomyia phaseoli	R	
Glycine		
Deuterosminthurus yumanensis	R	
Empoasca fabae	R	
Epilachna varivestis	R	N
Ophiomyia phaseoli	R	
Ophiomyia centrosematis	R	
Melanagromyza sojae	R	
Euphorbiaceae		
Manihot		
Corynothrips stenopterus	R	
Frankliniella williamsi	R	
Ricinus		
Empoasca flavescens	R	N
Vitaceae		
Vitis vinifera		
Epitetranychus sp.	R?	
Malvaceae		
Gossypium		
Tetranychus sp.	R/A	N
Frankliniella sp.	R	

Tabelle 11 (Fortsetzung)

Wirtspflanze und Arthropode	Wirkung der Behaarung	Einfluß auf Verhalten und/oder Physiologie
Thrips tabaci	R	
Amrasca biguttula	R	N, E
Empoasca lybica	R	N, E
Bemisia tabaci	A	N
Trialeurodes abutilonea	R	E
Aphis frangulae gossypii	R	N, B
Anthonomus grandis	R	E
Pseudatomoscelis seriatus	A	
Earias vitella	A	E
Earias insulana	O	
Heliothis virescens	A	E
Heliothis zea	A	E
Pectinophora gossypiella	R	Tox
Spodoptera littoralis	R	N, E
Trichoplusia ni	A	E
Hibiscus esculentus		
Amrasca biguttula	R	E
Syllepta derogata	R	
Solanaceae		
Tetranychus cinnabarinus	R	B, Tox
Tetranychus urticae	R	B, Tox
Amrasca biguttula	R	
Empoasca fabae	R	Tox
Bemisia tabaci	R	E, Tox
Trialeurodes vaporariorum	R	B, Tox
Macrosiphum euphorbiae	R	N, B, Tox
Myzus persicae	R	Tox
Epithrix hirtipennis	R	Rep
Leptinotarsa decemlineata	R	B
Heliothis virescens	A	E
Heliothis zea	R	Tox
Manduca sexta	R	Tox
Geraniaceae		
Pelargonium hortorum		
Tetranychus urticae	R	Tox

Einfluß der Behaarung auf Nahrungsaufnahme und -verwertung

Behaarte Pflanzen behindern vor allem die Nahrungsaufnahme kleiner Arthropoden mit stechend-saugenden Mundwerkzeugen. Wenn die Pflanzenhaare eine bestimmte Länge im Vergleich zum Saugrüssel einer Blattlaus oder Zikade erreichen, ist es dem Tier nicht mehr möglich, bis zum Mesophyll oder zum Gefäßsystem des Wirtes vorzudringen.

Naito [1172, 1173] untersuchte in Japan das Saugverhalten verschiedener Zikadenarten an **Sorghum** und **Klee**. Die Arten, die ihre Nahrung aus dem Gefäßsystem der Pflanzen aufnahmen, bildeten eine Speichelscheide von 2—4 mm Länge, bei den Mesophyllsaugern war sie nur etwa 0,05 mm lang. Daraus geht hervor, daß schon kurze Pflanzenhaare die Nahrungsaufnahme von Phloemsaugern, die wesentlich tiefer in das Pflanzengewebe eindringen müssen, behindern können, während sie die Mesophyllsauger nicht beeinflussen. Singh et al. [1610] ermittelten die Länge der Stechborsten von *Empoasca fabae* mit 0,2—0,4 mm. Die Haare der **Sojabohne** bestehen aus 1—3 Zellen von etwa 1 mm Länge und stehen in einer Dichte von etwa 8 pro mm^2. Sie bilden deshalb — insbesondere für die Zikadennymphen — ein großes Hindernis und für die Pflanze einen wirksamen Schutz, der auf Nichtpräferenz für behaarte Sorten im Vergleich zu Sorten mit glatten Blättern beruht.

Auch auf Insekten mit kauenden Mundwerkzeugen kann sich eine Pflanzenbehaarung hinsichtlich der Ernährung nachteilig auswirken.

Larven des Getreidehähnchens (*Oulema melanopa*) müssen auf behaarten **Weizen**sorten erst die Haare fressen, ehe sie die Epidermis erreichen. Sie nehmen dabei unverhältnismäßig große Mengen an Cellulose und Lignin auf. Diese unausgeglichene Nahrung wirkt sich schädlich, oft tödlich, insbesondere auf junge Larven aus; das Larvengewicht ist negativ korreliert mit der Zunahme der Behaarung [1510]. Wellso [1858] beobachtete außerdem, daß Larven, die an behaarten Weizenblättern gefressen hatten, mit unverdauten Blatthaaren vollgestopft waren und einige Haare die Darmwand durchbohrt hatten.

Diese Verhältnisse treffen auch auf die Larven von *Epilachna varivestis* zu, wenn sie sich von behaarten **Sojabohnen** (z. B. einer Linie der Sorte ‚Clark‘) ernähren müssen [904].

Einfluß der Behaarung auf die Eiablage

Die Behaarung von **Weizen**blättern hat nicht nur auf die Entwicklung und Lebensfähigkeit der Larven von *Oulema melanopa* einen großen Einfluß (s. o.), sondern auch auf die Eiablage. An den resistenten Weizensorten ‚CI 8519‘ und ‚Vel‘ (‚C 115890‘) war die Eiablage um 96,3% bzw. 99% reduziert im Vergleich zu den anfälligen Sorten ‚Genese‘ (‚DI 12653‘) bzw. ‚CI 14425‘ [536]. Die anfällige Sorte ‚CI 12654‘ besitzt weniger als 4 sehr kurze Haare pro cm^2, während die resistenten 300 Trichome/cm^2 aufweisen können [737, 1510]. Die Behaarung wirkt sich aber nicht nur auf die Eiablage selbst aus, sondern beeinflußt auch noch die weitere Eientwicklung. Everson und Ringlund [454] stellten fest, daß die Lebensfähigkeit der Eier mit zunehmender Behaarung abnahm; auf behaarten Sorten waren die Eier empfindlicher für Austrocknung. — Einen ähnlichen Einfluß hat die Behaarung von Weizenblättern auf die Hessenfliege (*Mayetiola destructor*). Auf den behaarten Blättern von ‚Vel‘ verhielten sich die Weibchen unruhiger; sie legten weniger Eier ab und davon einen höheren Prozentsatz an der Blattunterseite als an der glattblättrigen Sorte ‚Arthur‘, d. h., es konnten sich weniger Larven erfolgreich ansiedeln. An ‚Vel‘ schlüpften weniger Larven, und es entwickelten sich auch weniger Larven bis zum Puppenstadium als an ‚Arthur‘. Feldversuche bestätigten die Wirksamkeit der Blattbehaarung für eine Reduzierung der Populationsdichte des Schädlings, die bei Linien mit dichter Blattbehaarung bis zu 60% betrug im Vergleich zu Linien mit glatten Blättern [1421, 1427]. — *Haplothrips tritici*, der aller 2 bis 3 Jahre in der UdSSR zu Gradationen neigt, legt seine Eier in die Weizenähre. Dabei hängt die Attraktivität der Pflanze für die Eiablage vom Behaarungsgrad der Grannenbasis ab [1119]. Dagegen hat eine Behaarung der Basis von **Hafer**sämlingen keine abschreckende Wirkung auf eierablegende Weibchen von *Oscinella frit* [796].

Maiti und Bidinger [1052] prüften in Indien etwa 8000 **Sorghum**-Linien des Weltsortiments auf Sämlingsresistenz gegen *Atherigona soccata*. Bei den meisten resistenten Genotypen fanden sie Haare an der Blattunterseite. Außer der Behaarung zeichneten sich diese Linien auch noch durch glänzende, heller grün gefärbte Blätter mit einer mehr aufrechten und engeren Stellung aus; diese Eigenschaften waren jedoch nur während der ersten 3 Wochen nachweisbar. Pflanzen mit derartigen Blättern wurden von *A. soccata* bei der Eiablage gemieden. Legten die Weibchen bei starkem Befallsdruck trotzdem Eier an diese Pflanzen ab, war das Ausmaß des Larvenfraßes nicht ausreichend, um das Schadsymptom „tote Herzen“ hervorzurufen. Auch Untersuchungen in den USA [568] ergaben, daß eine Behaarung der Blattunterseite sowohl die Eiablage von *A. soccata* wie auch den Anteil von Pflanzen mit „toten Herzen“ reduziert; die Unterschiede im Prozentsatz von Pflanzen mit dem Schadsymptom zwischen *Sorghum*-Linien mit und ohne Blattbehaarung schwankten jedoch zwischen 17% und 93%, und die Korrelation zwischen Haardichte und geschädigten Pflanzen war nur gering und z. T. nicht signifikant. Auf Grund der Ergebnisse von Kreuzungsversuchen mit behaarten und unbehaarten Genotypen kamen Maiti und Gibson [1053] in Indien zu ähnlichen Ergebnissen und der Schlußfolgerung, daß die Behaarung zwar ein Hauptfaktor bei der Resistenz von *Sorghum* gegen *A. soccata* ist, außerdem aber noch andere Mechanismen beteiligt sein müssen.

Eine Abhängigkeit zwischen Anzahl und Verteilung der Blatthaare von **Baumwoll**sorten und der Eiablage von *Trialeurodes abutilonea* beobachtete Lambert [953] in den USA; auf ‚C 1211‘ wurden signifikant weniger Eier abgelegt als auf der Vergleichssorte ‚Deltapine 16‘.

Nicht in jedem Fall kann man aus den Versuchsberichten entnehmen, auf welche Aktivität des Schädlings die Behaarung einer Pflanze Einfluß nimmt. Geringerer Befall bzw. geringere Populationsdichte bei einer behaarten Pflanze kann auf reduzierter Eiablage, aber auch auf Behinderung bei der Nahrungsaufnahme und -verwertung beruhen, oder auf beidem. Wir wollen im folgenden einige derartige Beispiele anführen, auch dafür, daß Behaarung Schutz vor bestimmten Schädlingen, gleichzeitig aber auch Begünstigung anderer bedeuten kann. Trotzdem können Dichte, Struktur und Verteilung von Trichomen an den Pflanzen in der Resistenzzüchtung durchaus eine Zielfunktion besitzen.

Der wichtigste **Baumwoll**schädling im tropischen und subtropischen Indien ist *Amrasca biguttula*. Unter den verschiedenen Resistenzmechanismen, die in Kombination bzw. sich ergänzend wirken, kommt der Behaarung als physikalisch-morphologisches Hindernis für Nahrungsaufnahme und Eiablage eine ausschlaggebende Bedeutung zu [14]. Die Populationsdichte der Zikade ist negativ korreliert mit der Dichte der Haare auf Blatthauptader und -spreite [1057]. Trichome von ausreichender Länge und Dichte sollen sogar Immunität gegen den Befall von *Empoasca lybica* verleihen [859]. — Baumwollsorten mit behaarten Kapseln und Blättern sind weniger durch *Anthonomus grandis* gefährdet [1694, 1695, 1828]. Diese Resistenz bleibt jedoch bei hoher Populationsdichte des Kapselkäfers nicht bestehen [1114]. *Psallus seriatus* wiederum ist an behaarten Sorten häufiger als an glattblättrigen, obwohl er diese oft mehr schädigt als die behaarten Sorten. Mit steigender Haardichte scheint die Toleranz für den Schadfraß (nicht jedoch die Resistenz gegen den Befall) zuzunehmen, sie erreicht den höchsten Grad bei der extrem behaarten Sorte ‚Pilose' [1829]. — Beobachtungen in Usbekistan an verschiedenen Baumwollformen zeigten, daß *Gossypium australe* und *G. raimondii*, die stark behaart sind, in bedeutend geringerem Maße von *Aphis frangulae gossypii* befallen waren als beispielsweise die Art *G. thurberi*, deren Blätter nur mit wenig Haaren besetzt sind. Ab einer gewissen Haarbesatzdichte wird die Ortsbeweglichkeit der Blattläuse so gut wie völlig verhindert [341]. — Nach Untersuchungen in den USA besteht auch ein Zusammenhang zwischen der Behaarung von Baumwollsorten und dem Grad der Resistenz gegen Thripsschaden (schädliche Arten: *Frankliniella fusca*, *F. tritici*, *F. occidentalis*, *Thrips tabaci*). So war der Blattschaden an der behaarten Sorte ‚Tamcot SP-37' signifikant geringer als an der glattblättrigen ‚Tamcot SP-21'. Während andere physikalisch-morphologische Pflanzenmerkmale wie Rotfärbung, Blattform u. a. für die Resistenz von Baumwolle gegen Blasenfüße keine Bedeutung haben, scheint dichte Behaarung sogar Immunität gegen Thripsschaden zu verleihen [1360, 1464].

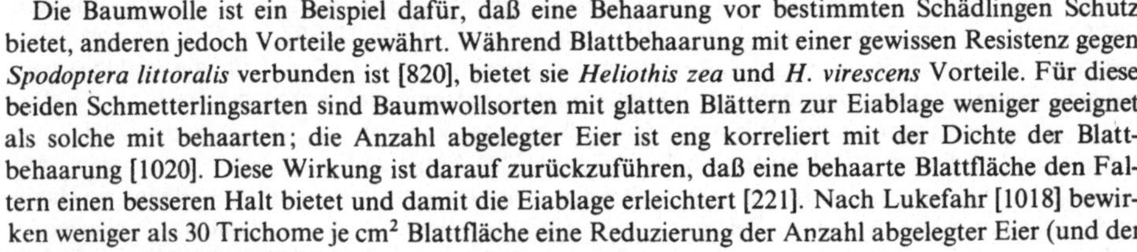

Die Baumwolle ist ein Beispiel dafür, daß eine Behaarung vor bestimmten Schädlingen Schutz bietet, anderen jedoch Vorteile gewährt. Während Blattbehaarung mit einer gewissen Resistenz gegen *Spodoptera littoralis* verbunden ist [820], bietet sie *Heliothis zea* und *H. virescens* Vorteile. Für diese beiden Schmetterlingsarten sind Baumwollsorten mit glatten Blättern zur Eiablage weniger geeignet als solche mit behaarten; die Anzahl abgelegter Eier ist eng korreliert mit der Dichte der Blattbehaarung [1020]. Diese Wirkung ist darauf zurückzuführen, daß eine behaarte Blattfläche den Faltern einen besseren Halt bietet und damit die Eiablage erleichtert [221]. Nach Lukefahr [1018] bewirken weniger als 30 Trichome je cm^2 Blattfläche eine Reduzierung der Anzahl abgelegter Eier (und der Larvenpopulation) um 50%.

Behaarte **Weizen**sorten wie ‚Vel' und ‚Downy' locken signifikant weniger *Rhopalosiphum padi* an als die glattblättrigen ‚Arthur' und ‚Abe'. Auf ‚Arthur' bewegen sich die Aphiden schnell und beginnen im allgemeinen 5—10 s nach der Landung mit dem Probesaugen. Auf ‚Vel' bewegen sich die Tiere langsamer und verlassen oft die Pflanze, ohne Probesaugstiche auszuführen. An dieser Sorte ist auch die Wachstumsrate der Aphidenpopulation im Vergleich zu den glattblättrigen Sorten signifikant reduziert [1422]. Im Gegensatz dazu konnte man bei Weizensorten mit Resistenz gegen *Schizaphis graminum* keine Beziehung zu langer oder dichter Behaarung feststellen [1680].

Die Behaarung der **Sojabohne** wirkt sich auf mehrere Lebensfunktionen von *Empoasca fabae* aus. In den USA stellten Robbins et al. [1418] bei der Prüfung von 8 Linien mit verschiedenem Behaarungstyp fest, daß zur Nahrungsaufnahme und Eiablage immer die glatten Linien bevorzugt wurden, an den dicht behaarten fanden sie die geringste Anzahl von Eiern und saugenden Zikaden. Anscheinend ist der Typ der Behaarung wichtiger als die Dichte der Trichome [1275]. Nach Turnipseed [1774] bestimmt die relative Länge der Haare den Resistenzgrad: mit zunehmender Trichomlänge (0,9—1,6 mm) verringerte sich die Population von *E. fabae* ohne Rücksicht auf die Haardichte. Die Populationsdichte von *Deuterosminthurus yumanensis* dagegen nahm mit steigender Haardichte ab. Broersma et al. [195] halten die Stellung der Trichome zur Blattoberfläche für wichtiger als ihre Dichte. — Die Populationen von *Sericothrips variabilis* und *Trialeurodes abutilonea* ließen keine Reaktionen auf den Behaarungstyp erkennen [1774]. — Eine größere Dichte der Haare an der Blattunterseite, dazu noch kleinere Blattfläche, höhere Blattfeuchte und ein schmaler, kompakter Stengel, verleihen Sojabohnensorten in Taiwan Resistenz gegen *Melanagromyza sojae*, *Ophiomyia phaseoli* und *O. centrosematis* [277].

Form und Stellung der Blatthaare können bei der **Erdnuß** als Merkmal für die Selektion auf Resistenz gegen *Empoasca fabae* dienen. Anfällige Linien besitzen anliegende oder gerade Trichome, die fast parallel zur Blattepidermis ausgerichtet sind. Resistente Linien zeichnen sich durch gerade Blatthaare, die in einem Winkel von etwa 45° abstehen, oder nach außen gebogene Trichome aus [1643].

Verletzungen durch Pflanzenhaare

Eine ganz spezifische Art der Verteidigung durch Behaarung haben bestimmte **Bohnen**sorten (*Phaseolus vulgaris, P. lunatus*) ausgebildet. Sie besitzen außer stift- und nadel- auch hakenförmige Trichome, in denen sich verschiedene Aphidenarten wie *Myzus persicae*, *Aphis fabae*, *A. craccivora* und *Acyrthosiphon pisum* wie auch die Zikade *Empoasca fabae* verfangen und von denen sie auch aufgespießt werden können. Die dicht behaarte Gartenbohnensorte ‚Molina' wurde von einem beträchtlichen Teil der Blattläuse (*A. pisum*) nach dem Probesaugen wieder verlassen. Von den auf den Pflanzen verbliebenen Tieren waren zahlreiche an den hakenförmigen Trichomen aufgespießt [958]. Versuche mit *A. fabae* zeigten, daß diese Haare vor allem die Intersegmentalhäute der Beine durchbohren; die Tiere sind gefangen und geschädigt. Die Trichome können Aphidenweibchen auch beim Gebären hindern, so daß ihre Fertilität gemindert ist [560]. — Wichtig für die Wirkung der Hakenhaare auf *Empoasca fabae* sind ihre Dichte und der Winkel, den sie mit der Blattoberfläche bilden; Hakenhaare, die in einem Winkel unter 30° wachsen, sind wirkungslos. In Gewächshausversuchen stellten Pillemer und Tingey [1317] fest, daß an der Gartenbohnensorte ‚California Light' (2000 Hakenhaare/cm^2) signifikant weniger Nymphen von *E. fabae* überlebten als an ‚Brasil 343' (400 Hakenhaare/cm^2). Die Resistenz gegen *Empoasca kraemeri* ist bei *Phaseolus lunatus* stärker ausgeprägt als bei *P. vulgaris*; es besteht eine enge und negative Korrelation zwischen der Zahl der Trichome auf der Blattunterseite und dem von der Zikade verursachten Schaden (der hoch und positiv korreliert ist mit der Populationsdichte) [56, 1029].

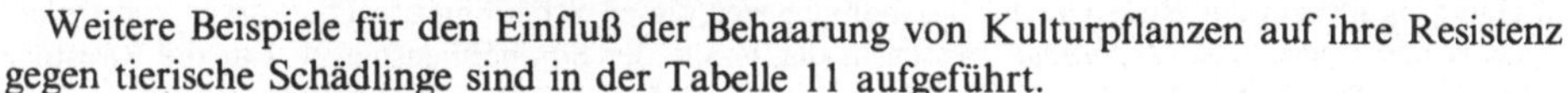

Weitere Beispiele für den Einfluß der Behaarung von Kulturpflanzen auf ihre Resistenz gegen tierische Schädlinge sind in der Tabelle 11 aufgeführt.

6.1.2.3. Struktur des Pflanzengewebes

Die Pflanzen haben vielfältige Möglichkeiten entwickelt, mit Hilfe spezifischer Ausgestaltungen verschiedener Gewebe ihre Widerstandsfähigkeit gegen den Angriff tierischer Schädlinge zu erhöhen. Derartige Bildungen sind in und an fast allen Pflanzenorganen (Wurzel, Stengel, Blatt, Frucht) nachzuweisen. Sie wirken sich insbesondere auf die Nahrungsaufnahme aus.

Ablagerungen von Cellulose und Lignin verdicken die Zellwände. Dadurch wird das Gewebe zäher und setzt den Mandibeln der Insekten mit kauenden Mundwerkzeugen wie auch den Stechborsten von Arthropoden mit stechend-saugenden Mundwerkzeugen einen größeren Widerstand entgegen, ebenso dem Ovipositor bei der Eiablage. In gleicher Weise wirken die zusätzliche Ausbildung bzw. Verstärkungen von Gewebeschichten mit derartigen Zellen.

Als wichtiger Faktor für die Resistenz von **Kohl** gegen *Delia brassicae* hat sich das Ausmaß der Wurzelverholzung, besonders in den frühen Stadien der Pflanzenentwicklung, erwiesen [1376]. — Die Zähigkeit der Blätter bestimmt die Nahrungsmenge, die die Larven von *Phaedon cochleariae* aufnehmen können, und damit ihr Wachstum. Beide waren reduziert, wenn die Larven mit relativ zähen Blättern von Wasserrübe, Grünkohl und Rosenkohl ernährt wurden [1731]. — Nach Havlĭčková [673] sind die unterschiedlichen, durch *Sitona*-Arten verursachten Fraßschäden an den **Erbsen**sorten ‚Gorkovskii', ‚Lanat' und ‚Neuga' u. a. auf Unterschiede in der Struktur des Blattgewebes zurückzuführen.

Ein Hindernis beim Eindringen in die Pflanze kann auch die Vermehrung von Blattanlagen sein.

So hängt z. B. die Widerstandsfähigkeit von **Mais** gegen Befall durch *Oscinella frit* nach Beobachtungen in der UdSSR nicht nur von der Wachstumsgeschwindigkeit der Blätter ab (vgl. 5.1.), sondern auch von der Anzahl der Blattanlagen. Bei besonders widerstandsfähigen Sorten wie z. B. ‚Odesskaja 10' muß die Larve 14 Blattschichten durchdringen, um zum zentralen Teil der Pflanze zu gelangen; Sorten wie z. B. ‚Risovaja 716' mit nur etwa 11 Blattanlagen sind weniger resistent [1566]. — Der Befall der Kolben von Körnermais durch die Raupen der zweiten Generation des

Maiszünslers (*Ostrinia nubilalis*) wird in seiner Intensität wesentlich durch die Dicke des Hüllblattgewebes beeinflußt [639].

Bei der Ausbildung des Triebes (Halm, Stengel, Stamm) finden wir besonders viele Beispiele für Mechanismen, die Resistenz gegen Schaderreger verleihen.

Die jungen Larven von *Diatraea saccharalis* fressen zunächst am Gewebe von Blatt und Blattscheide, ehe sie in den Stengel der **Zuckerrohr**pflanze eindringen. Bei der Resistenz gegen die Larven im ersten und zweiten Stadium sind daher Zähnchen auf der Blattmittelrippe, Anzahl der Gefäßbündel und die Anzahl der Schichten von Sklerenchymzellen von Bedeutung. Die Hauptresistenzfaktoren für das Eindringen der älteren Larven in den Stengel stellen die Härte der Rindenschicht und der Fasergehalt des Stengels dar [13, 1071].

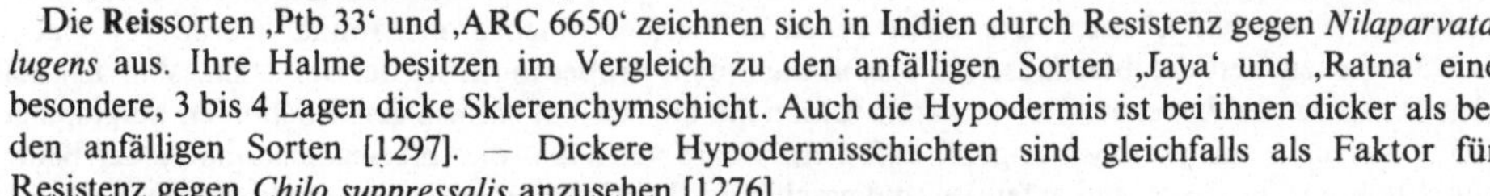

Die **Reis**sorten ‚Ptb 33‘ und ‚ARC 6650‘ zeichnen sich in Indien durch Resistenz gegen *Nilaparvata lugens* aus. Ihre Halme besitzen im Vergleich zu den anfälligen Sorten ‚Jaya‘ und ‚Ratna‘ eine besondere, 3 bis 4 Lagen dicke Sklerenchymschicht. Auch die Hypodermis ist bei ihnen dicker als bei den anfälligen Sorten [1297]. — Dickere Hypodermisschichten sind gleichfalls als Faktor für Resistenz gegen *Chilo suppressalis* anzusehen [1276].

Die Resistenz von **Sorghum**-Sorten gegen die Hirsehalmfliege (*Atherigona soccata*) ist u. a. auf Zellen zurückzuführen, die die Gefäßbündelscheiden in jungen Blättern umgeben und durch ausgeprägte Ligninablagerung und verdickte Zellwand ausgezeichnet sind [156]. — Durch ähnliche Zellen sind die **Gräser** *Panicum virgatum*, *Andropogon gerardi* und *Schizachyrium scoporium* vor *Melanoplus confusus* geschützt, da die Heuschrecke diese Gefäßbündelscheidenzellen nicht vollständig verdauen kann [238].

Die Larven von *Melanagromyza sojae* fressen ausschließlich im Mark der Stengel der **Sojabohne**. Die Ausbildung des sekundären Xylems, das den Durchmesser des Markhohlraumes verringert, wie auch Differenzierung und Entwicklung der lignifizierten Xylemfasern tragen mit ihrer Hinderniswirkung signifikant zur Resistenz der Sojabohne gegen diesen Schädling bei. Die Larven von *Ophiomyia centrosematis* und *O. phaseoli* fressen in der Rinde der Sojabohnenstengel. Für die Resistenz gegen diese Arten sind eine frühe Differenzierung der primären und sekundären Phloemfasern und des Periderms sowie eine dünnere Rindenschicht verantwortlich. Die wilde Sojabohne (*Glycine soja*) besitzt mit diesen Eigenschaften (und außerdem durch den Gehalt an Polyphenolen in der Rinde) eine hohe Resistenz gegen die 3 Fliegenarten. Ein purpurfarbenes Pigment (das Anthocyanidin Malvidin (39)) in der Stengelepidermis zeigt an, daß das darunter liegende Gewebe diese spezifischen Resistenzeigenschaften besitzt [278, 279, 280]. — Stengel von Sojabohnensorten mit einem hohen Ligningehalt werden auch in wesentlich geringerem Ausmaß von *Dectes texanus* befallen als solche mit schwacher Lignineinlagerung [1403].

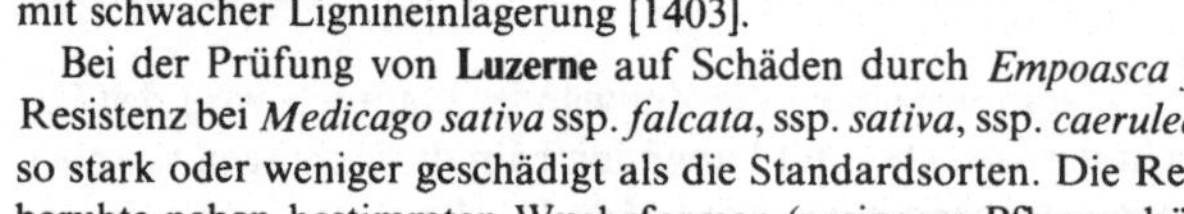

Bei der Prüfung von **Luzerne** auf Schäden durch *Empoasca fabae* fanden Fiori und Dolan [478] Resistenz bei *Medicago sativa* ssp. *falcata*, ssp. *sativa*, ssp. *caerulea* und *M. pironae*, sie wurden nur halb so stark oder weniger geschädigt als die Standardsorten. Die Resistenz dieser Arten bzw. Unterarten beruhte neben bestimmten Wuchsformen (geringere Pflanzenhöhe, schmalere Blätter, ein mehr niederliegender Wuchs) hauptsächlich auf einer Meidung (Nichtpräferenz) der dünnen, zähen Stengel zur Eiablage.

Bei einigen **Apfel**sorten (darunter ‚Winter Majetin‘ und ‚Transparent de Croncal‘) ist die Resistenz gegen *Eriosoma lanigerum* damit zu erklären, daß Rindensklerenchym den Einstich der Blutlaus blokkiert und so die Nahrungsaufnahme verhindert [1674]. — Für Unterschiede in der Anfälligkeit verschiedener Apfelsorten für die Obstbaumspinnmilbe (*Panonychus ulmi*) werden die Blattdichte sowie die Beschaffenheit des Palisadenmesophylls als verantwortliche Faktoren genannt [1341]. Wie der Vergleich von Blattquerschnitten im Rasterelektronenmikroskop zeigt, bestehen zwischen der mäßig anfälligen Sorte ‚Gelber Köstlicher‘ und der stark anfälligen Sorte ‚Herma‘ deutliche Unterschiede im anatomischen Aufbau des Palisadenmesophylls, wobei hohe Anfälligkeit mit einem lockeren und wenig dichten Zellaufbau korreliert (Taf. 1, Bild 1) [512].

Ausschlaggebend für die Resistenz von **Weizen** gegen *Cephus pygmaeus* sind Struktur und Kompaktheit des Halmes. Eine bestimmte Größe des Hohlraums im Halm schädigt die Eier des Schädlings, sie trocknen aus, und die Bewegungen der Larven sind behindert [1832]. Untersuchungen in Rumänien [109] ergaben, daß *Triticum durum* ‚DF 20-74‘ und die *Triticum aestivum*-Linie ‚16 367-76‘ am wenigsten befallen wurden. Schwankungen in der Befallsrate innerhalb der Linien und Sorten schienen in Beziehung zu stehen zu Einflüssen der Umwelt, insbesondere der Lichtintensität (vgl. 8.1.2.), auf die Kompaktheit des Halmes. Innerhalb jeder Sorte war die Population mit dem höheren Markgehalt (= geringerer Hohlraum im Halm) mehr resistent als die mit geringerem Markgehalt (= größerer

Hohlraum). Aus Kreuzungen von ‚Sawmont‘ × ‚DF 71072‘ (*Triticum durum*) und ‚Sawtana‘ × ‚Aurora‘ entstanden besonders resistente Hybriden mit solidem Halm [102]. — In den USA untersuchten Wallace et al. [1832] den Befall von 4 Weizensorten und 10 Linien mit Larven von *Cephus cinctus*. Die dabei ermittelten Festigkeitsgrade der Halme (1 = hohler Halm, 20 = vollständig massiver Halm) reichten von 8 bis 19,4, die entsprechende Befallsminderung von 0 bis 89%. Für eine Reduktion der Populationsdichte des Schädlings sind ein Festigkeitsindex von mindestens 14,6 und eine Befallsminderung von 65% erforderlich.

Der Zusammenhang zwischen Festigkeit des Gewebes und Beschädigungsrate durch tierische Organismen ist auch bei den Früchten und Samen der Pflanzen nachzuweisen.

Der Befall von **Äpfeln** durch die Raupen des Apfelwicklers (*Cydia pomonella*) kann durch die Festigkeit des Schalengewebes, die ein Eindringen der Eilarven erschwert oder unmöglich macht, beeinflußt werden. — **Baumwoll**kapseln mit kompaktem Gewebe setzen dem Eindringen der Larven des Baumwollkapselkäfers (*Anthonomus grandis*) erhöhten Widerstand entgegen [1261]. — Die Härte von **Getreide**körnern kann einen erheblichen Einfluß auf den Schadumfang, verursacht durch *Sitophilus oryzae* und *Trogoderma granarium*, haben [1615]. — Der Rüsselkäfer *Chalcodermus aeneus* bohrt sich bevorzugt in dünnschalige Hülsen der **Kundebohne** ein [329, 1476].

Zum Abschluß dieses Abschnittes haben wir noch zwei Resistenzmechanismen zu erwähnen, die zwar auf chemischen Verbindungen beruhen, aber doch eine überwiegend mechanisch-physikalische Wirkung haben. Wir wollen sie deshalb hier einordnen, auch wenn ihnen eine gewisse Zwischen- bzw. Übergangsstellung zukommt.

6.1.2.4. Mineralische Ablagerungen in der Kutikula

In den Zellen der Epidermis vieler Pflanzen, insbesondere von Vertretern der Gramineen, Cyperaceen und Palmen, hat man Ablagerungen von Silicium, auch von Calciumcarbonat, gefunden.

Sasamoto [1491, 1492] förderte durch eine bestimmte Düngung die beschleunigte Silicium-Inkrustierung bei **Reis**, den dann in Wahlversuchen Larven von *Chilo suppressalis* im Vergleich zu normalem Reis mieden. Gewisse Reissorten zeichnen sich durch die Fähigkeit aus, das im Boden verfügbare Silicium zu akkumulieren [380].

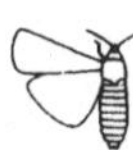

Bei **Sorghum**pflanzen ist die Ablagerung unregelmäßig geformter Siliciumkristalle in den Blattscheiden zu den Faktoren zu rechnen, die Resistenz gegen *Atherigona soccata* bedingen. Bei resistenten Sorten war eine höhere Dichte dieser Körper in der Epidermis der Blattscheidenbasis nachzuweisen (bei einigen resistenten Sorten auch eine Verholzung von Zellen, die die Gefäßbündel einschließen) [811]. Man nimmt an, daß die Kristalle die Wanderung der jungen Larven zum Vegetationspunkt der Pflanze oder ihre Etablierung am Fraßort behindern. Dazu kommt — wahrscheinlich als Hauptmechanismus der Resistenz — Nichtpräferenz für Eiablage.

Bedeutung kann nicht nur die Menge des abgelagerten Siliciums haben, sondern auch die Verteilung bzw. Anordnung der Kristalle. Solche Siliciumablagerungen über und zwischen den Adern der Blattscheiden von **Gräsern** sind ein wichtiger Faktor für die Resistenz gegen Larven von Fliegen (Chloropidae, Opomyzidae), die im Halm bohren.

Untersuchungen von *Lolium perenne* durch Moore [1141] ergaben, daß die Sorte ‚Fortis‘ einen höheren Resistenzgrad gegen Halmbohrer aufwies als ‚S 24‘. Entscheidend dafür war die Verteilung der Siliciumkristalle. Insbesondere die intercostalen Siliciumablagerungen hindern die Schädlingslarven am Wandern und verleihen damit Resistenz. Zuchtziel könnte demnach eine Umverteilung der Siliciumkristalle auf die Intercostalfelder sein (nicht eine Erhöhung des Siliciumgehalts, was eine Verringerung der Verdaulichkeit des Futters bedeuten würde).

6.1.2.5. Kutikulare Wachsbedeckung

Wachse sind Ester aus Fettsäuren mit aliphatischen Alkoholen. Die primäre Funktion der kutikularen Wachse besteht in der Regulierung des Wasserhaushalts der Pflanze; sie enthalten aber auch Substanzen, die eine Hemmwirkung auf Pathogene ausüben und den Befall durch Insekten beeinflussen. Dazu kommt noch eine mechanische Wirkung dahingehend, daß Wachsausscheidungen die lokomotorische Aktivität von Insekten einschränken können. Auch hier finden wir wieder Beispiele für eine Doppelwirkung insofern, als Wachse auf einige Phytophage einen hemmenden Einfluß ausüben, für andere eine Begünstigung und Förderung darstellen.

Abhängigkeiten zwischen einer kutikularen Wachsschicht auf den Blättern und Schädlingsbefall sind vor allem bei **Kohl**gewächsen bekannt geworden. Die mit einer normalen Wachsbedeckung versehenen Blätter des Brokkoli (*Brassica oleracea* var. *italica*) sind gegen *Phyllotetra albionica* mehr resistent als eine glattblättrige Mutante [60]. Eine entgegengesetzte Wirkung hat die Wachsschicht auf *Brevicoryne brassicae* und *Aleyrodes proletella*. Eine wachsarme Rosenkohl-Mutante der Sorte ‚Irish Elegance' wurde von *B. brassicae* und *A. proletella* schwächer als normale Pflanzen dieser Sorte befallen [1838]. In England blieben wachslose Pflanzen einer Markstammkohl-Zuchtlinie im Freiland praktisch frei von Befall durch die Kohlblattlaus und die Kohlmottenschildlaus, während sich auf den Pflanzen mit normaler Wachsbedeckung große Blattlauskolonien entwickelten [1748]. Beobachtungen in der Sowjetunion zeigten ebenfalls, daß Kohlformen mit einer schwach ausgebildeten Wachsschicht eine bedeutend geringere Blattlausbesiedlung hatten als Sorten mit einer starken Wachsschicht [167]. Auch Freilandbeobachtungen in der DDR ergaben, daß auf wachsarmen Pflanzen eines Rotkohl-Zuchtstammes die Anfangsbesiedlung durch *B. brassicae* deutlich geringer war als auf Pflanzen dieses Zuchtstammes, die eine normale Wachsbedeckung aufwiesen [835] (Bild 2). — Die Wachsschicht übt ihren Einfluß auf die Initialbesiedlung aus; wenn sich die Blattläuse erst einmal festgesetzt haben, sind keine Unterschiede in der weiteren Entwicklung (z. B. in der Vermehrungsrate) zwischen Pflanzen mit und ohne Wachsschicht nachzuweisen [1074].

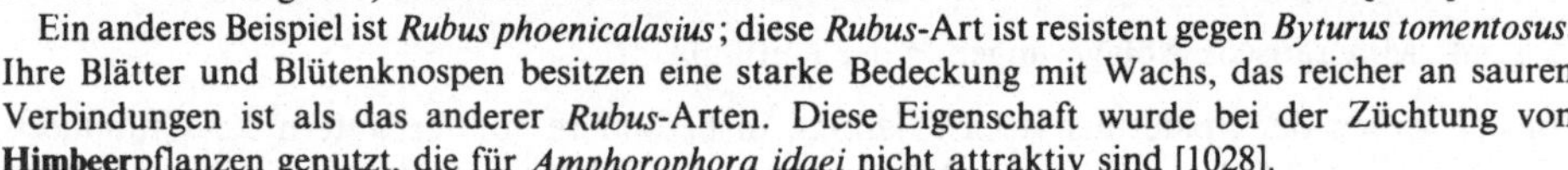

Ein anderes Beispiel ist *Rubus phoenicalasius*; diese *Rubus*-Art ist resistent gegen *Byturus tomentosus*. Ihre Blätter und Blütenknospen besitzen eine starke Bedeckung mit Wachs, das reicher an sauren Verbindungen ist als das anderer *Rubus*-Arten. Diese Eigenschaft wurde bei der Züchtung von **Himbeer**pflanzen genutzt, die für *Amphorophora idaei* nicht attraktiv sind [1028].

6.2. Chemische Resistenzmechanismen

In einem ungestörten Ökosystem ist die Koexistenz von Phytophagen und Pflanzen gewährleistet, sie beruht auf einem Gleichgewicht zwischen den Komponenten des Systems. Dieses wird durch äußere biologische und physikalische Faktoren (Parasiten, Räuber, Niederschlag, Temperatur, Bodenqualität u. a.) gesteuert (vgl. 2.), aber auch von einer Unzahl fundamentaler Wechselwirkungen zwischen den Allelochemikalien der Pflanzen und den biochemischen, physiologischen und Verhaltensfunktionen der Phytophagen. Viele, wenn nicht sogar die meisten dieser Wechselwirkungen sind noch unbekannt; es ist aber notwendig, die der Koexistenz zugrunde liegenden Mechanismen zu kennen, um das darin verborgene Potential voll für die Belange des Menschen nutzen zu können [184].

Wir haben bereits darauf hingewiesen, daß die Ausbildung von Resistenzmechanismen mit „Kosten" für die Pflanze verbunden ist. Die Entwicklung von Allelochemikalien ist dementsprechend von einem Gleichgewicht zwischen Stoffwechselkosten und natürlicher Selektion abhängig. Die Allelochemikalien entstehen auf Nebenwegen, als Seitenzweige des normalen Stoffwechsels. Die Aufwendungen für derartige Verbindungen ergeben sich aus ihrem Abstand von den bereits benutzten Synthesewegen des Stoffwechsels der Pflanze, von der Nährstoffenergie, die in diese Verbindungen eingebaut ist oder für ihre Synthese aufgebracht werden muß, und von dem zu ihrer Synthese erforderlichen neuen Enzymsystem. Diese Kosten können reduziert werden, z. B. durch die Verwendung eines Abfall- oder Nebenproduktes, für das bereits ein Syntheseweg besteht, oder durch die Nutzung von Verbindungen, die nur C, H und O enthalten (diese Elemente sind selten limitiert). Es kann sich auch um chemische Zufallsprodukte handeln, die auf Mutationen zurückgehen können und nicht Bestandteil des normalen Stoffwechsels sind. Diese Abfall- oder Zufallsprodukte müssen nicht immer so schädlich für die Pflanze sein, daß die Gene, die sie bestimmen, durch die natürliche Selektion sofort aus dem Genpool entfernt werden. Derartige Verbindungen können sich als unschmackhaft für Tiere erweisen und die Pflanze für sie ungenießbar machen.

Eine Selektion von auf diese Weise geschützten Individuen einer Pflanzenart durch geringeren Verzehr erhöht die Konzentration solcher Verbindungen in den Nachkommen. So entstehen Pflanzen, die durch einen spezifischen Satz sekundärer Verbindungen geschützt sind, und aus ihnen im Verlauf der weiteren Entwicklung eine Gruppe von Arten mit ähnlichen Schutzsystemen. In gleichem Maße mußte sich die chemische Anpassung der Konsumenten dieser Pflanzen entwickeln, wenn sie nicht aussterben wollten. Als zusätzliche Anpassung an die Pflanzenchemie durch Phytophage ist z. B. die Verwendung von Pflanzen-Verteidigungsallomonen als Kairomone für die Auffindung und Erkennung der Nahrung oder für das Paarungsverhalten, ja sogar als Verteidigungsallomon für das Tier zu betrachten.

Auf die verschiedenen Möglichkeiten der Einteilung und Klassifizierung der Resistenzmechanismen, die sich auf die Wirkung chemischer Verbindungen zurückführen lassen, haben wir bereits hingewiesen. Es erscheint uns aber für ein besseres Verständnis der komplizierten Vorgänge und Zusammenhänge notwendig zu sein, der Besprechung der einzelnen Mechanismen noch einige allgemeine Betrachtungen voranzustellen. Ohne auf Einzelheiten der vielfältigen biochemischen Reaktionen einzugehen, die in ihrer Gesamtheit den Stoffwechsel (Metabolismus) der Pflanze ausmachen, wollen wir doch einige grundsätzliche Reaktionsabläufe darstellen, um einen gewissen Überblick über Entstehung und Herkunft einiger wichtiger sekundärer Pflanzenstoffe zu gewinnen.

6.2.1. Biochemische Grundlagen

Im primären Stoffwechsel der Pflanze werden die Verbindungen synthetisiert, die allen pflanzlichen Organismen eigen sind. Über den Stoffwechsel der Kohlenhydrate, der von der Bildung der Glucose im Rahmen der Photosynthese ausgeht, entstehen Mono-, Di- und Polysaccharide, und — in Verknüpfung mit dem Pyrimidin- und Purinstoffwechsel — die Nucleinsäuren. Aromatische Aminosäuren (Tyrosin, Phenylalanin, Tryptophan) werden über den Shikimisäure-Weg gebildet. Die aliphatischen Aminosäuren leiten sich von Triosephosphat oder von Pyruvat ab oder werden über den Tricarbonsäurezyklus synthetisiert. Die Biosynthese der Fettsäuren geht vom Acetyl-Coenzym A aus; auf diesem Weg erfolgt auch die Umwandlung von Kohlenhydraten in Fett (Abb. 17). Diese primären Substanzen (Nährstoffe) können entsprechend ihrer Qualität und/oder Quantität einer Pflanze Resistenzeigenschaften verleihen (wir werden unter 6.2.3. näher darauf eingehen). Im Gegensatz zu diesen Verbindungen zeichnen sich die sekundären Substanzen nicht durch eine solche allgemeine Verbreitung aus, sie kommen nicht in dieser Vollständigkeit in aller lebenden Materie vor. Sie entstehen, wie bereits erwähnt, über Abzweigungen, als Ableger der primären Stoffwechselreaktionen. Trotz ihrer großen Vielfalt lassen sie sich auf überraschend wenig Ausgangsverbindungen zurückführen: hauptsächlich auf Essigsäure und wenige Aminosäuren (s. u.). Allgemein wird angenommen, daß die sekundären Verbindungen in aller lebenden Materie einen weitgehend ähnlichen Ursprung haben [1862].

Da die chemisch bedingte Resistenz der Pflanzen im Grunde auf einer geringen Anzahl ähnlicher Moleküle beruht, könnte auf den ersten Blick diese Resistenz, insbesondere bei monogener Vererbung, als leicht überwindbar erscheinen. Die wenigen Moleküle sind jedoch in der Lage, in vielfältiger Weise, an unterschiedlichen Angriffspunkten, in die Lebensvorgänge des Phytophagen einzugreifen. Sie können direkt Einfluß nehmen auf seine Lebensdauer, Sinnesphysiologie, Endokrinologie und auf seinen Stoffwechsel, und indirekt über die Symbionten. Das bedeutet aber eine Herausforderung des Genoms des Phytophagen zu Veränderungen an vielen Stellen im Hinblick auf eine Anpassung bzw. Überwindung der chemischen Barrieren. Das kann für den Organismus energetisch sehr teuer sein und wird daher wahrscheinlich nur relativ langsam vonstatten gehen [1210].

Auf biosynthetischer Grundlage lassen sich die sekundären Pflanzenstoffe mit wenig Ausnahmen in 5 Hauptgruppen einteilen: Phenylpropane, Acetogenine, Terpenoide, Steroide und Alkaloide.

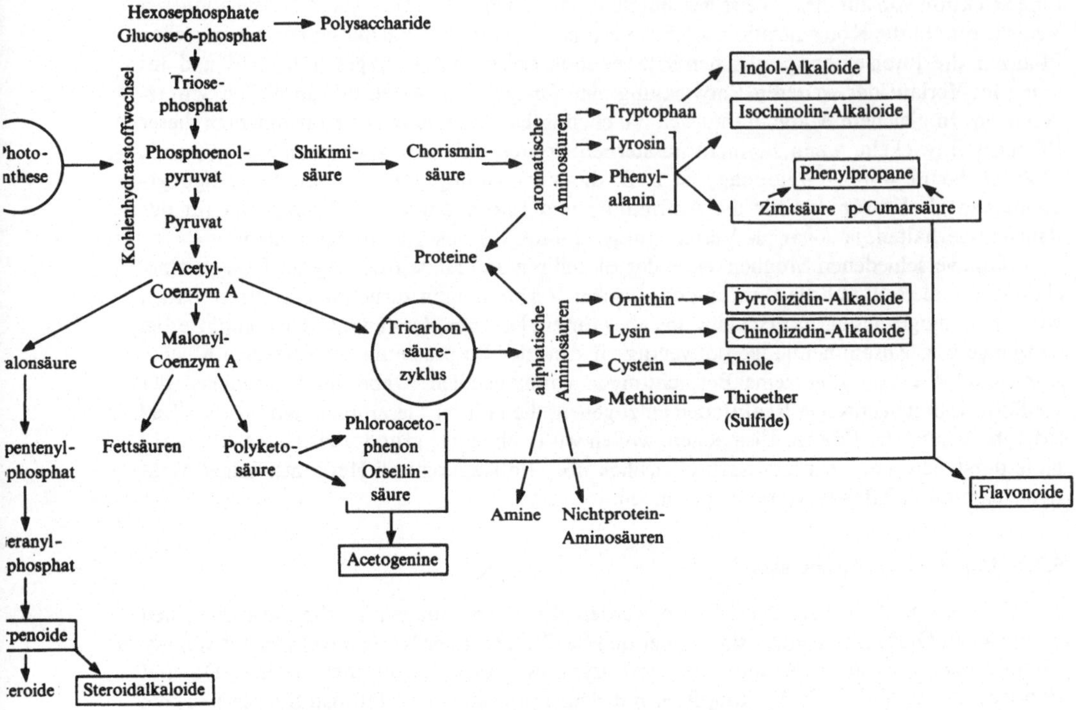

Abb. 17. Schematische Darstellung des Stoffwechsels der Pflanze und der Synthesewege der sekundären Pflanzenstoffe. In Anlehnung an Norris und Kogan 1980.

Phenylpropane

Die Phenylpropane (1) werden in der Pflanze über die Shikimisäure (2) — Chorisminsäure (3) synthetisiert. Dieser Weg ist eine der beiden Möglichkeiten für die Pflanze, aromatische Verbindungen aufzubauen. Über diesen Mechanismus entstehen die aromatischen Aminosäuren L-Tryptophan (4), L-Phenylalanin (5) und L-Tyrosin (6). Die Deaminierung der beiden letzten Verbindungen führt zu den einfachen Phenylpropanen Zimtsäure (7) und p-Cumarsäure (8). Über den Shikimisäure-Weg wird außerdem eine Vielzahl einfacher Phenole gebildet, z. B. die Protocatechu-Säure (9) und die Gallussäure (10). Durch Veresterung der Gallussäure und anderer Phenolsäuren mit Zuckern entstehen die hydrolysierbaren Tannine (vgl. Abb. 18).

Phenole kommen in Pflanzen sehr häufig vor und haben als Allelochemikalien eine große Bedeutung, auch als Resistenzfaktoren gegen Mikroorganismen. Einfache Phenole wie die Vanillinsäure (11) und die p-Hydroxybenzoesäure (12) haben eine Attraktant-Wirkung auf Termiten, ebenso die Ferula- (13) und p-Cumarsäure, die unter dem Einfluß von Basidiomyceten aus Holz freigesetzt werden [128]. Die Zimtsäure und ihre Derivate (Hydro- und Hydroxyzimtsäure, Cumarsäure, Ferulasäure) sind weit verbreitete Verbindungen, die die Pflanze — wie auch andere einfache Phenolsäuren — hauptsächlich zum Aufbau von Stützsubstanz (Lignin) verwendet; sie haben aber auch Allomon- bzw. Kairomonwirkung, besonders als Glycoside. So besitzt z. B. die p-Cumarsäure in Gramineen eine starke Arrestant-Wirkung auf die Larven der Fritfliege (*Oscinella frit*), in etwas geringerem Maße auch die Ferulasäure. Nach Untersuchungen von Heinicke [682] ist bei den Gramineen der Gehalt an Zimtsäuren besonders in jungen Blättern und Halmen hoch, er nimmt mit dem Altern der Pflanze — im Gegensatz zu den einfachen Phenolen — ab. Zur Zeit des Fritfliegenbefalls enthalten diese Pflanzenteile keine Vergällungs- oder Schreckstoffe; die Verteilung der Allelochemikalien stimmt mit dem Minierverhalten der Fliegenmaden überein. Die trans-Zimtsäure fördert die Nahrungsaufnahme von *Scolytus multistriatus* [1210].

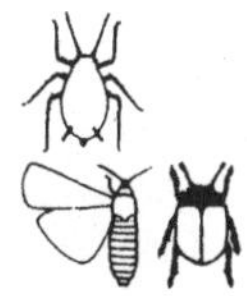

Dagegen senken Alkohole und Aldehyde der einfachen Phenole die Überlebensrate von *Schizaphis graminum* bis zu 80% [1764]. p-Cumarsäure, Kaffeesäure (14) und Chlorogensäure (15) hemmen die Entwicklung dieser Blattlausart stark, andererseits wirken Kaffeesäure auf *Choristoneura fumiferana* und Chlorogensäure auf *Bombyx mori* und *Leptinotarsa decemlineata* als Fraßstimulantien [682].

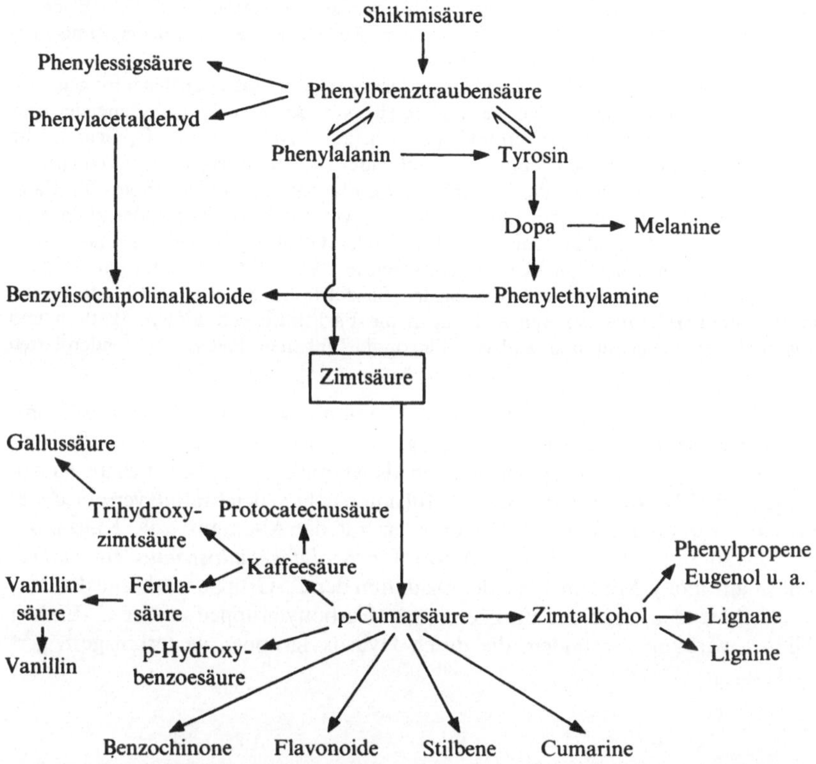

Abb. 18. Übersicht über den Phenylpropan-Stoffwechsel. Nach Schütte 1982.

Aus der cis-o-Cumarsäure entsteht das Lacton Cumarin (145), das eine stark vergällende oder abschreckende Wirkung auf *Oscinella frit*, *Listroderes costirostris obliquus*, *Sitona cylindricollis* und *Epicauta*-Arten hat, während *Hypera postica* angelockt wird [682]. Cumarin ist in Gräsern nur in geringen Mengen vorhanden, es kann sich aber bei Streß, z. B. bei Verletzung der Zellen, anreichern. Nach Heinicke [682] wäre es denkbar, diese Fähigkeit der Pflanze auszunützen und Getreide mit Cumaringehalt zu züchten. Dabei muß allerdings die negative Wirkung des Cumarins auf Säuger berücksichtigt werden.

Flüchtige Phenylpropane verleihen vielen Kräutern und Gewürzen ihren charakteristischen Duft oder Geschmack, z. B. Eugenol (16) der Gewürznelke. Eugenole besitzen im Unterschied zur Zimtsäure einen Propen- statt eines Propansäure-Restes. Sie stimulieren die Eiablage der Möhrenfliege *(Psila rosae)* und dienen *Dacus dorsalis*, *D. diversus*, *D. zonatus* und *D. ferrugineus* als Attraktant [1687].

Acetogenine

Verbindungen dieser Gruppe setzen sich aus Acetyl- (17) bzw. Malonyl-Coenzym-A-Einheiten (18) zusammen. (Auf dem gleichen Weg werden die Fettsäuren synthetisiert.) Zunächst entsteht eine lineare Kette aus abwechselnd Keto- (CO-) und Methylen-(CH_2-)Gruppen, d. h. eine Polyketosäure

(19). Die Vertreter der Gruppe der Acetogenine werden deshalb auch als Polyketide bezeichnet. Diese in der Pflanze frei nicht vorkommende Kette stabilisiert sich durch Zusammenschluß der C-Atome 1 und 6 (ergibt Phloroacetophenon (20)) bzw. 2 und 7 (ergibt Orsellinsäure (21)), d. h., es wird ein Benzolring gebildet. Dieser Mechanismus (Acetat-, Polyketon-Weg) und der bereits beschriebene Weg über die Shikimisäure sind offensichtlich die einzigen Möglichkeiten in der Natur, aromatische Verbindungen zu synthetisieren [1862].

Außer der Essig- oder der Malonsäure können auch noch andere Carbonsäure-CoA-Ester als Startermolekül für die Bildung einer Polyketosäure dienen. Beginnt die Kette mit der Zimtsäure, so entstehen daraus Flavonoide und Stilbenderivate (22).

Flavonoide bestehen aus einem C_6—C_3—C_6-Grundgerüst (23), d. h. aus zwei Benzolringen, von denen der eine (A) über den Polyketon-Weg, der andere (B), von der Zimtsäure stammende, über den Shikimisäure-Weg synthetisiert wird. Verbunden sind beide Ringe durch eine C_3-Gruppe, die meist in Form eines Pyran-Ringes (24) mit dem A-Ring verbunden ist. Durch verschiedene Oxidationszustände dieses Grundgerüstes entstehen die Flavanone (26), Flavone (27), Flavanonole (28), Catechine (29), Flavonole (30a), Anthocyanidine (36) u. a. Meist liegen die Flavonoide in der Pflanze als Glycoside vor, d. h., sie sind als Aglycone mit Mono- oder Oligosacchariden verbunden. Die verschiedenartigen Glycosidierungsmöglichkeiten zusammen mit Variationen in Zahl und Stellung von Hydroxyl-, Acyl- und Alkylgruppen an den beiden Benzolringen ergeben eine breite Palette von Flavonoidstrukturen. (Hierher gehören z. B. auch die Farbstoffe von Blüten, Blättern und Früchten.) Polymere von Catechin und anderen Flavonoid-Einheiten bilden die kondensierten Tannine.

Eine ganze Reihe von Flavonoiden sind für ihre Allomonwirkung auf Insekten bekannt. Quercetin (31) ist ein Beispiel für eine Verbindung, die — wie viele sekundäre Pflanzenstoffe — auf Insekten aus verschiedenen Ordnungen als Allomon, z. T. aber auch als Kairomon wirken kann (Tab. 12). Norris und Kogan [1210] untersuchten den Einfluß verschiedener Substituenten und Oxidationsstufen von Flavonoiden auf die Allomon- bzw. Kairomonwirkung. Das Flavan-3-ol (D-Catechin (29)) war für *Scolytus multistriatus* ein starkes Fraß-Stimulant (Kairomon). Mit zunehmender Oxidation der C_3-Gruppe wechselte die Wirkung in einen zunehmenden Grad der Fraßhemmung. Carbonylgruppen an der C_3-Einheit waren mit Allomonwirkung verbunden, die durch Hydroxylgruppen weiterhin gesteigert wurde.

Tabelle 12
Beispiele für Flavonoide und ihren Einfluß auf die Beziehungen zwischen Pflanzen und Arthropoden. Nach Norris und Kogan [1210].

pflanzliche Quelle	Flavonoid	reagierende Arthropodenart	Wirkung
Gossypium spp.	Quercetin (31)	*Anthonomus grandis*	Fraß-Stimulant stimuliert Larvenentwicklung
		Pectinophora gossypiella	reduziert Entwicklung
		Heliothis zea	reduziert Entwicklung
		Heliothis virescens	reduziert Entwicklung
		Schizaphis graminum	reduziert Entwicklung
Quercus macrocarpa		*Scolytus multistriatus*	Fraß-Hemmer
	Myristicin (116)	*Bombyx mori*	Wachstums-Hemmer
	Morin (34)	*Bombyx mori*	Fraß-Auslöser
		Heliothis virescens	reduziert Entwicklung

Als Beispiel für Flavonoide, die in der Pflanze in glycosidischer Bindung vorliegen, sollen hier nur zwei genannt werden: das Flavonglycosid Maysin (35) (beeinflußt das Wachstum

von *Heliothis zea*, vgl. 6.2.2.4.), und das Flavonolglycosid Kaempferol (30) (Fraß-Stimulant für *Phyllotreta armoraciae*, vgl. 6.2.2.4.).

Tannine werden vielfach als Substanzen angesehen, die Proteine aus wäßrigen Lösungen ausfällen, zu Komplexen binden und damit der Verwendung als Nährstoff entziehen. Mit dieser Eigenschaft begründet Feeny [465] die Reduzierung des Wachstums von Larven des Kleinen Frostspanners *(Operophthera brumata)*, wenn er sie mit Eichenblättern fütterte. Andere Autoren fanden keine Beziehungen zwischen dem Tanningehalt der Pflanzen und den sich von ihnen ernährenden Phytophagen. Chan et al. [248] isolierten aus Baumwolle ein kondensiertes Tannin, das zwar das Wachstum von *Heliothis virescens* hemmte, aber nicht nur durch Komplexbindung der Proteine im Darmtrakt. Offensichtlich kommt noch ein Hemm-Mechanismus bei der Nahrungsaufnahme dazu.

Terpene (Terpenoide) und Steroide

Die Biosynthese von Verbindungen dieser Gruppe geht — wie bei den Acetogeninen — von Acetyl-CoA (17) aus; durch Kondensation von 3 derartigen Molekülen entsteht zunächst die Mevalonsäure (42). Decarboxylierung und Dehydrierung der Mevalonsäure führen zu einer Isopren-Einheit (43). Diese Verbindung kommt frei nicht vor, sondern in Form von Isopentenylpyrophosphat (44), als „aktives“ Isopren. Isopentenylpyrophosphat steht im Gleichgewicht mit Dimethylallylpyrophosphat (45), das als Starter für Polykondensationsreaktionen dient. Aus diesen beiden Verbindungen entsteht Geranylpyrophosphat (46), die Muttersubstanz der Monoterpene (C_{10}). Durch Kopf-Schwanz-Kondensation mit weiteren Isopren-C_5-Einheiten werden Sesquiterpene (C_{15}), Diterpene (C_{20}), Triterpene (C_{30}) und Tetraterpene (C_{40}) aufgebaut. Aus 2 Farnesoleinheiten (= 6 Isopren-Gruppen) (48) entsteht Squalen (50). Über diese azyklische Verbindung läuft die Biosynthese aller zyklischen Triterpene. Ihnen liegt das Sterangerüst (51) zugrunde, deshalb bezeichnet man diese Verbindungen auch als Steroide. Viele Terpen- und Steroidalkohole kommen in der Natur als Glycoside vor, dazu gehören z. B. auch die Saponine. Die glycosidischen Bindungen sowie verschiedene Möglichkeiten der Ringbildung und der Einführung funktioneller Gruppen ergeben eine außerordentliche Vielfalt von Terpenverbindungen. Abbildung 19 gibt einen Überblick über die biosynthetischen Beziehungen von Pflanzenterpenen [184, 1529].

In fast allen höheren Pflanzen sind ein oder mehrere Terpene vertreten. Monoterpene sind beispielsweise die Hauptkomponenten der ätherischen Öle (vgl. 6.2.2.1.). Wie aus der Tabelle 13 ersichtlich ist, hat jede Verbindung mindestens eine zweifache Funktion als Signalreiz (Repellent, Attraktant, Deterrent, Arrestant). Auch Sesquiterpene treten in ätherischen Ölen auf. So ist z. B. das α-Farnesen (49) der Äpfel für den Apfelwickler *(Cydia pomonella)* ein Attraktant und Eiablage-Stimulant [1719], Farnesol (48) dagegen ein wirksames Fraß-Deterrent für die Larven des Schwammspinners *(Lymantria dispar)* [392]. Das Minzen-Terpen Pulegon (54) wirkt auf *Spodoptera frugiperda* nicht nur als Fraß-Deterrent, sondern ist auch giftig für diese Art. Für die nahe verwandte Art *S. eridania* ist es weder Fraß-Deterrent noch Gift. Bereits geringste Zusätze (0,01%) von Pulegon zu einer künstlichen Nahrung reduzieren außerdem die Eiproduktion von *S. frugiperda*. Damit wird ein Mechanismus der Natur deutlich, der durch winzige Mengen einer Allelochemikalie die Vermehrungskapazität eines Phytophagen nicht drastisch, aber so weit senken kann, daß eine fortgesetzte Koexistenz beider Partner möglich ist [184].

Die Terpene besitzen hinsichtlich ihrer Allomonwirkung eine umfangreiche Palette von Angriffspunkten: Verhalten der Insekten bei der Nahrungsaufnahme und der Eiablage, Sinnesphysiologie, Stoffwechsel, Endokrinologie. Sie sind in Abhängigkeit von ihrem Oxidations- und Glycosidierungsstatus mehr oder weniger lipophile Verbindungen und besitzen deshalb eine hohe Potenz zu toxischen Eingriffen in grundlegende biochemische und physiologische Prozesse von Phytophagen. Die Toxizität für ein Insekt muß dabei nicht mit einer Giftwirkung auf Säuger gekoppelt sein. So sind z. B. die Pyrethrine (52) für Insekten hoch giftig, aber nicht für Säuger, so daß sie als selektive Insektizide verwendet werden können.

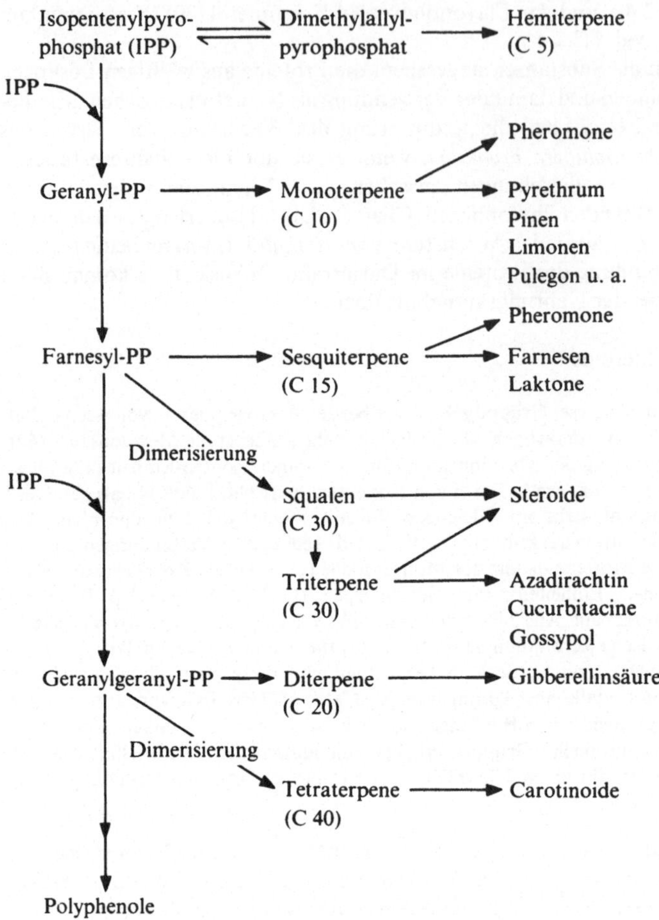

Abb. 19. Biosynthetische Beziehungen von Pflanzenterpenen. Nach Schütte 1982 und Brattsten 1983.

Tabelle 13
Beispiele für Pflanzenterpene und ihren Einfluß auf die Beziehungen zwischen Pflanzen und Arthropoden. Nach Norris und Kogan [1210].

pflanzliche Quelle	Terpen	reagierende Arthropodenart	Wirkung
Pinus silvestris	α-Pinen (58)	*Blastophagus piniperda*	Repellent
	3-Caren (59)	*Blastophagus piniperda*	Repellent
Pinus taeda	α-Pinen (58)	*Dendroctonus frontalis*	Attraktant
	3-Caren (59)	*Dendroctonus frontalis*	Attraktant
Pinus ponderosa	α-Pinen (58)	*Dendroctonus brevicomis*	Attraktant
	3-Caren (59)	*Dendroctonus brevicomis*	Attraktant
Gossypium hirsutum	Gossypol (67)	*Heliothis* spp.	Deterrent
		Epicauta spp.	Fraß-Deterrent
		Anthonomus grandis	Fraß-Stimulant

Cucurbitaceae	Cucurbitacin (68)	*Tetranychus urticae*	Fraß-Deterrent
		Acalymma spp.	Arrestant, Fraß-Excitant
		Diabrotica spp.	Arrestant, Fraß-Excitant

Alkaloide

Die Alkaloide sind — wie auch andere Allelochemikalien — Endprodukte des sekundären Stoffwechsels, sie unterliegen deshalb in der Pflanze keinem nennenswerten Abbau und häufen sich an, weil der Pflanze Ausscheidungsorgane fehlen. Die hier einzuordnenden Verbindungen werden nicht wegen ihres gemeinsamen Ursprungs im Pflanzenstoffwechsel in einer Gruppe zusammengefaßt, sondern weil sie basische Verbindungen sind, die alle ein oder mehrere, meist heterozyklisch eingebaute Stickstoffatome enthalten und im allgemeinen salzartig an Pflanzensäuren gebunden vorliegen. Man kann die Alkaloide in 3 Gruppen einteilen:

— **Pseudoalkaloide:** Verbindungen, die nicht über die Wege des Metabolismus der Aminosäuren und der biogenen Amine entstehen: Diterpen- und Steroid-Alkaloide.

— **Protoalkaloide:** Verbindungen, die über den Metabolismus biogener Amine synthetisiert werden, aber keine heterozyklische Ringstruktur besitzen.

— **Echte Alkaloide:** Verbindungen mit heterozyklischer Ringstruktur.

Die Pflanze nutzt also zwei Wege zur Synthese von Alkaloiden, die in 15—20% aller Gefäßpflanzen vorkommen: den Weg über Isopreneinheiten und den Weg über die Bildung von Aminosäuren und biogenen Aminen (vgl. Abb. 20, S. 157).

Der Ursprung der Protoalkaloide und der echten Alkaloide aus relativ wenig Aminosäuren erlaubt ihre Einteilung in 3 große Gruppen [1862]:

Die erste Hauptgruppe wird von den aliphatischen Aminosäuren Ornithin (70) und Lysin (71) abgeleitet. Sie liefern auch den heterozyklischen Stickstoff. Aus der Bindung von Nicotinsäure (72) an Ornithin bzw. Lysin entstehen Nicotin (75) bzw. Anabasin (77). Die Kombination von 2 Ornithin-Einheiten führt zu den Pyrrolizidin-Alkaloiden (73) (z. B. Monocrotalin (78)). Aus 2 Lysin-Einheiten entstehen die Chinolizidin-Alkaloide (74) wie die Lupinen-Alkaloide Lupinin (79), Spartein (80) und Cytisin (81).

Nicotin ist in *Nicotiana*-Arten gegen viele Insekten als Allomon wirksam. Seine insektiziden Eigenschaften wurden als eines der ersten organischen Pestizide weit verbreitet in der Landwirtschaft genutzt. Wie viele Alkaloide wirkt Nicotin auf das Nervensystem, aber auch als Magengift. Die auf Alkaloiden beruhende Resistenz hat jedoch, wie bereits mehrfach im Zusammenhang mit anderen Allelochemikalien erwähnt, ihre Grenzen: *Manduca sexta* hat sich an dieses Allomon angepaßt und kann pflanzliches Substrat mit beachtlichem Alkaloidgehalt nutzen.

Die zweite Hauptgruppe leitet sich von Phenylalanin (82) und Tyrosin (83) ab. Durch Kondensation dieser beiden aromatischen Aminosäuren (eine als Amin-, die andere als Aldehydmolekül) entstehen die Isochinolin-Alkaloide (84) wie Papaverin (86), Morphin (87) u. a. Aus Tyrosin ist auch das Protoalkaloid Hordenin (85) abzuleiten.

Die dritte Hauptgruppe, die Indol-Alkaloide (90), geht auf das Tryptophan (88) zurück. Sein Indolkern (89) ist in einer Reihe von Alkaloiden wie z. B. beim Gramin (91) zu finden. Gramin und Hordenin sind in jungen Gerstenpflanzen in hoher Konzentration vorhanden, sie nehmen aber mit dem Alter der Pflanze rasch ab. *Melanoplus bivittatus* wird durch beide Alkaloide abgeschreckt [653].

Aus der Gruppe der Pseudoalkaloide (Terpen- und Steroid-Alkaloide) sind insbesondere die Alkaloide der Solanaceen wie das Solanidin (94), das in glycosidischer Bindung als Solanin (95) in den Pflanzen dieser Familie vorkommt, ebenso wie Tomatin (97) und Demissin (98) hervorzuheben. Diese Alkaloide haben z. B. auf den Kartoffelkäfer *(Leptinotarsa decemlineata)* eine abschreckende Wirkung (vgl. 6.2.2.4.), auf den Fraß der Adulten wie auch der Larven, sie hemmen auch das Wachstum der Larven [933].

Es gibt noch weitere sekundäre Pflanzenstoffe, die sich nicht in die genannten Hauptgruppen einordnen lassen. Dazu gehören z. B. schwefelhaltige Verbindungen wie die Thiole (Mercaptane: R-SH) und Sulfide (Thioether: $R—S—R_1$), die aus schwefelhaltigen Aminosäuren gebildet werden (z. B. L-Cystein (100) oder L-Methionin (101)). In der Pflanze liegen sie als Glycoside vor: Sinigrin (111) ist z. B. ein Senföl-Glucosid und kommt nur in Pflanzen aus der Familie der Cruciferen und weniger anderer Familien vor. Werden die Pflanzenzellen verletzt, beispielsweise durch Fraß eines Phytophagen, hydrolysiert das Enzym Myrosinase dieses Glucosid, so daß das Senföl Allylisothiocyanat (110) freigesetzt wird (vgl. 6.2.2.4.).

Für die Resistenz von Pflanzen gegen Phytophage haben ferner Nichtprotein-Aminosäuren als Protease-Hemmer eine Bedeutung. Sie werden über den Aminosäure-Peptid-Weg synthetisiert (vgl. Abb. 20). Viele Protease-Hemmer sind kleine Proteine mit einem geringen Molekulargewicht, aber auch Phenole und andere Aglycone können die Aktivität von Proteasen hemmen. Die meisten dieser Verbindungen hat man aus Leguminosen, insbesondere ihren Samen, isoliert.

So hemmen beispielsweise drei Proteinfraktionen aus den Samen der Sojabohne stark das Wachstum der Larven von *Tribolium castaneum* [995]. Weitere Hemmer proteolytischer Enzyme der Insekten wurden aus Weizen und der Limabohne isoliert [62]. Walker-Simons und Ryan [1830] konnten nachweisen, daß bei Beschädigung von Kartoffel- oder Tomatenblättern durch die Larven des Kartoffelkäfers (*Leptinotarsa decemlineata*) oder durch mechanische Eingriffe die schnelle Anhäufung von Hemmstoffen verschiedener Proteasen ausgelöst wird; diese Akkumulation wiederum wird von einem Faktor veranlaßt, der sich schnell in der Pflanze ausbreitet (vgl. 8.4.4.).

Die Nichtprotein-Aminosäure L-Canavanin (115) wurde aus den Samen der Leguminose *Dioclea megacarpa* isoliert [1450]. Sie hatte Allomonwirkung auf mehrere getestete Insekten (z. B. *Manduca sexta* und *Prodenia eridania*); die Larven des Samenkäfers *Caryedes brasiliensis* dagegen können die Verbindung in ihrem Stoffwechsel verarbeiten und sich ausschließlich von diesen Samen ernähren.

Abschließend wollen wir noch die bereits mehrfach erwähnten Glycoside im Zusammenhang betrachten. Sie bestehen aus zwei Komponenten, einem Zucker und dem Aglycon. Die Zuckerkomponente ist meist ein in der Pflanze allgemein vorkommendes Monosaccharid, hauptsächlich Glucose. Das Aglycon kann auf verschiedenen Wegen in der Pflanze synthetisiert werden, es ist in der Mehrzahl der Fälle den Phenolen zuzurechnen. Aber auch Cyanohydrine und Isothiocyanate können als Aglycone an Zucker gebunden auftreten. Die glycosidische Bindung erlaubt es offenbar der Pflanze, das oft hoch giftige Aglycon sicher und abseits des primären Stoffwechsels zu speichern. Wird die Pflanze von einem Herbivoren angegriffen, der z. B. ihre äußeren Zellen verletzt, so kann sie über oxidative und hydrolytische Enzyme beträchtliche Mengen von Aglyconen aus den Glycosiden freisetzen. Aglycone sind immer dann beteiligt, wenn es um die Wahrnehmung von Duftstoffen geht. Bei der Nahrungsaufnahme oder der Verdauung aufgenommenen Pflanzengewebes können auch die intakten Glycoside als Allomone eine Rolle spielen; die grundlegende Aktivität der Allelochemikalien scheint jedoch mit den Aglyconen verbunden zu sein [1210].

6.2.2. Resistenzmechanismen der Allelochemikalien

Den komplexen Vorgang der Wirtswahl haben wir bereits unter 4. erläutert; man kann ihn in die fünf Hauptstufen Auffinden des Wirtshabitats, Wirtsfindung, Wirtserkennung, Wirtsannahme und Wirtseignung unterteilen [905]. Die entsprechenden Aktivitäten des Phytophagen bestehen in der Orientierung, die insbesondere die ersten drei Stufen beherrscht, in der Nahrungsaufnahme, die im Falle einer positiven Entscheidung im Verlauf der letzten beiden Stufen erfolgt, und in der Eiablage. Zwischen dieser und der Nahrungsaufnahme besteht insofern eine enge Beziehung, als das Insektenweibchen mit der Eiablage weitgehend die Nahrung für die Larven vorbestimmt. Die aus den Eiern schlüpfenden Larven sind im allgemeinen nicht in der Lage, größere Entfernungen bis zum Auffinden einer geeigneten Wirtspflanze zurückzulegen. Ihr Überleben hängt also weitgehend von der „vorausschauenden" Auswahl der Eiablagestelle durch das Weibchen ab.

Jeder Schritt, jede Phase dieser Vorgänge wird unter maßgeblicher Beteiligung chemischer Signale vermittelt und gesteuert. Die Pflanzen sind für phytophage Organismen fast immer entweder attraktiv oder abstoßend, aber kaum einmal neutral [362]. Dabei kommt zweifellos den Allelochemikalien eine große Bedeutung zu; aber auch die im primären Stoffwechsel der Pflanze synthetisierten Verbindungen, die eigentlichen Nährstoffe, spielen durchaus eine wesentliche Rolle unter den Resistenzeigenschaften einer Pflanze, hauptsächlich in der letzten Stufe der Wirtswahlaktivitäten.

Wir wollen nun versuchen, in der Reihenfolge den Einfluß von Allelochemikalien darzustellen, in der ein Phytophage sich im Verlauf der Wirtswahl mit ihnen auseinandersetzen muß. Bei der Vielfalt der Allelochemikalien und ihrer komplexen Wirkung werden auch hier Überschneidungen unvermeidlich sein.

6.2.2.1. Allelochemikalien mit Fernwirkung

Allelochemikalien mit Fernwirkung können bereits bei der Auffindung des Wirtshabitats eine Rolle spielen, indem sie die lokomotorische Aktivität des Phytophagen in eine bestimmte Richtung lenken. Sie sind weiterhin insbesondere für die Wirtsfindung und auch für die Wirtserkennung wichtig und damit insgesamt ausschlaggebende Elemente der Orientierung. An diesem Vorgang sind gewöhnlich Kairomone beteiligt. Resistenz gegen Phytophage kann darauf zurückzuführen sein, daß in der Pflanze das Kairomon, an das der Angreifer angepaßt ist, nicht in der erforderlichen Konzentration vorliegt, daß es durch antagonistische Verbindungen gehemmt oder blockiert wird, oder daß Kairomone überhaupt fehlen und nur Allomone vorhanden sind. Das trifft ebenso zu für Resistenz gegen Nahrungsaufnahme und Eiablage, d. h. auf chemische Mechanismen, die erst nach engerem Kontakt mit der Pflanze wirksam werden. Dabei ist allerdings bei den flüchtigen Allelochemikalien oft nicht zwischen Fern- und Nah- (bzw. Kontakt-)wirkung zu unterscheiden.

Viele Insekten werden durch flüchtige Verbindungen bereits aus größerer Entfernung angelockt und so zum Wirtshabitat geleitet. Die Antennen adulter Phytophagen sind mit einer großen Anzahl von Geruchssensillen besetzt, so daß sie in der Lage sind, bereits winzige Konzentrationen von Duftstoffen wahrzunehmen, die ihnen mit der Luftströmung zugetragen werden. Aber auch Larven besitzen Sensillen (z. B. bei Lepidopterenlarven auf den Maxillarpalpen), denen auf Grund ihrer Struktur eine Geruchsfunktion zuzuschreiben ist [1816].

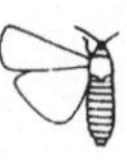

Eine Hauptklasse flüchtiger Pflanzenstoffe sind die ätherischen Öle. Sie bestehen aus einer komplexen Mischung, an der Terpene, Phenylpropan-Derivate und eine Anzahl von Estern, Alkoholen, Aldehyden, Ketonen und Kohlenwasserstoffen beteiligt sein können.

Der von grünen Blättern ausgehende Duft ist aus vielen flüchtigen Verbindungen zusammengesetzt. Den Hauptteil bilden Kohlenwasserstoffe mit einer geraden Kette aus 6 C-Atomen mit den entsprechenden gesättigten und ungesättigten Alkoholen, Aldehyden und den davon abgeleiteten Acetaten [1818]. Diese Duftkomponenten stammen aus dem oxidativen Abbau der Fettsäuren (z. B. Linol-(118) und Linolensäure (119)) im Blatt. Die Pflanzenarten unterscheiden sich in der Zusammensetzung ihrer Blattduftmischungen. So ist z. B. die vorherrschende Komponente in der Luft über Blumenkohlblättern cis-3-Hexenylacetat (120), bei der reifen Kartoffelpflanze überwiegt cis-3-Hexen-1-ol (121), gefolgt von cis-3-Hexenylacetat, trans-2-Hexenal (122) und trans-2-Hexen-1-ol (123).

Der Kartoffelkäfer reagiert auf die Geruchsstoffe seiner Wirtspflanze, der Kartoffel, durch Ausrichtung seiner Bewegungen in Richtung auf die Duftquelle hin und durch Beschleunigung dieser Bewegungen. Solche Reaktionen lösen auch andere Solanaceen aus, z. B. *Nicotiana tabacum*, *Petunia hybrida* und *Solanum niger*, die nicht zu den Wirtspflanzen des Kartoffelkäfers zählen. Pflanzenarten, die nicht zu den Solanaceen gehören, üben keine anlockende Wirkung auf den Käfer aus. Er ist also in der Lage, schon aus einiger Entfernung zwischen Solanaceen und anderen Pflanzen zu unterscheiden und kann so seine weitere Suchtätigkeit auf den Abschnitt der Vegetation beschränken, in dem Wirtspflanzen vorkommen. Durch eine Veränderung im Verhältnis der Konzentrationen der Duftkomponenten wird auch die chemische „Botschaft" verändert; eine Erhöhung des Anteils an trans-2-Hexen-1-ol (123) oder an trans-2-Hexenal (122) z. B. schaltet die gerichtete Bewegung des Kartoffelkäfers ab [1817]. Die spezifischen Verbindungen, an denen die Tiere ihren Wirt innerhalb der Solanaceen erkennen, sind jedoch noch nicht bekannt.

Die Blatt-Geruchsstoffe bestehen nicht nur aus den genannten Alkoholen und Aldehyden. Relativ gut untersucht sind die Verhältnisse bei den Dipteren. Hier hat man bereits ziemlich früh die Beteiligung ätherischer Öle an der Wirtsfindung erkannt, die für diese Insekten bei der Auswahl der Eiablagestelle besonders wichtig zu sein scheinen. Methyleugenol dient z. B. als Attraktant für die Orientalische Fruchtfliege (*Dacus dorsalis*) [736]; Hexanal und die aus der Wachsschicht von Möhrenblättern isolierten Verbindungen trans-Methylisoeugenol und trans-Asaron (117) wirken in gleicher Weise auf die Möhrenfliege (*Psila rosae*) [1671]. Die anlockende Wirkung spezifischer Schwefelverbindungen (n-Propylmerkaptan (104), Dipropyldisulfid (105)) auf die Zwiebelfliege (*Delia antiqua*) ist ebenfalls schon lange bekannt; sie sind gleichzeitig auch Stimuli für die Eiablage [1091]. Die maximalen Reaktionen der Tiere werden aber hier wie auch bei der Kirschfruchtfliege (*Rhagoletis cerasi*) nur von einer Kombination chemischer Reize mit optischen und taktilen Signalen erreicht [987].

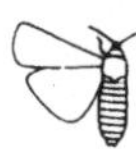

In einigen ätherischen Ölen wurden Senföle gefunden, die als Hydrolyseprodukte aus Senföl-Glycosiden entstehen (z. B. Sinigrin (111)). Sie sind an der Lokalisierung von Brassicaceen als Wirtspflanzen bei einigen Insekten wie *Pieris rapae* und *P. brassicae* beteiligt [808].

Die gesonderte Abhandlung der Allelochemikalien mit Fernwirkung soll nicht zum Ausdruck bringen, daß diese Verbindungen nicht auch dann auf einen Organismus wirken könnten, wenn er sich — wie z. B. Insektenlarven — in engem Kontakt mit der Pflanze befindet. (Wir hatten bereits erwähnt, daß beispielsweise Schmetterlingslarven olfaktorische Sinneszellen besitzen.) Es ist problematisch, einer Einteilung chemischer Pflanzenstoffe ihre Reichweite, d. h. Fern- oder Kontaktwirkung, zugrunde zu legen, zumal dieselbe Verbindung auf olfaktorische wie auch gustatorische Sinneszellen, als Duftstoff auf Entfernung wie auch als Geschmacksstoff bei Kontakt, wirken kann. Im Hinblick auf die ausgelösten Reaktionen sind Attraktantien, Repellentien und viele Incitantien olfaktorische Substanzen, während Stimulantien und Deterrentien gewöhnlich den gustatorischen Verbindungen zuzurechnen sind [127].

Ehe wir näher auf die Allelochemikalien mit Kontaktwirkung eingehen, wollen wir uns mit den Resistenzmechanismen befassen, die bei Nematoden zur Wirkung kommen, ehe die Tiere in die Pflanze eindringen oder in engeren Kontakt zu ihr treten, d. h. in einem Abschnitt der Wirt-Parasit-Beziehungen, der vor der Infektion liegt.

6.2.2.2. Allelochemikalien und präinfektionelle Resistenz bei Nematoden

Verschiedene Pflanzenarten scheiden Substanzen über ihre Wurzeln aus, die repellent oder toxisch auf pflanzenparasitäre Nematoden wirken. Einige davon besitzen eine gewisse Fernwirkung, z. B. die Wurzelexsudate, die den Larvenschlupf bei zystenbildenden Nematodenarten hemmen können. Schreiber und Sembdner [1525] bezeichnen derartige Substanzen als „Antischlüpfstoffe", sie werden z. B. von *Nicotiana tabacum*, *Physalis philadelphica*, *Datura metel* und *Solanum atropurpureum* gebildet.

Es ist eine Anzahl weiterer Verbindungen bekannt, bei deren Wirkung auf die Nematoden nicht immer eindeutig zwischen repellent oder toxisch unterschieden werden kann, vielfach gehen beide Wirkungsweisen ineinander über. Da wir den Wirkungsmechanismus im einzelnen nicht kennen, können wir auch nicht mit Bestimmtheit sagen, daß alle im folgenden genannten Substanzen in Verbindung mit einer Resistenz stehen. Weil mit ihrem Vorkommen aber eine Reduktion der Populationsdichte der Nematoden im Boden und damit eine Befallsminderung bzw. -verhinderung verbunden sind, können wir sie doch den Mechanismen zuordnen, die eine präinfektionelle Resistenz bedingen.

Wurzelausscheidungen, die repellent oder toxisch auf Nematoden wirken, enthalten insbesondere Thienylderivate, Alkaloide und Phenole. Schon seit längerem ist bekannt, daß wachsende *Tagetes*-Pflanzen α-Terthienyl (108) produzieren, welches toxisch auf verschiedene Nematoden wirkt [1779]. Besonders empfindlich reagieren *Pratylenchus*-Arten. So konnte die Verseuchungsdichte von *P. penetrans* durch *Tagetes erecta* im dreijährigen Durchschnitt auf unter 10% der Ausgangsdichte, durch *T. patula* sogar auf 1,4% reduziert werden, während unter dem Einfluß von Ackerbohnen die Populationsdichte um mehr als das 15fache anstieg [347]. Terthienyle wurden auch noch in anderen Kompositen gefunden. Interessant ist, daß ihre Wirkung durch UV-Strahlen aktiviert wird.

Eine nematizide (und insektizide) Wirkung geht auch vom „Neem"-Baum (*Azadirachta indica*) aus, der überall in den Tropen als Schattenspender kultiviert wird. Er enthält mehrere toxische Substanzen (Azadirachtin (152), Nimbidin, Thionemon), deren Wirkung ungleich stärker ist als die der Terthienyle. Sie erfassen nicht nur Vertreter der wandernden Wurzelnematoden (*Hoplolaimus*, *Holicotylenchus*, *Tylenchorhynchus*), sondern auch sedentäre Wurzelnematoden (*Meloidogyne*, *Rotylenchus*).

Nematizid wirkende Substanzen scheiden ferner *Asparagus*-Wurzeln aus (Asparagusinsäure), die auf eine Vielzahl pflanzenparasitärer Nematodenarten wirken (*Trichodorus*, *Paratrichodorus*, *Pratylenchus*, *Globodera*, *Meloidogyne*) [600]. Die zu den Alkaloiden gehörenden Verbindungen Physostigmin (aus der Calabarbohne *Physostigma venenosum*) und Monocrotalin (78) (ein Pyrrolizidin-Ester aus *Crotalaria spectabilis*) sind toxisch für *Ditylenchus dipsaci* bzw. *Meloidogyne*-Arten; das zu den Phenolen gehörende Pyrocatechol aus den Wurzeln von *Eragrostis curvula* wirkt nematizid auf *Longidorus*-Arten, die Diterpene Odoratin und Odoracin aus den Wurzeln von *Daphne odorata* auf *Aphelenchoides besseyi*.

Eine Repellentwirkung zeigten z. B. Cucurbitacin (68), ein Triterpenoid aus den Wurzeln bitterer Gurken, auf *Meloidogyne incognita* sowie Polyacetylen-Substanzen aus *Carthamus tinctorius* auf *A. besseyi*. Diese Polyacetylene wirkten auch nematizid, denn mit 1 ppm wurden innerhalb von 48 h 95% der Nematoden abgetötet [1798].

Nachdem der Phytophage unter maßgeblicher Beteiligung von flüchtigen Allelochemikalien (olfaktorische Orientierung) zu seiner Wirtspflanze geleitet wurde, versucht er, zum Zweck der Eiablage oder der Nahrungsaufnahme den Kontakt mit ihr aufzunehmen. Wie wir bereits unter 6.1.2. ausführten, haben die Pflanzen verschiedene morphologisch-physikalische Mechanismen entwickelt, die diesen Vorgang erschweren und der Pflanze damit Resistenzeigenschaften verleihen. Dabei spielen Pflanzenhaare eine wichtige Rolle, die nicht nur auf einer physikalisch begründeten Behinderung, sondern auch in der Kombination mit Allelochemikalien beruhen kann und die wir dann als Drüsenhaare bezeichnen.

6.2.2.3. Allelochemikalien der Drüsenhaare

Drüsenhaare sind bei Gefäßpflanzen weit verbreitet; sie unterscheiden sich morphologisch wie auch chemisch hinsichtlich der Stoffe, die sie produzieren. Die chemische Aufklärung dieser Substanzen wird insbesondere durch ein methodisch-technisches Problem behindert, das die Extraktion betrifft. Gewöhnlich wird das Blatt als Ganzes verarbeitet, so daß der

Nachweis einer für die Trichome spezifischen Verbindung nicht möglich ist. Bei der Untersuchung von Resistenzmechanismen ist aber die Lokalisierung einer bestimmten toxisch oder anderweitig wirksamen Substanz genauso wichtig wie der Nachweis ihres Vorhandenseins oder Fehlens. Hohe Konzentration einer giftigen Verbindung in einem Pflanzenteil, den der Schädling nicht oder erst in einem späten Larvenstadium erreicht, wird einen minimalen Einfluß auf die Resistenz dieser Pflanze haben. Dagegen kann eine toxische Verbindung in geringer Konzentration, aber an einer spezifischen Stelle, an der das Insekt in einem frühen Larvenstadium frißt, die Pflanzenresistenz stark beeinflussen [1696].

Drüsenhaare mit bewegungshemmenden bzw. -verhindernden Ausscheidungen

Drüsenhaare, die in dieser funktionellen Gruppe zusammengefaßt sind, scheiden klebrige, gummi- oder leimartige Substanzen aus. Sie verkleben Extremitäten oder Mundwerkzeuge der mit ihnen in Berührung kommenden Arthropoden und hemmen bzw. verhindern damit Ortsbewegung oder Nahrungsaufnahme. Für klebrige Blattausscheidungen sind insbesondere *Solanum*- und *Nicotiana*-Arten bekannt.

Einige Wildkartoffel-Arten (*Solanum berthaultii, S. polyadenium* und *S. tarijense*) besitzen Drüsenhaare, die Resistenz gegen Blattläuse bewirken. Bei allen 3 genannten Arten kommen Drüsenhaare vor, die durch einen kurzen Stiel und einen vierlappigen Kopf charakterisiert sind (Typ A). *S. berthaultii* weist zusätzlich längere, mehrzellige Drüsenhaare mit einem kleinen, eiförmigen Kopf auf (Typ B). Nach mechanischer Zerstörung des Drüsenkopfes durch die Blattlaus tritt eine anfangs klare, wasserlösliche Flüssigkeit aus, die unter dem Einfluß von Luftsauerstoff zu einer braunschwarzen, unlöslichen phenolartigen Verbindung oxidiert. Diese Substanz verklebt die Extremitäten und Mundwerkzeuge der Aphiden (*Myzus persicae, Macrosiphum euphorbiae*), so daß es zu einer hohen Mortalität kommt [569, 571, 1755]. — Die gleiche Wirkung haben *S. polyadenium* und *S. berthaultii* auf *Empoasca fabae*. An diesen Arten erreichte die Sterblichkeit der Zikadennymphen 78%, der Weibchen 64% und der Männchen 94% im Vergleich zu weniger als 20% bei zwei *Solanum*-Arten ohne Drüsenhaare [1754]. Mit Hilfe des Rasterelektronenmikroskops ließ sich nachweisen, daß bei der Mehrzahl der toten Tiere die Spitze des Labiums von Trichomausscheidungen vollständig verschlossen wurde.

Bestimmte Tomatenformen wie die Sorte ‚Red Cherry' und *Lycopersicon hirsutum* f. *glabratum* sowie *Solanum pennellii* werden von *Macrosiphum euphorbiae* praktisch nicht besiedelt. Sie sind dicht mit Drüsenhaaren besetzt, in deren klebriger Ausscheidung sich die Tiere verstricken und absterben [557, 908]. Untersuchungen in Bulgarien an 11 Typen der genannten *Solanum*-Art auf Resistenz gegen *Trialeurodes vaporariorum* ergaben, daß eine positive Korrelation zwischen dem Resistenzgrad und dem Besatz der Blätter mit einem bestimmten Haartyp besteht. Am widerstandsfähigsten gegen Befall durch die Weiße Fliege waren dicht behaarte Pflanzenformen, deren Haare zu 100% dem „Typ d" angehörten [1662]. — Die Behaarung von Tomaten- und Tabakblättern wirkt auch abschreckend auf die Eiablage von *Bemisia tabaci*; dafür kann mindestens zum Teil die klebrige Ausscheidung dieser Haare verantwortlich gemacht werden, da viele Tiere an die Drüsenhaare angeklebt gefunden wurden [1229]. Beobachtungen im Sudan an 4 Tomatensorten mit einem stärkeren Besatz an Drüsenhaaren ergaben gleichfalls, daß sowohl auf der Blattober- als auch auf der (schwächer behaarten) Blattunterseite zahlreiche adulte *B. tabaci* gefangen und verendet waren; viele Weibchen verfingen sich während der Eiablage [885].

Gewisse annuelle Luzernearten wie *Medicago disciformis* und *M. scutellata* besitzen aufrecht stehende Drüsenhaare. Die leimartigen Ausscheidungen dieser Drüsen kleben die Larven von *Hypera postica* fest und spielen daher bei der Resistenz gegen diesen Schädling eine Rolle. Die für den Käfer anfällige perennierende Art *M. sativa* besitzt auch Drüsen, aber nicht in Verbindung mit Haaren, ihre Ausscheidungen behindern die Beweglichkeit der

Larven nicht [921]. Mit den genannten Luzernearten sowie mit *M. rugosa* und *M. blancheana*, die gleichfalls Drüsenhaare besitzen, wurden in den USA Präferenzteste durchgeführt. Die Käfer suchten die behaarten Arten weniger häufig auf und verweilten auf ihnen eine kürzere Zeit als auf *M. sativa*. Anscheinend waren für dieses Nichtpräferenz-Verhalten Reize vor der Kontaktaufnahme (olfaktorische oder visuelle) wie auch danach (chemotaktische oder mechanische) maßgebend [791]. Die vier behaarten Luzernearten waren auch für *Therioaphis trifolii maculata* deutlich weniger attraktiv als *M. sativa* [469].

Infolge evolutionärer Anpassungsprozesse können — wie wir bereits mehrfach erwähnt haben — Verteidigungseinrichtungen der Pflanze (z. B. Allomone) vón Phytophagen zu ihrem Vorteil genutzt werden (z. B. als Kairomone). Auch Drüsenhaare liefern Beispiele dafür. Die Drüsenhaare der Tabakpflanze scheiden nicht nur klebrige Substanzen aus, sondern auch Duftstoffe, die *Heliothis virescens* als Attraktantien und Eiablage-Stimulantien dienen. Der Tabaklinie ‚T.I. 1112‘ fehlen die Drüsenhaare auf den Blättern, was zu ihrer Teilresistenz gegen diesen Schädling beitragen kann. Sie besitzt jedoch Drüsenhaare am Kelch; das könnte die Vorliebe der Falter erklären, ihre Eier an die Blüten und Blütenknospen der Pflanzen dieser Linie abzulegen [1361].

Drüsenhaare mit toxischen Ausscheidungen

Die Drüsenhaare der Pflanze scheiden eine Vielzahl von Allelochemikalien aus; als Beispiele seien die monozyklischen Monoterpene Menthol (55), Menthon (56) und Limaren, die bizyklischen Monoterpene Sabinen (57), α-Pinen (58), Lineol und Campher (63), Phenole und Flavone sowie Alkaloide (Nicotin (75), Anabasin (77) u. a.) genannt. Wenn wir uns in diesem Abschnitt auf die Verbindungen mit toxischer Wirkung beschränken, sind wiederum an erster Stelle die Solanaceen Tabak, Tomate und Kartoffel zu nennen.

Eine Reihe von *Nicotiana*-Arten, darunter *N. gossei* und *N. benthamiana*, scheiden über ihre Drüsenhaare toxische Sekrete aus, die Alkaloide enthalten. Bei 7 daraufhin genauer untersuchten Arten fand man in den Sekreten Nicotin (75), bei 2 Arten auch Nornicotin (76) und Anabasin (77) [1751]. Der Kontakt mit diesen Ausscheidungen geht für Blattläuse in der Regel tödlich aus. Auf *N. gossei* starben die meisten der aufgesetzten *Myzus persicae* innerhalb von 24 h, nach 48 h waren alle Tiere verendet. Die Resistenz gegen die Blattläuse war mit dem Alkaloidgehalt der Sekrete korreliert, nicht jedoch mit dem des Blattes [1752]. Dies kann damit erklärt werden, daß das im Gefäßsystem des Blattes enthaltene Nicotin im Xylem lokalisiert ist und dort transportiert wird, die Blattläuse aber am Phloem saugen [636]. — Trichomausscheidungen von *Nicotiana*-Arten sind auch toxisch für *Manduca sexta* und *Tetranychus urticae* [1283, 1750].

Dimock und Kennedy [375] wiesen in den Spitzen der Drüsenhaare von *Lycopersicon hirsutum* f. *glabratum* ‚PI 134417‘ 2-Tridecanon (124) nach. Diese Verbindung ist toxisch für *Heliothis zea* und für *Manduca sexta*, sie spielt auch eine wichtige Rolle in der Resistenz gegen den Kartoffelkäfer. Die Luft in der Umgebung der Blätter der Wildtomatenart war reich an Dämpfen dieser Verbindung, während sie auf der Blattoberfläche fast vollständig fehlte; ein Beispiel dafür, daß flüchtige Allelochemikalien auch in Verbindung mit Trichomen vorkommen und eine gewisse Fernwirkung besitzen können. Die Larven von *H. zea* wurden durch die Dämpfe eines Blattoberflächenextraktes und von reinem 2-Tridecanon abgetötet; wenn man sie auf die Blätter der resistenten Tomate setzte, erholten sie sich jedoch innerhalb von 24 h nach anfänglicher schneller Immobilisierung. Es ist demnach fraglich, ob 2-Tridecanon die einzige chemische Verbindung ist, die in diesem Falle Resistenz gegen *H. zea* bewirkt. Kennedy [846] wies nach, daß 2-Tridecanon bei *H. zea* eine erhöhte Toleranz für Carbaryl induziert. Diese Erkenntnis ist beim Anbau von Tomatensorten, die eine auf 2-Tridecanon beruhende Resistenz gegen Insekten besitzen, zu berücksichtigen. — In vierzelligen Drüsenhaaren der Tomate wurde auch das Flavonol-Glycosid Rutin (33) nachgewiesen, das mit anderen Trichomausscheidungen zusammen das Larvenwachstum von *H. zea* reduziert [398]. —

Aina et al. [19] isolierten aus Tomatentrichomen einen Stoff, der bei topikaler Applikation toxisch für *Myzus persicae* und *Tetranychus urticae* war.

Die Trichomausscheidungen milbenresistenter Geraniumsorten (*Pelargonium hortorum*) bestehen nach einer Analyse durch Gerhold et al. [562] aus o-Pentadec-7-enyl-Salizylsäure und o-Heptadec-7-enyl-Salizylsäure. Beide Verbindungen besitzen eine Giftwirkung auf *Tetranychus urticae*.

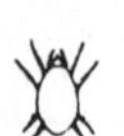

Wir wollen schließlich noch ein weiteres Beispiel dafür anführen, daß Sekrete aus Trichomen auch eine gewisse Fernwirkung haben und eine Nichtpräferenz-Reaktion auslösen können. In den Drüsenhaaren (Typ B) der Wildkartoffel *Solanum berthaultii* hat man (E)-β-Farnesen nachgewiesen. Es handelt sich um ein Alarmpheromon, das interessanterweise nicht nur im Körper von Blattläusen gebildet wird, sondern auch in manchen Pflanzen vorkommt und hier als Allomon wirkt. Geflügelte *Myzus persicae* wurden in unmittelbarer Nähe der Blätter dieser Kartoffelart abgeschreckt und vermieden es, auf ihnen zu landen [572, 573].

6.2.2.4. Allelochemikalien mit Kontaktwirkung

Hat ein Phytophage den Kontakt zu seiner Wirtspflanze aufgenommen, informiert er sich in der nächsten Stufe des Wirtswahlverhaltens über die Wirtseignung der Pflanze. Das geschieht mit Hilfe von Kontakt-Chemorezeptoren, die sich an Tarsen, Antennen, Mundwerkzeugen und am Ovipositor befinden. Sie zeigen ihm an, ob Incitantien, Hemmstoffe und Nährstoffe fehlen oder vorhanden sind sowie ihre Konzentration. Dabei kann durch spezifische Bewegungen die Reizintensität gesteigert werden, z. B. bei vielen Schmetterlingen durch klopfende oder kratzende Bewegungen mit den Vorderbeinen in Vorbereitung der Eiablage.

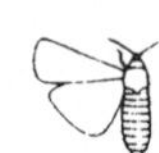

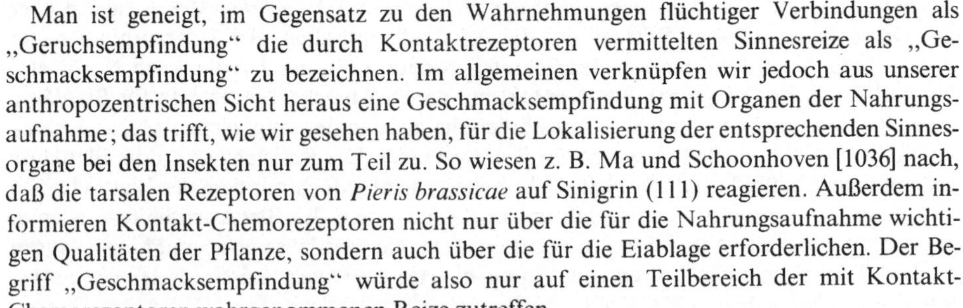

Man ist geneigt, im Gegensatz zu den Wahrnehmungen flüchtiger Verbindungen als „Geruchsempfindung" die durch Kontaktrezeptoren vermittelten Sinnesreize als „Geschmacksempfindung" zu bezeichnen. Im allgemeinen verknüpfen wir jedoch aus unserer anthropozentrischen Sicht heraus eine Geschmacksempfindung mit Organen der Nahrungsaufnahme; das trifft, wie wir gesehen haben, für die Lokalisierung der entsprechenden Sinnesorgane bei den Insekten nur zum Teil zu. So wiesen z. B. Ma und Schoonhoven [1036] nach, daß die tarsalen Rezeptoren von *Pieris brassicae* auf Sinigrin (111) reagieren. Außerdem informieren Kontakt-Chemorezeptoren nicht nur über die für die Nahrungsaufnahme wichtigen Qualitäten der Pflanze, sondern auch über die für die Eiablage erforderlichen. Der Begriff „Geschmacksempfindung" würde also nur auf einen Teilbereich der mit Kontakt-Chemorezeptoren wahrgenommenen Reize zutreffen.

Bei den Larven von *Pieris rapae* sind Kontakt-Chemorezeptoren an den Maxillen und am Epipharynx lokalisiert [1524]. An diesem Beispiel wollen wir aufzeigen, daß eine geringe Anzahl von Sinneszellen die Raupe des Kleinen Kohlweißlings befähigt, nicht nur Nährstoffe wie Zucker und Aminosäuren wahrzunehmen, sondern auch Allelochemikalien (Tab. 14). Die für Fraßhemmstoffe empfindliche Zelle des mittleren Sensillum styloconicum reagiert auf eine Reihe von Alkaloiden und Steroiden (Strychnin (92), Conessin (99), Azadirachtin (152)), die eine starke fraßhemmende Wirkung besitzen. Die Sensillen reagieren aber auch auf Glycoside, die in den Wirtspflanzen des Kleinen Kohlweißlings (*Brassica*-Arten) verbreitet sind. Aromatische Glycoside werden vom medialen wie auch lateralen Sensillum wahrgenommen, aliphatische Glycoside jedoch nur vom lateralen. Die für Zucker empfindlichen Sensillen unterscheiden sich insofern, als die Rezeptorzelle des medialen Sensillums auf eine Anzahl von Kohlenhydraten reagiert, die des lateralen jedoch nur auf Saccharose und Glucose. Interessant ist, daß auch Pflanzenpigmente wie Anthocyane von den Raupen des Kleinen Kohlweißlings über die Kontakt-Chemorezeptoren wahrgenommen werden [1035, 1524].

Die Schmetterlingslarve vermag sich also mit Hilfe einer relativ geringen Anzahl von Kontakt-Chemorezeptoren über die Zusammensetzung der Nährstoffe und der sekundären Inhaltsstoffe der Pflanze zu informieren, an der sie frißt. Auch hier wird die bereits unter 4.2. angeführte Verflechtung der Einwirkung primärer und sekundärer Pflanzenstoffe deutlich, die nicht nur in einer Summierung, sondern auch in synergistischen wie auch antagonistischen Effekten mit entsprechendem Einfluß auf die Nahrungsaufnahme besteht. Für die Larven von *Pieris brassicae* z. B. sind Saccharose und D-Glucose Fraß-Stimulantien, die Glycoside (z. B. Sinalbin (109)) bedeuten Fraß-Incitantien, als Fraß-Cofaktoren fungieren Aminosäuren und Salze und als Fraßhemmer Strychnin, Conessin und Azadirachtin.

Tabelle 14
Reaktionsspektrum der Kontakt-Chemorezeptorzellen der Larven von *Pieris brassicae*. Nach Ma [1035] und Schoonhoven [1524].

Sinnesorgan	Zelle	chemische Verbindung
mediales Sensillum	1	Zucker
styloconicum	2	Fraß-Hemmstoffe
	3	Glycoside
	4	Salze
laterales Sensillum	5	Zucker
styloconicum	6	Glycoside
	7	Aminosäuren
	8	Anthocyane
Sensillum des	9	Zucker
Epipharynx	10	Fraß-Hemmstoffe
	11	Salze

Aus der Vielzahl der chemisch gesteuerten Wechselbeziehungen zwischen Phytophagen und Pflanzen können wir nur wenige Beispiele herausgreifen.

Baumwolle

Pflanzen der Gattung *Gossypium* (und einiger anderer Gattungen) besitzen subepidermale Pigmentdrüsen, aus denen eine Reihe sekundärer Pflanzensubstanzen isoliert wurde. Die bekannteste davon ist das Triterpen Gossypol (67). Man hatte bereits frühzeitig erkannt, daß Baumwollinien ohne diese Pigmentdrüsen im allgemeinen anfällig für bestimmte phytophage Insekten sind, z. B. für *Heliothis zea* [781]. Erhielten die Raupen von *H. zea* und *H. virescens* drüsenlose Baumwollpflanzen als Futter, nahm ihr Wachstum im Vergleich zu einer Ernährung mit drüsenhaltigen Baumwollinien erheblich zu [1023]. Lukefahr und Martin [1021] bezogen außer Gossypol 2 weitere Baumwollpigmente in die Ernährungsversuche ein: die Flavone Quercetin (31) und Rutin (33). Es zeigte sich, daß die Blütenknospen gewisser wilder und primitiver Baumwollarten eine größere insektizide Wirkung hatten, als ihrem Gossypolgehalt zuzuschreiben war. Man beschrieb diese zusätzliche Aktivität zunächst als „X"-Faktor [1024] und identifizierte später als seine Bestandteile sesquiterpene Quinone, Hemigossypole (138) und Heliocide (149, 150). Insgesamt wurden mindestens 15 Terpen-Aldehyde und verwandte Verbindungen aus Baumwollpflanzen mit Drüsen isoliert, die in wechselnden Mengen in verschiedenen Linien vorkamen. Einige Verbindungen erreichten, wenn sie einer künstlichen Nahrung für die Schmetterlingsraupen zugesetzt wurden, die Giftigkeit von Gossypol; sie waren aber bei den untersuchten Linien im allgemeinen in beträchtlich niedrigeren Konzentrationen vorhanden als diese Verbindung. Eine antibiotische Wirkung, die sich gleichfalls an einer Beeinträchtigung des Raupenwachstums erkennen läßt, hat ferner der Gehalt der Baumwollblätter an kondensierten Tanninen (polymere Proanthocyanidine), wenn sie zu Cyanidin (37) und Delphinidin (38) hydrolysiert sind [677] (Tab. 15).

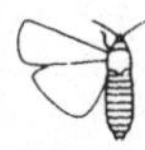

Die Erwartung, daß man einzelne Verbindungen oder eine Gruppe verwandter Verbindungen finden könnte, die für die Resistenz der Baumwolle gegen *Heliothis*-Arten verantwortlich sind, hat sich nicht erfüllt. Offensichtlich beruht die chemische Resistenz der

Baumwolle gegen diese Schädlinge auf vielen Faktoren. Verschiedene Linien, jede mit Resistenzeigenschaften, können antibiotisch wirkende Verbindungen in unterschiedlichen Verhältnissen besitzen. Man könnte daran denken, eine Erhöhung der Resistenz durch Kreuzung von Linien zu erreichen, von denen jede Gene für die Biosynthese verschiedener antibiotischer Verbindungen beisteuert [677].

Tabelle 15
Konzentrationen von Allelochemikalien der Baumwolle, die erforderlich sind, um das Wachstum der Larven von *Heliothis zea* um 50% zu reduzieren. Nach Stipanovic [1696] und Hedin et al. [677].

Chemische Verbindung	% der Nahrung
Gossypol (67)	0,12
Heliocid H1	0,10
Heliocid H2 (149)	0,46
Heliocid H3 (150)	0,16
Heliocid B1	0,20
Hemigossypolon (139)	0,29
Methyl-Sterculat	0,41
Catechin (29)	0,052
Kondensierte Tannine	0,063
Quercetin (31)	0,042
Isoquercitrin (32)	0,060
Cyanidin (37)	0,166
Delphinidin (38)	0,138
Chrysanthemin	0,070

Chrysanthemin (Cyanidin-3-β-Glycosid) ist für die tiefrote Färbung der Blätter, Blüten und Früchte verschiedener Pflanzen verantwortlich. Dementsprechend erreicht der Chrysanthemingehalt in roten Blütenblättern der Baumwolle viel höhere Werte als bei weißblütigen Sorten. Der Gossypolgehalt hängt nicht von der Blütenfarbe ab; er ist bei roten und weißen Blütenblättern mit Drüsen viel höher als bei Blütenblättern ohne Drüsen. Der Tanningehalt ist bei weißen, drüsenlosen Blütenblättern höher als bei solchen mit Drüsen. Aus Ernährungsversuchen, die Hedin et al. [677] durchführten, ließen sich folgende Schlußfolgerungen ableiten:

Bei Baumwollsorten mit weißen, drüsenhaltigen Blütenblättern ist Gossypol ein wichtiger Resistenzfaktor. Die Toxizität von Sorten mit roten, drüsenhaltigen Blütenblättern beruht auf dem Gehalt an Gossypol und Chrysanthemin. Bei rotblütigen, drüsenlosen Sorten ist der Gossypolgehalt gering; hier ist Chrysanthemin für die Beeinträchtigung des Larvenwachstums und -überlebens verantwortlich. Für den Insektenfraß an Blättern und Blütenblättern scheint demnach die Rotfärbung von wesentlicher Bedeutung zu sein. Der Nachweis von Chrysanthemin als Resistenzfaktor bietet die Grundlage für die Entwicklung von Baumwollsorten mit geringem oder ohne Gossypolgehalt. Das hätte insofern große Bedeutung, als der Gossypolgehalt der Baumwollsamen seine Verwertung als Nahrungsmittel bisher unmöglich machte. Die Baumwollsamen mit 18% Proteingehalt könnten für die menschliche und tierische Ernährung wertvoll sein, insbesondere bei dem Mangel an eiweißreichen Nahrungsmitteln in vielen Baumwollanbaugebieten.

Gossypol wirkt zunächst als Fraß-Deterrent. Larven von *H. zea* meiden bei der Nahrungsaufnahme die Gossypoldrüsen. (Die abschreckende Wirkung kann nach Untersuchungen von Hedin et al. [677] auch von der Anthocyan-Hülle ausgehen, die die Gossypoldrüsen umgibt.) Die gleiche Wirkung hat Gossypol auf die Larven von *Spodoptera littoralis* [1106]. Besonders ausgeprägt ist jedoch die antibiotische, toxische Wirkung von Gossypol (und anderen Allelochemikalien der Baumwolle, vgl. Tab. 15) auf die Larven verschiedener Lepidopterenarten. Larven von *S. littoralis*, deren Nahrung 0,5% Gossypolacetat enthielt, hatten nach den ersten 10 Tagen eine Mortalität von fast 70% erreicht, und nur 0,3% der Larven verpuppten sich [1107]. Ähnliche Ergebnisse (Verringerung des durchschnittlichen Larvengewichtes, der Verpuppungsrate und des Schlüpfens der Adulten) erhielten Meisner et al. [1108] mit *Earias insulana*, Chan et al. [248] mit *Heliothis virescens* und *Pectinophora gossypiella*. Der Einfluß von Gossypol auf das Wachstum beruht nach Untersuchungen von El Sebae et al. [440] auf einer Hemmung der Protease- und Amylase-Aktivität sowie der Lipidperoxidation. Auch die ATPase-Aktivität, die die Energie für die Biosynthese liefert, wird durch Gossypol gehemmt.

Eine ganz andere Wirkung hat Gossypol auf den Kapselkäfer *(Anthonomus grandis)*. Für ihn ist diese Verbindung ein Fraß-Stimulant [679]. Eine Nahrung, die als Hauptproteinquelle die Gossypolfraktion von Baumwollsamen enthielt, verbesserte Gesundheit der Larven und Eischlupf.

Als Resistenzfaktor der Baumwolle hat Gossypol Einfluß auf weitere Insektenarten. Es reduziert die Populationsdichte von *Psallus seriatus* [1019] und wirkt sich nachteilig auf Verhalten und Entwicklung von *Lygus lineolaris* aus [1536].

Auch für die Resistenz von Baumwolle gegen *Amrasca biguttula* hat Gossypol eine Bedeutung. Sharma und Agarwal [1581] stellten eine negative Korrelation der Populationsdichte dieser Zikade und dem Gehalt an Gossypol, auch an Zucker und freien Aminosäuren, sowie mit der Dichte der Blattbehaarung fest. Eine positive Korrelation ergab sich dagegen mit dem Gehalt an freien Phenolen und Tanninen. Man nimmt an, daß die Saugtätigkeit des Schädlings zu einer Akkumulation von Tannin in den Blättern führt.

Gossypol, Hemigossypol und andere terpenoide Aldehyde spielen auch bei der Resistenz von Baumwolle gegen *Meloidogyne incognita* eine Rolle, jedoch auf andere Weise als bei den Insekten. Nach den Untersuchungen von Veech und McClure [1800] enthielten anfällige, nematodenfreie Baumwollpflanzen (‚Deltapine 16') stets eine größere Menge dieser Verbindungen als die Pflanzen einer resistenten Sorte (‚Auburn 623'), wobei ihr Gehalt mit dem Pflanzenalter zunahm. Nach einer Inokulation der Pflanzen mit *M. incognita* stieg in der resistenten Sorte die Konzentration der terpenoiden Aldehyde stärker an als in der anfälligen, so daß im absoluten Gehalt folgende Rangfolge eintrat: anfällig-nichtinokuliert > anfällig-inokuliert > resistent-inokuliert > resistent-nichtinokuliert. Es gab also in der anfälligen Sorte durch die Inokulation einen Verlust an terpenoiden Aldehyden und in der resistenten einen Zuwachs. Der Wechsel in der Konzentration, der 7—10 Tage nach der Inokulation eintritt, korreliert mit der Wirtsresistenz. Diese Befunde werden durch neuere sowjetische Untersuchungen an verschiedenen Baumwollsorten unterstützt. Danach wird der Resistenzmechanismus beeinflußt vom Gehalt an Gossypol in den Wurzeln (>0,52% des Trockensubstanzgehaltes), vom Proteingehalt als Nährquelle für die Nematoden (>54 mg/g Trokkensubstanz) und seiner größeren Heterogenität (was die Polymerisation der Nematodenenzyme erlaubt), sowie von der Aktivität der Polyphenoloxidase und Peroxidase, die bei der nekrotischen Überempfindlichkeitsreaktion mitwirken (vgl. 8.4.4.) [1232].

Die Baumwolle ist ein eindrucksvolles Beispiel dafür, daß bestimmte Pflanzenmerkmale einen unterschiedlichen Einfluß auf die Resistenzausprägung gegenüber verschiedenen Schaderregern haben können. Wir möchten deshalb an dieser Stelle, gewissermaßen als Zusammenfassung, auf Tabelle 16 hinweisen, in der die einzelnen Resistenzeigenschaften der Baumwollpflanze in ihrer Wirkung auf 7 Insekten- und Milbenschädlinge dargestellt sind. Aus ihr wird ersichtlich, daß einige Pflanzenmerkmale gegen einen oder auch mehrere Schädlinge als Resistenzfaktoren wirken, daß aber auch mit der Resistenzwirkung auf einen Schädling eine größere Anfälligkeit für einen anderen verbunden sein kann.

Tabelle 16
Genetisch fixierte und in Züchtungsprogrammen verwendete Eigenschaften der Resistenz von Baumwolle gegen Arthropoden. Nach Schuster [1535].

Morphologische oder chemische Eigenschaften	Arthropoden-Hauptschädlinge an Baumwolle											
	I	II	III	IV	V	VI	VII	VIII	IX	X	XI	XII
„Frego bract“	P[1], [2], [3]	O[1]	O	A	O	O	O	?	O	?	O	?
ohne Nektarien	O	O	?	R	O	O	O	?	R	R	O	?
glatt	O	R	A	A	O	R	A	?	?	O	A	A
behaart (Gen H_2)	R	A	R	R	O	A	R	R	R	R	R	A
borstig (Gen H_1)	O	A	R	R	O	O	O	O	O	O	O	O
Heliocid-Gehalt	O	R	O	O	O	O	?	?	?	?	?	?
Gossypol-Gehalt	O	R	R	O	O	A	O	R	O	?	A	?
Tannin-Gehalt	O	R	O	O	R	?	?	?	R	?	?	?
Okra-blättrig	O[4]	O	O	O	O	R	O	O	O	?	O	?
Rotfärbung	P[2]	O	O	O	O	O	O	O	A	A	O	R
Ausweichen des Wirtes	P	P	O	O	O	O	O	O	P	?	O	?

I = *Anthonomus grandis*
II = *Heliothis* spp.
III = *Empoasca* spp.
IV = *Lygus* spp.
V = *Tetranychus* spp.
VI = Aleyrodiden
VII = *Trichoplusia ni*
VIII = *Spodoptera* spp.
IX = *Pectinophora gossypiella*
X = *Bucculatrix thurberiella*
XI = Thysanopteren
XII = Aphiden
R = Resistenz; 0 = keine Wirkung; A = erhöhte Anfälligkeit; P = Pseudoresistenz
[1]) Die Wirksamkeit von Kontaktinsektiziden erhöht sich um 30—40%
[2]) Verwendung in einem Fangpflanzen-Programm möglich
[3]) Förderung bestimmter Larvenparasiten bei der biologischen Bekämpfung
[4]) Die palmenblattähnliche Lappung der Blätter erhöht die Durchdringung des Pflanzenbestandes durch das Sonnenlicht und damit die Sterblichkeit der Käferpuppen auf dem Boden

Kartoffel

Die Familie der Solanaceen ist hinsichtlich ihrer Allelochemikalien durch einen Reichtum an Alkaloiden ausgezeichnet. Im Rahmen dieser Familie ist der Kartoffelkäfer *(Leptinotarsa decemlineata)* oligophag; durch eine abgestimmte Wirkung toxischer oder futtervergällender Pflanzeninhaltsstoffe, unzureichenden Nährwert und das Fehlen von Lock- und Fraßstoffen unterscheiden sich die verschiedenen Gattungen, Arten, Formen und Herkünfte stark in ihrer Resistenz gegen den Schädling.

Bereits 1947 stellten Kuhn und Mitarbeiter [933, 934] fest, daß die Resistenz der mexikanischen Wildkartoffel *Solanum demissum* sowie einiger *Lycopersicon*-Arten gegen die Larven von *L. decemlineata* auf die in diesen Pflanzen enthaltenen Glycoalkaloide Demissin (98) bzw. Tomatin (97) zurückzuführen ist. In Fütterungsversuchen wiesen Buhr et al. [206] nach, daß diese Verbindungen wie auch ein Glycoalkaloid-Gemisch aus *Solanum dulcamara* die Entwicklung der Kartoffelkäferlarven durch eine repellente, vergällende Wirkung erheblich beeinträchtigen. Die in der Kulturkartoffel vorkommenden Glycoalkaloide α-Solanin (95), sein Aglycon Solanidin (94) und das α-Chaconin (96) hatten praktisch keinen Einfluß auf die Larvenentwicklung. Von den weiteren Solanaceen-Alkaloiden, die in der Pflanze nicht in glycosidischer Bindung vorliegen, hat das Nicotin (75) bereits in geringer Konzentration eine auffallend starke toxische Wirkung auf die Käferlarven. Shapiro [1567] fand eindeutige Beziehungen zwischen der Resistenz von Kartoffelsorten und der Verdaulichkeit ihrer hochpolymeren Verbindungen. Der Resistenzgrad erwies sich als abhängig von der Nichtübereinstimmung der Struktur dieser Verbindungen mit den Möglichkeiten der Verdauungsfermente des Kartoffelkäfers, sie hydrolytisch aufzuschließen. — Solanin, Tomatin und Nornicotin (76) sind toxisch für *Melanoplus bivittatus* [653].

Die Höhe des Gesamt-Glycoalkaloid-Spiegels in der Kartoffelpflanze ist auch für die Kartoffelzikade *(Empoasca fabae)* ein wichtiger, den Befall begrenzender Faktor. Bereits bei 2 Wochen alten Sämlingen der diploiden Wildkartoffelart *Solanum pampasense* stellten van den Klashorst und Tingey [888] Resistenz gegen *E. fabae* fest. Da die Blätter in Abhängigkeit vom Wachstumsstadium 3- bis 14mal mehr Glycoalkaloide als die der anfälligen Sorte ‚Katahdin' enthielten, war anzunehmen, daß diese Verbindungen in Zusammenhang mit der Resistenz der Kartoffel gegen die Zikade stehen. Tingey et al. [1757] fanden tatsächlich eine gute Korrelation zwischen dem Gesamtgehalt von Blatt-Glycoalkaloiden und dem Grad der Resistenz gegen *E. fabae* bei verschiedenen Wildkartoffelarten. So hatte z. B. *Solanum polyadenium*, eine resistente Art, einen Glycoalkaloidgehalt von 688 mg/100 g, die anfällige Art *S. bulbocastanum* dagegen nur 13 mg/100 g. Die Lebensdauer der Nymphen, ihre Ansiedlungszeit, Speichelausscheidung und Nahrungsaufnahme sowie die Saugaktivität waren signifikant mit den Glycoalkaloid-Konzentrationen korreliert. Die Extrakte von *Solanum berthaultii* (Linie ‚PI 218215') und *S. chacoense* (‚WRF 888') wirkten sich jedoch bedeutend weniger stark auf die Lebensdauer der Zikadennymphen aus, als auf Grund ihrer Gesamt-Glycoalkaloid-Konzentration zu erwarten war. Daraus folgerte man, daß außer dem Gehalt auch Typ und biologische Aktivität der einzelnen Glycoalkaloide in den *Solanum*-Arten charakterisiert werden müssen, ehe die Bedeutung dieser Verbindungen für die Zikadenresistenz voll verstanden werden kann. — Anscheinend hat der Gehalt der Kartoffelblätter an Glycoalkaloiden keinen Einfluß auf die Resistenz gegen *Myzus persicae.* Eine *S. bulbocastanum*-Linie mit Resistenz gegen *M. persicae* besaß nur eine geringe Konzentration von Glycoalkaloiden, eine für *M. persicae* anfällige Linie von *S. chacoense* dagegen gehörte zu denen mit dem höchsten Glycoalkaloidgehalt [1044].

Für den freilebenden Nematoden *Panagrellus redivivus* ist das Glycoalkaloid α-Chaconin (96) toxisch. In vitro-Versuche zeigten, daß es dessen hohe Beweglichkeit stark hemmt [600]. — Die Resistenz von Kartoffelsorten gegen *Globodera rostochiensis* hat Giebel [575] eingehend bearbeitet und versucht, sie mit einer Komplextheorie zu erklären. Entscheidende Elemente sind dabei Glycoside, die in einer nichtaktiven Form in der Pflanze vorliegen, und die Auslösung der Synzytienbildung durch Auxine. Da der Resistenzfaktor erst durch den Einfluß des Nematoden entsteht und zur Wirkung kommt, werden wir dieses Beispiel unter 8.4.4. besprechen.

Tomate

Masood und Husain [1082] fanden bei der Untersuchung von 3 Tomatensorten — ‚Nemared' (resistent gegen Wurzelgallenälchen), ‚Chicogrande' (mäßig resistent), ‚Marglobe' (hoch anfällig) — daß in der resistenten ‚Nemared' die höchsten Konzentrationen von Phenolen und o-Dihydroxyphenolen (o-Hydrochinon (140)) auftraten, in der anfälligen ‚Marglobe' die geringsten. Bemerkenswert waren ferner Befunde, wonach Hydrochinone und Phloroglucin (143) nur in ‚Nemared' und ‚Chicogrande' vorkamen, wenn diese mit Nematoden (500 L_2 von *Meloidogyne incognita*/Pflanze) inokuliert wurden, nicht jedoch in der anfälligen Sorte. Bajaj et al. [95] ermittelten in den Wurzeln von 4 gegen *M. incognita* resistenten Tomatensorten 350—410 mg Phenole/100 g Trockengewicht, für eine anfällige Sorte nur 145 mg/100 g. Noch größer waren die Unterschiede im Gehalt an o-Dihydroxyphenol. Hiervon fanden sich in den Wurzeln der resistenten Sorten 30,0—37,5 mg/100 g, bei der anfälligen dagegen nur 8,0 mg/100 g Trockengewicht.

Wenn es auch in den resistenten Sorten zu einer Anhäufung phenolischer Substanzen kommt, so scheinen sie jedoch nicht direkt für die Resistenzreaktion verantwortlich zu sein, sondern nur indirekt durch die bei ihrer Oxidation bzw. Hydrolysierung entstehenden toxischen Derivate. Beim Phenolabbau spielen sowohl verschiedene Enzyme als auch die Temperatur eine wichtige Rolle (vgl. auch 8.1.1.). Dies konnten Brueske und Dropkin [201] an der gegen *M. incognita* resistenten Tomatensorte ‚Nematex‘ nachweisen. Bei 27 °C besaß sie noch voll ihre Resistenz, und der Phenolabbau stand deutlich in Beziehung zum Nematodenbefall; dagegen ging die Resistenz bei 32 °C verloren. Bei den höheren Temperaturen kam es auch nicht zur Bildung der sonst üblichen Gewebsnekrosen.

Wie allgemein bei den Solanaceen spielen bei der Tomate offensichtlich auch Alkaloide eine Rolle im Resistenzmechanismus. Nach den Untersuchungen von Okopnyi und Sadykin [1233] ist der Resistenzgrad von Tomatensorten gegen Wurzelgallenälchen direkt mit dem Gehalt an Tomatin (97) korreliert. Die Resistenzschwelle wird mit 3,8—6,1 mg Tomatin/g Trockengewicht angegeben. Hoch resistente Sorten enthalten durchschnittlich mehr als 10 mg Tomatin/g Trockengewicht.

Wir hatten bereits erwähnt, daß Tomatin auch in Kartoffeln vorkommt und fraßabschreckend auf Kartoffelkäferlarven wirkt, außerdem besitzt es antifungale Wirkung. Nach Beobachtungen von Sinden et al. [1609] fraß der Kartoffelkäfer an jungen Tomatenpflanzen (= niedrigere Tomatin-Konzentration) mehr als an reifen oder blühenden Pflanzen (= höhere Tomatin-Konzentration). — Der Gesamt-Glycoalkaloid-Gehalt in den Blättern wilder Tomaten ist signifikant korreliert mit Resistenz gegen *Empoasca fabae* [1757]. — Ein weiteres Alkaloid — Monocrotalin (78) — hemmt die Beweglichkeit der Larven von *Meloidogyne incognita* [600].

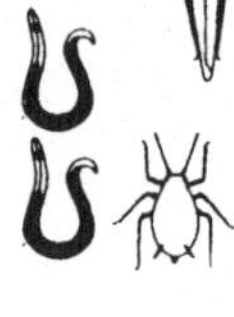

Für den Grad der Anfälligkeit für bzw. Resistenz gegen Nematoden (und Aphiden) muß auch den Wuchsstoffen (Phytohormonen) vom Typ der Auxine (130), Cytokinine und Gibberelline eine bestimmte Bedeutung zugesprochen werden. Wie die Untersuchungen von Sawhney und Webster [1499] zeigten, wirkten das Auxin NAA (1-Naphthylessigsäure (127)) und das Cytokinin Kinetin (6-Furfurylaminopurin (129)) nur in der Kombination befallserhöhend bei anfälligen Tomatensorten (‚Bonny Best‘). Bei Zugabe zu resistenten Sorten (‚Nematex‘) lösten zwar die Nematodenlarven eine Gallbildung aus, jedoch erreichten nur wenige die Geschlechtsreife. Das zeigt, daß die Resistenz nicht völlig aufgehoben wurde. Demgegenüber konnten Dropkin et al. [396] durch exogenes Cytokinin die Resistenz von Tomaten gegen *M. incognita* vollständig brechen. Das gleiche erreichten Kochba und Samish [901] mit NAA und Kinetin bei Pfirsich-Unterlagen mit Resistenz gegen *M. javanica*. Auch durch Zusatz von Gibberellinsäure (66) ging bei Pfirsich die Resistenz verloren [501].

Mais

Chemische Faktoren sind bei Mais hauptsächlich für die Resistenz gegen den Maiszünsler *(Ostrinia nubilalis)* von Bedeutung. Er wurde 1917 aus Europa in die USA eingeschleppt, wo die Larven seiner ersten Generation durch Blattfraß bei den jungen Pflanzen, die der zweiten durch Aushöhlen des Stengels und Fraß an den jungen Kolben starke Schäden verursachen. Chiang [276] stellte bereits 1968 fest, daß durch Selektion in den vorangegangenen 10 Jahren eine Erhöhung des allgemeinen Resistenzniveaus zwischen 5 und 15% erzielt wurde. Die Resistenz gegen den Maiszünsler ist komplex und vereint verschiedene, unabhängig vererbte Mechanismen. Es gibt auch im allgemeinen kaum Beziehungen zwischen der Resistenz gegen die erste Generation und derjenigen, die gegen die zweite wirksam ist. Beck [123] unterschied drei chemische Faktoren (A, B, C), die an der Resistenz gegen den Maiszünsler beteiligt sind. Der Faktor A wurde als 6-Methoxy-2(3)-benzoxazolium identifiziert, der Faktor C als 2,4-Dihydroxy-7-methoxy-benzoxazin-3-on [896]. Letztere Verbindung ist unter dem Namen DIMBOA (41) bekannt. Sie wirkt fraßabschreckend auf die Larven des Maiszünslers, dadurch werden die Entwicklung der einzelnen Stadien des Schädlings beeinträchtigt und die Überlebensrate reduziert. Im Sämlingsstadium haben die meisten Maispflanzen einen hohen DIMBOA-Spiegel, er nimmt mit dem Alter der Pflanze ab. Einige Linien behalten ihren hohen DIMBOA-Gehalt für eine bestimmte längere Zeitspanne, sie sind dann resistent gegen die erste Generation des Maiszünslers. Zur Zeit des Befalls durch die zweite Schädlingsgeneration ist der DIMBOA-Gehalt in allen Linien gering, demzufolge kann diese Verbindung nicht zu einer Resistenz gegen die stengelbohrenden Larven in Beziehung stehen [537, 1389]. Einige südamerikanische Sorten wurden auf Resistenz gegen beide Generationen des Maiszünslers ausgelesen. Auch hier ist DIMBOA nicht für die Resistenz verantwortlich, da in den resistenten Sorten der DIMBOA-Gehalt genauso niedrig war wie in den anfälligen [1544, 1793].

DIMBOA ist weiterhin ein Resistenzfaktor gegenüber der Maisblattlaus *(Rhopalosiphum maidis)*. Mais-Zuchtlinien mit einer hohen Konzentration dieses Stoffes wurden durch die Blattlaus viel weniger geschädigt als Linien mit niedriger Konzentration; die Blattlausresistenz war mit der DIMBOA-Konzentration signifikant positiv korreliert [403, 1002].

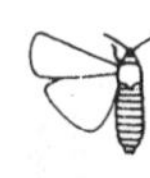

An Mais kann auch die polyphage Lepidopterenart *Heliothis zea* schädlich werden. Zwischen der Resistenz gegen diesen Schädling und der gegen *Ostrinia nubilalis* gibt es keine Verbindung, d. h., der Resistenzfaktor DIMBOA wirkt weitgehend spezifisch. Das Wachstum der Raupen von *H. zea* wird durch das Flavonglycosid Maysin (35) aus den Stengeln der Maissorte ‚Zapalote Chico' beeinflußt [1824].

Sorghum

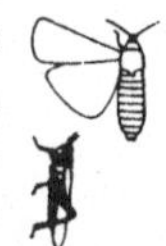

Woodhead et al. [1888] konnten eine deutliche Abhängigkeit der Nahrungsaufnahme durch L_1-Raupen von *Chilo partellus* vom Cyanid-Gehalt der *Sorghum*-Pflanzen nachweisen. Junge *Sorghum*-Pflanzen wie auch Keimpflanzen anderer grasartiger Gewächse bleiben von einem Befall durch *Locusta migratoria* verschont; als Ursache dafür wurden auch hier Cyanide und Phenolsäuren ermittelt, die antibiotisch wirken [1887]. Hohe Cyanid-Konzentrationen reduzierten die Fraßintensität der Nymphen von *L. migratoria*, während der Gehalt an Phenolsäuren u. a. mit der Nahrungsaufnahme der Larven von *Mythimna separata* und *Acrida exaltata* korrelierte. Phenolische Säuren stehen ferner in Beziehung zur Resistenz von *Sorghum*-Arten und -Linien gegen *Peregrinus maidis*. Diese Verbindungen beeinflussen das Saugverhalten insofern, als hohe Konzentrationen die Fähigkeit der Zikade vermindern, das Phloem zu lokalisieren. Dementsprechend verringert sich auch die Nahrungsaufnahme aus solchen Pflanzen [481, 1888]. In gleicher Weise steht der Gesamt-Phenolgehalt in Beziehung zur Resistenz von *Sorghum*-Sorten gegen *Atherigona soccata* [868, 869]. Die Entwicklung der Nymphen und Adulten von *Rhopalosiphum maidis* wurde dagegen nicht beeinträchtigt. Die Tatsache, daß andererseits *Sorghum*-Sorten trotz einer deutlich geringeren Konzentration von Cyaniden und Phenolsäuren von *Acrida exaltata*, *Mythimna separata* und *Rhopalosiphum maidis* ebenfalls gemieden werden, spricht für die Beteiligung weiterer Faktoren an der Ausprägung der Resistenz.

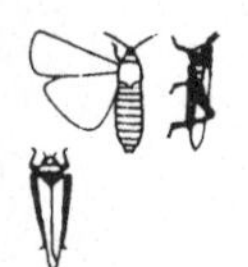

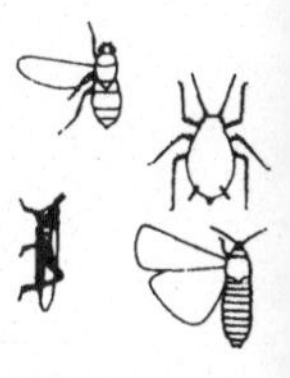

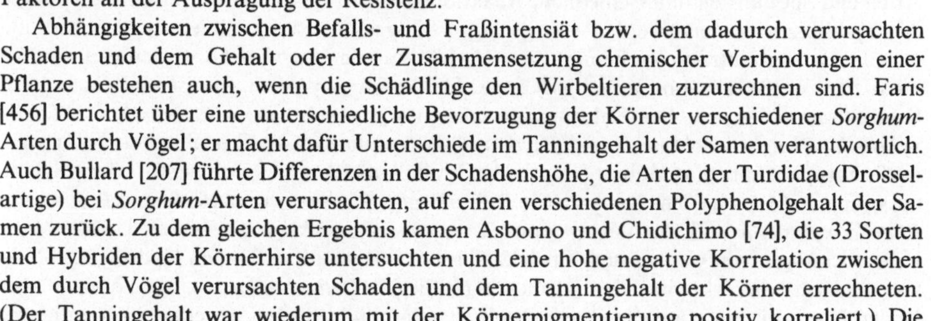

Abhängigkeiten zwischen Befalls- und Fraßintensiät bzw. dem dadurch verursachten Schaden und dem Gehalt oder der Zusammensetzung chemischer Verbindungen einer Pflanze bestehen auch, wenn die Schädlinge den Wirbeltieren zuzurechnen sind. Faris [456] berichtet über eine unterschiedliche Bevorzugung der Körner verschiedener *Sorghum*-Arten durch Vögel; er macht dafür Unterschiede im Tanningehalt der Samen verantwortlich. Auch Bullard [207] führte Differenzen in der Schadenshöhe, die Arten der Turdidae (Drosselartige) bei *Sorghum*-Arten verursachten, auf einen verschiedenen Polyphenolgehalt der Samen zurück. Zu dem gleichen Ergebnis kamen Asborno und Chidichimo [74], die 33 Sorten und Hybriden der Körnerhirse untersuchten und eine hohe negative Korrelation zwischen dem durch Vögel verursachten Schaden und dem Tanningehalt der Körner errechneten. (Der Tanningehalt war wiederum mit der Körnerpigmentierung positiv korreliert.) Die Linien bzw. Sorten ‚BR 64 R', ‚DA 48', ‚Espantapájaros', ‚Litoral 2', ‚Pirané' und ‚Savanna 5'

wurden überhaupt nicht durch Vögel geschädigt. Im Gegensatz dazu ermittelten Subramanian et al. [1712] bei 18 *Sorghum*-Genotypen mit braunem Pericarp große Schwankungen im Tanningehalt. Mehrere gegen Vögel resistente Genotypen enthielten nur geringe Tanninmengen, während 3 Genotypen mit Tanninkonzentrationen, die eine Resistenz erwarten ließen, keine Resistenzeigenschaften besaßen. Auf Grund einer detaillierten Polyphenolanalyse wird vermutet, daß ein relativ hoher Gehalt an Flavan-4-ol (25) zur Resistenz gegen Vögel beitragen könnte.

Gerste, Hafer

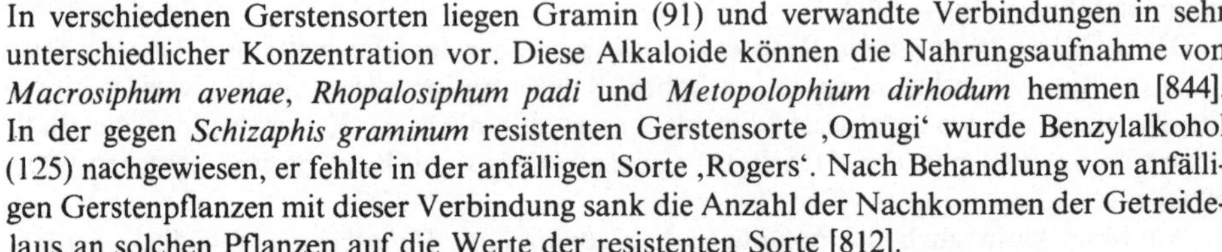

In verschiedenen Gerstensorten liegen Gramin (91) und verwandte Verbindungen in sehr unterschiedlicher Konzentration vor. Diese Alkaloide können die Nahrungsaufnahme von *Macrosiphum avenae*, *Rhopalosiphum padi* und *Metopolophium dirhodum* hemmen [844]. In der gegen *Schizaphis graminum* resistenten Gerstensorte ‚Omugi' wurde Benzylalkohol (125) nachgewiesen, er fehlte in der anfälligen Sorte ‚Rogers'. Nach Behandlung von anfälligen Gerstenpflanzen mit dieser Verbindung sank die Anzahl der Nachkommen der Getreidelaus an solchen Pflanzen auf die Werte der resistenten Sorte [812].

Neuere Aspekte des Resistenzmechanismus bei Getreide gegenüber zystenbildenden Nematoden (insbesondere *Heterodera avenae*) stellte Lung [1027] vor. Danach kommt dem Triterpensaponin Avenacin, welches in den Haferwurzeln vorkommt, eine Rolle im Resistenzverhalten zu. In avenacinfreien Wurzeln können sich die eingewanderten Larven des Getreidezystenälchens sofort entwickeln. Dagegen ist in avenacinhaltigen Geweben eine Hemmung der Nematodenentwicklung festzustellen, die von einer Verzögerung bis zur völligen Unterbindung der Entwicklung variieren kann. Parallel mit der Stärke der Entwicklungshemmung der Nematoden verläuft eine Wachstumshemmung der Wurzelspitzen.

Es ist möglich, daß neben dem Avenacin noch weitere Substanzen der Getreidewurzeln für das Resistenzverhalten gegenüber Nematoden von Bedeutung sind. Lung [1027] stellte in Verbindung mit dem Wachstumsstop der Wurzelspitzen infolge der Einwanderung der Getreidezystenälchen-Larven eine starke Reduktion im Scopolin-Gehalt (147) (auf 30% der befallsfreien Kontrolle) fest. Dagegen stieg in den anfälligen Varianten der Scopolin-Gehalt bei Nematodenbefall um über 60% an. Daneben gab es in den resistenten Wurzeln infolge des Befalls einen Rückgang im Scopoletin-Gehalt (146) (auf 60% der befallsfreien Kontrolle), während dieser in anfälligen Wurzeln unverändert blieb. Unterschiede traten ferner im Cytokinin-Gehalt auf.

Cruciferen

Die Familie der Kreuzblütler ist chemisch durch Glycoside charakterisiert, deren flüchtige Hydrolyseprodukte als Senföle bekannt sind. Das gewöhnlichste Glycosid ist Sinigrin (111) (Allylglucosinolat); aus ihm entsteht durch Hydrolyse Allylisothiocyanat (110). Beide Verbindungen dienen verschiedenen Insekten als Signalreize bei der Wirtswahl, wobei polyphage Arten und Spezialisten unterschiedliche Reaktionen zeigen [154]. Die Larven der polyphagen

Art *Spodoptera eridania* werden von geringen Sinigrin-Konzentrationen nicht beeinflußt, in höheren Konzentrationen hemmt diese Verbindung den Larvenfraß. Cruciferen gehören nicht zum Wirtskreis von *Papilio polyxenes*, für die Larven dieser Art ist Sinigrin in jeder Konzentration toxisch. Bei Nahrungsspezialisten wie *Pieris rapae*, *P. brassicae*, *Plutella*

xylostella, *Phaedon cochleariae* und *Phyllotreta*-Arten, die sich an Cruciferen als Nahrungsquelle angepaßt haben, stimuliert Sinigrin den Fraß. Außerdem scheinen Senföl oder Allylisothiocyanat auf verschiedene Insekten wie *Delia floralis*, *Phyllotreta cruciferae* und *P. striolata*.

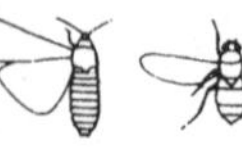

Plutella xylostella und die Larven von *Pieris rapae* anlockend zu wirken [1524]. Nach Untersuchungen von Coaker und Finch [299] erhöht Allylamin (103) (ein Hydrolyseprodukt von Sinigrin) die Aktivität der Kleinen Kohlfliege *(Delia brassicae)*, sie konnten aber keinen Nachweis einer auf die Quelle des Wirtspflanzenduftes hin gerichteten Orientierung der Fliege erbringen. Es ist anzunehmen, daß die nicht-orientierte Aktivierung die Chance der weiblichen Tiere erhöht, im Freiland in Kontakt mit der Wirtspflanze zu kommen. (Zur Auslösung der Landung brauchen die Fliegen aber auch visuelle Stimuli.)

Nach Rygg und Sömme [1475] bevorzugt *Delia brassicae* die Kohlrübe vor der Wasserrübe zur Eiablage (diese Bevorzugung wird vom Alter der Pflanze beeinflußt); auch zwischen den Sorten traten signifikante Unterschiede in der Anzahl der Eier auf, die an die Basis der Pflanzen gelegt wurden, und in der Anzahl der Larven, die sich in den Wurzeln entwickelten. Die Wahrnehmung der Wurzeln durch die Larven unterliegt dem Einfluß chemischer Stimuli, die in der Rinde in größerer Menge als im inneren Wurzelgewebe vorhanden sind. Dabei wirkt Allylisothiocyanat (110) anlockend. Phenylethylisothiocyanat (114) dagegen abschreckend. Die Präferenz für die Eiablage der Kleinen Kohlfliege ist positiv korreliert mit dem Gesamtgehalt an Thioglycosiden in den Pflanzen, sie fällt in der Reihenfolge Kohlrübe — Wasserrübe — Blumenkohl — Kopfkohl. Auch bei 3 untersuchten Grünkohl-Linien war die Eiablage mit dem Isothiocyanat positiv korreliert: dagegen legte die Fliege an der vierten Linie, die sich durch die höchste Konzentration dieser Verbindung auszeichnete, am wenigsten Eier ab. Hier wirkte Isothiocyanat offenbar als Repellent [438]. Für die Attraktivität von Radieschen für die Eiablage von *Delia brassicae* haben 4-Methylthio-3-butenylisothiocyanat (112) und 3-Methylthiopropylisothiocyanat (113) Bedeutung; die Konzentrationen dieser Verbindungen wie auch die von Allylisothiocyanat unterliegen Schwankungen entsprechend dem Pflanzenalter, parallel dazu auch Anlockwirkung und Eiablage [437] (vgl. 8.3.). Auf Grund dieses Präferenzverhaltens der Kleinen Kohlfliege konnten Ellis et al. [437] signifikante Unterschiede in der Eiablage bei Radieschensorten feststellen: hohe Präferenz für ‚Asmer tip top', geringe für ‚Sparkler'. Durch Selektion der Nachkommenschaften war es möglich, diese Resistenzeigenschaft zu verstärken.

Sinigrin stimuliert das Saugen bei der Kohlblattlaus *(Brevicoryne brassicae)* und fördert ihre Ansiedlung, ebenso die von *Lipaphis erysimi*. Sorten von *Brassica*-Arten, die Sinigrin in einer nur sehr geringen Konzentration enthalten, weisen oft eine auf Nichtpräferenz beruhende Resistenz gegen *B. brassicae* auf. Auf *Acyrthosiphon pisum* hat Sinigrin dagegen eine starke abschreckende Wirkung [1176]. Diese Art saugt nur an Leguminosen, Sinigrin verhindert daher die Nahrungsaufnahme an einer falschen (ungeeigneten) Wirtspflanze. — Der monophag auf Meerrettich spezialisierte Erdflohkäfer *Phyllotreta armoraciae* wird durch Sinigrin und das Flavonolglycosid Kaempferol (30) zum Fraß stimuliert, wobei die Kombination beider Verbindungen stärker wirkt als jede für sich [1194].

Leguminosen

In 5 Lupinensorten mit Resistenz gegen *Acyrthosiphon pisum* fanden Węgorek und Krzymańska [1851] 5 verschiedene Alkaloide. Infiltrierte man diese in Blätter von 2 anfälligen Sorten, dann war bei darauf angesiedelten Erbsenläusen nach 5 bis 6 Tagen eine nahezu hundertprozentige Mortalität der Larven und Adulten zu verzeichnen. Somit waren als entscheidende Faktoren für die Resistenz der betreffenden Sorten die Alkaloide nachgewiesen. In Laborversuchen untersuchten daraufhin die beiden Autoren den Einfluß verschiedener Alkaloidkonzentrationen auf die Blattlausentwicklung genauer. Bei Konzentrationen von 0,038—0,075 mg/ml Saft kam es zu einem völligen Absterben der Aphiden. Bei niedrigeren Konzentrationen (0,008—0,015 mg/ml) starben nicht alle Blattläuse einer Population, die Körpergröße der Tiere war jedoch stark reduziert. Es wird eingeschätzt, daß eine Konzentration von 0,015 mg/ml ausreicht, um den Schaden durch die Erbsenlaus unterhalb des ökonomischen Schwellenwertes zu halten [1852]. In resistenten Bitterlupinen erreicht die Alkaloidkonzentration in den Blättern Werte bis zu 0,15 mg/ml Saft [926]. Die Alkaloide haben auch gegen andere an Lupinen vorkommende Aphidenarten eine antibiotische Wirkung. So ist die Resistenz gegen *Macrosiphum euphorbiae* mit dem Alkaloidgehalt der Blätter von *Lupinus angustifolius*, Sorte ‚Bitter Blue', verbunden [202]. Die Schutzwirkung der Alkaloide erstreckt sich ferner auf *Sitona lineatus*, der als Fraßpflanzen solche mit geringem Alkaloidegehalt bevorzugt [229]. Es sei aber daran erinnert, daß ein Zuchtziel bei der

Lupine darin besteht, Pflanzen mit einem niedrigen Alkaloidgehalt (= wenig Bitterstoffe) zu entwickeln.

Manche blattlausresistente Luzernesorten wie ‚Du Puits‘ und ‚Lahontan‘ enthalten in den Blättern und Stengeln hohe Konzentrationen an Saponinen, die einen der Resistenzfaktoren gegenüber *Acyrthosiphon pisum* darstellen [727]. Diese Verbindungen haben auch Einfluß auf den Befall durch *Costelytra zealandica* und *Heteronychus arator*, wichtige Schädlinge von Weideland-Pflanzen z. B. in Neuseeland. *Medicago sativa* und *Lotus pedunculatus* sind jedoch resistent und werden durch diese Käfer kaum geschädigt. Untersuchungen von Sutherland [1716] ergaben, daß in Wurzelextrakten der genannten Pflanzenarten starke Fraß-Deterrentien für die Käferlarven enthalten sind. Aus den Extrakten wurde ein Saponin isoliert, das in einer Konzentration von 0,019% den Fraß der Larven von *C. zealandica* um 50% reduzierte, bei den Larven von *H. arator* bereits in einer Konzentration von 0,001%. Der Saponingehalt der Pflanzen, der zweifellos bei der Resistenz im Freiland eine wichtige Rolle spielt, kann durch selektive Pflanzenzucht leicht modifiziert werden. In *L. pedunculatus* fand man ferner das Isoflavonoid 3R(-)-Vestitol (131), das ebenfalls als Fraß-Deterrent wirkt [1466]. Pflanzenbestände, die wenigstens 20% *L. pedunculatus* enthalten, sind relativ gut vor Befall durch *C. zealandica* geschützt. Die Untersuchung zahlreicher Verbindungen aus den Wurzeln von Weide-Leguminosen hat neuerdings zu der Ansicht geführt, daß Anfälligkeit oder Resistenz der Pflanzen nicht auf einem oder zwei chemischen Faktoren beruhen, sondern auf dem Gleichgewicht zwischen Fraß- und Entwicklungsstimulantien einerseits und Deterrentien und Toxinen andererseits. Die Züchtung ist also nicht auf die Hebung des Niveaus einer einzelnen biochemischen Komponente auszurichten, sondern mehr komplex zu sehen [1717].

Zwiebel

Wichtig für die Attraktant-Wirkung einer Verbindung auf die Zwiebelfliege *(Delia antiqua)* ist das Vorhandensein einer Propylthio-Gruppe. Sämlinge anfälliger Sorten enthalten größere Mengen von Propylthio-Verbindungen, zurückzuführen auf eine höhere Alliinase-Aktivität in diesen Sorten im Vergleich zu resistenten. Das Enzym Alliinase erzeugt diese Verbindungen aus nichtflüchtigen, geruchlosen Sulfoxiden als Vorläufer der Zwiebelgeruchsstoffe. Eine solche Vorstufe des Attraktant, das S-Propenylcysteinsulfoxid, erwies sich bezüglich seiner Konzentration als umgekehrt proportional zur Larvenbefallsrate (hohe Abbaurate bei den anfälligen Sorten). F_1-Hybriden resistenter Sorten besaßen einen höheren Resistenzgrad als ihre Eltern, da sie weniger Anlockstoff bildeten und ihre Alliinase-Aktivität geringer war als bei den Elternsorten [757].

Matsumoto [1091] stellte fest, daß von den für die Zwiebel charakteristischen Geruchsstoffen n-Propyldisulfid und n-Propylmerkaptan (104) auf die Zwiebelfliege anlockend wirken und sie zur Eiablage stimulieren, während Methyldisulfide die Larven anlocken. Pierce et al. [1313] identifizierten weitere Attraktantien und Eiablage-Stimulantien: Methylpropyldisulfid (106), cis-Propenylprophyldisulfid (107) und trans-Propenylpropyldisulfid.

Sonnenblume

Einer der Hauptschädlinge der Sonnenblume *(Helianthus annuus)*, einer Kulturpflanze mit zunehmender Bedeutung in den USA, ist die Amerikanische Sonnenblumenmotte *(Homoeosoma electellum)*. Carlson und Witt [231] nahmen an, daß die Höhe der Fraßschäden, die die Raupen an den Samen verursachen, durch eine Schutzschicht der Samenschale und ihren Phytomelaningehalt reguliert wird. Damit wäre die Verhinderung der Durchdringung der Samenschale durch die Raupe den physikalisch-morphologischen Resistenzmechanismen zuzuordnen. 1977 wiesen jedoch Waiss et al. [1823] nach, daß die Resistenz gegen *H. electellum* auf chemischen Faktoren beruht. Sie isolierten und identifizierten 2 Diterpensäuren (Trachyloban-19- und (-)-Kaur-16-en-19-Säure) (64, 65), deren Gehalt in den Blüten (Hauptnahrung des ersten und zweiten Larvenstadiums) mehr als 5% betragen kann. Bei

Zusatz zu künstlicher Nahrung genügen 0,5—1%, um das Larvenwachstum auf die Hälfte zu reduzieren.

Citrus

Für die Resistenz von *Citrus*-Früchten gegen die Karibische Fruchtfliege *(Anastrepha suspensa)* haben ätherische Öle große Bedeutung, die von Öldrüsen in der Rindenschicht (Exokarp) gebildet werden. Eier, die die Fliege in eine Drüse ablegt, schlüpfen zu einem signifikant geringeren Teil als solche, die zwischen die Drüsen gelegt wurden. Von den ausschlüpfenden Larven sterben die meisten, ehe sie die weiße Schalenschicht (Mesokarp) erreichen. Greany et al. [612] wiesen eine Korrelation der Fruchtresistenz mit einer hohen Konzentration von 3,7-Dimethyl-1,6-octadien-3-ol im Vergleich zu Limonen (53) (1-Methyl-4-(1-methyl-ethenyl)cyclohexen) im Schalenöl, der absoluten Ölmenge pro Flächeneinheit der Schale, und der Mesokarpdicke nach. Für die Toxizität des Öls scheinen die flüchtigen Komponenten mehr verantwortlich zu sein als die hoch siedenden Fraktionen.

Gehölze

Bei der Resistenz von *Malus*-Arten gegen die Entwicklung der Larven von *Rhagoletis pomonella* stellte man eine Beziehung zum Gesamtphenol-Gehalt fest; zwischen resistenten und anfälligen Sorten gab es aber auch qualitative Unterschiede. So wurde z. B. die Larvenentwicklung durch Gallussäure (10), o-Cumarsäure, Tannine, Quercetin (31), Naringenin (40) und d-Catechin (29) verhindert [1349].

Stark ausgeprägte Abhängigkeiten zwischen Schaderregern und Inhaltsstoffen der Wirtspflanzen gibt es bei den Nadelgehölzen. So ist bekannt, daß der Oleoresingehalt von *Pinus strobus* die Befallsstärke von *Pissodes strobi* beeinflußt [187, 1870]. Die gleiche Abhängigkeit beobachteten Hodges et al. [711] zwischen *Pinus*-Arten und ihrer Gefährdung durch *Dendroctonus frontalis*. Aref'ev et al. [66] fanden Beziehungen zwischen dem Befall von *Pinus silvestris* durch *Acantholyda posticalis* und dem Anteil verschiedener Terpene in den Nadeln, der Anzahl und dem Durchmesser der Harzgänge sowie der Härte der Nadeln und der Wachstumsrate der Bäume in den ersten zehn Jahren ihrer Entwicklung.

Untersuchungen in den USA ergaben, daß Fichten (*Picea* spp.) mit Resistenz gegen *Sacchiphantes abietis* einen höheren Gesamtphenol-Gehalt aufwiesen als anfällige Bäume. In den resistenten Bäumen war ein noch nicht genau bestimmtes Phenol vorhanden, das bei den anfälligen Exemplaren fehlte [1763].

Wright et al. [1889] wiesen nach, daß der Befall von *Abies grandis* durch *Scolytus ventralis* vom Monoterpengehalt der Borke abhängt.

Im Kernholz des Teakbaumes *(Tectona grandis)* sind 2-Methyl-, 2-Hydroxymethyl- und 2-Formyl-anthrachinon (148) enthalten; diese Verbindungen hemmen wirksam die Termitenaktivität [1459].

6.2.3. Resistenzmechanismen der primären Pflanzeninhaltsstoffe (Nährstoffe)

Jede Arthropoden- wie auch jede Nematodenart braucht eine besondere quantitative wie auch qualitative Zusammenstellung von Nährstoffen in der aufgenommenen Nahrung, um ihre Entwicklung vollständig durchlaufen zu können. Wir haben bereits in den vorangegangenen Kapiteln erläutert, auf welche Weise dies über die Auswahl der Wirtspflanze, u. U. einer ihrer Teile, gewährleistet wird. Es ist das Ergebnis der Koevolution, eines gegenseitigen Anpassungsprozesses, das den Phytophagen befähigt, die von der Pflanze zu ihrem Schutz errichteten Barrieren morphologischer oder chemischer Art durch Spezialisierung zu überwinden, z. T. sogar zu nutzen. Bei der Erkennung der Wirtspflanze kommt den sekundären Pflanzenstoffen, den Allelochemikalien, z. B. in Form von Schlüsselreizen, eine besondere Bedeutung zu. Wir haben aber bereits darauf hingewiesen (4.2.), daß auch bezüglich dieser

Funktion keine scharfe Trennung zwischen primären und sekundären Pflanzenstoffen möglich ist. Die Produkte des primären Pflanzenstoffwechsels erfüllen nicht nur die Aufgabe, Lebensfunktionen wie Wachstum, Vermehrung und Entwicklung, Bewegung u. a. zu ermöglichen. Sie üben auch Reize aus, die neben bzw. gemeinsam mit den Allelochemikalien das Verhalten bei der Nahrungsaufnahme wie auch bei der Eiablage steuern können. Diese Funktion vermögen sie natürlich erst dann auszuüben, wenn der Phytophage einen engen Kontakt mit der Pflanze aufgenommen hat, im allgemeinen erst im Verlauf der Nahrungsaufnahme bzw. Eiablage. Wir hatten bereits dargelegt (6.2.2.4.), daß die Insektenarten verschiedene „Geschmacks"-Rezeptorzellen, besser Kontakt-Chemorezeptoren, besitzen, deren Reaktionsspektrum an die Verbindungen, auch primäre Pflanzenstoffe, angepaßt ist, die in den Wirtspflanzen der betreffenden Phytophagenart vorkommen. So stimulieren z. B. verschiedene Kohlenhydrate, insbesondere Saccharose, Glucose und Fructose, die Nahrungsaufnahme vieler phytophager Insekten. Saccharose ist eines der stärksten, allgemeinsten Fraßstimulantien. Außerdem beeinflussen verschiedene Aminosäuren, Sterole, Phospholipide und andere allgemein vorkommende Verbindungen das Verhalten bei der Nahrungsaufnahme.

Über diese Reaktionen der Phytophagen auf wichtige Nährstoffe wird die Verbindung zwischen den Anforderungen an die Ernährung und dem Wirtswahlverhalten hergestellt. Signalreize (z. B. Sinigrin) wirken insbesondere als Fraßauslöser (Incitantien), während allgemeinere Verbindungen (z. B. Saccharose) als Fraßstimulantien fungieren.

Die Larven von *Pieris rapae* werden beispielsweise durch das Glucosinolat Sinigrin zum Fraß angeregt, aber die Fortsetzung der Nahrungsaufnahme hängt ab von der Anwesenheit von Fraßstimulantien wie Saccharose und D-Glucose; als Fraß-Cofaktoren wirken außerdem Aminosäuren und Salze [1816].

Es soll noch einmal betont werden, daß ein Phytophage nie ausschließlich spezifischen Signalreizen oder nur dem Einfluß allgemein verbreiteter Stoffe ausgesetzt ist, sondern stets verschiedenen Mischungen dieser Faktoren. Wahl der Wirtspflanze und Verhalten bei der Nahrungsaufnahme beruhen auf einem komplexen Reizmuster, in dem Signalreize, allgemein verbreitete Verbindungen und Nährstoffe zusammenwirken [127].

Die Eiablage wird bei Spezialisten hauptsächlich durch spezifische sekundäre Pflanzenstoffe gesteuert, bei den polyphagen Arten haben auch primäre Stoffwechselprodukte der Pflanze eine Bedeutung. Sie werden bereits durch nichtspezifische Signale, wie sie Zucker, Aminosäuren oder Feuchtigkeit liefern, zur Eiablage angeregt.

Außer diesen Einflüssen der primären Pflanzenstoffe auf das Verhalten der Phytophagen, die sich in Präferenz oder — bei einem nicht angemessenen Angebot in Qualität und/oder Quantität — Nichtpräferenz widerspiegeln, können sie auch antibiotisch wirken. Auch hier ist in vielen Fällen eine klare Abgrenzung der Wirkungsweise nicht möglich.

Der Mangel im Nahrungsangebot muß sich nicht nur auf die Quantität der Gesamtheit aller Nährstoffe beziehen, er kann auch dann als Resistenzmechanismus wirken, wenn bestimmte Komponenten nicht in der für den optimalen Entwicklungsablauf des Phytophagen erforderlichen Menge produziert werden bzw. ein ungünstiges Verhältnis zwischen den einzelnen Nährstoffen vorliegt. In vielen Fällen ist der Nahrungswert einer Pflanze vom Gehalt ihrer Gewebe an organischem Stickstoff und vom Verhältnis zwischen Stickstoffverbindungen und Zuckern abhängig. Ein Merkmal resistenter Sorten kann beispielsweise ihr geringer Gehalt an Proteinen und/oder bestimmten Aminosäuren sein.

So ist die englische **Rosenkohl**sorte ‚Early Halftall', die gegenüber *Brevicoryne brassicae* Resistenzeigenschaften aufweist, durch eine geringere Konzentration an Aminosäuren insgesamt und an für die Entwicklung von *B. brassicae* günstigen Aminosäuren im besonderen charakterisiert im Vergleich zu der anfälligen Sorte ‚Winter Harvest' [381]. — **Weizen**sorten, die gegen *Eurygaster integriceps* eine mehr oder weniger stark ausgeprägte Resistenz besitzen, sind durch einen hohen Anteil an unverdaulichem Klebereiweiß in den Körnern gekennzeichnet, das im Darmtrakt des Schädlings zu einer Anhäufung von Amylasen führt [1813].

Untersuchungen in Kanada an *Acyrthosiphon pisum* und 3 resistenten sowie 3 anfälligen **Erbsen**-

sorten ergaben, daß sich die resistenten Sorten durch eine geringere Aminosäurekonzentration auszeichneten, sie war als Hauptursache für das reduzierte Wachstum der Aphiden und ihre verminderte Reproduktionsrate anzusehen. Die resistenten Sorten enthielten außerdem weniger Stickstoff und mehr Zucker als die anfälligen, das Verhältnis von Zucker zu Gesamtstickstoff war um 23,4—63,7% höher [82, 1056]. — Zu ähnlichen Ergebnissen kam man bei Untersuchungen an *A. pisum* und **Luzerne**sorten in Polen [1853]. Ebenso dürfte die Resistenz von *Medicago lupulina* gegen die Erbsenlaus auf einem Ernährungsdefizit beruhen, wofür das ungünstige Verhältnis von Proteinen zu Zuckern in der Pflanze spricht [1854].

Die gleichen Verhältnisse finden wir bei **Baumwoll**sorten mit Resistenz gegen *Amrasca biguttula*. Die anfällige Sorte ‚PRS 72' zeichnete sich nach Untersuchungen von Balasubramanian und Gopalan [99] durch einen höheren Gehalt an freien Aminosäuren im Vergleich zu der resistenten (‚HB 69') oder der toleranten (‚GS 23') Sorte aus; ‚HB 69' enthielt auch mehr Zucker als ‚PRS 72'. Die anfällige und die tolerante Sorte hatten ferner einen höheren Gesamtstickstoff- und einen geringeren Gesamtkohlenhydrat-Gehalt als die resistente. — Eine besondere Bedeutung für die Resistenz von Baumwolle kommt anscheinend der Aminosäure Prolin zu. Es besteht eine positive Korrelation zwischen dem Prolingehalt einer Sorte und ihrem Befall durch *Amrasca biguttula* und *Pectinophora gossypiella*, wobei die Erhöhung des Prolinspiegels auf den Streß zurückgeführt wird, den das Saugen der Zikade verursacht. Außerdem zeichnen sich anfällige Sorten durch einen höheren Prolingehalt als resistente aus, so daß die Quantifizierung von Prolin als Methode für Siebteste auf Resistenz gegen *A. biguttula* und andere saugende Schädlinge empfohlen wird [1582].

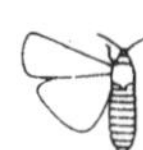

Ähnlich wie bei der Baumwolle unterschied sich die für *Atherigona soccata* anfällige **Sorghum**-Hybride ‚CSH 1' von resistenten Sorten (‚IS 1054', ‚IS 5469', ‚IS 5490') durch höhere Werte für den Gehalt an Stickstoff, reduzierenden Zuckern, Gesamtzucker, Feuchtigkeit und Chlorophyll der Blätter. In den Blattscheiden der anfälligen Hybride wurde außerdem Lysin gefunden, das bei den resistenten Sorten fehlte. Man nimmt an, daß Lysin als essentielle Aminosäure eine wichtige Rolle im Antibiose-Mechanismus spielen könnte [1620].

Entgegengesetzte Verhältnisse bestimmen die Resistenz von **Reis** gegen *Orseolia oryzae*. Resistente Sorten wie ‚Shakti', ‚CR 95-952-1', ‚PTB 18', ‚PTB 21' und ‚Leuang 152' wiesen einen höheren Gehalt an freien Aminosäuren und Gesamtphenolen sowie niedrigere Konzentrationen an löslichen Zuckern in ihren Triebspitzen auf als die anfälligen Sorten ‚Ratna', ‚Jaya' und ‚IR 8' [1296, 1811]. Hohe Konzentrationen an Stickstoffverbindungen und Zuckern erhöhen andererseits die Anfälligkeit der Pflanzen für die Raupen von *Scirpophaga incertulas* [1811], deren Entwicklung weiterhin von einem hohen Silicium-, Calcium- und Trockensubstanzgehalt abhängt [1711]. — Der Reis bietet auch Beispiele dafür, daß Verbindungen, die den Nährstoffen zuzurechnen sind, auf das Verhalten, insbesondere auf die Nahrungsaufnahme, Einfluß nehmen können. Untersuchungen in China wiesen eine Beziehung der Resistenz von Reislinien (‚Nan You 6', ‚Vei You 6') gegen *Nilaparvata lugens* zum Gehalt an freien Aminosäuren nach, die das Saugverhalten der Zikade beeinflussen. Die Konzentrationen von Asparaginsäure, Asparagin, Valin, Alanin und Glutaminsäure, die das Saugen stimulieren, waren in den resistenten Linien 3- bis 5mal niedriger als bei anfälligen Linien, der Gehalt an 4-Amino-buttersäure, die das Saugen hemmt, 3- bis 4mal höher [1295]. Auch das Phytosterin β-Sitosterol hemmt die Saugaktivität von *N. lugens* an Reis [1596]. *Nephotettix virescens* und *N. nigropictus* werden durch Saccharose zum Saugen angeregt, in geringerem Maße auch von einigen Aminosäuren. Als starke Fraßdeterrentien für diese Zikaden sind Aminosäure-Derivate, organische Säuren und phenolische Verbindungen bekannt [1819].

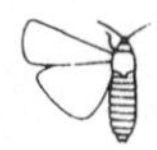

Die meisten Insekten brauchen in ihrer Nahrung neben Kohlenhydraten und Eiweißverbindungen auch mehrfach-ungesättigte Fettsäuren; darüber liegen allerdings nur wenige Untersuchungen vor. Der genaue Bedarf an diesen Verbindungen scheint von Art zu Art unterschiedlich zu sein; enthält eine Nahrung gewisse Fettsäuren, die das Insekt nicht benötigt, kann es zu Wachstumshemmungen und Mortalität kommen [1547].

Gewisse Fettsäuren wie z. B. Linolen-Säure (als freie Fettsäure) in **Maulbeer**blättern stimulieren die Fraßaktivität der Raupen von *Bombyx mori*. Andererseits sind Fettsäuren (mit einer Kette von 5—11 Kohlenstoffatomen) als Repellentien gegen *Tribolium castaneum* wirksam [1547].

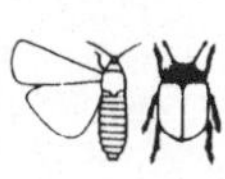

7. Epidemiologische Auswirkungen der Resistenz

Im Kapitel 3.1. wurde die Epidemie als Ausbreitung einer Parasitenpopulation in einer Wirtspopulation definiert, wobei der Begriff Parasit sowohl Pathogene als auch tierische Schaderreger umfaßte. Dieser von Robinson [1429] vertretenen Auffassung entspricht allerdings nicht in jedem Fall der Gebrauch des Begriffes Epidemie, es werden inhaltliche Einschränkungen auf Seiten der Parasiten wie auch der Wirtspopulationen vorgenommen. Daher sollen diesem Kapitel einige grundsätzliche Bemerkungen vorangestellt werden.

Im allgemeinen versteht man unter **Epidemie** eine Massenerkrankung, eine Seuche, und beschränkt vielfach in diesem Zusammenhang den Begriff Parasit auf Pathogene. Eine Insektenepidemie wäre dementsprechend eine Seuche in einer Insektenpopulation, wie sie durch Viren, Bakterien oder Pilze hervorgerufen werden kann. Aus diesem Grunde hält es Schwerdtfeger [1539] für falsch, das auf Übervermehrung beruhende Massenauftreten einer Insektenart als Epidemie zu bezeichnen; in der Entomologie ist dafür der Begriff **Gradation** gebräuchlich.

Eine andere Einschränkung des Begriffsinhalts betrifft die Wirtspopulation. Es gibt Bestrebungen, den Begriff Epidemie Populationen von Menschen, d. h. dem humanmedizinischen Bereich, vorzubehalten. Eine Tierseuche wäre dann als **Epizootie**, eine Seuche im Pflanzenbestand als **Epiphytotie** zu bezeichnen. Allerdings haben sich diese Begriffe noch nicht allgemein durchgesetzt [523].

Wir schließen uns dem von Robinson [1429] vertretenen Standpunkt an und beziehen Massenauftreten von bzw. Massenbefall durch tierische Schaderreger in den Epidemiebegriff mit ein. Das gleiche gilt für die Epidemiologie als der Wissenschaft von den Gesetzmäßigkeiten, der Entstehung, dem Vorkommen und der Ausbreitung von Epidemien mit dem Ziel einer wirksamen Abwehr und Bekämpfung der Schaderreger [523]. Die epidemiologischen Auswirkungen der Resistenz gegen tierische Schaderreger betreffen zunächst alle Folgen, die der Anbau resistenter Sorten für die Schädlingspopulationen hat. Da aber die resistente Sorte wie auch der Schädling Bestandteil einer größeren Einheit, des Pathosystems, sind, erstrecken sich die Einflüsse der Resistenz infolge der vielfältigen Verzahnungen und Wechselbeziehungen auch auf weitere Elemente des Systems, von denen wir einige in diesem und im nächsten Kapitel berücksichtigen wollen.

7.1. Die Stellung resistenter Pflanzen im Pathosystem

Im Kapitel 2 hatten wir die Rolle resistenter Wirtspflanzen im Regelkreis bereits angedeutet und sie den Störgrößen zugeordnet. Als solche bewirken sie quantitative Veränderungen in der Population des Schaderregers, entweder durch antibiotische Einflüsse auf Fruchtbarkeit oder Sterblichkeit oder über den Mechanismus der Nichtpräferenz (Abwanderung). Je nach der Handhabung des Anbaues resistenter Sorten lassen sich diesbezüglich zwei Formen der Auswirkung auf die Schädlingspopulation unterscheiden.

Einmaliger, gezielter Anbau einer resistenten Sorte senkt die Populationsdichte des Schädlings in der betreffenden Vegetationsperiode. Dabei wirken beide genannten Resistenzmechanismen oft gemeinsam, denn die Tiere können die Fähigkeit erwerben, solche Pflanzen zu meiden (Nichtpräferenz), die für sie ungeeignet oder gefährlich (Antibiose) sind.

So stellten z. B. Dunn und Kempton [406] fest, daß Rapspflanzen, die resistent gegen die Kohlblattlaus (*Brevicoryne brassicae*) waren, nur halb so stark von Geflügelten befallen wurden wie die anfälligen (Nichtpräferenz). Außerdem war die Fruchtbarkeit der Blattläuse auf resistenten Pflanzen um 59% vermindert, und die Sterblichkeit der Nachkommen betrug 40% (Antibiose).

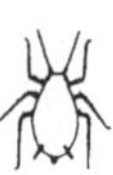

Werden resistente Sorten in ständiger Wiederholung (auch im Rahmen der Fruchtfolge) angebaut, dann erhöht sich die mittlere Sterblichkeit bzw. sinkt die mittlere Fruchtbarkeit des Schädlings. Das bedeutet aber, daß das Gleichgewicht seiner Populationsdichte, sofern es vorhanden war, nun gestört ist. Die Auswirkung der Wirtspflanzenresistenz kann man auch als Sollwert-Verstellung ansehen, d. h. als eine Verschiebung der oberen und unteren Dichtegrenzen und damit als Verlagerung der angestrebten Gleichgewichtsdichte auf ein niedrigeres Niveau.

Die Einstellung eines neuen Gleichgewichts, ein neuer Ausgleich zwischen mittlerer Fruchtbarkeit und mittlerer Sterblichkeit, ist die Voraussetzung für den Fortbestand der Schädlingspopulation. Sie ist dann möglich, wenn sich bei sinkender Populationsdichte die Wirkung anderer Faktoren auf Fruchtbarkeit und/oder Sterblichkeit ändert [1867]. Einige dieser Faktoren und ihre Auswirkungen werden in den folgenden Abschnitten behandelt.

7.2. Entwicklung von Biotypen und Pathotypen

Großräumiger, wiederholter Anbau einer resistenten Sorte birgt neben den erwähnten quantitativen Veränderungen in der Schädlingspopulation auch die Gefahr qualitativer Veränderungen in sich. Die resistenten Pflanzen üben einen starken Selektionsdruck aus, auf den — bei entsprechender genetischer Variabilität — die Parasitenpopulation mit der Entwicklung von Biotypen bzw. Pathotypen reagieren kann. Wir hatten im Abschnitt 3.6. mit dem Begriff Biotyp (im allgemeinen Sinn) eine Gruppe von Individuen bezeichnet, die eine bestimmte Sorte befallen kann und sich dadurch von anderen Individuen der gleichen Art unterscheidet, die diese Fähigkeit nicht besitzen. Eine Abgrenzung von Biotypen oder auch Pathotypen ist demnach nur auf Grund ihres unterschiedlichen Verhaltens auf einer ausgewählten Gruppe von Wirtspflanzen möglich. Das gleiche trifft für Biotypen bzw. Pathotypen im spezifischen Sinn zu, also bei Gen-für-Gen-Beziehungen zwischen Virulenz des Schaderregers bei genetischer Homogenität dieses Merkmals und Resistenz der Pflanze. Solche resistenzbrechenden Biotypen bzw. Pathotypen hat man bei mehreren tierischen Schädlingsarten festgestellt, ihre Anzahl ist jedoch gegenüber den Pathotypen pilzlicher und bakterieller Schaderreger gering. Die Ursache dafür ist bisher nicht eindeutig nachgewiesen worden, ein Hauptgrund könnte jedoch in der großen Verschiedenheit individueller Nachkommen pro Pflanze zwischen tierischen Schädlingen und Pathogenen zu sehen sein [1469]. Während eine Pflanze Millionen pathogener Bakterienzellen oder ein Pilzmyzel beherbergen kann, das Hunderttausende von Sporen produziert, gehen die Zahlen für Insekten oder Nematoden je Pflanze kaum über einige Tausend hinaus.

Zweifellos sind bei weitem noch nicht alle Schädlinge gründlich auf das Vorhandensein von Biotypen bzw. Pathotypen überprüft worden. Trotzdem ist nach dem gegenwärtigen Kenntnisstand offensichtlich, daß es in der Anzahl der Arten, bei denen man die Entwicklung von Biotypen bzw. Pathotypen nachweisen konnte, auffällige Unterschiede zwischen den verschiedenen systematischen Gruppen tierischer Schaderreger gibt. Die Gründe dafür sind noch nicht restlos aufgeklärt, wahrscheinlich sind auch mehrere auslösende Faktoren beteiligt. Eine Rolle spielt sicher die Dauer des Lebenszyklus. Kurze Lebensdauer und höhere Anzahl von Generationen im Jahr fördern zweifellos die Bildung von Biotypen bzw. Pathotypen. So sieht man in der parthenogenetischen Vermehrung (mit der Bildung von Klonen genetisch ähnlicher Individuen) und der schnellen Generationenfolge bei den Blattläusen einen Hauptgrund dafür, daß sie im Vergleich zu anderen Insektengruppen häufiger und schneller Biotypen entwickeln (Tab. 17). Wird durch intensiven und großräumigen Anbau einer resistenten

Sorte ein entsprechend hoher Selektionsdruck wirksam, dann kann es bei Aphiden u. U. bereits innerhalb einer oder zweier Vegetationsperioden zur Herausbildung resistenzbrechender Biotypen kommen. Einen Einfluß auf die Biotypenentstehung hat bei ihnen offenbar auch die Größe des Wirtspflanzenkreises. Blattlausarten mit zahlreichen Wirtspflanzenarten können dem Selektionsdruck einer bestimmten Kulturpflanzensorte besser ausweichen. So ist es verständlich, daß es sich bei den meisten Aphiden, bei denen bisher Biotypen bekannt geworden sind, um mono- oder oligophage, also spezialisierte Arten handelt.

Tabelle 17
Biotypen bei Blattläusen (Aphidina)

Aphidenart	Biotypen bzw. Herkünfte	Pflanzenart(en)	Land	Literatur
Amphorophora idaei	1, 2, 3, 4	Himbeere	Großbrit.	[189], [839]
Dysaphis devecta	1, 2, 3	Apfel	Großbrit.	[27]
Eriosoma lanigerum	2	Apfel	Austr.	[1555]
Schizaphis graminum	A, B, C, D, E	Sorghum, Gerste, Weizen, Roggen, Hafer	USA	[1886], [1677] [1678]
Rhopalosiphum maidis	KS-1 bis KS-5	Sorghum, Gerste, Mais	USA	[235], [1279], [1869]
Therioaphis trifolii maculata	ENT-A bis ENT-H	Luzerne	USA	[1196], [1306]
Acyrthosiphon pisum	1a, 1b, 16	Erbse, Rotklee	Finnland	[1066], [1067]
	pp, LL	Erbse, Luzerne	Frankr.	[177]
	R1, R2, R3	Erbse	Kanada	[234]
	B, C	Erbse	USA	[1655]
	BPA, MPA	Luzerne	USA	[873]
Brevicoryne brassicae	NZ-1, NZ-2	Raps	Neuseel.	[956]
	4 geograph. Herkünfte	Rosenkohl	Großbrit.	[408]
Aphis frangulae gossypii	2 geograph. Herkünfte	Melone	USA	[886]

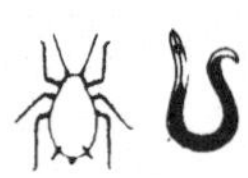

Bei der Entwicklung von Biotypen bzw. Pathotypen scheint neben anderen Faktoren der Resistenzmechanismus eine gewisse Rolle zu spielen. Bei Homopteren, insbesondere Blattläusen, und Nematoden, die mehr als andere tierische Schaderreger für die Auslese resistenzbrechender Biotypen bzw. Pathotypen bekannt sind, ist die Resistenz vorwiegend physiologisch bzw. biochemisch bedingt. Nach Gallun [532] ist das Auftreten von Biotypen weniger zu erwarten, wenn die Resistenz der Pflanzen auf morphologischen Eigenschaften beruht. Derartige Resistenzmechanismen liegen anscheinend außerhalb der Anpassungsfähigkeit der Schädlinge (vgl. 3.7.2.). Im folgenden wollen wir einige Beispiele von Biotypen bzw. Pathotypen vorstellen, zunächst für die Nematoden (Tab. 18).

Von dem Getreidezystenälchen *(Heterodera avenae)* wurden bisher 10 differenzierbare Pathotypen gefunden, die sich in 3 Gruppen einordnen lassen [34]:

Gruppe 1: Pathotypen, die avirulent für Sorten mit dem Resistenzgen Ha 1 sind (z. B. die Gerstensorten ‚Drost' und ‚Ortolan').

Gruppe 2: Pathotypen mit Virulenz gegenüber Sorten mit dem Resistenzgen Ha 1, aber avirulent gegenüber Sorten mit dem Resistenzgen Ha 2 (z. B. die Gerstensorten ‚Siri' und ‚KVL 191').

Gruppe 3: Pathotypen mit Virulenz gegenüber Sorten mit den Resistenzgenen Ha 1 und Ha 2, aber avirulent gegenüber Sorten mit dem Resistenzgen Ha 3 (z. B. die Gerstensorte ‚Marocco').

Da die Gruppen 1 und 3 jeweils mehrere Pathotypen enthalten, wird nach dem Vorschlag von Andersen und Andersen [34] den Gruppennummern jeweils eine weitere Zahl vorangestellt, so daß sich Pathotypenbezeichnungen wie Ha 11, Ha 21, Ha 31 usw. ergeben. Die Äquivalenz der in verschiedenen Ländern unterschiedlich gehandhabten Nomenklatur ist aus Tabelle 19 ersichtlich, in der das Testsortiment zur Identifizierung der Pathotypen von *H. avenae* dargestellt wird. Gleichzeitig wurden 2 weitere Nematodenarten in das Testsortiment eingeschlossen, die bereits in verschiedenen europäischen, insbesondere nord- und mitteleuropäischen Ländern an Getreide festgestellt wurden.

Tabelle 18
Biotypen, Pathotypen bzw. Rassen bei pflanzenparasitären Nematoden

Nematodenart	Vermehrungsweise	Zahl der Biotypen, Pathotypen bzw. Rassen
Globodera rostochiensis	amphimiktisch	5[1)]
Globodera pallida	amphimiktisch	6[1)]
Heterodera avenae	amphimiktisch	10
Heterodera glycines	amphimiktisch	6
Meloidogyne incognita	parthenogenetisch	4
Meloidogyne arenaria	parthenogenetisch	2
Meloidogyne hapla	fakult. parthenogenet./ parthenogenetisch	2
Tylenchulus semipenetrans	amphimiktisch	4
Radopholus similis	amphimiktisch	2
Subanguina radicicola	amphimiktisch	6
Ditylenchus dipsaci	amphimiktisch	20[2)]
Ditylenchus destructor	amphimiktisch	4

1) Beobachtungen in Südamerika lassen die Existenz weiterer Pathotypen wahrscheinlich werden.

2) Eine genaue Zahlenangabe ist schwierig infolge sich überschneidender Wirtspflanzenkreise und der Kreuzbarkeit etlicher Rassen.

Neuerdings hat sich *Aegilops ventricosa* als hoch resistent gegen die Pathotypen Fr 1 und Fr 4 (= Ha 41 und Ha 12) erwiesen, während *A. comosa*, *A. uniaristata* und *A. variabilis* Teilresistenz besitzen [391].

Bei den Kartoffelzystenälchen hat man bisher mindestens 5 *(Globodera rostochiensis)* bzw. 6 Pathotypen *(G. pallida)* identifiziert. Für ihre Determination kann das in Tabelle 20 dargestellte Testpflanzensortiment verwendet werden [981]. Engel und Stelter [446] schlugen die Bezeichnung der Pathotypen auf dualer Basis nach einem Ordnungssystem vor, das gleichzeitig die Hierarchie der Pathotypen widerspiegelt und zudem eine Auswertung über die EDV erlaubt. Leider hat sich diese Nomenklatur international noch nicht durchgesetzt, obwohl sich die Vorzüge bei der Auffindung und Einordnung neuer Pathotypen von *G. pallida* in Südamerika [227, 228] deutlich zeigten. Die weiteste Verbreitung im internationalen Schrifttum hat der Nomenklaturvorschlag von Kort et al. [913] gefunden, nach dem die bei *G. rostochiensis* vorkommenden Pathotypen mit Ro 1 bis Ro 5 und die bei *G. pallida* in Europa vorkommenden Pathotypen mit Pa 1 bis Pa 3 bezeichnet werden (vgl. Tab. 20).

Die Resistenz von Weizen gegen die Hessenfliege *(Mayetiola destructor)* beruht auf Antibiose, d. h., die Larven des Schädlings sterben an einer resistenten Pflanze bald nach Fraßbeginn ab. Man hat mindestens 6 Gene identifiziert, die, einzeln oder gemeinsam, verschiedenen Weizensorten diese Resistenzeigenschaft verleihen. Bereits in den 30er Jahren stellte jedoch Painter [1259] fest, daß Populationen der Hessenfliege aus dem westlichen Kansas Weichweizensorten weniger befielen als Populationen aus dem östlichen Landesteil und an

Tabelle 19
Testsortiment zur Klassifizierung der bisher nachgewiesenen Pathotypen von *Heterodera avenae* sowie

Pathotypengruppe			1			
Pathotyp-Bezeichnung	Ha11	Ha21	Ha31	Ha41	Ha51	Ha61
Niederländ. Klassifikation	A	D			B	E
Französ. Klassifikation	Fr3			Fr1		
Gerste						
Varde/Emir	A	A	—	A	—	A
Drost/Ortolan (Ha1)	R	R	R	R	R	R
KLV 191/Siri (Ha2)	R	R	R	A	A	A
Marocco C.I. 3902 (Ha 3)	R	R	R	R	R	R
Marocaine C.I. 8341	R	R	—	—	R	—
Bajo Aragon 1-1	R	—	—	R	—	R
Herta	A	A	R	—	R	—
Martin 403-2	R	—	—	R	—	R
Dalmatische	(R)	—	—	A	—	R
La Estanzuela 750-1-15	—	—	—	—	—	—
Harlan 43	R	—	—	—	—	—
Hafer						
Nidar II	—	—	—	A	—	A
Sun II	A	R	R	R	R	A
640318-40-2-1 (C.I. 3444)	R	R	—	R	R	R
Silva	(R)	—	—	R	—	(R)
Avena sterilis 1.376	R	R	—	R	R	R
IGV.H. 72-646 (*A. sterilis*)	R	—	—	R	—	R
Ty 72-42-1 (*A. sterilis*)	R	—	—	R	—	—
Weizen						
Capa	A	A	—	A	—	A
63/1-7-15-12 (Loros)	R	R	—	R	—	(R)
Iskamisch K-2-light	A	—	—	R	—	(R)
AUS 10894	R	—	—	R	—	R
Psathias	—	—	—	A	—	—

A = anfällig, R = resistent, (R) = mäßig resistent, — = keine Beobachtung

besonderen Sorten nicht überleben konnten, d. h., er konnte die Existenz verschiedener Biotypen nachweisen. Inzwischen hat man 8 Biotypen von *M. destructor* identifiziert (Great Plains (GP), A—G) und mit Kreuzungsexperimenten den Vererbungsgang der Virulenzeigenschaft ermittelt.

Hatchett und Gallun [669] stellten fest, daß die Resistenz (Antibiose) bei Weizen als einfache dominante Eigenschaft vererbt wird, die Fähigkeit der Larven zum Überleben aber als rezessives Merkmal. Daraus konnte man ableiten, daß hier ein komplementäres genetisches System vorliegt, eine Gen-für-Gen-Beziehung. Ein bestimmter Biotyp von *M. destructor* kann an einer Weizensorte nur dann überleben, wenn er für rezessive Virulenzgene an allen Loci homozygot ist, die mit den Loci korrespondieren, an denen die Pflanze dominante Allele für Resistenz besitzt.

In der Tabelle 21 sind die Genotypen von 8 Biotypen der Hessenfliege aufgeführt, wie sie sich aus dem Verhalten gegenüber 5 Weizensorten ableiten lassen. Die Sorte ‚Turkey' besitzt kein Resistenzgen, sie kann von allen Biotypen befallen werden. Die anderen 4 Sorten (‚Seneca', ‚Monon', ‚Knox 62' und ‚Abe') sind resistent gegen den Biotyp GP; sie besitzen dominante, Resistenz verleihende Allele, denen mindestens ein dominantes Allel für Avirulenz des Biotyps GP entspricht (S, M, K, A). Biotyp A ist außer an ‚Turkey' auch an ‚Seneca' lebensfähig, da er homozygot für das Virulenzgen s ist, das mit dem dominanten Resistenzgen dieser Sorte korrespondiert. Biotyp A besitzt aber dominante Avirulenz-Allele an den Loci, die mit den Loci von ‚Monon', ‚Knox 62' und ‚Abe' korre-

H. hordecalis⁺) und *bifenestra*⁺⁺). Nach Andersen und Andersen [34].

2			3		
Ha 12 C Fr2, Fr4	Ha 13	Ha 23	Ha 33	Hh 1 +)	Hb 1 ++)
A	A	A	A	A	A
A	A	A	A	A	A
R	A	A	A	A	A
R	R	(R)	R	R	A
R	R	(R)	—	—	—
R	A	A	R	A	(R)
A	A	—	—	—	—
R	R	A	A	A	A
A	A	(R)	A	(R)	A
—	—	R	—	(R)	A
R	—	(R)	A	—	—
A	A	A	A	A	A
A	A	A	A	R	A
R	A	A	A	R	A
(R)	(R)	A	A	R	A
R	R	R	R	R	A
R	A	A	A	—	A
R	—	A	A	R	—
A	A	A	A	R	A
R	(R)	A	A	R	(R)
(R)	A	A	A	R	R
R	(R)	A	A	R	(R)
A	A	R	R	R	A

spondieren, die Resistenzgene tragen, d. h., er kann an diesen Sorten nicht überleben. Biotyp D ist homozygot an den Virulenz-Loci s, m und k, kann also die Sorten ‚Seneca', ‚Monon', ‚Knox 62' und ‚Turkey' befallen, aber nicht ‚Abe', da er am a-Locus ein dominantes Avirulenz-Allel besitzt, das mit dem Resistenzgen von ‚Abe' korrespondiert. Die Tabelle 22 gibt einen Überblick über die Resistenz bzw. Empfindlichkeit aller 5 Weizensorten gegenüber den 8 Biotypen von *M. destructor*.

Im Rahmen eines internationalen Forschungsprojektes wurden Reissorten, die als resistent gegen die Reisgallmücke *(Orseolia oryzae)* bekannt waren, in verschiedenen asiatischen Ländern angebaut. Dabei stellte sich heraus, daß die Resistenz nicht in allen Ländern gleichermaßen wirkte. Vertreter der indischen Sortengruppe ‚Eswarakora' waren in China, Indien und Thailand resistent, aber nicht in Indonesien und Sri Lanka. Die Reissortengruppen ‚Leaung 152' und ‚Siam 29' wiederum wurden nur in Thailand von der Gallmücke befallen. Auch innerhalb Indiens stellte man Unterschiede in der Resistenz von Reissorten an verschiedenen Orten fest [57]. So kommen Shaw et al. [1587] auf Grund der Reaktion von 20 Reissorten zu der Ansicht, daß sich der Schädlingsbiotyp von Ranchi (in Bihar) von den 6 Biotypen aus China, Indonesien, Thailand, Sri Lanka, Andhra Pradesh und Orissa (Indien) unterscheidet. Ob die Anwendung des Biotypbegriffes im spezifischen Sinn in diesem Fall gerechtfertigt ist, bleibt noch zu überprüfen.

Tabelle 20
Testsortiment zur Klassifizierung der bisher nachgewiesenen Pathotypen von *Globodera rostochiensis* und *G. pallida*. Nach Lellbach et al. [981].

Differentialwirte						Bezeichnung der Pathotypen nach			Vorkommen in Europa
A	B	C	D	E	F	Engel und Stelter [446]	Kort et al. [913]	Canto-Saenz und Scurrah [228]	
0	0	0	0	0	0	0			
0	0	0	0	0	1	1	Ro 1	R_1A	DDR, BRD, Großbrit., Niederl.
0	0	0	0	1	1	3	Ro 2	R_2A	DDR, BRD, Niederl.
0	0	0	1	1	1	7	Ro 3	R_3A	Niederl.
0	0	1	1	0	1	15	Ro 4	R_1B	Niederl.
0	(0)	1	1	1	1	17	Ro 5		BRD
0	(1)	1	1	1	1	37	Ro 5		BRD
1^+	0	0	1	1^+	1	47		P_3A	
1^+	0	1	0	1^+	1	53		P_2A	
1	0	1	1	1	0	56	Pa 1	P_1A	DDR, Großbrit.
1	0	1	1	1	1	57	Pa 2	P_4A	BRD, Großbrit., Niederl.
1^+	1	1	1	1^+	0	76		P_1B	
1	1	1	1	1	1	77	Pa 3	P_5A	DDR, BRD, Großbrit., Niederl.

0 = keine Vermehrung, 1 = Vermehrung, $^+$ = Reaktion wird angenommen
A = *Solanum vernei*-Hybrid 65.346/19
B = *S. vernei*-Hybrid $(VT^n)^2$ 62-33-3
C = *S. vernei*-Hybrid G-LKS 58-1642/4
D = *S. kurtzianum*-Hybrid KTT 60-21-19
E = *S. tuberosum* ssp. *andigenum* CPC 1673
F = *S. multidissectum* P 55/7

Tabelle 21
Genotypen von 8 Biotypen der Hessenfliege (*Mayetiola destructor*). Nach Gallun [533].

Biotypen	Weizensorten Turkey	Seneca	Monon	Knox 62	Abe
GP	0	S—	M—	K—	A—
A	0	ss	M—	K—	A—
B	0	ss	mm	K—	A—
C	0	ss	M—	kk	A—
D	0	ss	mm	kk	A—
E	0	S—	mm	K—	A—
F	0	S—	M—	kk	A—
G	0	S—	mm	kk	A—

Die Buchstaben bezeichnen rezessive und dominante Allele, die Virulenz des Insekts und Empfindlichkeit der Pflanze bzw. Avirulenz des Insekts und Resistenz der Pflanze bedingen.

Von den Aphiden gehören vor allem die Große Himbeerlaus *(Amphorophora idaei)*, die Getreidelaus *(Schizaphis graminum)* und die Gefleckte Luzernelaus *(Therioaphis trifolii maculata)* zu den Arten, die echte resistenzbrechende Biotypen entwickelt haben. In der Tabelle 23 sind die Wechselbeziehungen zwischen 4 in Großbritannien auftretenden Biotypen von *A. idaei* und verschiedenen Genen in *Rubus*-Formen dargestellt. Einige Gene sind gegen alle 5 Biotypen wirksam, andere nur gegen einen oder 2 [841].

Von *Schizaphis graminum* fand man 1958 einen Biotyp (B), der im Gegensatz zur

Tabelle 22
Wechselwirkungen zwischen 5 Weizensorten mit Resistenzgenen und 8 Biotypen der Hessenfliege (*Mayetiola destructor*) mit Virulenzgenen. Nach Gallun und Khush [535].

Biotypen	Virulenzgene	Weizensorten und ihre Resistenzgene				
		Turkey 0	Seneca H_7, H_8	Monon H_3	Knox 62 H_6	Abe H_5
GP	0	A	R	R	R	R
A	s	A	A	R	R	R
B	s, m	A	A	A	R	R
C	s, k	A	A	R	A	R
D	s, m, k	A	A	A	A	R
E	m	A	R	A	R	R
F	k	A	R	R	A	R
G	m, k	A	R	A	A	R

R = resistent
A = anfällig

ursprünglichen Population (Biotyp A) die resistenten Weizenlinien ‚Dickinson Sel 28-A‘ und ‚CI 9058‘ befallen konnte [1883]. Im Jahre 1968 trat großräumig ein resistenzbrechender Biotyp (C) auf, der *Sorghum* (bisher resistent gegen die Biotypen A und B) zu befallen und stark zu schädigen vermochte [371]. Schließlich fand man im Winterhalbjahr 1979/80 in den USA einen weiteren Biotyp (E), der zahlreiche der bisher resistenten Sorten und Zuchtlinien befallen kann. So vermag er beispielsweise die Weizensorte ‚Amigo‘ sowie bestimmte *Sorghum*-Linien und Futtergerstensorten, die gegen die vorher bekannten Biotypen Resistenz aufweisen, zu schädigen [1678].

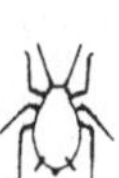

Bei *Therioaphis trifolii maculata* stellte man bereits 2 Jahre nach Anbau der ersten resistenten Luzernesorte in den USA Anzeichen für die Entwicklung eines resistenzbrechenden Biotyps fest [1673]. In der Folgezeit sind weitere Biotypen der Gefleckten Luzernelaus beschrieben worden, so 5 aus dem Südwesten der USA und 2 aus Nebraska [1058, 1197]. Gen-für-Gen-Beziehungen haben sich z. B. zwischen verschiedenen Biotypen dieser Blattlausart und der Luzernesorte ‚Hayden‘ herausgebildet, während die Sorte ‚Lahontan‘ horizontale Resistenz gegenüber allen Biotypen aufweist [1196]. Bei ‚Hayden‘ wird die Resistenz oligogen vererbt, bei ‚Lahontan‘ offenbar polygen.

Tabelle 23
Beziehungen zwischen einigen Resistenzgenen in *Rubus* spp. und 4 Biotypen von *Amphorophora idaei*. Nach Keep et al. [841] und Keep [839].

Resistenzgen(e)	Resistenzquelle	Biotypen			
		1	2	3	4
A1	*R. idaeus* ‚Baumforth A‘	R	A	R	A
A2	*R. idaeus* ‚Chief‘	A	R	A	A
A5, A6, A7	*R. idaeus* ‚Chief‘	R	A	A	A
A8, A9	*R. idaeus strigosus* ‚L 518‘	R	R	R	R
A10	*R. occidentalis* ‚Cumberland‘	R	R	R	R
A11	*R. coreanus*	R	R	R	R

R = resistent
A = anfällig

Aus der Gruppe der Zikaden hat der Reisschädling *Nilaparvata lugens* resistenzbrechende Biotypen entwickelt. Die Züchtung auf Resistenz gegen diesen Schädling begann 1967 im IRRI (International Rice Research Institute, Philippinen). 1973 wurde die Reissorte ‚IR 26' mit dem Bph 1-Gen für Resistenz gegen *N. lugens* anerkannt und nachfolgend in großem Umfang auf den Philippinen, in Indonesien und Vietnam angebaut. Dieser verbreitete Anbau, der außerdem in diesen Gebieten das ganze Jahr hindurch ohne Unterbrechung erfolgt, begünstigte die Entwicklung von Biotypen des Schädlings (der überdies 4 Generationen im Jahr ausbildet). Man hat auf den Philippinen bisher mindestens 3 Biotypen von *N. lugens* isoliert und gezüchtet; ein vierter Biotyp hat sich in Südasien (Indien, Sri Lanka, Bangladesch) herausgebildet [535, 1281]. Demgegenüber stehen 4 Resistenzgene, die man bisher bei Reissorten identifiziert hat: Bph 1, bph 2, Bph 3, bph 4 [78, 943]. Biotyp 1 kann nur an solchen Reissorten überleben, die keine Resistenzgene besitzen. An Sorten mit dem Resistenzgen Bph 1 (z. B. ‚IR 26', ‚Mudgo') ist Biotyp 2 lebensfähig, aber nicht an Sorten mit bph 2 (z. B. ‚IR 36', ‚IR 42', ‚ASD 7'). Diese Sorten wiederum sind anfällig für den Biotyp 3. Keiner der Biotypen jedoch vermag an Reissorten mit den Resistenzgenen Bph 3 und bph 4 zu überleben. Eine Übersicht über diese Beziehungen zwischen den Biotypen von *N. lugens* und den Resistenzgenen von Reissorten vermittelt Tabelle 24.

Tabelle 24
Beziehungen zwischen 4 Biotypen von *Nilaparvata lugens* und Resistenzgenen bei Reis. Nach Gallun und Khush [535].

Gene	Biotyp			
	1	2	3	4
Bph 1	R	A	R	A
bph 2	R	R	A	A
Bph 3	R	R	R	R
bph 4	R	R	R	R

R = resistent
A = anfällig

Claridge und den Hollander [297] halten die Anwendung des Begriffes Biotyp, insbesondere eine spezifische Bezeichnung durch Zahlen (oder Namen), in diesem Fall jedoch nicht für gerechtfertigt. Sie stellten zunächst eine große individuelle Schwankung für Virulenz innerhalb der philippinischen Biotyp-Populationen fest, die am IRRI in Inzucht an 3 verschiedenen Reissorten gehalten wurden. Innerhalb von nur 10 Generationen der Zikade konnten sie durch Selektion auf der entsprechenden Reissorte einen Biotyp in einen anderen umwandeln [295]. Außerdem besteht die gut begründete Annahme, daß die Virulenz bei den IRRI-Biotypen in komplexer polygener Weise vererbt wird [716, 1652]. Eine einfache Gen-für-Gen-Beziehung zwischen Insekt und Wirtspflanze ist deshalb nicht möglich; bestimmte Virulenzmuster können in diesem Fall durch viele verschiedene Kombinationen von Polygenen erreicht werden (wie die Selektionsversuche bewiesen haben). Claridge und den Hollander [295] sind der Meinung, daß der Begriff Biotyp auf die Populationen dieser Zikade höchstens im allgemeinen, nichtspezifischen Sinn angewendet werden darf, um ähnliche phänotypische Muster der Virulenz zu kennzeichnen.

Als weiterer Vertreter der Zikaden scheint *Nephotettix virescens* Biotypen zu entwickeln. Reissorten mit den Genen Glh 1, Glh 2, Glh 3 und Glh 5, die auf den Philippinen Resistenz gegen *N. virescens* verleihen, sind in Bangladesch und Indonesien (Java) anfällig [870].

Man findet die Bezeichnung Biotyp auch bei Populationen, die sich durch eine ungewöhnlich große Vitalität mit einem hohen Vermehrungspotential an allen Genotypen einer Wirtsart auszeichnen. Sie befallen stärker als andere Biotypen anfällige wie auch resistente Sorten, ohne daß eine spezifische Anpassung an einen besonderen Wirtspflanzengenotyp

erfolgte. Als Beispiel dafür kann die Mehlige Kohlblattlaus *(Brevicoryne brassicae)* erwähnt werden. In Neuseeland trat 1967 an Raps ein Biotyp (NZ-2) auf, der an verschiedenen blattlausresistenten Sorten (darunter ‚Aphid Resistant' und ‚Rangi'), also unspezifisch, die Resistenz überwand [956].

Es gibt Beispiele, wo die Anfälligkeit einer bis dahin resistenten Sorte zunächst auf die Entwicklung eines echten, resistenzbrechenden Biotyps bzw. Pathotyps zurückgeführt wurde. So schrieb man den Befall nematodenresistenter Kartoffelsorten einem Pathotyp von *Globodera rostochiensis* zu. Später erwiesen sich einige dieser Populationen als Angehörige der nahe verwandten Art *Globodera pallida*, gegen die die Kartoffelsorte nie resistent gewesen war. Russell [1469] betont die Bedeutung einer genauen Identifizierung resistenzbrechender Schädlingspopulationen, denn davon hängt die Strategie der weiteren Züchtungsarbeit ab. Wenn eine nahe verwandte Art für den scheinbaren Zusammenbruch der Resistenz verantwortlich ist, muß diese Art in das Züchtungs- und Testprogramm aufgenommen werden.

7.3. Einfluß resistenter Pflanzen auf die Dispersion des Schädlings

Zu den Faktoren, die in einem Ökosystem in Abhängigkeit von der Populationsdichte wirken, gehören u. a. Ein- und Abwanderung. Das trifft auch für das Pathosystem zu. Die Existenz einer Schädlingspopulation, die durch den Anbau einer resistenten Wirtspflanzensorte gefährdet ist, kann dann gesichert werden, wenn ständig eine Einwanderung aus Gebieten erfolgt, in denen die Entwicklung der Parasitenpopulation nicht eingeschränkt ist. Außerdem ist eine Senkung der Abwanderungsrate bei sinkender Populationsdichte zu erwarten, da sich gleichzeitig auch die intraspezifische Konkurrenz vermindert.

Wenn der Resistenzmechanismus der angebauten Sorte auf Nichtpräferenz beruht, hat der Schädling die Möglichkeit, auf geeignetere Wirte auszuweichen bzw. nach solchen zu suchen. Sind derartige Pflanzen in erreichbarer Nähe vorhanden, werden sie stärker besiedelt; der Schädlingsbefall konzentriert sich auf ihnen, und der Bestand wird entlastet. In Ausnutzung dieses Verhaltens hat man vorgeschlagen, anfällige Pflanzen als Fangstreifen — z. B. am Feldrand — anzubauen [905], an denen dann die Populationsdichte des Schädlings durch einen gezielten und flächenmäßig begrenzten Einsatz chemischer Bekämpfungsmittel gesenkt werden kann.

Das Suchen nach geeigneteren Wirtspflanzen kann aber auch noch eine andere Auswirkung haben, wenn es sich bei den Schaderregern um Vektoren pflanzenpathogener Viren handelt. Die Folge eines solchen Verhaltens ist — insbesondere bei Blattläusen — eine verstärkte Bewegung zwischen den Pflanzen des Bestandes, in deren Verlauf an einer größeren Anzahl von Pflanzen Probesaugstiche ausgeführt werden. Das würde gleichzeitig die Gefahr einer verstärkten Ausbreitung nichtpersistenter pflanzenpathogener Viren bedeuten. Sie wäre dann nicht zu befürchten, wenn die abschreckende Wirkung der Resistenzeigenschaft bereits vor dem ersten Einstich eintritt (vgl. 9.2.).

Resistente Pflanzen können die räumliche Verteilung eines Schädlings aber auch dann beeinflussen, wenn der zugrunde liegende Resistenzmechanismus auf Antibiose beruht. Das tritt insbesondere in solchen Fällen ein, wo eine Ortsveränderung von der Besiedlungsdichte abhängt, wie z. B. bei Blattläusen. Von ihnen ist bekannt, daß sie auf wachsende Populationsdichte mit vermehrter Ausbildung Geflügelter reagieren.

7.4. Einfluß resistenter Pflanzen auf eine Gesellschaft tierischer Schaderreger

Eine Pflanze dient nicht nur einer Schädlingsart als Nahrungsquelle, sondern ist stets auch Wirt für eine mehr oder weniger umfangreiche Schaderregergesellschaft, deren einzelne Mitglieder unterschiedliche Bedeutung als Schadverursacher haben. Ortman und Peters [1249] teilen die Pflanzenschädlinge in folgende Kategorien ein:

Hauptschädling (key pest): verursacht regelmäßig Schaden.

Gelegenheitsschädling (occasional pest): tritt in größeren Abständen auf, verursacht dann aber schwere Schäden.

Nebenschädling (incidental pest): tritt regelmäßig auf, verursacht aber selten Schäden.

Potentieller Schädling (potential pest): kann unter bestimmten Umständen (Wechsel von Kulturen oder Anbaumethoden) auftreten und schädlich werden.

Im allgemeinen richtet sich die Resistenzzüchtung gegen einen oder wenige Hauptschädlinge. Die während des Zuchtablaufs erzielten Veränderungen in den Eigenschaften der Pflanze bedeuten gleichzeitig eine Veränderung der ökischen Dimension bzw. der ökologischen Lizenz und damit auch der ökologischen Nische (vgl. 3.2.). Das kann sich dann vorteilhaft auswirken, wenn andere Schädlingsarten in gleicher Weise nachteilig beeinflußt werden, die Resistenz also gegen mehrere Schaderreger wirksam ist.

So erstreckt sich z. B. die Resistenz der Süßkartoffel auf mindestens 6 Arten wurzelfressender Käfer [330]. *Lycopersicon hirsutum*, eine nahe Verwandte unserer Kultur-Tomate, ist gegen 8 wichtige Insektenschädlinge resistent [474, 1506, 1533]. Für mindestens 4 Arten beruht diese Resistenz auf dem dichten Besatz mit Drüsenhaaren [298, 1707].

Die veränderten Eigenschaften resistenter Pflanzen können aber auch unerwünschte Nebenwirkungen haben, nämlich dann, wenn sich die ökologische Lizenz mit der autozoischen Dimension einer anderen Tierart deckt, für diese also eine ökologische Nische geöffnet wird. Auf diese Weise können bisher wirtschaftlich unwichtige Arten, z. B. Nebenschädlinge oder potentielle Schädlinge, an Bedeutung gewinnen und u. U. zu Hauptschädlingen werden.

Die Resistenz von Gurken gegen *Diabrotica undecimpunctata howardi* beruht auf dem Fehlen von Cucurbitacinen (68) in der Pflanze. Diese Bitterstoffe (Triterpenoide) wirken anlockend auf den Gefleckten Gurkenkäfer; gleichzeitig bedeutet aber der Mangel an diesen sekundären Pflanzeninhaltsstoffen einen Vorteil für die Spinnmilbe *Tetranychus urticae*. Gegen den Käfer resistente Pflanzen sind anfälliger für die Spinnmilbe, dagegen starben auf bitteren Pflanzen mehr als 95% der Spinnmilben bereits im Larvenstadium ab [317].

Man nimmt an, daß Attraktivsubstanzen ursprünglich eine Schutzfunktion für die Pflanze ausübten. Die komplizierte Synthese vieler sekundärer Pflanzeninhaltsstoffe wird als ein weiterer Hinweis darauf angesehen, daß derartige Verbindungen eine positive Bedeutung haben oder hatten und sie erst sekundär von anderen Arten im Sinne von Kairomonen genutzt werden (vgl. 4.2.) [466, 649, 986, 1399, 1523]. Trifft diese Annahme zu, dann ist mit verstärktem Befall durch andere Schaderreger zu rechnen, wenn im Verlauf der Züchtung solche Pflanzeninhaltsstoffe eliminiert werden [1867].

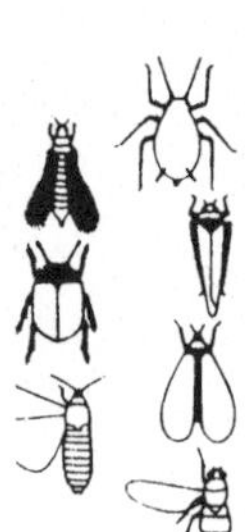

Resistenz einer Melonen-Wildform gegen die Blattlaus *Aphis frangulae gossypii* war mit erhöhtem Schaden durch den Thrips *Frankliniella occidentalis* und die Kartoffelzikade *Empoasca abrupta* verbunden [169, 849], und gegen *Empoasca fabae* resistente Kartoffelsorten waren anfälliger für *Epitrix cucumeris* [1485]. Nach Way und Murdie [1838] zeichneten sich 2 Rosenkohlsorten mit glänzenden Blättern (= geringer Wachsbelag) durch größere Resistenz gegen *Brevicoryne brassicae*, *Aleyrodes proletella* und *Barathra brassicae* aus als Sorten mit starkem Wachsbelag auf den Blättern, sie waren andererseits aber anfälliger für *Myzus persicae*, *Delia brassicae* und Erdflöhe.

7.5. Einfluß resistenter Pflanzen auf natürliche Feinde

Die natürlichen Feinde tierischer Schaderreger — Räuber und Parasiten — gehören zu den dichteabhängigen Faktoren im Pathosystem und wirken als Regler (vgl. Kap. 2): Je höher die Populationsdichte des Schädlings ansteigt, um so stärker wird der Druck, den sie auf seine Population ausüben. Ihnen kommt daher eine wichtige Rolle als Faktoren der biologischen Schädlingsbekämpfung zu. Im Rahmen integrierter Bekämpfungsmaßnahmen werden aber verschiedene Strategien kombiniert (vgl. Kap. 12), und es ist zu untersuchen, inwieweit sich die Einzelmaßnahmen ergänzen oder in ihrer Wirkung aufheben. An dieser Stelle wollen wir uns nur mit dem Einfluß resistenter Pflanzen auf die Wirksamkeit von Räubern und Parasiten befassen.

Bergman und Tingey [134] unterscheiden zwischen einer direkten Einwirkung resistenter Pflanzen auf natürliche Feinde und einem (indirekten) Einfluß von Resistenzfaktoren, die über die Beute wirksam werden.

Zu den von der Pflanze ausgehenden und unmittelbar auf natürliche Feinde wirkenden Faktoren gehören z. B. Duftstoffe, nach denen sich nicht nur die Schädlinge, sondern auch ihre Räuber und Parasiten orientieren. In dieser Hinsicht hat man Unterschiede zwischen verschiedenen Sorten festgestellt.

Z. B. wird *Lydella grisescens*, ein Parasit des Maiszünslers (*Ostrinia nubilalis*), von verschiedenen Maishybriden unterschiedlich stark angelockt [496].

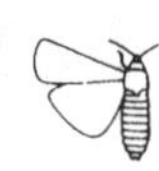

Für viele Räuber und Parasiten stellt die Wirtspflanze ihrer Beutetiere auch eine Quelle für Wasser und zusätzliche Nahrung (Pollen, Nektar) dar. Sorten, die breitenwirksame toxische Resistenzfaktoren besitzen, können auf diesem Wege die Leistungen natürlicher Feinde beeinträchtigen. Das geschieht auch dann, wenn die genannten Nahrungsquellen ausfallen.

Mit der Züchtung von Baumwollsorten, denen die extrafloralen Nektarien fehlen, hat man den Befall durch *Heliothis zea*, *Psallus seriatus*, *Lygus lineolaris*, *Bucculatrix thurbergiella* und andere Schädlinge wirksam reduzieren können, gleichzeitig wurde aber auch eine Verminderung räuberischer Feinde an solchen Sorten festgestellt [1537].

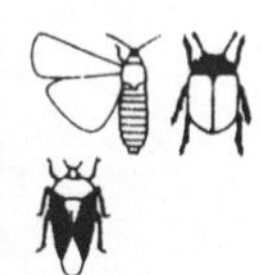

Ein weit verbreiteter Verteidigungsmechanismus der Pflanzen ist die Behaarung (vgl. 6.1.2.2.), die nicht selektiv und deshalb auch auf natürliche Feinde wirkt. Einen nachteiligen Einfluß üben insbesondere Drüsenhaare aus, die kleine Parasiten mit ihren Ausscheidungen verkleben und bewegungsunfähig machen können.

So war z. B. auf Tabakblättern mit Drüsenhaaren die Eiparasitierung von *Manduca sexta* durch *Telenomus sphingis* und *Trichogramma minutum* stark herabgesetzt. Ähnliches trifft auf die Eiparasitierung von *Heliothis virescens* zu [441].

Der indirekte Einfluß von Resistenzfaktoren, d. h. auf dem Umweg über die Beute, kann sich in verschiedener Weise auf die natürlichen Feinde auswirken. Antibiotische Resistenzmechanismen verringern Wachstumsrate und Fruchtbarkeit und erhöhen Entwicklungsdauer und Mortalität des Schädlings, verändern damit also die Nahrungsqualität für Räuber und Parasiten [959]. Es können aber auch giftige Pflanzenstoffe, die als Resistenzfaktoren wirken, über die Beute auf natürliche Feinde Einfluß nehmen.

Züchtet man die Wanze *Podisus maculiventris* an Kartoffelkäferlarven, die mit *Solanum atropurpureum* oder *S. carolinense* ernährt wurden, so erhöht sich die Nymphensterblichkeit bei verringerter Wachstumsrate des Räubers im Vergleich zu solchen Beutelarven, die *S. tuberosum* als Futter erhalten. Ähnliche Ergebnisse erzielte man mit der verwandten Wanzenart *Perillus bioculatus*.

An resistenten Pflanzen kann sich darüber hinaus das Verhaltensmuster des Schädlings ändern und damit auf Räuber und Parasiten einwirken.

An Baumwollsorten mit verschmälerten, streifenförmigen und abgespreizten Hochblättern, die der Knospe bzw. der Kapsel nicht anliegen (frego bract), zeigt der Baumwollkapselkäfer (*Anthonomus grandis*) eine unnormal hohe Laufaktivität und Ruhelosigkeit, die die Wahrscheinlichkeit des Zusammentreffens mit natürlichen Feinden erhöht; das ist ein Beispiel für eine Verstärkung der Resistenzwirkung durch natürliche Feinde [1134].

Zu den indirekten Einflüssen der Resistenz auf Räuber und Parasiten ist weiterhin die Abnahme der Populationsdichte des Schädlings bzw. der Beute zu rechnen. Dadurch können Schwierigkeiten für die Ernährung natürlicher Feinde entstehen, die zu einer Reduktion ihrer Populationsdichte und damit gleichzeitig auch zu einer Verminderung der durch sie verursachten Mortalität der Schädlinge führen; auf diese Weise würde ein Teil der Resistenzwirkung aufgehoben werden [524, 1528]. Diese Konsequenz ergibt sich bei langjährigem Einfluß auf mehrjährigen Kulturpflanzen, oder wenn der Schädling an einjährigen Wirten mehrere Generationen entwickelt. Die Reaktion natürlicher Feinde auf Änderungen der Beutedichte setzt mit Verzögerung ein, so daß kurzfristig keine negative Beeinflussung ihrer dichtesenkenden Wirkung durch resistente Pflanzen zu erwarten ist.

Bei Versuchen mit der Getreidelaus (*Schizaphis graminum*) und ihrem Parasiten *Lysiphlebus testaceipes* stellten Starks et al. [1682] fest, daß die Parasiten auf resistenten Gersten- und *Sorghum*-Sorten die Vermehrung der Blattläuse stark verzögern konnten, nicht aber auf den anfälligen. Allerdings hatten die Parasiten auf anfälligen Pflanzen mehr Nachkommen als auf resistenten. Die auf resistenten Pflanzen durch Parasitierung abgestorbenen Läuse waren kleiner als die auf anfälligen, und in der Regel entwickeln sich in kleineren Wirten auch kleinere Parasiten mit geringerer Fruchtbarkeit. Bei ständigem Anbau resistenter Gerstensorten dürfte also die durch Parasitierung bedingte Mortalität abnehmen. Ob dadurch aber die Wirkung der Resistenz tatsächlich merklich beeinträchtigt wird, bleibt noch zu untersuchen.

Polyphage Feinde, z. B. die meisten Räuber, werden weniger stark beeinflußt, wenn die Populationsdichte einer ihrer Beutearten abnimmt.

Auf Reissorten, die resistent gegen *Nilaparvata lugens* waren, stellte man bei verringerter Schädlingsdichte zwar weniger Räuber, aber trotzdem ein günstigeres Zahlenverhältnis zu den Zikaden fest [267]. — Die unterschiedliche Resistenz von 3 Luzernesorten wirkte sich zwar auf die Populationsdichte der Erbsenblattlaus (*Acyrthosiphon pisum*) aus, hatte jedoch keinen Einfluß auf die Parasitierungsrate und die Anzahl räuberischer Feinde [1319].

Bereits dieser kurze Überblick zeigt, daß der Anbau resistenter Kulturpflanzensorten nicht als isolierte Maßnahme zu betrachten und einzusetzen ist (vgl. Kap. 12), sondern einen Eingriff in das gesamte Ökosystem darstellt. Je nach der Struktur des Systems muß man mit Nebenwirkungen rechnen, die den Einfluß der Pflanzenresistenz auf die Schädlingsdichte unterstützen und verstärken, aber auch abschwächen können. In dieser Hinsicht bedarf es noch umfangreicher Untersuchungen, und es ist nicht möglich, beim gegenwärtigen Stand der Kenntnisse allgemeingültige Gesetzmäßigkeiten aus den vorliegenden Ergebnissen abzuleiten.

8. Einflüsse auf die Ausprägung der Resistenz

In den vorangegangenen Kapiteln haben wir bereits mehrfach auf die Bedeutung der Umwelt für die Ausprägung der Resistenzeigenschaften einer Pflanze hingewiesen. Es sei daran erinnert, daß die Pflanze als ein Bestandteil des Ökosystems zu verstehen ist, die mit einer Vielzahl von Komponenten in Wechselbeziehung steht. Zu diesen Komponenten gehören abiotische Faktoren (klimatische, edaphische und kulturbedingte) der Umwelt wie auch verschiedenartige Organismen einschließlich der Pathogene (Viren, Bakterien, Pilze), die durch Kontakt mit einer Pflanze (Inokulation, Infektion, Befall) die natürlich vorhandenen Resistenzmechanismen aktivieren.

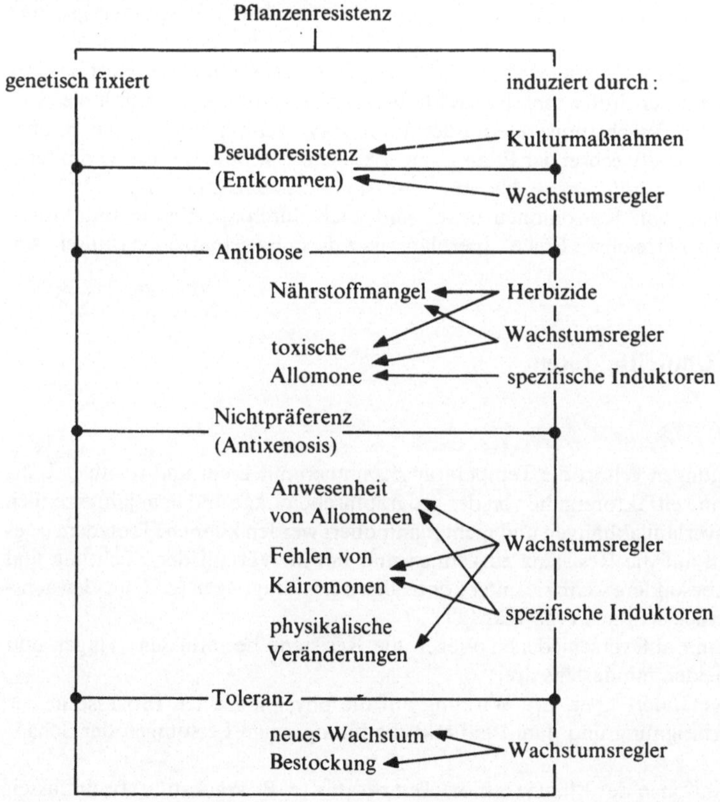

Abb. 20. Wirksamkeit der induzierten Resistenz über die klassischen Erscheinungsformen der Resistenz. Nach Kogan und Paxton 1983.

Die Bedeutung, die man den Umweltfaktoren für die Ausprägung der Resistenz beimißt, kommt u. a. darin zum Ausdruck, daß man das Ausmaß ihrer Einflußnahme als Differenzierungsmerkmal verwendet hat. Kogan [905] unterscheidet auf dieser Basis 2 Kategorien der Resistenz von Pflanzen gegen tierische Schaderreger. Resistenzmechanismen, die in erster Linie auf vererbbaren, genetisch fixierten Eigenschaften beruhen, werden der genetischen Resistenz zugeordnet. Auf sie hat die Umwelt nur eine begrenzte Wirkung in dem Sinne, daß sie zwar die Leistungen von Schädling und Pflanze erhöhen oder vermindern kann, ohne jedoch das relative Verhältnis zwischen resistenten und anfälligen Pflanzen wesentlich zu verändern. Außer diesem Einfluß auf die Höhe der Resistenz unterscheidet man noch die Einwirkung von Umweltfaktoren auf die Ausprägung der Resistenz, und in dieser Hinsicht kann es zu Unterschieden zwischen resistenten und anfälligen Pflanzen, d. h. zu einer signifikanten Wechselwirkung zwischen Sorte und Umwelt, kommen. Für die Züchtung ist es wichtig, die Einflüsse der Umwelt auf die Resistenz vom genetischen Einfluß zu trennen, um Sorten zu erzielen, die eine umweltstabile Resistenz besitzen.

Die zweite Kategorie umfaßt Resistenzmechanismen, die weniger auf erblichen Eigenschaften beruhen, d. h. nur in geringem Umfang genetisch kontrolliert werden, dafür aber in starkem Maße von Umwelteinflüssen abhängen. Im Abschnitt 3.4. haben wir bereits einige diesbezügliche Fragen erörtert und auch darauf hingewiesen, daß diese Form der Widerstandsfähigkeit der Pflanze als induzierte Resistenz bezeichnet wird. Kogan und Paxton [907] stellen in diesem Sinne der genetischen Resistenz die induzierte Resistenz gegenüber; beide Kategorien werden über die gleichen Erscheinungsformen der Resistenz wirksam. So ist z. B. das Ausweichen des Wirtes (vgl. 5.1.), die phänologische Inkoinzidenz von Schaderreger und Wirtspflanze, auch durch bestimmte Kulturmethoden oder eine zeitlich abgestimmte Anwendung von Wachstumsreglern zu erzielen. Eine auf Mangel an bestimmten Nährstoffen oder auf der Anhäufung toxischer Stoffwechselprodukte beruhende Antibiose ist durch die Ausbringung von Herbiziden, Wachstumsreglern oder durch spezifische Induktoren (z. B. über gezielte Eingriffe in den Stoffwechsel der Pflanze) zu erreichen. Einflüsse auf die Verhaltensreaktionen des Schädlings (Präferenz — Nichtpräferenz) als Ergebnis einer Anhäufung von Allomonen, des Fehlens von Kairomonen u. a., sind auch durch spezifische Induktoren und Wachstumsregler zu erreichen. Einen Überblick über diese Beziehungen vermittelt Abbildung 20.

8.1. Physikalische Umweltfaktoren

8.1.1. Temperatur

Unter Freilandbedingungen gehört die Temperatur zusammen mit Licht und relativer Luftfeuchtigkeit zu den Umweltfaktoren, die von der geographischen Lage und dem jahreszeitlich bedingten Witterungsverlauf abhängen und nicht manipuliert werden können. Trotzdem ist es wichtig, ihren Einfluß auf die Resistenz zu kennen und ihn im Verlauf der Züchtung und bei Testversuchen, insbesondere wenn sie unter kontrollierten Bedingungen (z. B. im Gewächshaus) erfolgen, zu berücksichtigen (vgl. Kap. 11).

Die Temperatur kann auf verschiedenen Wegen die Resistenz beeinflussen, Tingey und Singh [1759] unterscheiden mindestens drei:

— Die Temperatur verändert über ihre Wirkung auf die physiologischen Prozesse in der Pflanze deren Wirtseignung und damit indirekt die biologischen Leistungen der Schädlinge.
— Unmittelbare Reaktionen der Pflanze auf die Temperatur (z. B. Wachstum) beeinflussen den durch die Nahrungsaufnahme eines Schädlings verursachten Schaden.
— Die Temperatur übt einen direkten Einfluß auf Verhalten und Entwicklung des Schädlings aus.

Verlust an Resistenz kann bei erhöhter wie auch bei verminderter Temperatur auftreten. An Luzerneklonen, die man wegen verringerter Vermehrung der Gefleckten Luzernelaus

(Therioaphis trifolii maculata) als resistent ausgelesen hatte, sank die Larvensterblichkeit bei 16 °C [641].

Außer der Vermehrungsrate ändert sich auch das Verhalten von *T. trifolii maculata* bei niedrigen Temperaturen. In Versuchen, bei denen die Blattläuse zwischen resistenten und anfälligen Pflanzen wählen konnten, besiedelten sie bei 27 °C ausschließlich Pflanzen anfälliger Klone. Bei 10 °C wählten sie auch resistente Klone wie z. B. ‚Nebraska 3309', die bei 27 °C fast nie befallen wurden, ebenso häufig aus wie anfällige [1504]. Ähnliche Auswirkungen niedriger Temperaturen stellte man auch bei *Sorghum*-Sorten mit Resistenz gegen *Schizaphis graminum* fest, wobei der Verlust an Resistenz (gemessen an der Vermehrungsrate) gegen den Biotyp C größer war als gegen die anderen Biotypen [1886].

Hohe Temperaturen sind bei den Nematoden von besonderer Bedeutung, da sie eine Resistenz unwirksam machen können. Dropkin [395] fand, daß die gegen Wurzelgallenälchen resistente Tomatensorte ‚Nematex' bei 28 °C und darunter hoch resistent war; bei Temperaturen über 29 °C ließ jedoch die Resistenz nach, und bei 33 °C waren die Jungpflanzen voll anfällig. Araujo et al. [64] stellten bei Inokulation von 4 Tomatensorten mit unterschiedlichen Populationsdichten von *Meloidogyne incognita* und *M. javanica* bei 25 und 32,5 °C fest, daß die Resistenz der Sorten ‚Nematex', ‚Patrick' und ‚P.I. 129149' bei der höheren Temperatur verlorengegangen war. Ähnliche Ergebnisse wurden auch an Gartenbohne [459], Süßkartoffel [774], Gurke [230] und Tabak [1226, 1227] erhalten.

Die aufgezeigten Beispiele können den Eindruck erwecken, als ob generell die Resistenz gegenüber *Meloidogyne*-Arten bei Temperaturen über 30 °C verloren ginge. Daß es auch umgekehrt sein kann, vermochte Dropkin [395] an *Cucumis metuliferus* zu zeigen, deren Resistenz mit Erhöhung der Temperatur von 28 auf 32 °C zunahm.

Vermutlich hängt das Unwirksamwerden der Resistenz mit der stärkeren Nematodenentwicklung bei höheren Temperaturen zusammen. Jede Art hat ihren Optimalbereich für die Temperatur, in der die Entwicklung am schnellsten und stärksten erfolgt. Für *M. hapla* liegt das Temperaturoptimum bei 20—25 °C, das Maximum bei 30 °C und das Minimum bei 15 °C. Bei *M. javanica* liegen die Temperaturansprüche etwa um 5 °C höher als bei *M. hapla* [151]. Das bedeutet, daß die wärmebedürftigen Vertreter dieser Gattung (*M. incognita, M. javanica, M. arenaria* u. a.) ihre optimalen Entwicklungsbedingungen nahe den Temperaturbereichen haben, in denen vielfach die Resistenz verlorengeht. Möglicherweise gibt es einen Zusammenhang mit der Beobachtung, daß bei sehr hohen Populationsdichten die Resistenz überwunden werden kann.

Diese Überwindung der Resistenz bei steigender Populationsdichte bezeichneten Cook und York [312] als „Erosion". Sie tritt vor allem bei erhöhten Temperaturen verstärkt in Erscheinung. Dabei ist der Begriff „erhöhte Temperatur" immer relativ zu sehen, abhängig vom artspezifischen Optimum. Dies wird deutlich beim Vergleich der vorwiegend wärmebedürftigen *Meloidogyne*-Arten mit den im gemäßigten Klimabereich verbreiteten zystenbildenden Arten. So vermochte *Heterodera avenae* die Resistenz des Gerstenstammes ‚P. 31322' bereits bei 23—25 °C zu überwinden [1303], ein Befund, der von Bedeutung für die Resistenzprüfung im Gewächshaus sein kann.

Als weiteres Beispiel für Resistenzverlust bei hohen Temperaturen kann die Hessenfliege *(Mayetiola destructor)* dienen. Die untersuchten Weizensorten (‚Seneca', ‚Monon', ‚Knox 62', ‚Arthur 71') unterschieden sich in ihrer Resistenz gegen 4 Biotypen (B, C, D, Great Plains) der Fliege. Gemessen an der Befallsstärke verloren alle 4 Sorten an rassenspezifischer Resistenz mit zunehmender Temperatur; nur ‚Arthur 71' blieb bei allen Temperaturen resistent gegen den Biotyp C. Der Befall von Sorten mit Anfälligkeit für einen bestimmten Biotyp blieb allgemein von der Temperatur unbeeinflußt. Die Sorten ‚Arthur 71', ‚Monon' und ‚Seneca' konnten allerdings den temperaturbedingten Resistenzverlust durch eine vermehrte Bestockung bei höheren Temperaturen bis zu einem gewissen Grade wieder ausgleichen, jedoch nicht bei Befall durch den Biotyp C, und auf die Bestockung von ‚Knox 62' hatte — unabhängig vom befallenden Biotyp — die Temperatur keinen Einfluß [1660]. An diesem Beispiel wird die Wechselwirkung von Temperatur, Befall, Biotyp des Schädlings und Pflanzenwachstum deutlich.

Vielfach werden Untersuchungen von Resistenzeigenschaften und -mechanismen im Labor durchgeführt, d. h. unter weitgehend konstanten Umweltbedingungen. Dabei sollte nicht vergessen werden, daß die Pflanze unter natürlichen Anbaubedingungen starken Schwankungen dieser Faktoren ausgesetzt ist, die durch den Wechsel von Tag und Nacht, der Jahreszeiten und die geographische Lage bedingt sind, und die sich auf die Resistenzeigenschaften auswirken können. Nach Beobachtungen von Kindler und Staples [879] waren Fruchtbarkeit und Überleben der Larven von *Therioaphis trifolii maculata* an anfälligen Luzerneklonen bei Temperaturen, die um die Mittelwerte von 20, 22 und 24 °C schwankten, größer als bei den entsprechenden konstanten Temperaturen. An resistenten Klonen dagegen wurden die Blattläuse durch Temperaturschwankungen viel weniger beeinflußt. Für die Auslese auf Resistenz bieten demnach schwankende Temperaturen Vorteile, da bei solchen Versuchsbedingungen die relative Ausprägung der Resistenz größer ist.

Wir hatten bereits darauf hingewiesen, daß die Temperatur nicht nur über die Pflanze, sondern auch unmittelbar auf den Schädling, sein Verhalten und seine Entwicklung Einfluß nimmt. Bei negativer Auswirkung auf den Parasiten kann dadurch eine Resistenz der Pflanze vorgetäuscht werden.

8.1.2. Licht

Wie die Temperatur hat auch die Beleuchtung (Stärke, Qualität, Dauer) Einfluß auf die in der Pflanze ablaufenden physiologischen Prozesse; sie kann darüber hinaus unmittelbar auf den Schädling wirken, wenn auch — entsprechend seiner jeweils spezifischen Lebensweise — in unterschiedlichem Ausmaß.

Am Beispiel der Resistenz von Weizen gegen die Blattwespe *Cephus cinctus* läßt sich der über die Pflanze wirksam werdende Lichteinfluß besonders gut darstellen. Wie bereits im Abschnitt 6.1.2.3. erläutert wurde, beruht hier die Resistenz auf der Anatomie des Weizenhalmes: je massiver die Internodien sind, um so weniger Eier werden abgelegt und um so höher ist die Larvensterblichkeit. Bereits 1941 stellte Platt [1328] fest, daß Pflanzen, die unter ungünstigen Lichtbedingungen (Feldkäfige, Gewächshaus) wuchsen, weniger resistent waren als solche von unbeschatteten Freilandparzellen. Roberts und Tyrrell [1420] wiesen nach, daß die Lichtintensität der Hauptfaktor für die Ausprägung der Resistenz ist. Bei Verringerung der Lichtintensität nahm die Massivität des Halmes der resistenten Weizensorten (‚Rescue', ‚H 4191', ‚H 46146') ab, während die anfälligen Sorten mit hohlem Halm (‚Thatcher', ‚Red Bobs') nicht beeinflußt wurden. Besonders stark wirkte sich die Lichtintensität auf die Internodien 1—3 in einem frühen Entwicklungsstadium aus [718].

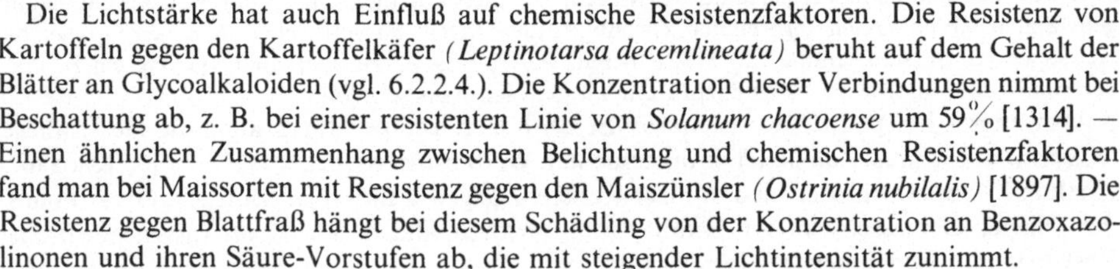

Die Lichtstärke hat auch Einfluß auf chemische Resistenzfaktoren. Die Resistenz von Kartoffeln gegen den Kartoffelkäfer *(Leptinotarsa decemlineata)* beruht auf dem Gehalt der Blätter an Glycoalkaloiden (vgl. 6.2.2.4.). Die Konzentration dieser Verbindungen nimmt bei Beschattung ab, z. B. bei einer resistenten Linie von *Solanum chacoense* um 59% [1314]. — Einen ähnlichen Zusammenhang zwischen Belichtung und chemischen Resistenzfaktoren fand man bei Maissorten mit Resistenz gegen den Maiszünsler *(Ostrinia nubilalis)* [1897]. Die Resistenz gegen Blattfraß hängt bei diesem Schädling von der Konzentration an Benzoxazolinonen und ihren Säure-Vorstufen ab, die mit steigender Lichtintensität zunimmt.

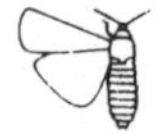

8.1.3. Relative Feuchtigkeit

Einen Einfluß der relativen Feuchtigkeit auf Resistenzeigenschaften hat man bei den Vorratsschädlingen *Sitophilus zeamais* und *S. oryzae* nachgewiesen. Bei der resistenten *Sorghum*-Sorte ‚Double Dwarf Early Shallu' nahm die Fruchtbarkeit der Käfer bei steigender Feuchtigkeit in viel geringerem Maße zu als bei den Sorten ‚Redlan' und ‚Sugary Feterita'

[1444]. Ähnliche Beobachtungen machte Russell [1471] an *Sorghum*-Sorten im Bereich von 58—83% relativer Feuchtigkeit. Mit Zunahme der Feuchtigkeit verlängerte sich die Lebensdauer der Imagines von *S. oryzae*; nur bei der Sorte ‚RS—610‘ blieb die Lebensdauer des Schädlings beständig gering und unbeeinflußt von wechselnden Feuchtigkeitsbedingungen.

8.1.4. Bodenfeuchtigkeit

Über den Einfluß der Bodenfeuchtigkeit auf Resistenzeigenschaften kann kaum etwas berichtet werden, da sich die Untersuchungen meist nur auf eine Sorte beschränkten und daher ein Vergleich mit anderen Sorten nicht möglich ist. Trotzdem wollen wir einige Beobachtungen anführen, weil die Bodenfeuchtigkeit Anfälligkeit bzw. Widerstandsfähigkeit einer Pflanze beeinflussen kann und daher bei der Einschätzung des Resistenzgrades oder der Umweltstabilität der Resistenz zu berücksichtigen ist.

Am gründlichsten ist dieser Einfluß auf Aphiden untersucht worden. Widersprüche zwischen Beobachtungen verschiedener Autoren, nach denen Blattlauspopulationen an Pflanzen, die unter Feuchtigkeitsbelastung wachsen, zunehmen, abnehmen oder unbeeinflußt bleiben sollen, haben Kennedy et al. [856], Kennedy und Booth [854] sowie Wearing und van Emden [1840] aufgeklärt. Die Bodenfeuchtigkeit nimmt Einfluß auf 2 miteinander in Beziehung stehende, aber entgegengesetzt wirkende Faktoren. Zum einen beschleunigt Feuchtigkeitsbelastung den Abbau von Blattprotein, wodurch der Gehalt des Phloemsaftes an Amino- und Amid-Stickstoff erhöht wird. Durch eine Hydrolysierung der Stärke nimmt außerdem der Zuckergehalt insbesondere in den älteren Blättern zu [546]. Mit zunehmendem Stickstoff- und Zuckergehalt vergrößern sich auch die Blattlauspopulationen, wenn das Nährstoffangebot vorher eingeschränkt war. Zum anderen führt aber Feuchtigkeitsbelastung zur Verringerung des Zelldruckes und erhöht die Viskosität des Phloemsaftes. Das kann sich nachteilig auf die Aphiden auswirken, deren optimale Aufnahme des Nahrungssaftes vom Saftdruck abhängt.

Auf der Grundlage dieser Zusammenhänge lassen sich die Versuchsergebnisse von Wearing [1839] deuten, wonach *Myzus persicae* und *Brevicornye brassicae* an Rosenkohl dann eine zunehmende Fruchtbarkeit zeigten, wenn die Wasserbelastung der Pflanzen ausgesetzt wurde. Sie bilden auch die Erklärung für die Beobachtungen von Kennedy und Booth [854], daß unter natürlichen Umweltbedingungen eine Massenvermehrung von Blattläusen häufig als Folge einer periodischen Wasserbelastung auftritt. Demnach begrenzt oder verzögert eine angemessene, gleichmäßige Bodenfeuchtigkeit die Entwicklung von Aphidenpopulationen.

Ähnliche Auswirkungen hat die Wasserbelastung von Pflanzen auch auf andere Arthropoden. Der Befall von Kundebohnen-Sämlingen durch *Sericothrips occipitalis* und von Reis durch *Orseolia oryzae* war bei Pflanzen mit starker Wasserbelastung höher als bei solchen mit optimaler Wasserversorgung [1622, 1625]. Bei Spinnmilben hat man entsprechende Beobachtungen gemacht [1430].

8.2. Chemische Faktoren

8.2.1. Bodenfruchtbarkeit und Düngung

Auf die Disposition der Pflanzen für Schädlingsbefall übt die Nährstoffversorgung — neben der Wasserbilanz — einen entscheidenden Einfluß aus. Auf besonders armen Böden ist die Anfälligkeit der Pflanzen bei gleicher Nährstoffzufuhr größer als auf Böden besserer Qualität. Bei ersteren liegt die Befallsdisposition unter dem Optimum und wird durch die Düngung diesem angenähert; auf den besseren Böden liegt sie dagegen in oder über dem

Optimum und wird durch weitere Nährstoffgaben verringert. Oft täuscht der Einfluß der Ernährung auf Trieblänge, Blattzahl und -größe, Reproduktionsvermögen u. a. eine verminderte Anfälligkeit vor [1540].

Die Versorgung des Bodens mit organischem Dünger führt zu einer Verbesserung der Bodenstruktur, einer Erhöhung der Bodenwasserkapazität und einem höheren Nährstoffhaltevermögen sowie einer Entwicklung antagonistischer Organismen. Die Folge davon ist ein besseres Wachstum der Pflanzen und eine Erhöhung des Ertrages. Darüber hinaus ist anzunehmen, daß die Toleranz der Pflanzen für einen Befall durch Schadorganismen verbessert wird [589, 1241, 1514]. In solchen Böden wird die Populationsdichte pflanzenparasitärer Nematoden herabgesetzt und somit eine Etragserhöhung ihrer Wirtspflanzen bewirkt [393, 394, 1242]. Nach Reinmuth [1395], O'Brien und Prentice [1219] u. a. beeinflußt eine organische Düngung die Entwicklung von zystenbildenden Nematoden.

Van der Laan [941] fand, daß die Entwicklung von *Globodera rostochiensis* in den Wurzeln organisch gedüngter Pflanzen signifikant langsamer verläuft als an Pflanzen ohne organische Düngung; auch ihre Zahl ist an ersteren reduziert.

Es unterliegt keinem Zweifel, daß die Nährstoffversorgung nicht nur die Entwicklung der Schädlinge an anfälligen, sondern auch an resistenten Sorten zu beeinflussen vermag. Diesbezügliche Untersuchungen fehlen bislang bei zahlreichen Wirt-Schaderreger-Kombinationen. Erste Ergebnisse lassen jedoch erkennen, daß eine Beeinflussung des Resistenzgrades möglich ist.

Bei einer unzureichenden Nährstoffversorgung erhöhte sich der Befall durch *Pratylenchus penetrans* an der resistenten Erbsensorte ‚Wando' [1049]. — Ausreichend mit Nährstoffen versorgte Kiefern wiesen einen geringeren Befall durch *Brachyderes incanus*, *Bupalus piniarius* und *Diprion pini* im Vergleich zu mangelhaft ernährten Bäumen auf [1540].

Unter den Makronährstoffen kommt dem Stickstoff für die Pflanzenentwicklung eine besondere Bedeutung zu, auch hinsichtlich der Ausprägung von Abwehrmechanismen gegen Herbivore. Eine durch einseitig hohe Stickstoffgaben angeregte überhöhte Massezunahme der Pflanze mit einer optimalen Produktion und Anreicherung von Assimilaten führt häufig zu einem mastigen Wuchs und einem hohen Befall durch Schädlinge, die an solchen Pflanzen in der Regel optimale Entwicklungsbedingungen vorfinden. Dementsprechend kann man allgemein — ohne Berücksichtigung unterschiedlicher genetisch fixierter Resistenz — feststellen, daß Mangel an verfügbarem Stickstoff bei einer breiten Palette von Wirtspflanzen Wachstum, Überlebensrate und Fruchtbarkeit von Insekten und Milben einschränkt. Eine gegenteilige Wirkung wurde jedoch bei einigen Blattlausarten wie *Myzus persicae*, *Acyrthosiphon pisum* und *Aphis fabae* an verschiedenen Leguminosen und Gramineen beobachtet [1759]. Auf Nematoden kann Stickstoff sowohl populationsfördernd als auch -hemmend wirken; das hängt von der Art der Stickstoffdüngemittel, der Biologie der einzelnen Arten und dem Termin der Düngung ab. So vermögen z. B. ammonhaltige Stickstoffdünger den Larvenschlupf zystenbildender Nematoden signifikant zu reduzieren bzw. zu verzögern [618].

Eine Steigerung der Stickstoffdüngergaben von 10 auf 300 ppm erhöhte den Fraßschaden durch den Maiszünsler (*Ostrinia nubilalis*) an der anfälligen Maishybride ‚WF 9 × M 14', während die resistente Hybride ‚OH 43 × OH 51A' unbeeinflußt blieb. Auch an anderen Maishybriden beobachtete man mit steigender Stickstoffmenge einen fraßstimulierenden Effekt bei *O. nubilalis*; resistente und anfällige Hybriden wurden jedoch in gleichem Maße beeinflußt [1541]. — Eine ähnliche Wirkung erhöhter Stickstoffgaben — Zunahme des Fraßschadens, der Überlebensrate der Larven und des Larvengewichtes bei resistenten wie auch anfälligen Sorten — konnten Manwan [1063] für *Scirpophaga incertulas* sowie Chelliah und Subramanian [263] für *Orseolia oryzae* an Reis nachweisen.

Saroja und Raju [1490] überprüften an 4 Experimentalsorten von Reis (‚CRM 10-5747', ‚AD 9408', ‚AS 1374', ‚PL 29') im Vergleich zu einer Standardsorte (‚TKM 9') den Verlauf des Befalls durch Arten der Gattung *Scirpophaga* bei 5 verschiedenen Stickstoff-Aufwandmengen (0, 40, 80, 120 und 160 kg N/ha). Die ermittelten Befallsgrade differierten signifikant sowohl zwischen den Sorten als auch zwischen den Stickstoffmengen. Der Befall erreichte bei der Vergleichssorte ‚TKM 9' ohne Stickstoff Werte um 12%, bei 160 kg N/ha 26,9%. In den Experimentalsorten wurden ohne Stickstoff

Werte von 9,06–14,7% erreicht, bei 160 kg N/ha solche zwischen 11,16 und 23,9%. Signifikant am schwächsten war der Befall bei ‚AD 9408‘ und ‚CRM 10-5747‘.

Auf die Konzentration löslicher Aminosäuren und Amide in den Pflanzen hat nicht nur der Stickstoffgehalt des Bodens Einfluß, der sie bei Mangel wie auch bei Überschuß (Einschränkung der Proteolyse) verringert. Ebenso bewirkt Kalimangel eine Anhäufung von löslichem Stickstoff und von Kohlenhydraten (Hemmung der Proteinsynthese und Verstärkung der Proteolyse). Auch Phosphormangel erhöht über eine Hemmung des Proteinstoffwechsels die Konzentration von löslichem Stickstoff. Besonders Phloemsaft saugende Insekten wie Blattläuse sind in hohem Maße vom Stickstoffgehalt des Pflanzensaftes abhängig. Ein reiches Stickstoffangebot fördert im allgemeinen den Befall von Pflanzen durch saugende Insekten, Kalium hemmt ihn. Nadel-, blatt- und knospenfressende Insekten dagegen werden in ihrer Entwicklung durch eine stickstoffbetonte Ernährung beeinträchtigt [1540].

Der Einfluß von Phosphor und Kalium sowie weiterer Elemente auf die Ausprägung der Resistenz wurde bisher in weitaus geringerem Umfang im Vergleich zum Stickstoff untersucht, er variiert in Abhängigkeit von Schädlings- und Wirtspflanzenart beträchtlich.

Hohe Kaligaben verringern den durch Nematoden an Kulturpflanzen verursachten Schaden und reduzieren die Populationsdichte der Parasiten. — Für die Gemeine Spinnmilbe (*Tetranychus urticae*) konnte nachgewiesen werden, daß mangelhafte Kalium-, Phosphor- und Stickstoffversorgung der Pflanzen über die Düngung die Vermehrungsrate auf Gartenbohnen sowie anderen Pflanzenarten im Vergleich zu Volldüngung erhöhte. Die höchste Milbenvermehrung wurde bei Kaliummangel beobachtet. Durch Untersuchung der Blätter hinsichtlich ihrer Inhaltsstoffe wurden folgende Faktoren als vermehrungsfördernd ermittelt:

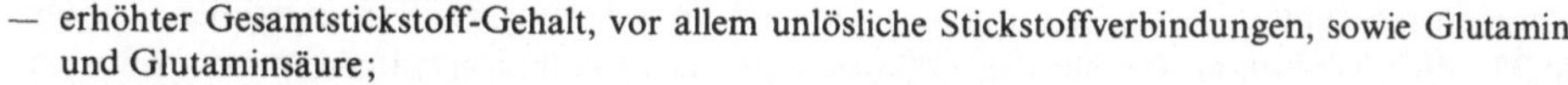

- erhöhter Gesamtstickstoff-Gehalt, vor allem unlösliche Stickstoffverbindungen, sowie Glutamin und Glutaminsäure;
- erhöhter Gehalt an reduzierenden Zuckern.

Diese Blattinhaltsstoffe werden vor allem durch Kaliummangel in einer für die Milbenvermehrung günstigen Form beeinflußt [518].

Eine Verringerung der Resistenz von Luzerneklonen gegen *Therioaphis trifolii maculata* (höhere Überlebensrate und Vermehrung) trat bei Kalium- und Calciummangel sowie bei Überschuß an Magnesium und Stickstoff ein, während Phosphormangel zu einer Erhöhung der Resistenz führte. An anfälligen Luzerneklonen wurde die Vermehrung der Aphiden durch Veränderungen in der Nährstoffversorgung dagegen nicht beeinflußt [878, 1100].

Insgesamt sind jedoch die Kenntnisse von den Wechselwirkungen zwischen Nährstoffgehalt des Bodens und Pflanzenernährung und deren physiologische Bedeutung für phytophage Nematoden und Arthropoden noch nicht sehr umfangreich, und es bedarf weiterer Untersuchungen, insbesondere des Stoffwechsels der Wirtspflanzen wie auch der Ansprüche der Parasiten an die Ernährung [1759].

Neben einer ausreichenden Versorgung der Pflanzen mit Nährstoffen und Wasser kann auch die Azidität des Bodens einen Einfluß auf die Widerstandsfähigkeit der Pflanzen gegen einen Schädlingsbefall ausüben.

Sorghum-Sorten auf einem Boden mit einem pH-Wert von 5,5 wiesen eine größere Anzahl Raupen von *Heliothis zea* auf und wurden durch Raupen von *Spodoptera frugiperda* stärker geschädigt als Pflanzen der gleichen Sorten, die in einem Boden gleicher Qualität, aber mit einem pH-Wert von 6,4 wuchsen.

8.2.2. Pflanzenschutzmittel

Den Einfluß von Pflanzenschutz- und Schädlingsbekämpfungsmitteln auf die Widerstandsfähigkeit bzw. Anfälligkeit der Pflanzen werden wir unter 8.4.1. besprechen. Hier wollen wir ein Beispiel dafür anführen, daß die Resistenz einer Pflanzenart gegen einen Schaderreger dessen Empfindlichkeit gegen Bekämpfungsmittel verändern kann. Interessante Ergebnisse wurden in dieser Hinsicht bei Untersuchungen verschiedener Kleesorten und der beiden Schädlinge *Apion apricans* und *A. aestivum* in der UdSSR erzielt [1921]. Die Käfer reagierten

auf den Weißkleesorten ‚Gigant' und ‚Priekuli', deren Resistenz auf Antibiose beruht, empfindlicher auf eine Insektizidanwendung (Mortalität auf ‚Priekuli' = 92,5%) als auf den anfälligen Rotkleesorten ‚Kitsmanskii Mestugi' (78,6% Mortalität) und ‚Frunzenski 1' (66,3% Mortalität). Bei Tieren, die von resistenten Pflanzen stammten, war eine teilweise Reduzierung der Anticholinesterase-Aktivität zu beobachten.

8.3. Alter der Pflanze

Die Disposition einer Pflanze für den Befall durch einen tierischen Schaderreger kann an ein bestimmtes Entwicklungsstadium der Pflanze gebunden sein oder an ihr Alter bzw. dasjenige des dem Angriff ausgesetzten Pflanzenteiles. In vielen Fällen ist mit fortschreitendem Alterungsprozeß eine Zunahme der Widerstandsfähigkeit zu beobachten, man spricht von der Ausbildung einer „Altersresistenz". Es gibt aber auch das Gegenteil, also eine höhere Widerstandsfähigkeit im Jugendstadium (vgl. 3.8.). Eine resistente Sorte kann bei Eintritt der Pflanze in ein bestimmtes Entwicklungsstadium die Resistenz weitgehend verlieren, sie unterscheidet sich dann in diesem Stadium nicht mehr von einer anfälligen Sorte. Die folgenden Beispiele sollen den vielfältigen Einfluß des Alters der Pflanze bzw. des Pflanzenorgans auf die Wechselbeziehungen zwischen Wirtspflanze und Schaderreger aufzeigen.

Zahlreich sind die Fälle, in denen eine Abnahme des Befalls mit fortschreitendem Pflanzenalter erfolgt. Schnittlinge von resistenten Luzernepflanzen (‚Vernal'), inokuliert mit

Larven von *Meloidogyne hapla*, blieben frei von Wurzelgallen, während Kreuzungsnachkommen resistenter Genotypen, die ausgesät und im Keimlingsstadium inokuliert wurden, zu 35—48% vergallten. Je älter diese Pflanzen bei der Inokulation waren, um so größer war der Anteil gallenfreier Pflanzen [616]. — Unabhängig von einer vorhandenen Resistenz erwies sich auch bei *Pratylenchus penetrans* die Eindringungsrate in die Wurzeln der Luzernesorte ‚Du Puits' umgekehrt proportional zum Alter des Wurzelgewebes: 2 Tage altes Gewebe war doppelt so stark befallen wie 10 oder 20 Tage altes Gewebe der Wurzelspitze. Die Unterschiede blieben unbeeinflußt von zunehmenden Nematodenzahlen je Inokulationsstelle und Dauer der Inkubationsperiode [1237].

Beobachtungen des Befallsverlaufs und der Schadwirkung der Gefleckten Luzerneblattlaus *(Therioaphis trifolii maculata)* an den resistenten Luzernesorten ‚Lahontan' und ‚Moapa' ergaben, daß der Antibiose-Effekt mit zunehmendem Pflanzenalter anstieg, der Schädigungsgrad folglich abnahm. Während bei Blattlausbesiedlung im Keimlingsstadium nur etwa die Hälfte der Pflanzen den Befall überlebte, waren es im 2- bis 3-Blattstadium etwa drei Viertel und im Reifestadium sogar 97% [735].

In einigen Fällen ließ sich eine Korrelation zwischen dem zunehmenden Gehalt älterer Pflanzen an bestimmten Inhaltsstoffen und der abnehmenden Attraktivität für den Schaderreger nachweisen. So konnte die Verringerung des Befalls von *Sorghum*-Zuchtlinien durch

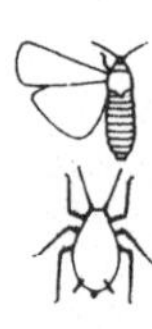

Chilo partellus mit zunehmendem Alter der Pflanzen auf die Erhöhung des Gehaltes an Gesamtzucker, Tannin und Phenolen zurückgeführt werden [868]. — Untersuchungen mit *Myzus persicae* an resistenten Tabaksorten zeigten, daß auf älteren Pflanzen der Blattlausbefall zurückging. Die Ursache für die altersbedingte Zunahme der Resistenz, die mit einer stärkeren Mortalität der Tiere verbunden war, ist darin zu suchen, daß die Trichome mit zunehmendem Alter größere Mengen toxischer alkaloidhaltiger Ausscheidungen bilden [5].

Nicht selten nimmt mit zunehmendem Alter der Pflanze der Befall bzw. die Schädigung zu. Bezogen auf resistente Sorten bedeutet dies, daß mit fortschreitendem Alter bzw. mit dem Erreichen eines späteren Entwicklungsstadiums der Pflanze die Resistenz abnimmt oder sogar völlig verschwindet. So ging der Antibiose-Effekt zweier Gerstensorten gegenüber der

Maisblattlaus (*Rhopalosiphum maidis*) mit zunehmendem Pflanzenalter zurück, er war im 4-Blattstadium deutlich geringer als im 2-Blattstadium [581]. Ebenso ergaben Untersuchungen an *Sorghum*-Sorten, daß an älteren Pflanzen die Entwicklung von *R. maidis*

schneller ablief und die Vermehrungsrate höher war als an jüngeren. In diesem Fall ist die Hauptursache darin zu suchen, daß bei älterem Blattgewebe der Erfolg des Einstichs (Erreichen des Phloems) weniger stark vom Zufall abhängt als bei jungem Gewebe, wie histologische Befunde bestätigten [877]. Auch bei verschiedenen Maissorten vermindert sich die Resistenz gegenüber Blattläusen (*Rhopalosiphum padi*) mit zunehmendem Alter der Pflanzen [359]. Die Resistenz der neuseeländischen Futterrapssorte ‚Aphid Resistant' gegen *Brevicoryne brassicae* ging verloren, wenn die Pflanzen das Blühstadium erreicht hatten [406]. Untersuchungen in den Niederlanden ergaben, daß sich auf älteren Pflanzen zweier Salatsorten die Blattläuse (*Myzus persicae*) schneller entwickelten und besser vermehrten als auf jungen [422].

Das folgende Beispiel zeigt, wie in Abhängigkeit von der Konzentration bestimmter chemischer Verbindungen im Verlaufe der Pflanzenentwicklung die Attraktivität der Pflanzen für den Schaderreger zunimmt bzw. die Resistenz abnimmt. Das Pflanzenalter ist bei Radieschen für die Eiablage der Kleinen Kohlfliege (*Delia brassicae*) ein kritischer Faktor. Die vorherrschende Verbindung (4-Methylthio-3-butenyl-isothiocyanat) (112) nimmt mit zunehmendem Alter der Pflanze (bis zu 30 Tagen) zu; gleichzeitig ist 3-Methylthiopropyl-isothiocyanat (113) in einer geringen Konzentration vorhanden. In gleichem Maße nehmen Anlockwirkung und Eiablage zu und erreichen etwa am 30. Tag einen Höhepunkt. Danach nimmt der Gehalt an beiden Verbindungen merklich ab, nach 50 Tagen sind sie praktisch verschwunden. In diesem Zeitraum werden kaum Eier abgelegt. Dann ist Allyl-isothiocyanat (110) die vorherrschende flüchtige Verbindung, deren Konzentration sich mit zunehmendem Alter der Pflanze erhöht, parallel dazu auch die Eiablage [437].

8.4. Induzierte Resistenz

Bei der Abgrenzung dieser Resistenzkategorie gibt es unterschiedliche Auffassungen, wir haben bereits unter 3.4. und zu Beginn des Kapitels 8 darauf hingewiesen. Entsprechend der dort geäußerten Ansicht rechnen wir die physikalischen Umweltfaktoren wie Temperatur, Licht, relative Feuchtigkeit und Bodenfeuchtigkeit nicht zu den Auslösern induzierter Resistenz. Sie üben ihren Einfluß unabhängig vom Menschen aus, und wir haben sie in den vorangegangenen Kapiteln bereits abgehandelt. Zusätzlich können Produkte, die der Mensch erzeugt und planmäßig anwendet, die Eigenschaften einer Pflanze hinsichtlich Anfälligkeit bzw. Widerstandsfähigkeit gegenüber Schaderregern verändern. Dazu gehören die chemischen Faktoren, bis zu einem gewissen Grade Bodenfruchtbarkeit und Düngung (vgl. 8.2.), insbesondere aber Insektizide, Fungizide, Herbizide und Wachstumsregler. Von ihnen kann man als natürliche Resistenz-Induktoren Pflanzenpathogene und Phytophage abgrenzen, auch solche Wachstumsregler, die den Pflanzenhormonen verwandt sind [907].

8.4.1. Beeinflussung der Resistenz durch Pflanzenschutz- und Schädlingsbekämpfungsmittel

Beim Einsatz von Pflanzenschutz- und Schädlingsbekämpfungsmitteln in Kulturpflanzenbeständen einschließlich des Bereiches der Forstwirtschaft wird oft ein möglicher Einfluß auf andere als die zu bekämpfenden Schaderreger nicht bedacht. Darüber hinaus gibt es Hinweise für die Einwirkung derartiger Verbindungen auf die Resistenzeigenschaften der Pflanzen, die sich in einer Stimulierung oder Hemmung der Populationsentwicklung der Schädlinge äußern kann. Ihr liegen Einflüsse auf die Populationsdichte natürlicher Feinde oder konkurrierender Arten, auf die Physiologie des Schaderregers oder auf die Nahrungsqualität zugrunde [1094, 1540].

Bei ihren Untersuchungen zur Resistenz von Sommerweizen gegen *Macrosiphum avenae* konnten Lowe und Benevicius [1012] deutliche Resistenzunterschiede zwischen den Sorten

‚Timmo' und ‚Highbury' nach Behandlung mit den insektiziden Wirkstoffen Carbaryl und Trichlorphon nachweisen. In mehrjährigen Versuchen entwickelten sich an der Sorte ‚Timmo' nach Insektizidbehandlung stets mehr Aphiden als an ‚Highbury'. Dabei verweisen die Versuchsansteller auf ähnliche Ergebnisse anderer Autoren [1009, 1310], die bei Getreideblattläusen sowie der Grünen Pfirsichblattlaus (*Myzus persicae*) an Kartoffeln gewonnen werden konnten.

Für verschiedene Spinnmilbenarten (*Panonychus ulmi*, *Tetranychus urticae*) wurde die Abhängigkeit der Vermehrung vom Ernährungszustand der Wirtspflanze nachgewiesen [518].

Chaboussou [246] stellte in Fortsetzung dieser Erkenntnisse fest, daß bestimmte Akarizide mit den Wirkstoffen Parathion, Carbaryl u. a. die physiologischen Eigenschaften der Wirtspflanze, besonders die Ernährungsbedingungen für die Spinnmilben, verändern und möglicherweise vorhandene Resistenzeigenschaften zerstören können, so daß es zu Massenvermehrungen dieser Schädlinge kommt. Bekannt ist der Einfluß chlorierter Kohlenwasserstoffe, insbesondere von DDT, auf die Populationsentwicklung von *P. ulmi* und *T. urticae* über eine Veränderung des Gesamtzuckergehaltes sowie des Anteils an reduzierenden Zukkern und an Stickstoff in den Blättern behandelter Wirtspflanzen [1432, 1433, 1435].

Außer Insektiziden und Akariziden können auch Fungizide die Resistenz von Pflanzen gegen tierische Schaderreger beeinflussen. So beobachteten z. B. Hinz und Daebeler [700] in Gefäßversuchen, daß an Sommergerstenpflanzen nach einer Behandlung mit Benomyl die Entwicklung von *Macrosiphum avenae* und *Rhopalosiphum padi* deutlich gehemmt war. Cook und York [311] stellten nach einer Bodenbehandlung mit Benomyl einen verminderten Befall von Gerste durch *Heterodera avenae* fest. Dieses Fungizid allein veränderte die Resistenz von Baumwolle gegen *Meloidogyne incognita* nicht, wohl aber dann, wenn durch Benomyl der Mykorrhiza-Pilz *Glomus fasciculatus* gehemmt wurde, der die Resistenz der Pflanzen gegen Nematodenbefall erhöht [1480]. — Maneb, Mancoceb und Chlorthalenil beeinflußten die Eiablage des Kartoffelkäfers (*Leptinotarsa decemlineata*) an behandeltem Kartoffellaub nicht, während Kupferhydroxyd und Fentinhydroxyd die Ablage der Eier fast vollständig verhinderten [651]. — In Malaysia erhöhte die Behandlung mit verschiedenen fungiziden Holzschutzmitteln die Resistenz von 10 Hartholzarten signifikant gegen einen Befall durch *Coptotermes curvignathus*. Eine Kupfer-Chrom-Arsen-Verbindung hatte die beste Wirkung, eine geringere Natriumpentachlorphenol und Natriumtribromphenol [1479]. — In Indien untersuchten Premila und Dale [1351] den Einfluß von Metallchelaten auf die Induktion von Resistenz gegen Befall durch *Scirpophaga incertulas*, *Orseolia oryzae* und *Nymphula depunctalis* bei Reispflanzen. Einige Verbindungen wie Bor- und Zink-Chelate verursachten ein stärkeres Wachstum der Pflanzen, den höchsten Kornertrag erzielte man durch Spritzungen mit Bor-Oxitetracyclin. Eine chemische Analyse der behandelten Pflanzen ergab, daß die Applikation von Metallchelaten zu verschiedenen Veränderungen in der stofflichen Zusammensetzung der Pflanze führte.

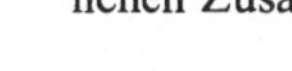

8.4.2. Einfluß von Wachstumsreglern und Herbiziden auf die Resistenz

Wegen ihrer Ähnlichkeit in chemischer Zusammensetzung und Wirkungsweise wollen wir beide Gruppen von Agrochemikalien im Zusammenhang betrachten. In der Tabelle 25 sind einige Beispiele für den Einfluß von Wachstumsreglern auf Schadarthropoden an den behandelten Pflanzen zusammengestellt [907].

Die Behandlung von Winterweizen mit Chlorcholinchlorid (CCC) zur Erhöhung der Standfestigkeit bewirkte infolge der Reifeverzögerung einen Rückgang des Befalls durch Gallmücken (*Contarinia tritici* und *Sitodiplosis mosellana*) [1105]. Dagegen konnte bei spät reifenden Sommerweizensorten nach CCC-Behandlung ein verstärktes Auftreten der Halmfliege (*Chlorops pumilionis*) und der Sattelmücke (*Haplodiplosis equestris*) beobachtet werden. Eine Senkung der Vermehrungsrate von *Metopolophium dirhodum*, *Rhopalosiphum padi* und

Macrosiphum avenae an behandeltem Winterweizen von 30—70% stellten Fritzsche und Thiele [513] in Labor- und Freilandversuchen fest; sie war bis zum Ende der Gelbreife nachzuweisen. Über eine Hemmung der Entwicklung und Vermehrung von *M. avenae* auf Sommerweizen nach der Anwendung von CCC berichten Hinz et al. [705]. — Der Wachstumsregler CCC reduziert die Populationsdichte weiterer Aphidenarten an mehreren anderen Kulturpflanzenarten, entweder über eine Erhöhung der Mortalität oder über eine Verminderung der Fruchtbarkeit. Sein Einfluß auf die Populationsdichte des Baumwollkapselkäfers (*Anthonomus grandis*) dagegen beruht auf einer Beseitigung der für die Absolvierung der Diapause erforderlichen Stellen, ist also, ähnlich wie die Wirkung auf die Gallmücken, dem Ausweichen des Wirtes zuzuordnen [111].

Tabelle 25
Reaktionen von Arthropoden nach der Anwendung von Wachstumsreglern. Nach Kogan und Paxton [907].

Induktor	Pflanze	Insekt	Wirkung
Maleinsäure-hydrazid	Ackerbohne	*Acyrthosiphon pisum*	> Mortalität < Fruchtbarkeit
Chlormequat (CCC)	Winterweizen	*Contarinia tritici*	< Befall
		Sitodiplosis mosellana	< Befall
		Metopolophium dirhodum	< Vermehrung
		Rhopalosiphum padi	< Vermehrung
		Macrosiphum avenae	< Vermehrung
	Sommerweizen	*Chlorops pumilionis*	> Befall
		M. avenae	< Entwicklung < Vermehrung
	Ackerbohne	*Aphis fabae*	> Mortalität
	Rosenkohl	*Brevicoryne brassicae*	< Fruchtbarkeit
		Myzus persicae	< Fruchtbarkeit
	Schwarze Johannisbeere	*Hyperomyzus lactucae*	< Fruchtbarkeit
	Oleander	*Aphis nerii*	> Mortalität
Camposan (Ethephon)	Wintergerste	*M. avenae*	< Entwicklung
Daminozid	Birne	*Psylla* spp.	< Population
SADH	Petunie	Aleyrodidae	> Mortalität
Gibberellin	Gartenbohne	Tetranychidae	< Fruchtbarkeit
	Apfel	Tetranychidae	< Fruchtbarkeit
	Ackerbohne	*A. pisum*	keine Wirkung
		A. fabae	< Fruchtbarkeit

> = Erhöhung
< = Verminderung

Der Wachstumsregler Ethephon beeinflußt die Widerstandsfähigkeit verschiedener Pflanzenarten gegen Pathogene und Schädlinge unterschiedlich. Biotrophe Pilze und Viren (obligate Parasiten) werden in ihrer Entwicklung gehemmt, perthotrophe Pilze sowie Bakterien und tierische Schaderreger dagegen gefördert. Da eine direkte Wirkung auf den Schaderreger weitgehend ausgeschlossen werden kann, muß die induzierte Resistenz (oder Anfälligkeit) auf die Beeinflussung von Stoffwechsel und Entwicklung der behandelten Pflanzen zurückgeführt werden. Dagegen beobachteten Hinz und Daebeler [702], daß der Einsatz des Halmstabilisators Camposan (27% Ethephon) bei Wintergerste stark die Entwicklung von *Macrosiphum avenae* hemmte, zur Zeit des Höhepunktes der Blattlausentwicklung (Milchreife) bis zu 66%.

Die Wirkung von CCC, Gibberellin und anderen Wachstumsreglern ist vielfach auf durch diese Verbindungen induzierte Veränderungen im Gesamtstickstoff- und Zuckerspiegel der behandelten Pflanzen zurückzuführen.

Behandlungen der Blätter der Apfelsorte ‚Close' mit Gibrel führten zu einem Populationsrückgang bei *Tetranychus urticae* und *Panonychus ulmi*, verursacht durch eine Reduktion der Konzentration von Gesamtstickstoff und Zuckern [722, 1431]. — Auf Blattscheiben der Gartenbohnensorte ‚Tendergreen', die mit Gibberellinsäure (66) behandelt worden waren, verringerte sich das Vermehrungspotential von *T. urticae* im Vergleich zu unbehandelten Pflanzen um mehr als 80% [427]. Auch die Fruchtbarkeit von *Aphis fabae* wurde auf behandelten Ackerbohnenblättern reduziert, nicht jedoch die von *Acyrthosiphon pisum* [1428]. — Eine zeitlich abgestimmte Applikation von Gibberellinsäure bei *Citrus*-Früchten beeinflußt den Befall durch Fruchtfliegen und eine Reihe von Nachernte-Schädlingen. Greany et al. [612] stellten fest, daß unreife *Citrus*-Früchte gegen Fruchtfliegenlarven resistent sind. Diese Resistenz beruht offensichtlich auf Ölen in der Fruchtschale, die hauptsächlich aus Terpenen bestehen und die verschwinden, wenn die Früchte reifen und die Farbe wechseln. Gibberellinsäure verhindert die Alterung der Schale, beeinflußt aber nicht den inneren Reifungsprozeß. In der Frucht wird Zucker konzentriert, während die Schale grün und resistent gegen die Fruchtfliegen bleibt.

48 h nach der Behandlung von Baumwolle mit dem Wachstumsregler Mepiquatchlorid (PIX) stieg die Konzentration von kondensierten Tanninen in den Pflanzen; 14 Tage nach der Applikation hatte sie sich weiter erhöht, außerdem nahm die Konzentration an Terpenoiden zu. Bei Larven von *Heliothis zea*, die sich an diesen Pflanzen entwickelten, waren Gewicht und Überlebensrate verringert; sie schädigten auch weniger Kapseln [1912].

Durch Behandlung von Winterraps mit Pyctanon (Derivat der Pyridazinylessigsäure) verzögerte sich die Entwicklung der Pflanzen um etwa 2 Wochen. Im Durchschnitt zweijähriger Versuche an 6 Standorten konnte dadurch die Populationsdichte der Kohlschotenmücke (*Dasyneura brassicae*) um rund 90%, die des Kohlschotenrüßlers (*Ceutorrhynchus assimilis*) um 44% reduziert werden [1527].

Noch doppeldeutiger als bei den Wachstumsreglern sind die Ergebnisse, die man bei Untersuchungen des Einflusses von Herbiziden auf die Resistenz der Pflanzen erzielt hat (Tab. 26). Unter den herbizid wirkenden Verbindungen ist die 2,4-Dichlorphenoxyessigsäure (2,4-D) häufigster Bestandteil in den zur Bekämpfung breitblättriger Unkräuter in Getreide angewandten Präparaten.

Tabelle 26
Reaktion von Insekten nach der Anwendung von Herbiziden. Nach Kogan und Paxton [907].

Induktor	Pflanze	Insekt	Wirkung
2,4-D	Weizen	*Cephus* sp.	R > Mortalität
	Gerste	*Rhopalosiphum padi*	R < Fruchtbarkeit
		Macrosiphum avenae	R < Fruchtbarkeit
	Mais	*Rhopalosiphum maidis*	A > Fruchtbarkeit
	Ackerbohne	*Acyrthosiphon pisum*	A > Fruchtbarkeit
	Reis	*Chilo* sp.	A > Wachstum
			A > Überleben
Amitrol	Ackerbohne	*A. pisum*	R < Fruchtbarkeit
			R > Mortalität
Zytron Banvel D Barban MCPA	Gerste	*M. avenae* *R. padi* *Schizaphis graminum*	A > Fruchtbarkeit

R bezieht sich auf Resistenz, A auf Anfälligkeit
> = Erhöhung
< = Verminderung

Gall und Dogger [529] beschreiben den Einfluß dieses Herbizids auf die Resistenz der Weizensorten ‚Rescue', ‚Fortuna', ‚B50-18' und ‚51-3355' gegen *Cephus cinctus* sowie auf die anfällige Sorte ‚Selkirk'. Eine Behandlung der Pflanzen 7 Tage nach der Eiablage der Halmwespe erhöhte die Mortalität der Larven an ‚Selkirk' und den beiden resistenten Sorten ‚B50-18' und ‚Rescue', sie bewirkte einen Rückgang der Larvensterblichkeit bei ‚51-3355', bei ‚Fortuna' wurde kein Einfluß des Herbizids festgestellt. Die Behandlung von Hafer bzw. Gerste mit 2,4-D führte zu einer erheblichen Steigerung der Vermehrungsrate bei *Macrosiphum avenae*, *Rhopalosiphum maidis* und *R. padi* [11, 703]. Auch bei Mais erhöhte das Herbizid die Fruchtbarkeit von *R. maidis* [1230]. Die positive Beeinflussung von Raupengröße und -gewicht bei *Chilo suppressalis* bei Aufzucht an mit 2,4-D behandelten Maispflanzen war auf deren höheren Eiweißgehalt zurückzuführen [763]. Eine deutliche Verringerung der Abundanzwerte von *Macrosiphum avenae* stellten Hinz und Daebeler [703] dagegen nach Behandlung von Weizenpflanzen mit Dinoseb, Dichlorprop, MCPA, Mecoprop + Ioxynil und 2,4-D + Bromoxynil fest.

Maxwell und Harwood [1096] konnten den Einfluß von 2,4-D auf die Entwicklung eines Schädlings über Eingriffe in den Stoffwechsel der Wirtspflanze nachweisen. Eine Behandlung von Ackerbohnen 24 h vor der künstlichen Besiedlung mit *Acyrthosiphon pisum* erhöhte die Vermehrungsrate innerhalb von 6 Tagen um 45 %. Eine Analyse von Blättern behandelter Bohnenpflanzen ergab eine erhebliche Konzentrationserhöhung der Aminosäuren Alanin, Asparaginsäure, Glutaminsäure und Serin.

8.4.3. Einfluß einer Infektion durch Pathogene auf die Resistenz

Pathogene können nicht nur bei Tieren, sondern auch bei Pflanzen Resistenz induzieren. Die Vorteile einer derartigen Resistenz sehen McIntyre et al. [1098] darin, daß sie sich auf die gesamte Pflanze erstreckt und beständig ist, und daß sie sich — im Gegensatz zu Pestiziden, die nur vor einer bestimmten Schaderregergruppe (z. B. Pilze) schützen — auf verschiedene Pathogene und Schädlinge erstreckt. Sie inokulierten ein oder zwei Blätter der Tabaksorte ‚Windsor Shade 117' mit Tabakmosaik-Virus (tobacco mosaic virus, TMV). Diese lokale Virusinfektion induzierte einen systemischen Schutz vor folgenden Pathogenen und Schädlingen: Die durch den Pilz *Peronospora tabacina* und das Bakterium *Pseudomonas syringae* pv. *tabaci* erzeugte Anzahl von Läsionen war um mindestens 91 % reduziert; die Lokalläsionen von TMV verringerten sich um 28 %; die Vermehrungsrate von *Myzus persicae* wurde um 13 % vermindert, die Wachstumsrate der Raupen von *Manduca sexta* sank um 27 % und um 16 %, wenn sie an benachbarten Blättern ohne sichtbare Symptome gehalten wurden. Die Resistenz der Pflanze blieb erhalten, wenn man die mit TMV inokulierten Blätter nach der Ausbildung der Resistenz entfernte. Der Faktor, der die systemische Resistenz induziert, wird im Phloem transportiert. Die Autoren nehmen an, daß er selbst nicht toxisch für die Schaderreger ist, sondern als Auslöser wirkt, der die Pflanze veranlaßt, auf jeden Schaderreger mit spezifischen Verteidigungsmaßnahmen zu reagieren. Sie stützen ihre Hypothese mit der Beobachtung, daß eine anfällige Pflanze die gleichen Resistenzreaktionen zeigen kann wie eine Pflanze mit genetisch fixierter Resistenz gegen den gleichen Schaderreger, nur daß bei ihr die Reaktion später erfolgt; deshalb kann sich z. B. ein Pathogen festsetzen und ausbreiten, ehe die Resistenzreaktion zur Wirkung kommt. Bei einer Resistenzinduktion reagierte die Pflanze ebenso rasch wie eine genetisch resistente Pflanze.

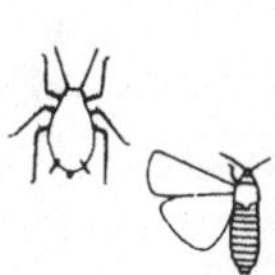

8.4.4. Induktion von Resistenz durch die Nahrungsaufnahme von Phytophagen

Die mit der Nahrungsaufnahme von Phytophagen verbundenen Aktivitäten führen oft zu physiologischen oder morphologischen Veränderungen der Wirtspflanze. Sie können durch mechanische Einwirkungen, wie sie beim Fraß von Insekten mit kauenden Mundwerkzeugen entstehen, wie auch durch chemische Einflüsse (bei Arthropoden mit stechend-saugenden Mundwerkzeugen oder bei Nematoden) ausgelöst werden. Wenn diese Veränderungen die Resistenzeigenschaften verstärken, dann wirkt der Phytophage selbst als Resistenzinduktor.

In Tabelle 27 sind einige Beispiele zusammengestellt, bei denen die induzierte Resistenz die induzierende Art selbst beeinflußt.

Tabelle 27
Induktion von Resistenz durch Nahrungsaufnahme phytophager Insekten. Nach Kogan und Paxton [907].

Induzierender Phytophage	Pflanze	induzierte Reaktion
Acyrthosiphon pisum	Luzerne	> Coumestrol
Diprion pini	Kiefer	> Polyphenol
Cylas spp.	Süßkartoffel	> Ipomeamaron (Furanoterpenoid)
Lymantria dispar	Birke, Eiche	< Nährwert
Lygus disponsi	Zuckerrübe	> Quinone
	Chinakohl	> Phenole
Anthonomus grandis	Baumwolle	> Phenole
Acalymma vittata	Kürbis	> Cucurbitacine

> = Erhöhung
< = Verminderung

Dieser Einfluß kann sich auf Gehalt und Zusammensetzung der primären Stoffwechselprodukte und damit auf den Nährwert von Pflanzenorganen auswirken. Der Fraß von

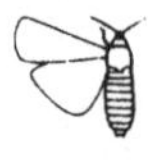

Schwammspinnerraupen *(Lymantria dispar)* an Birken- oder Eichenblättern verändert sie derart, daß Überleben und Wachstumsrate anderer Raupen, die mehrere Tage nach dem Initialbefall an diesen Blättern fressen, verringert werden können [1834].

Der Einfluß einer resistenzinduzierenden Art kann aber insbesondere in einer Akkumulation bereits in der Pflanze vorhandener oder in einer Synthese zusätzlicher Allomone bestehen.

Der Fraß von *Acalymma vittata* (Chrysomelidae) an *Cucurbita moschata* löst innerhalb von 40 min eine Anhäufung von Cucurbitacinen (68) (vgl. 6.2.1.) aus, die für den Käfer selbst starke Fraß-Incitantien sind, jedoch abschreckend auf *Epilachna tredecimnotata* (Coccinellidae) wirken. Dieser Käfer hat aber ein bestimmtes Verhalten entwickelt, um eine Akkumulation von Cucurbitacinen an der Fraßstelle zu verhindern: Vor Beginn der Nahrungsaufnahme schneidet er eine kreisförmige Rinne in das Blatt, mit der er den Blattabschnitt abgrenzt, an dem er später fressen will. Die Rinne verhindert den Saftzustrom in den eingeschlossenen Bereich, er bleibt daher von einer Allomonanhäufung frei und für den Fraß des Käfers geeignet [233].

In vielen Fällen sind die Allomone, deren Konzentration durch Insektenfraß ausgelöst wird, Diphenole, und ihre Wirkung beruht auf der Aktivität von Enzymen, die bei ihrer Oxidation

zu Quinonen beteiligt sind. Wenn z. B. *Lygus disponsi* an Zuckerrübenblättern saugt, induziert die Wanze eine Erhöhung der Konzentration von Phenolen und der Aktivität von Peroxidase und Polyphenoloxidase. Bleibt die durch das Initialsaugen induzierte hohe Konzentration an Blattphenolen erhalten, könnten dadurch Pflanzenfraß und Pathogeninfektion beeinflußt werden [728]. — Auch der Fraß von *Sitona lineatus* an Luzerne führt zu einer Erhöhung des

Phenolgehaltes, was man als Fähigkeit der Pflanze wertet, sich aktiv gegen den Blattrandkäfer zu schützen [675]. — Aus Lappland berichtet Haukioja [670], daß nach einem starken Blattfraß durch Raupen von *Oporinia* spp. an *Betula tortuosa* neugebildete Blätter einen deutlich höheren Phenolgehalt aufwiesen, der sie für den Schmetterling ungenießbar machte. Sogar im Folgejahr erwiesen sich die Blätter als wenig schmackhaft und beeinflußten offensichtlich die Reproduktionskapazität der Insekten.

Bei mehrjährigen Pflanzen sind weitere Beispiele für Resistenzmechanismen bekannt geworden, die erst nach einer Kalamität wirksam werden. Die regenerierten Pflanzenteile können durch verstärkte Synthese von Allomonen in einem extremen Maße für die betreffende Schaderregerart ungenießbar werden. Nach starkem Verbiß durch Hasen (*Lepus americanus*) enthielten die Adventivzweige von *Betula papyrifera*, *Populus tremuloides*, *P. balsamifera* und *Alnus crispa* im borealen Forst von Fairbanks (Alaska) deutlich höhere — meist in etwa verdoppelte — Konzentrationen an Terpenen und phenolischen Harzen als die normalen Austriebe. An den Adventivzweigen war kein Verbiß festzustellen. Diese Reaktion der Pflanzen wird sogar für den zehnjährigen Vermehrungszyklus der Hasenpopulation verantwortlich gemacht; erst nach Ablauf dieses Zeitabschnittes kommt es wieder zu den oben genannten Erscheinungen.

Phenolische Verbindungen spielen auch bei der Resistenz von Amerikaner-Reben gegen die Reblaus (*Viteus vitifolii*) eine Rolle, die auf einer Lokalisierung des Gallengewebes durch Ausbildung eines mehrschichtigen peridermalen Schutzgewebes beruht. Es konnte nachgewiesen werden, daß die resistenten Amerikaner-Reben einen höheren Phenolgehalt haben als die Europäer-Reben [1354]. Durch den Reblausbefall werden folgende biochemische Prozesse ausgelöst: Voraussetzung für einen Befall durch *V. vitifolii* ist die Gallbildung; sie kann dann unterbleiben, wenn die Aminosäuren des Reblausspeichels, die die Gallbildung induzieren, im pflanzlichen Gewebe inaktiviert und die Aktivität der Speichelprotease gehemmt werden. Das Phenol-Polyphenoloxidase-System resistenter Pflanzen vermag proteolytische Fermente zu hemmen und freie Aminosäuren oxidativ zu desaminieren. In Verbindung mit diesem System kommt offenbar der Aktivität der Chinon-Reduktase für die Resistenzausbildung wesentliche Bedeutung zu [686]. Außerdem regenerieren Amerikaner-Reben die äußeren Schichten der Wurzelrinde schneller als Europäer-Reben und stoßen dabei die knotenartigen Wucherungen ab [162].

Ähnliche biochemische Reaktionen sind für Apfelsorten anzunehmen, die gegen die Blutlaus (*Eriosoma lanigerum*) resistent sind. Eine im Vergleich zu anfälligen Sorten höhere Konzentration phenolischer Verbindungen konnte bei resistenten Apfelsorten und bei gegen *Eriosoma pyricola* resistenten Birnen — insbesondere *Pyrus calleryana* — festgestellt werden. In Analogie hierzu vermutet man einen entsprechenden Resistenzmechanismus bei den Salatsorten ‚Avoncrisp' und ‚Avondefiance', die resistent gegen die Salatwurzellaus (*Pemphigus bursarius*) sind.

Auf den Einstich einer Blattlaus kann die Pflanze noch mit einer anderen Form der aktiven Resistenz reagieren. So führt der Einstich von *Dysaphis plantaginea* bei Sämlingen von *Malus robusta* zu einer lokalen Nekrotisierung des Gewebes, wodurch weitere Nahrungsaufnahme erschwert oder verhindert wird [574]. Diese auf Hypersensibilität beruhende Reaktion bestimmter Apfelsämlinge erfolgt jedoch nur nach Einstich der Fundatrizen und Fundatrigenien, nicht aber durch die im Herbst vom Nebenwirt (*Plantago*) zum Hauptwirt (*Malus*) zurückwandernden Gynoparen [1033].

Green und Ryan [615] wiesen in Kartoffel- und Tomatenblättern ein Protein nach, das die tierischen Endopeptidasen Chymotrypsin und Trypsin hemmen kann und das sie deshalb als „Inhibitor I" bezeichneten. Mechanische Verwundung oder Fraß durch Kartoffelkäfer (*Leptinotarsa decemlineata*) führen zu einer Akkumulation des Hemmstoffes innerhalb von 12 h, sie setzt sich für mindestens 100 h fort und erreicht oft Konzentrationen von mehr als 0,5 mg/ml Blattsaft. Das chemische Signal, das die Akkumulation von „Inhibitor 1" auslöst, ist höchstwahrscheinlich eine Substanz, die von der Pflanze nahe der Wunde produziert oder

freigesetzt wird. Es ist anzunehmen, daß derartige Proteinase-Inhibitoren die Pflanze für den Phytophagen weniger geeignet machen, wobei ihre Wirksamkeit von ihrer Fähigkeit abhängt, die Proteinasen im Verdauungstrakt des Insekts zu hemmen.

Im Abschnitt 6.2.2.4. hatten wir erwähnt, daß mit der Resistenz von Pflanzen gegen Nematoden als Reaktion auf den Befall Synthese und Abbau verschiedener Substanzen verbunden sind, die von der Aktivität bestimmter Enzyme abhängen. Wir wollen diese Zusammenhänge, soweit sie aufgedeckt werden konnten, im folgenden darstellen.

Mit dem Befall von Tomatensorten durch *Meloidogyne incognita* ist nicht nur ein Anstieg des Proteinspiegels, sondern auch eine qualitative Veränderung im Proteinmuster und gleichzeitig ein Anstieg in der Peroxidase-Aktivität verbunden [538, 539]. Letzterer war besonders scharf und deutlich in den resistenten Sorten (‚Nematex', ‚SL-120') ausgeprägt. Die durch diese Enzym-Aktivität ausgelösten Veränderungen sind charakterisiert durch

- Bildung von neuen Komponenten im Wirtsgewebe nur nach dem Nematodenbefall;
- steigende oder abnehmende Intensität von neugebildeten Isoenzymen;
- veränderte Intensität von Komponenten-Vorstufen;
- Verschwinden einiger Komponenten des Wirtsgewebes nach dem Befall durch die Nematoden.

Die inokulierte anfällige Sorte ‚Pusa Ruby' war nicht fähig, die Verschiebung des Enzymgleichgewichtes wieder auszugleichen.

Zacheo et al. [1908] beobachteten in resistenten Tomatenpflanzen gleichfalls einen Anstieg der Peroxidase-Aktivität, in anfälligen dagegen eine Abnahme als Folge des Befalls durch *M. incognita*. Umgekehrt verhielt sich die Superoxid-Dismutase-Aktivität (SOD): sie stieg in anfälligen Sorten nach dem Befall an und nahm in befallenen resistenten Pflanzen ab. Es wird hieraus die Hypothese abgeleitet, daß beim Vorhandensein eines erfolgreichen Abwehrmechanismus die SOD-Aktivität mit der Peroxidase-Aktivität harmonieren muß.

Giebel [575] vertritt eine Komplextheorie zur Erklärung der Resistenz von Kartoffeln gegen *Globodera rostochiensis*. Entscheidende Elemente sind danach die Anwesenheit von Anfälligkeits-Resistenz-Faktoren in der Kartoffel, die als Glycoside in einer nichtaktiven Form vorliegen, sowie als Voraussetzung, daß die Synzytienbildung (vgl. 5.4.1.) durch Auxine (130) ausgelöst wird. Diese Auxine werden durch Glycosidasen und Proteasen, die die Nematoden absondern, aus Inhaltsstoffen der Pflanzen freigesetzt. Giebel et al. [576] stellten fest, daß die IES-(Indolylessigsäure)-Decarboxylase-Aktivität in anfälligen Kartoffeln höher als in resistenten war. In anfälligen Pflanzen kommt es also zu einer Aktivierung eines IES-akkumulierenden Systems, während in resistenten Pflanzen durch die Hydrolyse von Glycosiden physiologisch aktive Aglycone entstehen, die direkt oder indirekt Nekrosen hervorrufen. Dabei spielt die IES-Oxidase eine entscheidende Rolle bei der Zerstörung der Auxine. Als Folge der entstehenden Zellnekrosen sterben die Nematoden ab. Verschiedene Pathotypen der Kartoffelzystenälchen sollen unterschiedliche β-Glucosidase-Aktivitäten haben. Pathotypen, die weniger β-Glucosidase ausscheiden, können nicht den „Resistenzfaktor" aus dem nichtaktiven Glycosid abspalten, es kommt nicht zur Nekrotisierung der Gewebsteile (Synzytien), und die Larven dieser Pathotypen (z. B. von *G. pallida*) können sich in den resistenten Pflanzen entwickeln. Ferner nehmen noch andere Faktoren Einfluß wie freie phenolische Verbindungen, die Aminosäuren Hydroprolin und Prolin sowie Tyrosin (83) und Phenylalanin (82), die in Wechselwirkung zueinander und mit der IES stehen und letztlich in Abhängigkeit von der relativen Konzentration die Anfälligkeits- oder Resistenzreaktion mitbestimmen. Die wesentlichsten Komponenten der Theorie von Giebel [575] und ihre Wirkungswege sind in Abbildung 21 dargestellt.

Da die Komplextheorie von Giebel auf einer Reihe von Annahmen basiert, hat sie nicht ungeteilte Zustimmung gefunden, sondern z. T. auch entschiedene Ablehnung. So verweisen Kaplan und Keen [830] darauf, daß viele beobachtete Ergebnisse erst eintraten, nachdem sich die Resistenz manifestiert hatte. Unzweifelhaft sind aber im hypothetischen Modell von Giebel [575] eine Reihe wertvoller Ansatzpunkte vorhanden, die auf gesicherten Erkenntnissen beruhen und zweifelsohne im Resistenzmechanismus wirksam sind. Das trifft auf die zentrale Stellung der Wachstumsregler (Auxine), deren Zerstörung durch die IES-Oxidase sowie die Mitwirkung der freien Phenole und der verschiedenen Aminosäuren für die Resistenz- bzw. Anfälligkeitsreaktion zu.

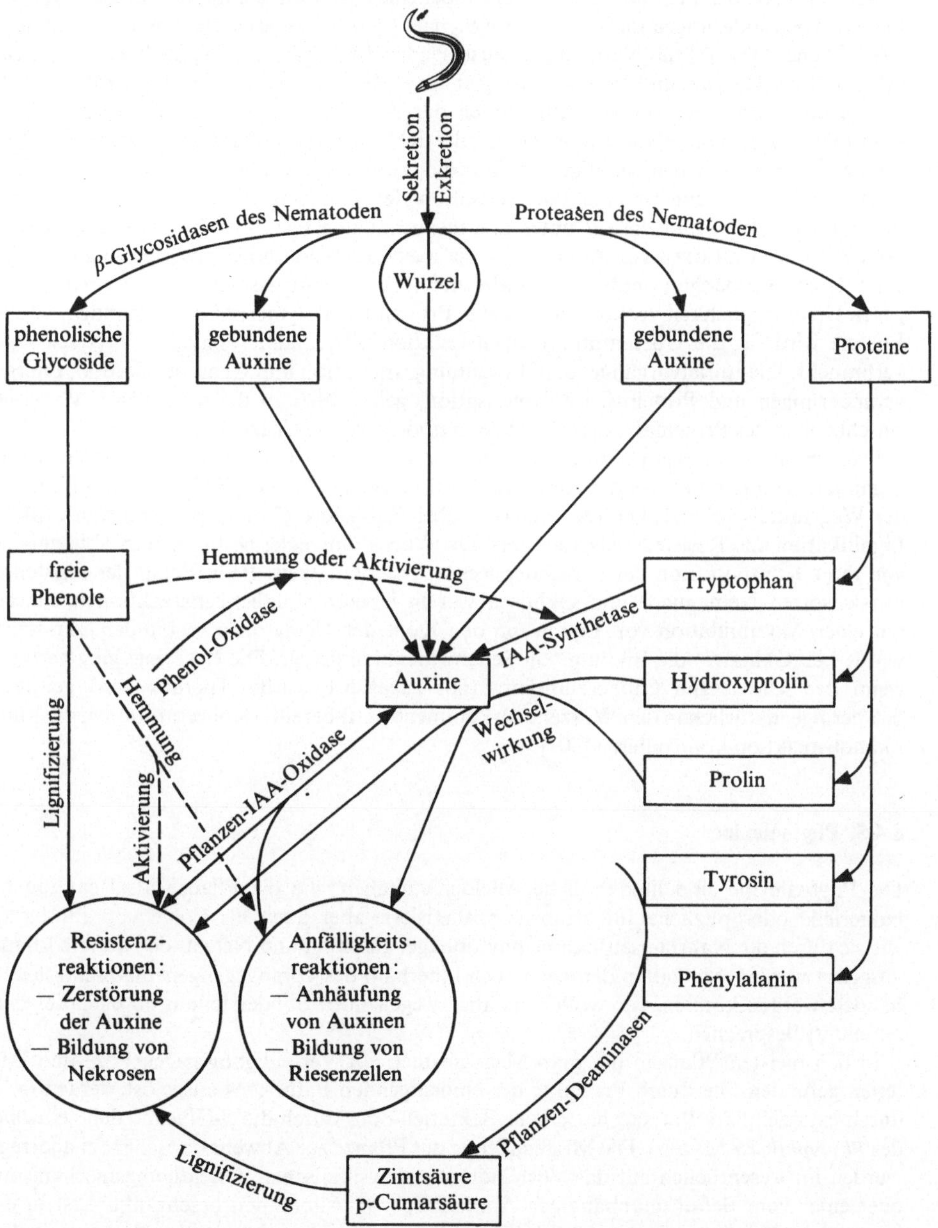

Abb. 21. Hypothetische Beziehungen der biochemischen Mechanismen bei der Resistenz und Anfälligkeit von Pflanzen gegenüber *Globodera rostochiensis*. Nach Giebel 1974.

Ein neues theoretisches Modell über die biochemischen Wechselwirkungen zwischen dem Wurzelgallenälchen *(M. incognita)* und resistenten bzw. anfälligen Tomaten legten Premachandran und Dasgupta [1350] vor. Sie gehen davon aus, daß bei einem Befall die Rezeptorkomponenten von Wirt und Parasit in Kontakt treten, wodurch sowohl im Pflanzengewebe als auch im Parasiten ein biochemischer Reiz die metabolischen und zytologischen Veränderungen induziert. Diese Signale (und Prozesse) verlaufen auf der molekularen Ebene. Obwohl die Natur dieser auslösenden Moleküle noch nicht bekannt ist, sind offensichtlich Histone und Wachstumsregler bzw. Hydrolasen beteiligt. Sie wirken auf das Wirtsgenom oder bedingen Modifikationen der RNA. Hierdurch kommt es zu erhöhten Konzentrationen von RNA-Polymerasen oder RN-asen, die außerdem direkt an der Neusynthese von Isoenzymen beteiligt sind. Für die erfolgreiche Etablierung einer verträglichen Wirt-Parasit-Beziehung ist eine Polymerisation der möglicherweise unähnlichen Proteinmoleküle von Wirt und Parasit unter Energieausnutzung bzw. -zufuhr notwendig. Die erhöhten Konzentrationen von Adenylaten, die nach der Nematodeneinwanderung in anfälligen Pflanzen beobachtet werden, sind wahrscheinlich Ergebnisse solcher Reaktionen. Wo dagegen Unverträglichkeit vorkommt, ist keine Protein-Co-Polymerisation vorhanden, und die Energie wird für die Überempfindlichkeitsreaktion oder andere ähnliche Wirtsreaktionen verbraucht. Die Initialvorgänge, d. h. Erkennung, Induktion und Genmodifikation, Energieveränderungen und Protein-Co-Polymerisation, gehen über in die sekundären Vorgänge, einschließlich des Proteinabbaues durch Nematodenenzyme (speziell Hydrolasen) [342, 575].

Die Aminosäuren Phenylalanin (82) und Tyrosin (83) spielen eine besondere Rolle bei der Lignifikation und damit bei der Resistenzreaktion. Bereits Giebel [575] wies darauf hin, daß der Weg mittels pflanzlicher Desaminasen über Zimtsäure (7) und p-Cumarsäure (8) zur Lignifikation und Resistenzreaktion führt. Die Wachstumsregler bestimmen in Abhängigkeit von ihrer Konzentration den Grad der Resistenz/Anfälligkeit. Beim Befall der resistenten Pfirsichsorten ‚Nemaguard' und ‚Okinawa' war die Überempfindlichkeitsreaktion im Gewebe mit einer Akkumulation von Lignin um den Kopf der Nematoden verbunden. Zusätzlich wurde bei ‚Okinawa' die Bildung von Seitenwurzeln angeregt. Die Resistenz ging verloren, wenn den Unterlagen Gibberellinsäure (66) zugeführt wurde. Hieraus wird gefolgert, daß geringe, natürlich in den Wurzeln vorkommende Gibberellin-Konzentrationen die Lignifikationsreaktion kontrollieren [501].

8.4.5. Phytoalexine

Die Phytoalexine sind lipidähnliche Allelochemikalien, die die Pflanze als Reaktion auf bakterielle oder pilzliche Infektionen synthetisiert, aber auch als Folge von Einflüssen, wie sie durch die Nahrungsaufnahme phytophager Insekten und Nematoden auf die Pflanze ausgeübt werden. Sie hätten demnach auch innerhalb des vorangegangenen Abschnittes behandelt werden können, wir wollen sie aber wegen ihrer Sonderstellung in einem eigenen Abschnitt besprechen.

In den meisten Pflanzen hat man Mechanismen zur Verteidigung gegen Pilze und Bakterien gefunden, die durch Produkte des eindringenden Pathogens ausgelöst werden (z. B. durch extrazelluläre Polysaccharide der Bakterien oder durch die β-Glucane der Zellwände des *Phytophthora*-Myzels). Die Möglichkeiten der Pflanze zur Abwehr tierischer Schaderreger wurden im wesentlichen auf das Vorhandensein physikalischer Verteidigungsmechanismen oder einer vom Befall unabhängigen Anhäufung von Allomonen beschränkt. Erst in den letzten Jahren bemühte man sich, die Gemeinsamkeiten zwischen beiden Systemen aufzudecken, die zu erwarten waren. Zweifellos wäre es für die Pflanze von großem Vorteil, wenn sie einen Abwehrmechanismus gegen Phytophage nur im Falle eines Angriffs, bei Überschreitung einer bestimmten Schadensrisiko-Schwelle, einsetzen könnte. Die von einem möglicherweise einmal eintretenden Schaden unabhängige Produktion und Erhaltung von

Allomonen kann einen beträchtlichen Anteil der Energiereserven und der Synthesekapazität verbrauchen, der anderen Funktionen entzogen werden muß (vgl. Kap. 6). Wenn kein Phytophagenangriff erfolgt, ist diese Energie vergeudet.

Erste tiefergehende Untersuchungen über die Bildung von Phytoalexinen als Folge eines Nematodenbefalls und ihre mögliche Rolle im Resistenzmechanismus wurden von Rich et al. [1401, 1402] durchgeführt. Die in den Versuchen verwendete Lima-Bohne *(Phaseolus lunatus)* produziert als Reaktion auf die Infektion mit verschiedenen Pilzen und Bakterien Phytoalexine und ist eine schlechte Wirtspflanze für den endoparasitären Nematoden *Pratylenchus scribneri*.

Schon kurz nach dem Nematodenbefall bilden sich Überempfindlichkeitsnekrosen in den Wurzeln aus. Rich et al. [1401, 1402] isolierten nun aus den befallenen Wurzeln 4 Coumestane und identifizierten 2 als Coumestrol (136) und Psoralidin. Bereits einen Tag nach der Inokulation mit den Nematoden konnten mehr als 40 µg Coumestrol/g Wurzelgewebe extrahiert werden; am 4. Tag waren es bereits mehr als 70 µg. Psoralidin akkumulierte langsamer, aber am 4. Tag erhielt man bereits mehr als 40 µg/g Wurzelgewebe. Diese Mengen wurden direkt aus den geschädigten Gewebeteilen gewonnen. Um die Wirkung dieser Verbindungen auf den Nematoden zu prüfen, wurden diese den Substanzen direkt ausgesetzt. Bereits 5 µg/ml Coumestrol hemmten die Beweglichkeit der Tiere signifikant; die ED_{50} lag bei 10—15 µg/ml Coumestrol. Wenn die Nematoden aus den Phytoalexinlösungen wieder in Wasser umgesetzt wurden, erholten sie sich schnell. Bei den für *P. scribneri* anfälligen Gartenbohnen kam es als Folge des Befalls zu keiner Phytoalexin-Akkumulation.

Die Phytoalexinbildung spielt allerdings im Falle der Lima-Bohne nicht die gewünschte Rolle, da der äußerst wanderungsfähige Nematode in der Zeit der wirksamen Akkumulation von Phytoalexinen meist schon das geschädigte Gewebe verlassen hat. Daß es sich dagegen bei sedentären Parasiten anders verhalten kann, zeigen die Untersuchungen von Kaplan et al. [831] mit den Sojabohnensorten ‚Centennial‘ und ‚Pickett 71‘ und den beiden Wurzelgallenälchen-Arten *Meloidogyne incognita* und *M. javanica*.

Die Sorte ‚Pickett 71‘ ist anfällig für beide Arten, die Sorte ‚Centennial‘ nur für *M. javanica*, gegenüber *M. incognita* ist sie resistent. Nur nach Infektion von ‚Centennial‘ mit *M. incognita* wurde das Phytoalexin Glyceollin (135) in größerer Menge extrahiert. Bei der Prüfung des Einflusses dieser Verbindung auf die Beweglichkeit der Nematodenlarven erwies sich, daß 60 µg/ml keine Wirkung auf *M. javanica* hatten, während 70% der Larven von *M. incognita* bereits bei 15 µg/ml in der Bewegungsfähigkeit gehemmt waren. Die Autoren folgerten, daß Glyceollin nicht nematizid, sondern nematistatisch wirkt. Sie vermuten, daß die primäre Wirkung über eine Hemmung des Elektronentransportsystems erfolgt und möglicherweise die Nematodenarten eine unterschiedliche Fähigkeit zur Aufnahme bzw. zum Abbau des Glyceollins besitzen, da *M. javanica* nicht beeinflußt wird.

Als letztes Beispiel für einen Zusammenhang von Phytoalexinen und Resistenz gegen Nematodenbefall wollen wir die Ergebnisse von Veech [1798, 1799] mit *M. incognita* an Baumwolle anführen. Die Baumwolle vermag als Reaktion auf Pilzbefall Gossypol (67) und andere Terpenoide zu bilden, wobei Art und Menge von der Baumwollsorte abhängen.

Bei der Prüfung von 5 Baumwollsorten, in der Reihenfolge ‚Auburn 623‘, ‚N 6072‘, ‚Clevewilt‘, ‚Deltapine 16‘ und ‚M 8‘ mit abnehmender Resistenz gegen *M. incognita*, zeigte sich, daß als Reaktion auf den Nematodenbefall die Konzentrationen der Terpenaldehyde Hemigossypol (138), Methoxyhemigossypol, Gossypol (67), Methoxygossypol und Dimethoxygossypol innerhalb von 5 Tagen in den 3 resistenten Sorten anstiegen, in den beiden letztgenannten Sorten jedoch abnahmen. Die Korrelationskoeffizienten zwischen der befallsinduzierten Konzentration von Methoxygossypol und dem Resistenzgrad, wie er durch den Wurzelgallenindex (Eimasse/g Wurzel und Eizahl/g Wurzel) charakterisiert wird, lassen erkennen, daß die Akkumulation von Methoxygossypol als Reaktion auf den Befall direkt proportional dem Resistenzgrad der Sorte ist.

Diese Beispiele zeigen, daß Phytoalexine wirksame Bestandteile von Resistenzmechanismen sein können, speziell bei sedentären Nematoden.

Das die Beweglichkeit von *Pratylenchus scribneri* hemmende Coumestrol (136) wird auch

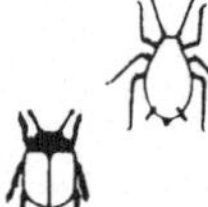

in der Luzerne gebildet, wenn die Pflanzen durch das Saugen von *Acyrthosiphon pisum* dazu angeregt wurden. Dieses Phytoalexin kann dann zusätzliche Saugaktivitäten anderer Erbsenläuse beeinflussen [1003]. — Der oligotrophe Mexikanische Bohnenkäfer (*Epilachna varivestis*) frißt bevorzugt an Leguminosen. An Blattscheiben der Sojabohne, bei denen man durch UV-Bestrahlung die Phytoalexinproduktion ausgelöst hatte, probierten die Käfer nur, der Fraß erfolgte ausschließlich an den nicht bestrahlten Kontrollscheiben. Die Raupen von *Pseudoplusia includens* wurden bei einem gleichen Test nicht durch Phytoalexine abgeschreckt. Versuche mit den reinen Phytoalexinen Coumestrol und Rotenon (von den Isoflavonen abgeleitet und chemisch nicht weit von den Sojabohnen-Phytoalexinen entfernt), die man der Raupennahrung zusetzte, brachten bei Coumestrol keine eindeutigen Ergebnisse. Rotenon dagegen beeinflußte drastisch mit zunehmender Konzentration Überleben und Gewicht der Raupen. Diese Versuche zeigen, daß der Entgiftungsmechanismus in den ziemlich polyphagen Schmetterlingsraupen imstande ist, die antibiotische Wirkung des isoflavonoiden Phytoalexins, aber nicht die des Isoflavons Rotenon zu überwinden [907].

Sutherland und Mitarbeiter [1466, 1718] extrahierten aus den Wurzeln von *Lotus pedunculatus* das Phytoalexin Vestitol (131), das eine starke fraßabschreckende Wirkung auf die Larven von *Costelytra zealandica* besitzt. Bei der Einbeziehung anderer, reiner Phytoalexine kam man auch hier zu unterschiedlichen Ergebnissen (Tab. 28). So entfalten z. B. Vestitol und Phaseollin (134) nicht nur eine antifungale Aktivität, sondern reduzieren auch den Fraß von *C. zealandica* und *Heteronychus arator*. Weder Coumestrol noch Genistein (132) vermochten Fraß oder Wachstum von *C. zealandica* zu verringern. Aus diesen Ergebnissen kann man auf eine selektive Wirkung der Phytoalexine auf Phytophage schließen. Bei einem koevolutionären Ursprung der Verteidigungsmechanismen der Pflanzen und der Anpassung an diese durch ihre Feinde ist es auch denkbar, daß einige Phytoalexine sogar Kairomonfunktionen auf bestimmte Insekten ausüben können. Beispiele für die Doppelrolle von Allelochemikalien haben wir bereits angeführt.

Tabelle 28
Wirkung von Isoflavon-Phytoalexinen der Leguminosen auf Pathogene und Insekten. Nach Kogan und Paxton [907].

Verbindung	Antifungale Aktivität	*Costelytra zealandica*	*Heteronychus arator*	*Pseudoplusia includens*
		Reduktion der Nahrungsaufnahme		Wirkung auf Wachstumsrate
Vestitol (131)	+	+	+	
Phaseollin (134)	+	+	+	
Pisatin (133)	+	+	—	
Genistein (132)	—	—	+	—
Coumestrol (136)	—	—	+	—
Glyceollin (135)	+			—

9. Resistenz gegen Vektoren pflanzenpathogener Viren und Mykoplasmen und ihre Übertragung

Eine beträchtliche Anzahl von Schädlingen aus unterschiedlichen systematischen Gruppen ist als Überträger von Pflanzenkrankheiten bekannt. Wir wollen uns hier hinsichtlich der Pathogene auf Viren, Mykoplasmen und Spiroplasmen beschränken und setzen ihre Bedeutung als Schadfaktoren, ihre Morphologie, ihre Replikation sowie die charakteristischen Eigenheiten ihres Übertragungsmodus als bekannt voraus. Kegler und Kleinhempel [843] haben eine zusammenfassende Darstellung der gegenwärtigen Kenntnisse über die Resistenz der Pflanzen gegen Viren gegeben, Spaar und Kleinhempel [1666] über die Bekämpfung von Viruskrankheiten. Wir wollen unsere Betrachtungen schwerpunktmäßig auf die Resistenz von Pflanzen gegen die Vektoren und die durch sie bewirkte Übertragung der Pathogene ausrichten. Dabei stehen die Blattläuse sowohl nach der Anzahl ihrer Vektorarten als auch nach der wirtschaftlichen Bedeutung ihrer Übertragungstätigkeit an erster Stelle. In einigen Gebieten und an einigen Kulturpflanzen spielen außerdem die Zikaden eine gewisse Rolle. Die weiteren Ausführungen werden sich deshalb im wesentlichen auf diese beiden Insektengruppen beziehen.

Trotzdem läßt es sich nicht vermeiden, auch auf einige Aspekte der Pflanze-Virus-Beziehungen einzugehen. Die Verflechtung zwischen Pflanze, Vektor und Virus, ihre gegenseitigen Abhängigkeiten sind so groß, daß sie bei einer Erörterung der Widerstandsfähigkeit von Pflanzen gegen Vektoren und Virusübertragung berücksichtigt werden müssen. Hier überschneiden und durchdringen sich die unter 3.1. getrennten Komplexe Schädling — Beschädigung — Befall und Pathogen — Krankheit — Infektion. Ein Insekt, das eine Pflanze befällt und z. B. im Zusammenhang mit seiner Nahrungsaufnahme eine Beschädigung verursacht, kann gleichzeitig, im Verlauf derselben Aktivität, ein Pathogen (Virus) übertragen, d. h. nach erfolgreicher Infektion eine Krankheit hervorrufen. Dabei kann das Ausmaß des jeweiligen Schadens unterschiedlich sein; je nach der Vektorart-Virus-Pflanzenart-Kombination steht der Direktschaden (durch Nahrungsaufnahme) oder der durch die Virose verursachte im Vordergrund. So ist z. B. *Myzus persicae* an Beta-Rüben hauptsächlich als Vektor der Vergilbungs-Viren interessant, bei *Aphis fabae* dagegen müssen die Aspekte sowohl der Virusübertragung als auch des Saugschadens beachtet werden [1355].

Es erscheint uns notwendig, auf die Verwendung einiger Termini in diesem Zusammenhang einzugehen. Cooper und Jones [314] befaßten sich mit der Definition einiger Begriffe, die speziell auf die Beziehungen Pflanze — Virus zugeschnitten sind und daher z. T. von den im Kapitel 3 gegebenen abweichen. Sie sind in der Abbildung 22 zusammengestellt und verdeutlichen die verschiedenen Reaktionen der Pflanze auf eine Virusinokulation.

Unter **Infektion** verstehen Cooper und Jones [314] den Eintritt von Virus-Nukleinsäure oder -Nukleoprotein in Zellen, in denen im Anschluß daran die Replikation der Nukleinsäure erfolgt. Mit den Begriffen **resistent** und **anfällig** (susceptible) bezeichnen sie die entgegengesetzten Enden einer Skala, die die Wirkungen einer infizierbaren Pflanze auf Virusinfektion, -replikation und -invasion (= Ausbreitung auf andere Zellen) umfaßt. Eine zweite Skala bezieht sich auf die Reaktionen der Pflanze (Krankheitsreaktionen) auf eine Virusinfektion, ihre Endpunkte werden mit den Begriffen **tolerant** und **empfindlich** (sensitive) gekennzeichnet.

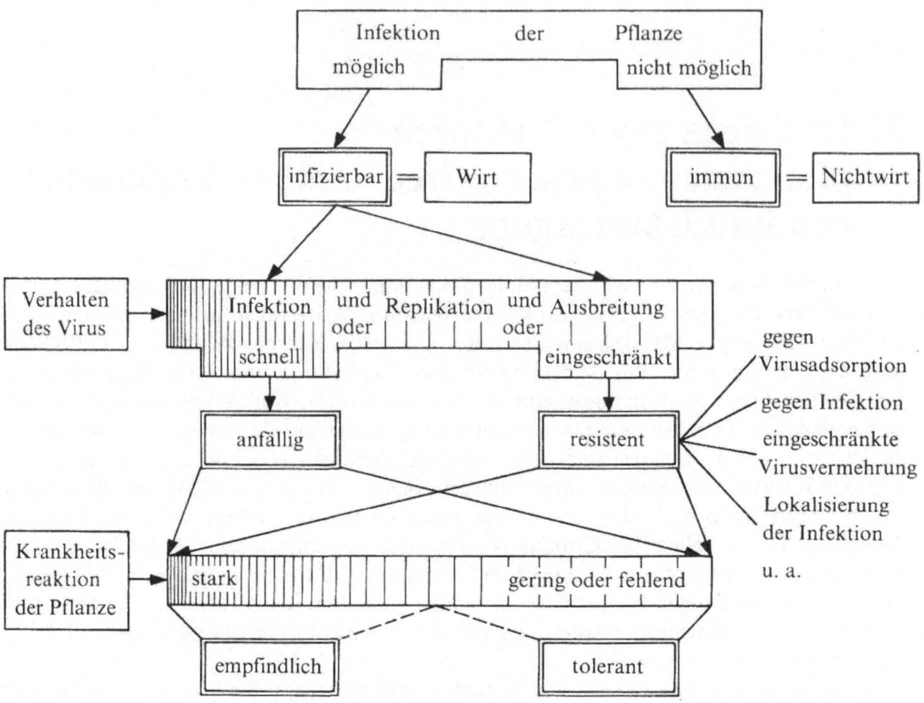

Abb. 22. Reaktionen der Pflanze auf Virusinokulation. Nach Cooper und Jones 1983.

Entsprechend dieser Definition der Infektion beginnen die Wechselwirkungen zwischen Virus und Pflanze erst dann, wenn das Virus in die Pflanze bzw. Zelle gelangt ist. Resistenzformen bzw. -eigenschaften in diesem Abschnitt der Auseinandersetzung zwischen Virus und Wirt, z. B. Resistenz gegen Virusadsorption, Resistenz gegen Virusvermehrung, Resistenz gegen Virusausbreitung (Hypersensibilität) u. a., insgesamt **Virusresistenz**, sollen nicht Gegenstand unserer weiteren Erörterungen sein. Uns interessieren die zeitlich vorgeschalteten Ereignisse: Verbreitung des Virus von Pflanze zu Pflanze und Inokulation der Pflanze, soweit sie durch tierische Vektoren bewirkt werden.

Russell [1469] gliedert die Resistenz gegen Viruskrankheiten bei Pflanzen in folgende Typen:

- Immunität,
- Resistenz gegen Virusinfektion,
- Resistenz gegen Etablierung und Ausbreitung des Virus in der Wirtspflanze,
- Resistenz gegen Virusvermehrung,
- Toleranz,
- Resistenz gegen Vektoren.

In den vorangegangenen Kapiteln haben wir die verschiedenen Eigenschaften und Mechanismen behandelt, die den Pflanzen Widerstandsfähigkeit gegen tierische Schaderreger verleihen. Es ist nun zu untersuchen, ob und in welchem Umfang solche Mechanismen bzw. die auf ihnen beruhenden Resistenztypen wie Nichtpräferenz, Antibiose und Toleranz bei diesen Schädlingen auch in ihrer Eigenschaft als Vektoren pflanzenpathogener Viren und Mykoplasmen wirksam sind.

Grundsätzlich ist zunächst festzustellen, daß Resistenz gegen eine Aphiden- oder Zikadenart nicht gleichzeitig eine Resistenz gegen die von ihnen übertragenen Pathogene oder den Übertragungsvorgang bedingen muß.

Man stellte z. B. bei der Untersuchung verschiedener Zuckerrohrklone fest, daß der Klon ‚H 51-8194' resistent gegen das Virus der Fidschi-Krankheit (sugarcane Fiji disease virus) wie auch gegen den Vektor, die Zikade *Perkinsiella saccharicida*, war. Der Klon ‚H 60-5657' erwies sich zwar auch als resistent gegen das Virus, aber nicht gegen die Zikade. Durch einen mittleren Resistenzgrad gegen die Zikade, aber eine hohe Anfälligkeit für das Virus zeichnete sich der Klon ‚H 56-4848' aus. Daraus wurde gefolgert, daß die verschiedenen Stufen der Virusresistenz auf Resistenz gegen das Virus oder die Übertragung beruhen, aber nicht primär auf Resistenz gegen die Zikade [1729].

Man kann demnach eine Trennung in Resistenz gegen den Vektor und Resistenz gegen Virusübertragung vornehmen; dazu kommt noch die bereits oben erwähnte Resistenz gegen das Virus. (Letztere ist allerdings bei persistent übertragbaren Viren wegen der Schwierigkeiten einer vektorlosen Übertragung nur schwer festzustellen.)

Der Erfolg einer Virusübertragung durch Blattläuse oder Zikaden ist u. a. vom Einstich- und Saugverhalten der betreffenden Art abhängig. Unter dem Einfluß bestimmter Pflanzensorten oder -zuchtlinien kann das Verhalten der Vektoren so verändert werden, daß der Vorgang der Virusaufnahme bzw. -übertragung gestört wird, was wiederum eine verminderte Anzahl erfolgreicher Übertragungen zur Folge hat. Auch kann durch eine besondere Lokalisierung des Virus im Pflanzengewebe der Zugang der Mundwerkzeuge der Vektoren zum Virus erschwert sein, die Virusaufnahme also indirekt behindert werden. Diese Resistenz gegen Virusübertragung [648] ist nicht in jedem Fall eindeutig von einer Resistenz gegen den Vektor abzugrenzen. Vielfach ist aus den in der Literatur zu findenden Angaben nicht ersichtlich, ob es sich um Vektor-, Übertragungs- oder Virusresistenz handelt. Insbesondere bei der Auswertung von Versuchen unter Freilandbedingungen begnügt man sich oft mit der Beobachtung der Krankheitssymptome und bezeichnet ihr Fehlen bzw. ihr Auftreten als Virusresistenz bzw. -anfälligkeit. Einige Beispiele für Resistenz gegen Virusübertragung werden unter 9.4.3.2. angeführt.

Im Zusammenhang mit der Resistenz gegen Vektor, Virusübertragung oder Virus läßt sich in epidemiologischer Hinsicht die Rolle der Pflanze unter verschiedenen Gesichtspunkten betrachten.

(1) Sie ist Wirts- oder Nichtwirtspflanze für den Schädling, wobei in diesem Zusammenhang die Nahrungsbeziehungen entscheidend sind. Es sei daran erinnert, daß Wirts- und Nahrungspflanze nicht identisch sein müssen. Der Zikade *Dalbulus maidis* z. B. dienen über 30 verschiedene Pflanzenarten als Nahrungsquelle (Nahrungspflanzen), aber nur 20 Gramineenarten sind für die Eiablage geeignet, und die Nymphen entwickeln sich nur an Mais (Wirtspflanze). Nahrungs- oder Wirtspflanzen mit Resistenzmechanismen beeinflussen das Verhalten des Schädlings, auch bei der Nahrungsaufnahme, und da die Virusübertragung zum weitaus überwiegenden Teil mit der Nahrungsaufnahme gekoppelt ist, auch seine Vektorleistung. So hat man z. B. eine Korrelation zwischen der Eignung von *Solanum*-Arten als Wirtspflanzen für *Myzus persicae* und der Anzahl der Pflanzen dieser Arten, die durch diese Blattlaus mit dem Kartoffelblattroll-Virus (potato leafroll virus) infiziert werden konnten, festgestellt: Die für *M. persicae* als Wirt nicht geeigneten knollentragenden *Solanum*-Arten waren in Versuchen schwerer zu infizieren [1045].

(2) Die Pflanze kann Wirt oder Nichtwirt für das Pathogen (Virus, Mykoplasma) sein; auch innerhalb einer Pflanzenart sind Unterschiede zwischen verschiedenen Sorten in ihrer Empfindlichkeit für das Pathogen möglich. Dabei müssen sich die Wirtskreise von Vektor und Pathogen nicht völlig decken. Insbesondere bei den Aphiden gibt es Beispiele dafür, daß eine Virusübertragung auf Pflanzen erfolgt, die von der Blattlausart nicht besiedelt werden. Der im Südwesten der USA wichtigste Vektor des Wassermelonenmosaik-Virus (watermelon mosaic virus), *Myzus persicae*, überträgt dieses auf die Zuckermelone, besiedelt sie aber nicht [370]. Gerade solche Pflanzen, die für die betreffende Blattlausart weniger geeignete, schlechte Wirtspflanzen sind, begünstigen Übertragung und Ausbreitung nichtpersistenter Viren (s. u.). Resistenzmechanismen, die die Wirtseignung beeinträchtigen, müssen demnach nicht in gleichem Maße eine Virusübertragung verhindern, sondern begünstigen sie unter Umständen sogar.

(3) Die Pflanze dient als Reservoir oder Quelle für die Ausbreitung des Pathogens. Sorten einer Art können Eigenschaften besitzen, die sie in unterschiedlichem Maße als Quelle für die Virusakquisition wie auch als Objekt für die Virusinokulation geeignet machen.

Der Einfluß einer für den Vektor resistenten Pflanze oder Sorte auf die Virusausbreitung hängt von mehreren Faktoren ab [845]:

— vom Typ der Resistenz (Nichtpräferenz, Antibiose oder Toleranz);
— vom Grad der Resistenz;
— von der relativen Bedeutung der primären (exogenen) und sekundären (endogenen) Virusausbreitung (Einführung eines Virus in einen Bestand von einer außerhalb liegenden Virusquelle bzw. Virusausbreitung innerhalb des Bestandes);
— von den Virus-Vektor-Beziehungen (Dauer von Akquisition, Inokulation, Retention und Latenz);
— von dem Einfluß der Virusinfektion auf die Vektorresistenz der Pflanze.

Dabei kann jede mögliche Kombination dieser Faktoren die Virusausbreitung unterschiedlich beeinflussen.

Wir wollen zunächst den Einfluß der 3 Resistenztypen auf die Virusausbreitung unter Berücksichtigung des Übertragungsmechanismus untersuchen und im Anschluß daran einige Beispiele für Vektor- und Übertragungsresistenz anführen.

9.1. Nichtpräferenz und Virusausbreitung

Resistenz vom Typ der Nichtpräferenz kann sich in verschiedener Weise auf die primäre Virusausbreitung auswirken, je nachdem, wie schnell im Verhältnis zur Inokulations- und Retentionszeit des Virus der Vektor die Nichteignung der Pflanze als Nahrungsquelle erkennt. Kennedy [845] unterscheidet mehrere Möglichkeiten.

Bei einer Pflanze mit extremer, an Immunität grenzender Nichtpräferenz für den Vektor kann die Probesaugzeit kürzer sein als die Inokulationssaugzeit; in diesem Fall würde das Virus nicht übertragen werden. Das trifft hauptsächlich für persistente, aber auch für semipersistente Viren zu.

Die Zikade *Nephotettix virescens* führte zwar auf resistenten Reissorten mehr Probesaugstiche aus als auf anfälligen, sie nahm an ihnen jedoch weniger Nahrung auf [268], und in der größeren Bewegungsaktivität auf resistenten Sorten, verbunden mit kürzerer Verweildauer auf der Einzelpflanze, sehen Ling und Carbonell [994] den Grund für die Feldresistenz dieser Sorten gegen das Reis-tungro-Virus (rice tungro virus).

Bei nichtpersistenten Viren kann Nichtpräferenz die Übertragung nur dann verhindern, wenn die Pflanze bereits vor dem Probesaugen als ungeeignet erkannt wurde (z. B. braune Salatsorten, auf denen nur ein Drittel der Anzahl von *Myzus persicae* landet im Vergleich zu grünen Sorten, und die auch weniger mit dem Salatmosaik-Virus (lettuce mosaic virus) infiziert werden [1156]). Eine Form der Nichtpräferenz, die durch Abschreckung das Landen der Aphiden auf den zu schützenden Pflanzen verhindert, wäre zur Verminderung der Virusausbreitung geradezu ideal.

Auf Pflanzen mit einem geringen Grad an Nichtpräferenz ist eine längere Probesaugzeit nötig, um ihre Nichteignung zu erkennen; daher wird die primäre Virusausbreitung wahrscheinlich nicht verhindert. Übersteigt die Probesaugzeit die Inokulations- und Retentionszeit, wird die Pflanze infiziert, der Vektor verliert jedoch seine Infektiosität. Das trifft auf nichtpersistente Viren zu, weniger auf semipersistente, nicht auf persistente. Das Muster der primären Virusausbreitung unterscheidet sich in einem solchen Fall nicht von dem in einem Bestand anfälliger Pflanzen. Erkennt der Vektor die Nichteignung der Pflanze vor Ablauf der Retentionszeit, d. h. vor dem Verlust seiner Infektiosität, kann er bei der Suche nach geeigneten Wirten weitere Pflanzen infizieren, so daß u. U. mehr Pflanzen als in einem anfälligen Bestand erkranken. Das betrifft persistente und semipersistente Viren mit einer relativ kurzen Inokulationssaugzeit und nichtpersistente Viren, wenn der Vektor nur kurze Probesaugstiche ausführt.

Zikaden finden anscheinend die bevorzugte Nahrungspflanze zufällig durch Bewegung von Pflanze zu Pflanze. Sie entscheiden über Annahme oder Ablehnung erst nach einer Saugzeit von etwa 25—50 min und bringen dann Nichtpräferenz durch Verlassen, Präferenz durch Verbleiben an der Pflanze zum Ausdruck. Obwohl *Circulifer tenellus*, wenn sie an Tomate gehalten wird, nach 12—16 h stirbt, überträgt sie doch das Kräuselschopf-Virus (curly top virus) auf diese offensichtlich ungeeignete Wirtspflanze in der ersten Stunde in gleichem Ausmaß wie auf Zuckerrübe, eine bevorzugte Wirtspflanze [285].

Zusammenfassend läßt sich feststellen, daß Resistenz vom Nichtpräferenz-Typ die primäre Virusausbreitung nicht verhindert (mit Ausnahme extremer, an Immunität grenzender Nichtpräferenz); sie kann sie verringern, aber auch erhöhen.

Ähnliche Kombinationsmöglichkeiten und Abhängigkeiten, die u. a. durch Akquisitions-, Inokulations- und Retentionszeiten bedingt sind, charakterisieren auch die Situation bei der sekundären Virusausbreitung, d. h. der Virusausbreitung im Bestand. Zusätzlich ist hier noch der die Pflanzen besiedelnde und der die Pflanzen nur vorübergehend aufsuchende Teil der Vektorpopulation zu beachten, wobei die spezifische Rolle der geflügelten und ungeflügelten Blattläuse noch nicht restlos geklärt ist. Unumstritten ist jedoch, daß den Geflügelten für die sekundäre Ausbreitung persistenter wie auch nichtpersistenter Viren eine besondere Bedeutung zukommt. Eine Resistenz vom Nichtpräferenz-Typ kann zu einer Steigerung bzw. Beschleunigung des Wechsels der Vektoren von Pflanze zu Pflanze führen; daher ist es möglich, daß in solchen Fällen eine stärkere sekundäre Virusausbreitung, ähnlich wie bei der primären, als in einem Bestand anfälliger Pflanzen erfolgt. Die sekundäre Virusausbreitung kann außerdem noch dann sehr stark beeinflußt werden, wenn sich aus der Virusinfektion ein Verlust an Vektorresistenz ergibt. In zahlreichen Fällen hat man beobachtet, daß virusinfizierte Pflanzen geeignetere Wirte für die Vektoren sind als gesunde [852].

So stellte z. B. Baker [97] fest, daß die Resistenz gegen Blattläuse in Zuckerrüben-Inzuchtlinien verlorenging, wenn die Pflanzen mit Vergilbungsviren infiziert wurden. An virusinfizierten Blättern lebten *Myzus persicae* und *Aphis fabae* länger und hatten eine höhere Fruchtbarkeit als an gesunden. Es kann aber auch das Gegenteil vorkommen: Eine Infektion von *Nicotiana tabacum*, *Gomphrena globosa* und *Zinnia elegans* mit dem Gurkenmosaik-Virus (cucumber mosaic virus) verringerte die Wirtseignung dieser Pflanzen für *Myzus persicae* [1014].

Wenn die Virusinfektion einen Resistenzverlust bedingt, dann hängt vom Grad dieses Verlustes und der Anzahl der betroffenen Pflanzen (d. h. der primären Infektionen) die Größe der Aphidenpopulation ab, die sich entwickelt, und damit höchstwahrscheinlich auch das Ausmaß, mit dem sie zur sekundären Virusausbreitung beiträgt. Die Bedeutung des Teiles der Aphidenpopulation, der den Bestand nur vorübergehend aufsucht, für die sekundäre Virusausbreitung wird von seiner Fähigkeit bestimmt, das Virus aus einer infizierten Pflanze aufzunehmen.

9.2. Antibiose und Virusausbreitung

Der Einfluß einer Resistenz vom Typ der Antibiose auf die Virusausbreitung ist mit der Wirkung einer Insektizidbehandlung zu vergleichen [845]. Ein hinsichtlich der Vektoren wirksamer Insektizideinsatz kann die primäre Virusausbreitung nicht oder kaum einschränken, verhindert aber den Teil der sekundären Virusausbreitung, den die im Bestand seßhafte Vektorpopulation verursacht. Primäre wie sekundäre Virusausbreitung durch Vektoren, die den Bestand nur vorübergehend aufsuchen, kann Antibiose nur dann unterbinden, wenn sie den Vektor abtötet oder das Probesaugen für die dem Virus angemessene Inokulations- und/oder Akquisitionsperiode verhindert (Beispiel: Behaarung von *Solanum*-Arten, vgl. 6.1.2.2. und 9.4.3.1.). In den meisten Fällen ist es unwahrscheinlich, daß eine auf Antibiose beruhende Abtötung schnell genug erfolgt, um eine primäre Virusausbreitung zu verhindern. Eine Einschränkung der sekundären Virusausbreitung durch Antibiose ist dann zu erwarten, wenn der Vektor abgetötet wird, ehe er das Virus aufnehmen, eine andere Pflanze aufsuchen und diese inokulieren kann. Das tritt am ehesten bei persistenten Viren mit einer langen Latenzperiode im Vektor ein.

Resistenz vom Typ der Antibiose hat auch dann Einfluß auf die Virusausbreitung, wenn Pflanzen mit derartigen Eigenschaften das Einstich- und Saugverhalten der Vektoren verändern. Das trifft vor allem für persistente Viren zu, deren Akquisition und Inokulation vom Saugen des Vektors im Phloem abhängen. In solchen Fällen liegt Resistenz gegen Virusübertragung vor.

Wie Versuche von Hills et al. [697] ergaben, beruhte die Resistenz bestimmter Zuckerrübensorten gegen das semipersistente Nekrotische Rübenvergilbungs-Virus (beet yellows virus) auf Resistenz gegen die Virusübertragung durch *Myzus persicae*, weniger auf Resistenz gegen die Virusinfektion selbst. Grund dafür war ein verändertes Saugverhalten an den resistenten Pflanzen [648].

In starkem Maße abhängig von den Eigenschaften der Wirtspflanze ist die Ausbildung geflügelter Aphiden, daher können Abweichungen von den normalen Bedingungen durch Resistenzeigenschaften der Pflanze auch das normale Muster der Geflügeltenbildung verändern. So waren z. B. an Zuckermelonen-Linien mit Resistenz gegen *Aphis frangulae gossypii* nicht nur die Populationen kleiner, sondern es entstanden auch signifikant weniger Geflügelte als an anfälligen Linien [848]. Solche Pflanzen haben demzufolge eine geringere Bedeutung für die Virusausbreitung, vorausgesetzt, daß die Virusinfektion nicht die Wirkung der Resistenz beeinträchtigt.

Auf die Ausbreitung nichtpersistenter Viren hat eine Resistenz vom Antibiose-Typ, ähnlich wie eine Insektizidbehandlung, nur geringe Auswirkung; der größte Einfluß ist — wie bereits erwähnt — bei persistenten Viren zu erwarten. Sie kann jedoch in dem Maße eingeschränkt werden, wie sie mit der Vektorabundanz positiv korreliert ist. Weit verbreiteter Anbau einer mäßig resistenten Sorte einer Kulturpflanze, die der Hauptwirt eines Virusvektors ist, kann großräumig die Vektorpopulation signifikant reduzieren, und in gleichem Maße auch die Virusausbreitung [1720].

9.3. Toleranz und Virusausbreitung

So wertvoll die Toleranz einer Sorte sein kann, wenn sie den durch einen Parasiten verursachten Schaden vermindert, so verhängnisvoll kann ihr Anbau werden, wenn der Parasit gleichzeitig Virusvektor ist. Gestattet man in solchen Beständen die Entwicklung einer größeren Parasiten- (und gleichzeitig Vektor-)-population als an anfälligen Pflanzen, dann kann sich die Virusausbreitung in entsprechendem Ausmaß erhöhen und auch auf andere Kulturpflanzen ausdehnen, die für das Virus anfällig sind.

Als Beispiel sei die Rolle der Zuckerrübe für die Ausbreitung des Wassermelonenmosaik-Virus (watermelon mosaic virus) auf Zuckermelone in Kalifornien erwähnt. Dort verlassen große Populationen von *Myzus persicae* die Zuckerrübenbestände, nehmen das Virus aus verschiedenen Cucurbitaceen auf und übertragen es auf Zuckermelone, die von der Blattlaus nicht besiedelt wird [370, 372].

Der Einfluß von Eigenschaften der Resistenz wie Nichtpräferenz, Antibiose und Toleranz auf Virusübertragung und -ausbreitung ist — wie wir gesehen haben — ein komplexer, von mehreren Faktoren (insbesondere dem Übertragungsmodus) abhängender Vorgang. Kompliziert wird die Situation weiterhin dadurch, daß die Resistenz einer bestimmten Pflanze oder Sorte selten auf nur einem Resistenztyp, sondern meist auf einer spezifischen Kombination von Nichtpräferenz, Antibiose und Toleranz beruht, mit jeweils unterschiedlichem Einfluß der einzelnen Komponenten. Darüber hinaus ist die im Bestand zu beobachtende Virusinfektion das Ergebnis von primärer und sekundärer Virusausbreitung, die jeweils eine unterschiedliche Bedeutung haben können. Daher ist der Feststellung von Kennedy [845] zuzustimmen, daß es unmöglich ist, die Wirkung einer Vektorresistenz auf die Virusausbreitung ohne gründliche Kenntnis sowohl der Virus- und Vektorökologie als auch der Mechanismen der Vektorresistenz vorauszusagen, und daß jede Virus-Vektor-Resistenz-Kombination für sich zu betrachten und zu untersuchen ist.

9.4. Beispiele für die Resistenz gegen Vektoren pflanzenpathogener Viren, Mykoplasmen oder Spiroplasmen bzw. gegen die Übertragung dieser Pathogene

9.4.1. Nematoden

Von den pflanzenparasitären Nematoden können Vertreter aus nur wenigen Gattungen pflanzenpathogenen Viren als Vektoren dienen. Es sind vorrangig Angehörige der Familien Longidoridae (Gattungen *Xiphinema*, *Longidorus* u. a.) und Trichodoridae (Gattungen *Trichodorus*, *Paratrichodorus* u. a.), die zur Ordnung Dorylaimida gehören.

Es ist dabei zu berücksichtigen, daß die Wirtseignung einer Pflanze und ihre Resistenz gegen einen als Vektor in Betracht kommenden Nematoden in keiner direkten Beziehung zur Virusübertragung stehen muß. Beispielsweise vermag *Xiphinema americanum* das Tabakringflecken-Virus (tobacco ring spot virus) von der Gurke — einem Nichtwirt — aufzunehmen und auf Tabak — eine schlechte Wirtspflanze — zu übertragen [483]. *Longidorus elongatus* kann das Himbeerringflecken-Virus (raspberry ring spot virus) von *Rubus idaeus* — einem Nichtwirt — aufnehmen und auf *Stellaria media* — einen guten Wirt — übertragen, nicht aber auf *Lolium perenne*, welches ebenfalls ein guter Wirt ist [1735].

9.4.2. Zikaden

Einige Zikadenarten sind als Überträger pflanzenpathogener Viren schon seit fast 100 Jahren bekannt. Seit den Arbeiten von Doi et al. [385] weiß man, daß Zikaden auch Mykoplasmen (MLO) und *Rickettsia*-ähnlichen Organismen sowie Spiroplasmen (alle in die Klasse Mollicutes eingeordnet) als Vektoren dienen. Viren und MLO können gleichzeitig oder auch getrennt nach dem Modus persistenter Viren übertragen werden.

Am Beispiel der *Spiroplasma*-Krankheiten wollen wir die Stellen im Krankheitszyklus auflisten, an denen die Möglichkeit einer Blockierung mit der Folge einer Feldresistenz besteht [339]:

(1) Der potentielle Vektor saugt nicht an der kranken Pflanze.
(2) Der Vektor kann das Pathogen während des Saugaktes nicht aus der Pflanze aufnehmen.
(3) Das aufgenommene *Spiroplasma* kann im Vektor nicht überleben oder wachsen.
(4) Das *Spiroplasma* tötet den Vektor, ehe er infektiös wird.
(5) Das *Spiroplasma* kann nicht in die Speicheldrüse des Vektors eindringen.
(6) Die Zielpflanze wirkt repellent auf den Vektor.
(7) Der Vektor kann das *Spiroplasma* während des Saugaktes nicht in die Pflanze injizieren.
(8) Das *Spiroplasma* kann in der Pflanze nicht überleben oder wachsen.
(9) Das *Spiroplasma* kann in der Pflanze kein Toxin produzieren.
(10) Die Zellen der Zielpflanze sind resistent gegen das Toxin.

Im Prinzip ähnliche Verhältnisse dürften für alle persistenten zirkulierenden Viren und MLO zutreffen, wenn auch von Fall zu Fall der eine oder andere Punkt keine oder nur eine untergeordnete Rolle spielt.

Nach Injektion einer Population von *Euscelis plebejus* mit *Spiroplasma citri* war zwar bei allen untersuchten Tieren das Pathogen in den Speicheldrüsen nachzuweisen, aber nur 1—2% der Zikaden übertrugen den Erreger [1766]. Das läßt vermuten, daß der Zyklus teilweise blockiert und die Übertragungswirksamkeit des *Spiroplasma* zu gering war, um unter den üblichen Versuchsbedingungen überhaupt entdeckt zu werden.

Über Sortenresistenz gegen *Spiroplasma*-Krankheiten ist wenig bekannt. Alle geprüften *Citrus*-Arten und -Sorten konnten mit *Spiroplasma citri* infiziert werden. Bei einigen Maislinien ließ sich eine Resistenz gegen das corn stunt-*Spiroplasma* nachweisen, die durch additive Wirkung vieler Gene bestimmt wurde [1184].

Unter den Krankheiten, die durch MLO verursacht werden, ist zunächst die Asternvergilbung (aster yellows) zu erwähnen; sie ist weit verbreitet und kann bei verschiedenen Kulturpflanzen beträchtliche Schäden verursachen. Ihr wichtigster Vektor ist *Macrosteles fascifrons*. Unterschiede in der Anfälligkeit für diese Krankheit hat man bei der Sonnenblume [1530] und bei der Möhre [1531] festgestellt. Die Resistenz der Möhrensorten ‚Royal Chantenay' und ‚Scarlet Nantes' — der Attraktivität der Pflanzen für den Vektor und einer Krankheitsresistenz unter Feldbedingungen zugeschrieben — konnte durch gezielte Züchtung verbessert werden.

In der UdSSR (Usbekische SSR) hat man Maulbeerformen aus einer umfangreichen Kollektion von Sorten und Kreuzungsprodukten ausgelesen, die nach achtjähriger Kultivierung unter starkem Infektionsdruck nicht von der Maulbeerverzwergung (mulberry dwarf) befallen waren [1560]. Auch in der Georgischen SSR konnte Resistenz gegen diese von *Hishimonus sellatus* übertragene Mykoplasma-Krankheit unter den lokalen Formen ermittelt werden. Obwohl diese nur geringe Erträge bringen, hält man sie für nützliche Resistenzspender bei der Züchtung [1776]. Hoch resistent war die Sorte ‚Oshima' [817]; von 27 geprüften indischen Sorten blieben ‚Kokokuyaso', ‚Kokuso 70' und eine Form von *Morus laevigata* befallsfrei [1286].

Die Form der Resistenz gegen MLO läßt sich dann näher bestimmen, wenn die Infektion durch Pfropfung erfolgt; sie beruht in solchen Fällen auf Resistenz gegen das Pathogen. Als Beispiel kann nach Untersuchungen in Indien [1795] die Resistenz von *Lycopersicon peruvianum* und *L. glandulosum* sowie der *L. esculentum*-Sorten „Jagjit', ‚Siox', ‚Gamed', ‚Improved Meruti', ‚Kalyanpur T1' u. a. gegen die Tomatentriebverdickung (tomato big bud) dienen. — Nach Knospenpfropfung von *Citrus*-Sämlingen (jambhiri-Linien) erwiesen sich die Linien ‚Milam', ‚Miri', ‚South Africa I', ‚South Africa II' und ‚Volkama' als tolerant für die *Citrus*-Vergrünung (citrus greening) [261].

Eine gefährliche Mykoplasma-Krankheit, die in weiten Gebieten die Kokospalmenbestände vernichtete, ist die Tödliche Vergilbung (coconut lethal yellowing). In Jamaika prüfte man 29 lokale und eingeführte Sorten und 23 Hybriden unter natürlichen Infektionsbedingungen; danach schienen ‚Ceylon', ‚Indian Dwarf', ‚Malayan Dwarf' und ‚King Coconut' hoch resistent zu sein, während die Hybriden ein mittleres Resistenzniveau aufwiesen, das im allgemeinen mehr dem resistenten Elternteil angenähert war [131].

In verschiedenen Ländern hat man zahlreiche Zuckerrohrsorten auf Resistenz gegen die Weißblättrigkeit (sugarcane white leaf) getestet; die Krankheit wird durch *Matsumuratettix hiroglyphicus* übertragen. Außer *Saccharum barberi* und *S. sinense*, die hoch resistent gegen diese Mykoplasmose sind, erwiesen sich die Sorten ‚F 155', ‚F 159', ‚Cox', ‚60-1828' und ‚63-830' unter Gewächshaus- und Freilandbedingungen als resistent. Die Resistenz scheint negativ korreliert zu sein mit der Anzahl abgelegter Eier und überlebender Zikadenlarven [266, 972].

Die Reiszikade *Nilaparvata lugens* ist Vektor für eine Mykoplasma-Krankheit (rice grassy stunt) und für ein Virus (rice ragged stunt) und kann gleichzeitig als Beispiel dafür dienen, daß Vektorresistenz nicht mit Virus- bzw. MLO-Resistenz gekoppelt sein muß. Unter 10000 auf den Philippinen getesteten Reisformen konnte nur bei der Wildart *Oryza nivara* Resistenz gegen „grassy stunt" nachgewiesen werden, sie war aber anfällig für den Vektor. Die gegen den Vektor resistente Sorte ‚Mudgo' wiederum war anfällig für das MLO [1358], entgeht aber oft der Infektion im Freiland [1277]. In Indien erwies sich *Oryza minuta* als resistent gegen „grassy stunt" [566], und bei einem

Screeningtest blieben 19 Reissorten (u. a. ‚IR 20', ‚IR 26', ‚TKM 5', ‚TKM 6', ‚TKM 9') frei von Befall durch diese Mykoplasmose [1486]. — Sorten mit Resistenz gegen die vorherrschenden Biotypen von *N. lugens* (vgl. 7.2.) zeigten auch Feldresistenz gegen das „rice ragged stunt"-Virus [50]. In Indien waren die Reissorten ‚Ptb 18' und ‚IET 6288' resistent gegen die Viruskrankheit [565], bei ‚Pankaja', ‚OR 177-4', ‚ADT 31' und ‚IR 36' konnte man ebenfalls nach Anbau in den Jahren 1977 und 1978 keinen Befall feststellen [1133]. In China hatte von 47 geprüften Sorten ‚IR 36' mit nur 12,5% die geringste Infektionsrate [1915].

Eine weitere Reiskrankheit, die durch MLO verursacht wird, ist die Reis-Gelbverzwergung (rice yellow dwarf); Vektoren sind *Nephotettix*-Arten. Prüfungen von mehr als 3000 Formen in Taiwan wiesen bei einigen *indica*-Sorten einen hohen Grad an Resistenz gegen die Gelbverzwergung nach, insbesondere bei den Sorten ‚Firooz 9' (aus Iran) und ‚Kabara' (aus Sierra Leone) [284].

Weitere Beispiele für Unterschiede in der Anfälligkeit von Kulturpflanzen für MLO bzw. *Rickettsia*-ähnliche Organismen sind Erdbeere (strawberry green petal), Weinrebe (Pierce's disease), Paprika (big bud), Kartoffel (purple top wilt) und Birne (pear decline).

In den letzten 10 Jahren konnte die Züchtung auf Resistenz gegen Zikaden bei verschiedenen Kulturpflanzen beachtliche Fortschritte erzielen, aber nicht in jedem Fall war — wie bereits angedeutet — mit der Resistenz gegen den Direktschädling auch eine Resistenz gegen ihn in seiner Eigenschaft als Vektor oder gegen das von ihm übertragene Virus verbunden; dafür wollen wir einige Beispiele anführen.

In Indien, Bangladesch, Thailand, Indonesien, Malaysia und auf den Philippinen verursacht das Reis-tungro-Virus (rice tungro virus) an anfälligen Reissorten Verluste bis zu 60%. Es gehört zu den wenigen Viren, die durch Zikaden auf semipersistente Weise übertragen werden. Der Vektor *Nephotettix virescens* schädigt die Reispflanze selten direkt durch seine Saugtätigkeit, die Hauptbedeutung gewinnt er durch die Virusübertragung. Pathak et al. [1278] fanden zwei Reissorten (‚Pankhari 203', ‚IR 8'), die hoch resistent gegen den Vektor waren. Die Resistenz beruhte auf Antibiose in Verbindung mit Nichtpräferenz. Wie bereits unter 9.1. erwähnt, scheint die Nichtpräferenz die Ursache für die Feldresistenz dieser Sorten gegen das Virus zu sein. So findet man bei Sorten, die für den Vektor anfällig sind, viermal mehr Virusinfektionen als bei der Sorte ‚IR 8', die zwar für das Virus anfällig, aber hoch resistent gegen den Vektor ist [1277]. — In Indien selektierte man aus etwa 5000 Reisformen solche mit Resistenz gegen Viruserkrankungen. Sie brachten nur einen geringen Ertrag und verfügten über ungenügende Lagerungsqualitäten. Man setzte sie in einem internationalen Zuchtprogramm ein, um die Resistenzgene auf Hochertragssorten zu übertragen [42, 43]. So entstand u. a. die Sorte ‚IR 56', die gute Ertragsleistungen mit Resistenz gegen alle wichtigen Schädlinge und Krankheiten, auch mit hoher Resistenz gegen das Reis-tungro-Virus, verbindet [58]. Von 91 im Handel befindlichen Hochertragssorten waren bei einer Feldprüfung 8 resistent, 27 hatten einen mittleren Resistenzgrad [45]. Einige Hochertragssorten wie ‚IR 20', ‚IR 30', ‚Pusa 2-21', ‚Ratna', ‚Annapurna' und ‚Pankaj' erwiesen sich als tolerant, sie waren außerdem auch schlechte Virusinokulum-Quellen [44]. Die Sorte ‚Pusa 2-21' besitzt nur eine mäßige Resistenz gegen das Virus. Nach Bestrahlung mit 5—20 Krad traten bei 2,7% von 1470 Sämlingen der dritten Nachkommenschaftsgeneration keine Virussymptome mehr auf; der erste Nachweis dafür, daß durch Bestrahlung der Resistenzgrad im Vergleich zu den Eltern erhöht werden konnte [1086]. — Untersuchungen von Singh und Nanda [1614] ergaben, daß die Resistenz gegen das Reis-tungro-Virus von 2 oder 3 dominanten Genen kontrolliert wird, die Resistenz gegen den Vektor durch ein von diesen unabhängiges dominantes Gen. In Gewächshausversuchen auf den Philippinen mit 7 Reissorten mit verschiedenen Resistenzgenen stellten Heinrichs und Rapusas [684] fest, daß die Resistenz gegen den Vektor eng verbunden war mit dem Grad der Virusinfektion (auch im Freiland), wobei sich besonders enge Beziehungen zur Sämlingspräferenz ergaben. — Ebenfalls auf den Philippinen durchgeführte Untersuchungen erbrach-

ten den Nachweis einer Abhängigkeit der Resistenz gegen das Reis-tungro-Virus von der Anzahl der Vektoren. Die resistenten Sorten ‚IR 36' und ‚IR 42' wurden anfällig, wenn die Zahl der angesetzten Vektoren/Pflanze von 1 auf 5 erhöht wurde; bei den Sorten ‚IR 50', ‚IR 54' und ‚IR 56' verminderte sich der Resistenzgrad [1761]. — Schließlich sei auch noch der Einfluß von Stickstoffdüngung auf das System Pflanze — Vektor — Virus erwähnt. Aus 2 resistenten Reissorten und 2 Sorten mit einem mittleren Resistenzgrad nahm *Nephotettix virescens* bei niedriger Stickstoffgabe (30 kg N/ha) mehr Virus auf als bei hoher Stickstoffdüngung (150 kg N/ha) [1373].

9.4.3. Blattläuse

9.4.3.1. Resistenz gegen Blattläuse als Vektoren

Wie eingangs dieses Kapitels bereits erwähnt, hängt es von der jeweiligen Blattlaus-Wirt-Kombination ab, ob sich die Resistenz von Kulturpflanzen gegen einen Virusvektor nur gegen die Vektoreigenschaft der Art richtet oder auch die Direktschädigung durch dessen Saugaktivität mit einbezieht. Als Beispiel hatten wir die Blattläuse an *Beta*-Rüben erwähnt. Die folgenden Ausführungen beziehen sich auf Fälle, bei denen die Vektorresistenz im Vordergrund steht.

Kartoffelsorten, die gegen *Myzus persicae* resistent sind, schränken die Ausbreitung des persistenten Kartoffelblattroll-Virus (potato leafroll virus) ein, zumal andere Kartoffelblattläuse dieses Virus nur in geringem Maße oder gar nicht zu übertragen vermögen. Untersuchungen zu Beginn der 50er Jahre zeigten bereits, daß einige der damaligen Sorten, wie z. B. ‚Ackersegen' und ‚Oberarnbacher', nur schwach von *M. persicae* besiedelt wurden [67, 672]. Verschiedene Wildarten der Gattung *Solanum* (darunter *S. bulbocastanum*, *S. michoacanum* und *S. stenophyllidium*) sind gegen *M. persicae* resistent [1363]. Die Einkreuzung dieser Resistenzen in Kartoffelsorten könnte einen Fortschritt bei der indirekten Bekämpfung des Kartoffelblattroll-Virus bringen. Auch unter Klonen einer Art ließen sich Unterschiede sowohl in der Eignung als Wirtspflanze für *M. persicae* als auch in der Anfälligkeit für das Virus auffinden [1045].

Weitaus problematischer ist die Einschränkung der Übertragung des Kartoffel-Y-Virus (potato virus Y) und anderer nichtpersistenter Viren der Kartoffel auf dem Wege der Vektorresistenz, zumal diese Viren eine größere Anzahl effektiver Vektorarten haben. Eine Möglichkeit besteht in der Nutzbarmachung von *Solanum-Formen*, die bestimmte Drüsenhaare ausbilden (vgl. 6.2.2.3.), wie z. B. die Wildkartoffelarten *Solanum polyadenium* und *S. berthaultii* [569]. Auf ihnen verkleben Beine und Mundteile der Blattläuse, die Pflanze kann nicht verlassen werden, und so unterbleibt ebenfalls eine Weiterverbreitung von Viren. Außerdem ist auf *Solanum*-Formen mit Drüsenhaaren die Anzahl der Probesaugstiche der Blattläuse vermindert, was sich auf die Übertragung nichtpersistenter Viren auswirkt.

M. persicae übertrug von *S. berthaultii*-Pflanzen, die mit dem Kartoffel-Y-Virus infiziert waren, das Virus nur auf 16 von 96 Tabak-Testpflanzen, bei Verwendung der Sorte ‚Arran Banner' als Virusquelle jedoch auf 62 bzw. 64 Testpflanzen. Demnach könnte die Züchtung von Kartoffelsorten mit Drüsenhaaren zu einer Minderung der Übertragung von Kartoffelviren durch Aphiden führen [629].

Die Klebdrüsenhaare (Typ B) von *S. berthaultii* enthalten das auf geflügelte Aphiden abschreckend wirkende Alarmpheromon (E)-β-Farnesen (vgl. 6.2.2.3.). Wenn es gelingt, den Faktor, der die Produktion des Pheromons bewirkt, in Kultursorten einzukreuzen, könnten dadurch der Anteil der auf den Pflanzen landenden Blattläuse stark vermindert und damit auch die Virusausbreitung eingeschränkt werden [572, 573].

Für die persistenten Vergilbungsviren der *Beta*-Rübe, das Milde und das Westliche Rübenvergilbungs-Virus (beet mild yellowing virus, beet western yellows virus), ist *Myzus persicae* der mit Abstand effektivste Vektor. An der Übertragung des semipersistenten Nekrotischen Rübenvergilbungs-Virus (beet yellows virus) hat neben *M. persicae Aphis fabae* entscheidenden Anteil. Zuckerrübensorten, die gegen *M. persicae* oder gegen beide genannte Arten resistent sind, könnten die Ausbreitung der Rübenvergilbung eindämmen helfen. Eine Resistenz gegen *A. fabae* würde außerdem den direkten Saugschaden vermindern. Graduelle Unterschiede im Befall mit *M. persicae* und *A. fabae* zwischen verschiedenen Zuckerrübenstämmen wurden in Großbritannien beobachtet [1467]. Da *M. persicae* die Zuckerrübe ohnehin nur schwach besiedelt, könnte schon ein mittlerer Resistenzgrad gegen diese Aphidenart beträchtliche Auswirkungen auf die Populationsstärke und auf die Virusausbreitung haben. Tatsächlich zeigten Feldversuche in Großbritannien, daß sich auf gegen *M. persicae* resistenten Zuckerrübenstämmen die viröse Vergilbung in geringerem Maße ausbreitete als auf anfälligen; Anfang September waren nur 8,8% der resistenten, aber 33,5% der anfälligen Pflanzen infiziert [1008].

Für das persistente Gerstengelbverzwergungs-Virus (barley yellow dwarf virus) ist *Rhopalosiphum padi* einer der Hauptvektoren. Untersuchungen in Kanada ergaben, daß von 474 geprüften Gerstenformen 127 eine gewisse Blattlausresistenz aufwiesen, die bei 43 von ihnen auf Antibiose wie auch auf Toleranz beruhte. Unter den blattlausresistenten Sorten zeichneten sich 2 durch extreme und 5 weitere durch Teilresistenz gegen das Virus aus, so daß hier möglicherweise eine Wechselbeziehung zwischen Vektor- und Virusresistenz besteht [740, 741].

Versuche mit *Acyrthosiphon pisum* und 2 Rotkleesorten in den USA zeigten, daß infolge der auf Nichtpräferenz und Antibiose beruhenden Vektorresistenz die Sorte ‚Dollard' viel weniger vom Rotkleeadernmosaik-Virus (red clover vein mosaic virus) und Erbsenmosaik-Virus (pea mosaic virus) befallen war als die Vergleichssorte ‚Wegener' [1868].

Bei Kopfsalat ließ sich eine auf Nichtpräferenz beruhende Vektorresistenz nachweisen. Auf der braunblättrigen Sorte ‚Indianerperle' landeten nur halb so viele Blattläuse (von *Myzus persicae* sogar nur ein Drittel bis ein Fünftel) wie auf den grünen Sorten ‚Ramses' und ‚Rhenania' oder der gelblichgrünen Sorte ‚Rudolfs Liebling'. Dementsprechend waren die braunen Salatpflanzen weniger stark vom Salatmosaik-Virus (lettuce mosaic virus) befallen als die grünen und gelblichgrünen [1156].

Das Scharka-Virus der Pflaume (plum pox virus) wird auf nichtpersistentem Wege von mehreren Aphidenarten übertragen. In Frankreich ist man bestrebt, die Ausbreitung dieses Virus in Pfirsichplantagen mit Hilfe blattlausresistenter Pfirsichformen einzuschränken. 2 Pfirsichsorten, der Klon ‚2605' und Sämlinge des Klons ‚S 2678' erwiesen sich als hoch resistent gegen die Scharkavektoren *Myzus persicae* und *M. varians*. Die Resistenz ist mit Nekrosen der von den Blattläusen angestochenen Gewebepartien gekoppelt [1084]. Während bei der Übertragung des Virus durch *M. persicae* nur ein geringer Anteil der Sämlinge von ‚S 2678' Symptome zeigte, war nach Übertragung durch *Brachycaudus helichrysi*, gegen die keine Resistenz vorlag, ein hoher Anteil symptomtragender Pflanzen dieses Klons zu verzeichnen [1051].

Dieses Beispiel zeigt, daß bei Viren mit mehreren Hauptvektoren, wie es für nichtpersistente Viren typisch ist, mit der Resistenz gegen nur eine bestimmte Vektorart bestenfalls ein Teilerfolg hinsichtlich der Viruseindämmung erreicht werden kann.

Ein ähnliches Beispiel dafür, daß die Blattlausresistenz einer Kulturpflanzensorte artspezifisch sein kann, ist die Himbeere mit ihren Aphidenarten. Hier ist man intensiv bemüht, Sorten mit Resistenz gegen die Blattläuse als Virusvektoren zu schaffen; der direkte Saugschaden durch die Himbeerblattläuse ist relativ gering. Die nichtpersistenten Fleckenmosaik-Viren der Himbeere (raspberry leaf spot virus, raspberry leaf mottle virus, black raspberry necrosis virus u. a.) werden vornehmlich von *Amphorophora*-Arten übertragen; der Hauptvektor für persistente bzw. semipersistente Himbeerviren (raspberry vein chlorosis virus, raspberry leaf curl virus) ist *Aphis idaei*. Bisher richtete sich die Vektorresistenzzüchtung in Europa gegen *Amphorophora idaei* und teilweise gegen *Aphis idaei*, in Nordamerika gegen

Amphorophora agathonica und *Aphis rubicola*. Die Hauptquelle der Resistenz gegen *A. agathonica* ist ‚Lloyd George', aus welcher verschiedene andere Sorten (‚Canby', ‚Citadel' u. a.) entwickelt wurden. Eine Quelle der Resistenz gegen *A. rubicola* ist die Sorte ‚Willamette'. Dagegen ist die Sorte ‚NY 632' gegen beide Arten resistent; die Resistenz gegen *A. rubicola* beruht bei ihr auf Antibiose [193].

In Großbritannien wurden als erste Quellen für die Züchtung auf Resistenz gegen *Amphorophora idaei* die Sorten ‚Baumforth A', ‚Malling Landmark' und die amerikanische Sorte ‚Chief' benutzt [839]. Im Verlauf der Züchtungsarbeit konnten mindestens 12 Resistenzgene bestimmt werden, von denen die meisten nicht gegen alle Rassen von *Amphorophora idaei* wirksam sind (vgl. 7.2.). In den frühen 70er Jahren standen den Praktikern in Großbritannien als blattlausresistente Himbeersorten ‚Malling Orion', ‚Malling Delight' und ‚Malling Leo' zur Verfügung [1166]. Die Auswirkungen dieser Sorten auf die Einschränkung der Virusausbreitung waren sehr deutlich. Während eines Zeitraumes von 3 Jahren wurden von der Sorte ‚Malling Delight' in einer Anlage nur 3 von 4000 Pflanzen infiziert, in einer anderen nur 37 von 8000 Pflanzen [801]. Unter den Bedingungen Schottlands bleiben Neuanpflanzungen blattlausresistenter Sorten bis zu 4 Jahren weitgehend virusfrei. Sogar mit Sorten wie ‚Norfolk Giant' und ‚Glen Clova', die nur eine relativ schwache Vektorresistenz aufweisen, läßt sich die Virusausbreitung im Bestand verzögern [798, 799]. Es ist aber zu beachten, daß sich die Resistenz gegen *Amphorophora idaei* nicht gleichzeitig auch auf *Aphis idaei* erstreckt. — In der BRD sind 3 neue großfrüchtige Himbeersorten (‚Rucami', ‚Rumilo', ‚Rutrago') gezüchtet worden, die Vektorresistenz gegen *Amphorophora idaei* aufweisen [119]. — In der Sowjetunion führte starker Virusbefall zusammen mit der durch MLO verursachten, zikadenübertragbaren Himbeerverzwergung bzw. -stauche (*Rubus* stunt) zu Ertragsausfällen bis zu 75%. Wie umfangreiche Testversuche ergaben, war die Feldresistenz der meisten Himbeersorten gegen Viren bzw. MLO mit Resistenz gegen die Vektoren verbunden. Die Sorte ‚Marlborough' erwies sich als resistent gegen die Blattlausvektoren und die durch sie übertragenen Viren wie auch gegen *Macropsis fuscula*, den Überträger der Himbeerverzwergung. Feldresistenz gegen die blattlausübertragbaren Mosaik-Viren wie auch die zikadenübertragbare Verzwergung stellte man weiterhin bei den Himbeersorten ‚Phönix', ‚Malling Promise' und ‚Malling Exploit' fest. Die Sorte ‚Latham' dagegen besaß zwar Feldresistenz gegen die Verzwergung, war aber für die Mosaik-Viren stark anfällig [41].

Für semipersistente Erdbeerviren (strawberry mottle virus u. a.) ist *Pentatrichopus fragaefolii* der effektivste Vektor. Untersuchungen im Nordwesten der USA ergaben, daß die Klone ‚Del Norte' und ‚Yaquina' von *Fragaria chiloensis* gegen *P. fragaefolii* und *P. thomasi* hoch resistent sind. Es ist inzwischen gelungen, die Resistenz des ‚Del Norte'-Klones in Sorten der Gartenerdbeere einzukreuzen [114, 1563].

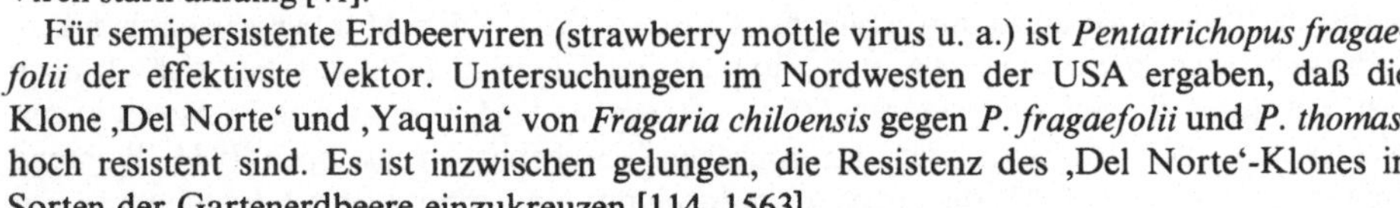

9.4.3.2. Resistenz gegen Virusübertragung durch Blattläuse

Über Unterschiede in der Virusübertragungsrate in Abhängigkeit von der Virusquellenpflanze liegen bereits aus den 50er Jahren Berichte vor; sie beziehen sich u. a. auf das Gurkenmosaik-Virus (cucumber mosaic virus) [1606, 1607]. Auf Grund von Erfahrungen mit der Blattlausübertragung von Stämmen des Kartoffel-Y-Virus (potato virus Y) auf Paprikasorten machte Simons [1608] auf die Möglichkeit aufmerksam, bestimmte Eigenschaften der Pflanzen, die das Verhalten der Blattläuse beeinflussen, bei der Züchtung zu berücksichtigen, um so die Pflanzen weniger anfällig für eine Virusübertragung zu machen.

Mit Hilfe eines elektronischen Meß- und Registrierverfahrens untersuchte man das Saugverhalten von *Myzus persicae* an Pflanzen von Zuckerrübenpopulationen mit Resistenz (‚USH 9B') gegen das bzw. mit Anfälligkeit (‚USH 6') für das semipersistente Nekrotische Rübenvergilbungs-Virus (beet yellows virus). Als Vergleich diente Chinakohl, der zu den

Hauptwirtspflanzen von *M. persicae* gehört. Häufigkeit und Dauer des Probesaugens nahmen von Chinakohl über ‚USH 6' nach ‚USH 9B' hin ab. Unterschiede ergaben sich ebenso in der relativen Dauer der einzelnen Abschnitte des Probesaugens, wie z. B. des Saugens am Phloem. Den Anteil des Phloemsaugens an der Gesamtbeobachtungszeit bezeichnete man als „relativen Resistenzindex". Dieser sank in der oben angeführten Reihenfolge von 65,6 über 39,9 auf 13,8%. Das unterschiedliche Saugverhalten spiegelte sich in der Virusübertragungsrate wider. Bei der anfälligen Population ‚USH 6' betrug die Übertragungsrate 85%, bei der resistenten Population ‚USH 9B' dagegen nur 20%. Mit Hilfe des relativen Resistenzindex können auch resistente Einzelpflanzen selektiert und zur Verbesserung des Hybridmaterials herangezogen werden [648].

In Laborversuchen wurde das Verhalten von *Aphis fabae* auf isolierten Blättern von 6 *Vicia faba*-Sorten registriert. Dabei traten Sortenunterschiede bei folgenden Verhaltensmerkmalen auf: Anteil einstechender Tiere und Anzahl der Einstiche innerhalb einer bestimmten Beobachtungszeit sowie Aufenthaltsdauer auf den Blättern. Zwar richtet sich bei der Ackerbohne die Resistenz gegen *A. fabae* im wesentlichen gegen den Direktschädling, wenn man jedoch annimmt, daß eine Verringerung der Werte für die genannten Merkmale sich negativ auf die Virusausbreitung auswirkt, dann ist den Sorten ‚Mutante 3945' und ‚Fribo' eine bessere Vektorresistenz zuzuschreiben als den Sorten ‚Rastatter' und ‚Erfordia'. Die blattlausresistente Sorte ‚Rastatter' wäre also unter diesem Gesichtspunkt als weniger günstig einzuordnen als die blattlausanfällige Sorte ‚Fribo' [555].

Untersuchungen in Frankreich ergaben, daß die Resistenz der *Cucumis melo*-Zuchtlinie ‚PI 161375' gegen die Blattlausübertragung des Gurkenmosaik-Virus (cucumber mosaic virus) nicht virusstammspezifisch, sondern vektorartspezifisch ist. Während gegen die Übertragung durch *Aphis frangulae gossypii* eine nahezu vollständige Resistenz vorliegt, können *Aphis spiraecola*, *A. craccivora*, *A. fabae* und *Myzus persicae* das Virus in Pflanzen der genannten Melonenzuchtlinie mit Erfolg inokulieren. Wenn *A. frangulae gossypii* als Vektor fungiert, erweist sich diese Zuchtlinie auch gegenüber der Übertragung der Wassermelonenmosaik-Viren (watermelon mosaic viruses 1 und 2) als resistent [970, 971]. Inzwischen konnte in Versuchen mit *Cucumis melo*-Formen auch Resistenz gegen die Übertragung des Melonengelbstauche-Virus (muskmelon yellow stunt virus) durch *A. frangulae gossypii* nachgewiesen werden [1410].

9.4.3.3. Kombination von Vektor- und Virusresistenz

Der Erfolg hinsichtlich einer Viruseindämmung wird — insbesondere bei nichtpersistenten Viren — wesentlich erhöht, wenn in der betreffenden Pflanze Vektor- und Virusresistenz kombiniert sind. In der Vergangenheit ergaben sich solche Kombinationen meist mehr zufällig. Jetzt wird jedoch in zunehmendem Maße die Züchtung komplex-resistenter Formen zielgerichtet und systematisch betrieben. Wir wollen im folgenden einige Beispiele für Sorten und Zuchtlinien mit kombinierter Blattlaus- und Virusresistenz anführen.

In Großbritannien kam 1965 erstmals die Zuckerrübensorte ‚Maris Vanguard' auf den Markt, die Resistenz gegen Infektion mit Vergilbungsviren aufweist, hochgradig virustolerant ist und auch eine gewisse Resistenz gegen *Myzus persicae* besitzt. Die Linie ‚VT 95', die in der Züchtung monogermer Rübensorten eine Rolle spielt, verfügt ebenfalls über Resistenz gegen Aphiden und Vergilbungsviren [1469].

In Neuseeland erzielte man bereits in den 50er Jahren bei verschiedenen *Brassica*-Arten, insbesondere bei *B. napus* und *B. rapa*, wesentliche Erfolge bei der Züchtung auf Resistenz gegen *Brevicoryne brassicae* als Direktschädling. Einige gegen *B. brassicae* resistente Kohlrübensorten weisen auch Resistenz unterschiedlicher Stärke gegen das Wasserrübenmosaik-Virus (turnip mosaic virus) und das Blumenkohlmosaik-Virus (cauliflower mosaic virus) auf; für beide ist *B. brassicae* ein Hauptvektor [949].

In Nigeria ergab die Prüfung von Sorten und Zuchtstämmen der Kundebohne, daß die Zuchtlinie ‚TV u 1948' kombinierte Resistenz gegen das aphidenübertragbare Kundebohnenmosaik-Virus (cowpea aphidborne mosaic virus) und seinen Vektor, *Aphis craccivora*, aufweist [942].

10. Züchtung auf Resistenz gegen tierische Schaderreger

10.1. Genetische Grundlagen und Methoden

Zu den wesentlichsten Zielen der Pflanzenzüchtung gehören nicht nur die Erhöhung des Ertrages und die Verbesserung von Qualität und technologisch bedeutsamen Eigenschaften, sondern auch die Züchtung auf Widerstandsfähigkeit gegen die verschiedensten Schadfaktoren, die die genannten Merkmale negativ zu beeinflussen vermögen (Resistenzzüchtung). Dabei konzentriert sich nach Kleinhempel und Spaar [891] die gemeinsame Arbeit von Phytopathologen und Pflanzenzüchtern auf folgende, sich international abzeichnende Schwerpunkte:

- das gezielte Erschließen von Resistenzquellen,
- die Bemühungen um stabile Formen der Resistenz der Kulturpflanzen,
- das Zuchtziel „komplexe" oder „Mehrfach"-Resistenz,
- grundlegende Arbeiten zur Resistenzinduktion.

Das gilt für Viren, Bakterien und Pilze wie auch für tierische Schaderreger. Dabei kann man davon ausgehen, daß die der Züchtung auf Resistenz gegen tierische Schädlinge zugrunde liegenden Prinzipien und Methoden im wesentlichen die gleichen sind wie bei der Züchtung auf Resistenz gegen Krankheitserreger [1511, 1605].

Die Resistenzzüchtung setzt voraus, daß innerhalb einer Kulturpflanzenart bzw. innerhalb einer Gruppe verwandter Pflanzenarten Erbanlagen (Resistenzgene) vorkommen, welche den betreffenden Individuen Widerstandsfähigkeit bzw. geringere Anfälligkeit verleihen. Nach den bisher gesammelten Erfahrungen kann mit hoher Wahrscheinlichkeit angenommen werden, daß geeignete Genotypen für die Züchtung auf Resistenz gegen jeden Erreger- bzw. Schädlingstyp gefunden werden können [1511]; von ihnen ausgehend ist die Entwicklung widerstandsfähiger Kulturpflanzensorten möglich. Zu den dabei angewendeten Methoden gehören vor allem die Auslesezüchtung, die Kreuzungs-Kombinationszüchtung innerhalb der Art, die Art- und Gattungskreuzung, die Heterosis- oder Hybridzüchtung, die Mutationszüchtung, die Autopolyploidie- sowie die Substitutionszüchtung (s. u.).

Das Ziel der Resistenzzüchtung ist die Erhöhung der Widerstandsfähigkeit der Pflanzen gegen Schaderreger durch Verbesserung der genetischen Grundlagen der Resistenz. Dies geschieht in der Regel durch Selektion des Resistenzmerkmals bei bereits vorhandenen Kulturformen oder durch gezielte Einkreuzung dieses Merkmals aus Wildformen oder anderen, meist nahe verwandten resistenten Arten. Am häufigsten finden sich Resistenzträger unter den Kulturformen noch in alten Landsorten aus dem Ursprungsgebiet der Pflanzenart oder in den Verbreitungszentren der Schaderreger. In solchen Gebieten ist als Folge der Koevolution von Wirt und Parasit die Entwicklung von Resistenzgenen mit einer großen Wahrscheinlichkeit zu erwarten.

Nach dem Auffinden derartiger Resistenzträger folgt als nächster Schritt die Einkreuzung des Resistenzmerkmals in Kulturpflanzensorten mit den gewünschten Ertrags- und Qualitätseigenschaften. Allerdings bereitet sie oft erhebliche Schwierigkeiten und führt erst nach vielen Arbeitsschritten zum Ziel, da häufig bei den Wildformen eine Kopplung des Resistenzfaktors mit anderen, unerwünschten Eigenschaften vorliegt, die gebrochen werden muß. Außerdem besitzen die Wildarten nicht selten andere Chromosomensätze, so daß erst eine

Polyploidisierung der Wildart oder der Kulturform erfolgen muß, bevor eine Kreuzung möglich ist. Die Einlagerung der Resistenz vollzieht sich im allgemeinen in drei Etappen:
- Überwindung der Kreuzbarkeitsbarrieren,
- Wiedergewinnung der Fertilität,
- Erreichen der genetischen Stabilität.

Sollen die Kreuzbarkeitsbarrieren auf dem Wege der Polyploidisierung überwunden werden, ist zu beachten, daß bei einer Autopolyploidie (= Vervielfachung des eigenen Chromosomensatzes) nicht selten Fertilitätsstörungen festzustellen sind. Diese werden bei einer Allopolyploidie (= Vervielfachung des Chromosomensatzes durch Bastardierung) in der Regel nicht beobachtet.

Bei der Übertragung von Resistenzgenen sind auf zytologischer Ebene verschiedene Mechanismen möglich. Die wichtigsten sind folgende:
- Durch **Addition** einzelner Chromosomen oder eines Chromosomenpaares zum vorhandenen Chromosomenbestand wird die gewünschte Resistenz erreicht. Es liegen dann Aneuploidie-Verhältnisse vor, d. h. unausgeglichene Chromosomenverhältnisse. Statt zweier gleichartiger Chromosomen im normalen diploiden Satz sind jetzt $2n + 1$ (= trisomisch) oder $2n + 2$ (= tetrasomisch) vorhanden.
- Durch **Substitution** wird ein Chromosomenpaar durch ein anderes mit Resistenzeigenschaften ersetzt.
- Durch **Translokation** kommt es zum Austausch von Chromosomenteilen, z. B. durch ein entsprechendes Teil aus einer Wildart, oder zur Segmentumlagerung am gleichen Chromosom.
- Durch **Polyploidisierung** kann sich die Zahl der Chromosomen erhöhen, z. B. verdoppeln (= tetraploid). Wenn ein haploider Gamet sich mit einer infolge Teilungshemmung diploid gewordenen Geschlechtszelle vereinigt, entsteht ein triploider Typ. Das gleiche kann geschehen, wenn tetraploide und diploide Formen kombiniert werden.

Nicht selten geht eine Resistenz, wenn sie durch Chromosomenaddition erreicht wurde, bei den nachfolgenden Rückkreuzungen mit dem Ertragselter wieder verloren, da diesem zusätzlichen Chromosom bei einer Kreuzung das Partnerchromosom fehlt und es demzufolge eliminiert wird.

Bei der Kreuzung kann der Resistenzträger sowohl als Mutter (Eizelle) als auch als Vater (Pollen) dienen, wobei reziproke Kreuzungen zeigen müssen, auf welchem Wege die besten Ergebnisse, d. h. die höchsten Raten resistenter Nachkommen in der F_1-Generation, erhalten werden. Im allgemeinen wird der Resistenzträger als Vater und der Ertragselter als Mutter verwendet. Es gibt jedoch auch umgekehrte Beispiele.

So konnte Savitsky [1498] in ihren Arbeiten zur Einkreuzung der *Heterodera schachtii*-Resistenz von der Wildrübe *Beta procumbens* in diploide Zuckerrüben-Hybriden zeigen, daß die Resistenz durch weibliche Gameten zu 24% und durch männliche zu 12% übertragen wird. Bei der Befruchtung von resistenten Eizellen durch anfällige männliche Gameten ergab sich eine Resistenz-Übertragungsrate von 17—18%. Ähnliche Ergebnisse erreichte auch Yu [1906] bei der Resistenzübertragung in triploide Zuckerrüben. Bei Verwendung einer resistenten Eizelle betrug die Übertragungsrate 24,8%; wurde resistenter Pollen im reziproken Verfahren eingesetzt, betrug die Übertragungsrate nur 5,1%.

Nach der Kreuzung von anfälligen und resistenten Eltern müssen die Nachkommen (F_1-Generation) einer Selektion unterworfen werden. Die homozygot resistenten F_1-Nachkommen werden mit dem anfälligen Ertragselter rückgekreuzt (Rückkreuzungszüchtung). Dies wird solange fortgesetzt, bis die gewünschten Parameter im Kreuzungsprodukt vorhanden sind (Konvergenzzüchtung). Gelegentlich bietet bei Fremdbefruchtern die fortgesetzte Geschwisterpaarung, d. h. die Kreuzung von Geschwistern der F_1-Generation, ohne die Prüfung auf Homozygotie abzuwarten, eine Möglichkeit, relativ schnell zu homozygoten Familien zu kommen.

Da bei jeder Kreuzung verschiedener Genotypen ein Teil der Nachkommen heterozygot ist, muß zum Abschluß der Rückkreuzungsserie — evtl. auch nach jeder Rückkreuzung —

eine Selbstung durchgeführt werden, um die homozygot resistenten Pflanzen herauszuspalten und eine größere genetische Stabilität zu erreichen.

Der Aufwand und die Methoden sind naturgemäß unterschiedlich, je nachdem, ob es sich um die Einkreuzung einer monogen oder polygen bedingten Resistenz, um dominant oder rezessiv vererbende Merkmale, um Fremd- oder Selbstbefruchter und um getrenntgeschlechtliche oder zwitterblütige Pflanzen handelt. Als Beispiel für die Vielfalt der genetischen Beziehungen sei die Vererbung der Blattlausresistenz angeführt (Tab. 29).

Tabelle 29
Vererbung der Resistenz gegen Blattläuse. Nach Gibson und Plumb [574] und Russell [1469].

Aphidenart	Pflanze	Vererbung	Gen(e)
Schizaphis graminum	Weizen ‚Dickinson Sel 28 A'	monogen	rezessiv + Modifikatoren
S. graminum	Gerste	oligogen	2 dominant
S. graminum	Roggen	monogen	dominant
Rhopalosiphum maidis	Mais	polygen	dominant, additiv
Aphis fabae	Zuckerrübe	polygen	?
Acyrthosiphon pisum	Luzerne	oligogen	1 dominant, 1 rezessiv
Therioaphis trifolii maculata	Luzerne ‚Lahontan'	polygen	?
T. trifolii maculata	Luzerne ‚Hayden'	oligogen	?
Amphorophora idaei	Himbeere ‚Baumforth A'	monogen	dominant
A. idaei	Himbeere ‚Chief'	oligogen	3 dominant
Dysaphis plantaginea	Apfel	monogen	dominant
Eriosoma lanigerum	Apfel	monogen	dominant
Pemphigus bursarius	Salat	zytoplasmatisch	

Eine Einkreuzung gelingt um so leichter, je weniger Resistenzgene übertragen werden sollen und je mehr sich die Partner in ihren Chromosomensätzen gleichen. Daher gab es auch kaum Probleme bei der Einkreuzung der Resistenz von *Solanum andigenum* gegen den Pathotyp Ro 1 von *Globodera rostochiensis* in *S. tuberosum*, da sich die Resistenz monofaktoriell dominant vererbt und beide Arten den gleichen tetraploiden Chromosomensatz aufweisen. Wesentlich schwieriger ist die Nutzung der polygen bedingten Resistenz von *S. vernei*. Hier sind komplizierte Züchtungsverfahren erforderlich, um sie erfolgreich in das Genom der Kulturkartoffel einbauen zu können [981] (vgl. 10.2.4.).

Auf die Rückkreuzungsphase folgt in der Regel die Kombinationszüchtung, d. h. die Kombination dominant vererbender resistenter Klone mit weiteren wertvollen Eigenschaften der Kultursorten.

Neben der klassischen Rückkreuzungs- und Kombinationszüchtung müssen gelegentlich spezielle Zuchtverfahren verwendet werden, um die Resistenz trotz vorhandener Schwierigkeiten, vor allem auf genetischer Basis, in die Kulturform zu überführen. Einige dieser Verfahren, welche für die Züchtung von Kulturpflanzensorten mit Resistenz gegen tierische Schaderreger Bedeutung besitzen, sollen kurz vorgestellt werden.

Parthenogenetische Erzeugung Dihaploider

Dihaploide Formen besitzen die Hälfte des Chromosomensatzes der tetraploiden Ausgangsform. Sie werden z. B. bei Kartoffeln durch Kreuzung tetraploider Klone von *Solanum tuberosum* mit der diploiden *S. phureja* erzeugt. Durch gezielte Selektion der Dihaploiden und ihre Rückführung auf die tetraploide Stufe wird eine erhöhte Homozygotie der betreffenden Merkmale, z. B. der Resistenz gegen Schaderreger, erwartet. Dieser Weg wurde beispielsweise beschritten, um die Resistenz von *S. vernei* gegen Nematoden zu verbessern. Dihaploide besitzen meist eine höhere Variabilität der Resistenz, die höhere Resistenzgrade bringen kann, als die Elternklone sie besitzen. Dies würde allerdings bedeuten, daß die Resistenz nicht nur von der Anzahl der beteiligten Gene abhängig ist. Bei der

meiotischen und mitotischen Rückführung resistenter Dihaploider auf die tetraploide Stufe können Schwierigkeiten auftreten, die zu unterschiedlichen Erfolgen führen [981].

Androgenetische Erzeugung Monohaploider

Die Erzeugung Monohaploider erfolgt über die Antherenkultur von resistenten Dihaploiden oder von diploidem Ausgangsmaterial. Besondere Bedeutung hat dieses Verfahren bei der Nutzung der diploiden Wildkartoffel *Solanum gourlayi* zur Übertragung der Resistenz gegen *Globodera pallida* in die Kulturkartoffel erhalten. Dies geschieht, indem homozygot verdoppelte Monohaploide über eine Protoplastenfusion der tetraploiden Stufe der Kulturkartoffel zugeführt werden [981].

Somatische Hybridisation

Die somatische oder vegetative Hybridisation, d. h. die Verschmelzung zweier Organismen nicht durch geschlechtliche Fortpflanzung, sondern auf ungeschlechtliche Weise, führt zwar auf einem anderen Wege, aber im Endergebnis auch zu Bastarden.

Während die Pfropfung als Kulturmaßnahme schon lange praktiziert wird, wobei das aufgepfropfte Individuum seine artspezifischen Eigenschaften behält, ist eine vegetative Übertragung von einzelnen Merkmalen auf den Partner mit erheblichen Schwierigkeiten verbunden. Eine erfolgreiche Lösung dieser Probleme würde, z. B. durch Schaffung homozygot resistenter Tetraploider, einen großen Fortschritt u. a. bei der Züchtung von Resistenz gegen *Globodera pallida*-Pathotypen auf der Basis von *Solanum vernei* bringen [981].

Simmonds [1605] charakterisiert die allgemeine Strategie der Züchtung auf Resistenz gegen Krankheitserreger und tierische Schädlinge. Wie bereits eingangs erwähnt, betont er, daß die Prinzipien der Züchtung für alle Erregergruppen — Krankheitserreger und tierische Schädlinge — gleichermaßen gelten. Vor Beginn entsprechender Arbeiten ist der Nachweis zu erbringen, daß durch den Erreger bzw. Schädling, gegen welchen Resistenzzüchtung betrieben werden soll, ein wirtschaftlich bedeutsamer Schaden verursacht wird. Bei der Zielstellung sollte man sich bewußt sein, daß alle Sorten hinsichtlich des Resistenzgrades mehr oder weniger unvollständig sind und sein werden; eine Perfektion zu erwarten, ist unrealistisch. Die Resistenz muß in Beziehung zum Wert der Kulturpflanze bzw. des Ernteproduktes stehen, d. h., es sollte ein solcher Resistenzgrad angestrebt werden, wie er für praktische Belange notwendig ist. Für die Strategie der Resistenzzüchtung bei einer gegebenen Wirt-Schaderreger-Kombination sind 4 Resistenzformen von besonderer Bedeutung (vgl. 3.6., 3.7.):

- die (nichtspezifische) Hauptgenresistenz (NR),
- die vertikale Resistenz (VR),
- die horizontale Resistenz (HR),
- die Interaktions-Resistenz (IR).

Simmonds [1605] empfiehlt Zurückhaltung bei der Anwendung der genannten Begriffe, da Veränderungen im Kenntnisstand Veranlassung zu anderen Interpretationen geben könnte.

Zum Beispiel kann (nichtspezifische) Hauptgenresistenz zu vertikaler Resistenz werden, wenn ein seltener und nicht aggressiver Pathotyp oder Biotyp entdeckt wird, oder horizontale Resistenz kann Komponenten der vertikalen Resistenz enthalten. Die Züchtungsstrategie basiert auf folgenden Sequenzen von Voraussetzungen:

- ist eine gute NR vorhanden, sollte sie genutzt werden, da sie der einfachste, billigste und schnellste Weg zu resistenten Sorten ist;
- wenn VR vorhanden ist, sollte sie nur genutzt werden, wenn damit eine „vernünftige" Stabilität für die Senkung der durch den betreffenden Schaderreger verursachten Schäden absehbar ist, d. h., wenn Pathotypen oder Biotypen lokal vorhanden sind oder sporadisch vorkommen bzw. wenn die Senkung der Verluste oder Schäden über Vielliniensorten (ML) oder Sortenmischungen (MX) möglich ist;
- wenn HR vorhanden ist, aber keine NR oder VR nutzbar sind, sollte erstere genutzt werden;
- ist keinerlei Resistenz vorhanden, dann sollten Bemühungen der Resistenzzüchtung unterlassen und die Verluste oder Schäden mittels anderer Verfahren gesenkt werden.

In Abbildung 23 ist das Schema für die Strategie der Resistenzzüchtung dargestellt. Ihre Anwendung für die Züchtung auf Resistenz gegen zystenbildende Nematodenarten an Kartoffel hat folgende Konsequenz:
Strategisches Ziel ist E. Es wird erreicht über: 1—2—3—4—5—7.

Die Anwendung dieser Strategie für die Züchtung auf Resistenz gegen zahlreiche andere Nematodenarten hat in den meisten Fällen die nachstehende Konsequenz:
Strategisches Ziel ist G. Es wird erreicht über: 1—2—3—4—9—10.

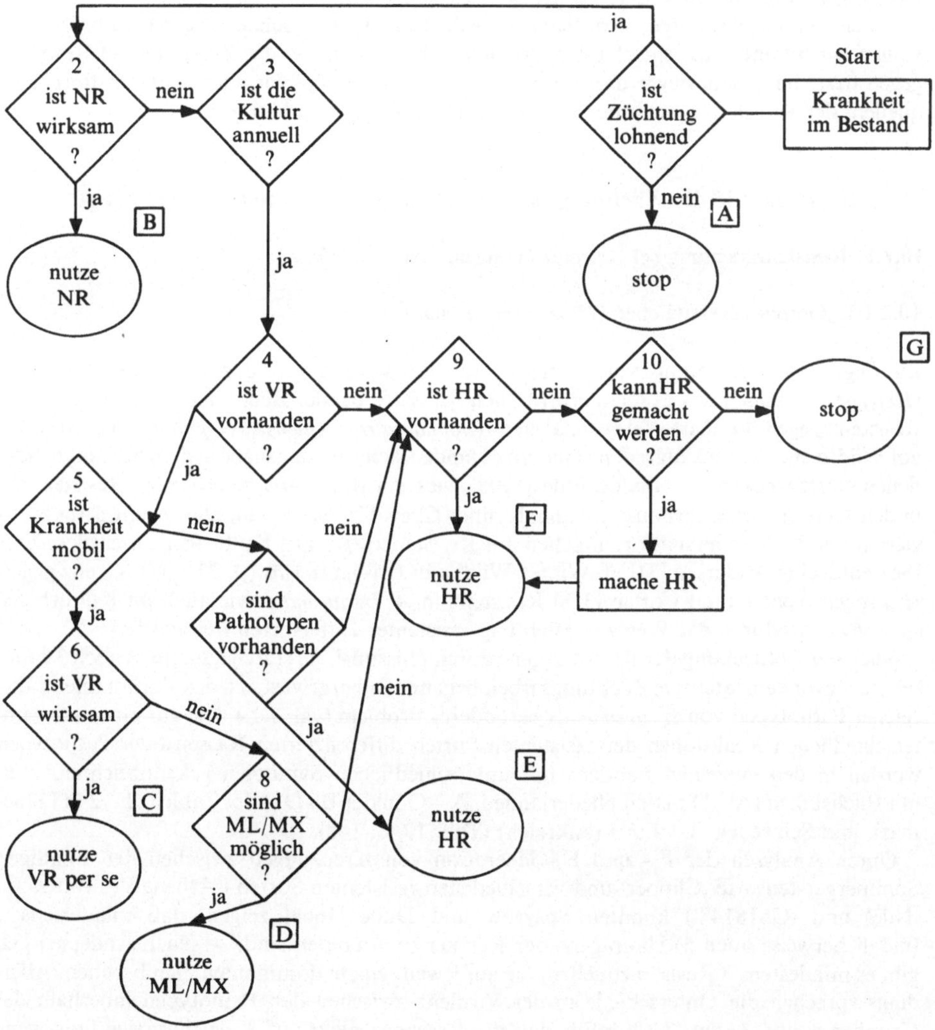

Abb. 23. Strategie der Krankheitsresistenzzüchtung. Nach Simmonds 1983.

Bei einer Reihe von Arten tierischer Schaderreger ist eine solche gezielte Züchtung auf Resistenz zur Zeit nicht diskutabel. In diesen Fällen hat es sich als besonders effektiv erwiesen, in einem bestimmten Stadium der Züchtung neuer ertragreicher Sorten das Potential des Zuchtmaterials an Resistenz gegen wichtige tierische Schädlinge zu prüfen und zu nutzen [506]. Dies betrifft unter den Anbaubedingungen der DDR vor allem folgende Wirtspflanze-Schaderreger-Kombinationen: Möhre — Möhrenfliege (*Psila rosae*) [1686];

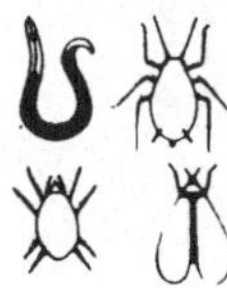

Zwiebel — Stengelälchen (*Ditylenchus dipsaci*) [515]; Kohl — Mehlige Kohlblattlaus (*Brevicoryne brassicae*) [835]; Spinnmilben (*Tetranychus urticae*) und Weiße Fliege (*Trialeurodes vaporariorum*) an Tomate und Gurke u. a. Es ist eine Tatsache, daß das Potential unserer Kulturpflanzensorten an Resistenz gegen tierische Schaderreger noch weitgehend unbekannt ist, wenn man von einigen wenigen Beispielen absieht, in denen es bereits erforscht ist und genutzt wird. In der zielgerichteten Erschließung des möglicherweise vorhandenen Resistenzpotentials, wofür es in den obengenannten spezifischen Kombinationen konkrete Hinweise gibt, liegen noch wesentliche Reserven der Resistenzzüchtung.

An einigen ausgewählten, wirtschaftlich bedeutsamen Wirt-Schaderreger-Kombinationen wollen wir nunmehr die spezifischen Probleme und Ergebnisse der Züchtung auf Resistenz gegen tierische Schaderreger darstellen. Wir wollen uns dabei vor allem mit den Resistenzquellen, der Resistenzgenetik und den Züchtungserfolgen beschäftigen.

10.2. Beispiele für die Züchtung auf Resistenz gegen tierische Schaderreger

10.2.1. Resistenzzüchtung bei Getreide (Weizen, Gerste, Hafer)

10.2.1.1. Getreidezystenälchen (*Heterodera avenae*)

Zu Beginn der Züchtung von Getreide auf Resistenz gegen das Getreidezystenälchen (*Heterodera avenae*) war es nicht erforderlich, wie z. B. bei der Züchtung von Kartoffeln auf Resistenz gegen die Kartoffelzystenälchen (*Globodera rostochiensis*, *G. pallida*) (vgl. 10.2.4.), auf Wildformen zurückzugreifen, sondern es fanden sich Resistenzgene in dem bereits vorhandenen Sortenspektrum. Nilsson-Ehle [1205] wies ein dominant vererbendes Resistenzgen in den Gerstensorten ‚Primus', ‚Svanhals' und ‚Chevalier' nach, und alle gegenwärtig kultivierten resistenten Gerstensorten gehen auf Resistenzträger aus Kulturformen zurück. Erst 1961 entdeckte Andersen [31] im Winter-Wildhafer (*Avena sterilis* (‚L 376')) Resistenz gegen *H. avenae*. Später fand Cotten [318] Resistenz in *A. byzantina* sowie auch im Kulturhafer (*A. sativa*), wodurch der Weg zur Züchtung resistenter Hafersorten frei wurde.

Nach der Entdeckung der Resistenzgene durch Nilsson-Ehle [1205] dauerte es noch 3 Jahrzehnte, bevor eine intensive Züchtungsarbeit begann. Dabei erwies sich das Vorkommen zahlreicher Pathotypen von *H. avenae* als besonderes Problem (vgl. 7.2.). Die auf Grund der unterschiedlichen Reaktionen der resistenten Sorten differenzierten Rassen oder Pathotypen wurden in den einzelnen Ländern mit unterschiedlichen Symbolen gekennzeichnet, z. B. mit Buchstaben (A—D in den Niederlanden, A—G in der BRD) oder Zahlen (1—2 in Dänemark und Schweden, 1—4 in Frankreich) (Tab. 19, S. 148).

Durch Analysen der F_1- und F_2-Generation von Kreuzungen zwischen der anfälligen Sommergerstensorte ‚Clipper' und verschiedenen resistenten Sorten (‚Athenais', ‚Marocco', ‚Nile' und ‚C 18147') konnten Sparrow und Dube [1667] zeigen, daß mindestens 3 (möglicherweise auch 5) Hauptgene der Resistenz vorhanden sind. — Nach Andersen [32] gibt es mindestens 3 Resistenzquellen, die auf jeweils einem dominanten Gen beruhen. Allerdings sprechen die Unterschiede in der Virulenz zwischen den Pathotypen innerhalb der Gruppen 1 und 3 (vgl. 7.2.) dafür, daß die Resistenz nicht auf 3 gleichwertige monogene Faktoren, sondern auf kompliziertere genetische Verhältnisse zurückgeführt werden muß. — Nach Sidhu und Webster [1603] sind in den resistenten Sommergerstensorten mindestens 6 Resistenzgene vorhanden, die alle monogen sind und dominant vererbt werden (Tab. 30). Bemerkenswert sind die Sorten ‚Marocco' und ‚Bajo-Aragon-1-1', da sie zusätzlich Resistenz gegen *H. hordecalis* besitzen, die letztgenannte auch noch gegen *H. bifenestra* [38].

Eine ganze Anzahl gegen *H. avenae* resistenter Sommergersten sind international im Anbau. Bekannt geworden sind neben den bereits erwähnten insbesondere die in Schweden gezüchteten Sorten ‚Ansgar', ‚Simba', ‚Prisca' und ‚Welam', bei denen die Resistenz vorwiegend auf dem Resistenzgen 191 beruht.

In Frankreich haben sich vor allem die resistenten Sorten ‚Siri‘, ‚Sabarlis‘ und ‚P 31-322-1‘ (resistent gegen Fr3, Fr2 und Fr4 = Pathotypen Ha 11, Ha 12) ausgezeichnet [1304, 1413]. Aus Kreuzungsversuchen mit ‚Siri‘ x ‚Vogue‘ (resistent gegen Fr1 = Pathotyp Ha41) ergaben sich einige Hybriden, die die Resistenz beider Eltern aufwiesen. Person [1302] zeigte, daß die Virulenzgene der geprüften Fr1- und Fr4-Rassen gegenüber den resistenten Gerstensorten rezessiv sind. Eine Kreuzung der beiden Nematodenrassen kann aber bereits nach zwei Generationen einige Tiere ergeben, die sich an Fr1- und Fr4-resistenten Gerstensorten, z. B. Hybriden von ‚Siri‘ x ‚Vogue‘, entwickeln können. Dadurch kann eine neue Rasse mit einer höheren Virulenz als die der Eltern entstehen. Die Entwicklung solcher Tiere kommt aber in der Natur nur sehr selten vor [1302]. Bemerkenswert ist ferner die Möglichkeit der Kopplung des Resistenzgens mit anderen Genen, z. B. mit dem Marker-Gen „pau“, welches nichtrötliche Blattöhrchen (Aurikel) bedingt; dadurch wird eine leichtere Selektion resistenter Formen ermöglicht [33]. Eine zusätzliche Kombination mit dem Gen „cer g^{10}“ (Rekombinationswert 5,1%) ist ebenfalls möglich [32].

Tabelle 30
Gene für Resistenz gegen das Getreidezystenälchen (*Heterodera avenae*) in Sommergerstensorten bzw. -stämmen. Verändert nach Sidhu und Webster [1603].

Gen-Symbol	Herkunftssorte	Pathotypenresistenz[3)]
Ha_{df}	Drost, Fero	Ha 11—Ha 61
Ha_s	No 191	Ha 11—Ha 31, Ha 12
Ha_c	No 14[1)]	Ha 11—Ha 31, Ha 12
Ha_m	Marocco, Marocaine[2)]	Ha 11—Ha 61, Ha 12, Ha 13—Ha 33
Ha_n	Harlan 43	Ha 11, Ha 12, Ha 23
Ha_a	Athenais	austr. Pathotypen

1) mit Verbindung zu Ha_s
2) mit Verbindung zu Ha_s (Marocaine) bzw. Ha_c (?) (bei Marocco)
3) Pathotyp-Bezeichnung vgl. Tabelle 19, S. 148

Obzwar bereits Millikan [1126] und Goffart [588] bei einigen Hafersorten Resistenz gegen *H. avenae* beobachteten, geht die systematische Suche nach Resistenzquellen auf Andersen [31] zurück, der annähernd 3000 Hafersorten und -stämme bzw. Wildarten prüfte. Er fand Resistenz in der Sorte ‚Grise de Houdan‘ aus Frankreich, in einer Reihe von *Avena sativa*-Stämmen aus Australien, Argentinien, Indien und Äthiopien sowie in den Wildarten *A. sterilis* (‚1.376‘) und *A. strigosa* (‚1.652‘).

Die Resistenz von ‚Grise de Houdan‘ erwies sich als intermediär und von einem Gen abhängig, während die Resistenz von *A. sterilis* (‚1.376‘) auf mehreren dominanten oder teilweise dominanten Genen beruhte. Cotten und Hayes [319] vermuteten, daß die Resistenz in *A. sterilis* (‚1.376‘) auf 2 dominante Gene zurückgeht, während Andersen und Andersen [34] 3 Resistenzgene für wahrscheinlich halten. Auf der Grundlage einer Analyse der Nachkommenschaft einer Kreuzung von *A. sterilis* (‚1.376‘) mit der anfälligen Hafersorte ‚Gambo‘ kommen auch Clamot und Rivoal [294] zu der Auffassung, daß die Resistenz in *A. sterilis* (‚1.376‘) durch 3 dominante Gene, die sie A, B und C nennen, bedingt ist. Die Gene A und B sind komplementär und ergeben vollständige Resistenz. In Abwesenheit von A und B bewirkt C noch eine mäßige Resistenz, ausgedrückt durch eine begrenzte Zystenzahl des Nematoden.

Sour und Rivoal [1664] prüften die Vererbung der Resistenz der Sorte ‚Nelson‘, die auf den Stamm ‚C.I. 3444‘ zurückgeht, durch Kreuzung mit der anfälligen Linie ‚761-8‘ (von ‚Bonham‘ x ‚Ariane‘). Während die F_1 ähnliche sehr geringe Zystenwerte wie ‚Nelson‘ (0,25 Zysten/Pflanze: 218 Zysten/Pflanze in der anfälligen Linie) erbrachte, spalteten die F_2, F_3 und F_4 in resistente, anfällige und intermediäre Pflanzen. Es wird vermutet, daß ‚Nelson‘ 2 dominante Resistenzgene von ungleichem Wert für die Übertragung der Resistenz besitzt.

Bei der Verwendung des Stammes ‚C.I. 3445‘ in der Züchtung erhielt Clamot [293] nur Linien mit mittlerem Resistenzgrad, während die Verwendung von ‚Nelson‘ bei der Kreu-

zung mit ‚Selma', ‚Leande', ‚Anita' und ‚Bento' zu voll resistenten Linien führte. Cotten und Hayes [319] fanden, daß die Resistenz der bereits von Millikan [1126] als wenig anfällig erkannten Sorte ‚Mortgage Lifter' auf 2 rezessiven Genen beruht, während die Resistenz von *A. byzantina* (‚P.I. 175021') auf ein dominantes Gen zurückgeführt werden kann.

In französischen Untersuchungen war die Hafersorte ‚Nelson' resistent gegen die französischen Rassen Fr3 und Fr4 (= Pathotypen Ha11 und Ha12), während sich *A. sterilis*, *A. abyssinica* und *A. strigosa* gegen alle 4 französischen Rassen (Fr1 = Pathotyp Ha41, F2 = Ha12) und *Aegilops ventricosa* gegen Fr2 und Fr4 (= Ha12) als resistent erwiesen [1413]. Auf der Grundlage von *A. sterilis* (‚1.376') wurde die resistente Sorte ‚Panema' geschaffen [270], während die Sorten ‚Sofi', ‚Hedvig' und ‚Silva' im wesentlichen auf ‚C.I. 3444' und ‚P.I. 175022' zurückgehen [32]. Einige resistente Hafersorten bzw. -stämme sind in Tabelle 31 zusammengestellt.

Tabelle 31
Hafersorten und -stämme mit Resistenz gegen verschiedene Pathotypen von *Heterodera avenae*. Nach Sidhu und Webster [1603].

	nachgewiesene Resistenzgene[1)]	Pathotypenresistenz[2)]
Avena sativa		
C.I. 3444	1 (D)	Ha11—Ha61, Ha12
P.I. 175022	1 (D)	Ha11—Ha61, Ha12
Silva	1 (D)	Ha11—Ha61, Ha12
Nelson	1 oder 2 (D)	Ha11—Ha61, Ha12
Mortgage Lifter	2 (R)	?
Hedvig	?	Ha11—Ha61, Ha12
Avena sterilis		
1.376	2 oder 3 (D)	Ha11—Ha61, Ha12
Panema	2 oder 3 (D)	Ha13—Ha33
Avena byzantina	1 (D)	Ha11—Ha61, Ha12 Ha13—Ha33

1) D = dominant vererbend, R = rezessiv vererbend
2) Pathotyp-Bezeichnung vgl. Tabelle 19, S. 148

Es muß allerdings darauf verwiesen werden, daß die Resistenzgene beim Hafer nicht so wirksam sind wie bei der Gerste. Während resistente Gerstensorten weniger als 1% der Zysten anfälliger Sorten aufweisen, liegt dieser Anteil beim Hafer unter 5% [29].

Beim Weizen wurde später als bei der Gerste und dem Hafer Resistenz gegen *Heterodera avenae* entdeckt. Erst 1967 wies Nielsen [1192] in der Sorte ‚Loros' Resistenz nach, die auf ein dominantes Gen zurückgeführt wurde. Slootmaker et al. [1633] bestätigten den genetischen Befund und zogen den Schluß, daß das Chromosom 2B den Locus trägt, der die Resistenz bestimmt. Für diesen Locus schlugen sie das Symbol „cre" vor. Auf der gleichen genetischen Basis (evtl. allel zum R-Gen von ‚Loros') beruht auch die Resistenz der australischen Sommerweizensorte ‚AUS 10894' [1220]. Die Weizenlinie ‚63/1-7-15-12', abgeleitet aus ‚Loros', erwies sich in Frankreich als hoch resistent gegen alle dortigen Rassen von *H. avenae* (Fr1—Fr4). Nach Andersen und Andersen [34] zeigen die aus ‚Loros' abgeleiteten Linien bzw. Stämme Resistenz gegen die Pathotypen Ha11 bis Ha61 sowie Ha12 und mäßige Resistenz gegen Ha13, sind aber für Ha23 und Ha33 anfällig. Die Sorte ‚Psathias' zeigt ein gegenläufiges Verhalten, sie ist resistent gegen die Pathotypen Ha23 und Ha33, aber anfällig für Ha41, Ha12 und Ha13, möglicherweise noch für weitere Pathotypen der Gruppe 1.

In der DDR wurden auf der Basis von ‚Loros' ebenfalls Kreuzungsexperimente mit Weizenstämmen durchgeführt und resistente Stämme in der F_2 und F_3 mit verbesserten ökonomischen Merkmalen erhalten. Auch in diesen Versuchen zeigten die Spaltungsverhältnisse, daß die Resistenz durch ein einzelnes dominantes Allel kontrolliert wird [1745].

10.2.1.2. Getreideblattlaus (*Schizaphis graminum*)

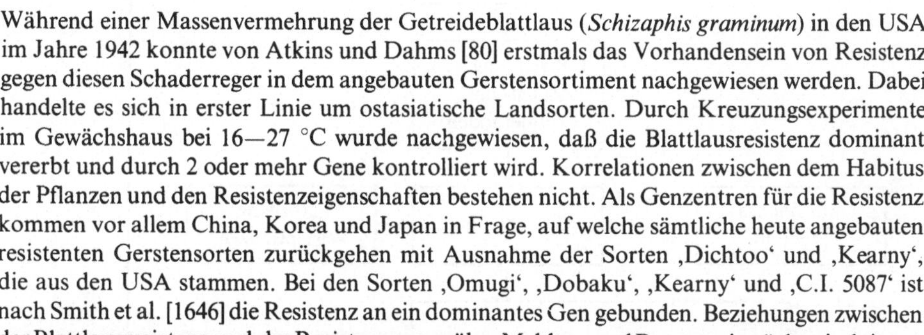

Während einer Massenvermehrung der Getreideblattlaus (*Schizaphis graminum*) in den USA im Jahre 1942 konnte von Atkins und Dahms [80] erstmals das Vorhandensein von Resistenz gegen diesen Schaderreger in dem angebauten Gerstensortiment nachgewiesen werden. Dabei handelte es sich in erster Linie um ostasiatische Landsorten. Durch Kreuzungsexperimente im Gewächshaus bei 16—27 °C wurde nachgewiesen, daß die Blattlausresistenz dominant vererbt und durch 2 oder mehr Gene kontrolliert wird. Korrelationen zwischen dem Habitus der Pflanzen und den Resistenzeigenschaften bestehen nicht. Als Genzentren für die Resistenz kommen vor allem China, Korea und Japan in Frage, auf welche sämtliche heute angebauten resistenten Gerstensorten zurückgehen mit Ausnahme der Sorten ‚Dichtoo‘ und ‚Kearny‘, die aus den USA stammen. Bei den Sorten ‚Omugi‘, ‚Dobaku‘, ‚Kearny‘ und ‚C.I. 5087‘ ist nach Smith et al. [1646] die Resistenz an ein dominantes Gen gebunden. Beziehungen zwischen der Blattlausresistenz und der Resistenz gegenüber Mehltau und Rost sowie züchterisch interessanten Eigenschaften wie Spelzenschluß und Kornzahl pro Ähre ließen sich nicht nachweisen.

Wie bei der Nematodenresistenz ist auch im Falle der Resistenz gegen *S. graminum* das Vorkommen von Biotypen von besonderem Interesse für die Resistenzzüchtung (vgl. 7.2.). Nachdem Chatters und Schlehuber [257] den Saugvorgang bei *S. graminum* aufgeklärt hatten, wiesen Wood et al. [1884] nach, daß der Biotyp B vorwiegend aus dem Blattparenchym und die Biotypen A und C aus dem Phloem ihre Nahrung aufnehmen. Diese Erkenntnisse zeigen, daß für die Züchtung auf Resistenz gegen Blattläuse (aber auch gegen andere Insekten) bestimmte entomologische Vorarbeiten geleistet werden müssen, um zielgerichtet Resistenzzüchtung betreiben zu können. Den Ablauf dieser Vorarbeiten hat Gallun [534] analysiert (vgl. Abb. 24).

Obgleich in den USA Biotypen von *S. graminum* identifiziert werden konnten, zeigten langjährige Beobachtungen [1469], daß ein ernsthaftes Problem für den praktischen Anbau von resistenten Sorten hieraus bisher noch nicht entstanden ist. Besondere Bedeutung haben in den USA die blattlausresistenten Gerstensorten ‚Kearny‘ und ‚Kerr‘ mit der Resistenz aus ‚Omugi‘; ‚Will‘, ‚Post‘ und ‚Nebar‘ mit der Resistenz aus ‚Kearny‘ sowie die Sorte ‚Era‘ mit der Resistenz aus ‚Ludwig‘ erlangt.

Bei den Weizensorten ‚Dickinson Sel 28A‘ und ‚C.I. 9058‘ erfolgt die Vererbung der Resistenz gegen *S. graminum* durch ein rezessives Gen, wobei jedoch auch bestimmte Gene als Modifikatoren wirksam sind. Es konnte die genauere Lage des rezessiven Gens am Chromosom 1 bestimmt werden [545, 1646].

Die oktoploide *Triticale*-Form ‚Gaucho‘ entstand aus einer Kreuzung zwischen der blattlausanfälligen Weizensorte ‚Chinese Spring‘ und der resistenten argentinischen Roggensorte ‚Insave F.A.‘. An der Züchtung der späteren Weizensorte ‚Amigo‘ war ‚Gaucho‘ als Resistenzträger beteiligt. Wie beim argentinischen Roggen erfolgt hier die Vererbung der Blattlausresistenz auf monogen-dominantem Wege [543, 1885]. Die Resistenz der ebenfalls gegen den Biotyp C von *S. graminum* resistenten Sorte ‚Largo‘ (*Triticum turgidum* x *T. tauschii*) wird durch ein einzelnes, unabhängiges Gen vererbt. Das Resistenzgen von ‚Amigo‘ ist auf dem Chromosom 1A, von ‚Largo‘ auf dem Chromosom 7D lokalisiert [717].

Bei Hafer (*Avena sativa* und *A. byzantina*) wurde in den USA die Vererbung der Resistenz gegen die *S. graminum*-Biotypen B und C genauer untersucht. Die F_2-Nachkommenschaft wies aus, daß die Resistenz gegen den Biotyp C bei ‚P.I. 186270‘ und ‚C.I. 1580‘ durch verschiedene Gene gesteuert wird. Jede Linie besitzt hierfür ein einzelnes, vollständig dominantes Gen. Die Linie ‚C.I. 4888‘ hat offenbar ein gesondertes Hauptgen mit vollständiger Dominanz gegen den Biotyp B. Dasjenige Gen, welches gegen einen Biotyp wirksam war, hatte keine Wirkung auf den anderen Biotyp [172] (Tab. 32).

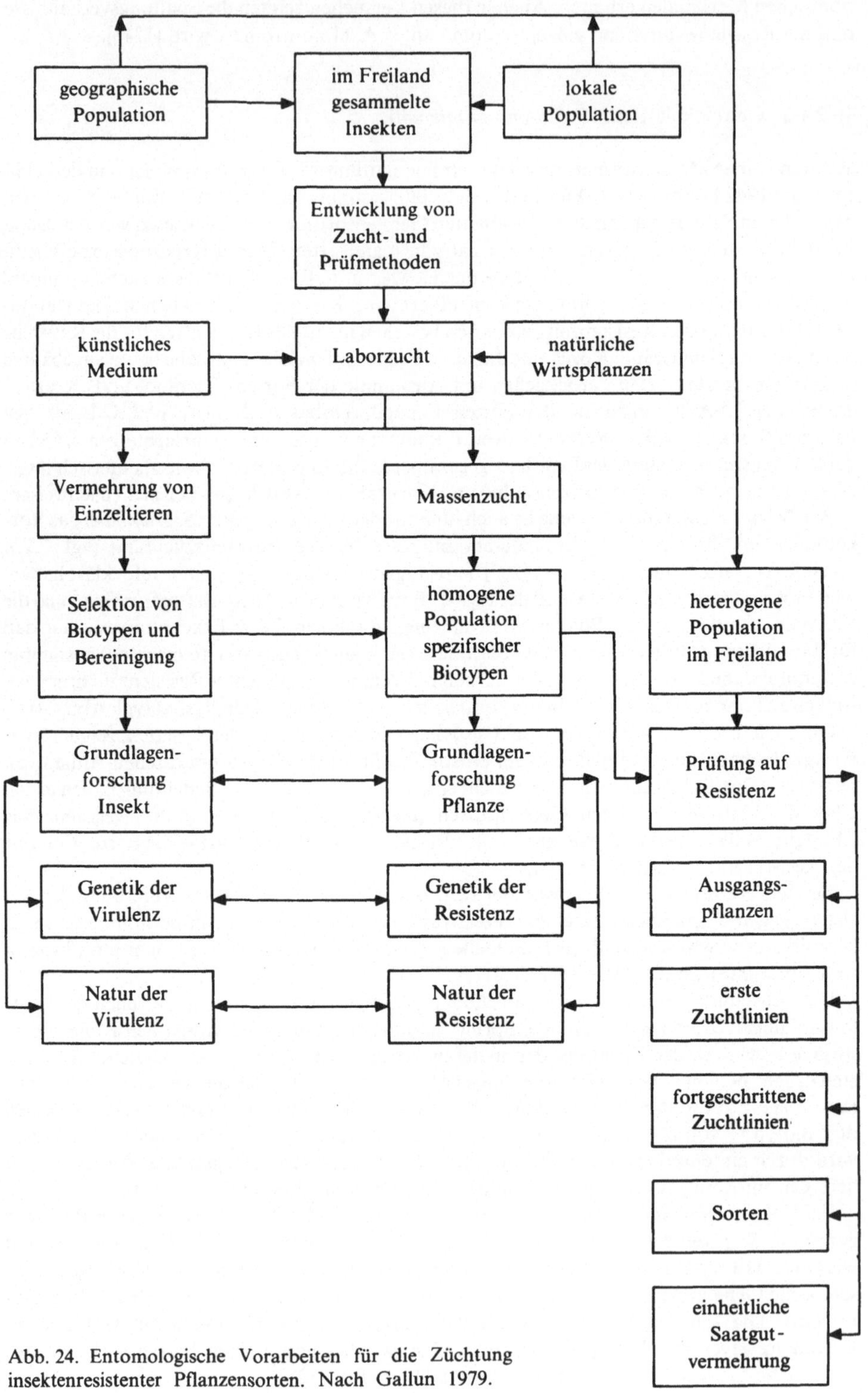

Abb. 24. Entomologische Vorarbeiten für die Züchtung insektenresistenter Pflanzensorten. Nach Gallun 1979.

Tabelle 32
Getreidesorten bzw. -stämme mit Resistenz gegen Biotypen von *Schizaphis graminum*. Nach Gardenhire [543].

	Biotyp (US-Klassifikation)		
	A	B	C
Dickinson Sel 28 A	R	A	A
Insave F.A.	R	R	R
Amigo	—	—	R
Barley	R	R	R
C.I. 2898	R	A	A
C.I. 1579	R	A	R
C.I. 1580	R	A	R
P.I. 186270	R	A	R
P.I. 183990	R	A	R
X64D23-162R	R	R	R
La Provision	—	—	—

A = anfällig
R = resistent
— = keine Beobachtung

10.2.2. Züchtung bei Mais auf Resistenz gegen den Maiszünsler (*Ostrinia nubilalis*)

In der Züchtung auf Resistenz gegen tierische Schaderreger bei Mais spielt in allen maisanbauenden Ländern besonders für die Körnermaisproduktion die Züchtung von Sorten mit Resistenz gegen den Maiszünsler (*Ostrinia nubilalis*) die größte Rolle. Umfangreiche Programme wurden vor allem in der UdSSR und in den USA entwickelt. Dabei werden die Arbeiten vor allem dadurch erschwert, daß in bestimmten Gebieten nur die erste Generation dieses Schädlings von wirtschaftlicher Bedeutung ist (z. B. Kanada, Nordfrankreich) [1115], in anderen Gebieten dagegen besitzen sowohl die erste als auch die zweite Generation große Bedeutung (UdSSR, USA, Südfrankreich u. a.) [637, 1115, 1120]. Bereits 1927 konnten innerhalb des nordamerikanischen Maissortiments Resistenzträger gefunden werden. Die zu dieser Zeit beginnende Resistenzzüchtung geht auf die Resistenzquelle in der südamerikanischen Sorte ‚Maiz Amargo' zurück. Diese Sorte verwendete man als männlichen, die Sorten ‚Duncan', ‚Golden Glow' und ‚Red Cob Ensilage' als weibliche Kreuzungspartner. Später wurde noch die Zuckermaissorte ‚Golden Bantam' zusätzlich eingekreuzt [1259].

Dem 1969 begonnenen gemeinschaftlichen Züchtungsprogramm der UdSSR und Kanadas lagen 40 Inzuchtlinien mit bekannter Resistenz gegen oder Anfälligkeit für *O. nubilalis* zugrunde, die aus 10 Ländern stammten. Bei allen resistenzzüchterischen Arbeiten war ein Zurückgreifen auf Wildformen nicht erforderlich.

Es besteht Übereinstimmung in der Auffassung, daß ein wesentlicher Faktor für die Resistenz gegen *O. nubilalis* der Gehalt des Pflanzengewebes an 2,4-Dihydroxy-7-methoxy-2H-1,4-benzoxazin-3(4H)-on (DIMBOA) anzusehen ist (vgl. 6.2.2.4.). Aber auch die Frühreife beeinflußt den Grad der Resistenz nicht unerheblich. Unterschiedlich sind die Ansichten hinsichtlich der Bewertung des DIMBOA-Gehaltes des Pflanzengewebes für die Maiszünslerresistenz und damit für die Züchtung auf Resistenz besonders gegen die zweite Generation des Schädlings [1093]. Nach Beck [125] kommen für die Anpassung der Resistenz gegen den Maiszünsler 3 Faktoren im Pflanzengewebe in Betracht: A, B und C; von diesen konnten

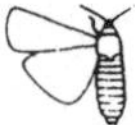

der Faktor A als 6-MBOA (6-Methoxy-benzoazolinon) und der Faktor C als DIMBOA identifiziert werden.

Der Gang der Vererbung der Resistenz gegen den Maiszünsler ist noch weitgehend ungeklärt. Teils werden 2—3 dominante Gene, teils auf Grund von Rückkreuzungsversuchen ein einziges dominantes Gen für die Resistenz verantwortlich gemacht [1469]. In der Inzuchtlinie ‚B_{52}' wird die Resistenz gegen die zweite Generation dominant oder teilweise dominant vererbt [1248]. Nach Scott et al. [1541] ist die ‚B_{52}'-Resistenz auch auf Hybridformen übertragbar. Onukogu et al. [1240] zeigten, daß ‚B_{52}' ein oder mehrere Resistenzgene auf dem langen Arm der Chromosomen 1, 2, 4 und 8 und auf dem kurzen Arm der Chromosomen 1, 3 und 5 besitzt.

Resistente Sorten werden heute in den wichtigsten maisanbauenden Ländern eingesetzt. Die Sorte ‚CI 31 A' aus den USA zeigte gute Resistenzeigenschaften in Jugoslawien, Kanada, der UdSSR, in Ungarn sowie in Rumänien [1469]. In der UdSSR haben sich die resistenten Hybriden ‚Krasnodarski 406', ‚419', ‚353' und ‚603' bewährt. Mit Hilfe der Mutationszüchtung entstanden ‚Jubilejnyi 60' und ‚Čerkasskij 61' [1120].

10.2.3. Züchtung bei Reis auf Resistenz gegen Zikaden

Von den über 100 verschiedenen Insektenarten, welche den Reis zu befallen vermögen, besitzen in Südost- und Ostasien sowie auf dem amerikanischen Kontinent etwa 20 Arten besondere wirtschaftliche Bedeutung. Unter ihnen stehen verschiedene Zikadenarten, vor allem *Nilaparvata lugens* und *Nephotettix virescens*, als Direktschädlinge sowie als Überträger von Viren und Mykoplasmen mit an erster Stelle. Diese Arten fanden daher schon bald das Interesse der Züchter.

Es sei am Rande vermerkt, daß die große Hungersnot 1732 in Japan, der fast eine Million Menschen zum Opfer fielen, auf die durch *N. lugens* verursachten Ertragsausfälle zurückzuführen war.

Neben den genannten Zikadenarten besitzen für die Resistenzzüchtung in den verschiedenen reisanbauenden Ländern noch Vertreter der Gattungen *Sogatodes*, *Sogatella*, *Recilia*, *Laodelphax* sowie weitere *Nephotettix*-Arten Bedeutung.

Mit der Aufnahme intensiver Züchtungsarbeit in den 60er Jahren wurde festgestellt, daß in dem vorliegenden Reissortiment einschließlich der Landsorten bereits ein bestimmtes Resistenzpotential vorhanden war. Als Quelle für Resistenz gegen *N. lugens* kann die Reissorte ‚Mudgo' (*indica*-Typ) dienen. Bei etwa gleich hoher Zahl der abgelegten Eier ist auf dieser Sorte (und auch auf weiteren resistenten Sorten) die Schlüpfrate deutlich niedriger als auf anfälligen Sorten (Tab. 33) (vgl. 5.4.2.).

Tabelle 33
Eiablage und Eischlupf von *Nilaparvata lugens* auf resistenten und anfälligen Reissorten. Nach Pathak und Saxena [1281].

	Eizahl/10 Weibchen in 24 h	% geschlüpfte Eier
resistent		
Mudgo	328	68
ASD 7	348	78
anfällig		
IR 20	325	95
TN 1	400	91

Wie bei anderen Schaderregern verdient das Auftreten von Biotypen auch bei Zikaden an Reis besondere Beachtung (vgl. 7.2.2.).

Die Resistenz von ‚Mudgo', bedingt durch das Gen Bph 1, wird dominant vererbt. Rezessive Vererbung liegt vor bei ‚ASD 7', kontrolliert durch das Gen bph 2. Beide Resistenzgene sind allerdings nur schwer in einer einzigen Sorte zu kombinieren. Nach Untersuchungen von Athwal et al. [78] wird außer in ‚Mudgo' die Resistenz gegen *N. lugens* auf den Philippinen auch in den Sorten ‚Manavari CO 22' und ‚Dalwa Sannam MTU 15' durch ein einzelnes dominantes Gen bestimmt. Das Gen Bph 1 ist ferner in der Sorte ‚IR 28', bph 2 in ‚IR 36' und ‚IR 42' enthalten [870]. Khush [870] entwickelte weitere Zuchtlinien, deren Resistenz gegen *N. lugens* durch die Gene Bph 3 und bph 4 kontrolliert wird.

Für die Züchtung auf Resistenz gegen *Sogatodes orizicola* prüften Jennings und Pineda [783] 534 Sorten bzw. Varietäten, wobei sich 20% als hoch resistent erwiesen, 40% als intermediär und 40% als hoch anfällig. Bei den resistenten Formen handelte es sich vor allem um *indica*-Formen. Unter amerikanischen Bedingungen waren ‚Mudgo', ‚IR 8', ‚Tip 32-7-5' und ‚IR 532-1-33' hoch resistent, ‚IR 782-32', ‚IR 782-81' und ‚IR 456-12' intermediär. Hoch anfällig für *S. orizicola* sind ‚Bluebonnte 50', ‚CPSLO-17' und ‚T319 E'. Die Resistenz gegen *S. orizicola* ist unabhängig von der Resistenz gegen das von dieser Zikade übertragene Reis-hoja blanca-Virus (rice hoja blanca virus). Trotzdem erkranken Sorten, die resistent gegen den Vektor, aber anfällig für das Virus sind, unter Freilandbedingungen nur selten; sie sind also auch zur Senkung virusbedingter Ertragsverluste geeignet.

Verschiedene Reissorten, darunter ‚Pankhari 203', ‚ASD 7' und ‚IR 8', sind resistent gegen *Nephotettix virescens*. Die Resistenz wird in diesen 3 Sorten durch 3 verschiedene, nichtallele dominante Gene bestimmt, die unabhängig von den Genen für Resistenz gegen *N. lugens* in ‚Mudgo' sind [77]. In den meisten Sorten wird die Resistenz durch ein einzelnes dominantes Gen kontrolliert, man hat diese Gene mit Glh1, Glh2, Glh3, Glh5, Glh6 und Glh7 bezeichnet [834]. Es gibt aber auch Sorten mit 2 dominanten (‚Tilakkachray', ‚Kalimekri 77-5', Tilockkachari') oder mit einem rezessiven Resistenzgen (glh4 bei ‚IR 42') [85].

Für die Züchtung auf Resistenz gegen *N. lugens* in Japan legte Kaneda [825] ein Ablaufschema vor, das in Abbildung 25 wiedergegeben wird. Bei den Kreuzungsprodukten konnte er keine signifikante Korrelation zwischen Zikadenresistenz und wichtigen Sortenparametern wie Reifezeit, Druscheigenschaften, Kornqualität und Reaktion auf niedrige Temperaturen feststellen.

10.2.4. Züchtung bei Kartoffel auf Resistenz gegen Kartoffelzystenälchen (*Globodera rostochiensis*, *G. pallida*)

Die intensivste Arbeit bei der Einkreuzung von Resistenzgenen aus Wildpflanzenarten zur Entwicklung von Kulturpflanzensorten mit Resistenz gegen tierische Schaderreger ist wohl bei der Züchtung von Kartoffelsorten mit Resistenz gegen die Kartoffelzystenälchen (*Globodera rostochiensis* und *G. pallida*) geleistet worden. Dabei besteht die Hauptproblematik im Auftreten von mindestens 5 Pathotypen bei *G. rostochiensis* und von mindestens 6 Pathotypen bei *G. pallida*. In Tabelle 34 werden einige Wildkartoffelarten mit Resistenz gegen *G. rostochiensis* (Ro1—Ro5) und *G. pallidus* (Pa1—Pa3) aufgeführt.

Matos und Franco [1090] fanden in Peru Resistenz gegen 2 Pathotypen von *G. pallida* noch in weiteren *Solanum*-Wildarten, z. B. in *S. bulbocastanum*, *S. capsicibaccatum*, *S. cardiophyllum*, *S. papita* und *S. stenophyllum*. Resistenz oder Teilresistenz gegen *G. pallida* (Pathotyp Pa2 und/oder Pa3) besitzen ferner *S. berthaultii*, *S. gourlayi*, *S. leptophyes*, *S. oplocense*, *S. quitense*, *S. sparsipilum*, *S. sucrense*, *S. leptophyes* x *S. gourlayi* und *S. sparsipilum* x *S. leptophyes* [1651].

Als weitgehend resistent gegen die verschiedenen Pathotypen von *G. rostochiensis* und/oder *G. pallida* haben sich weiterhin die Wildarten *S. juzepczukii*, *S. curtilobum*, *S. torvum*, *S. viarum*, *S. capsicoides* und *S. hispidum* erwiesen [1426, 1515]. Bemerkenswert, daß Resistenz vor allem in den

Serien „Transaequatoralia" – hierzu gehören beispielsweise *S. vernei* und *S. spegazzinii* – und „Acaulia" anzutreffen ist.

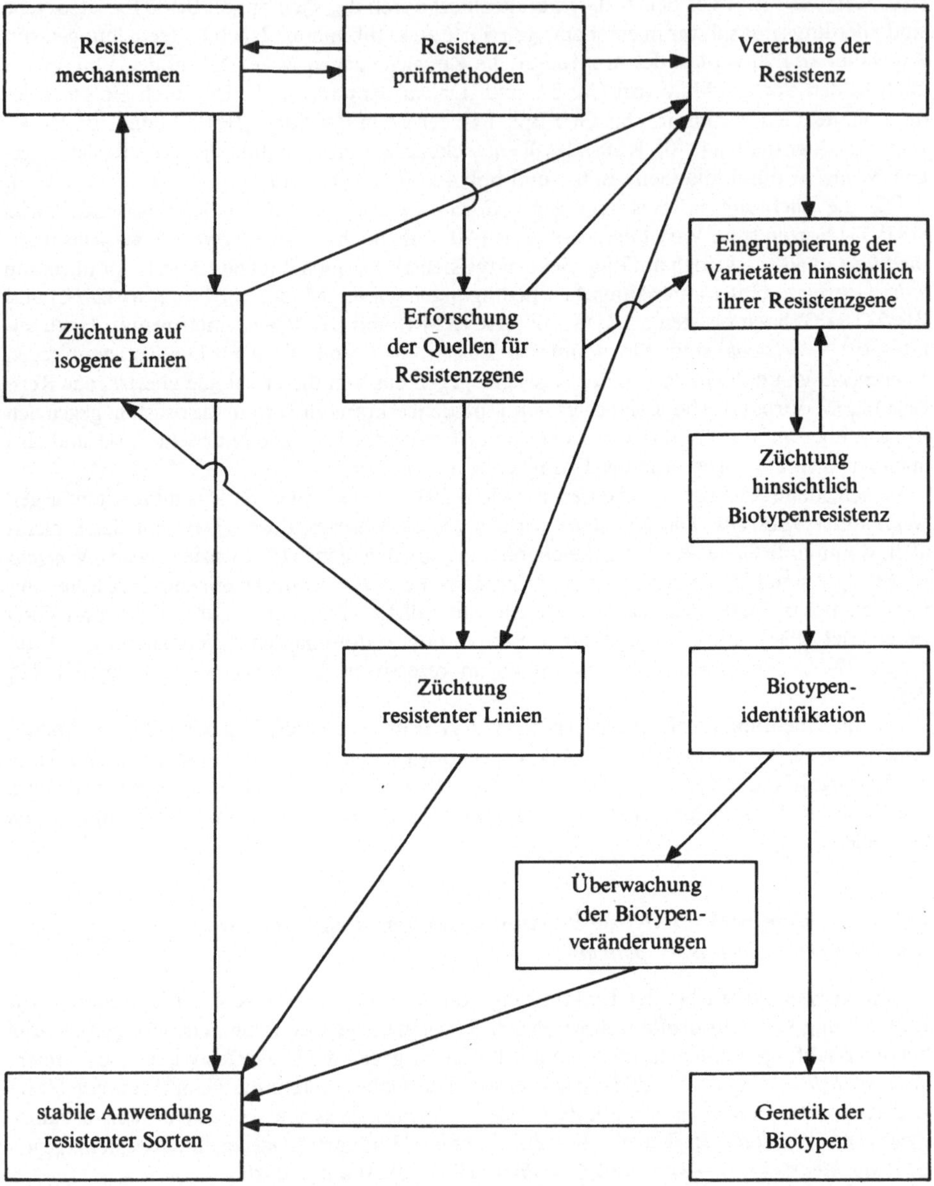

Abb. 25. Ablaufschema für die Züchtung von Reis auf die Resistenz gegen *Nilaparvata lugens* in Japan. Nach Kaneda 1978.

Durch eine kombinierte Einkreuzung mehrerer Wildkartoffelarten läßt sich die Resistenzgrundlage verbreitern. So vermochte Lellbach [980] durch Artkreuzungen von *S. spegazzinii* und *S. vernei* den Anteil resistenter Genotypen (mit Resistenz gegen Pa3) in der Nachkommenschaft zu erhöhen. Die niederländische Sorte ‚Pansta NN' enthält Genmaterial aus *S. andi-*

genum, *S. demissum* und *S. vernei* und ist in Schweden resistent gegen die Pathotypen Ro1—Ro4 und Pa2 [1235]. Die BRD-Sorten ‚Franzi NN' und ‚Miranda NN', die Resistenz gegen die Pathotypen Ro1—Ro5 besitzen, haben außer Genmaterial von *S. andigenum* und *S. demissum* auch noch solches von *S. spegazzinii* und ‚Franzi NN', zudem noch von *S. acaule* und *S. stoloniferum* [981].

Tabelle 34
Resistenzquellen für die Züchtung auf Resistenz gegen Kartoffelzystenälchen (*Globodera rostochiensis* und *G. pallida*). Nach Lellbach et al. [981].

Solanum-Art	Pathotypen-resistenz	Gensymbol
S. andigenum (CPC 1673)	Ro 1	H_1
S. kurtzianum	Ro 1, Ro 2	K
S. multidissectum	Pa 1	H_2
S. sanctae-rosae	Pa 1	Sr
S. spegazzinii	Ro 1, Ro 2—Ro 5	Fa, Fb
S. andigenum	Pa 3	H_3
S. gourlayi	Pa 1—Pa 3	polygen
S. vernei	Ro 1 Ro 2, Ro 3, Pa 3	B, C oder H_1

Bislang haben jedoch vor allem verschiedene Herkünfte von *S. andigenum* und *S. vernei* Verwendung in der Resistenzzüchtung gefunden. Als besonders günstig hat sich auf Grund der leichten Kreuzbarkeit mit der tetraploiden Kulturkartoffel und der hohen Entseuchungswirkung *S. andigenum* erwiesen.

Toxopeus und Huijsman [1767, 1768] waren die ersten, die bei *Solanum andigenum* (Herkunft 1673) nachweisen konnten, daß die Resistenz gegen das Kartoffelzystenälchen auf ein einzelnes dominantes Gen zurückgeht, welches sie H_1 nannten. Später stellte sich heraus, daß dieses Gen nur gegen den Pathotyp 1 von *G. rostochiensis* (Ro1), den verbreitetsten Pathotyp in Europa, wirksam ist.

Goffart und Ross [592] führten die Resistenz in *S. vernei*, die, wie sich später herausstellte, gegen mehrere Pathotypen von *G. rostochiensis* und *G. pallida* wirksam ist, als polygen bedingt an, was sich in den Untersuchungen von Kort et al. [912] sowie von Huijsman und Lamberts [746] bestätigte. Plaisted et al. [1324] machten 2 Hauptgene, die sie B und C nannten, für die Resistenz verantwortlich; dabei sollte bereits ein Gen zur Ausbildung von Resistenz ausreichen, sich bei Auftreten beider Gene jedoch verstärken. Dagegen vermutete Ross [1452, 1453] einen Komplex von 4 Hauptgenen und weiteren Nebengenen, die die Resistenzausprägung steuern. Jones et al. [805] halten die Resistenz von *S. vernei* für durch mindestens 3 Hauptgene bedingt. Kreuzungen von Kulturkartoffelsorten mit *S. vernei* brachten weniger als 6% resistente Klone [1253]. Nach den Untersuchungen von Phillips und Trudgill [1312] kann die große Variabilität der ex-*vernei*-Klone nicht mit dem Wirken von nur 2 oder 3 Hauptgenen erklärt werden. Es wird vermutet, daß die ansteigende Resistenz in ex-*vernei*-Klonen vorwiegend additiv ist. Auf Grund der Variabilität der Klone verringert sich die Aussagefähigkeit eines Pathotypen-Testsortimentes, wenn nicht auf Verwendung von identischem Material geachtet wird.

Ein wichtiger Schritt in der Resistenzzüchtung war die Entdeckung des Resistenzgens H_3 in *S. andigenum* (‚CPC 2802') durch Howard [733] bzw. Howard und Fuller [734]. Es bedingt Resistenz gegen die Pathotypen Pa1—Pa3 von *G. pallida* [1312]. Weitere Untersuchungen zeigten dann, daß die Resistenz abweichend von jener durch H_1 aus ‚CPC 1673' nicht durch ein Hauptgen, sondern ähnlich wie bei *S. vernei* polygen bedingt ist [336].

Die bisher bei *Solanum*-Arten und -Klonen gefundenen Resistenzgene sind in Tabelle 35 zusammengefaßt dargestellt.

Tabelle 35
Solanum-Arten (und -Klone) mit Genen für Resistenz gegen *Globodera rostochiensis* und *G. pallida*.

	Hauptgen(e)	polygen	Gensymbol	Pathotypenresistenz
S. andigenum (CPC 1673)	1	—	H_1	Ro 1
S. kurtzianum	2	—	(A, B) K	Ro 1, Ro 2
S. multidissectum	1	—	H_2	Pa 1
S. sanctae-rosae	1	—	Sr	Pa 1
S. spegazzinii	2	—	Fa, Fb	Ro1, Ro2—Ro5
S. andigenum (CPC 2802)	(1)	+	H_3	Pa3
S. gourlayi	?	+		Pa1—Pa3
S. vernei (58.1642/4)	?	+		Ro1—Ro3
S. vernei (65.346/19)	?	+		Ro1—Ro5
S. vernei (62.33.3)	?	+		Ro1—Ro4 Pa1, Pa2
ex *andigena* x *multidissectum* (D 47/1)			(H_1, H_2, H_3)	Ro1, Pa1—Pa3
ex *andigena* x *multidissectum* (D 47/2)			(H_1, H_2, H_3 + ?)	Ro1, Pa1—Pa4

Obwohl in Europa der Pathotyp Ro1 von *G. rostochiensis* mit weitem Abstand vor den anderen Pathotypen in der Verbreitung dominiert und demzufolge die Resistenzzüchtung vor allem auf der Basis des Gens H_1 durchgeführt wird, sind Arbeiten zur Schaffung von Sorten mit Resistenz gegen weitere Pathotypen von *G. rostochiensis* und *G. pallida* in verschiedenen Ländern mit guten Erfolgsaussichten angelaufen.

Parrott und Trudgill [1274] kombinierten die Gene H_1 und H_2 und erhielten Genotypen, die gegen die Pathotypen Ro1 und Pa1 resistent waren. Hunnius und Scheidt [747] kombinierten das Gen Fb aus *S. spegazzinii* mit H_1 aus *S. andigenum* und erreichten damit Resistenz gegen alle 5 europäischen Pathotypen von *G. rostochiensis* (Ro1—Ro5). Fuller und Howard [525] vermochten durch die Kombination des Gens H_2 von *S. multidissectum* mit den Resistenzgenen von *S. vernei* die Resistenz gegen den Pathotyp Pa3 von *G. pallida*, der auch in der DDR lokal vorkommt, in den Nachkommenschaften zu erhöhen.

Die Notwendigkeit, gegen die Pathotypen der Kartoffelzystenälchen gewappnet zu sein, ergibt sich auch aus der Tatsache, daß z. B. in Südamerika ein abweichendes Spektrum von Pathotypen vorhanden ist, dessen künftige weitere Verbreitung nicht ausgeschlossen werden kann. Franco und Evans [494] stellten bei Prüfungen von Kartoffelsorten mit den Resistenzgenen H_1, H_2 und H_3 gegen 44 südamerikanische und 9 europäische Nematodenpopulationen fest, daß sich die südamerikanischen an allen Sorten — unabhängig von den vorhandenen Resistenzgenen — vermehren konnten, was die größere genetische Variabilität der südamerikanischen Herkünfte der Kartoffelnematoden beweist. Nach wiederholter Vermehrung von bestimmten resistenzbrechenden Pathotypen an resistenten Klonen wurden Populationen mit erhöhter Virulenz selektiert [1704].

Aus diesen Ergebnissen wird deutlich, daß auch die Virulenz der Nematoden bei der Resistenzzüchtung zu beachten ist. Jones und Parrott [804] waren die ersten, die die Existenz von Virulenzgenen bei *G. rostochiensis* vermuteten. In weiteren Untersuchungen von Jones [803], Jones et al. [805], Parrott und Berry [1273], Parrott [1271, 1272] u. a. konnte die Existenz von Gen-für-Gen-Beziehungen deutlich gemacht werden. Danach korrespondieren Virulenzgene in den Nematoden mit den Resistenzgenen in der Pflanze. Es wurde experimentell nachgewiesen, daß *G. rostochiensis* ein einzelnes rezessives Virulenzgen besitzt, welches die durch das Gen H_1 induzierte Resistenz unwirksam macht.

Kreuzungsexperimente zwischen *G. pallida*-Pathotypen bestätigten die Vererbung eines anderen Virulenzgens, welches mit dem Resistenzgen H_2 korrespondiert [1271]. Neuere Untersuchungen mit verschiedenen Pathotypen von *G. rostochiensis* bzw. *G. pallida* zeigten, daß die Vererbung der Virulenzgene entsprechend den Mendelschen Gesetzen erfolgt und unterstützen die Hypothese, daß es eine Gen-für-Gen-Beziehung zwischen diesen Pathotypen und ihren Wirten gibt. Das bedeutet aber auch, daß die Pathotypen nicht das Ergebnis von Mutationen sind, die unter dem Einfluß der resistenten Sorte entstehen, sondern durch Gene bestimmt werden, die bereits in der Nematodenpopulation vorhanden sind.

Dank der intensiven Bemühungen der Resistenzzüchtung befinden sich heute in fast allen europäischen Ländern nematodenresistente Kartoffelsorten im Anbau. Die Zahl der Sorten schwankt von Jahr zu Jahr durch Neuzulassungen bzw. Streichungen. Zum 1. 1. 1983 waren beispielsweise in der BRD 68 resistente Kartoffelsorten zugelassen; in den meisten anderen Ländern liegt diese Zahl erheblich darunter.

Die Sortenliste der DDR für das Jahr 1984 enthält folgende resistente Kartoffelsorten:

Reifegruppe 2 (frühe Reifezeit):
‚Auralia N', ‚Dorisa N'

Reifegruppe 3 (mittelfrühe Reifezeit):
‚Koretta N', ‚Karella N', ‚Salut N',
‚Lipsi N', ‚Xenia N'

Reifegruppe 4 (mittelspäte Reifezeit):
‚Turbella N'

Alle diese Sorten besitzen Resistenz gegen den Pathotyp Ro1 von *G. rostochiensis*, nicht aber gegen *G. pallida*.

In den Niederlanden gibt es aber bereits Sorten, die neben Resistenz gegen die Pathotypen Ro1—Ro3 noch solche gegen den Pathotyp Pa2 (*G. pallida*) aufweisen sollen, z. B. ‚Proton NN' und ‚Darwina NN'. Es gibt derzeit noch keine gegen den Pathotyp Pa3 resistente zugelassene Sorten, jedoch bereits hoch resistente Zuchtklone, z. B. ‚AM 78-3848' in den Niederlanden [745]. Der Pathotyp Pa3 ist zu 3—5% an der Gesamtverseuchung in der DDR beteiligt, wobei er nur im Gemisch mit Ro1 vorkommt [1689].

10.2.5. Züchtung bei Tomate auf Resistenz gegen Wurzelgallenälchen (*Meloidogyne spp.*)

Bei den Wurzelgallenälchen (*Meloidogyne* spp.) sind Resistenzträger in vielen Kulturpflanzenarten gefunden worden, z. B. bei Tomate, Tabak, Sojabohne, Gartenbohne, Baumwolle, Luzerne, Weinrebe und Pfirsich. Hervorzuheben ist jedoch, daß die Resistenz nicht gegen alle Wurzelgallenälchenarten wirkt. Beispielsweise ist die Tomatensorte ‚Nemared' resistent gegen *M. incognita*, *M. arenaria* und *M. javanica*, aber hoch anfällig für *M. hapla*.

Die Züchtung auf Resistenz gegen die wichtigsten *Meloidogyne*-Arten wird erheblich erschwert durch die Tatsache, daß es Unterarten sowie zytologische Rassen und Wirtsrassen mit unterschiedlichen Wirtsbeziehungen bei einzelnen Arten gibt.

So unterscheidet man bei *M. incognita* die Unterarten *M. incognita acrita* und *M. incognita wartelli*, die sich in einigen morphologischen Merkmalen von der Typform *M. incognita incognita* unterscheiden. Die Unterart *M. incognita acrita* vermag sich an *Lycopersicon peruvianum* zu entwickeln, was *M. incognita incognita* nicht kann, während *M. incognita wartelli* fähig ist, gegen *M. incognita incognita* resistente Sojabohnensorten zu befallen [593]. Daneben gibt es bei *M. incognita* noch 2 zytologische Rassen. Insgesamt sind 4 Wirtsrassen bekannt, wobei zwischen diesen und den beiden zytologischen Rassen keine Beziehungen bestehen [1769]. Zur Differenzierung der 4 Wirtsrassen von *M. incognita* wird zur Zeit das North Carolina-Testsortiment verwendet, das gleichzeitig auch eine

Differenzierung der beiden *M. arenaria*-Rassen sowie von *M. javanica* und *M. hapla* ermöglicht (Tab. 36).

Tabelle 36
Testsortiment zur Differenzierung einiger *Meloidogyne*-Arten und -Rassen. Nach Taylor und Sasser [1734].

	Differential-Wirtspflanzen (Sorten)					
	Tabak	Baumwolle	Paprika	Wasser-melone	Erdnuß	Tomate
	‚NC 95'	‚Deltapine 16'	‚California Wonder'	‚Charleston grey'	‚Florunner'	‚Rutgers'
M. incognita						
Rasse 1	—	—	A	A	—	A
Rasse 2	A	—	A	A	—	A
Rasse 3	—	A	A	A	—	A
Rasse 4	A	A	A	A	—	A
M. arenaria						
Rasse 1	A	—	A	A	A	A
Rasse 2	A	—	—	A	—	A
M. javanica	A	—	—	A	—	A
M hapla	A	—	A	—	A	A

A = anfällig
— = keine Entwicklung

Bei Tomate (wie auch bei anderen Kulturpflanzen) werden Wildarten bzw. Primitivformen in der Züchtung auf Resistenz gegen Wurzelgallenälchen in zunehmendem Maße genutzt. Ein bekanntes Beispiel ist die Einkreuzung der Wildtomate *Lycopersicon peruvianum* in die Kulturtomate, wodurch Resistenz gegen *M. javanica*, *M. incognita* und *M. arenaria* erreicht werden konnte. Auf Grund der sexuellen Unverträglichkeit von Kultur- und Wildformen der Tomate mußte der Weg über die Embryokultur zur Hybridpflanze gegangen werden.

Als erste wiesen McFarlane et al. [1097] darauf hin, daß die Resistenz gegen *Meloidogyne*-Arten bei Tomate in ihren *Lycopersicon*-Kreuzungen anscheinend dominant vererbt wird. Sie wird durch eine geringe Faktorenzahl kontrolliert. Gilbert und McGuire [579] identifizierten den Vererbungsmodus und führten die Resistenz in Tomaten auf ein einzelnes dominantes Gen zurück, welches sie Mi nannten und das wirksam gegen alle an Tomaten auftretenden *Meloidogyne*-Arten mit Ausnahme von *M. hapla* sein sollte. Später wurden 2 dominante und evtl. ein rezessives Resistenzgen identifiziert und als LMi R_1, LMi R_2 bzw. LMi r_3 bezeichnet [1599]. Die dominanten Resistenzgene fanden sich eng verbunden in den Tomatensorten ‚Nematex' und ‚Small Fry 1', das dritte Resistenzgen (LMi r_3) war ursprünglich in der Sorte ‚Cold Set-1' gefunden worden. Später erwies es sich als instabil gegenüber zytoplasmatischen und Temperatureinflüssen [1601]. Fatunla und Salu [461] identifizierten ein weiteres Resistenzgen in der Sorte ‚Rossol', welches verschieden zu LMi R_1 ist, während seine Beziehung zu LMi R_2 nicht festgestellt wurde. Da das frühere Gen-Symbol Mi keinen Hinweis auf den Wirt gab, war ein L (= *Lycopersicon*) vorgesetzt worden. Dafür wurde in der neuen Nomenklatur das R weggelassen [1603], so daß die dominanten Gene als LMi_1 oder LMi_2 bzw. das rezessive Gen als Lmi_3 bezeichnet werden.

Studien zur Vererbung der Resistenz gegen bzw. Anfälligkeit für *M. incognita* und *M. javanica* in 2 resistenten und 6 anfälligen Tomatensorten machten deutlich, daß die Resistenz durch ein einzelnes dominantes Gen kontrolliert wird, wobei die Resistenz gegen beide Nematodenarten durch das gleiche Gen bestimmt wird [818]. Zu ähnlichen Ergebnissen kommen Bost und Triantaphyllou [174]. Sidhu und Webster [1602] vertreten dagegen die Auffassung, daß bei Resistenz gegen *M. incognita* 2 dominante Hauptgene vorliegen, wobei das zweite allel zum ersten ist (LMi_1, LMi_1^2).

In den letzten Jahren wurden mehr als 70 resistente Tomatensorten gezüchtet. Etwa 30 Sorten besitzen Resistenz nur gegen *M. incognita*, mehr als 20 Sorten sind resistent gegen *M. incognita* und *M. javanica*, 6 Sorten besitzen Resistenz gegen 3 Arten (*M. incognita, M. javanica, M. arenaria*), 2 Sorten nur gegen *M. javanica*. Es gibt jedoch kaum Sorten mit Resistenz gegen *M. hapla* oder nur gegen *M. arenaria* [1495]. Nur in Italien erwiesen sich *L. peruvianum* und die Sorte ‚Nemared' als resistent gegen die dortige Population von *M. hapla* [232]. Einige Beispiele sind in der Tabelle 37 aufgeführt. Dabei ist zu bemerken, daß Resistenz gegen eine Art nicht bedeutet, daß alle Rassen gleichermaßen erfaßt werden, d. h. es gibt rassenabhängige Unterschiede im Sortenverhalten.

Tabelle 37
Tomatensorten mit Resistenz gegen eine oder mehrere *Meloidogyne*-Arten

	Resistenz gegen		
	M. incognita	*M. javanica*	*M. arenaria*
Monte Carlo	R	A	A
Rossita	R	A	A
Rossol	R	R	A
Nemared	R	R	A
Atkinson	R	(R)	A
Anahu R	R	(R)	R
Nematex	R	R	R
VFN-8	R	R	R
Marmar	A	R	A

R = hoch resistent
(R) = mäßig resistent
A = anfällig

In den Versuchen von Araujo et al. [65] wiesen bei der Prüfung von 9 Genotypen gegenüber den Rassen 1 und 4 von *M. incognita* die Abkömmlinge von *L. peruvianum* var. *dentatum* einen deutlich höheren Resistenzgrad gegen Rasse 4 auf als die *L. esculentum*-Sorten.

Nicht unerwähnt darf bleiben, daß auch resistenzbrechende Rassen oder Pathotypen auftreten können. So fand Prot [1356] in Senegal eine solche Rasse von *M. arenaria* an der resistenten Sorte ‚Rossol', die sich hieran sowie an weiteren resistenten Sorten (z. B. ‚Anahu', ‚Healani', ‚Nemavite', ‚Pannevis' und ‚42166') ebenso gut vermehrte wie an der anfälligen Sorte ‚Roma'. In einem Vergleich mit *M. javanica* zeigte die B-Rasse von *M. arenaria* eine höhere Pathogenität. (Der Begriff „B-Rasse" wurde von Riggs und Winstead [1406] für Nachkommen von Weibchen vorgeschlagen, die sich durch fortdauernde Selektion an resistenten Tomatensorten „angepaßt" haben. Dies gilt für *M. incognita, M. incognita acrita* und *M. arenaria*.) Bei Temperaturen über 33 °C vermochte auch *M. javanica* die Resistenz von ‚Rossol' zu brechen, aber die Vermehrung blieb geringer als an der anfälligen ‚Roma' [1356].

10.3. Multiple und komplexe Resistenz

Die Züchtung von Kulturpflanzensorten mit multipler bzw. komplexer Resistenz (vgl. 3.3.) findet mehr und mehr das Interesse der Pflanzenzüchtung [1575]. Spaar [1665] sieht im Rahmen der modernen Bekämpfungsstrategie gegen Schaderreger in der Einbeziehung des

Anbaus resistenter Sorten die Möglichkeit, dem Entstehen ökologischer Nischen entgegenzuwirken. Eine der Voraussetzungen für die erfolgreiche Züchtung in dieser Richtung ist die Kenntnis der möglichen gegenseitigen Beeinflussung der Schaderreger in einem Pathosystem und deren Einfluß auf das Resistenzverhalten der Pflanze.

10.3.1. Wechselbeziehungen zwischen verschiedenen Schaderregergruppen

Die Vielfalt und Kompliziertheit der Wechselbeziehungen innerhalb des Schaderregerkomplexes einer Pflanze wie auch zwischen beiden Komponenten des Pathosystems macht eine erschöpfende Darstellung unmöglich, zumal unsere Kenntnisse auf diesem Gebiet noch recht lückenhaft sind. Wir wollen als Beispiel zunächst nur Spinnmilben *(Tetranychus urticae)* und verschiedene Blattlausarten erwähnen, deren Vermehrungsrate durch einen gleichzeitigen Befall der Pflanze mit bestimmten Viren unter Umständen so beeinflußt wird, daß sich die Resistenz der Pflanze — gemessen an der Vermehrungsrate dieser Schädlinge — verändern kann [514, 1014]. Im übrigen möchten wir uns auf die Darstellung der gegenseitigen Einflußnahme von pflanzenparasitären Nematoden und Viren, Bakterien sowie Pilzen beschränken. Diesbezügliche umfangreiche Zusammenstellungen finden sich u. a. bei Decker [349] und Pitcher [1321] sowie bei Weischer [1857] und Powell [1344].

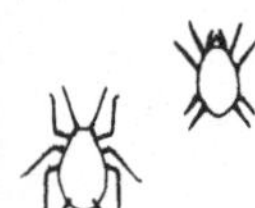

Die Wechselbeziehungen zwischen Nematoden und nichttierischen Schaderregern lassen sich wie folgt gliedern:

— Nematoden verursachen Wunden, die von manchen Bakterien oder Pilzarten als „Eintrittspforten“ genutzt werden, z. B. *Meloidogyne* spp. — *Pseudomonas solanacearum*, *Meloidogyne* spp. — *Fusarium* spp. (Bild 3) [1293], Dorylaimiden — Viren [510].

— Nematoden wirken als Vektoren von Pilzen, Bakterien oder Viren [349].

— Nematoden erhöhen die Anfälligkeit der Pflanzen für andere Schaderreger, worauf nachfolgend noch näher eingegangen wird.

— Nematoden rufen Nekrosen hervor, die anderen Schaderregern als „Startbasis“ dienen, z. B. *Pratylenchus penetrans — Verticillium albo-atrum.*

— Nematoden „brechen“ die Resistenz der Pflanzen gegen andere Schaderreger (Bakterien, Pilze), wofür im folgenden Beispiele genannt werden.

— Nematoden als Konkurrenz- und Streßfaktoren in der Epidemiologie von Pflanzenkrankheiten, z. B. *Pratylenchus* spp. — wurzelparasitäre Pilze.

— Nematoden als Hemmer von Pflanzenkrankheiten durch Vernichtung des Pilzmyzels, z. B. *Ditylenchus destructor* oder *Aphelenchus avenae — Fusarium* spp. oder *Pythium* spp.

— Nematoden werden durch andere Schaderregergruppen (Bakterien, Pilze) gehemmt, z. B. *Gaeumannomyces graminis — Heterodera avenae.*

Besonderes Interesse hat der Einfluß pflanzenparasitärer Nematoden auf die „Brechung“ der Resistenz gegen Pilzkrankheiten gefunden (vgl. 10.3.3.). Bereits Sasser et al. [1496] konnten zeigen, daß *Phytophthora parasitica* var. *nicotianae* verstärkt an resistenten Tabaksorten auftrat, wenn diese gleichzeitig durch Wurzelgallenälchen befallen waren. Während der Pilz in normalem Gewebe nur langsam wächst, kommt es zu einer intensiven Entwicklung, wenn das Myzel vergalltes Gewebe erreicht [1345]. Ähnlich verstärkt sich auch die *Fusarium*-Welke, verursacht durch *F. oxysporum* f. sp. *nicotianae*, an resistentem Tabak durch einen Befall mit *Meloidogyne incognita*, *M. javanica* oder *M. arenaria*. Besonders stark entwickelte sich die Welke, wenn die Nematoden 2—4 Wochen vor der Inokulation des Pilzes zugesetzt wurden [1340].

Daß es sich bei der Wechselwirkung Nematode—Pilz—Pflanze um keine einfache Schaffung von Eingangswunden handelt, konnten Cohn und Minz [302] an der *Fusarium*-Welke der Tomate, verursacht durch *F. oxysporum* f. sp. *lycopersici*, demonstrieren. Durch künstliche Verletzungen an den Wurzeln welkeresistenter Tomaten erreichten sie keine „Brechung“ der Resistenz; sie war jedoch möglich bei gleichzeitigem Befall durch *M. incognita* und *M. hapla*.

Nach Pelcz et al. [1292] wurde die Resistenz der Gewächshausgurken-Sorte ‚Polo' gegen *F. oxysporum* f. sp. *cucumerinum* bei gleichzeitigem Befall der Pflanzen mit *Meloidogyne incognita* überwunden. Unter diesen Bedingungen erreichte ‚Polo' annähernd den gleichen Befallsgrad wie die *Fusarium*-anfällige Sorte ‚Trix' ohne Nematodenbefall.

Der Welkeerreger der Tomate (*Fusarium oxysporum* f. sp. *lycopersici*) ist unter nematodenfreien Kulturbedingungen bei Gurke apathogen. Bei gleichzeitigem Befall der Pflanzen mit *Meloidogyne incognita* konnten Hirano und Kawamura [706] an japanischen Gurkensorten und Pelcz et al. [1294] an Gurkensorten aus dem DDR-Sortiment nachweisen, daß diese normalerweise auf Tomate spezialisierte *Fusarium*-Form für die Gurke pathogen wird. Umgekehrt ließ sich eine Pathogenität der auf Gurke spezialisierten *Fusarium*-Form (*F. oxysporum* f. sp. *cucumerinum*) für Tomate bei gleichzeitigem *Meloidogyne*-Befall nur durch Hirano und Kawamura [706] nachweisen.

Nicht alle Nematodenarten sind jedoch zur Förderung des *Fusarium*-Befalls befähigt. Dies zeigten Yang et al. [1898] bei *F. oxysporum* f. sp. *vasinfectum* und verschiedenen Nematodenarten an Baumwolle. Während *Meloidogyne incognita* und *Belonolaimus longicaudatus* das Auftreten der Welke stark förderten, namentlich bei hohen Populationsdichten, vermochte *Hoplolaimus galeatus* dies nicht.

In neueren polnischen Untersuchungen mit *F. oxysporum* f. sp. *pisi* (Rasse 1) und *Pratylenchus penetrans* an einer anfälligen und einer resistenten Erbsensorte wies Szerszen [1725] nach, daß *P. penetrans* ebenfalls befähigt ist, zur „Brechung" der *Fusarium*-Resistenz beizutragen. Gleichzeitig konnte die Rolle des Zeitfaktors deutlich gemacht werden. Wurden die Nematoden vor dem Pilz zugegeben, so verstärkte sich die Welkekrankheit bei der anfälligen Sorte; erfolgte die Nematodeninokulation nach der Pilzzugabe, so verringerte sich das Krankheitsausmaß. Bei der resistenten Sorte trat dagegen durch eine unterschiedliche zeitliche Zugabe der beiden Pathogene keine Veränderung in der Pathogenese der Welkekrankheit ein.

Es ist zu vermuten, daß durch den Nematodenbefall eine Änderung im Stoffwechsel der Pflanze eintritt, wodurch diese anfällig für *Fusarium* wird. Da die Reaktionsmuster der „Resistenzbrechung" ähnlich sind, d. h. die Pilze gewöhnlich auch in die resistenten Pflanzen eindringen, sich aber nicht so entwickeln können wie in anfälligen Sorten, wird vermutet, daß die Unterschiede in den Reaktionen anfälliger und resistenter Sorten nicht so groß sind, wie oft angenommen wird. Pitcher [1321] vertritt die Auffassung, daß die „Brechung" der Resistenz eine auffällige Störungsvariante der Reaktion von anfälligen oder toleranten Sorten sein könnte.

Biochemische Veränderungen in Tomatenpflanzen unter dem Einfluß von *Meloidogyne incognita* wiesen Fritzsche et al. [519] nach. Für *M. incognita*- und *Rhizoctonia solani*-Befall an Tomatenwurzeln konnte dies von Gundy et al. [627] bestätigt werden. Durch die infolge des Befalls mit Nematoden ausgelösten Veränderungen im Wurzelgewebe geht der Pflanze offenbar die Fähigkeit zur Mobilisierung der Abwehrreaktion gegen den Pilz verloren. Auch für *Ditylenchus dipsaci* ließ sich ein deutlicher Einfluß auf die Stoffwechselvorgänge in der Wirtspflanze nachweisen [521]. Dieser kann sich auf Stickstoffverbindungen und reduzierende Zucker wie auch auf bestimmte Glycoside erstrecken [1880, 1881]. Das ist von besonderem Interesse, da andererseits bestimmte Glycoside und andere sekundäre Pflanzeninhaltsstoffe für die Resistenz von Pflanzen gegen andere tierische Schaderreger verantwortlich sein können (vgl. 6.2.1.), so daß durch gleichzeitigen Nematodenbefall auch das Resistenzverhalten der betreffenden Pflanzen gegenüber oberirdisch angreifenden Schädlingen beeinträchtigt werden könnte. In Versuchen mit kombinierten Inokulationen von *Rotylenchus reniformis* und *Verticillium dahliae* bei den Baumwoll-Sorten ‚Acala 4-42-77' und ‚Acala SJ-4' konnte eine synergistische Wachstumsdepression festgestellt werden [1737], ebenso für den gleichzeitigen Befall von Gurken durch *Meloidogyne incognita* und *Fusarium oxysporum* f. sp. *cucumerinum* [511, 1293].

Es gibt auch Beispiele für eine Beeinflussung der Vermehrung von Arthropoden bei gleichzeitigem Befall der Pflanzen durch Nematoden und damit eine Veränderung des Resistenzverhaltens gegenüber diesen Schädlingen. So wiesen Fritzsche und Wolffgang [517] nach, daß 3—5 Wochen nach der Infektion von Tomaten- und Selleriepflanzen mit *Meloidogyne incognita* die Vermehrungsrate der gleichzeitig vorhandenen Spinnmilben (*Tetranychus urticae*) zunächst erheblich über der von nematodenfreien Pflanzen lag, später

dagegen wesentlich absank, so daß nach einigen Wochen die nematodenfreien Pflanzen einen etwa um 20% höheren Milbenbefall aufwiesen als diejenigen mit Nematodenbefall.

10.3.2. Beispiele für multiple Resistenz

Aus der Vielzahl der vorliegenden Beispiele für multiple Resistenz von Kulturpflanzensorten gegen tierische Schaderreger können an dieser Stelle nur einige wenige aufgeführt werden. Wie wir bereits im Abschnitt 3.3. dargestellt haben, verstehen wir unter multipler oder Mehrfach-Resistenz die in einer Sorte oder Zuchtlinie verankerte Resistenz gegen verschiedene tierische Schädlinge. Hierher gehört auch die gruppenspezifische Resistenz, die sich auf gleichzeitige Widerstandsfähigkeit gegen 2 oder mehr nahe verwandte Arten bezieht.

Gruppenspezifische Resistenz findet sich besonders häufig bei den Wurzelgallenälchen (*Meloidogyne* spp.). Beispiele hierfür wurden bereits im Abschnitt 10.2.5. genannt. Danach gibt es Sorten, die gegen 2, 3 oder 4 *Meloidogyne*-Arten resistent sind. Je enger die Nematoden verwandt sind, d. h. sich auch in der Lebens- und Parasitierungsweise ähneln, um so häufiger ist mit dem Vorkommen multipler Resistenz zu rechnen. Andererseits tritt multiple oder gruppenspezifische Resistenz gegen Nematodenarten, die sich in ihrer Parasitierungsweise stark unterscheiden, nicht sehr häufig auf.

Interessant sind die Verhältnisse bei der Sojabohne, die von mehr als 50 Phytonematoden parasitiert werden kann. Die wichtigsten sind *Heterodera glycines* und *Meloidogyne incognita*, aber auch *Rotylenchulus reniformis* ist nicht ohne Bedeutung. Diese Arten besitzen hochentwickelte parasitische Beziehungen, d. h., sie bilden Nährzellensysteme im Wurzelgewebe aus. Einige Sorten, z. B. ‚Forrest‘ und ‚Centennial‘, sind resistent gegen die genannten 3 Nematodenarten. Andere Sorten, die resistent gegen *H. glycines* sind, zeigen oft auch Resistenz gegen *R. reniformis*, wahrscheinlich auf Grund der zwar separaten, aber verbundenen Resistenzgene [243, 584, 662]. Einige neue Sojabohnen-Linien sind resistent gegen *Meloidogyne arenaria*, *M. incognita* und *Heterodera glycines*, z. B. ‚F 77-1797‘, ‚F 77-1790‘ und ‚F 77-1840‘. Während die für *H. glycines* anfällige Sorte ‚Cobb‘ 1790 kg/ha Samenertrag brachte, betrug er beispielsweise bei ‚F 77-1797‘ 3161 kg/ha [882].

Eine ähnliche Situation ist bei den Kartoffel-Klonen ‚B 7642-2‘, ‚B 7154-8‘ und ‚B 7680-6‘ vorhanden, die neben der Resistenz gegen *Globodera rostochiensis*, Pathotyp Ro1 (auf Grund des Resistenzgens H_1), noch Resistenz gegen *Rotylenchulus reniformis* besitzen. Auch der Klon ‚PI 377741‘, der die Resistenzgene H_1 und H_2 enthält, ist gleichzeitig resistent gegen *R. reniformis* [1385]. — Bei den *Solanum*-Wildarten *S. bulbocastanum*, *S. canasense* und *S. multidissectum* gibt es Formen, die sowohl gegen *Myzus persicae* als auch gegen *Macrosiphum euphorbiae* resistent sind [1364].

Unter 14 gegen *Meloidogyne javanica* hoch und mäßig resistenten Genotypen von *Sorghum bicolor* befand sich nur einer (‚SART‘), der gleichzeitig mäßig resistent gegen *Pratylenchus brachyurus* war. Andererseits zeigte von den 4 Genotypen, die tolerant für *P. brachyurus* waren, nur ein Genotyp (‚CMS‘ × ‚S 732‘) auch Toleranz für *M. javanica* [1585]. Diese Ergebnisse lassen deutlich erkennen, daß es gegen diese beiden Nematodenarten keine gemeinsame genetische Basis für Resistenz und Toleranz gibt. — Untersuchungen in der Sowjetunion zeigten, daß die *Sorghum*-Sorte ‚Szarvas‘ sowie die Weizensorten ‚Fox Promin‘ und ‚Odesskaja Jubilejnaja‘ sowohl gegen *Rhopalosiphum maidis* als auch gegen *Schizaphis graminum* Resistenz aufwiesen [1238].

Bei Rotklee wurde in den USA auf Formen hin gezüchtet, die sowohl gegen *Therioaphis trifolii* als auch gegen *Acyrthosiphon pisum* resistent sind. Nach 5 (*T. trifolii*) bzw. 3 (*A. pisum*) Zyklen der Prüfung und Selektion gelangte man zu Zuchtmaterial, das hochgradige Resistenz gegen beide Aphidenarten aufwies [609].

Gruppenspezifische Resistenz gegen die sehr schädlichen Blattlausarten *Acyrthosiphon pisum*, *A. kondoi* und *Therioaphis trifolii maculata* weist der Luzerne-Genotyp ‚CUF 101' aus den USA auf. Damit erwies sich erstmalig eine Luzerne-Züchtung als resistent gegen 3 Aphidenarten [1199]. In Australien züchtete man auf der Grundlage von Kreuzungen zwischen 8 ‚Du Puits'-Klonen aus Tasmanien, 70 Klonen aus Neuseeland und 40 blattlausresistenten Klonen der bereits genannten amerikanischen Sorte ‚CUF 101' sowie der Zuchtlinien ‚UC 110' und ‚UC 112' die Luzernesorte ‚Sirotasman', deren Sämlinge gegen alle 3 genannten Aphidenarten hoch resistent sind [1243]. — Bei der Prüfung von 33 Luzerne-Klonen auf Resistenz gegen *Meloidogyne hapla* und *Pratylenchus penetrans* fand man 2 Klone, die Resistenz gegen beide Nematodenarten besaßen; sie wird jedoch nicht durch das gleiche Gen bestimmt [1765].

Gruppenspezifische Resistenz gegen Zikaden ist von mehreren Kulturpflanzenarten bekannt. So sind z. B. nach Untersuchungen in Indien [1808] die Reissorten ‚T 1425', ‚T 1471', ‚Ptb 33(A)', ‚Ptb 19', ‚IR 781-144-1-IR 8/2', ‚Valsara Champara' und ‚Lal Basmati' resistent gegen *Nilaparvata lugens*, *Sogatella furcifera* und *Nephotettix virescens*.

Aus der Vielzahl von Beispielen für multiple Resistenz gegen Schädlinge aus verschiedenen Insektengruppen seien nur folgende genannt:

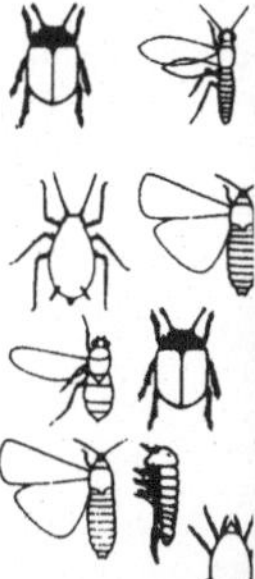

Die in der UdSSR entwickelten Sommerweizenlinien ‚Grecum 25H84', ‚Albidum 56H181/488' und ‚Lutescence 300H33' sind resistent gegen *Oulema melanopa* und *Cephus pygmaeus* [210].

Einige sowjetische Weißkohlsorten, darunter ‚Losinoostrovskaja 8', weisen Dreifachresistenz auf, und zwar gegen die Kohlblattlaus *(Brevicoryne brassicae)*, die Kohlmotte *(Plutella xylostella)* und die Kleine Kohlfliege *(Delia brassicae)* [75].

Die australische Sorte ‚Othello' der Esparsette verfügt über Resistenzeigenschaften gegen die Aphiden *Therioaphis trifolii maculata* und *Acyrthosiphon kondoi*, die Coleopteren *Sitona humeralis*, *Hypera postica* und *H. brunneipennis*, die Lepidopteren *Heliothis punctigera* und *Etiella behri*, den Collembolen *Sminthurus viridis* sowie die Milbe *Halotydeus destructor* [1244].

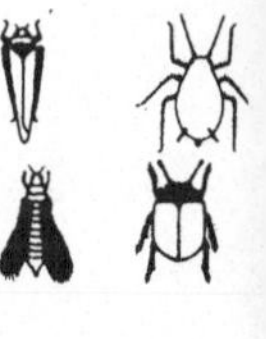

In Nigeria fand man in den Serien ‚TVu' und ‚VITA' von *Vigna unguiculata* Formen mit Resistenz gegen *Empoasca dolichi* (Zikade), *Aphis craccivora* (Blattlaus), *Maruca testulalis* (Schmetterling), *Acanthomyia horrida* (Fliege), *Taeniothrips sjostedti* (Blasenfuß) und *Callosobruchus maculatus* (Käfer). Einige Linien mit Resistenz gegen *E. dolichi* waren auch resistent gegen *Meloidogyne incognita* [1623].

Bemerkenswerte Erfolge wurden bei der Kombination von Resistenzeigenschaften der Baumwolle erzielt, die Widerstandsfähigkeit gegen verschiedene Insektenschädlinge (Schmetterlinge, Käfer, Wanzen, Zikaden, Blasenfüße u. a.) verleihen. So gelang es z. B. in den USA, die Resistenz gegen *Heliothis virescens*, *Pectinophora gossypiella*, *Trichoplusia ni* sowie gegen *Alabama argillacea* [1022] bzw. gegen *H. virescens*, *Lygus lineolaris* und *Trialeurodes abutilonea* in bestimmten Zuchtlinien zu vereinigen [953]. Dabei war zu beachten, daß der Einbau eines Merkmals, das Resistenz gegen einen bestimmten Schaderreger bewirkt, gleichzeitig Vorteile für einen anderen Vertreter des Schaderregerkomplexes der Baumwolle bedeuten konnte. Einen Überblick über diese komplizierten Zusammenhänge gibt Tabelle 38 (vgl. auch Tab. 16, S. 134).

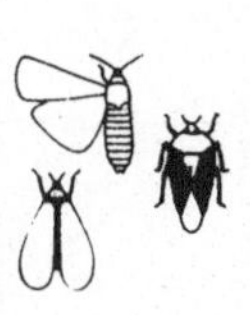

Über genetisch fixierte Resistenz bei Maishybriden gegen *Ostrinia nubilalis*, *Heliothis zea*, *Spodoptera frugiperda*, *Diatraea*- und *Diabrotica*-Arten wird aus den USA berichtet [1825]. Vasal et al. [1796] vertreten die Ansicht, daß im Zuchtmaterial von Mais in Mexiko ein ausreichender Genpool vorhanden ist, um Sorten mit Resistenz gegen *Thrips*-Arten, *Spodoptera frugiperda*, *Heliothis zea* und *Diatraea*-Arten zu züchten. Auch in der UdSSR konzentriert man sich mehr und mehr auf die Züchtung von Maishybriden mit Mehrfachresistenz [1352]. So konnten Fed'ko und Kovalev [464] über Maisherkünfte mit Resistenz gegen *Ostrinia nubilalis* und *Rhopalosiphum maidis* berichten. Dabei wiesen sie direkte Abhängigkeiten zwischen der Vermehrungsrate von *R. maidis* und *O. nubilalis* nach, so daß die

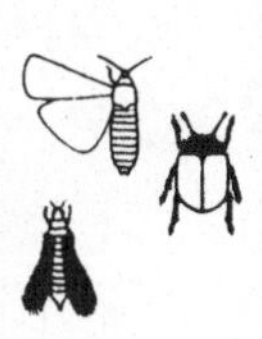

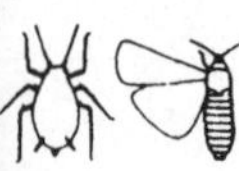

bereits in einem frühen Entwicklungsstadium des Maises mögliche Prüfung auf Resistenz gegen die Blattlaus gleichzeitig zur Beurteilung der Resistenz gegen den Maiszünsler dienen konnte.

Tabelle 38
Vorteile und Nachteile beim Einbau von Resistenzeigenschaften in Baumwollsorten. Nach Schuster [1535].

Vorteil	Nachteil
Behaarung	
1. Zunahme der Toleranz für Saugen von Miriden um 50%	1. Erhöhung der Eiablage von *Heliothis* spp. (zweifach bei Beborstung (Gen H1) bzw. vierfach bei Behaarung (Gen H2))
2. Verhinderung der Eiablage von *Anthonomus grandis*	2. Zunahme des Staubes beim Entkörnen
3. Verringerung des Schadens durch *Pectinophora gossypiella*	3. Geringe Ertrags- und Qualitätsverminderung
Ohne Behaarung	
1. Verringerung des Befalls durch *Heliothis* spp. um 60%	1. Zunahme des Miridenschadens um 40%
2. Verringerung des Befalls durch *P. gossypiella* um 40%	2. Zunahme des Schadens durch *Trichoplusia ni*
3. Weniger Staub beim Entkörnen	3. Zunahme des Befalls durch *Empoasca* spp.
	4. Geringe Ertragsminderung
Hoher Gossypolgehalt	
1. Verringerung des Befalls durch *Heliothis* spp. um 50%	1. Verminderter Wert der Samen als Nahrung
2. Signifikante Verminderung der Miriden	2. Leichte Zunahme der Anfälligkeit für Thripse und Spinnmilben
	3. Gossypol ist an der Byssinose (allergische Bronchitis) beteiligt
Rotfärbung	
1. Schwache Nichtpräferenz für *A. grandis*	1. Ertragsreduktion, steigt mit zunehmender Farbintensität
„Frego bract“	
1. Schwache Nichtpräferenz für *A. grandis*	1. Zunahme des Miridenschadens um das Zwei- bis Dreifache
2. Erhöhung der Insektizidbedeckung	
3. Verringerte Kapselfäule	
Ohne Nektarien	
1. Verringerung des Miridenbefalls um 60%	1. Verringerung der Ernährungsmöglichkeit für gewisse Parasiten und Prädatoren
2. Verringerung des Befalls durch *P. gossypiella* um 40%	
3. Verringerte Kapselfäule	
Hoher Tanningehalt	
1. Verringerung des Befalls durch *Heliothis* spp. um 70%	1. Die Baumwollblätter können (in größerer Menge verfüttert) für das Vieh toxisch sein
2. Verringerung des Befalls durch Spinnmilben um 80%	
3. Resistenz gegen *Verticillium*-Welke	
4. Das Samenfleisch ist nicht kontaminiert	

10.3.3. Beispiele für komplexe Resistenz

Wie wir bereits in Abschnitt 3.3. erläutert haben, verstehen wir unter komplexer Resistenz Eigenschaften der Widerstandsfähigkeit einer Sorte oder Zuchtlinie, die sowohl gegen tierische Schaderreger als auch gegen Pathogene gerichtet sind. Aus der Vielfalt der hierfür vorliegenden Beispiele müssen wir uns auf einige charakteristische beschränken.

Aus Untersuchungen von Rufty et al. [1462] ist bekannt, daß Tabaksorten *(Nicotiana tabacum)*, die resistent gegen *Meloidogyne incognita* sind, bei einer Infektion mit dem Kartoffel-Y-Virus (potato virus Y) (M^SN^R-Stamm) Nekrosen ausbilden. Die Nekrotisierung ist stark bei 28 °C, mild bei 32 °C und nicht vorhanden bei 35—40 °C, d. h., die Reaktion folgt der temperaturabhängigen Nematodenresistenz (vgl. 8.1.1.). Diese Parallelität läßt vermuten, daß es sich um pleiotrope Effekte eines einzelnen Gens handelt. In weiteren Versuchen wurden 15000 F_2-Pflanzen aus Kreuzungen resistenter mit anfälligen Sorten mit beiden Schaderregern inokuliert. Dabei zeigte sich, daß alle Pflanzen, die keine Nekrosen ausbildeten, nematodenanfällig waren. Pflanzen, die *Meloidogyne-* und Y-Virus-Resistenz besaßen, entwickelten jedoch ebenfalls keine oder nur wenig Nekrosen. Die Y-Virus-Resistenz ist durch ein rezessives Gen bedingt, das epistatisch zum Nematodenresistenz-Gen zu sein scheint. Unter den *Nicotiana*-Arten suchte man nach neuen Quellen der Nematodenresistenz, die nicht mit der nekrotischen Reaktion auf den M^S N^R-Stamm des Y-Virus assoziiert sind. Der Abkömmling ‚58' von *N. tomentosa* entsprach diesem Ziel; er ist hoch resistent gegen Wurzelgallenälchen und anscheinend immun gegen das Y-Virus [1463]. — Von den gegen *Meloidogyne incognita* hoch resistenten Tabaksorten ‚Coker 254', ‚Coker 258', ‚Coker 347' (aus ‚Coker 319' × ‚Coker 258') sowie ‚Coker 354' (aus ‚Coker 319' × ‚Coker 258') sind die beiden letztgenannten auch resistent gegen *Phytophthora parasitica* var. *nicotianae* sowie mäßig resistent gegen *Pseudomonas solanacearum*, *Fusarium*-Welke und *Alternaria longipes* [1442]. — Bei der Prüfung mehrerer Sorten von *Nicotiana tabacum* bzw. Zuchtlinien von *N. longiflora* auf komplexe Resistenz gegen *Globodera tabacum solanacearum* und *Pseudomonas syringae* pv. *tabaci* zeigte sich, daß Pflanzen mit Resistenz gegen das Pathogen signifikant weniger Nematodenzysten ausbildeten als anfällige Pflanzen. Es wird vermutet, daß die Resistenz von *N. longiflora* gegen *P. syringae* pv. *tabaci* mit der Resistenz gegen *G. tabacum solanacearum* verbunden oder pleiotrop ist [909].

Wurzelparasitäre Nematoden, insbesondere zystenbildende und Wurzelgallen erzeugende Arten, vermögen bei einem kombinierten Befall mit *Pseudomonas solanacearum* die Welkekrankheit bei Kartoffel und Tomate zu verstärken bzw. früher zu entwickeln oder sogar welkeresistente Sorten anfällig zu machen [499, 772, 1174, 1553]. Neuerdings gelang es bei Kartoffeln, die Resistenz gegen *Meloidogyne incognita*, *M. javanica* und *M. arenaria* mit der gegen *P. solanacearum* zu kombinieren, wobei auf die Nematodenresistenz von *Solanum sparsipilum* und die Bakterienresistenz von *S. phureja* und *S. sparsipilum* zurückgegriffen wurde [599]. Weiterhin sei die komplexe Resistenz von *Solanum chacoense* f. *subtilis* gegen *Globodera rostochiensis*, *Ditylenchus destructor* und den Erreger des Kartoffelkrebses *(Synchytrium endobioticum)* erwähnt [823].

Bei Tomate wurde die Sorte ‚Small Fry' mit Resistenz gegen *Meloidogyne incognita* und *Fusarium oxysporum* f. sp. *lycopersici* gezüchtet. Die Analyse der Spaltungsverhältnisse in der F_2-Generation einer Kreuzung mit der anfälligen Sorte ‚Wonder Boy' läßt erkennen, daß 2 dominante Resistenzgene unabhängig voneinander wirksam sind: LMi_2 ist verantwortlich für die Nematodenresistenz, Fo 1 R_1 verantwortlich für die Resistenz gegen *F. oxysporum* f. *lycopersici*, Rasse 1. Dabei ist bemerkenswert, daß Pflanzen, die genetisch nematodenanfällig, aber *Fusarium*resistent sind, in Anwesenheit der Nematoden eine erhöhte Pilzanfälligkeit zeigen, unabhängig davon, welcher Erreger zuerst inokuliert wurde. Das Verhältnis der anfälligen zu resistenten Pflanzen bei getrennten Inokulationen läßt eine Modifikation des klassischen Dihybridverhältnisses (9:3:3:1) in ein 9:3:4-Verhältnis erkennen, welches charakteristisch für eine rezessive Epistasis ist [1600]. Damit wird deutlich, daß die schon länger bekannte Prädispositionsbeeinflussung durch den Nematodenbefall eine genetische Basis besitzt [1849]. Beachtung verdient in diesem Zusammenhang, daß bei Erhöhung der Temperatur auf 35 °C die Tomatensorte ‚Nematex' ihre Resistenz gegen *Meloidogyne incognita* verlor, jedoch nicht die Resistenz gegen *Fusarium oxysporum* f. sp. *lycopersici*, Rasse 1, was ebenfalls für die Unabhängigkeit der Resistenzgene spricht [1].

Die Luzernesorte ‚Nevada Synthetic XX' ist resistent gegen *Meloidogyne hapla*, *Ditylenchus dipsaci* und *Corynebacterium insidiosum*, den Erreger der bakteriellen Luzernewelke [1290], die Sorte ‚Vertus' gegen *D. dipsaci* und den Welkeerreger *Verticillium albo-atrum* [1026]. — Die Luzernesorte ‚WL 315' ist hoch resistent gegen die Maryland-Biotypen von *Acyrthosiphon pisum*, *Corynebacterium insidiosum* und *Fusarium oxysporum*, tolerant für den Saugschaden der Zikade *Empoasca fabae* und mäßig resistent gegen die kalifornischen Biotypen von *Therioaphis trifolii maculata*, *Ditylenchus dipsaci* sowie gegen *Colletotrichum trifolii* und *Phytophthora megasperma* [931]. — Die aus der chilenischen Sorte ‚Cody' und der flämischen Sorte ‚Du Puits' hervorgegangene Luzernesorte ‚KS 145' schließlich weist Resistenz gegen folgende Aphiden und Pathogene auf (in Klammern der Resistenzgrad): *Therioaphis trifolii maculata* (90%), *Acyrthosiphon pisum* (77%), *Corynebacterium insidiosum* (45%), die *Colletotrichum trifolii*-Rasse 1 (80%), *Fusarium oxysporum* (49%), *Phytophthora megasperma* (24%) sowie die *Peronospora trifoliorum*-Isolate 15 (84%), 17 (36%) und 18 (74%) [1659].

Ein Beispiel erfolgreicher Züchtung auf komplexe Resistenz ist die Schaffung einer neuen Weizensorte mit Resistenz gegen Hessenfliege *(Mayetiola destructor)*, Steinbrand *(Tilletia tritici)* und Schwarzrost *(Puccinia graminis)* durch Briggs [188] in den USA innerhalb von rund 14 Jahren. In Abbildung 26 ist das dabei angewandte Züchtungsschema dargestellt [1508]. — Sowjetische Untersuchungen ergaben, daß die Weizensorten ‚Čajka', ‚Fox' und ‚Centurk' über Resistenz gegen *Macrosiphum avenae* sowie *Erysiphe graminis* und *Puccinia recondita* verfügen [1238]. In der Sommerweizenzüchtung gelang es, in der Sorte ‚Solnyshko' hohe Resistenz gegen das Getreidehähnchen *(Oulema melanopa)* mit Resistenz gegen *Puccinia graminis* und *Erysiphe graminis* zu vereinigen, nachdem bereits 1966 in der UdSSR eine Sommerweizensorte mit Resistenz gegen *Puccinia graminis* und die Getreidehalmwespe *(Cephus pygmaeus)* zugelassen wurde [1575, 1576].

In der Maiszüchtung konnten Chez et al. [271] Sorten mit komplexer Resistenz gegen den Maiszünsler *(Ostrinia nubilalis)* und pilzliche Erreger von Stengelfäulen erzielen, die bestimmten Inzuchtlinien überlegen waren. So erwies sich die Inzuchtlinie ‚Romania T 341' unter den Anbaubedingungen Kanadas bei alleinigem Befall durch *O. nubilalis* oder durch *Gibberella zeae* als resistent gegen jeden der beiden Schaderreger. Bei gleichzeitigem Befall durch den Schädling und das Pathogen war diese Inzuchtlinie jedoch hoch anfällig für *G. zeae*, im Gegensatz zu den komplex resistenten Hybriden [638]. Es sind auch Maishybriden mit Resistenz gegen *O. nubilalis* und *Fusarium roseum* var. *graminearum* bekannt [271]. — Rumänische Mais-Zuchtlinien besitzen neben der Resistenz gegen *O. nubilalis* auch Resistenz gegen *Ustilago maydis*, *Sphacelotheca reiliana*, *Gibberella fujikuroi* und *G. zeae* [1920]. — Maishybriden mit Resistenz gegen *Spodoptera frugiperda* und *Erwinia stewartii* beschreiben Paéz Lamadrid und Carballo [1258].

Für die Prüfung auf komplexe Resistenz bei Gurke gegen Viren, Bakterien und Pilze wird von Weber [1845] ein Schema vorgeschlagen. In Anbetracht der Bedeutung von *Meloidogyne incognita* und anderer *Meloidogyne*-Arten als Schädlinge an Gewächshausgurken und dem Vorhandensein von Genen für Resistenz gegen Wurzelgallenälchen im Gurkensortiment wird dieses Prüfungsschema von uns, wie in Abbildung 27 dargestellt, ergänzt.

Manche Salatsorten, wie ‚Avoncrisp', sind nicht nur gegen die Salatwurzellaus *(Pemphigus bursarius)* resistent, sondern auch gegen den Mehltaupilz *Bremia lactucae*. Möglicherweise besteht ein genetischer Zusammenhang zwischen dem für die Mehltauresistenz verantwortlichen Gen R6 und der Resistenz gegen *P. bursarius* [328, 412].

In der Ackerbohnenzüchtung der DDR erwies sich die Zuchtlinie ‚A' als extrem resistent gegen 11 Stämme und 8 Isolate des Bohnengelbmosaik-Virus (bean yellow mosaic virus) sowie das schwedische Isolat Nr. 16 und DDR-Isolate des Kleegelbadrigkeits-Virus (clover yellow vein virus). Gleichzeitig besitzt diese Zuchtlinie ein relativ hohes Niveau an Resistenz gegen *Aphis fabae* [1513].

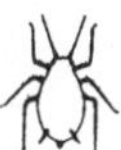

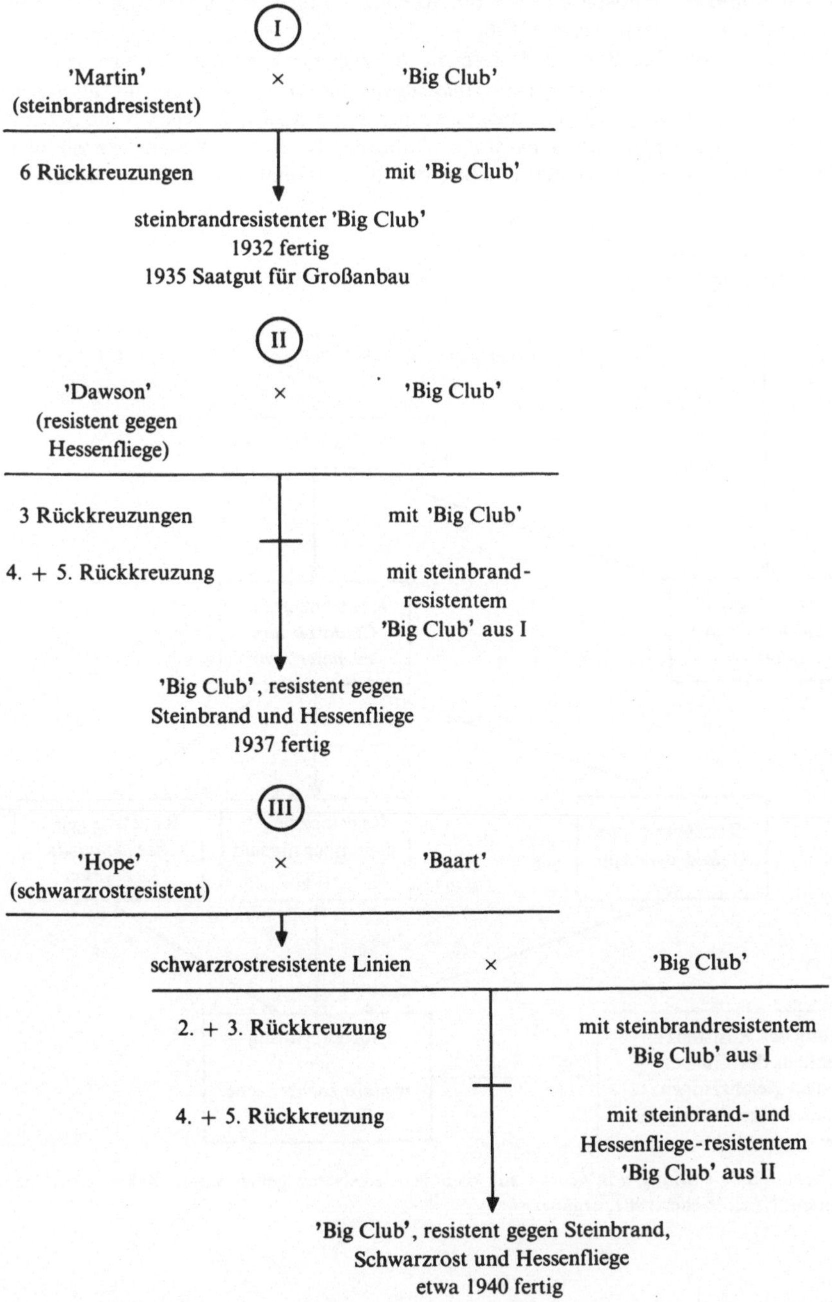

(I)

'Martin' (steinbrandresistent) × 'Big Club'

6 Rückkreuzungen mit 'Big Club'

↓

steinbrandresistenter 'Big Club'
1932 fertig
1935 Saatgut für Großanbau

(II)

'Dawson' (resistent gegen Hessenfliege) × 'Big Club'

3 Rückkreuzungen mit 'Big Club'

4. + 5. Rückkreuzung mit steinbrand-resistentem 'Big Club' aus I

↓

'Big Club', resistent gegen Steinbrand und Hessenfliege
1937 fertig

(III)

'Hope' (schwarzrostresistent) × 'Baart'

↓

schwarzrostresistente Linien × 'Big Club'

2. + 3. Rückkreuzung mit steinbrandresistentem 'Big Club' aus I

4. + 5. Rückkreuzung mit steinbrand- und Hessenfliege-resistentem 'Big Club' aus II

↓

'Big Club', resistent gegen Steinbrand, Schwarzrost und Hessenfliege
etwa 1940 fertig

Abb. 26. Schema einer Züchtung von Weizen auf komplexe Resistenz gegen Steinbrand, Schwarzrost und Hessenfliege. Nach Scheibe 1951.

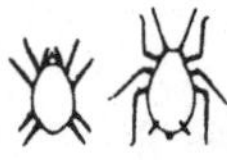

Die nordamerikanischen Zuckerrübensorten ‚GW 359‘ und ‚GW 674‘ sind nicht nur gegen den Blattfleckenpilz *Cercospora beticola* resistent, sondern auch gegen *Tetranychus urticae* und *Pemphigus betae* [655].

Die sowjetischen Weinrebensorten ‚Pervenets ustojčivyj Magaracha‘ und ‚Podarok Magaracha‘ besitzen komplexe Resistenz gegen die Reblaus *(Viteus vitifolii)* sowie die Pilze *Plasmopara viticola* und *Botrytis cinerea* [596].

Einige Erfolge wurden bei Baumwolle erreicht. So zeigen die Sorten ‚Auburn 56‘ und ‚Delcot 277‘ neben einer Resistenz gegen *Meloidogyne incognita* Toleranz für *Fusarium oxysporum* f. sp. *vasinfectum* [749]. Eine ausgesprochen hohe Resistenz gegen beide Schaderreger kommt der *Gossypium hirsutum*-Sorte ‚Auburn BR 2‘ zu. Weitere Sorten wie ‚Delcot 311‘ und ‚McNair 235‘ besitzen neben der Nematodenresistenz hohe *Fusarium*-Toleranz [832].

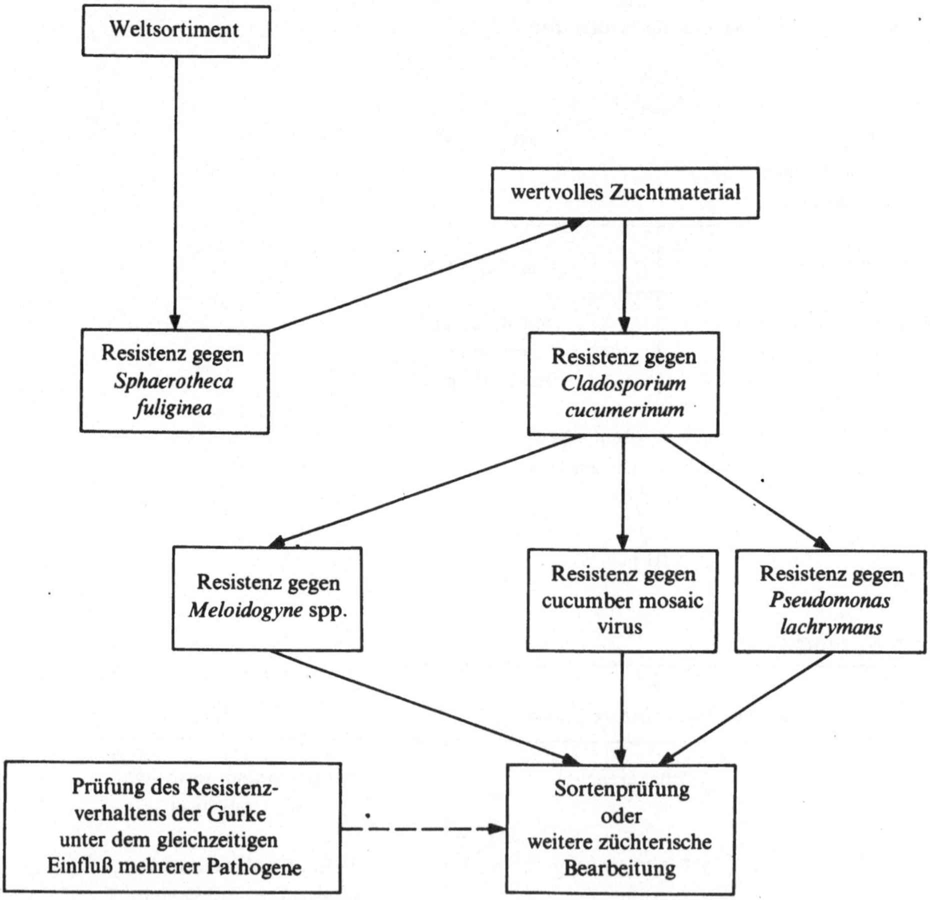

Weltsortiment

wertvolles Zuchtmaterial

Resistenz gegen *Sphaerotheca fuliginea*

Resistenz gegen *Cladosporium cucumerinum*

Resistenz gegen *Meloidogyne* spp.

Resistenz gegen cucumber mosaic virus

Resistenz gegen *Pseudomonas lachrymans*

Prüfung des Resistenzverhaltens der Gurke unter dem gleichzeitigen Einfluß mehrerer Pathogene

Sortenprüfung oder weitere züchterische Bearbeitung

Abb. 27. Schema einer Prüfung von Gurke auf komplexe Resistenz gegen Viren, Bakterien, Pilze und Nematoden. Nach Weber 1981, ergänzt.

11. Methoden zur Prüfung von Kulturpflanzen auf Resistenz gegen tierische Schaderreger

Wie wir im Kapitel 10 dargelegt haben, wird in zahlreichen Ländern intensiv an der Schaffung von Kulturpflanzensorten unterschiedlicher systematischer Zugehörigkeit mit Eigenschaften der Resistenz gegen wirtschaftlich bedeutsame Schaderregerarten gearbeitet. Eine unabdingbare Voraussetzung für die züchterische Bearbeitung dieser Problematik ist die Kenntnis des in Wild- und Primitivformen, Zuchtstämmen und -linien vorhandenen Resistenzpotentials.

Für die gezielte Suche nach resistentem Pflanzenausgangsmaterial wie auch für die Beurteilung der Züchtungsergebnisse sind effektive Prüfmethoden zur Erfassung von Resistenzmerkmalen bzw. zur Ermittlung von Befallsunterschieden erforderlich. Eine weitere Voraussetzung für Forschungsarbeiten auf dem Gebiet der Resistenz von Kulturpflanzen gegen tierische Schaderreger ist es daher, solche Methoden für Labor und Freiland zu entwickeln, die es gestatten, unter den Bedingungen eines hohen Befallsdruckes Aussagen über die Resistenz von Pflanzenarten, -sorten oder -zuchtstämmen zu machen.

Unsere Kenntnisse über die Mechanismen der Resistenz sind nur in wenigen Fällen so fundiert, daß wir Prüfmethoden und Selektionsverfahren darauf aufbauen können. Wir müssen daher im wesentlichen solche Methoden erarbeiten, die uns befähigen, Unterschiede in der Resistenz von Kulturpflanzen als solche, ohne Kenntnis der Resistenzursache, zu erkennen, die Ergebnisse zu sichern und sie für die Züchtung nutzbar zu machen. Mit der Zunahme unseres Wissens um die Wechselbeziehungen zwischen Wirtspflanze und Schaderreger wird es uns dann auch möglich sein, beispielsweise mit chemischen Analysemethoden oder über die Klärung genetischer Zusammenhänge, eine Selektion auf „indirektem“ Wege zu betreiben; dazu bedarf es aber noch einer umfangreichen Grundlagenforschung. Wir wollen uns daher vorwiegend mit dem Komplex der „direkten“ Resistenzprüfmethoden beschäftigen, die „indirekten“ Methoden aber so weit berücksichtigen, wie sie zur Abrundung dieses Kapitels beitragen.

Präzision wie auch Verallgemeinerungsfähigkeit von Ergebnissen wissenschaftlicher Experimente werden wesentlich von der Wahl der angewendeten Untersuchungs- und Prüfmethoden beeinflußt; das trifft auch für die Arbeiten zur Resistenz von Kulturpflanzen gegen tierische Schaderreger zu. Dem internationalen Schrifttum ist zu entnehmen, daß — entsprechend der Vielfalt der Schädlinge und ihrer möglichen Beziehungen zu ihren Wirtspflanzen — die angewandten Methoden der Resistenzprüfung außerordentlich stark variieren. Selbst bei Untersuchungen an der gleichen Schaderreger-Pflanze-Kombination sind die beschriebenen Methoden selten identisch und die mit ihnen erzielten Ergebnisse nur in den wenigsten Fällen direkt vergleichbar. Der Ergebnisvergleich wird zusätzlich oft noch dadurch erschwert, daß der modifizierende Einfluß von exogenen Faktoren, insbesondere der Umweltbedingungen, nicht oder nur ungenügend berücksichtigt wird und entsprechende Angaben häufig fehlen [507]. Von besonderer Bedeutung sind diese jedoch unter anderem bei der sogenannten „phänologischen Resistenz“ (vgl. 3.4.), die z. B. in der UdSSR zur Züchtung von Weizensorten mit Resistenz gegen die Queckeneule *(Apamea sordens)*  geführt hat [1575]. Nur ausnahmsweise Berücksichtigung findet bei der Beschreibung von Prüfmethoden auch die Tatsache, daß die Nährstoffversorgung der Pflanzen [442, 518] oder Kulturmaßnahmen [504] mitunter entscheidend das Resistenzniveau der Wirtspflanzen, aber auch die Entwicklung der Schaderreger, beeinflussen können. Hierin sind in bestimmten Fällen die Ursachen für die unterschiedliche Bewertung der Resistenzeigenschaften von Sorten bzw. Zuchtstämmen zu suchen. Es kann weiterhin festgestellt werden, daß für die Prüfung unterschiedlicher Pflanzenarten auf Resistenz gegen die gleiche Schädlingsart stark voneinander abweichende Methoden angewandt werden, wie dies z. B. für die Ermittlung der Resistenz verschiedener Kulturpflanzenarten gegen das Stengelälchen (*Ditylenchus dipsaci*) zutrifft [507]. Auch die Verwendung unterschiedlicher geographischer Rassen, Herkünfte, Pathotypen oder Biotypen des Schaderregers für die Untersuchungen kann zu voneinander abweichenden Ergebnissen führen.

Ungeachtet der Heterogenität der Resistenzprüfmethoden lassen sie sich dennoch nach bestimmten Kriterien klassifizieren [458]. Wenn wir zunächst von der Forderung nach Reproduzierbarkeit von Versuchen ausgehen, so besitzt die von Geißler et al. [554] getroffene Einteilung der Methoden für die Prüfung auf Resistenz gegen Blattläuse in 3 Gruppen — Laborversuche, Versuche unter Glas und Plasten, Versuche unter Freilandbedingungen — sinngemäß auch für alle anderen Schaderreger-Pflanze-Kombinationen Gültigkeit. Die Entscheidung darüber, welche Methoden allein oder in Kombination mit anderen zur Erzielung aussagekräftiger Ergebnisse erforderlich sind, ist unter anderem vom Resistenzmechanismus abhängig. Die Ermittlung des Eiablageverhaltens einer Schaderregerart erfordert andere Prüfmethoden als beispielsweise die Erfassung unterschiedlicher Fraßaktivitäten oder Vermehrungsraten. Unabhängig von der getroffenen Entscheidung muß bei der Anlage und Durchführung der Versuche aber gewährleistet sein, daß die Testpflanzen während der Prüfung einem Befallsdruck durch den Schaderreger ausgesetzt sind, der dem natürlicher Standortbedingungen der betreffenden Pflanzenart oder -sorte entspricht oder darüber liegt; nur so kann bei der Züchtung resistenter Sorten der geforderte ertragsstabilisierende bzw. ertragssteigernde Effekt auch erzielt werden. Welche Schritte bei der Selektion von Pflanzenmaterial mit Resistenzeigenschaften vor Beginn der eigentlichen Züchtungsarbeit erforderlich sind, ist aus der Abbildung 28 ersichtlich.

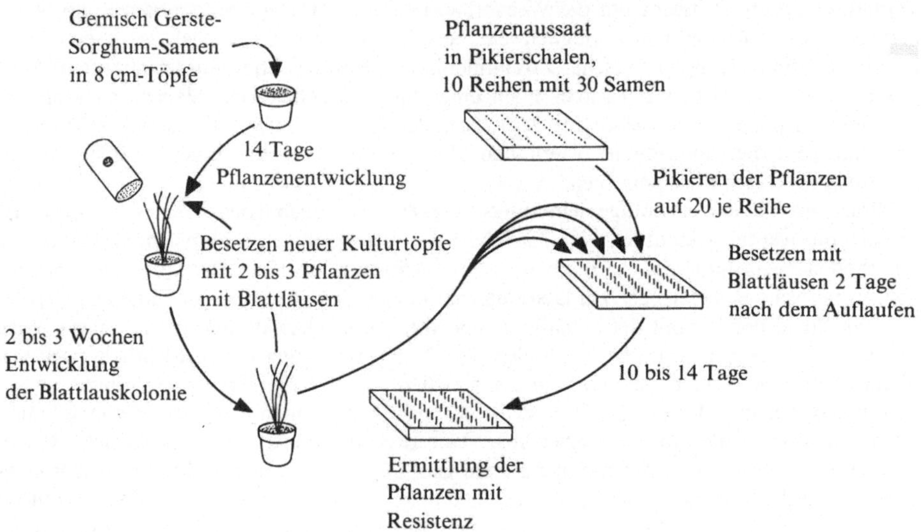

Abb. 28. Prüfung von *Sorghum*, Gerste, Roggen, *Triticale*, Hafer und Weizen auf Resistenz gegen Blattläuse (*Schizaphis graminum*). Nach Starks und Burton 1977.

Die Ermittlung von Unterschieden in den Wechselbeziehungen zwischen Pflanze und Schaderreger setzt in jedem Fall eine genaue Kenntnis der Biologie beider Partner sowie ihrer Berührungspunkte und deren möglichen Einfluß auf ihre Entwicklung voraus. Die Einflußgrößen, d. h. die zur Resistenz führenden Mechanismen, müssen dabei nicht unbedingt bis ins Detail bekannt sein (s. o.).

Der Auswahl geeigneter Prüfmethoden können wir unterschiedliche Kriterien zugrunde legen. Wenn wir den Schaderreger in den Mittelpunkt unserer Überlegungen stellen, ergeben sich zwei Komplexe von Methoden (s. Abb. 29).

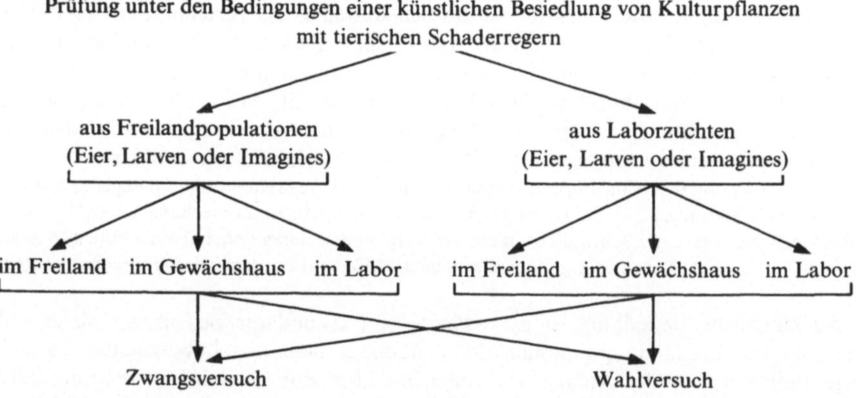

Abb. 29. Möglichkeiten der Prüfung von Pflanzen auf Resistenz gegen tierische Schaderreger.

11.1. Prüfung unter den Bedingungen eines natürlichen Befalls

Die Prüfung von Pflanzen unter den Bedingungen eines natürlichen Befalls durch einen Schaderreger wird häufig zum Auffinden von Befallsunterschieden in mehr oder weniger umfangreichen Sortimenten von Wild- oder Primitivformen bzw. Zuchtstämmen angewandt [458]. Auf diese Weise können erste Anhaltspunkte über das Vorliegen von Resistenz gewonnen werden. Auf diesem Wege gelang es beispielsweise Kanterina et al. [828] in der Sowjetunion in zweijährigen Untersuchungen eines 700 Sorten und Stämme umfassenden Erbsensortimentes, 120 Prüfnummern mit Resistenz gegen den Erbsenwickler *(Cydia nigricana)* zu selektieren. Untersuchungen unter diesen Bedingungen können aber auch zur Bestätigung von unter anderen Voraussetzungen gefundenen Befallsunterschieden gezielt durchgeführt werden.

Als Grundlage dient entweder die natürliche Einwanderung der Schaderreger in den Bestand, wie es Geißler [553] für die Prüfung eines Ackerbohnensortimentes auf Befall durch *Aphis fabae* beschreibt, oder die Versuche werden auf Provokationsflächen angelegt, auf denen durch langjährigen Anbau der Wirtspflanze eine hohe Populationsdichte des

Schädlings erreicht wird. Mit diesem Verfahren prüften Fritzsche und Thiele [516] ein Zwiebelsortiment auf Stengelälchenbefall *(Ditylenchus dipsaci)* und Stein und Lehmann [1686] verschiedene Möhrensorten und -zuchtstämme auf Möhrenfliegenbefall *(Psila rosae)*. Auch Shapiro [1568, 1571, 1572] empfiehlt bei der Auswahl der Versuchsfläche für die Prüfung auf Resistenz gegen Luzerneschädlinge *(Apion* spp., *Contarinia medicaginis)*, gegen die Kleine Kohlfliege *(Delia brassicae)* und die Große Kohl- oder Rettichfliege *(Delia floralis)* an Kopfkohl sowie gegen die Zwiebelfliege *(Delia antiqua)* an Zwiebel Lagen, die einen hohen natürlichen Befall durch Schaderreger gewährleisten, wie z. B. Provokationsflächen oder die Nachbarschaft zu Winterlagern.

11.2. Prüfung unter den Bedingungen einer künstlichen Besiedlung

Das natürliche Auftreten einer Schaderregerpopulation in einer Stärke, die eine Differenzierung zwischen Genotypen der Wirtspflanze hinsichtlich ihres Resistenzgrades mit ausreichender Sicherheit ermöglicht, ist in erheblichem Maße von Umweltfaktoren, insbesondere dem Witterungsverlauf, abhängig. Um den Einfluß dieser Größen weitgehend minimieren zu können, hat sich auch unter Freilandbedingungen die künstliche Besiedlung der Versuchspflanzen mit Entwicklungsstadien des Schaderregers als vorteilhaft erwiesen. Eine zusätzliche natürliche Einwanderung wird dabei nicht als störend empfunden, da eine gleichmäßige Besiedlung der gesamten Versuchsfläche angenommen werden darf [1249]. Die künstlische Besiedlung bietet darüber hinaus den Vorteil, daß die Versuchspflanzen, wenn es die Fragestellung vorsieht, mit einer definierten Anzahl gleicher Stadien des Schaderregers in einem bestimmten Entwicklungsabschnitt besetzt werden können.

Für die Untersuchung des Nahrungsaufnahmeverhaltens z. B. verwendet man im allgemeinen Eier oder Larven des Schädlings [458]. Da frisch geschlüpfte Larven jedoch auf mechanische Belastungen, wie sie das Umsetzen aus dem Zuchtmilieu auf die Versuchspflanze darstellen, mit einer hohen Mortalität reagieren, sollte der Verwendung von Eiern nach Möglichkeit der Vorzug gegeben werden [1392].

Für die künstliche Besiedlung ist es zunächst von sekundärer Bedeutung, ob es sich um Material aus Freilandpopulationen des Schädlings oder aus Laborzuchten handelt. In jedem Fall wird vor der Anlage des Versuches über eine Zwischenvermehrung dafür zu sorgen sein, daß die notwendige Individuenzahl des vorgesehenen Entwicklungsstadiums des Schaderregers vorhanden ist. Stammen die Versuchstiere aus langjährigen Laborzuchten, muß berücksichtigt werden, ob die Zucht an einer natürlichen Wirtspflanze oder auf einem synthetischen Nährmedium erfolgte; das Verhalten und die Reaktion der Tiere können u. U. davon beeinflußt werden.

Mit großer Konsequenz wurden die genannten Gesichtspunkte bei der Bearbeitung von Fragen der Resistenz bei Mais berücksichtigt. Hier war ein ganzer Artenkomplex von tierischen Schädlingen und anderen Schaderregern in Verbindung mit der Bedeutung des Maises als Nahrungsquelle ausschlaggebend für diese Versuchsdurchführung [1247]. Da die einzelnen Arten unter natürlichen Befallsbedingungen selten gleichzeitig und in hoher Populationsdichte auftreten, mußten erst durch die Entwicklung von Verfahren für ihre Massenzucht Voraussetzungen für eine effektive Arbeitsweise geschaffen werden. Hier liegt auch bereits eine ganze Reihe weitgehend standardisierter und international verbindlicher Prüfmethoden vor [40]. Das gleiche trifft für Prüfungen von Reis auf Resistenz gegen tierische Schaderreger zu [1281].

11.3. Prüfung unter Labor- und Gewächshausbedingungen

Die gleichen Verfahren, wie sie bei der künstlichen Besiedlung von Kulturpflanzen mit Schaderregern im Freiland angewandt werden, sind auch für das Labor oder das Gewächshaus geeignet. Die Reproduzierbarkeit der abiotischen Faktoren wie Beleuchtung (Stärke, Dauer),

Feuchtigkeit und Zusammensetzung des Nährsubstrats für die Versuchspflanzen unter Laborbedingungen auf der einen Seite und ihre Regelung bzw. Variation andererseits gestatten eine exakte Erfassung des Einflusses dieser Größen sowohl auf die Resistenz der Pflanze als auch auf das Verhalten des Schaderregers und ermöglichen eine beliebige Wiederholung der Experimente. Daraus ergibt sich eine hohe Sicherheit bei der Interpretation der erzielten Ergebnisse. Die Versuche können unabhängig vom Verlauf der natürlichen Vegetationsperiode angelegt werden. Auf diese Weise ist es möglich, in einem Jahr mehrere Pflanzengenerationen zu testen und somit die Prüfdauer zu verkürzen.

Demgegenüber sind Prüfungen im Gewächshaus bzw. Folienzelt nur bedingt reproduzierbar. Bestimmte Faktoren wie beispielsweise Temperatur und Luftfeuchte sowie die Ernährung der Pflanzen lassen sich zwar weitgehend konstant halten, der Einfluß der Außenbedingungen macht sich aber doch in gewissem Umfang als Störgröße bemerkbar, die es bei der Wertung der Versuchsergebnisse zu berücksichtigen gilt. Andererseits sind die Versuchsbedingungen denen des Freilandes stärker genähert, als dies z. B. in der Klimakammer der Fall ist, so daß aus dem Verhalten der Schädlinge und der Reaktion ihrer Wirtspflanzen sich hier schon eher praxisrelevante Schlußfolgerungen ziehen lassen [554].

11.4. Zucht tierischer Schaderreger

Voraussetzung für die kontinuierliche Bereitstellung einer ausreichenden Anzahl entsprechender Stadien des Schaderregers, wie sie Versuche mit künstlicher Besiedlung erfordern, ist die Entwicklung einer geeigneten Zuchtmethode. In Abhängigkeit von der Schädlingsart und der Art der Futterpflanzen werden an die Zuchtbehältnisse spezifische Anforderungen gestellt. Sie müssen den Pflanzen möglichst optimale Entwicklungsbedingungen bieten und ein Entweichen der Tiere verhindern. Im folgenden wollen wir einige Beispiele dafür bringen.

Für die Vermehrung von Nematodenarten haben sich Betonringe bewährt, die das verseuchte Substrat vom umgebenden Erdreich isolieren (Bild 4). Sie können sowohl im Freiland als auch im Gewächshaus aufgestellt werden. In diesen Ringen erfolgt die Kultivierung der Nährpflanzen der betreffenden Nematodenart [508]. Für Versuchszwecke können die erforderlichen Stadien im benötigten Umfang entnommen werden.

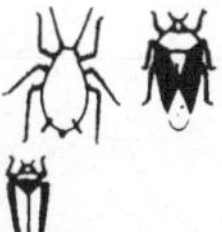

Zur Zucht von Blattläusen, Wanzen und Zikaden können Kästen dienen, deren Seitenwände mit feinmaschiger Gaze bespannt sind; dadurch wird eine ausreichende Luftzirkulation gewährleistet und die Bildung von Kondenswasser verhindert. Die Vorderseite besteht aus einem abnehmbaren Rahmen oder aus einer beweglichen Glasscheibe. Die Größe des Kastens richtet sich nach der verwendeten getopften Planzenart. Für die Grundfläche kann eine Abmessung von 30 cm × 30 cm, für die Höhe von 60 cm — bei niedrigeren Pflanzen von 40 cm — empfohlen werden [508]. Die Pflanzen stehen in wassergefüllten Schalen. Auf diese Weise wird ein Abwandern der Tiere verhindert, und die Wasserversorgung der Pflanzen ist gesichert (Bild 5).

Für die Massenvermehrung von Mottenschildläusen und Spinnmilben eignen sich die in Bild 6 dargestellten Zuchtkäfige mit künstlicher Beleuchtung sowie Heizungs- und Belüftungsmöglichkeit sehr gut [516].

Wenn eine vergleichende Prüfung von Biotypen, Pathotypen, Rassen oder Stämmen einer Schaderregerart vorgesehen ist, empfiehlt sich zusätzlich eine räumliche Isolierung der einzelnen Zuchten, um eine Vermischung der Herkünfte auszuschließen.

11.5. Allgemeine Versuchsbedingungen

Unabhängig davon, ob Freilandprüfungen von Kulturpflanzen unter den Bedingungen eines natürlichen Schädlingsbefalls, unter Provokationsbedingungen oder mit künstlicher Besiedlung durchgeführt werden, sind bei der Anlage derartiger Versuche einige grundlegende Bedingungen einzuhalten, wie sie Grunert et al. [619] und Shapiro [1571] formulierten:

- Die Gewährleistung gleicher agrotechnischer Bedingungen für alle Parzellen und Prüfglieder des Versuches;
- die Auswahl der für das jeweilige Anbaugebiet typischen Bodenart als Versuchsstandort;
- einheitliche Oberflächenbeschaffenheit der Versuchsfläche;
- Ausschaltung von Bodenunterschieden;
- einheitliche Vorfrucht auf der gesamten Versuchsfläche.

Um die erzielten Untersuchungsergebnisse richtig interpretieren und einordnen zu können, ist in jedem Fall eine Bezugsbasis — ein Standard — erforderlich. Als Standard können nicht oder schwächer befallene Pflanzen oder Pflanzenteile der gleichen Herkunft dienen; günstiger ist jedoch die Verwendung einer anfälligen oder resistenten Sorte oder Linie bzw. eines Stammes der gleichen Pflanzenart als Vergleich. Der Standard ist in jedem Versuch mit zu prüfen, um jahreszeitlich oder populationsdynamisch bedingte Unterschiede in der Befallsstärke oder in der Reaktion der Pflanzen als solche zu erkennen.

Eine absolute Befallsfreiheit von Kulturpflanzen ist infolge der genetischen Variabilität von Wirt und Parasit praktisch nicht realisierbar und läßt sich auch ökonomisch nur selten begründen. Daher sollte vor Beginn entsprechender Untersuchungen Klarheit darüber bestehen, welche Stärke des Schaderregerbefalls in einem bestimmten Entwicklungsstadium der Wirtspflanze noch toleriert werden kann [556]. Entsprechend dieser Zielstellung erfolgt die Auswahl der jeweils geeigneten Prüfmethoden, wofür wir in den folgenden Abschnitten Beispiele bringen werden.

Für eine erste orientierende Übersicht über Wechselwirkungen zwischen Wirtspflanze und Schaderreger kann ein einzelnes Merkmal bereits gewisse Aufschlüsse geben, doch lassen sich damit in der Regel nur sehr grobe Unterschiede erkennen, beispielsweise bei der Überprüfung größerer Sortimente von Wild- oder Primitivformen bzw. Zuchtmaterial im Screening [458]. Weitaus häufiger sind die Wirt-Parasit-Beziehungen so komplexer Natur, daß zu ihrem Erkennen und Erfassen der Vergleich mehrerer Parameter — entweder an der Pflanze und/ oder am Schaderreger — erforderlich ist. Derartige Versuche sind wesentlich komplizierter und zeitaufwendiger und daher zweckmäßig an bereits in Vorprüfungen eingeengtem Pflanzenmaterial durchzuführen [554].

11.6. Wahl- und Zwangsversuche

Prüfungen mit künstlicher Ansiedlung von Schaderregern auf Wirtspflanzen können als Wahlversuch oder als Zwangsversuch angelegt werden [458]. Im erstgenannten Fall stehen den Tieren Sorten, Stämme oder Linien einer Kulturpflanzenart frei zugänglich zur Ansiedlung zur Verfügung. Vorhandene Unterschiede im Resistenzgrad spiegeln sich in unterschiedlicher Attraktivität für Eiablage oder Nahrungsaufnahme, in Vermehrung, Fertilität der Nachkommen und anderem wider. Für die Prüfung können sowohl ganze Pflanzen als auch Pflanzenteile (Wurzeln, Zweige, Halme, Blätter, Früchte oder Samen, Blattscheiben) verwendet werden.

Werden den Versuchstieren nur jeweils Pflanzen oder Pflanzenteile einer Sorte oder Linie zur Verfügung gestellt, läßt sich deren Wirtseignung unter anderem über die Größe der Fraß- bzw. Saugschäden, die Mortalität der Testtiere, ihre Vermehrungsrate, die Höhe der Eiablage, über Größen- oder Gewichtsunterschiede der Larven, Puppen oder Adulten recht gut definieren. Hier müssen auch Verfahren eingeordnet werden, über Unterschiede in Bewegungsabläufen und Nahrungsaufnahme von Schaderregern Resistenzunterschiede bei Pflanzen zu finden, wie es Geißler et al. [554] sowie Lehmann et al. [978] für verschiedene Blattlaus-Pflanze-Kombinationen beschreiben.

In den bisherigen Betrachtungen zur Klassifizierung von Resistenzprüfmethoden haben wir den Schaderreger als „ordnendes Prinzip" verwendet und sind dabei vom Einfachen zum Komplexen gegangen. Die Wechselbeziehungen Schaderreger — Wirtspflanze konnten dabei jedoch nicht unberücksichtigt bleiben. Dies deutet die Schwierigkeiten einer systematischen und logischen Ordnung der Prüfverfahren an. Mit der gleichen Berechtigung und Begründung können wir die gebräuchlichen und üblichen Prüfverfahren den sich aus diesen Wechselbeziehungen ergebenden Auswirkungen zuordnen und würden dann die nachstehende Einteilung erhalten:

— Methoden zur Ermittlung von Unterschieden in der Höhe von Fraß- bzw. Saugschäden an den Wirtspflanzen;
— Methoden zur Ermittlung von Masseverlusten bei Pflanzen oder Pflanzenteilen;
— Methoden zur Ermittlung von Unterschieden in Entwicklungsdauer und Masse von Schaderregern;
— Methoden zur Ermittlung von Unterschieden in der Vermehrungsrate bzw. der Fruchtbarkeit von Schaderregern.

Wir wollen versuchen, diese Gliederung im folgenden mit einigen wenigen Beispielen aus der Bearbeitung wirtschaftlich wichtiger Wirt-Schaderreger-Kombinationen zu belegen.

11.7. Methoden zur Ermittlung von Unterschieden in der Höhe von Fraß- bzw. Saugschäden an den Wirtspflanzen

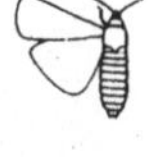

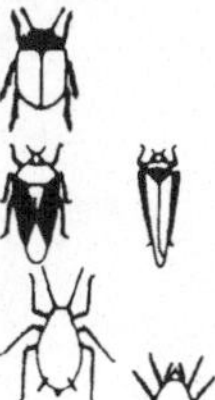

Sorghum-Pflanzen mit Resistenz gegen *Spodoptera frugiperda* und *Heliothis zea* selektierte Duncan [402] aus einem Sortiment, indem er die Pflanzen mit Raupen der beiden Arten künstlich besiedelte und in festgelegten Zeitabständen die Höhe des Fraßschadens an den Blättern über eine zehnstufige Boniturskala erfaßte; 0 = kein Fraß, 9 = 91—100% Blattmasseverlust. — Unterschiede in der Resistenz gegen den Maiszünsler *(Ostrinia nubilalis)* bei Mais-Genotypen mit unterschiedlichem DIMBOA-Gehalt ermittelten Scriber et al. [1544] durch Erfassung der Fraßintensität von L_1-Raupen. Sie setzten die Tiere auf gekäfigte Maispflanzen und stellten die Masse des gefressenen Blattgewebes nach 60 h fest. — Baumwolltypen mit und ohne Drüsen lösen bei Imagines von *Anthonomus grandis* eine unterschiedliche Fraßintensität aus (vgl. 6.2.2.4.), die zur Selektion von Formen mit Resistenz gegen diesen Schädling genutzt werden kann [1095]. — Popov [1339] verwandte zur Selektion von Ausgangsmaterial für die Züchtung von Tomaten auf Resistenz gegen den Kartoffelkäfer *(Leptinotarsa decemlineata)* Blattscheiben, die den Imagines als Futter im Zwangsversuch angeboten wurden; auch hier diente die Erfassung der gefressenen Blattfläche in einer festgelegten Zeiteinheit als Maß für die Resistenz. — Nach Farrell [458] lassen sich bei saugenden Insekten (Wanzen, Zikaden, Blattläuse) über Erfassung von Zahl und Größe der Nekrosen in bestimmten Zeitabständen Rückschlüsse auf die Wirtseignung der Versuchspflanzen ziehen. — Für die Überprüfung eines Gurkensortimentes auf Resistenz gegen die Gemeine Spinnmilbe *(Tetranychus urticae)* unter Gewächshausbedingungen wandten Fritzsche und Thiele [516] mit Erfolg die bereits früher [503] beschriebene Glasring-Methode an (Bild 7).

Auf die Blätter der zu prüfenden Pflanzen werden Glasringe von 2 cm Durchmesser aufgesetzt, deren oberer Rand mit Vaseline bestrichen wurde; in jeden Ring bringt man 10 adulte Milben. Die Aufstellung der Versuchspflanzen erfolgt bei 20—22 °C, einer relativen Luftfeuchte von etwa 70% und künstlicher Beleuchtung. Nach 10—20 Tagen werden die Anzahl der Individuen je Glasring ermittelt und die Intensität der Saugschäden an den Blättern (Zahl der hell verfärbten Stichstellen bzw. Verfärbungsgrad des innerhalb des Ringes befindlichen Blattgewebes) bewertet.

11.8. Methoden zur Ermittlung von Masseverlusten bei Pflanzen oder Pflanzenteilen

Wir haben im voranstehenden Abschnitt Beispiele für Prüfmethoden genannt, die auf der Erfassung von Unterschieden in der Beschädigungsrate von Pflanzen basieren. Daneben gibt es aber auch Prüfverfahren, bei denen als Kriterium für das Vorliegen von Resistenzunterschieden die durch die Fraßtätigkeit der Schädlinge verursachten unterschiedlichen Masseverluste genutzt werden. Man wendet sie bevorzugt bei der Überprüfung der Resistenz von Ernteprodukten gegen Vorratsschädlinge an.

Levchenko und Balayan [985] berichten über ein in der Sowjetunion patentiertes Verfahren zur Ermittlung der Resistenz von Getreidekörnern gegen vorratsschädigende Insektenarten. Gleiche Körnermengen werden mit bestimmten Entwicklungsstadien des betreffenden Schaderregers in Glasgefäßen deponiert und die Resistenz jeder Varietät durch Ermittlung der Gewichtsdifferenzen in festgelegten Zeitintervallen nach Versuchsbeginn beurteilt. — Bei der Überprüfung der Widerstandsfähigkeit von Reisvarietäten gegen *Sitotroga cerealella* fanden sowohl Chatterji et al. [256] als auch Upadhyay et al. [1783] übereinstimmend signifikante Korrelationen zwischen der Anzahl der durch die Raupen befressenen Körner und dem Masseverlust der eingelagerten Körnermenge.

Die Wirtseignung kann aber auch — besonders bei Pflanzenarten mit voluminösen Samen — an einzelnen Körnern ermittelt werden. Ein entsprechendes Beispiel finden wir bei Dabi et al. [331]. In Zwangsversuchen wurden einzelne Larven von *Callosobruchus maculatus* mit Samenkörnern von 10 verschiedenen Varietäten der Kundebohne (*Vigna unguiculata*) gefüttert. Der Masseverlust je Samen differierte von 29,26 mg bei der Varietät ‚RS9‘ bis 46,63 mg bei der Varietät ‚PS118‘.

11.9. Methoden zur Ermittlung von Unterschieden in Entwicklungsdauer und Masse von Schaderregern

Die Eignung einer Kulturpflanzensorte als Wirtspflanze für einen Schädling kann sich über Unterschiede in der Nahrungsquantität oder -qualität auch in unterschiedlichen Larven-, Puppen- bzw. Imaginalgewichten oder in Unterschieden in der Entwicklungsdauer der einzelnen Stadien ausdrücken. Meist korrelieren diese beiden Merkmale miteinander, d. h., eine Beschleunigung der Entwicklung bewirkt in der Regel einen Gewichtsverlust und umgekehrt.

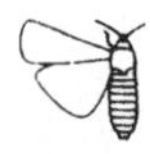

Baumwollsorten, die von *Gossypium barbadense* abstammen, weisen im Vergleich zu solchen von *G. hirsutum* eine geringere Wirtseignung für *Earias vittella* auf. Mit Pflanzen von *G. barbadense*-Abkömmlingen ernährte Raupen wiesen im Vergleich zu Tieren, die an Sorten aus *G. hirsutum* gehalten wurden, ein geringeres Raupen- und Puppengewicht auf, außerdem waren die Zahl der Raupen reduziert und die Puppenruhe verlängert [390]. Raupen von *Spodoptera littoralis*, die mit Blättern des Baumwollstammes ‚HG6-1-1144‘ (hoher Gossypolgehalt) ernährt wurden, wiesen im Vergleich zu Tieren, die von Pflanzen mit einem geringeren Gossypolgehalt stammten, ein deutlich niedrigeres Gewicht auf; auch das Gewicht der Puppen war reduziert. Beide Kriterien werden von Meisner et al. [1108] für die Feststellung von Unterschieden im Resistenzniveau von Baumwolle gegen diesen Schaderreger empfohlen.

11.10. Methoden zur Ermittlung von Unterschieden in der Vermehrungsrate bzw. der Fruchtbarkeit von Schaderregern

Die Anzahl der Nachkommen einer Tierart oder ihre Mortalitätsrate in einer bestimmten Zeiteinheit bei Haltung auf verschiedenen Varietäten der gleichen Pflanzenart können ebenfalls Maßstab für den Nachweis von Resistenzunterschieden sein. Auf diesen Kriterien basierende Verfahren finden in der Prüfung von Kulturpflanzen auf Resistenz gegen zystenbildende und freilebende Nematodenarten in den unterschiedlichsten Modifikationen, auf die wir im Detail nicht eingehen können, eine breite Anwendung. Wir beschränken uns auf einige wenige Beispiele; ausführliche Darstellungen finden sich u. a. bei Goodey [602] und Decker [349].

Bei der Untersuchung des Verhaltens zystenbildender Arten wie *Globodera rostochiensis* ist die „Wurzelballenbonitur" weit verbreitet. Das verseuchte Substrat wird in — der Testpflanzenart entsprechende — unterschiedlich große Gefäße gefüllt und nach einer von der Nematodenart abhängigen Kultivierungsdauer im Gewächshaus die Zahl der an den Wurzelballen gebildeten Zysten bestimmt [1668, 1693]. Die Abgrenzung der einzelnen Befallsklassen ist dabei in erster Linie von der Größe der verwendeten Versuchsgefäße abhängig und differiert außerordentlich stark (Tab. 39). Generell werden nur die außen am Ballen gebildeten Zysten gezählt.

Tabelle 39
Bewertung der bei der Wurzelballenbonitur erhaltenen Zystenzahlen von *Globodera rostochiensis*. Nach Stelter [1688].

Befalls-klasse	Befall	Bewertungsschema	
		nach Huijsman	nach Stelter
1	ohne	keine Zysten	keine Zysten
2	sehr leicht	einzelne Zysten	1— 3 Zysten
3	leicht	5—20 Zysten	4—10 Zysten
4	mäßig	20 und mehr Zysten	11—20 Zysten
5	stark	sehr viele Zysten	21—30 Zysten
6	sehr stark	sehr viele Zysten	>30 Zysten

Auch Fritzsche und Thiele [516] verwendeten in ihren Untersuchungen zur Ermittlung der Resistenz von Gurke und Tomate gegen *Meloidogyne incognita* diese Methode. Nach der Aussaat der Testpflanzen in Blumentöpfe von 8 cm Durchmesser in sterile Erde wurden dem Substrat je Topf 2,5 g Wurzelmasse von *Impatiens* spp. mit 40—60 älteren und 60—80 jüngeren Weibchen von *M. incognita* zugesetzt. Die gleichmäßige Wasserversorgung der Töpfe war dadurch gewährleistet, daß diese in einem Lochrahmen in Schalen mit feuchtem Torf eingestellt waren (Bild 8). Die Temperatur betrug während der Versuchsdauer 22—25 °C. Nach 1—2 Monaten wurden die Wurzeln durch Auswaschen von der Erde befreit und die Anzahl und Verteilung der gebildeten Gallen im Vergleich zu einer Standardsorte nach folgendem Bewertungsschema ermittelt (Tab. 40).

Tabelle 40
Bewertung der bei der Wurzelballenbonitur erhaltenen Zahlen der Gallen von *Meloidogyne incognita*. Nach Fritzsche und Thiele [516].

Befallsklasse	Bewertungsschema
9	Wurzeln ohne Befall mit Gallen
7	25% der Wurzellänge mit Gallen besetzt
5	50% der Wurzellänge mit Gallen besetzt
3	75% der Wurzellänge mit Gallen besetzt
1	sämtliche Wurzeln vollständig vergallt

Die Bewertung der Resistenz ist — wie bei Schadarthropoden — auch bei Nematoden nicht unwesentlich von der Wirt-Parasit-Kombination abhängig. Ein allgemein anwendbares Beurteilungsschema vorzugeben ist daher unzweckmäßig und bis zu einem gewissen Grade auch unmöglich. Als allgemein akzeptabel wird der Vergleich zu einer anfälligen Sorte angesehen. Bei der Sojabohne sind beispielsweise alle Pflanzen resistent gegen *Heterodera*

glycines, die höchstens 10% des Zystenbesatzes der für die Prüfung verbindlichen Vergleichssorte ‚Lee' aufweisen [1125] (Tab. 41).

Tabelle 41
Differenzierung der Anfälligkeit für zystenbildende Nematoden. Nach Hamann [647].

Zystenbesatz	Charakterisierung	Symbol
0– 5%	resistent	R
5–30%	mäßig resistent	mr
>30%	anfällig	S (susceptible)

Für züchterische Zwecke, d. h. für die Trennung von resistentem und anfälligem Material, ist nach der Ansicht von Hamann [647] eine Differenzierung der Anfälligkeit in 3 Gruppen ausreichend. Nur für die Erfassung unterschiedlicher Resistenz gegen Pathotypen einer Art ist eine diffizilere Bewertungsmethode erforderlich, wie sie z. B. Nielsen [1193] für *Heterodera avenae* vorschlägt, wobei der Zystenbesatz an der anfälligen Vergleichssorte = 100% gesetzt wird (Tab. 42). Für Stengelälchen *(Ditylenchus dipsaci)* und Blattälchen (*Aphelenchoides* spp.) beruhen die üblichen Prüfverfahren auf künstlicher Inokulation mit den Tieren [141, 516, 1724].

Tabelle 42
Differenzierung der Anfälligkeit für zystenbildende Nematoden mit verschiedenen Pathotypen. Nach Nielsen [1193].

Zystenbesatz	Charakterisierung	Symbol
0– 1%	hoch resistent	R!
1– 5%	resistent	R
5–15%	mittelresistent	r!
15–30%	schwach resistent	r
30–60%	schwach anfällig	s
>60%	anfällig	S

Fritzsche und Thiele [515] nutzten zur Überprüfung eines Zwiebelsortiments auf Resistenz gegen *D. dipsaci* die „Stielgläschenmethode" nach Müller und Hennig [1159] (Bild 9). Je Gläschen werden 10 Samen auf den oberen Rand eines Filterpapierstreifens gebracht. Die für die Prüfung optimale Anzahl Nematoden — 30 Tiere je Samenkorn — werden aus einer Suspension mittels einer Pipette entnommen und auf den Filter aufgetropft. Die Gefäße werden für 2—3 Wochen bei 15—18 °C und Tageslicht aufgestellt. Die gleichmäßige Wasserversorgung ist durch einen Wasserstand von etwa 25% der Gesamthöhe der Gläschen gesichert.

Ähnliche Untersuchungsmethoden sind auch bei der Ermittlung des Resistenzniveaus von Kulturpflanzen gegen Schadarthropoden üblich. Martins et al. [1078] konnten in Wahlversuchen mit einem Reissortiment erhebliche Unterschiede in der Stärke der Eiablage von *Diatraea saccharalis* nachweisen. — Bei Ernährung mit Blättern resistenter Sojabohnensorten war die Mortalität der Raupen und Puppen von *Heliothis zea* sowohl unter Labor- als auch unter Freilandbedingungen höher als bei Fütterung mit Blättern anfälliger Sorten [1637]. — Für die Überprüfung von Maispflanzen unterschiedlicher Genotypen hinsichtlich ihrer Anfälligkeit für die zweite Generation des Maiszünslers *(Ostrinia nubilalis)* kann die Sterblichkeitsrate der Raupen bis 6 Tage nach dem Schlupf als Prüfmerkmal verwendet werden [425]. — Wachstum und Überlebensrate der Raupen von *Heliothis zea* können an Baumwollsorten und -zuchtstämmen in Abhängigkeit von deren Tannin- und

Terpenoidgehalt außerordentlich stark variieren; es ist daher möglich, in Fütterungsversuchen resistente Pflanzen zu selektieren [1922]. Unter den Bedingungen eines natürlichen Befalls von Baumwolle mit *Lygus hesperus* lassen sich als Kriterien für das Vorliegen von Resistenz die unterschiedliche Entwicklungsdauer der Larven, die Überlebensrate der Imagines und die Fertilität der Weibchen nutzen [1756].

Bei Blattläusen bietet die Vermehrungsrate gleichfalls gute Anhaltspunkte für das Vorliegen von Resistenz. Geißler und Steuckardt [556] nutzten diese Möglichkeit bei der Selektion von Ackerbohnenpflanzen mit Resistenz gegen die Schwarze Bohnenlaus *(Aphis fabae)*.

Unter Laborbedingungen wurden Ackerbohnenpflanzen nach Entfaltung des zweiten Laubblattes mit 5 apteren Weibchen von *A. fabae* besetzt und die Pflanzen unter konstanten Bedingungen (Temperatur 20 ± 1 °C, relative Luftfeuchte 50—70%, 18 h Beleuchtung mit 1500 lux) aufgestellt. Die Anzahl der Nachkommen wurde 10 Tage nach Versuchsbeginn ermittelt und mit der von einer wenig anfälligen Standardsorte verglichen. Im Freiland lassen sich entsprechende Versuche unter den Bedingungen eines natürlichen Befalls anlegen; Befallsstärke und Vermehrungsrate können in zweiwöchigen Abständen mit einer mehrstufigen Boniturskala gut erfaßt werden (Tab. 43) [554].

Tabelle 43
Befallsklassen zur Beurteilung der Populationsstärke von *Aphis fabae* an *Vicia faba* unter Freilandbedingungen. Nach Geißler et al. [554].

Befalls-klasse	Beschreibung
9	Ohne Befall.
8	Sehr schwacher Befall. Auftreten einzelner Tiere bzw. einzelner kleiner Kolonien, die auf die jüngsten Blätter beschränkt sind; bei flüchtiger Betrachtung nicht auffallend.
7	Schwacher Befall. Die Blattlauskolonien sind nicht nur auf die oberen Blätter beschränkt, sondern finden sich auch im Endbereich des Haupttriebes.
5	Mittlerer Befall. Außer dem Haupttrieb sind auch die Seitentriebe, insbesondere im Bereich der Knospen und Blüten, mit Blattläusen besetzt; der Haupttrieb unterhalb der Triebspitze ist noch weitgehend frei von Blattläusen.
3	Starker Befall. Blätter und Seitentriebe sind mit zahlreichen Blattläusen besetzt, auch der Haupttrieb ist unterhalb des Vegetationspunktes wenigstens über drei Blattetagen abwärts dicht mit Aphiden besetzt.
2	Sehr starker Befall. Die gesamte Pflanze ist stark mit Blattläusen besetzt, auch der Haupttrieb weist über seine ganze Länge einen starken Befall auf.
1	Stark geschädigte Pflanzen. Der Befall wird durch Abflug der Geflügelten sekundär lückenhaft; der ursprünglich dichte Besatz mit Blattläusen ist an den zahlreichen nach dem Schlüpfen zurückgebliebenen weißen Häuten erkennbar. An den Pflanzen sind Entwicklungsdepressionen sichtbar.

Eine Methode zur Ermittlung der Resistenz von Kulturpflanzen gegen Spinnmilben *(Tetranychus urticae)* und Weiße Fliegen *(Trialeurodes vaporariorum)* unter Gewächshausbedingungen wird von Fritzsche und Thiele [516] beschrieben (Bild 10).

Die getopften Pflanzen werden mit den Testtieren besetzt und so erhöht in einem wassergefüllten Gefäß aufgestellt, daß die Töpfe nicht mit dem Wasser in Berührung kommen. Über die Töpfe werden Glasglocken gestülpt, die in das Wassergefäß eintauchen. Dadurch ist sowohl das Zu- als auch das Abwandern von Tieren nicht möglich. Die Aufstellung erfolgt im Gewächshaus bei einer Temperatur von

22—25 °C und künstlicher Beleuchtung. 2—4 Wochen nach Versuchsbeginn wird die Populationsdichte durch Auszählen der lebenden Tiere ermittelt und der Resistenzgrad durch Vergleich mit der Populationsdichte an einer Standardsorte errechnet.

11.11. Chemische Analyseverfahren

Die zunehmende Kenntnis von der Bedeutung primärer und sekundärer Pflanzenstoffe für das Abwehrverhalten von Pflanzen gegen einen Angriff durch Schadorganismen (vgl. 6.2.) lassen neben den bisher besprochenen, sozusagen „klassischen" Untersuchungsmethoden in immer stärkerem Maße biochemisch-analytische Verfahren Eingang in die Bearbeitung von Fragen der Resistenz finden. Sie im Detail darzustellen, kann nicht Aufgabe dieses Buches sein, zumal sie in der Regel nicht zur Selektion resistenten Pflanzenmaterials genutzt werden, sondern vorrangig der Aufklärung von Resistenzmechanismen dienen, insofern chemische Verbindungen daran beteiligt sind. So werden beispielsweise Dünnschicht-, Ultradünnschicht- und Gaschromatographie sowohl zum Nachweis von Pflanzenstoffen mit resistenzinduzierenden Eigenschaften als auch zur Feststellung unterschiedlicher Konzentrationen dieser Verbindungen in Pflanzen genutzt.

11.12. Erfassung und Auswertung der gewonnenen Daten

Der Grundgedanke jedes Experimentes ist der Vergleich zwischen Bekanntem und Unbekanntem mit dem Ziel des Erkenntniszuwachses. Um diese Vergleichbarkeit zwischen verschiedenen Grundgesamtheiten überhaupt erst einmal zu ermöglichen, ist die Gewinnung von Daten erforderlich. Bereits bei der Formulierung der Versuchsfrage müssen wir Klarheit darüber besitzen, wie und in welchem Umfang wir die für ihre Beantwortung notwendigen Werte erfassen wollen, um die angestrebte Genauigkeit zu erreichen. Es ist daher zweckmäßig, vor Beginn der Untersuchungen mit dem verantwortlichen Züchter Übereinstimmung darüber zu erlangen, welches Maß an Resistenz sich mit einem vertretbaren Aufwand realisieren läßt [556].

Für die Datenerfassung stehen Bonitur- (Schätz-), Meß- und Zählverfahren zur Verfügung. Wofür wir uns entscheiden, hängt nicht unwesentlich von der Art der Prüfmerkmale ab, die wir erfassen wollen oder können [619]. Unterschiede in der vernichteten Blattfläche der Wirtspflanze, in der Populationsdichte der Schaderreger oder in deren Vermehrungsrate können wir beispielsweise durch Messen bzw. Zählen registrieren oder mittels Befalls- bzw. Boniturklassen schätzen. Masseverluste an Pflanzen bzw. Pflanzenteilen oder Gewichtsdifferenzen bei Schaderregerstadien werden durch Wägungen ermittelt, während Unterschiede in der Lauf- und Fraß- (Saug-)aktivität von Schädlingen über Zeitmessungen erfaßt werden können [555, 978].

Auch der notwendige Stichprobenumfang wird von der angestrebten oder geforderten Genauigkeit bei der Erfassung der Prüfmerkmale sowie von der genetischen Einheitlichkeit oder Heterogenität, d. h. dem Streubereich, der zu prüfenden Grundgesamtheiten (Wirtspflanzen und Schaderreger!) beeinflußt. Dies betrifft auch die Höhe des geforderten Mindestunterschiedes zum Standard.

Wichtig für die Versuchsauswertung ist die Überprüfung der Voraussetzungen für die Anwendbarkeit mathematisch-statistischer Methoden. Die Erfüllung dieser Voraussetzungen wird wesentlich von den erfaßten Merkmalen beeinflußt. Welches Auswertungsverfahren zur gesicherten Beantwortung der Versuchsfrage die besten Voraussetzungen bietet, ist in enger Zusammenarbeit zwischen dem jeweiligen Bearbeiter und einem spezialisierten Mathematiker festzulegen. Dafür stehen entsprechende Verfahrensbibliotheken zur Verfügung [1377].

12. Einsatz resistenter Sorten im Komplex von Maßnahmen zur Bekämpfung tierischer Schaderreger

Noch vor wenigen Jahrzehnten glaubte man unter dem Eindruck der frappierenden Wirkung der in den 40er Jahren in den Pflanzenschutz eingeführten synthetischen Kontaktinsektizide, durch die Vernichtung der Schadinsekten und -milben die Kulturpflanzen in Landwirtschaft und Gartenbau vor Schäden bewahren zu können. Auf Grund der nunmehr in allen Teilen der Erde gesammelten positiven, aber vielfach auch negativen Erfahrungen ist man sich heute international darüber einig, daß die landwirtschaftliche Produktion, deren Schutz und die planmäßige Gestaltung der Umwelt stets als Einheit zu sehen sind. Dementsprechend sind alle Maßnahmen zur Ertragssteigerung in der Landwirtschaft so durchzuführen, daß sie gleichzeitig die Regenerationskraft der Natur wahren und fördern. Trotz zunehmender Aufwendungen für den chemischen Pflanzenschutz, trotz der gewachsenen Dimensionen von Verfahren und Mitteln haben sich — von wenigen Anwendungsgebieten abgesehen — international die durch Schaderreger verursachten relativen und absoluten Verluste in den letzten Jahrzehnten kaum verringert.

Heute betrachtet man in der ganzen Welt als Ziel der Pflanzenschutzstrategie nicht mehr die vollständige Vernichtung der Schaderreger, sondern den Schutz der Kulturpflanzenbestände und die Sicherung ihrer Erträge unter weitgehender Nutzung der Regelmechanismen innerhalb der Agroökosysteme und der Tolerierung von Schaderregerdichten, die unterhalb der ökonomischen Schadschwelle liegen [1665]. Das entspricht dem Konzept des integrierten Pflanzenschutzes, welches im Jahre 1965 von einer Arbeitsgruppe der FAO folgendermaßen definiert wurde:

„Integrierter Pflanzenschutz ist ein System der Regulierung von Schädlingen und Krankheiten. Abgestimmt auf das ganze Ökosystem und auf die Populationsdynamik der Schadorganismen werden alle brauchbaren Techniken und Methoden in einer möglichst verträglichen Weise dazu benutzt, die Populationsdichten der Schadorganismen unter der wirtschaftlichen Schadschwelle zu halten. Im engeren Sinne handelt es sich dabei um die Steuerung einer einzigen Schädlingsart oder Krankheit auf einer bestimmten Kulturpflanze oder in einem abgegrenzten Gebiet. Allgemein umfaßt die integrierte Bekämpfung eine koordinierte Steuerung aller Schädlingspopulationen und Krankheiten auf landwirtschaftlichen Anbauflächen oder im Forst. Sie ist nicht einfach die gleichzeitige Anwendung oder Überlagerung von zwei verschiedenen Bekämpfungstechniken, beispielsweise der chemischen und der biologischen Bekämpfung, sondern die Integration aller brauchbaren Steuerungsmethoden und der natürlichen Regulations- und Begrenzungsfaktoren des Ökosystems" [46]. Einen Überblick über die Zusammenhänge vermittelt Abbildung 30.

Auf dieser Grundlage hat Spaar [1665] die Strategie für Forschung und Praxis des Pflanzenschutzes in der DDR unter Einbeziehung der Resistenzzüchtung charakterisiert. Sie stützt sich auf gezielte und aufeinander abgestimmte Maßnahmen der Boden- und Pflanzenhygiene, einschließlich der Nutzung der phytosanitären Wirkung geordneter Fruchtfolgen, des Einsatzes resistenter und toleranter Sorten sowie der Kombination biologischer und chemischer Bekämpfung auf der Grundlage exakter Überwachungs- und Prognoseverfahren unter Verwendung von Bekämpfungsrichtwerten. Dabei geht es

— um eine komplexere und aufeinander abgestimmte Nutzung aller Maßnahmen, die eine

Erhöhung der Widerstandsfähigkeit der Pflanzen und eine Reduzierung des Schaderregerpotentials bewirken;

— um eine gezieltere, auf die Steuerung der biologisch-ökologischen Voraussetzungen für die Gesunderhaltung der Pflanzen ausgerichtete Anwendung der Verfahren und Hilfsmittel im Pflanzenschutz, und

— um eine bessere Erschließung und Nutzbarmachung natürlich vorhandener Kräfte und Mechanismen, die — auch graduell — die pflanzliche Widerstandsfähigkeit erhöhen oder sich hemmend auf die Schaderregerentwicklung auswirken [158].

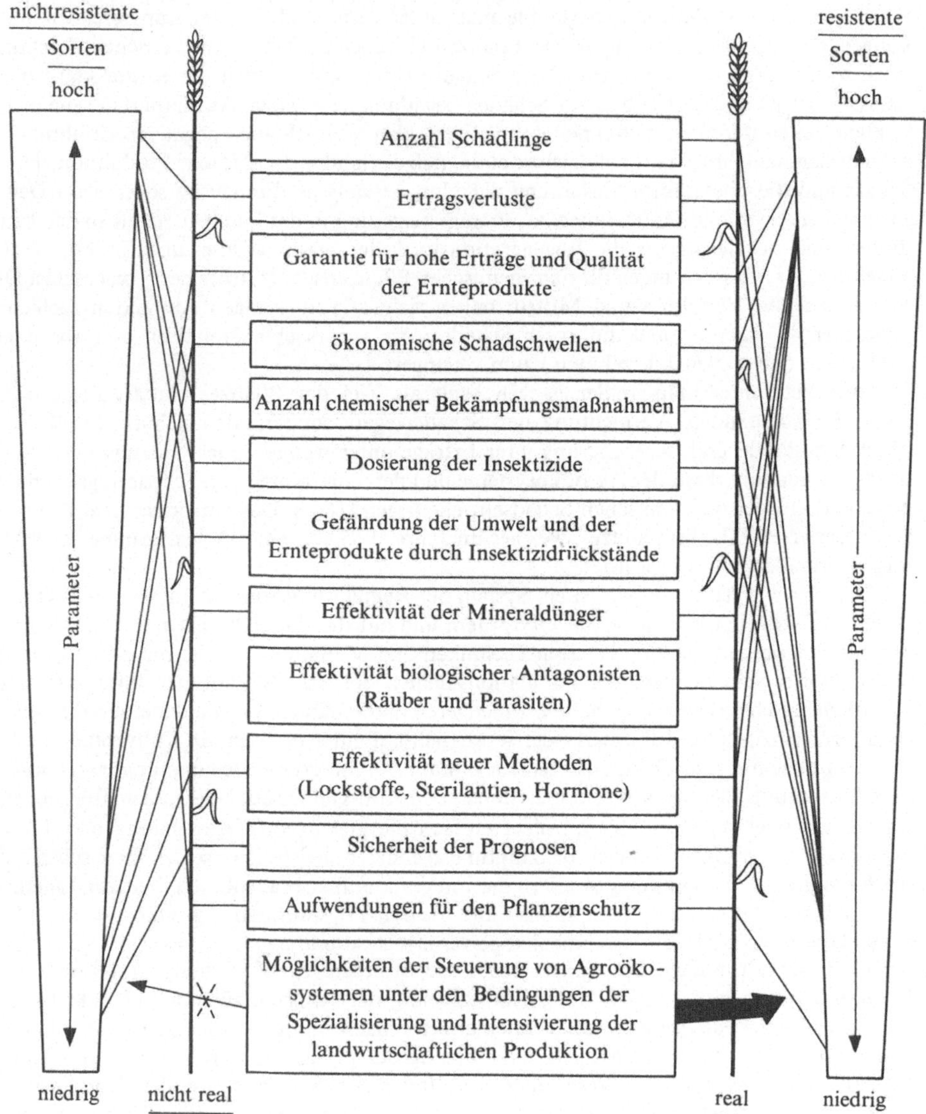

Abb. 30. Einfluß der Resistenz bzw. Anfälligkeit von Kulturpflanzen auf ökologische Parameter der Agrobiozönose aus der Sicht des integrierten Pflanzenschutzes. Nach Shapiro 1979.

Im Rahmen einer solchen Pflanzenschutzstrategie kommt dem Anbau resistenter Kulturpflanzensorten eine zentrale Stellung zu. Vavilov [1797] bezeichnet die Züchtung und den Anbau resistenter Sorten als das radikalste Bekämpfungsmittel unter den Pflanzenschutzmaßnahmen, nachdem bereits Roemer et al. im Jahre 1938 [1437] einen ebensolchen Standpunkt vertreten hatten. Aus der Darstellung von Perju [1299] (Abb. 31) über die integrierte Bekämpfung der Hopfenblattlaus (*Phorodon humuli*) geht hervor, daß die Resistenzzüchtung und der Anbau resistenter Sorten nicht als Alternative zum chemischen Pflanzenschutz sowie zu anderen Pflanzenschutzmaßnahmen aufzufassen sind, sondern als integrierte Bestandteile einer einheitlichen Pflanzenschutzstrategie [91, 501, 1419, 1460, 1573, 1577, 1579, 1665].

1. Bestimmung der Bekämpfungstermine durch Ermittlung des Blattlausfluges mittels Gelbschalenfängen
2. Behandlungen mit Juvenilhormonpräparaten

1. Beseitigung von *Prunus spinosa* in der Nähe der Hopfenanlagen
2. Beseitigung von Wildhopfen
3. Vernichtung der oberirdischen Pflanzenreste nach der Hopfenernte

biotechnische Maßnahmen

physikalisch-mechanische Maßnahmen

1. Schutz der Nützlingsfauna:
Prädatoren: *Chrysopa* spp.
Anthocoris spp.
Coccinella spp. u. a.
Parasiten: *Ephedrus* spp.

2. Blattspritzungen mit Biopräparaten auf der Basis von *Entomophthora*-Pilzen

biologische Maßnahmen

An Pflaume

An Hopfen

chemische Maßnahmen

1. Winterspritzung der Pflaumenbäume gegen die Wintereier

2. Frühjahrsspritzung der Pflaumenbäume gegen die Fundatrigenien

3. Spritzung der Hopfenpflanzen gegen die Virginogenien

acker- und pflanzenbauliche Maßnahmen. Pflanzenhygiene

Anbau resistenter bzw. toleranter Sorten:

1. Vermeidung nematodenbefallenen Pflanzgutes
2. Auswahl klimatisch günstiger Standorte
3. gleichmäßige Düngung des Bodens

1. 'Record' 'Müller-Bitterer'
2. 'Sunshine' 'Challenger'
3. 'Fuggle' 'L 331/1975'
4. 'L 1278/1975' 'L 181/1974'

Abb. 31. Integrierte Bekämpfung der Hopfenblattlaus (*Phorodon humuli*) unter Einbeziehung resistenter Sorten. Nach Perju 1984.

Den einzelnen Maßnahmen innerhalb eines Systems der integrierten Bekämpfung liegen charakteristische Wirkprinzipien zugrunde. Sie werden von Roberts [1419] wie folgt zusammengefaßt:

(1) Wirkprinzipien, die die Reduktion oder Verhinderung des Initialbefalls der Pflanzen durch Schaderreger zum Ziel haben. Dazu gehören:

— Ausschluß (exclusion) eines möglichen Befalls (Maßnahmen der Pflanzenquarantäne, Anbau von befallsfreiem Pflanzenmaterial, Bekämpfung der Schaderreger, bevor sie zu den zu schützenden Beständen gelangen können u. a.).
— Direkte Maßnahmen gegen den Schaderreger vor erfolgtem Befall bzw. vor der Infektion und Senkung seiner Populationsdichte unter die wirtschaftliche Schadschwelle (z. B. Bodendesinfektion zur Bekämpfung von Nematoden und anderen Bodenschädlingen, in gewissem Sinne auch die Winterspritzung im Obstbau), von Roberts [1419] nach unserer Meinung im Sinne der integrierten Bekämpfung nicht sehr glücklich als „Ausrottung" (eradication) bezeichnet.
— Therapie. Hierher gehört u. a. die Anwendung systemisch wirkender Nematizide, Insektizide oder Akarizide, die nach erfolgtem Befall und evtl. auch nach bereits eingetretenen Schäden durch Abtötung der Schaderreger der Pflanze wieder zu ihrer wirtschaftlichen Leistungsfähigkeit zu verhelfen vermögen. Ähnliches gilt auch für die Wärmetherapie bei nematodenbefallenen Pflanzen.
— Vertikale Resistenz gegen die im jeweiligen Gebiet vorherrschenden Patho- oder Biotypen der Schaderreger.

(2) Wirkprinzipien, die nach erfolgtem Befall die Vermehrungs- und Ausbreitungsrate der Schaderreger reduzieren und somit wirtschaftliche Schäden verhindern oder senken. Dazu gehören:

— Horizontale Resistenz der Pflanzen gegen Befall durch tierische Schaderreger, die zwar einen Befall oder eine Nematodeninfektion zuläßt, jedoch die Vermehrungsrate auf einem Niveau hält, das wirtschaftlich ins Gewicht fallende Schäden verhindert.
— Direkte Bekämpfungsmaßnahmen gegen Schaderreger nach eingetretenem Befall bzw. nach erfolgter Infektion mit chemischen, physikalischen oder anderen Mitteln (protection).
— Vermeidung von Pflanzenschäden durch Behinderung des Zustandekommens einer Schaderreger-Pflanze-Beziehung (avoidance). Dieses Wirkprinzip entspricht dem „Ausweichen des Wirtes" (host evasion) nach Painter [1259] oder der „phänologischen Resistenz" nach Shapiro et al. [1578] (vgl. 3.4.); dieses Prinzip kann auch durch direktes Eingreifen des Menschen (Früh-, Spätsaat u. a.) zur Wirkung kommen.

Diese Wechselbeziehungen zwischen den Maßnahmen des Pflanzenschutzes und deren Wirkprinzipien innerhalb des Systems der integrierten Bekämpfung von Krankheiten und Schädlingen der Kulturpflanzen unter besonderer Berücksichtigung der Pflanzenresistenz und unter epidemiologischem Aspekt [1909] haben wir in Abbildung 32, präzisiert für tierische Schaderreger, dargestellt.

Bei der Stellung des Anbaues resistenter Kulturpflanzensorten im Gesamtkomplex der Maßnahmen zur Verhinderung bzw. Senkung von wirtschaftlich ins Gewicht fallenden Verlusten durch tierische Schaderreger unterscheiden Adkisson und Dyck [12] zwei Möglichkeiten:

— Anbau resistenter Sorten als alleinige und wirksame Maßnahme zur Schadensminderung oder -verhütung;
— Anbau resistenter Sorten als Bestandteil in einem integrierten Bekämpfungssystem.

Die klassischen Beispiele für den erstgenannten Gesichtspunkt sind die Bekämpfung der Reblaus (*Viteus vitifolii*) [163, 587, 1648, 1804 u. a.] sowie der Hessenfliege (*Mayetiola destructor*) in der UdSSR und in den USA [1093, 1260, 1574]. Auf dieser Grundlage legen Schalk und Ratcliffe [1505] für eine Reihe von tierischen Schaderregern in den USA ein Alternativprogramm zur Bekämpfung vor.

Auf lange Zeit und bei den meisten Schaderreger-Kulturpflanze-Beziehungen wird jedoch international der Anbau resistenter Sorten Bestandteil integrierter Bekämpfungsprogramme

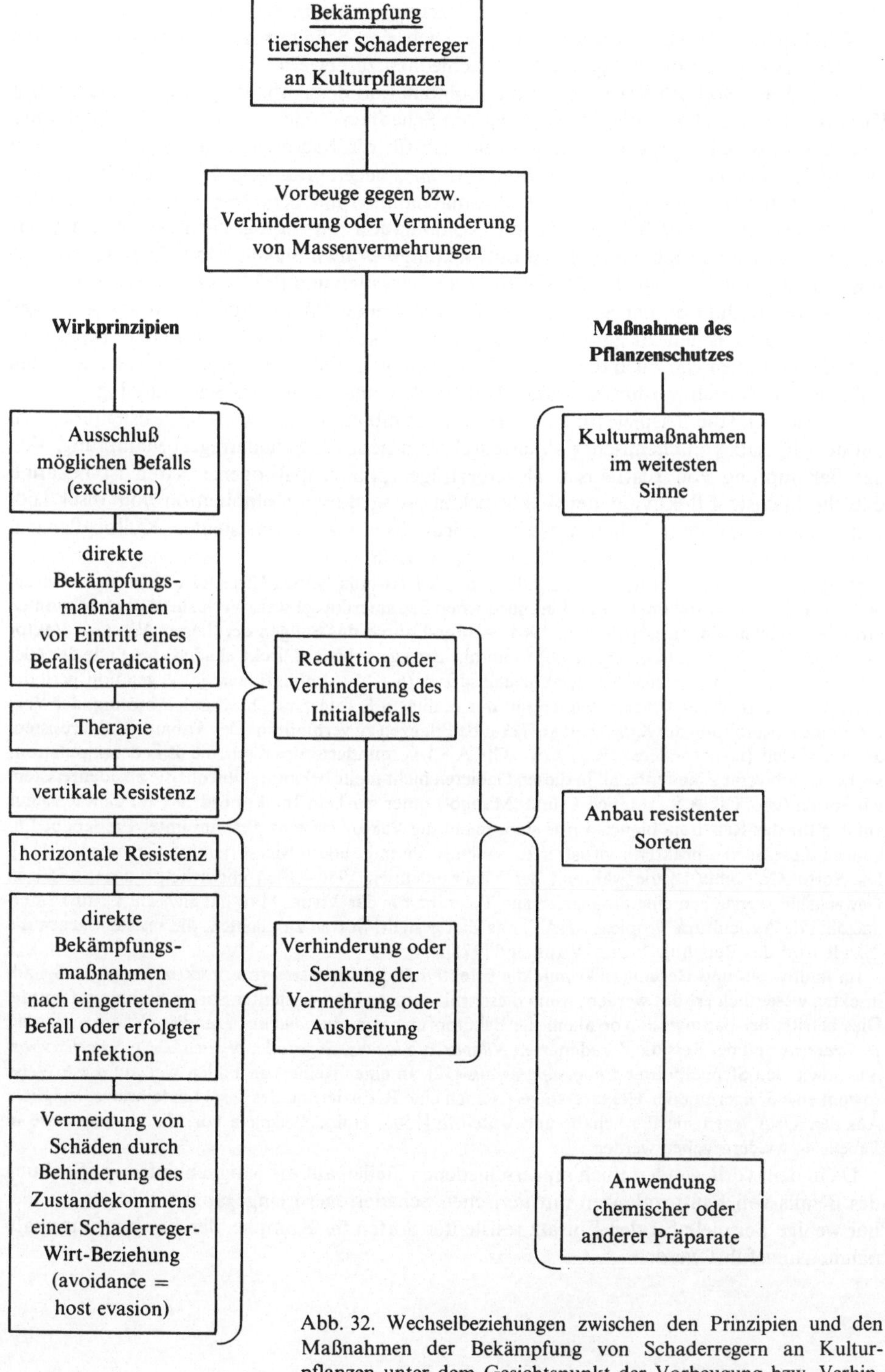

Abb. 32. Wechselbeziehungen zwischen den Prinzipien und den Maßnahmen der Bekämpfung von Schaderregern an Kulturpflanzen unter dem Gesichtspunkt der Vorbeugung bzw. Verhinderung von Epidemien. Nach Roberts 1978, verändert.

sein [1573]. Es bedarf keiner näheren Erläuterung, daß innerhalb eines solchen Systems die Effektivität der Einzelkomponenten je nach der Schaderreger-Pflanze-Kombination und dem jeweiligen Forschungsstand unterschiedlich zu bewerten ist.

Die eindrucksvollsten Beispiele für die Kombination des Anbaues resistenter Sorten mit Kulturmaßnahmen bietet die Bekämpfung von Schadnematoden. Deshalb soll hierauf unter 12.1. besonders eingegangen werden. Aber auch für die Baumwollschädlinge *Pectinophora gossypiella*, *Anthonomus grandis* und *Psallus seriatus* liegen praktische Ergebnisse bei der Bekämpfung durch Kombination von Kulturmaßnahmen mit dem Anbau resistenter Sorten vor [12]. Es gibt ferner Beispiele für die Kombination mit biologischen Bekämpfungsverfahren, in denen resistente Sorten die Entwicklungsgeschwindigkeit von Schaderregern verzögern und somit die Angriffsmöglichkeiten von Parasiten und Prädatoren verbessern. Ebenso kann die Reduktion der Schaderregerdichte auf einer Pflanze auf Grund der jeweiligen Resistenzmechanismen zu einer Erhöhung der Effektivität natürlicher Feinde führen. In bestimmten Fällen war auch die Populationsdichte von Nutzinsekten auf resistenten Sorten höher als auf Sorten mit hoher Anfälligkeit für den entsprechenden Schädling (vgl. 7.5.).

Zahlreich sind die Beispiele für eine wirksame Kombination des Anbaues resistenter Sorten mit dem Einsatz von chemischen Pflanzenschutzmitteln zur Schaderregerbekämpfung. Von der Bekämpfung von Blattläusen als Überträger pflanzenpathogener Viren ist bekannt, daß die höchste Effektivität der Vektorbekämpfung durch Kombination von Insektizidbehandlungen mit dem Anbau resistenter (virus- bzw. blattlausresistenter) Kulturpflanzensorten erreicht wird [507, 508, 1329, 1469, 1575, 1576].

Mitte der 50er Jahre verursachten Epidemien des Reis-hoja blanca-Virus (rice hoja blanca virus) in der Karibik, in Mittelamerika und im nördlichen Südamerika schwere Verluste. Aus unbekannten Gründen endeten die Virusepidemien 1964, während durch das Saugen der diesem Virus als Vektor dienenden Zikade (*Sogatodes oryzicola*) weiterhin Ertragsverluste (Direktschaden) bis Ende der 60er Jahre auftraten. Mit intensiven Insektizideinsätzen (6—15 Applikationen je Vegetationsperiode) hatte man während der Virusepidemien mit nur mäßigem Erfolg versucht, durch Abtötung der Vektoren eine Ausbreitung der Krankheit auf gesunde Pflanzen zu verhindern. Der Anbau zikadenresistenter Reissorten (insbesondere ‚IR 8‘ bzw. ‚CICA 8‘) verminderte drastisch die Zikadenpopulation; seither ist schwerer Zikadenbefall in diesen Gebieten nicht mehr bekannt. Obwohl die zikadenresistenten Sorten (wie ‚CICA 8‘, ‚Metica 1‘ und ‚Mudgo‘) unter starkem Infektionsdruck im Gewächshaus anfällig für das Reis-hoja blanca-Virus sind, reicht die Vektorresistenz aus, um unter Freilandbedingungen diese Sorten praktisch virusfrei zu halten, während andere Reissorten infiziert werden [783]. Die Sorte ‚Colombia 1‘, die während der Virusepidemien 1956—1964 entwickelt wurde, zeigte in Gewächshausversuchen eine ausgezeichnete Toleranz für das Virus. Man hat sich am Centro Internacional de Agricultura Tropical (CIAT) das Ziel gestellt, Sorten zu züchten, die resistent gegen die Zikade und das Reis-hoja blanca-Virus sind [471].

Im Baumwoll- und Reisanbau konnte die Effektivität des Einsatzes von Insektiziden gegen Schadinsekten wesentlich erhöht werden, wenn dieser mit dem Anbau resistenter Sorten kombiniert wurde. Dies betrifft bei Baumwolle vor allem die Bekämpfung von *Anthonomus grandis*, *Heliothis zea* und *H. virescens* und bei Reis die Zikadenarten *Nilaparvata lugens*, *Sogatodes oryzicola*, *Nephotettix virescens* sowie den Stengelbohrer *Chilo suppressalis* [12]. In einer Reihe von Fällen war auf diese Weise sowohl eine Steigerung der Hektarerträge als auch eine Reduzierung des Insektizideinsatzes möglich. Aus den USA legen hierfür Schalk und Ratcliffe [1505] einige Beispiele vor, die auszugsweise in Tabelle 44 wiedergegeben werden.

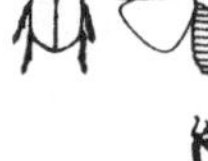

Da in dem vorliegenden Buch an verschiedenen Stellen auf die Möglichkeiten zur Senkung des Befalls von Kulturpflanzen mit tierischen Schaderregern eingegangen wird, sollen hier nur wenige Beispiele für den Einsatz resistenter Sorten im Komplex der Bekämpfungsmaßnahmen angeführt werden.

Tabelle 44
Senkung des Insektizideinsatzes bei Anbau von Sorten mit Resistenz gegen Schadinsekten in den USA. Nach Schalk und Ratcliffe [1505].

Insektenart	Pflanzenart	Gesamtanbaufläche Mill. ha	Fläche mit resistenten Sorten Mill. ha	Ertragszuwachs/ha durch resistente Sorten t	Bisherige Insektizidanwendung kg Wirkstoff/ha	Reduktion des Insektizideinsatzes durch resistente Sorten t
Acyrthosiphon pisum	Luzerne	25	0,02	keine Angabe	0,58	11,6
Therioaphis trifolii maculata	Luzerne	25	0,8	22—27	0,35	280
Blissus leucopterus	Mais	26	4,0	2,2	1,7	6.800
Ostrinia nubilalis	Mais	26	8,7	1,88	1,3	22.600 (2 Behandl. im Jahr)
Schizaphis graminum	Sorghum	5	0,2	0,05	0,35	70
Mayetiola destructor	Weizen	25	3,4	1,1	selten	entfällt

12.1. Einsatz resistenter Sorten zur Bekämpfung von Nematoden

Die Vermeidung bzw. Einschränkung der durch Nematoden verursachten Verluste, die man im Weltmaßstab auf etwa 10% der pflanzlichen Produktion beziffert [1494], erfordert vielfältige Maßnahmen. Dazu gehören Verhütung einer Einschleppung gefährlicher Arten durch Quarantänemaßnahmen, die Einhaltung bewährter Fruchtfolgegrundsätze, die Schaffung bester Wachstumsbedingungen für die Pflanzen wie auch der Einsatz resistenter Sorten und in besonderen Fällen der Einsatz chemischer Mittel (Nematizide). Dabei kommt, wie bereits dargestellt, den Prinzipien der integrierten Bekämpfung eine große Bedeutung zu. Wir wollen nachfolgend die Wirksamkeit des Anbaues resistenter Sorten innerhalb des Maßnahmekomplexes am Beispiel der Kartoffelzystenälchen, des Getreidezystenälchens und der Wurzelgallenälchen darstellen.

12.1.1. Kartoffelzystenälchen (*Globodera rostochiensis, G. pallida*)

Im Kartoffelanbau besitzt *Globodera rostochiensis* auf Grund seiner großen Verbreitung und Schadwirkung eine besondere Bedeutung. Nach Stelter et al. [1691] führt jede Steigerung der Ausgangsverseuchung um eine Zehnerpotenz zu einer Zunahme des Ertragsverlustes um 16%. Verluste von 30—40% sind normal, von 75 bis über 95% möglich [452].

Der Anbau nematodenresistenter Kartoffelsorten ist gegenwärtig das wichtigste Verfahren der Nematodenbekämpfung im Kartoffelbau. Dies ist dadurch bedingt, daß solche Sorten auf verseuchten Flächen nicht nur gute Erträge liefern, sondern auch die Populationsdichte des Parasiten stark reduzieren (im Durchschnitt um 80%). Die nematodenresistenten Sorten, die aus Kreuzungen mit *Solanum andigenum* hervorgegangen sind, besitzen eine ausgeprägte Feindpflanzenwirkung, die gezielt zur kontinuierlichen Entseuchung ganzer Anbaugebiete

zum Einsatz kommt. Beispielsweise wurden in der DDR im Bezirk Rostock bis 1983 auf 84500 ha Ackerfläche resistente Kartoffelsorten angebaut. Welchen Erfolg der über 10jährige Einsatz resistenter Sorten erbracht hat, soll in Tabelle 45 am Beispiel des Kreises Rostock, der am stärksten im Bezirk verseucht war, dargestellt werden.

Tabelle 45
Situation der Bodenverseuchung mit Kartoffelzystenälchen im Kreis Rostock nach 10jährigem Einsatz nematodenresistenter Kartoffelsorten. Nach Seidel und Decker [1546].

	Anteil der Flächen in % Situation Anfang der	
	70er Jahre	80er Jahre
befallsfrei	4,5	12,5
leicht befallen (1—2 Zysten/100 cm^3)	33,1	68,0
stark verseucht (5 Zysten/100 cm^3 und mehr)	42,2	11,0

Bei einer starken Bodenverseuchung schädigt das Einwandern der Nematodenlarven in die Wurzeln die resistenten Sorten; 10—15% Ertragsreduktion sind möglich. Dadurch kann auch der populationsreduzierende Einfluß beeinträchtigt werden. In einigen Ländern setzt man deshalb auf stark verseuchten Flächen häufig ein Nematizid ein, um die Populationsdichte der Nematoden auf eine für den Anbau resistenter Sorten zuträgliche Höhe zu senken. Beispielsweise gelang es in der UdSSR, durch Kombination von Nematizideinsatz (Dazomet) im Herbst, Anbau resistenter Kartoffelsorten im Frühjahr und nachfolgenden Anbau von Nichtwirtspflanzen, die Verseuchung von 1100—5200 Eiern und Larven/100 cm^3 Boden auf Null zu reduzieren [634].

In der BRD konnten durch Kombination des Anbaues einer resistenten Kartoffelsorte mit der Anwendung von Nematiziden (5 kg/ha Curaterr bzw. Nemacur 2 Wochen vor der Pflanzung) gegenüber dem alleinigen Anbau der resistenten Sorte die Reduktion der Populationsdichte von 68% auf 82 bzw. 87% und die Erträge der resistenten Sorte um 67 bzw. 48% gesteigert werden [720].

Welchen Einfluß die Einzelmaßnahmen und ihre Kombination auf die Reduzierung der Nematodenpopulation und der Anbau einer anfälligen Sorte auf ihren Wiederaufbau haben können, geht aus Tabelle 46 hervor.

Vom Standpunkt der ökonomischen Effektivität wird ein Nematizideinsatz vor dem Anbau resistenter Kartoffelsorten nicht mehr für notwendig erachtet, wenn die Verseuchungsdichte unterhalb von 1000 Eiern und Larven/100 cm^3 Boden liegt [634].

Für einen zielgerichteten Einsatz resistenter Sorten zu Sanierungszwecken ist die Kenntnis der Populationsdynamik des Parasiten und der sie beeinflussenden Parameter unerläßlich. Dabei sind die wirtsspezifische Verseuchungsdichte (WVD), auch Gleichgewichtsdichte genannt, die Vermehrungsrate (VR) in Abhängigkeit von der Ausgangsverseuchung (Pi) und der WVD sowie die Reduktionsrate beim Anbau von Nichtwirten die bestimmenden Elemente für die Erarbeitung eines Populationsmodells. Die WVD beträgt, bezogen auf je 100 cm^3 Boden, bei

anfälligen späten Kartoffelsorten	40000 Eier und Larven,
anfälligen mittelspäten Kartoffelsorten	25000 Eier und Larven,
anfälligen frühen und mittelfrühen Kartoffelsorten	15000 Eier und Larven,
resistenten Kartoffelsorten	300—500 Eier und Larven.

Tabelle 46
Integration von Methoden zur Bekämpfung des Kartoffelzystenälchens *(Globodera rostochiensis)*. Nach Jones [802].

Bekämpfungsmethode	Resultierende Populationsdichte (% der Initialpopulation)	Abtötung (%)	Population nach dem Anbau einer anfälligen Sorte, kalkuliert nach 2 angenommenen Vermehrungsraten¹) (% Initialpopulation)	
			30 ×	70 ×
1. 4 Jahre ohne Kartoffeln	3	97	90	>100
2. 1 Jahr mit resistenten Kartoffelsorten	20	80	>100	>100
3. Nematizidbehandlung	25	75	>100	>100
4. 1 + 2	0,6	99,4	18	42
5. 1 + 3	0,75	99,25	22,5	52,5
6. 2 + 3	5	95	>100	>100
7. 1 + 2 + 3	0,15	99,85	4,5	10,5

¹) Die beobachteten Maximum-Vermehrungsraten liegen zwischen 30- und 70fach.

Die VR variiert beim Anbau anfälliger Sorten der verschiedenen Reifegruppen in Abhängigkeit von Pi beträchtlich (Tab. 47). Auf der Grundlage dieser Werte ist es möglich, bei bekannter Verseuchungssituation für jede vorgesehene Fruchtfolge die künftige Populationsdynamik von *Globodera rostochiensis* annähernd richtig einzuschätzen. Durch Einschaltung resistenter Sorten in die Fruchtfolge, verbunden mit entsprechend weiter Stellung der anfälligen Sorten, kann die Populationsdichte des Kartoffelzystenälchens unter die Schadschwelle von etwa 200 Eiern und Larven in 100 cm³ Boden gesenkt werden [357].

Tabelle 47
Vermehrungsrate des Kartoffelzystenälchens *(Globodera rostochiensis)* in Abhängigkeit von der Ausgangsverseuchung, dem Resistenzverhalten und der Reifegruppe von Kartoffelsorten. Nach Engel und Stelter [445].

WVD Pi	500 resistent	15000 anfällig früh u. mittelfrüh	25000 anfällig mittelspät	40000 anfällig spät	Nichtwirte/ Brache
200	0,80	11,5	11,5	11,5	
500	0,36	14,0	15,0	15,0	
1000	0,21	12,5	17,0	18,0	
3000	0,11	5,7	10,3	15,8	
5000	0,10	3,5	6,6	12,0	0,67
10000	0,09	1,6	3,2	6,5	
20000	0,10	0,75	1,35	3,0	
50000	0,16	0,42	0,52	0,8	

Bereits Cole und Howard [304] wiesen auf die Gefahr hin, die ein mehrmaliger Nachbau resistenter Kartoffelsorten für die Entwicklung resistenzbrechender Pathotypen bringen kann. In ihren Versuchen nahm schon nach dem vierten Anbau solcher Sorten die resistenzbrechende Nematodenpopulation stark zu. Stelter [1689] weist nach, daß es auch bei anfälligen Sorten zu einer Verschiebung des Anteils der Pathotypen im Gemisch kommen kann, sofern der Anteil des Pathotyps Pa3 von *Globodera pallida* 10% übersteigt. Liegt er dagegen bei etwa 2%, tritt keine weitere Erhöhung ein. Offenbar kann sich Pa3 bei einem massiven Übergewicht des Pathotyps Ro1 von *Globodera rostochiensis* an der anfälligen Sorte nicht durchsetzen. Anders sieht es beim Anbau resistenter Sorten aus. Diese fördern einseitig Pa3 und reduzieren Ro1. Bereits eine zweimalige Passage verringert den Anteil von Ro1 auf unter 5%, eine viermalige Passage auf unter 1% [1689].

Diese Ergebnisse unterstreichen die Notwendigkeit, die nur gegen Ro1 resistenten Kartoffelsorten nicht auf Flächen anzubauen, die mit anderen Pathotypen, z. B. Pa3, verseucht sind. Weiterhin dürfen resistente Sorten nicht mehrmals auf der gleichen verseuchten Fläche kultiviert werden, sondern nur im Rahmen einer weitgestellten Fruchtfolge. Ist die Populationsdichte der Kartoffelzystenälchen unter die Schadschwelle zurückgegangen, können durchaus wieder anfällige Sorten angebaut werden. Notwendig ist die ständige Kontrolle der Bodenverseuchung.

12.1.2. Getreidezystenälchen (*Heterodera avenae*)

Die Verseuchung der Böden durch *Heterodera avenae* ist in den europäischen Staaten beachtlich. Nach den bisherigen Erkenntnissen finden sich Zysten dieser Nematodenart auf etwa 60—70% der Ackerflächen. Dabei handelt es sich überwiegend um geringen Befall, ein starker Befall kommt nur auf 3—5% der Ackerfläche vor.

In allen Versuchen hat sich Hafer als die Getreideart mit der größten Intoleranz erwiesen, der Schadschwellenwert liegt sehr niedrig (20—125 Eier und Larven/100 cm^3 Boden). Sommer- wie auch Winterweizen reagieren ebenfalls sehr empfindlich. Demgegenüber besitzt die Gerste eine höhere Toleranz, wird aber gleichfalls stark befallen und vermehrt den Parasiten gut. Auch *Triticale* gehört zu den guten Wirtspflanzen [1790]. Dagegen ist Roggen eine schlechte Wirtspflanze mit einer geringen Vermehrungseignung [346].

Von Bedeutung ist bei den Getreidearten und bei Mais, daß Resistenz und Toleranz nicht gekoppelt sind. Die resistenten Hafersorten erwiesen sich meist als intolerant und werden auf verseuchten Flächen stark geschädigt [617].

Ähnlich empfindlich reagiert der Mais, der ebenfalls als resistent eingestuft werden muß, obwohl gelegentlich eine Zystenbildung möglich ist. Daher sollten auf stärker verseuchten Flächen nur resistente Gerstensorten kultiviert werden, die hohe Toleranz mit beachtlicher Nematodenreduktion verbinden.

Die Verringerung der Nematodenpopulation im Boden beim Anbau resistenter Getreidesorten variiert in Abhängigkeit von der Verseuchungsstärke und den Umweltbedingungen von 30—80% und liegt im Mittel bei etwa 60%.

Welchen Einfluß ein verstärkter Anbau resistenter Gerstensorten haben kann, zeigen die Untersuchungen von Andersson [39] in Schweden. Dort wurde 1975 mit dem Anbau solcher Sorten begonnen, 1980 umfaßte er bereits 65% der Gerstenanbaufläche. Die Veränderung der Verseuchungssituation ist aus Tabelle 48 ersichtlich.

In Großbritannien brachte ein Anbau resistenter Gerstensorten Mehrerträge von durchschnittlich 9%; auf stark verseuchten Flächen (über 100 Eier/g Boden) erreichten sie 26% [1871].

Daß resistente Hafersorten meist empfindlich mit Ertragsverlusten auf die Larveneinwanderung reagieren, andererseits aber die Populationsdichte des Getreidezystenälchens im Boden stark reduzieren, zeigten die Versuche von Williams und Beane [1871] in Großbritannien. Dabei wurden die Erträge von anfälligen und resistenten Sorten mit und ohne Nematizid-Behandlung (Aldicarb) verglichen (Tab. 49). In den Parzellenversuchen betrug die Verseuchung etwa 2000 Eier und Larven/100 g Boden. Durch den Anbau der resistenten Sorte ‚Nelson' war sie auf etwa 300 Eier und Larven/100 g Boden zurückgegangen (bei Aldicarb-Anwendung auf etwa 200 Eier und Larven/100 g Boden). Demzufolge brachte im Folgejahr die anfällige Sorte ‚Manod' auf dieser Parzelle einen annehmbaren Ertrag, während nach der anfälligen ‚Maris Tabard' der Ertrag um 16,3 dt/ha (= 60%) niedriger lag (bei einer Ausgangsverseuchung von 1400 Eiern und Larven/100 g Boden).

Tabelle 48
Veränderung der Verseuchung des Bodens mit *Heterodera avenae* nach dem Anbau resistenter Gerstensorten. Nach Andersson [39].

Eier/g Boden	% der Proben mit den differenzierten Populationsdichten	
	1975/1976	1979/1980
1	44,7	73,2
1,1– 3	12,9	11,1
3,1– 10	18,2	6,1
10,1– 30	16,6	8,1
30,1–100	6,9	1,5
>100	0,7	0,0

Resistente Sommergerstensorten brachten bei Versuchen in der DDR im Jahre 1980 im Mittel um 34,8% höhere Erträge als die anfälligen Sorten, Hafer 24,2%. Im Anbaujahr 1979 lagen diese Werte deutlich niedriger: bei Sommergerste 15,7% Mehrertrag, bei Hafer ein Mindererträg von 1,9%. Allerdings war die Ausgangsverseuchung 1979 mit 3900 Eiern und Larven/100 cm^3 Boden rund viermal so hoch wie 1980 (durchschnittlich 950 Eier und Larven/100 cm^3 Boden). Im Mittel der beiden Anbaujahre ergab sich ein Mehrertrag der resistenten im Vergleich zu den anfälligen Sorten bei Sommergerste von 25,3% und bei Hafer von 11,2% [617].

Tabelle 49
Einfluß des Anbaues einer resistenten Hafersorte und einer Nematizidbehandlung auf den Ertrag (dt/ha). Nach Williams und Beane [1871]. In Klammern: Erträge der anfälligen Sorte ‚Manod' nach Anbau im Folgejahr auf den gleichen Parzellen.

Sorte	Aldicarb (kg Wirkstoff/ha)	
	0	10
Maris Tabard (anfällig)	22,1 (10,8)	40,6 (24,5)
Nelson (resistent)	18,9 (27,1)	35,6 (26,6)

International gibt es bereits eine Vielzahl von Sorten mit Resistenz gegen verschiedene Pathotypen von *Heterodera avenae* (siehe auch Testsortiment Tabelle 19, S. 148). Zu nennen sind bei Hafer: ‚Sofi', ‚Hedvig', ‚Lars' und ‚640318-40-2-1''; bei Sommergerste: ‚Gitte', ‚Zita', ‚Siri', ‚Simba', ‚Prisca', ‚Stange', ‚Ansgar', ‚Sarbalis', ‚Damazy', ‚Martin 403-2', ‚Bajo Aragon-1-1', ‚Welam' (nach Befunden von Grosse und Decker [617] nur tolerant); bei Sommerweizen: ‚Loros' und daraus hervorgegangen ‚63/1-7-15-12', ‚AUS 10894' und daraus entwickelt ‚Katyil'.

Aufmerksamkeit verdient der Hinweis von Moltmann [1139], wonach es Anzeichen dafür gibt, daß bei resistenten Weizen- und Gerstensorten — nicht aber bei anfälligen — ein Erstbefall durch Larven von *H. avenae* zu einer Immunisierung des gesamten Wurzelwerks gegen späteren Befall führen kann.

12.1.3. Wurzelgallenälchen (*Meloidogyne* spp.)

Zahlreiche Beispiele liegen für den wirkungsvollen Einsatz resistenter Sorten zur Bekämpfung von Wurzelgallenälchen an verschiedenen Kulturpflanzenarten vor, so vor allem an Tomate, Gurke, Tabak, Gartenbohne, Sojabohne, Luzerne, Baumwolle u. a. [349, 507]; wir haben unter diesen für die folgende Darstellung die Tomate ausgewählt. Sie gehört zu den am häufigsten und am stärksten geschädigten Wirtspflanzen der Wurzelgallenälchen.

In den Versuchen von Slabaugh [1630] wurden im Mittel von 14 Tomatenzuchtlinien folgende Wachstumsdepressionen registriert:

durch *Meloidogyne incognita* 69 %,
durch *Pratylenchus penetrans* 56 %,
durch *Helicotylenchus crenatus* 49 %,
in der Kombination 75 %.

Der Schadschwellenwert von *M. incognita* bei Tomate liegt mit 5—26 L_2/kg Boden sehr niedrig, wobei der Einfluß von Sorte und Umwelt variierend wirkt [472].

In den letzten Jahren ist eine große Zahl resistenter Tomatensorten gezüchtet worden, wobei die Mehrzahl neben der Resistenz gegen *M. incognita* auch solche gegen *M. javanica* und *M. arenaria* aufweist. Die bekanntesten Sorten sind: ‚Nematex', ‚Nemared', ‚Nemacross BB', ‚Ronita', ‚Roma', ‚VFN Bush', ‚NTDR-1', ‚Small Fry', ‚Monte Carlo', ‚Patriot', ‚Monita', ‚Atkinson', ‚Piernita' und ‚Y-91'. Viele der gegen *M. incognita* resistenten Sorten sind jedoch anfällig für *M. hapla*. Außerdem gibt es offensichtlich Herkunftsunterschiede in der Virulenz dieser Art.

Die meisten resistenten Tomatensorten bringen auf stark verseuchten Flächen Erträge, die nicht geringer sind als die von anfälligen Sorten auf nematizidbehandelten Böden. Jedoch sind die Früchte vieler resistenter Sorten transportempfindlich und platzen leicht auf [1698].

Eine chemische Bodenentseuchung mit Vorlex (DD-MENCS) (45 l/ha) senkte die Populationsdichte von *M. incognita* so weit, daß dreimal anfällige Tomatensorten angebaut werden konnten, bevor die Schadschwelle wieder erreicht wurde. Der Anbau resistenter Tomatensorten (‚Nematex', ‚VFN') reduzierte eine hohe Populationsdichte des Nematoden so weit, daß nachfolgend ein einmaliger Anbau anfälliger Sorten möglich war, bei niedriger Ausgangsverseuchung dagegen ein zwei- bis dreimaliger [171].

In einem Vergleichsanbau von 3 resistenten und 2 anfälligen Sorten in einem stark mit *M. incognita* verseuchten Gewächshaus in der BRD brachten die resistenten Sorten signifikant höhere Erträge, unabhängig davon, ob der Boden entseucht wurde oder nicht [713].

12.2. Einsatz resistenter Sorten zur Bekämpfung von Schadarthropoden

Mit dem Anbau neuer Pflanzensorten mit verbesserten Qualitätseigenschaften im weitesten Sinne des Wortes entstehen für viele Organismen — einschließlich der tierischen Schaderreger — mitunter grundlegend neue Entwicklungsbedingungen. Diese können auf dem Wege über Pflanzeninhaltsstoffe, Pflanzenentwicklung, morphologische Eigenschaften u. a. teils entwicklungshemmend, teils aber auch entwicklungsfördernd wirken. Das ist bei der Züchtung neuer Sorten zu beachten, da sonst die Effektivität der Züchtungsarbeit möglicherweise beeinträchtigt wird.

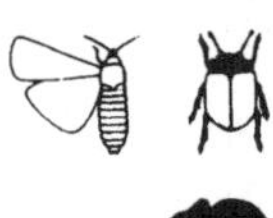

So hat sich gezeigt, daß die Züchtung von Maissorten mit hohem Lysingehalt die Schadwirkung des Maiszünslers (*Ostrinia nubilalis*), des Getreidehähnchens (*Oulema melanopa*) und des Maisbeulenbrandes (*Ustilago maydis*) wesentlich erhöht hat. Die auf hohen Lysingehalt gezüchtete Maissorte ‚Opak 2' wird auf dem Feld und im Lager besonders stark von Nagetieren befallen. Erst als es gelang, in Maissorten das Gen Fläuri 2 einzuführen, wurde hoher Lysingehalt mit Resistenz gegen Maiszünsler und Getreidehähnchen kombiniert.

Besondere Aufmerksamkeit verdient der Einfluß neuer Sorten mit verändertem Gehalt an essentiellen Aminosäuren auf die Vermehrungsrate von Blattläusen und Spinnmilben.

Hier kann die Qualitätsverbesserung zu erhöhter Anfälligkeit für bestimmte Vertreter dieser Schaderregergruppen führen. Dadurch werden u. U. Arten, die bisher keine oder nur eine geringe wirtschaftliche Rolle spielten, zu ernsthaften Schädlingen.

Neue, hochleistungsfähige Weizensorten stellen hohe Ansprüche an die Stickstoffdüngung. Allein diese Anforderung weist auf eine mögliche Erhöhung der Vermehrungsrate von saugenden Insekten hin, die durch hohe Stickstoffgaben begünstigt wird. Für derartige Zusammenhänge ließen sich noch zahlreiche weitere Beispiele anführen.

Zu beachten ist ferner die Möglichkeit, daß der Anbau resistenter Kulturpflanzensorten ökologische Nischen öffnet. Mit dem Ausbleiben einer bestimmten Schädlingsart auf einer resistenten Sorte kann die Zunahme des Befalls mit einer anderen, bisher bedeutungslosen Art verbunden sein [506]. In einem solchen Falle würde der Anbau resistenter Sorten weder zu einer Verminderung des bisher notwendigen Pflanzenschutzmitteleinsatzes noch zu einer Verringerung der toxikologischen Probleme führen, es sei denn, daß die Folgeart durch mindertoxische Präparate bekämpfbar ist.

Die Züchtung und der Anbau resistenter Sorten sind bei weitem ökonomischer als die Bekämpfung der Schaderreger mit anderen Methoden [1460]. So sind die Kosten für die chemische Bekämpfung (ohne Berücksichtigung ihrer Nachteile) gewöhnlich 10- bis 20mal höher als die Kosten für die Züchtung unter Berücksichtigung der Nutzungsjahre der resistenten Sorte.

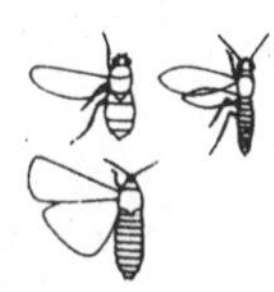

In den USA wurde die Wirtschaftlichkeit von Weizensorten mit Resistenz gegen die Hessenfliege (*Mayetiola destructor*), die Halmwespen (*Cephus* spp.) sowie von Maissorten mit Resistenz gegen den Maiszünsler (*Ostrinia nubilalis*) mit der Wirtschaftlichkeit von chemischen Bekämpfungsmaßnahmen verglichen. Die Gesamtsumme der Kosten für die Züchtung betrug 9,3 Mill. Dollar. Der jährliche Gewinn durch Verlustsenkung mit Hilfe der resistenten Sorten belief sich auf 308 Mill. Dollar. Innerhalb von 10 Jahren (allgemeine Verwendungsdauer der Sorten) erreichte der wirtschaftliche Nutzen 3 Milliarden Dollar, d. h., jeder investierte Dollar brachte 300fachen Gewinn. Die Kosten für die chemische Bekämpfung, soweit sie überhaupt möglich war (z. B. Hessenfliege), überstieg die genannten Kosten um ein Vielfaches.

Der Anbau resistenter Sorten als Bestandteil des Systems integrierter Bekämpfungsmaßnahmen setzt voraus, daß die für die volle Entfaltung ihres Ertrags- und Resistenzpotentials erforderlichen agrotechnischen und ökologischen Bedingungen eingehalten werden. Ferner ist davon auszugehen, den größtmöglichen Nutzen bei geringsten, d. h. unbedingt notwendigen Kosten zu erzielen.

Am Beispiel der Bekämpfung von *Pectinophora gossypiella* in den Baumwollanbaugebieten im Südwesten der USA wird im Ergebnis mehrjähriger Untersuchungen als ökonomischste Variante der Anbau nektarienloser, spätreifender Sorten empfohlen. Dadurch wurde im Vergleich zu Sorten mit Nektarien die Befallsstärke dieses Schädlings um mehr als 50% gesenkt. Für die weitere Reduzierung des Befalls unter die ökonomische Schadschwelle von 10% sind dann nur noch 2 Insektizidbehandlungen erforderlich. Darüber hinaus konnte bei dieser Verfahrensweise auch eine Verminderung der Populationsdichte von Arten der Gattung *Lygus* bzw. *Exolygus* von 37—57% und bei *Bucculatrix thurberiella* von 8—66% festgestellt werden. Der Fortfall der frühen Insektizidbehandlung bewirkte außerdem eine Schonung der Prädatoren von *Heliothis*-Arten, die dadurch ebenfalls eine Verminderung ihrer Populationsdichte erfuhren. Die zusätzliche Anwendung von Wachstumsreglern im Spätsommer regte erneut das Wachstum der Baumwollpflanzen an. Dadurch wurde bei mehr als 90% der Larven der Übergang zur Diapausepuppe durch eine Weiterentwicklung bis zur Imago in der gleichen Vegetationsperiode ersetzt. Das führte bei Eintritt ungünstiger Witterungsbedingungen in diesem Zeitabschnitt zu ihrer Eliminierung.

Ein weiteres klassisches Beispiel für wirkungsvollen Einsatz resistenter Sorten zur Schaderregerbekämpfung stellt die komplex resistente Luzernesorte ‚Arc‘ dar [364]. Diese Sorte besitzt unter den Anbaubedingungen der südlichen USA eine hohe Resistenz gegen *Colletotrichum trifolii* und *Acyrthosiphon pisum* und eine mittlere Resistenz gegen *Hypera postica* sowie *Corynebacterium insidiosum*, während für *Empoasca fabae* und *Therioaphis trifolii maculata* mittlere bis hohe Anfälligkeit vorliegt. Bei schwachem Befall ist ohne Insektizidanwendung eine ausreichende Nutzung der Luzerne zum Zeitpunkt des ersten Schnittes gewährleistet. Dabei werden gleichzeitig die verschiedenen Nutzinsekten geschont, was sich wiederum auf den Schaderregerbefall beim zweiten, ja sogar bis zum dritten

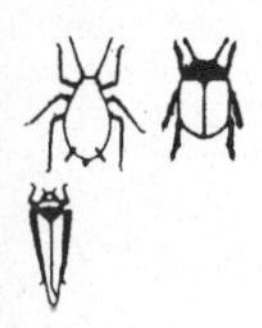

Schnitt auswirkt. In diesem Falle ist eine Kontamination der zu Futterzwecken dienenden Grünmasse bzw. des Luzerneheues mit Insektiziden ausgeschlossen oder wird beim zweiten bzw. dritten Schnitt auf ein Minimum reduziert.

Der zur Verfügung stehende Raum erlaubt nur eine Beschränkung auf die genannten wenigen Beispiele des Einsatzes resistenter Sorten zur Bekämpfung tierischer Schädlinge. Weitere Hinweise finden sich vor allem in den Kapiteln 1, 10 und 13. Daneben sei auf die zusammenfassenden Darstellungen von Painter [1260], Russell [1469], Maxwell und Jennings [1094], Fritzsche et al. [507], Michajlova [1120] u. a. hingewiesen.

13. Übersicht über Kulturpflanzen mit Resistenz gegen tierische Schaderreger

Agaricaceae

Agaricus spp. (Champignon)

Ditylenchus myceliophagus
Frankr. [244] Großbrit. [690]

Pinaceae

Abies spp. (Tanne)

Scolytus ventralis
Kanada [1889]

Dasyneura balsamicola
USA [1042]

Larix spp. (Lärche)

Adelges laricis
Schweden [428]

Picea spp. (Fichte)

Adelges tardus
Frankr. [548]

Sacchiphantes abietis
BRD [455, 1743] Frankr. [548] Schweden [429] USA [1746, 1763]

Pinus spp. (Kiefer)

Bursaphelenchus xylophilus
Japan [527] USA [952]

Meloidogyne spp.
Brasilien [104] Kuba [541]

Pineus pinifolii
USA [376]

Dendroctonus frontalis
Kanada [711]

Dendroctonus monticolae
USA [1366]

Dendroctonus ponderosae
USA [305]

Pissodes strobi
Kanada [23]

Acantholida posticalis
UdSSR [66]

Diprion pini
UdSSR [1636]

Neodiprion sertifer
USA [687]

Thecodiplosis japonensis
Südkorea [973]

Pseudotsuga spp. (Douglasie)

Gilletteella cooleyi
Dänemark [1309]

Gramineae (Poaceae)

Aegilops squarrosa

Meloidogyne incognita
USA [1424]

Meloidogyne javanica
USA [1424]

Aegilops ventricosa

Heterodera avenae
Frankr. [391]

Aegilops spp.

Meromyza nigriventris
UdSSR [1122]

Avena sativa (Hafer)

Ditylenchus dipsaci
Austr. [1675] Belgien [292] Frankr. [1414] Großbrit. [603] USA [1365]

Heterodera avenae
Austr. [198] BRD [654] Dänemark [31] DDR [647] Frankr. [1413] Indien [582] Niederl. [911] Norwegen [1699] Polen [647] Schweden [644] UdSSR [1595]

Heterodera hordecalis
Dänemark [34]

Meloidogyne incognita
USA [326]

Meloidogyne naasi
Belgien [606] Großbrit. [308]

Metopolophium dirhodum
BRD [117]

Rhopalosiphum padi
BRD [117] USA [871]

Schizaphis graminum
UdSSR [1569] USA [259, 1876]

Mayetiola destructor
UdSSR [245]

Oscinella frit
ČSSR [1305] Polen [595] Schweden [797] UdSSR [245] USA [1648]

Bromus inermis (Wehrlose Trespe)

Oscinella frit
UdSSR [1919]

Cenchrus ciliaris (Büffelgras)

Meloidogyne spp.
Brasilien [1331]

Aeneolamia albofasciata
Mexiko [447]

Prosapia simulans
Mexiko [447]

Chloris gayana (Rhodes-Gras)

Belonolaimus longicaudatus
USA [179]
Meloidogyne spp.
Brasilien [1331]

Cynodon dactylon (Bermuda-Gras)

Meloidogyne spp.
Brasilien [1331] USA [1844]
Spodoptera frugiperda
USA [306]

Digitaria spp. (Fingerhirse)

Sipha flava
USA [1380]

Echinochloa crus-galli (Hühnerhirse)

Meloidogyne hapla
Belgien [583]

Eleusine coracana

Sesamia inferens
Indien [937]

Festuca arundinacea (Rohrschwingel)

Meloidogyne spp.
USA [1495]

Festuca pratensis (Wiesenschwingel)

Oscinella frit
UdSSR [1919]

Hordeum vulgare (Gerste)

Heterodera avenae
Austr. [198] BRD [724] Dänemark [30] DDR [617] Frankr. [1413] Großbrit. [319] Indien [582] Niederl. [911] Norwegen [1699] Polen [647] Schweden [1205]
Heterodera bifenestra
Dänemark [34] Schweden [1025]
Heterodera hordecalis
Dänemark [34] Schweden [38]
Heterodera zeae
Indien [139]
Meloidogyne naasi
Großbrit. [1224]
Diuraphis noxius
UdSSR [245]
Macrosiphum avenae
DDR [701] Finnl. [1068] Großbrit. [1010] Kanada [87] Niederl. [1069] UdSSR [1238]
Metopolophium dirhodum
DDR [701] Großbrit. [1009] Niederl. [1069]
Rhopalosiphum fitchii
USA [1260]
Rhopalosiphum maidis
Indien [247] Kanada [581] USA [729, 1280]
Rhopalosiphum padi
Großbrit. [365] Kanada [741] UdSSR [245]
Schizaphis graminum
Rumänien [105] UdSSR [1238] USA [544, 1848]
Oulema melanopa
USA [1847]
Sitophilus granarius
Großbrit. [132]
Sitophilus oryzae
Indien [1810]
Sitotroga cerealella
Bulg. [564]
Chlorops pumilionis
UdSSR [245]
Hydrellia griseola
UdSSR [245]
Mayetiola destructor
UdSSR [1569]
Oscinella frit
Rumänien [1775] UdSSR [1910]

Lolium multiflorum (Welsches Weidelgras)

Meloidogyne spp.
USA [1495]

Lolium perenne (Deutsches Weidelgras)

Hyperodes bonariensis
Neuseel. [816]
Sphenophorus parvulus
USA [17]
Crambus spp.
USA [526]

Oryza sativa (Reis)

Aphelenchoides besseyi
Brasilien [1234] Indien [487] Italien [487] Japan [487] Sambia [1073] Simbabwe [1073] Südkorea [1268] UdSSR [1753] USA [1268]
Ditylenchus angustus
Bangladesch [1118] Burma [1760] Thailand [665] Vietnam [338]
Helicotylenchus crenatus
Indien [1348]
Heterodera oryzicola
Indien [777]
Heterodera sacchari
Nigeria [88]
Hirschmanniella oryzae
Südkorea [1267]
Meloidogyne spp.
Brasilien [1586] Elfenbeinküste [377] Indien [779] Laos [1062] Südafrika [991] Thailand [290] USA [1495]
Pratylenchus indicus
Indien [1348]
Rotylenchulus reniformis
Kuba [355]
Tylenchorhynchus claytoni
Indien [923]
Steneotarsonemus spinki
Taiwan [977]
Baliothrips biformis
Bangladesch [288] Indien [366] Sri Lanka [929]

Cofana spectra
Indien [1552]
Laodelphax striatellus
Südkorea [743]
Nephotettix cincticeps
Japan [1654] Malaysia [899] Südkorea [874] Taiwan [265]
Nephotettix nigropictus
Indien [1819]
Nephotettix virescens
Bangladesh [834] Indien [1162] Indonesien [903] Malaysia [900] Philip. [85]
Nilaparvata lugens
Bangladesch [814] China [275] Indien [1388] Indonesien [1629] Japan [755] Philip. [683] Sri Lanka [296] Südkorea [976] Taiwan [742] Thailand [252]
Recilia dorsalis
Südkorea [287]
Sogatella furcifera
Indien [1787] Philip. [685] Südkorea [876]
Sogatodes orizicola
Kolumbien [1077] Kuba [1246]
Schizaphis graminum
UdSSR [1170]
Rhizopertha dominica
Indien [1346] Philip. [1146] USA [300]
Sitophilus zeamais
Indien [86] Japan [63] Nigeria [1214] Philip. [1146]
Tribolium castaneum
Philip. [1146]
Ancyloxypha numilor
USA [1639]
Chilo suppressalis
Indien [1419] Japan [1213]
Cnaphalocrocis medinalis
Indien [610]
Diatraea saccharalis
Brasilien [1078]
Scirpophaga incertulas
Indien [249] Philip. [258] Thailand [241]
Sitotroga cerealella
Indien [1783] USA [300]
Chlorops oryzae
Japan [915]
Diopsis macrophthalma
Nigeria [24]
Hydrellia philippina
Indien [1316] Philip. [49]
Orseolia oryzae
China [57] Indien [1714] Indonesien [69] Sri Lanka [838]
Aves
Indien [1784]

Panicum maximum (Guinea-Gras)

Meloidogyne spp.
Brasil. [1331] Simbab. [1591] Südafr. [991]
Radopholus similis
Kuba [354]

Panicum miliaceum (Rispenhirse)

Atherigona soccata
Indien [1580]
Spodoptera frugiperda
USA [1875]

Panicum virgatum (Rutenhirse)

Meloidogyne spp.
USA [1495]

Paspalum notatum (Bahia-Gras)

Meloidogyne spp.
Brasilien [1331]
Belonolaimus longicaudatus
USA [179]

Pennisetum spicatum (Katzenschwanzhirse)

Meloidogyne spp.
USA [1495]

Pennisetum spp.

Blissus leucopterus
USA [1679]

Phalaris arundinacea (Rohrglanzgras)

Oscinella frit
USA [215]

Phleum pratense (Wiesenlieschgras)

Meloidogyne hapla
Japan [752]

Poa pratensis (Wiesenrispe)

Meloidogyne spp.
Japan [752] USA [1495]
Blissus leucopterus
USA [96]
Sphenophorus parvulus
USA [992]
Oscinella frit
UdSSR [1919]

Poa spp.

Schizaphis graminum
USA [880, 1379]

Saccharum officinarum (Zuckerrohr)

Meloidogyne spp.
Brasilien [1212] Kuba [351] Philip. [1046]
Pratylenchus delattrei
Sudan [358]
Pratylenchus sudanensis
Sudan [358]
Pratylenchus zeae
USA [1733]
Rotylenchulus reniformis
Kuba [355]
Oregma lanigera
Philip. [1461]
Antonina graminis
USA [1093]
Castnia licas
Panama [451]
Chilo auricilius
Indien [1621]

Diatraea saccharalis
Brasilien [1006] Kuba [1004] USA [1780]
Sesamia cretica
Sudan [430]

Secale cereale (Roggen)

Ditylenchus dipsaci
BRD [590] Niederl. [1412]
Heterodera avenae
Austr. [199]
Pratylenchus penetrans
Kanada [1236]
Macrosiphum avenae
Polen [159]
Schizaphis graminum
USA [997]
Mayetiola destructor
USA [667]

Setaria pumila (Kolbenhirse)

Belonolaimus spp.
USA [213]
Meloidogyne spp.
Südafrika [991]
Pratylenchus spp.
USA [213]

Sorghum bicolor (Mohrenhirse)

Meloidogyne spp.
Brasilien [1585] USA [1495]
Pratylenchus brachyurus
Brasilien [1585]
Rotylenchulus reniformis
USA [149]

Sorghum spp.

Oligonychus pratensis
USA [488]
Locusta migratoria migratorioides
USA [1887]
Peregrinus maidis
Indien [15]
Longiunguis sacchari
Japan [1559] Taiwan [251]
Rhopalosiphum maidis
UdSSR [1203] USA [789]
Schizaphis graminum
Brasilien [964] Rumänien [107] UdSSR [1055, 1203] USA [1311, 1683]
Sipha flava
USA [344]
Chilo partellus
Indien [1551] Kenia [333]
Ephestia cautella
Indien [1477]
Ostrinia nubilalis
USA [1455]
Spodoptera frugiperda
Brasilien [1005]
Sitotroga cerealella
Pakistan [866]

Atherigona soccata
Indien [1151] Israel [157] Thailand [663] Uganda [382] USA [568]
Contarinia sorghicola
Argentinien [1270] Brasilien [1457] Indien [790] USA [788]
Aves
Argentinien [74] Japan [731] Kanada [456] Kenia [1895] USA [207]

Stenotaphrum secundatum (St. Augustin-Gras)

Meloidogyne spp.
Brasilien [1331]
Blissus insularis
USA [203]
Nezara viridula
USA [1394]

Triticale

Anguina tritici
Ägypten [7]
Haplothrips tritici
UdSSR [1204]
Macrosiphum avenae
BRD [938] USA [872]
Rhopalosiphum padi
UdSSR [1204] USA [872]
Schizaphis graminum
USA [872]
Cephus pygmaeus
Rumänien [109] UdSSR [1741]
Mayetiola destructor
USA [667]

Triticum aestivum (Weizen)

Anguina tritici
Ägypten [7] Indien [141] Irak [22] Jugosl. [1742] Pakistan [1138] Rumänien [1449] Ungarn [694]
Heterodera avenae
Austr. [1120] BRD [1139] Dänemark [1192] DDR [1745] Frankr. [1415] Großbrit. [310] Indien [1604] UdSSR [1595]
Heterodera hordecalis
Dänemark [34]
Meloidogyne chitwoodi
USA [1487]
Meloidogyne incognita
USA [149]
Meloidogyne javanica
Brasilien [1583]
Pratylenchus sudanensis
Sudan [1901]
Aceria tulipae
UdSSR [1503] USA [1075]
Haplothrips tritici
UdSSR [1119]
Eurygaster integriceps
UdSSR [1121]
Diuraphis noxius
UdSSR [245]

Macrosiphum avenae
BRD [938] DDR [699] Finnl. [1068] Großbrit. [975, 1661, 1700] Indien [1612] Kanada [186] Polen [159] UdSSR [418, 1202]
Metopolophium dirhodum
BRD [938] DDR [699] Großbrit. [975] Kanada [186]
Rhopalosiphum padi
BRD [938] DDR [699] Kanada [186] Polen [1206] UdSSR [245] USA [264]
Schizaphis graminum
Argentinien [70] Chile [315] Rumänien [105] UdSSR [209] USA [809]
Oulema melanopa
Rumänien [417] UdSSR [635] USA [1847]
Sitophilus oryzae
Indien [1615]
Tribolium castaneum
Indien [1488]
Trogoderma granarium
Indien [1615]
Cephus cinctus
UdSSR [245] USA [1832]
Cephus pygmaeus
Rumänien [106] UdSSR [586] USA [1260]
Chlorops pumilionis
ČSSR [1836] Polen [160] UdSSR [245]
Contarinia tritici
BRD [116] Großbrit. [113]
Hydrellia griseola
China [1917]
Mayetiola destructor
UdSSR [1910] USA [1777]
Meromyza americana
USA [180]
Meromyza nigriventris
UdSSR [1122]
Meromyza saltatrix
China [1916] UdSSR [245]
Oscinella frit
UdSSR [245] USA [1648]
Sitodiplosis mosellana
BRD [116] Großbrit. [113]

Zea mays (Mais)

Criconemoides ornatum
USA [787]
Ditylenchus dipsaci
BRD [930]
Helicotylenchus crenatus
USA [787]
Helicotylenchus pseudorobustus
USA [1211]
Heterodera avenae
BRD [1017]
Heterodera zeae
Indien [139]
Meloidogyne chitwoodi
USA [1487]
Meloidogyne spp.
Austr. [303] Belgien [606] Japan [1207] Kuba [351] Libanon [1732] Nigeria [1223] Simbabwe [59] Südafrika [47]
Paratrichodorus christiei
USA [787]
Pratylenchus brachyurus
Kuba [348]
Pratylenchus hexincisus
USA [1837]
Pratylenchus scribneri
USA [1837]
Rotylenchulus reniformis
Kuba [1436]
Tylenchorhynchus claytoni
USA [1182]
Frankliniella occidentalis
USA [1261]
Graminella nigrifrons
USA [476]
Rhopalosiphum maidis
Indien [378] USA [122]
Rhopalosiphum padi
Frankr. [359] Ungarn [1124]
Sipha flava
USA [1681]
Diabrotica virgifera
USA [181]
Melolontha melolontha
Schweiz [725]
Sitophilus zeamais
Kanada [486] USA [1864]
Tribolium castaneum
Indien [864]
Chilo partellus
Indien [771] Kenia [334]
Diatraea grandiosella
USA [1001]
Heliothis zea
Brasilien [1255] UdSSR [1298] USA [1865]
Ostrinia furnacalis
Indonesien [1061]
Ostrinia nubilalis
BRD [1812] Frankr. [528] Jugosl. [205] Kanada [744] Rumänien [108] Schweiz [725] Spanien [399] Taiwan [1771] UdSSR [744] USA [639]
Spodoptera exigua
Ägypten [865]
Spodoptera frugiperda
Mexiko [1258] USA [1877]
Sitotroga cerealella
Bulg. [563]
Oscinella frit
BRD [387] DDR [1252] UdSSR [1566]
Aves
Kanada [1841] USA [386]

Arecaceae (Palmae)

Areca catediu (Betelnußpalme)

Radopholus similis
Indien [1715]

Cocos nucifera (Kokospalme)

Rotylenchulus reniformis
Kuba [353]

Phoenix dactylifera (Dattelpalme)

Aves
Indien [631]

Araceae

Colocasia esculenta var. antiquorum (Taro)

Rotylenchulus reniformis
Kuba [355]

Xanthosoma sagittifolium (Tania, Malanga)

Pratylenchus zeae
Kuba [352]
Radopholus similis
Kuba [354]

Liliaceae

Allium spp. (Zwiebel, Knoblauch u. a.)

Ditylenchus dipsaci
DDR [1512] UdSSR [71]
Meloidogyne hapla
Austr. [303]
Meloidogyne incognita
Kuba [351] Senegal [1188] UdSSR [118]
Meloidogyne javanica
Senegal [1188]
Thrips tabaci
Indien [1152] USA [321]
Delia antiqua
Großbrit. [52] Japan [757] Kanada [125] Niederl. [1335] USA [52]

Bromeliaceae

Ananas comosus (Ananas)

Radopholus similis
Kuba [354]
Carpophilus humeralis
Puerto Rico [530]

Musaceae

Musa spp. (Banane)

Helicotylenchus multicinctus
Brasilien [1914] St. Lucia [611]
Meloidogyne incognita
Nigeria [630]
Meloidogyne javanica
Brasilien [1914]
Pratylenchus brachyurus
Nigeria [630]
Pratylenchus coffeae
Honduras [1708]
Pratylenchus zeae
Kuba [352]
Radopholus similis
Austr. [153] Brasilien [1914] Honduras [1320] Jamaika [1250] St. Lucia [611] Mocambique [350] Nigeria [630] USA [1855]
Pentalonia nigronervosa
Indien [1370]
Cosmopolites sordidus
Venezuela [642]
Odoipurus longicollis
Indien [416]

Juglandaceae

Carya spp. (Pimpernuß)

Monellia caryella
USA [1181]
Xerophylla devastatrix
USA [219]
Xerophylla notabilis
USA [166]
Xerophylla russellae
USA [218]

Juglans nigra (Walnuß)

Meloidogyne spp.
UdSSR [1562]
Pratylenchus vulnus
USA [1015]

Salicaceae

Populus spp. (Pappel)

Pemphigus bursarius
BRD [689]
Phyllodecta vitellinae
Belgien [477]

Betulaceae

Betula spp. (Birke)

Epirrifa autumnata
Finnl. [671]

Moraceae

Humulus lupulus (Hopfen)

Phorodon humuli
BRD [730] Großbrit. [222] Rumänien [1300]

Chenopodiaceae

Beta spp. (Zucker- und Futterrübe)

Heterodera schachtii
BRD [1000] Niederl. [681] Großbrit. [1590] Polen [1287] UdSSR [204] USA [1497]
Meloidogyne hapla
Japan [1907]
Meloidogyne naasi
Niederl. [1037]
Meloidogyne spp.
Italien [1820]
Rotylenchulus reniformis
Kuba [355]
Circulifer tenellus
USA [960]
Aphis fabae
DDR [335] Großbrit. [1007]
Myzus persicae
Großbrit. [1011, 1468] USA [648]

Pemphigus betae
Kanada [655] USA [1744]
Tetanops myopaeformis
USA [1744]

Piperaceae

Piper spp. (Pfeffer)

Radopholus similis
Indien [1802] Thailand [290]
Longitarsus nigripennis
Indien [1315]

Theaceae

Camellia sinensis (Teestrauch)

Meloidogyne brevicauda
Sri Lanka [1628]
Pratylenchus loosi
Kenia [646] Sri Lanka [858]
Radopholus similis
Sri Lanka [48] Südafrika [842]

Lauraceae

Avocado spp. (Avocadobirne)

Radopholus similis
Kuba [354]
Pseudococcus adonidum
Israel [1892]

Brassicaceae (Cruciferae)

Brassica napus (Raps, Kohlrübe)

Brevicoryne brassicae
Austr. [957, 1064] DDR [704] Großbrit. [406] Neuseel. [1263]
Myzus persicae
Neuseel. [948]
Phyllotreta cruciferae
Kanada [951] USA [693]
Delia floralis
Norwegen [1475]

Brassica oleracea (Kohl)

Heterodera schachtii
USA [968]
Meloidogyne spp.
Austr. [303] Senegal [1188]
Pratylenchus zeae
Kuba [352]
Rotylenchulus reniformis
Kuba [354]
Thrips tabaci
USA [1588]
Aleyrodes proletella
BRD [721] Großbrit. [754]
Brevicoryne brassicae
Brasilien [963] BRD [721] DDR [835] Großbrit. [409] Indien [1807] Neuseel. [949] UdSSR [168] USA [1827]
Myzus persicae
Großbrit. [443] USA [1318]
Agrotis subterranea
Brasilien [1801]
Barathra brassicae
Niederl. [1336]
Pieris brassicae
Indien [1807]
Pieris rapae
USA [369]
Plutella xylostella
Niederl. [1336] USA [990]
Trichoplusia ni
USA [369]
Delia brassicae
Großbrit. [53] Schweiz [502] UdSSR [1376] USA [1826]

Brassica rapa (Wasserrübe)

Lipaphis erysimi
Indien [1669] USA [847]

Brassica spp.

Lipaphis erysimi
Indien [183, 1617]

Crambe spp.

Lipaphis erysimi
USA [770]

Raphanus sativus var. oleiformis (Ölrettich)

Heterodera schachtii
BRD [120] DDR [358] Niederl. [680]

Sinapis alba (Weißer Senf)

Heterodera schachtii
Niederl. [1016]
Phyllotreta cruciferae
Kanada [951]
Delia brassicae
Großbrit. [434]

Saxifragaceae

Ribes grossularia (Stachelbeere)

Aphis grossulariae
Großbrit. [839]
Nematus ribesii
UdSSR [758]
Pristiphora pallipes
UdSSR [758]

Ribes nigrum (Schwarze Johannisbeere)

Hyperomyzus lactucae
Großbrit. [839]
Nasonovia ribisnigri
Großbrit. [839]
Nematus leucotrochus
UdSSR [1408]

Ribes rubrum (Rote Johannisbeere)

Otiorhynchus sulcatus
Kanada [323]

Ribes spp.

Phytoptus ribis
Niederl. [35]

Rosaceae

Fragaria spp. (Erdbeere)

Aphelenchoides spp.
BRD [708] Polen [1724] UdSSR [969]

Ditylenchus dipsaci
BRD [709] UdSSR [1116]
Longidorus elongatus
Polen [1723] UdSSR [766]
Meloidogyne arenaria
Südafrika [991] USA [1493]
Meloidogyne hapla
Polen [1721] USA [373]
Meloidogyne incognita
Südafrika [991] USA [1493]
Meloidogyne javanica
Südafrika [991] USA [1493]
Pratylenchus penetrans
Polen [1722]
Tarsonemus pallidus fragariae
Polen [983] UdSSR [291]
Tetranychus turkestani
USA [1434]
Tetranychus urticae
USA [1434]
Acyrthosiphon pelargonii rogersii
DDR [1038]
Pentatrichopus fragaefolii
USA [327]
Pentatrichopus thomasi
USA [327]
Otiorhynchus sulcatus
Kanada [323]

Malus domestica (Apfel)
Bryobia redocorzovi
UdSSR [1656]
Panonychus ulmi
DDR [522] USA [605]
Dysaphis devecta
Großbrit. [27]
Dysaphis plantaginea
Großbrit. [1031]
Eriosoma lanigerum
Dtschl. vor 1945 [165] Großbrit. [898, 1034]
Neuseel. [1736] Südafrika [580] USA [1905]
Cydia pomonella
Neuseel. [1719]
Rhagoletis pomonella
Kanada [1349] USA [604]

Prunus amygdalus (Mandelbaum)
Meloidogyne javanica
Israel [902]

Prunus avium (Süßkirsche)
Myzus cerasi pruniavium
Dtschl. vor 1945 [164]

Prunus cerasus (Sauerkirsche)
Myzus cerasi
Dtschl. vor 1945 [164] UdSSR [1792]
Quadraspidiotus perniciosus
Ungarn [784]

Prunus domestica (Pflaume)
Quadraspidiotus perniciosus
UdSSR [1353]

Prunus persica (Pfirsich)
Meloidogyne spp.
Japan [1904] Kanada [967] USA [1423]
Pratylenchus penetrans
Kanada [967] USA [1342]
Myzus persicae
Frankr. [1050]
Myzus varians
Frankr. [1083]
Eulecanium corni
Ungarn [883]
Quadraspidiotus perniciosus
Ungarn [916]
Sphaerolecanium prunastri
Ungarn [883]
Sphenoptera laferti
Indien [965]

Pyrus communis (Birne)
Eriophyes pyri
UdSSR [1656]
Psylla pyricola
Großbrit. [1030] USA [950]
Aphanostigma piri
Portugal [1087]

Rosa spp. (Rose)
Meloidogyne hapla
Belgien [313]
Meloidogyne spp.
Japan [1228] Malawi [1072] Sambia [1073]
Pratylenchus penetrans
Belgien [313] Japan [1228]
Pratylenchus vulnus
Japan [1228]

Rubus idaeus (Himbeere)
Pratylenchus penetrans
USA [192]

Rubus spp. (Himbeere, Brombeere)
Macropsis fuscula
UdSSR [41]
Amphorophora agathonica
Kanada [343] USA [851]
Amphorophora idaei
BRD [119, 121] Großbrit. [800, 840] Niederl. [924] UdSSR [41]
Aphis idaei
Finnl. [1382] Großbrit. [1033, 1166] UdSSR [41]
Aphis rubicola
USA [194]
Byturus tomentosus
Großbrit. [191]
Resseliella theobaldi
Großbrit. [1102]

Sorbus spp. (Eberesche)
Eriophyes sorbi
UdSSR [1656]

Fabaceae (Leguminosae)

Arachis hypogaea (Erdnuß)

Meloidogyne spp.
Austr. [303] Ghana [1288] Südafrika [991] USA [237]

Pratylenchus brachyurus
USA [1645]

Pratylenchus sudanensis
Sudan [1901]

Radopholus similis
USA [1218]

Rotylenchulus reniformis
Kuba [355]

Tetranychus tumidellus
USA [984]

Frankliniella fusca
USA [1643]

Frankliniella occidentalis
USA [1643]

Frankliniella schulzei
USA [1643]

Frankliniella tritici
USA [1643]

Empoasca fabae
USA [224]

Empoasca kerri
Indien [28]

Aphis craccivora
Indien [182]

Spodoptera frugiperda
USA [110]

Spodoptera litura
Indien [1762]

Cajanus cajan (Straucherbse)

Heliothis armigera
Indien [360]

Melanagromyza obtusa
Indien [1386] Pakistan [1168]

Cicer arietinum (Kichererbse)

Heterodera goettingiana
Italien [1821]

Heterodera vigni
Indien [632]

Meloidogyne incognita
Indien [664]

Heliothis armigera
Indien [272] Pakistan [16]

Glycine max (Sojabohne)

Helicotylenchus crenatus
USA [1245]

Helicotylenchus pseudorobustus
USA [1211]

Heterodera glycines
Japan [759] UdSSR [585] USA [1405]

Heterodera goettingiana
Italien [1821]

Heterodera lespedezae
USA [421]

Hoplolaimus aegypti
Ägypten [914]

Hoplolaimus columbus
Ägypten [914] USA [1216]

Macroposthonia ornata
USA [1517]

Meloidogyne spp.
Ägypten [750] Brasilien [337] Nigeria [1221] Philip. [220] Thailand [290] USA [325]

Pratylenchus alleni
USA [1835]

Pratylenchus brachyurus
USA [1516]

Pratylenchus scribneri
Puerto Rico [8]

Radopholus similis
Kuba [254]

Rotylenchulus reniformis
Philip. [988] USA [1383]

Nezara viridula
Argentinien [142] Brasilien [1131]

Empoasca fabae
Bangladesch [1117] USA [1275]

Bemisia tabaci
Brasilien [1458]

Aulacorthum solani
Japan [826]

Callosobruchus chinensis
Sri Lanka [1368]

Colaspis spp.
Brasilien [1398]

Diabrotica speciosa
Brasilien [1398]

Epilachna varivestis
USA [1637]

Oberea brevis
Indien [1616]

Etiella zinckenella
Taiwan [1728]

Heliothis virescens
USA [1103]

Heliothis zea
USA [1103]

Pseudoplusia includens
USA [1397]

Melanagromyza sojae
Taiwan [281] USA [278]

Ophiomyia centrosematis
Taiwan [281] USA [278]

Ophiomyia phaseoli
Taiwan [281] USA [278]

Glycine soja

Melanagromyza sojae
USA [278]

Ophiomyia centrosematis
USA [278]

Ophiomyia phaseoli
USA [278]

Lablab niger
Adisura atkinsoni
Indien [247]
Lespeduza cuneata (Buschklee)
Meloidogyne spp.
USA [1129]
Lotus spp. (Hornklee)
Meloidogyne hapla
Neuseel. [1902]
Lupinus spp. (Lupine)
Acyrthosiphon pisum
Polen [1850]
Sitona lineatus
Frankr. [229]
Medicago spp. (Luzerne)
Ditylenchus dipsaci
Argentinien [212] Austr. [1143] ČSSR [10] Frankr. [242] Großbrit. [197] Iran [6] Neuseel. [401] Schweden [144] Ungarn [883] USA [748]
Heterodera goettingiana
Italien [1821]
Heterodera medicaginis
UdSSR [26]
Heterodera trifolii
Neuseel. [1902]
Meloidogyne hapla
Italien [760] Neuseel. [1902] USA [1672]
Meloidogyne spp.
Malawi [1072] Sambia [1072] USA [764]
Pratylenchus spp.
USA [1183]
Sminthurus viridis
Austr. [1243]
Empoasca fabae
USA [478]
Philaenus spumarius
USA [696]
Stictocephala festina
USA [1372]
Acyrthosiphon kondoi
Austr. [1772] Neuseel. [1446] USA [1200]
Acyrthosiphon pisum
Austr. [152, 1773] Frankr. [178] Polen [927] USA [932, 1291]
Therioaphis trifolii maculata
Austr. [998] Indien [1483] USA [1060, 1198]
Hypera postica
Indien [367] USA [1561]
Sitona discoideus
Neuseel. [594]
Sitona lineatus
ČSSR [674]
Zygrila diva
USA [1589]
Bruchophagus roddi
Kanada [1634] USA [185]
Agromyza frontella
USA [695]
Dasyneura ignorata
ČSSR [1545]
Melilotus spp. (Steinklee)
Therioaphis riehmi
USA [1059]
Onobrychis spp. (Esparsette)
Heterodera goettingiana
Italien [1821]
Sminthurus viridis
Austr. [1244]
Acyrthosiphon kondoi
Austr. [1244]
Therioaphis trifolii maculata
Austr. [1244]
Phaseolus aureus (Mungbohne)
Aphis craccivora
Indien [1265]
Phaseolus lunatus (Limabohne)
Empoasca kraemeri
Kolumbien [1029]
Liriomyza munda
USA [1843]
Phaseolus vulgaris (Gartenbohne)
Heterodera goettingiana
Italien [1821]
Meloidogyne spp.
Austr. [303] Brasilien [1584] Indien [1613] Puerto Rico [761] USA [459]
Pratylenchus zeae
Kuba [352]
Radopholus similis
Kuba [354]
Empoasca kraemeri
Brasilien [18] Kolumbien [540] Peru [84]
Acyrthosiphon pisum
BRD [958]
Acanthoscelides obtectus
Frankr. [982]
Zabrotes subfasciatus
Kolumbien [1521]
Delia platura
USA [947]
Ophiomyia phaseoli
Austr. [1443]
Pisum sativum (Erbse)
Ditylenchus dipsaci
USA [1167]
Heterodera goettingiana
Italien [577]
Heterodera vigni
Indien [632]
Meloidogyne spp.
USA [643]
Acyrthosiphon pisum
Finnl. [1067] Großbrit. [146] Kanada [81] UdSSR [608, 767] USA [1190]

Bruchus pisorum
UdSSR [1803] USA [1307]
Callosobruchus maculatus
Indien [1282]
Sitona lineatus
ČSSR [673] USA [83]
Sitona spp.
Polen [1878]
Cydia nigricana
UdSSR [828]
Phytomyza atricornis
Indien [1500]

Trifolium spp. (Klee)

Ditylenchus dipsaci
Austr. [1675] BRD [591] Dänemark [495] Finnl. [1447] Großbrit. [196] Niederl. [374] Polen [1911] Schweden [143] UdSSR [1357]
Heterodera goettingiana
Italien [1821]
Heterodera trifolii
Niederl. [935] Neuseel. [1902] UdSSR [1407] USA [450]
Meloidogyne hapla
Neuseel. [1863]
Meloidogyne spp.
Schweden [145] USA [93]
Pratylenchus projectus
UdSSR [1594]
Empoasca fabae
Kanada [282]
Acyrthosiphon pisum
Austr. [1404] Finnl. [1066] USA [609]
Myzus persicae
USA [1076]
Therioaphis trifolii
USA [609]
Apion virens
ČSSR [1791]
Costelytra zealandica
Neuseel. [1872]
Heteronychus arator
Neuseel. [1465]
Hypera meles
USA [1638]
Sitona hispidulus
USA [1343]

Vicia faba (Ackerbohne)

Ditylenchus dipsaci
BRD [1710] Großbrit. [723]
Meloidogyne spp.
USA [389]
Acyrthosiphon pisum
DDR [1158] Finnl. [1065] Kanada [497]
Aphis craccivora
Ägypten [1481]
Aphis fabae
DDR [1157, 1513] Großbrit. [170, 719] Syrien [1726]
Megoura viciae
DDR [1158]
Bruchus dentipes
Syrien [1727]

Vicia spp.

Acyrthosiphon pisum
Großbrit. [148]
Aphis fabae
Großbrit. [148]
Megoura viciae
Großbrit. [148]

Vigna radiata

Callosobruchus chinensis
Philip. [448]
Melanagromyza sojae
Taiwan [54]
Ophiomyia centrosematis
Taiwan [281]
Ophiomyia phaseoli
Hawaii [989] Indonesien [1657] Philip. [239] Taiwan [54] Thailand [397]

Vigna unguiculata

Heterodera cajani
Indien [1557]
Heterodera glycines
USA [449]
Meloidogyne spp.
Austr. [303] Brasilien [1332] Indien [1557] Philip. [220] USA [475]
Taeniothrips sjostedti
Nigeria [55]
Lygus hesperus
USA [1149]
Amrasca biguttula
Indien [1478]
Empoasca dolichi
Ghana [1624] Nigeria [1624]
Empoasca kerri
Indien [1624]
Empoasca kraemeri
Brasilien [1145]
Bemisia tabaci
Indien [273]
Acyrthosiphon gossypii
Kenia [833]
Aphis craccivora
Indien [255] Nigeria [79]
Callosobruchus maculatus
Indien [331] Nigeria [460]
Chalcodermus aeneus
USA [1476]
Epilachna varivestis
USA [1178]
Cydia ptychora
Nigeria [20]
Maruca testulalis
Kenia [333] USA [768]

Liromyza sativa
Brasilien [1144]
Liriomyza trifolii
Tansania [1611]

Anacardiaceae

Anacardium occidentale (Kaschubaum)

Meloidogyne spp.
Senegal [1189]

Mangifera indica (Mangobaum)

Rotylenchulus reniformis
Ägypten [90] Kuba [353]
Aulacaspis tubercularis
Puerto Rico [531]

Linaceae

Linum usitatissimum (Lein)

Meloidogyne incognita
Austr. [303]
Meloidogyne javanica
Austr. [303]
Dasyneura lini
Indien [1670]

Euphorbiaceae

Manihot esculenta (Cassava, Maniok)

Meloidogyne spp.
Brasilien [1333]
Radopholus similis
Kuba [354]
Rotylenchulus reniformis
Kuba [355]
Corynothrips stenopterus
Kolumbien [1519]
Frankliniella williamsi
Kolumbien [1519]

Ricinus spp. (Rizinus, Kastor)

Meloidogyne spp.
Brasilien [597] Südafrika [991]
Rotylenchulus reniformis
Indien [1806]
Empoasca flavescens
Indien [775]

Rutaceae

Citrus spp. (Zitrus-Pflanzen)

Hemicycliophora arenaria
USA [628]
Meloidogyne incognita
Kuba [351]
Pratylenchus coffeae
Taiwan [250] USA [1217]
Radopholus similis
Kuba [354] Südafrika [842] USA [485]
Tylenchulus semipenetrans
Ägypten [89] Algerien [1543] Brasilien [225] Frankr. [1542] Indien [1387] Israel [463] Italien [561] Taiwan [250] USA [94]

Meliaceae

Azadirachta indica (Neembaum, Niembaum)

Meloidogyne spp.
Senegal [1189]

Cedrela odorata (Westindische Zeder)

Meloidogyne spp.
Kuba [541]

Swietenia macrophylla (Mahagonibaum)

Meloidogyne spp.
Kuba [541]

Vitaceae

Vitis vinifera (Weinrebe)

Meloidogyne spp.
Austr. [1697] Frankr. [175] Indien [340] USA [217]
Pratylenchus vulnus
USA [283]
Tylenchulus semipenetrans
Indien [340]
Xiphinema americanum
USA [1378]
Xiphinema index
Austr. [656] Israel [301] UdSSR [827] USA [1111]
Viteus vitifolii
BRD [129] Bulg. [1180] Dtschl. vor 1945 [163] Frankr. [176] Neuseel. [881] UdSSR [996, 1804] USA [480]
Lobesia botrana
Türkei [815]

Malvaceae

Abelmoschus esculenta (Okra)

Meloidogyne spp.
Indien [769] USA [1493]
Pratylenchus sudanensis
Sudan [1901]
Pratylenchus zeae
Kuba [352]
Amrasca biguttula
Indien [1739]
Aphis frangulae gossypii
Indien [1786]
Earias vittella
Indien [1381]
Sylepta derogata
Indien [1047]

Gossypium spp. (Baumwolle)

Meloidogyne spp.
Ägypten [751] Austr. [303] UdSSR [1554] USA [1593]
Radopholus similis
Kuba [354]
Rotylenchulus reniformis
Indien [1165] Philip. [216] USA [1903]
Tetranychus urticae
Ägypten [821] UdSSR [1565] USA [1538]

Frankliniella fusca
USA [1360]
Frankliniella occidentalis
USA [1360]
Frankliniella tritici
USA [1360]
Thrips tabaci
Ägypten [550] USA [1360]
Lygus hesperus
USA [133]
Lygus lineolaris
Indien [92] USA [1112]
Amrasca biguttula
Indien [922]
Empoasca lybica
Ägypten [431]
Bemisia tabaci
Sudan [860] USA [214]
Trialeurodes abutilonea
USA [954]
Aphis frangulae gossypii
Ägypten [666] UdSSR [341] USA [1260]
Saissetia nigra
USA [1259]
Anthonomus grandis
USA [36]
Alabama argillacea
Brasilien [155]
Earias insulana
Ägypten [2] Indien [400] Israel [890] Pakistan [101]
Earias vittella
Indien [400] Pakistan [101]
Heliothis armigera
Tschad [1285]
Heliothis virescens
Mexiko [1482] USA [36]
Heliothis zea
Indien [1104] USA [457]
Pectinophora gossypiella
Ägypten [4] Indien [776] Pakistan [101] USA [1874]
Spodoptera littoralis
Israel [1108]

Hibiscus cannabinus (Hanfblättriger Eibisch)

Meloidogyne spp.
Thailand [290] UdSSR [753] USA [1128]

Rubiaceae

Coffea spp. (Kaffeestrauch)

Meloidogyne spp.
Angola [1860] Brasilien [462] Guatemala [1509] Kuba [351] Peru [68] Venezuela [848]
Pratylenchus coffeae
Guatemala [1509] Indien [936]
Rotylenchulus reniformis
Brasilien [1041]
Xiphinema americanum
Kuba [356]
Xiphinema brevicolle
Kuba [356]
Xiphinema rivesi
Kuba [356]

Sterculiaceae

Theobroma cacao (Kakaobaum)

Meloidogyne javanica
Papua-Neuguinea [1749]
Ferrisia virgata
Ghana [857]
Planococcus citri
Ghana [857]
Pseudococcus njalensis
Ghana [479]
Glenea aluensis
Papua-Neuguinea [1642]
Pantorhytes spp.
Papua-Neuguinea [1641]

Caricaceae

Carica papaya (Melonenbaum)

Pratylenchus zeae
Kuba [352]
Radopholus similis
Kuba [354]

Cucurbitaceae

Citrullus lanatus (Wassermelone)

Dacus cucurbitae
Indien [862]

Citrullus spp.

Meloidogyne spp.
Austr. [303] Philip. [220] UdSSR [1169] USA [1495]
Aphis frangulae gossypii
USA [1040]
Diabrotica undecimpunctata
USA [322]

Cucumis melo (Melone)

Aphis frangulae gossypii
Frankr. [1323] USA [887]

Cucumis sativus (Gurke)

Tetranychus urticae
Indien [945] Niederl. [1334] USA [1650]
Aphis frangulae gossypii
Indien [944] USA [676]

Cucumis spp.

Meloidogyne spp.
Ägypten [1254] BRD [714] UdSSR [1778] USA [1495]
Pratylenchus sudanensis
Sudan [1901]
Pratylenchus zeae
Kuba [352]
Radopholus similis
Kuba [354]

Diabrotica spp.
USA [468]
Diaphania nitidalis
USA [549]
Dacus cucurbitae
Indien [946]
Liriomyza sativa
USA [419]

Cucurbita spp. (Kürbis)

Meloidogyne spp.
UdSSR [1169] USA [1495]
Radopholus similis
Kuba [354]
Aphis frangulae gossypii
Indien [944]
Diabrotica spp.
USA [468]
Dacus cucurbitae
Indien [946]

Lagenaria siceraria (Flaschenkürbis)

Dacus cucurbitae
Indien [946]

Luffa cylindrica (Schwammgurke)

Dacus cucurbitae
Indien [946]

Momordica charantia (Balsambirne)

Dacus cucurbitae
Indien [946]

Myrtaceae

Eucalyptus spp. (Eukalyptusbaum)

Meloidogyne spp.
Brasilien [104] Kuba [541] Senegal [1189]
Coptotermes lacteus
Austr. [1473]
Nasutitermes exitiosus
Austr. [1473]

Psidium spp. (Guajave)

Meloidogyne spp.
Kuba [470]
Radopholus similis
Kuba [354]

Apiaceae (Umbelliferae)

Apium graveolens (Sellerie)

Depressaria spp.
Griechenland [1897]

Coriandrum sativum (Koriander)

Hyadaphis foeniculi
Indien [1085]

Daucus carota (Möhre)

Heterodera carotae
Italien [613]
Meloidogyne hapla
BRD [500] USA [1900]
Meloidogyne incognita
Indien [72]
Radopholus similis
Kuba [354]
Rotylenchulus reniformis
Kuba [355]
Cavariella aegopodii
Großbrit. [404]
Psila rosae
DDR [1686] Großbrit. [436] Niederl. [1256]

Foeniculum vulgare (Fenchel)

Hyadaphis foeniculi
Indien [138]

Oleaceae

Olea europaea (Olivenbaum)

Meloidogyne arenaria
Italien [955]
Meloidogyne javanica
Italien [955]
Leucaspis riccae
Irak [1416]

Convolvulaceae

Ipomoea batatas (Batate, Süßkartoffel)

Ditylenchus dipsaci
China [1899]
Meloidogyne spp.
China [1899] Japan [1079] Kuba [542] USA [345]
Pratylenchus coffeae
Japan [1080]
Radopholus similis
Kuba [354]
Trichodorus spp.
USA [1425]
Cylas spp.
Nigeria [645] Taiwan [269] USA [112]
Phyllophaga ephelida
USA [1448]

Verbenaceae

Tectona spp. (Teakbaum)

Microcerotermes beesoni
Indien [1556]

Solanaceae

Capsicum spp. (Paprika)

Meloidogyne spp.
Austr. [303] Indien [1308] Italien [1822] Kolumbien [1814] Nigeria [1222] Senegal [1188] Südafrika [991] USA [652]
Nacobbus aberrans
Argentinien [1627]
Pratylenchus zeae
Kuba [352]
Radopholus similis
Kuba [354]
Rotylenchulus reniformis
Kuba [355]
Circulifer tenellus
USA [1782]

Lycopersicon spp. (Tomate)
Globodera rostochiensis
DDR [1690] Großbrit. [433] Polen [1054] USA [1048]
Heterodera schachtii
USA [1684]
Meloidogyne spp.
Austr. [303] BRD [713] Brasilien [65] Bulg. [547] Chile [623] Frankr. [966] Großbrit. [1289] Italien [818] Japan [1231] Jugosl. [925] Kanada [1603] Kenia [829] Libanon [1039] Mexiko [1262] Nigeria [1225] Philip. [220] Polen [928] Puerto Rico [9] Senegal [1356] Sudan [1901] Südafrika [991] Thailand [290] Türkei [1740] UdSSR [910] USA [1495]
Pratylenchus sudanensis
Sudan [1901]
Radopholus similis
Kuba [354]
Rotylenchulus reniformis
Indien [100] USA [1384]
Xiphinema spp.
Chile [307]
Tetranychus cinnabarinus
USA [559]
Tetranychus turkestani
USA [226]
Tetranychus urticae
USA [1706]
Circulifer tenellus
USA [1747]
Bemisia tabaci
Sudan [885]
Trialeurodes vaporariorum
Bulg. [1663] Niederl. [1337] USA [558]
Macrosiphum euphorbiae
USA [557]
Leptinotarsa decemlineata
UdSSR [1339] USA [1609]
Heliothis zea
Brasilien [316] USA [375]
Phthorimaea operculella
Israel [813]
Liriomyza munda
USA [1843]
Liriomyza sativa
USA [1534]

Nicotiana spp. (Tabak)
Globodera tabacum solanacearum
USA [490]
Meloidogyne grahami
USA [1632]
Meloidogyne spp.
Indien [939] Japan [1226] Kuba [541] Madagaskar [624] Simbabwe [1592] Südafrika [1127] USA [1662]
Pratylenchus zeae
Kuba [352]
Pratylenchus spp.
USA [1127]
Radopholus similis
Kuba [354]
Tetranychus urticae
USA [1283]
Thrips tabaci
Bulg. [765] UdSSR [1815]
Myzus persicae
Indien [810] USA [211]
Lasioderma serricorne
Ägypten [1409] Südkorea [875]
Ephestia elutella
Südkorea [875]
Heliothis virescens
Kuba [1110] USA [640]
Manduca sexta
USA [1123]
Spodoptera litura
Indien [1371]

Solanum spp. (Kartoffel)
Ditylenchus destructor
Irland [1142] Niederl. [1548] Polen [1685] Rumänien [1430] Schweden [37] UdSSR [822]
Globodera spp.
BRD [1451] Bolivien [76] Chile [622] DDR [1688] Frankr. [1160] Großbrit. [432] Italien [614] Niederl. [1768] Norwegen [208] Polen [578] Schweden [145] UdSSR [1253] USA [1325]
Meloidogyne spp.
Argentinien [200] Indien [863] Kolumbien [598] Peru [773]
Nacobbus aberrans
Argentinien [51] Peru [21]
Pratylenchus penetrans
USA [136]
Rotylenchulus reniformis
Kuba [355] USA [1385]
Polyphagotarsonemus latus
Peru [1789]
Tetranychus urticae
Großbrit. [570]
Empoasca fabae
USA [1484]
Macrosiphum euphorbiae
Großbrit. [571] Peru [1788] USA [1758]
Myzus persicae
BRD [67] Großbrit. [147] Peru [1417] UdSSR [1924] Ungarn [940] USA [961]
Leptinotarsa decemlineata
UdSSR [867] USA [236]
Heliothis armigera
Israel [813]
Phthorimaea operculella
Israel [813] Neuseel. [467]

Spodoptera littoralis
Israel [813]
Liriomyza huidobrensis
Peru [1788]
Solanum melongena (Eierfrucht, Aubergine)
Meloidogyne spp.
Indien [368] USA [1495]
Pratylenchus sudanensis
Sudan [1901]
Radopholus similis
Kuba [354]
Tetranychus cinnabarinus
USA [1507]
Tetranychus urticae
USA [1649]
Amrasca biguttula
Indien [1150]
Empoasca lybica
Sudan [884]
Epilachna vigintioctopunctata
Indien [626]
Leucinodes orbonalis
Indien [1175]
Pedaliaceae
Sesamum indicum (Sesam)
Heterodera cajani
Indien [1805]
Meloidogyne spp.
Ägypten [3]
Radopholus similis
Kuba [354]
Antigastra catalaunalis
Indien [260]
Asteraceae (Compositae)
Artemisia ludoviciana
Hypochlora alba
USA [1647]
Melanoplus sanguinipes
USA [1647]
Carthamus tinctorius (Safflor)
Dactynotus compositae
Indien [115]
Chrysanthemum spp. (Chrysantheme)
Aphelenchoides spp.
DDR [349] Großbrit. [691]
Myzus persicae
Großbrit. [1891]
Liriomyza munda
USA [1843]
Helianthus annuus (Sonnenblume)
Meloidogyne incognita
Brasilien [61]
Meloidogyne javanica
Brasilien [61]
Meloidogyne naasi
Belgien [606]
Amrasca biguttula
Indien [1558]
Zygogramma exclamationis
USA [1441]
Masonaphis masoni
USA [1440]
Homoeosoma electellum
USA [1439]
Aves
USA [1266]
Helianthus spp.
Empoasca abrupta
USA [1438]
Lactuca spp. (Salat)
Macrosiphum euphorbiae
Großbrit. [413]
Myzus persicae
DDR [1156] Großbrit. [413] Niederl. [423]
Nasonovia ribisnigri
Großbrit. [413] Niederl. [424]
Pemphigus bursarius
BRD [688] Großbrit. [414] Kanada [25]
Polen [1054]
Solidago spp. (Goldrute)
Dactynotus caligatum
USA [1147]

Phenylpropane

(1) C_6H_5–C–C–C

COOH, HO, OH, OH

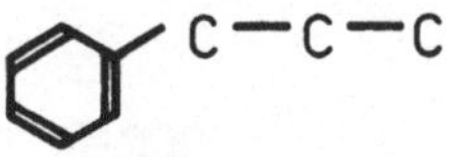

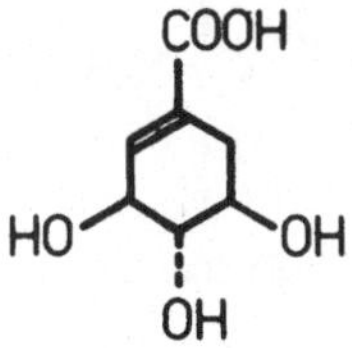

(2) Shikimisäure

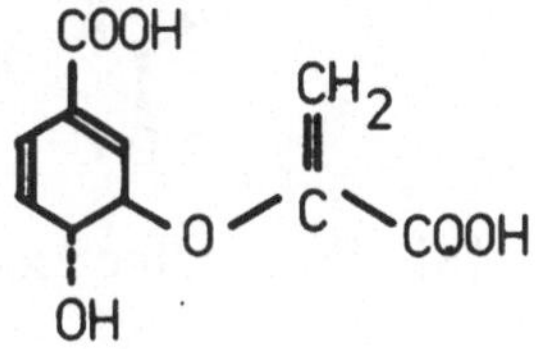

COOH, CH_2, O, C, COOH, OH

(3) Chorisminsäure

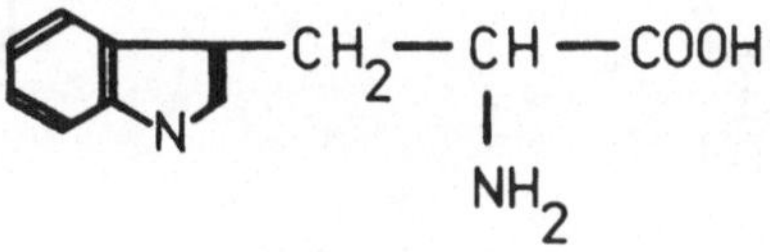

CH_2–CH–COOH, N, NH_2

(4) Tryptophan

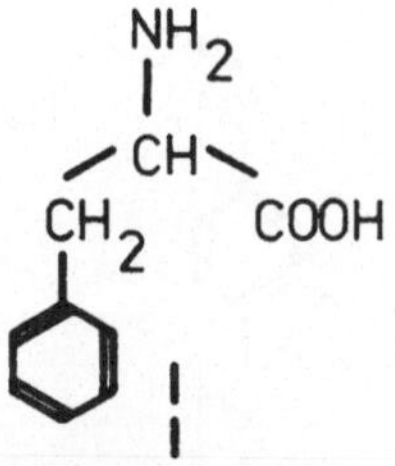

NH_2, CH, CH_2, COOH

(5) Phenylalanin

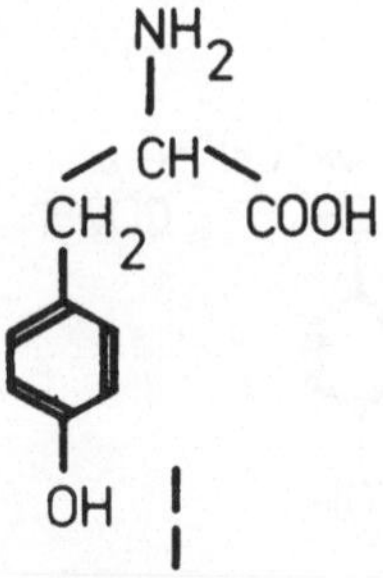

NH_2, CH, CH_2, COOH, OH

(6) Tyrosin

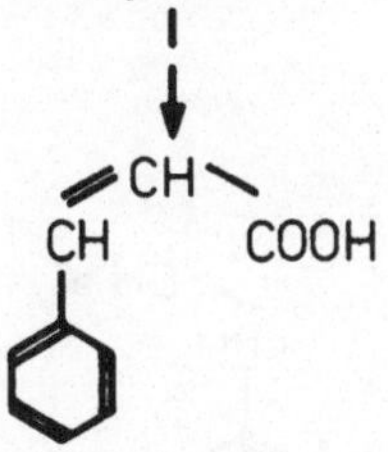

CH, CH, COOH

(7) Zimtsäure

CH, CH, COOH, OH

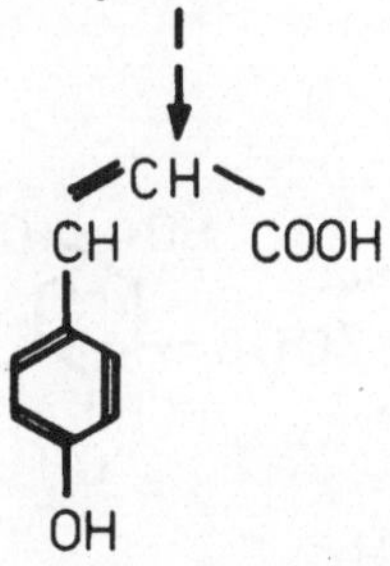

(8) p - Cumarsäure

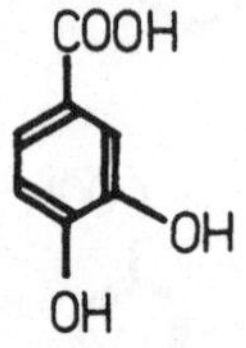

COOH
OH
OH

(9) Protocatechusäure

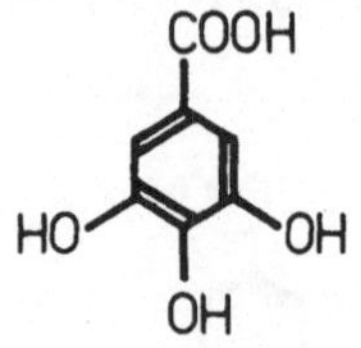

COOH
HO OH
OH

(10) Gallussäure

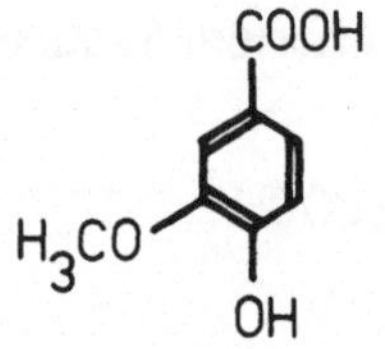

COOH
H_3CO
OH

(11) Vanillinsäure

COOH
OH

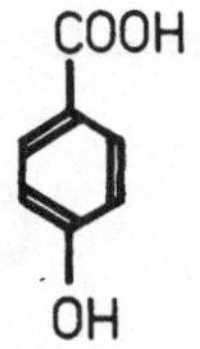

(12) p-Hydroxybenzoesäure

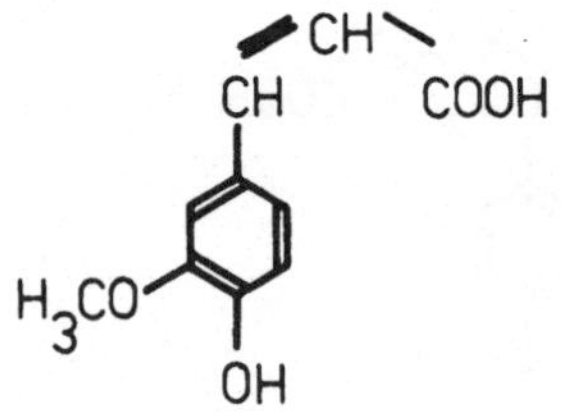

CH
CH COOH
H_3CO
OH

(13) Ferulasäure

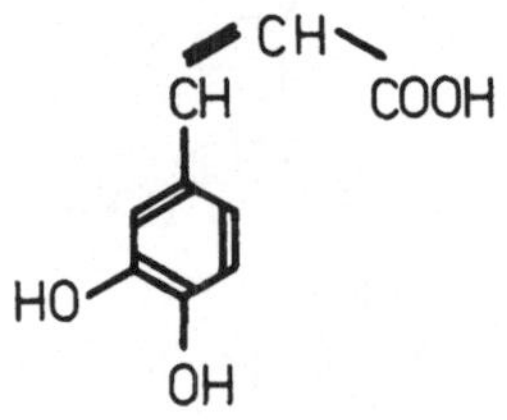

CH
CH COOH
HO
OH

(14) Kaffeesäure

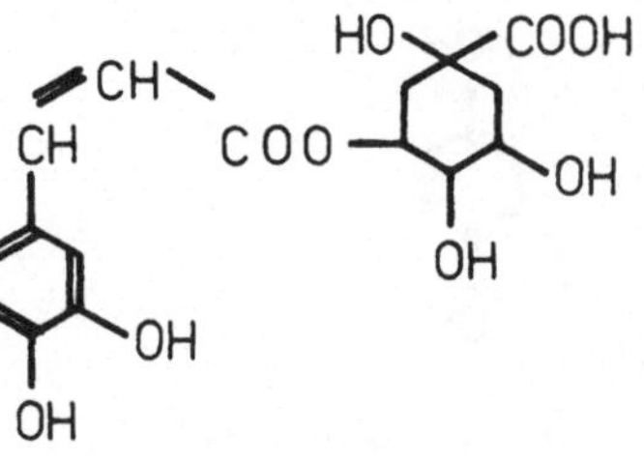

HO COOH
CH
CH COO OH
OH
OH
OH

(15) Chlorogensäure

CH
CH_2 CH_2
O — CH_3
OH

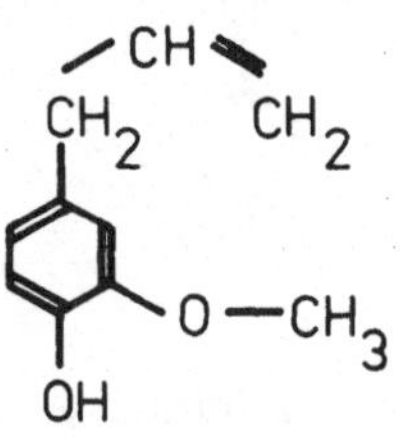

(16) Eugenol

Acetogenine

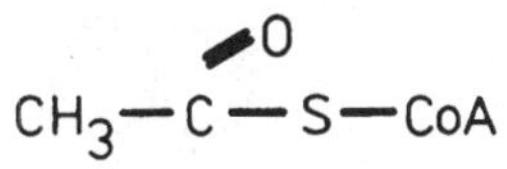

$CH_3-C(=O)-S-CoA$

(17) Acetyl - Coenzym A

(Acetyl - CoA)

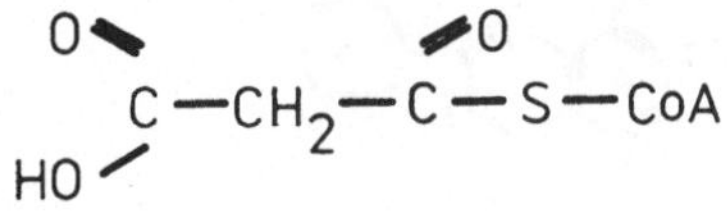

$HO(O=)C-CH_2-C(=O)-S-CoA$

(18) Malonyl - Coenzym A

(Malonyl - CoA)

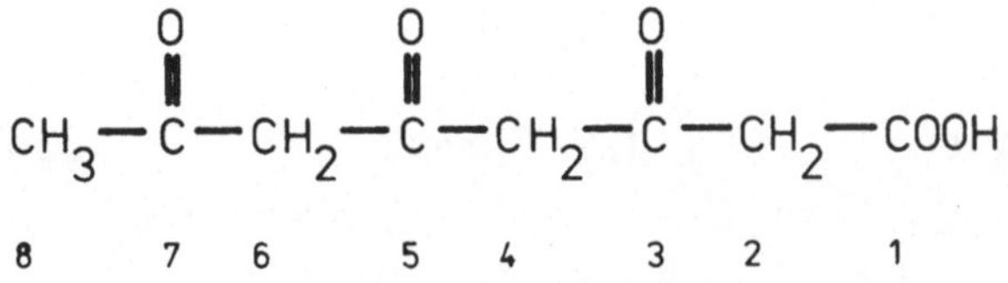

$CH_3-CO-CH_2-CO-CH_2-CO-CH_2-COOH$

8 7 6 5 4 3 2 1

(19) Polyketosäure

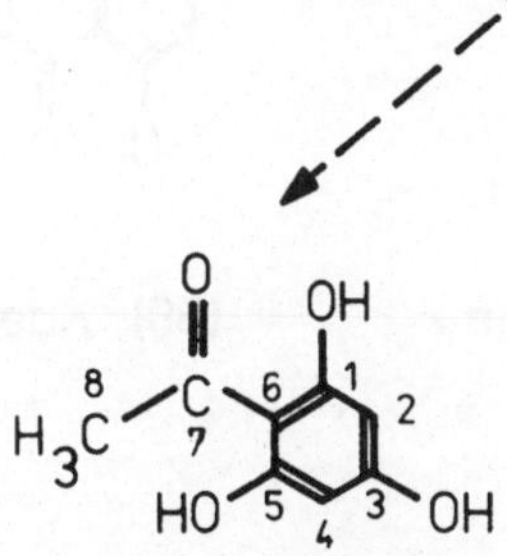

(20) Phloroacetophenon

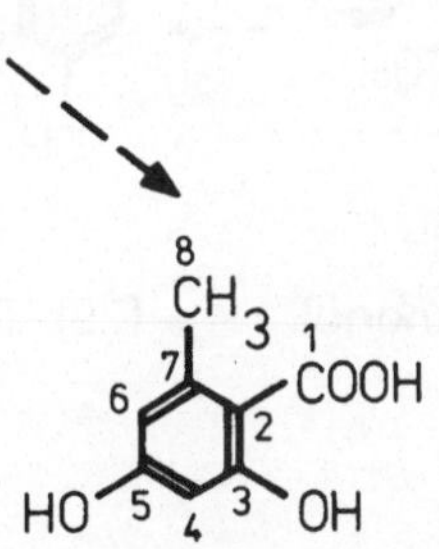

(21) Orsellinsäure

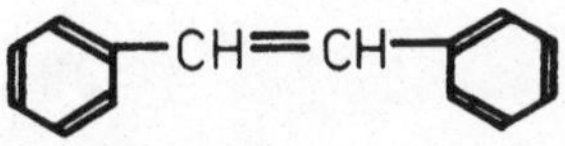

$C_6H_5-CH=CH-C_6H_5$

(22) Stilben

Flavonoide

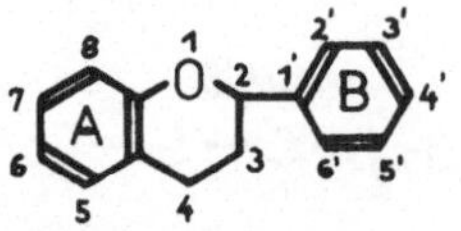

(23) Flavan

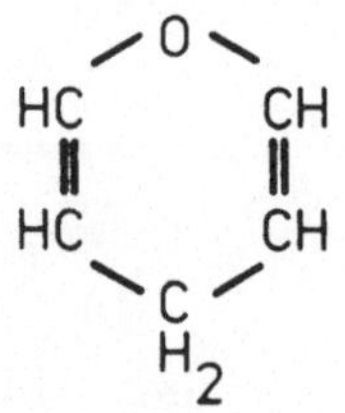

(24) Pyran

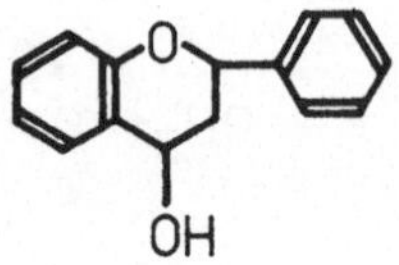

(25) Flavan-4-ol

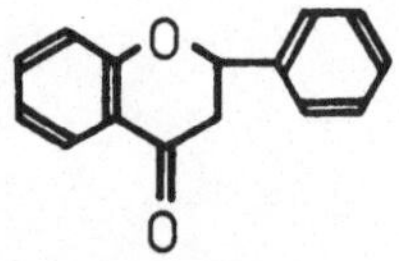

(26) Flavanon

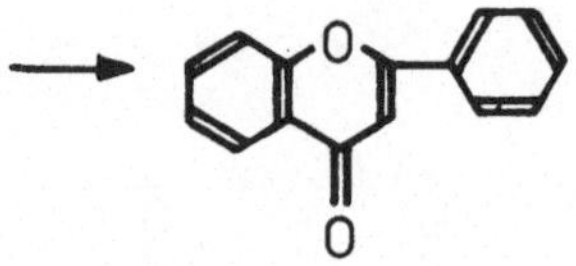

(27) Flavon

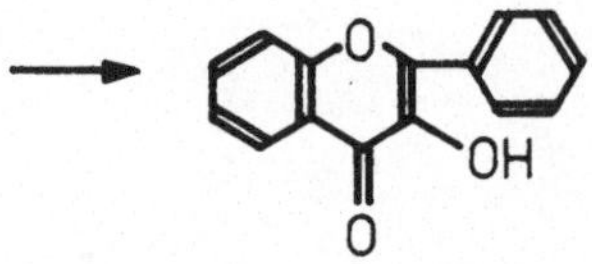

(30a) Flavonol

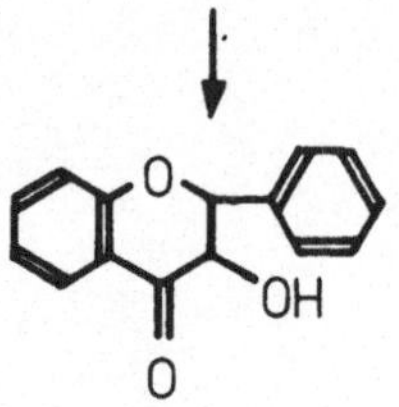

(28) Flavanonol

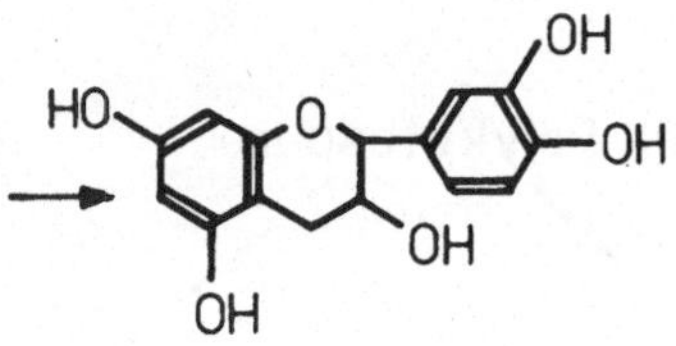

(29) D-Catechin

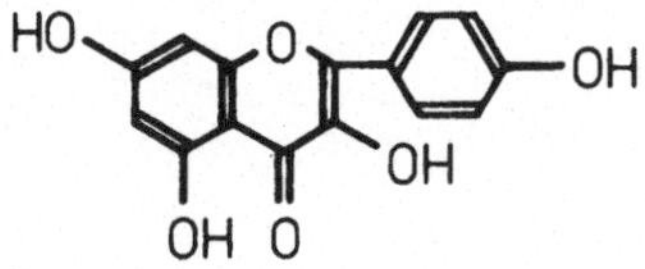

(30) Kaempferol

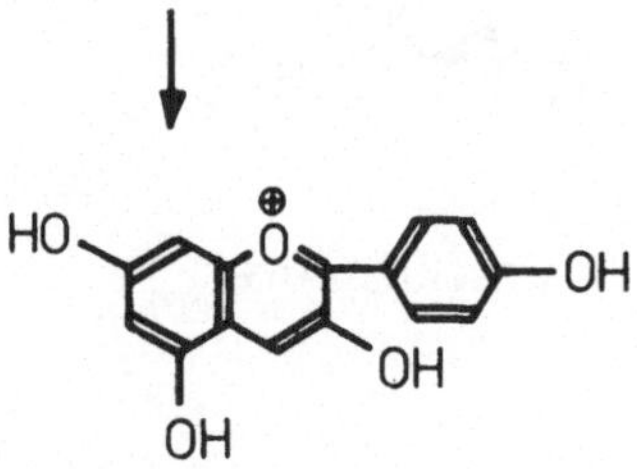

(36) Anthocyanidin

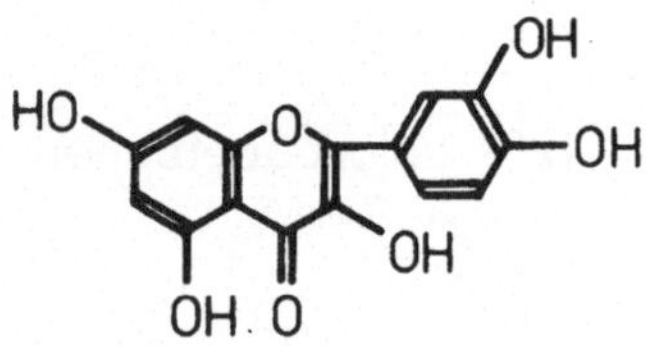

(31) Quercetin

(32) Quercitrin = Quercetin-3-rhamnosid

(33) Rutin = Quercetin-3-rutinosid

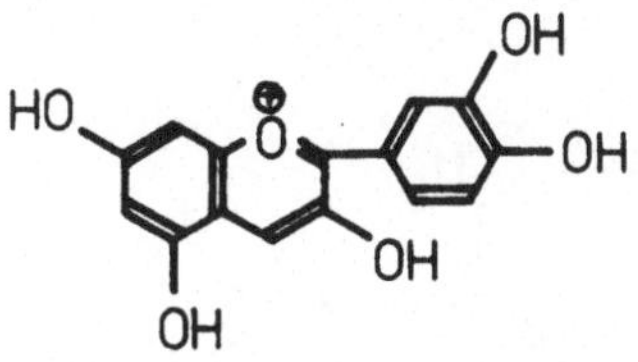

(37) Cyanidin

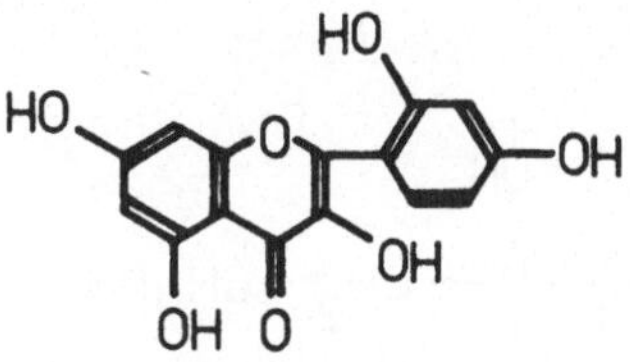

(34) Morin

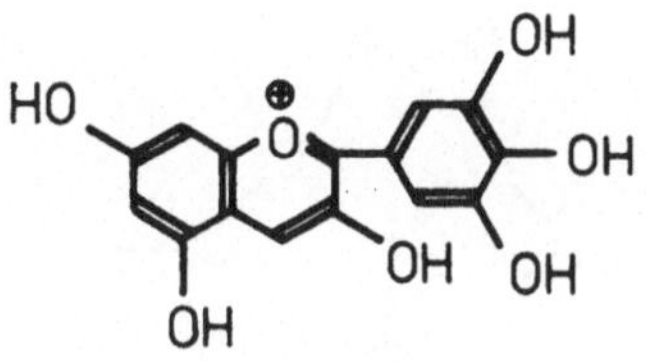

(38) Delphinidin

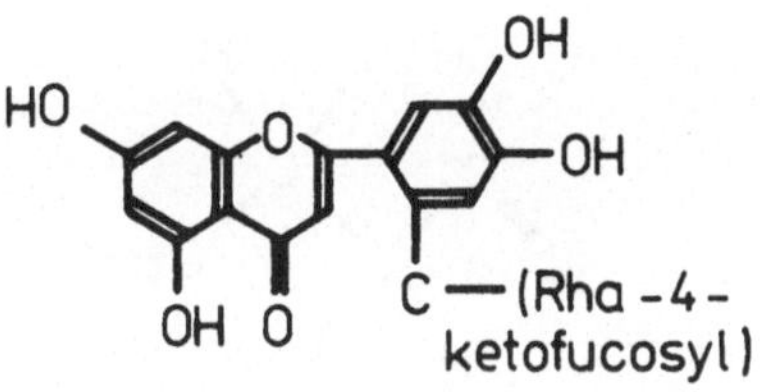

(35) Maysin

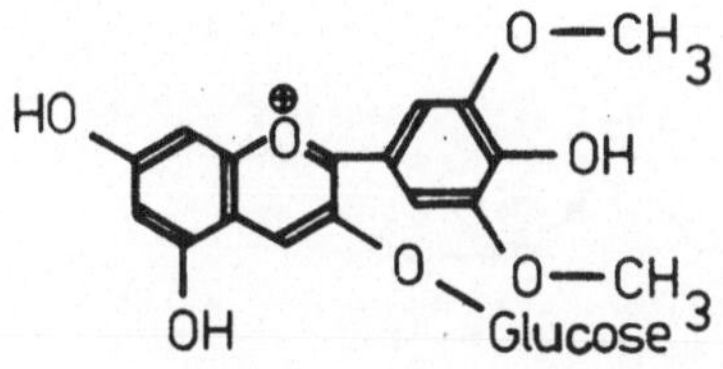

(39) Malvidin

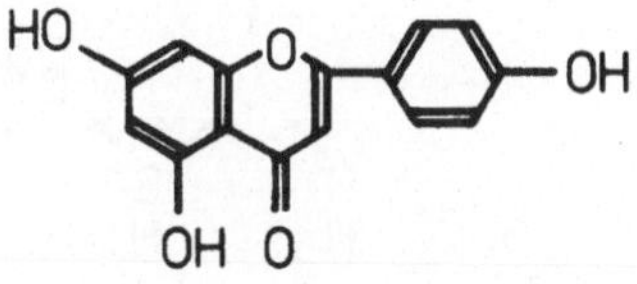

(40) Naringenin

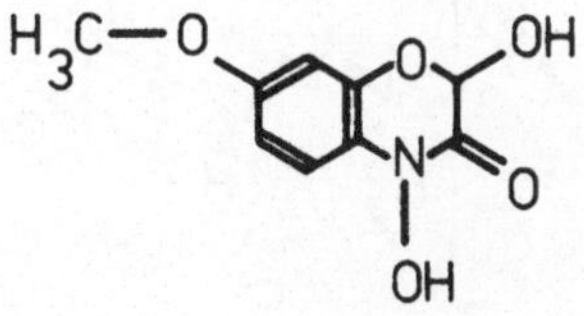

(41) DIMBOA

Terpene

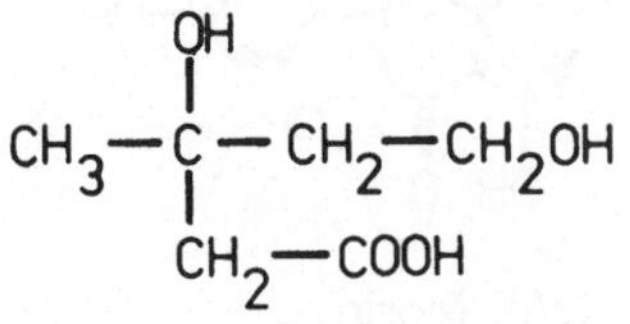

(42) Mevalonsäure

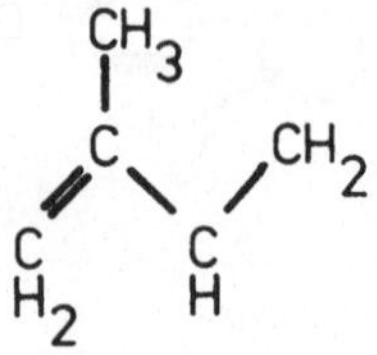

(43) Isopren

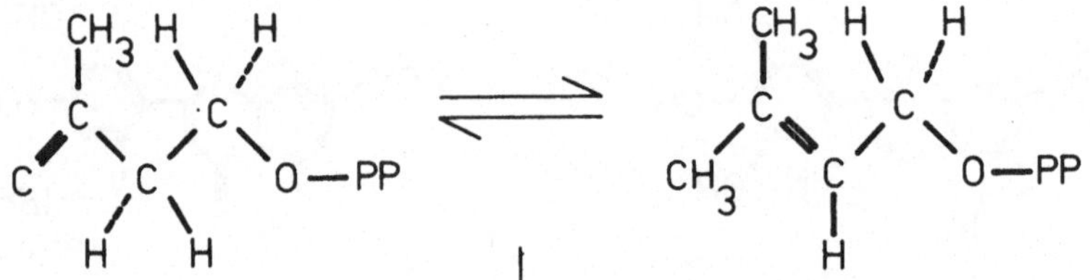

(44) Isopentenylpyrophosphat

(45) Dimethylallylpyrophosphat

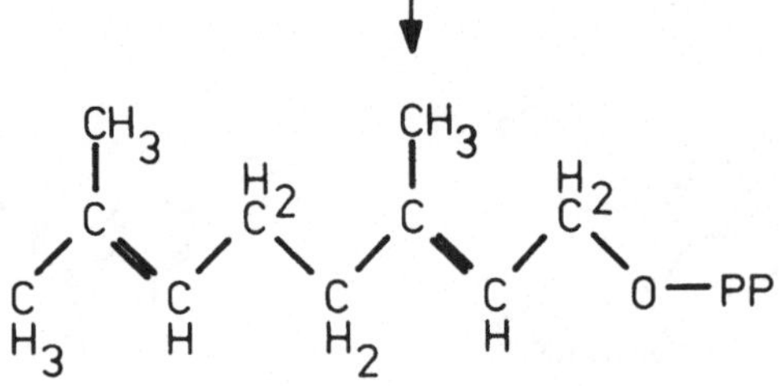

(46) Geranylpyrophosphat

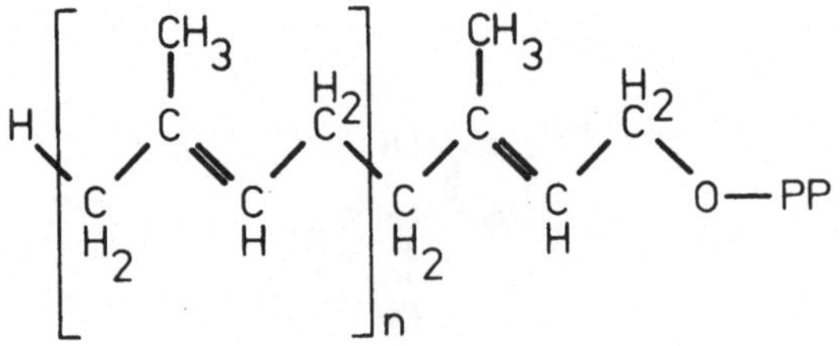

(47) Polyterpen

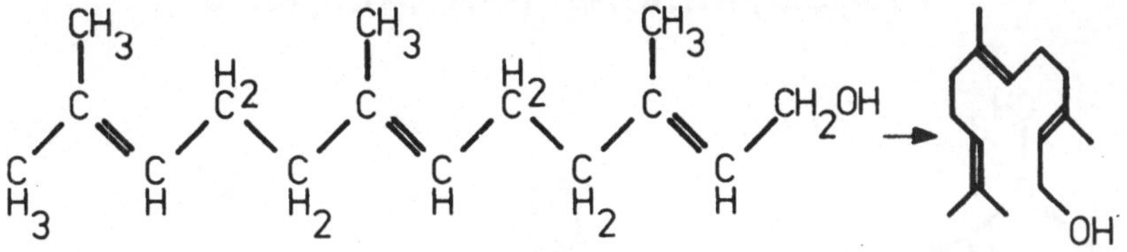

(48) Farnesol

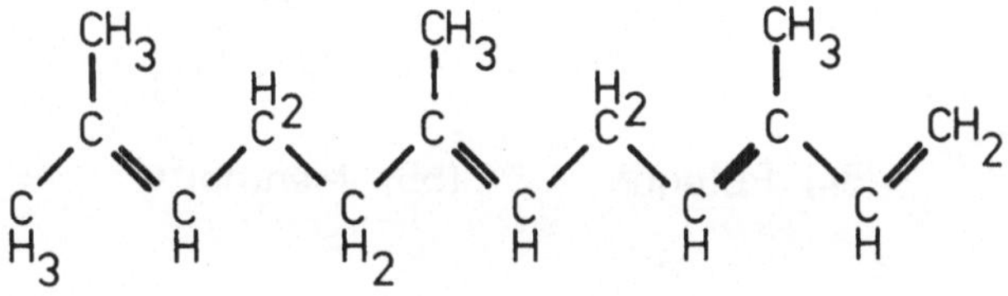

(49) α - Farnesen

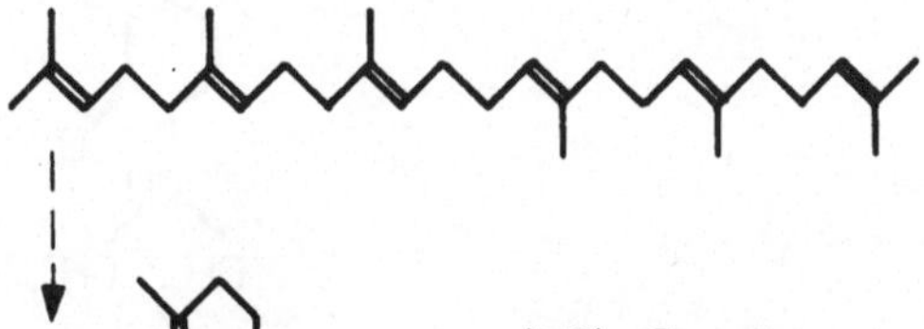

(50) Squalen

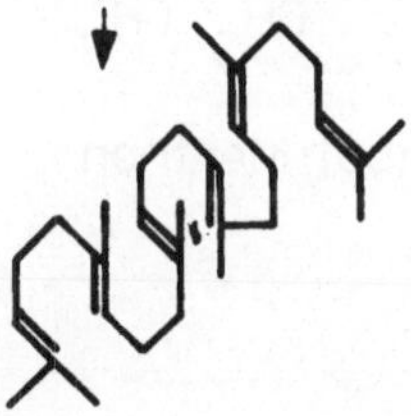

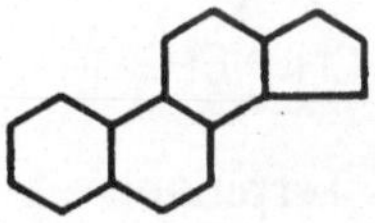

(51) Sterangerüst

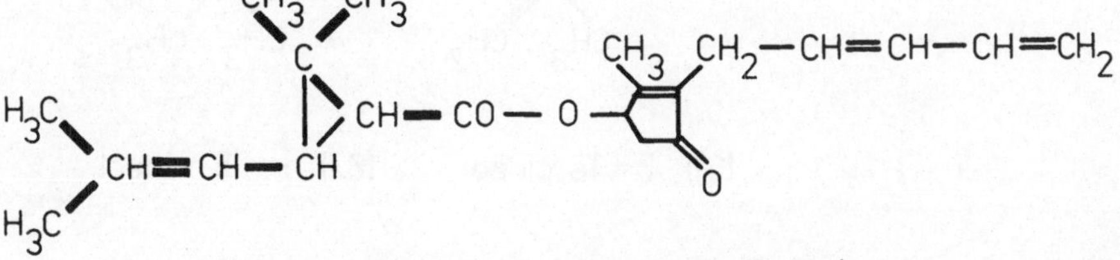

(52) Pyrethrin I (2 Hemiterpen - Reste)

Monozyklische Monoterpene

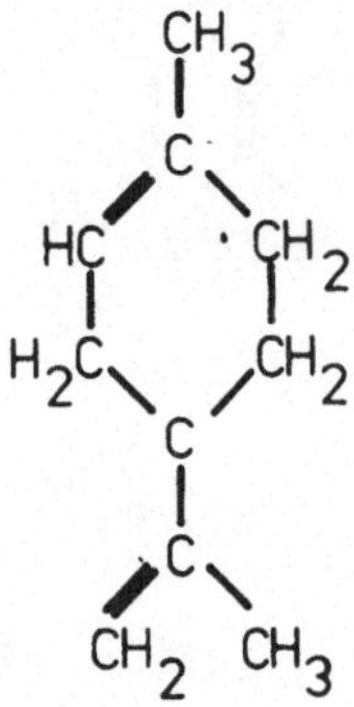

(53) Limonen

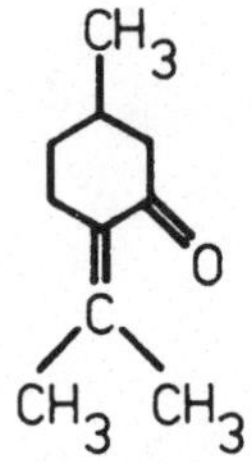

(54) Pulegon

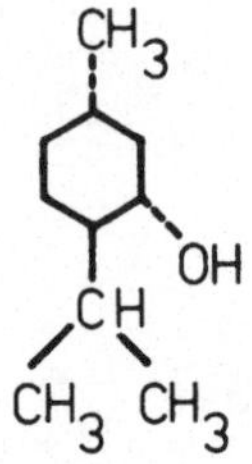

(55) Menthol

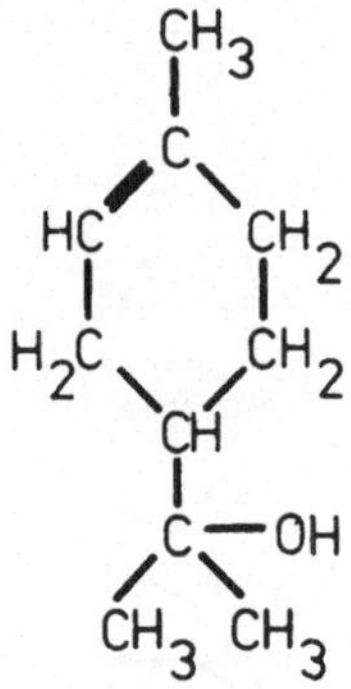

(60) α - Terpineol

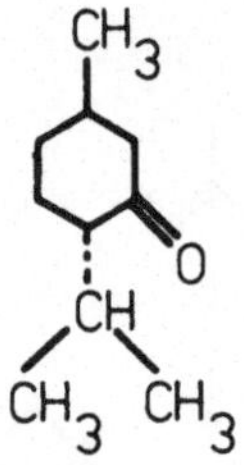

(56) Menthon

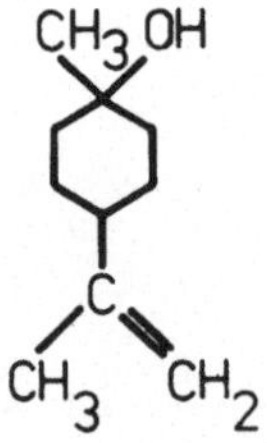

(61) β - Terpineol

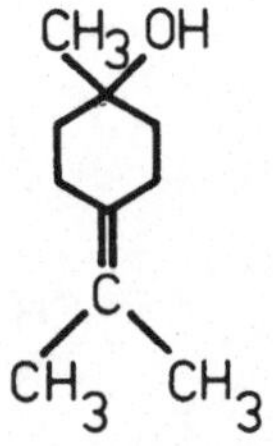

(62) γ - Terpineol

Bizyklische Monoterpene

(57) Sabinen

(58) α - Pinen

(59) Δ^3 - Caren

(63) Campher

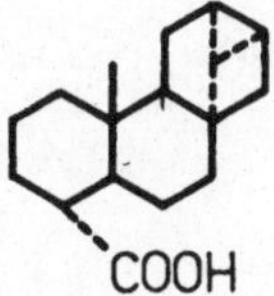

(64) Trachyloban-säure

COOH

(65) (-)-Kaur-16-en-19-säure

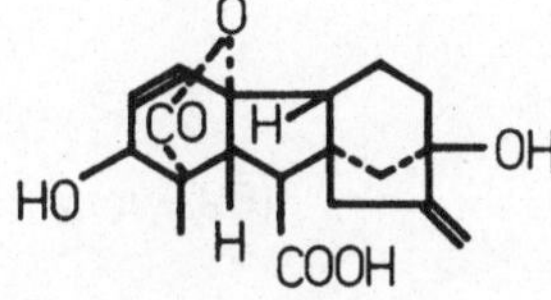

(66) Gibberellin-säure

Triterpene

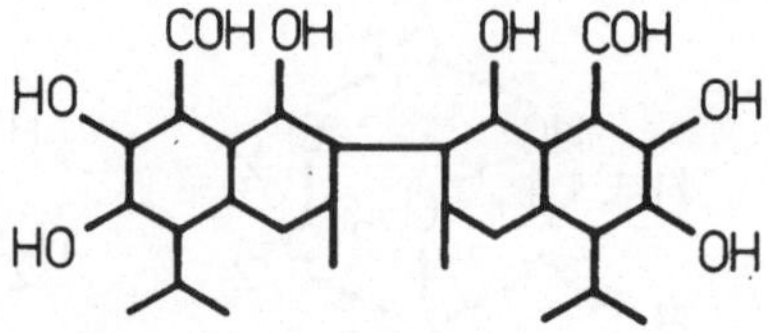

(67) Gossypol

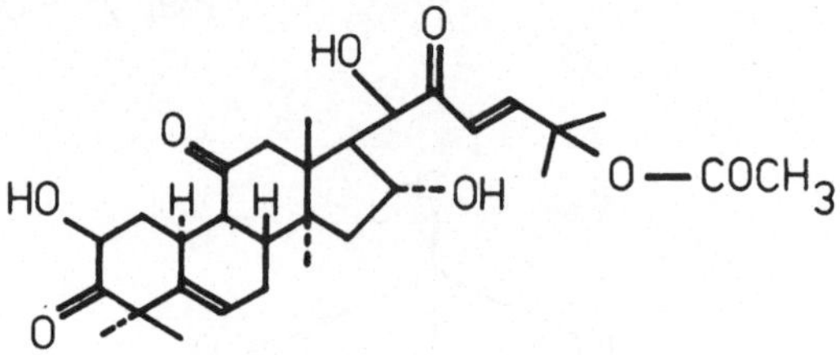

(68) Cucurbitacin B

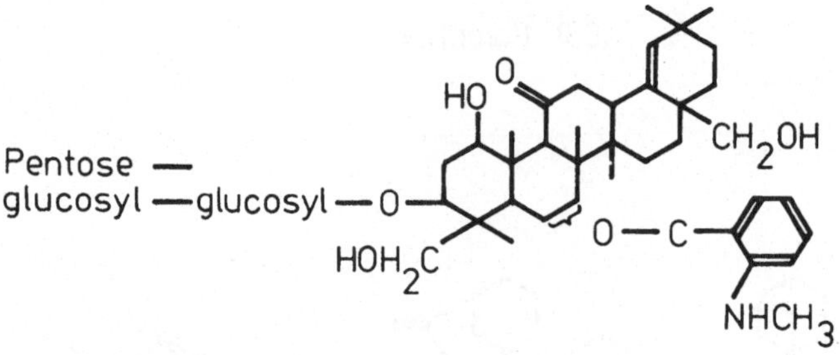

(69) Avenacin (Triterpensaponin)

Aglycon: Avenamin

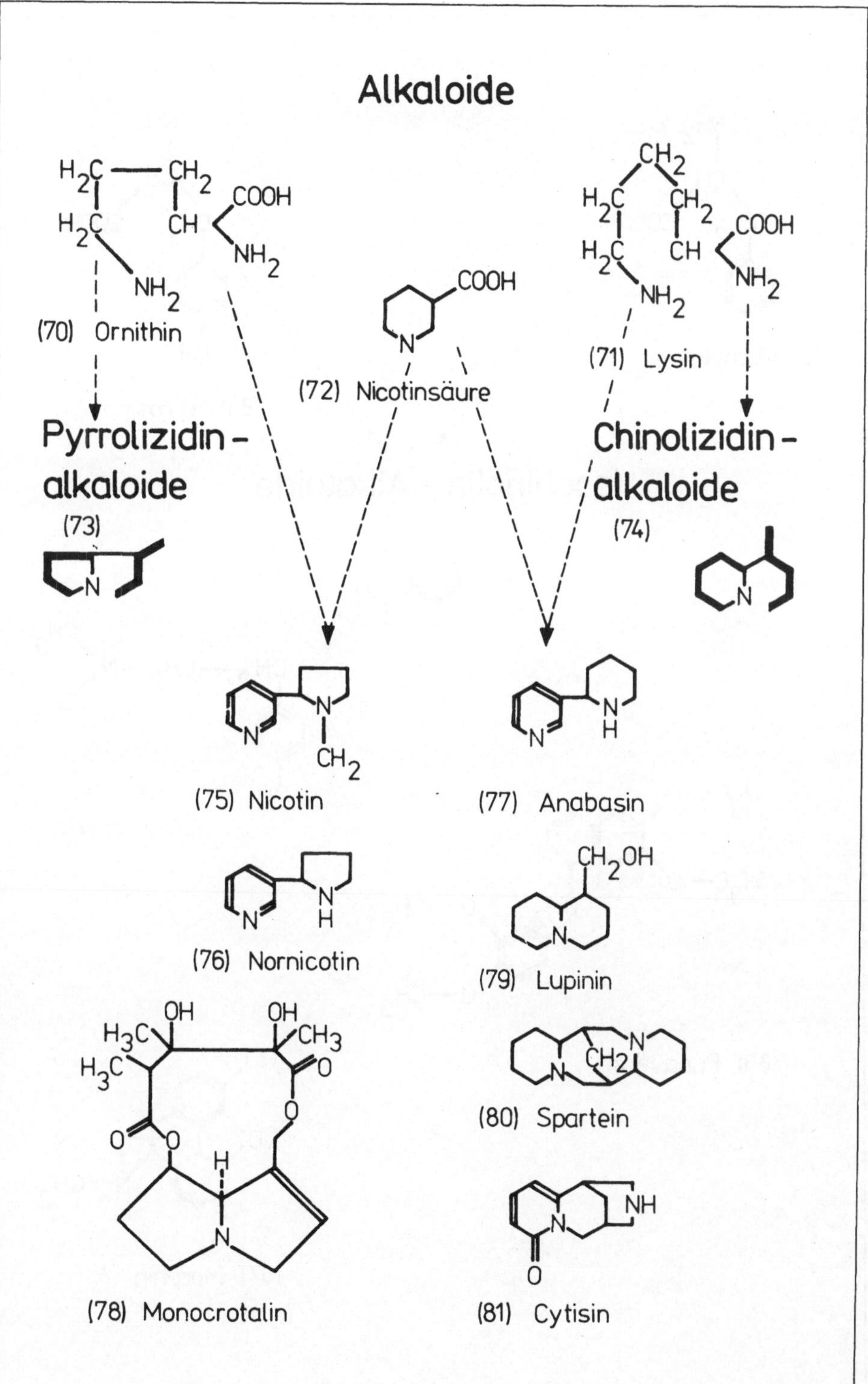
Alkaloide
H_2C
CH_2
COOH
H_2C
CH
NH_2
NH_2
(70) Ornithin
COOH
N
(72) Nicotinsäure
CH_2
H_2C
CH_2
COOH
H_2C
CH
NH_2
NH_2
(71) Lysin
Pyrrolizidin-alkaloide
(73)
N
Chinolizidin-alkaloide
(74)
N
N
N
CH_2
(75) Nicotin
N
N
H
(77) Anabasin
N
N
H
(76) Nornicotin
CH_2OH
N
(79) Lupinin
OH
OH
H_3C
CH_3
H_3C
O
O
O
O
H
N
(78) Monocrotalin
N
CH_2
N
(80) Spartein
NH
N
O
(81) Cytisin

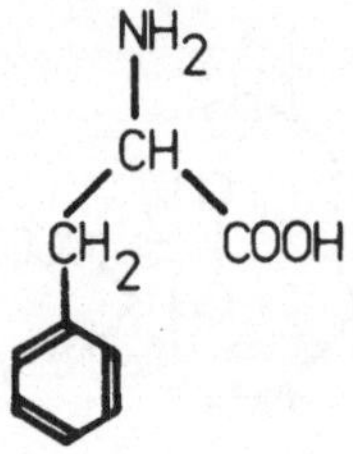

NH_2
CH
CH_2 COOH

(82) Phenylalanin

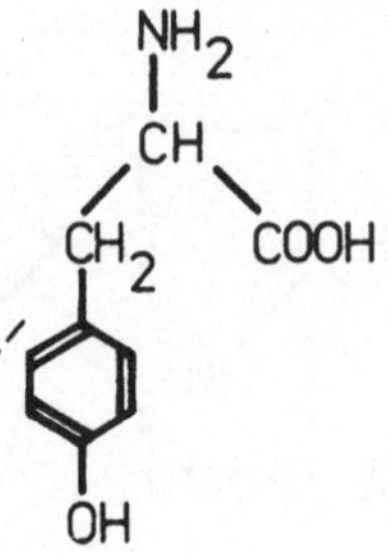

NH_2
CH
CH_2 COOH
OH

(83) Tyrosin

Isochinolin - Alkaloide

(84) N

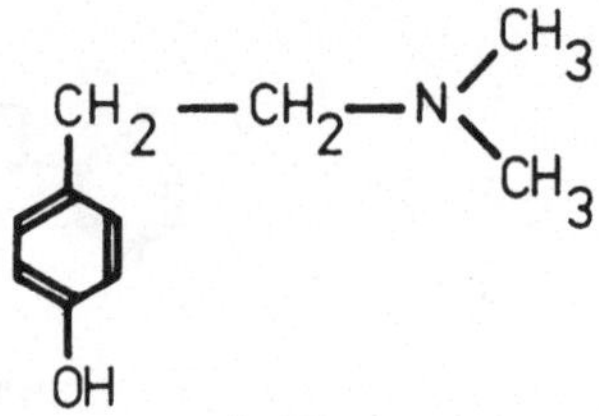

$CH_2-CH_2-N(CH_3)_2$
OH

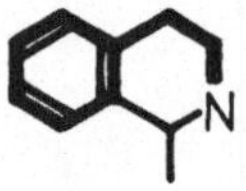

(85) Hordenin

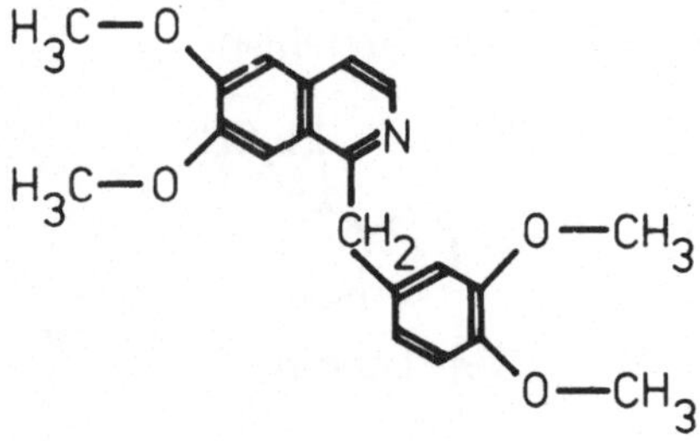

H_3C-O
H_3C-O
N
CH_2
$O-CH_3$
$O-CH_3$

(86) Papaverin

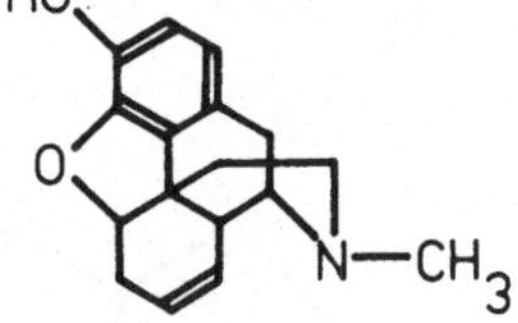

HO
O
$N-CH_3$

(87) Morphin

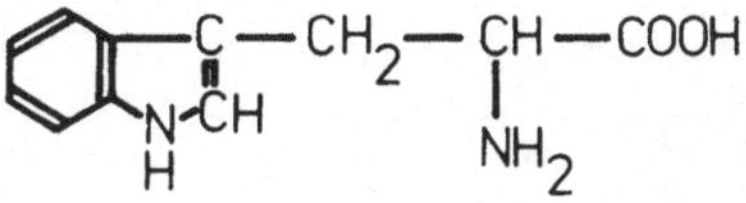

C — CH_2 — CH — COOH
N-CH
H
NH_2

(88) Tryptophan

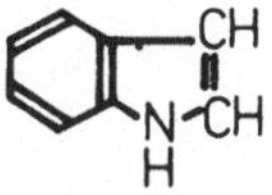

CH
N-CH
H

(89) Indol.

Indol - Alkaloide

(90)

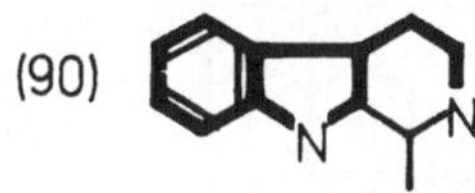

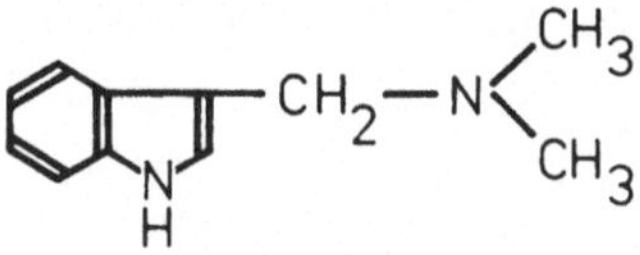

CH_2 — N CH_3 CH_3
N
H

(91) Gramin

CH_3 — N — CO — O
CH_3
N
N
CH_3

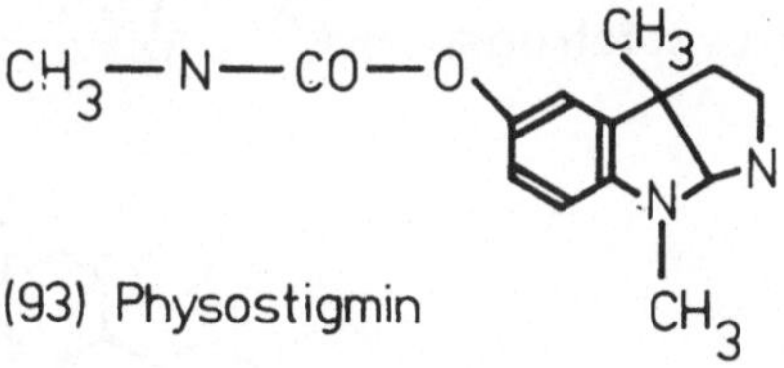

(93) Physostigmin

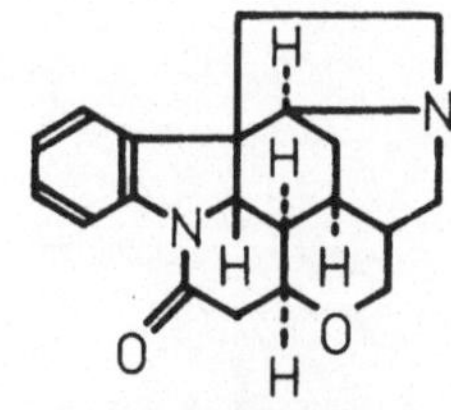

(92) Strychnin

Terpen - und Steroid - Alkaloide

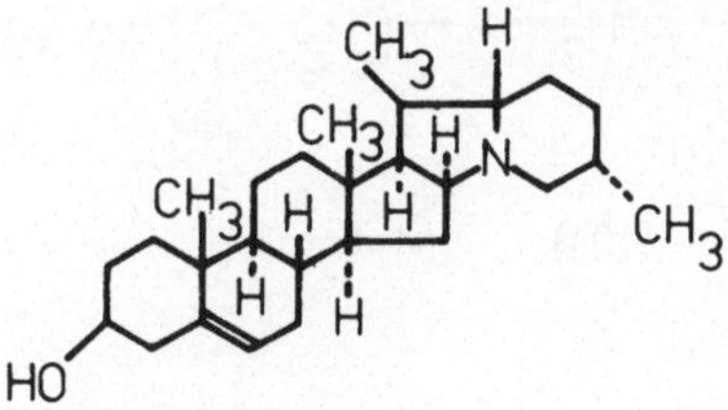

CH_3
H
CH_3
H
N
CH_3
H
H
CH_3
H
H
HO

(94) Solanidin

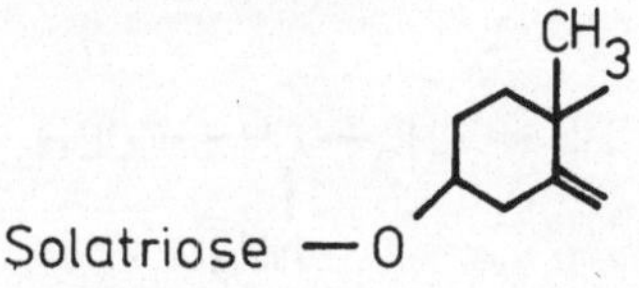

CH_3
Solatriose — O

(95) α - Solanin

CH_3
Chacotriose — O

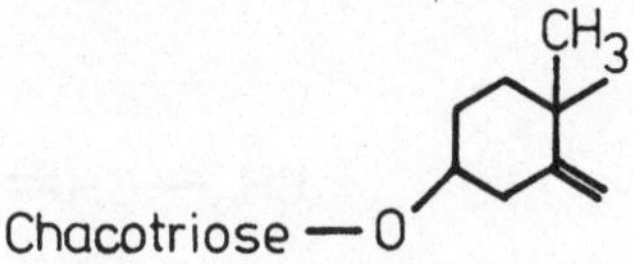

(96) α - Chaconin

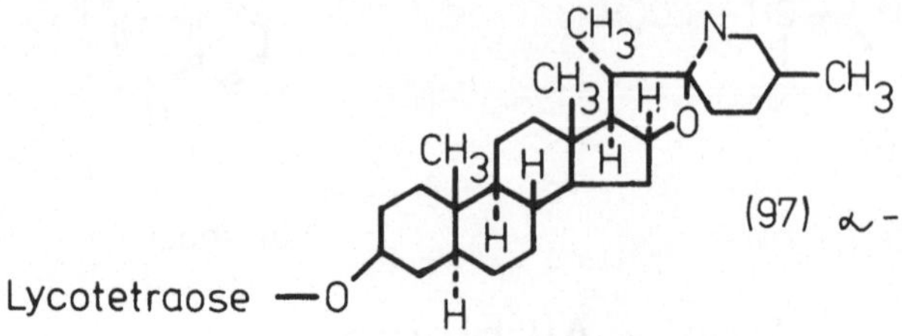

Lycotetraose —O

(97) α-Tomatin

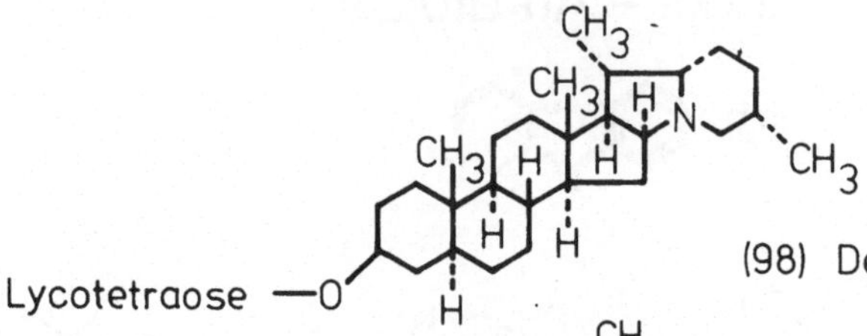

Lycotetraose —O

(98) Demissin

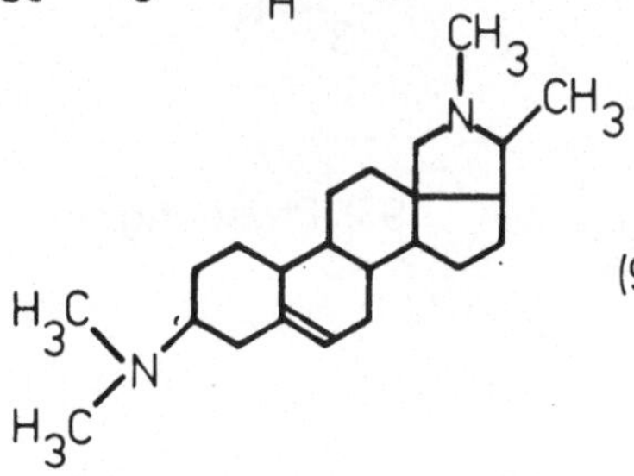

(99) Conessin

Schwefelhaltige Verbindungen

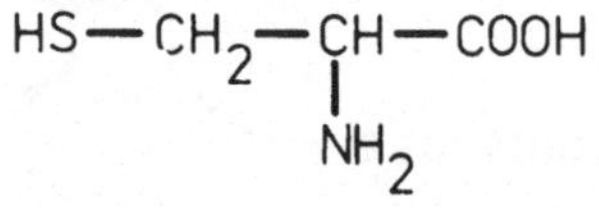

$HS-CH_2-CH(NH_2)-COOH$

(100) L-Cystein

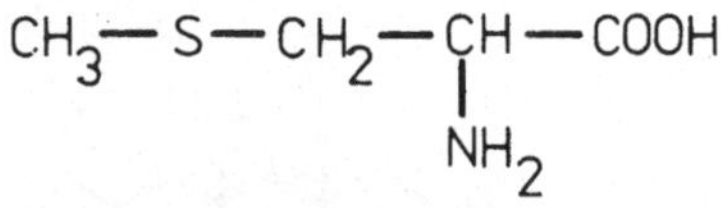

$CH_3-S-CH_2-CH(NH_2)-COOH$

(101) L-Methionin

$CH_3-CH=CH-S(\rightarrow O)-CH_2-CH(NH_2)-COOH$

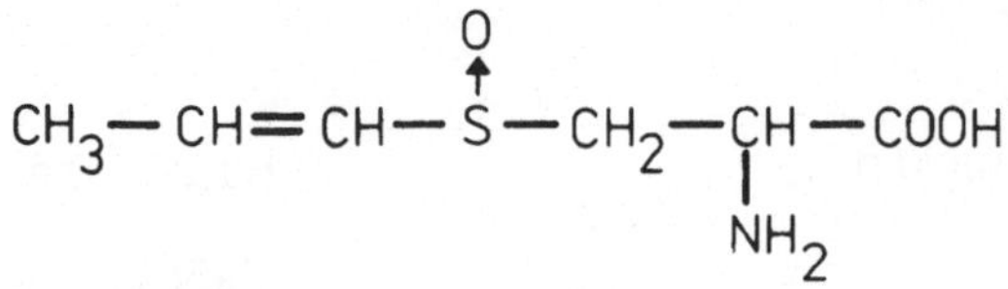

(102) S-(Prop-1-enyl)-cysteinsulfoxid

$CH_2{=}CH{-}CH_2{-}NH_2$

(103) Allylamin

$CH_3{-}CH_2{-}CH_2{-}SH$

(104) n - Propylmerkaptan

$CH_3{-}CH_2{-}CH_2{-}S{-}S{-}CH_2{-}CH_2{-}CH_3$

(105) Dipropyldisulfid

$CH_3{-}S{-}S{-}CH_2{-}CH_2{-}CH_3$

(106) Methylpropyldisulfid

$CH_3{-}CH{=}CH{-}S{-}S{-}CH_2{-}CH_2{-}CH_3$

(107) cis - Propenylpropyldisulfid

(108) α - Terthienyl

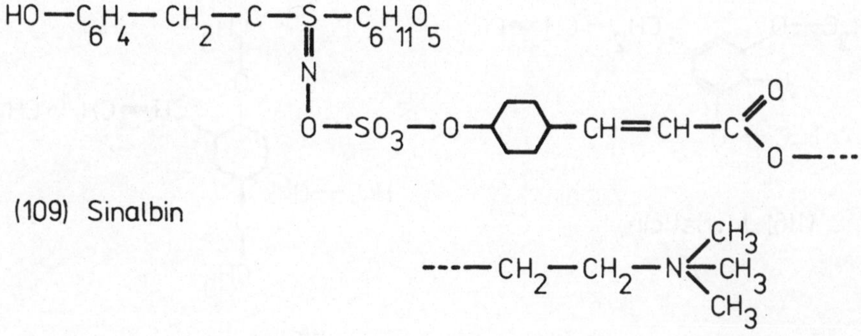

$HO{-}C_6H_4{-}CH_2{-}C{-}S{-}C_6H_{11}O_5$, $S{=}N{-}O{-}SO_3{-}O{-}C_6H_4{-}CH{=}CH{-}C({=}O){-}O{-}CH_2{-}CH_2{-}N(CH_3)_3$

(109) Sinalbin

$CH_2{=}CH{-}CH_2{-}N{=}C{=}S$

(110) Allylisothiocyanat

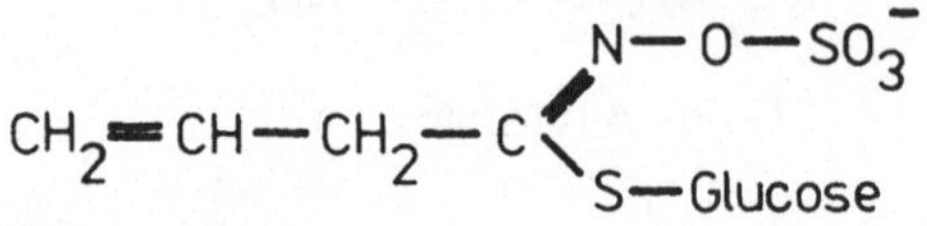

$CH_2{=}CH{-}CH_2{-}C(=N{-}O{-}SO_3^-){-}S{-}Glucose$

(111) Sinigrin

$CH_3{-}S{-}CH{=}CH{-}CH_2{-}CH_2{-}N{=}C{=}S$

(112) 4-Methylthio-3-butenylisothiocyanat

$CH_3{-}S{-}CH_2{-}CH_2{-}CH_2{-}N{=}C{=}S$

(113) 3-Methylthiopropylisothiocyanat

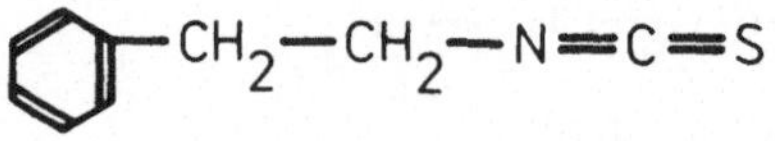

$C_6H_5{-}CH_2{-}CH_2{-}N{=}C{=}S$

(114) Phenylethylisothiocyanat

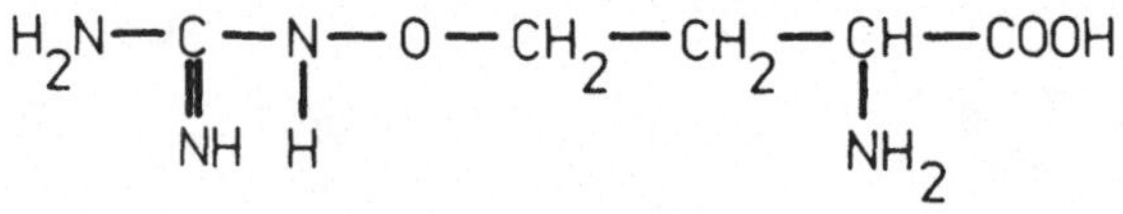

$H_2N{-}C(=NH){-}NH{-}O{-}CH_2{-}CH_2{-}CH(NH_2){-}COOH$

(115) L-Canavanin

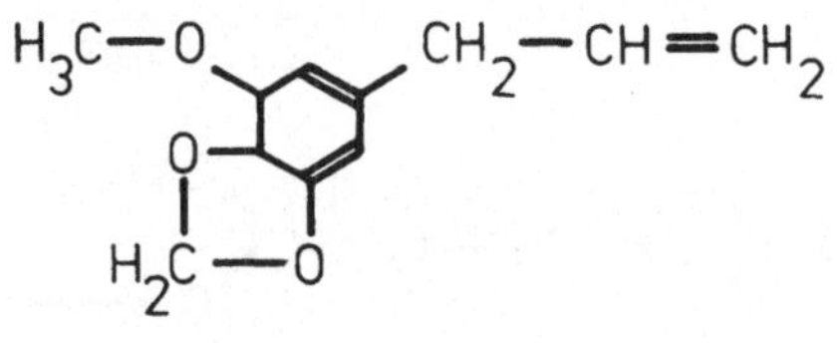

$H_3C{-}O$, $CH_2{-}CH{=}CH_2$, O, $H_2C{-}O$

(116) Myristicin

CH_3, O, $CH{=}CH{-}CH_3$, $H_3C{-}O$, O, CH_3

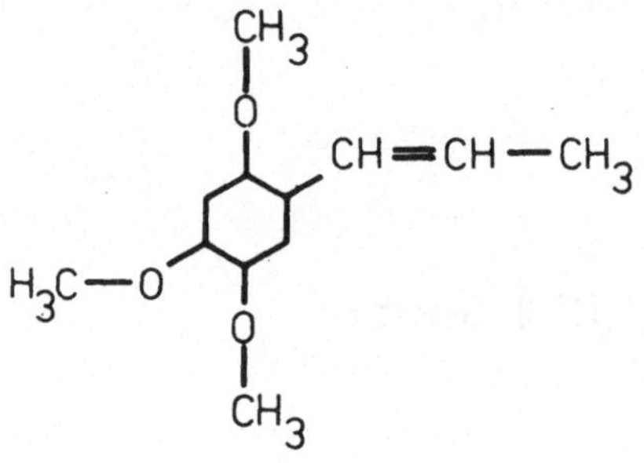

(117) Asaron

$CH_3-(CH_2)_4-CH=CH-CH_2-CH=CH-(CH_2)_7-COOH$

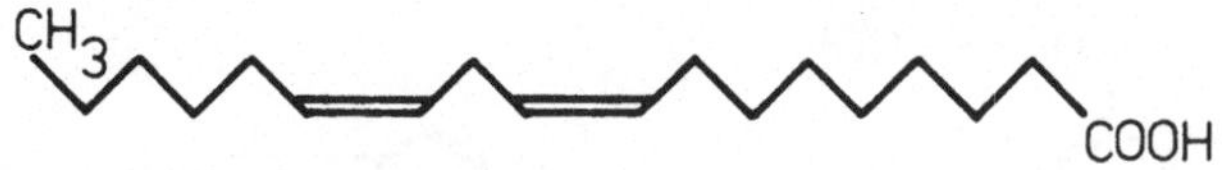

CH_3 COOH

(118) Linolsäure

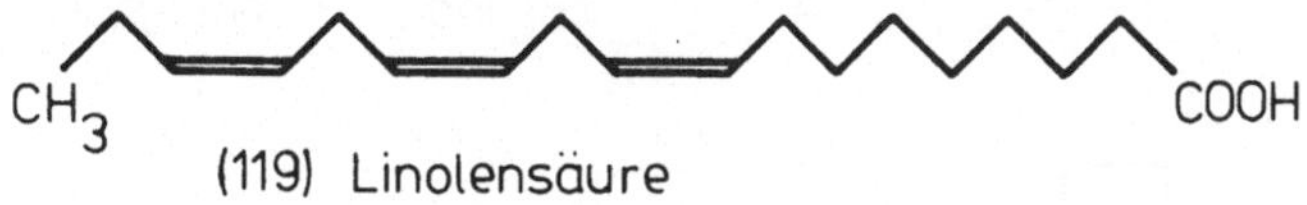

CH_3 COOH

(119) Linolensäure

O C CH_3 C O

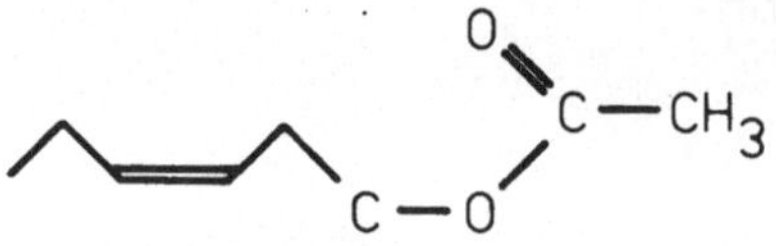

(120) cis-3-Hexenylazetat

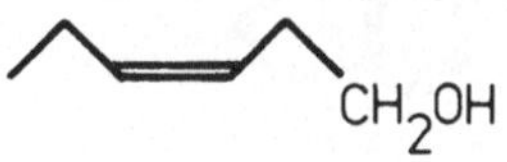

CH_2OH

(121) cis-3-Hexen-1-ol

COH

(122) trans-2-Hexenal

CH_2OH

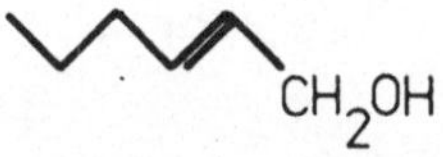

(123) trans-2-Hexen-1-ol

$CH_3-(CH_2)_{10}-CO-CH_3$

(124) 2-Tridecanon

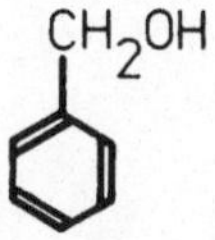

CH_2OH

(125) Benzylalkohol

$CH_2-CH(NH_2)-COOH$ OH OH

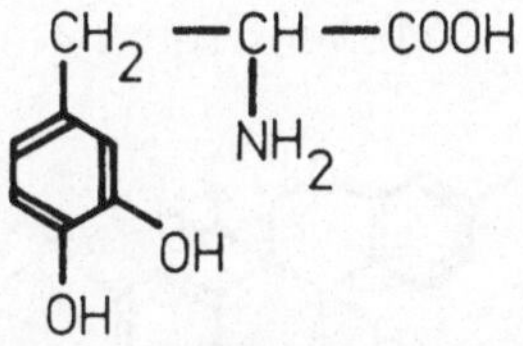

(126) 3,4-Dihydroxyphenyl-alanin = DOPA

Wuchsstoffe (Phytohormone)

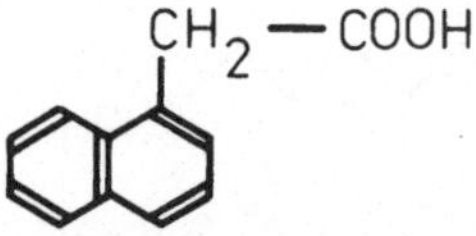

(127) 1-Naphthylessigsäure

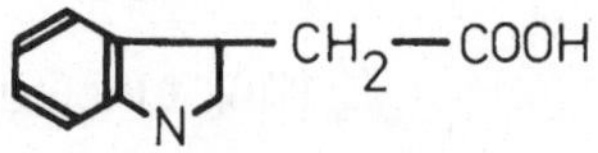

(128) Indol-3-essigsäure (IES)

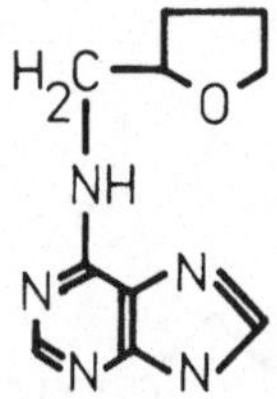

(129) Kinetin

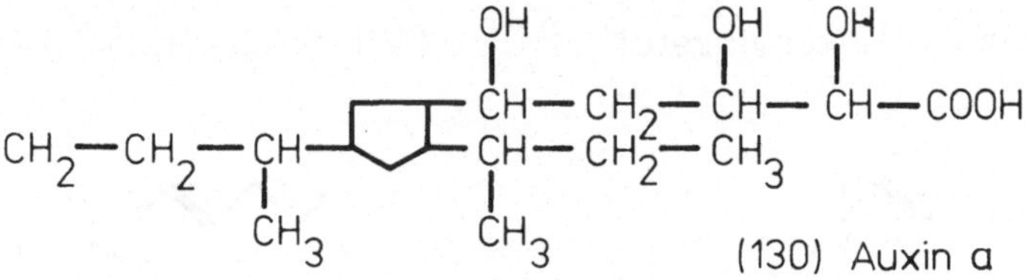

(130) Auxin a

Phytoalexine

Isoflavonoide

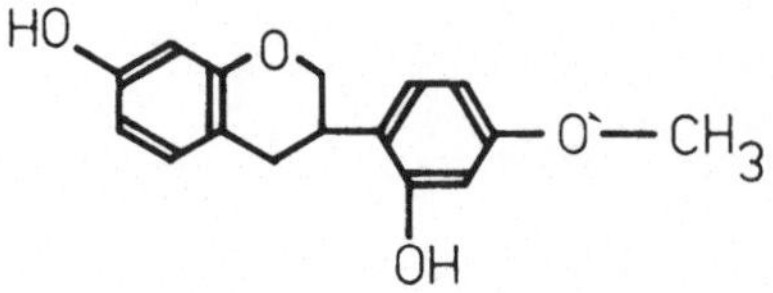

(131) Vestitol

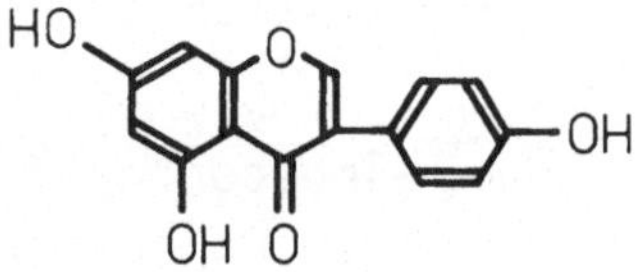

(132) Genistein

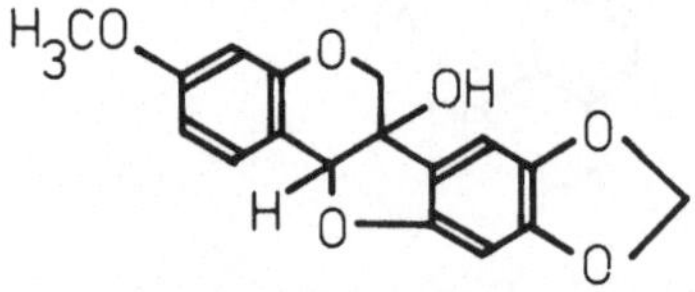

(133) (+)-Pisatin

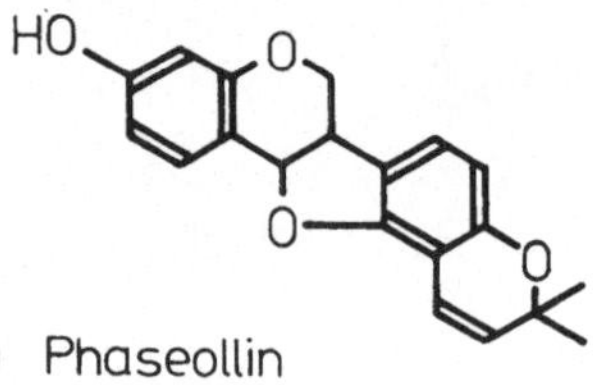

(134) Phaseollin

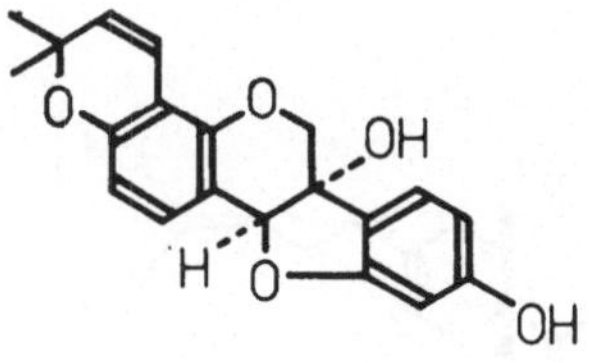

OH
H
OH

(135) Glyceollin

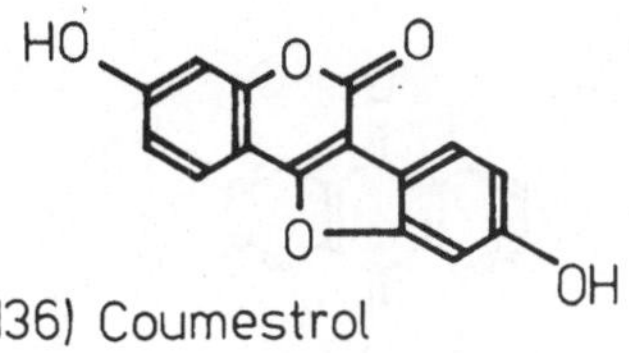

HO
OH

(136) Coumestrol
(Cumöstrol)

Sesquiterpene

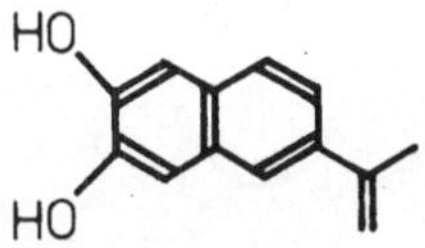

HO
HO

(137) Rishitin

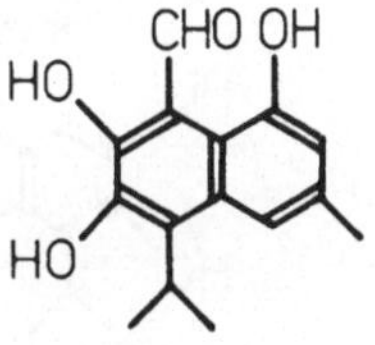

CHO OH
HO
HO

(138) Hemigossypol

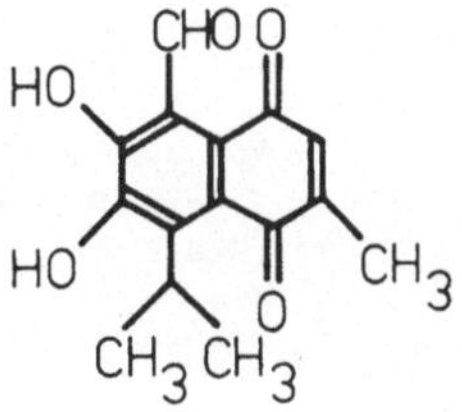

CHO O
HO
HO
CH_3
O
CH_3 CH_3

(139) Hemigossypolon

OH
OH

(140) Hydrochinon

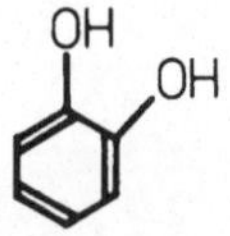

OH
OH

(141) Brenzcatechin

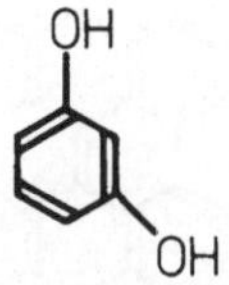

OH
OH

(142) Resorcin

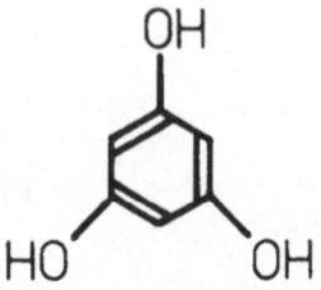

OH
HO OH

(143) Phloroglucin

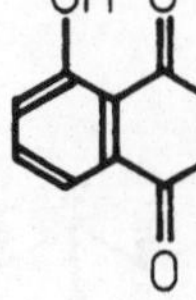

OH O
O

(144) Juglon

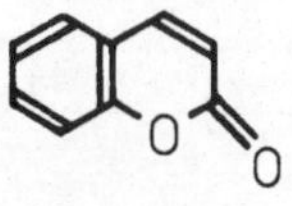

O
O

(145) Cumarin

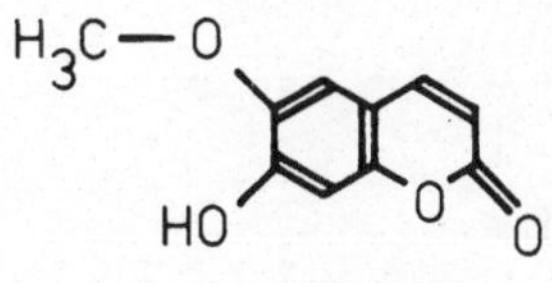

H_3C—O
HO
O
O

(146) Scopoletin

H_3C—O
Glucose —O
O
O

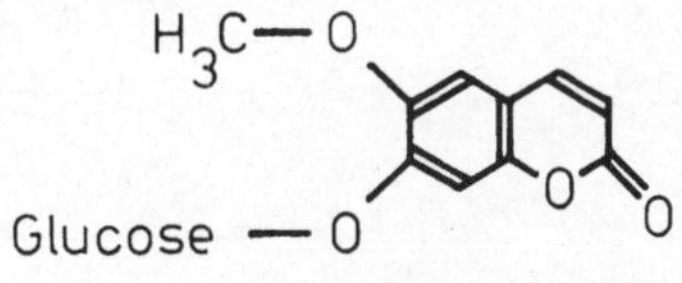

(147) Scopolin

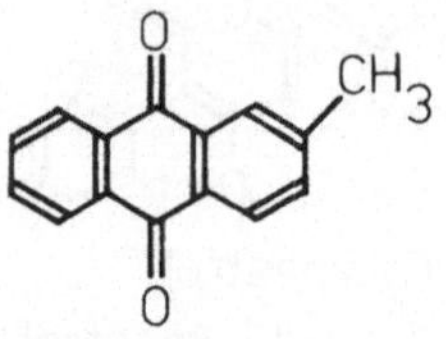

(148) 2-Methylanthrachinon

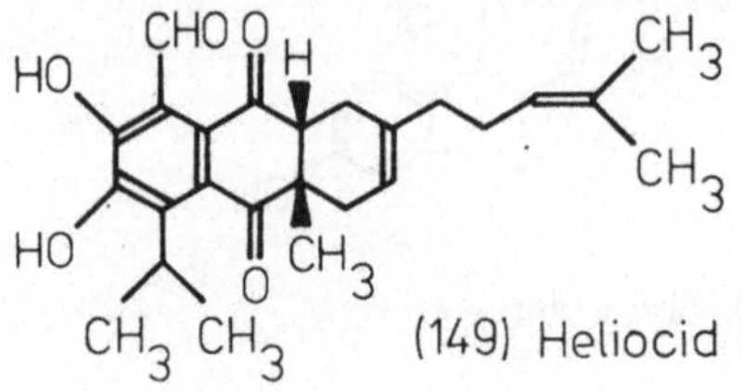

(149) Heliocid H2

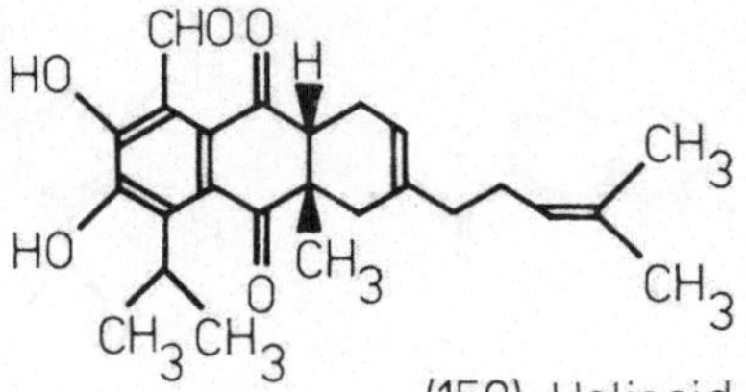

(150) Heliocid H3

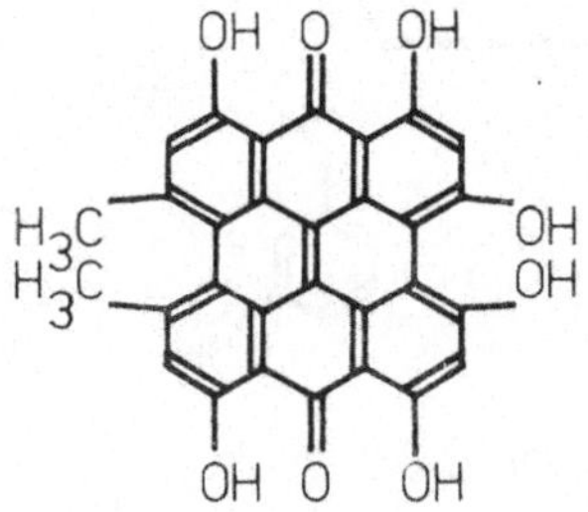

(151) Hypericin

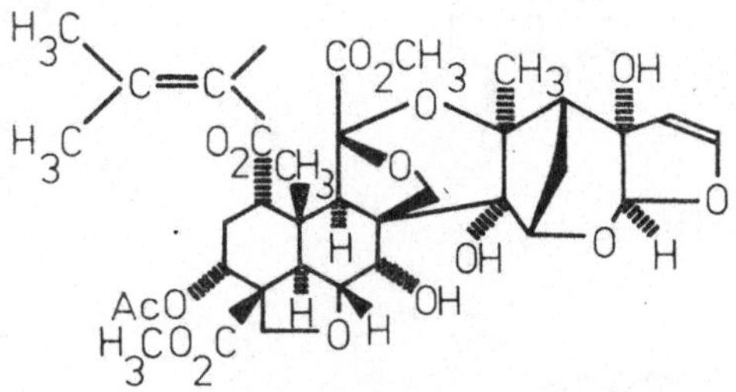

(152) Azadirachtin

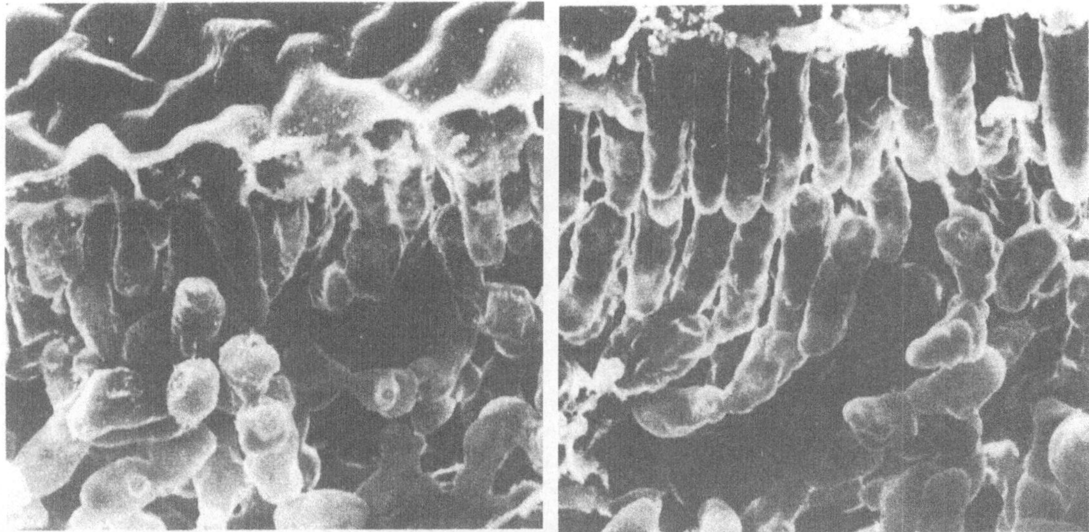

Bild 1. Querschnitte von Blättern der Apfelsorten ‚Gelber Köstlicher' (links) und ‚Herma' (rechts), rasterelektronenmikroskopische Aufnahmen (Fritzsche et al. 1982).
Vergrößerung: 800:1.

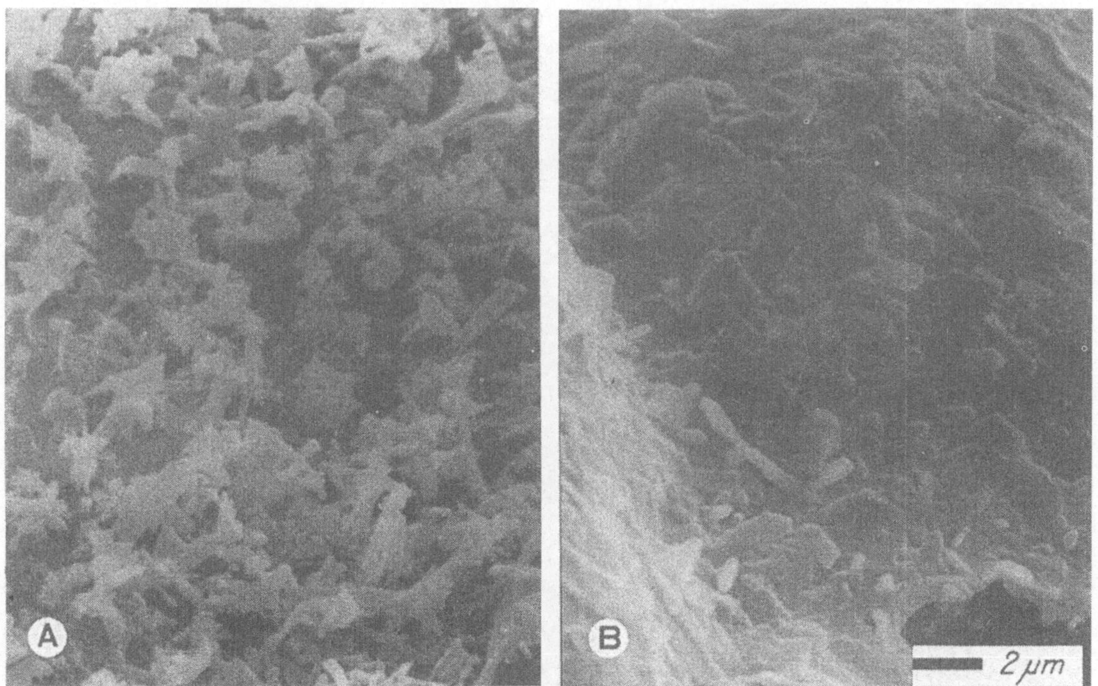

Bild 2. Wachsstrukturen der Blattunterseite von Rotkohlblättern.
links: normale Form, rechts: wachsarme Form eines Zuchtstammes; rasterelektronenmikroskopische Aufnahmen (Karl und Eisbein 1987).
Vergrößerung: 5000:1.

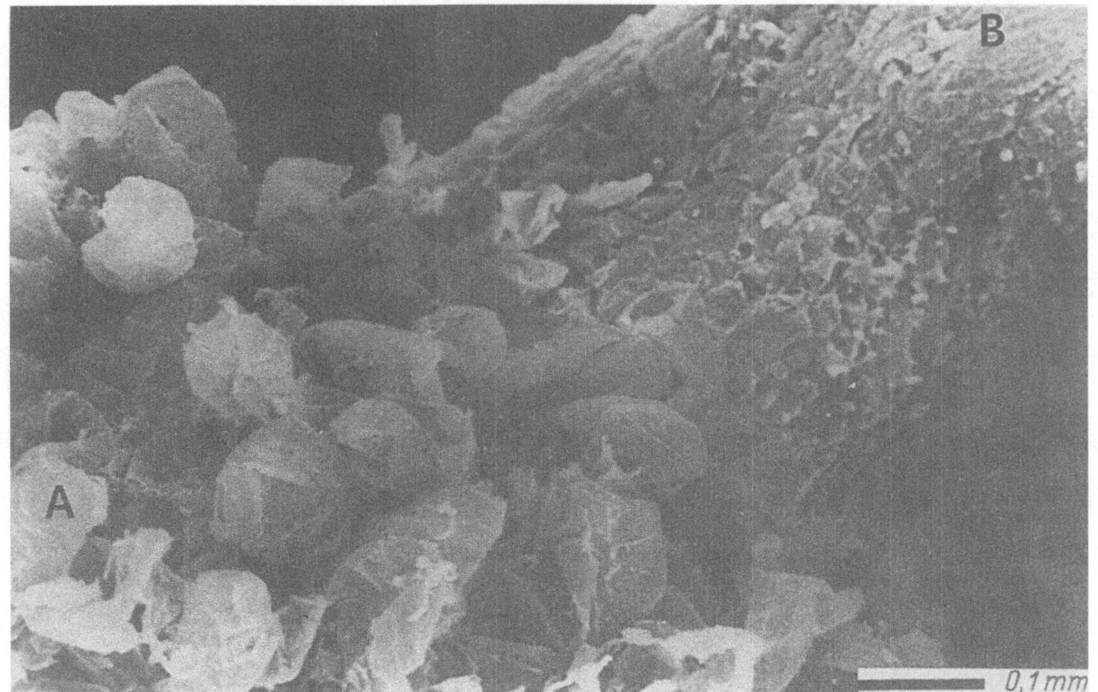

Bild 3. Rasterelektronenmikroskopische Darstellung des Epidermisgewebes von Gurkenwurzeln (Pelcz et al. 1982). A = Epidermiszellen im Bereich einer Galle von *Meloidogyne incognita*, B = Wurzelbereich ohne Nematodenbefall.

Bild 4. Betonringe für die Zucht von Nematoden. Nach Fritzsche et al. 1972.

Bild 5. Gazekästen für die Zucht von Blattläusen, Wanzen und Zikaden.

Bild 6. Zuchtkäfige mit künstlicher Beleuchtung sowie Beheizungs- und Belüftungsmöglichkeit für die Massenvermehrung von Mottenschildläusen und Spinnmilben.

Bild 7. „Glasring"-Methode zur Prüfung von Kulturpflanzen auf Resistenz gegen Spinnmilben. Nach Fritzsche 1955.

Bild 8. Lochrahmen zum Einstellen von Blumentöpfen mit Versuchspflanzen zur Gewährleistung einer gleichmäßigen Wasserversorgung.

Bild 9. Stielgläschen nach Müller und Hennig (1965) zur Prüfung von Kulturpflanzen auf Resistenz gegen Nematoden.

Bild 10. Anordnung von Testpflanzen unter Glasglocken zur Prüfung auf Resistenz gegen Mottenschildläuse und Spinnmilben. Nach Fritzsche und Thiele 1985.

14. Literatur

1 Abawi, G. S., Barker, K. R.: Effects of cultivar, soil temperature, and population levels of *Meloidogyne incognita* on root necrosis and *Fusarium* wilt of tomatoes. Phytopathology **74** (1984): 433—438.

2 Abdel-Fattah, M. J., Hosny, M. M., El-Saudany, G.: The spacing and density of cotton plants as factors affecting populations of bollworms, *Earias insulana* Boisd. and *Pectinophora gossypiella* (Saund.). Bull. entomol. Soc. Egypt. 1976 (1980), Nr. 60: 85—94.

3 Abdel Hamid, M. E., Ramadan, H. H., Salem, F. M., Osman, G. Y.: Zur Empfindlichkeit verschiedener Kulturpflanzenarten gegenüber dem Befall durch *Meloidogyne javanica* (Treub) und *M. incognita acrita* (Kofoid u. White) Chitwood (Nematoda, Heteroderidae). Anz. Schädlingskd., Pflanzenschutz, Umweltschutz **54** (1981): 81—82.

4 Abd-el-Rahim, W. A., Metwally, S. M. J., El-Dakroury, F.: Effect of certain physical and chemical characteristics of cotton varieties on susceptibility to infestation by pink and spiny bollworms. Meded. Fac. Landbouwwetensch., Rijksuniv. Gent **45** (1980): 727—731.

5 Abernathy, C. O., Thurston, R.: Plant age in relation to the resistance of *Nicotiana* to the green peach aphid. J. econ. Entomol. **62** (1969): 1356—1359.

6 Abivardi, C., Mokhtarzadeh, A., Sharafeh, M.: Evaluation of some varieties of alfalfa, *Medicago sativa* (L.), for their resistance to the alfalfa stem nematode, *Ditylenchus dipsaci* (Kühn 1857) Filipjev 1936, under laboratory conditions. Nematol. Mediter. **3** (1975): 55—63.

7 Abu-Gharbieh, W. I., Tamini, S. A.: Reaction of wheat and triticale cultivars to the wheat nematode and covered smut in Jordan. J. Nematol. **14** (1982): 427.

8 Acosta, N., Malek, R. B., Edwards, D. I.: Susceptibility of soybean cultivars to *Pratylenchus scribneri*. J. Agric. Univ. Puerto Rico **63** (1979): 103—110.

9 — Negron, J. A.: Susceptibility of various tomato lines to a population of *Meloidogyne incognita*. Nematropica **12** (1982): 173—180.

10 Adamova, B.: Hodnoceni rezistence odrud vojtesky (*Medicago sativa* L.) vuci hadatku zhoubnemu *Ditylenchus dipsaci* (Kühn) Filipjev, Sb. Ved. Praci, Vysk. Slectitelskeho Ustavu Picninarskeho, Troubsko 7 (1981): 161—166.

11 Adams, J. B., Drew, M. E.: Grain aphids in New Brunswick. IV. Effects of malathion and 2,4-D amine on aphid populations and on yield of oats and barley. Canad. J. Zool. **47** (1969): 423—426.

12 Adkisson, P. L., Dyck, V. A.: Resistant varieties in pest management systems. In Maxwell, F. C., and Jennings, P. R.: Breeding plants resistant to insects, 233—251. John Wiley & Sons, New York, Chichester, Brisbane, Toronto 1980.

13 Agarwal, R. A.: Morphological characteristics of sugarcane and insect resistance. Entomol. exper. appl. **12** (1969): 767—776.

14 — Banerjee, S. K., Katiyar, K. N.: Resistance to insects in cotton. 1. To *Amrasca devastans* (Distant). Coton Fibres Tropic **33** (1978): 409—414.

15 Agarwal, R. K., Verma, R. S., Bharaj, G. S.: Screening of sorghum lines for resistance against shoot bug *Peregrinus maidis* (Ashmead) (Homoptera-Delphacidae). JNKVV Res. J. **12** (1978), Nr. 1/4: 116.

16 Ahmad, M., Akthar, A.: A preliminary note on the varietal susceptibility of chickpea to podborer (*Heliothis armigera*). J. agric. Res. Pakistan **17** (1979): 199—202.

17 Ahmad, S., Funk, C. R.: Bluegrass billbug (Coleoptera: Curculionidae) tolerance of ryegrass cultivars and selections. J. econ. Entomol. **76** (1983): 414—416.

18 Aidar, H., Castro, T. de A. P. E., Yokoyama, M., Silveira, P. M. da: Temperatura e umidade do solo e populacao de *Empoasca* no cultivo de feijao após a maturacao fisiológica do milho. Anais, 1a reuniao nacional de pesquisa de feijao Goiania, Brazil, EMBPRAPA-CNPAF (1982): 265—267.

19 Aina, O. J., Rodriguez, J. G., Knavel, D. E.: Characterizing resistance to *Tetranychus urticae* in tomato. J. econ. Entomol. **65** (1972): 641—643.

20 Akingbohungbe, A. E., Agbede, T., Olaifa, J. I.: Oviposition preference by the black cowpea moth, *Cydia ptychora* (Meyrich) (Lepidoptera: Torticidae), for different varieties of cowpea. Bull. entomol. Res. **70** (1980): 439—443.

21 Alarcon, C., Jatala, P.: Efecto de la temperatura en la resistencia de *Solanum andigena* a *Nacobbus aberrans*. Nematropica **7** (1977): 2—3.

22 Al-Baldawi, A. S., Stephan, Z. A., Alwan, A.: Studies on the wheat gall nematode in Iraq. 2th Sci. Conf. Sci. Res. Foundatiôn. Baghdad, 6.—11. 12. 1975. 77—78.

23 Alfaro, R. J., Pierce, H. D., Borden, J. H., Oehlschlaeger, M. C.: Role of volatile and nonvolatile components of Sitka spruce bark as feeding stimulants for *Pissodes strobi* Peck. (Coleoptera: Curculionidae). Canad. J. Zool. **58** (1980): 626—632.

24 Alghali, A. M.: Relative susceptibility of some rice varieties to the stalk-eyed fly *Diopsis thoracica* West. Insect Sci. Applic. **4** (1983): 135—140.

25 Alleyne, E. H., Morrison, F. O.: Resistance of lettuce varieties to attacks by the root apterae of *Pemphigus bursarius* (L.). Ann. Soc. Entomol. Québec **23** (1978): 158—167.

26 Alpat'ev, N. M.: Effectiveness of evaluating lucerne varieties under conditions of infection (russ.). Selekcija Semenovodstvo (1981), Nr. 3: 16—17.

27 Alston, F. H., Briggs, J. B.: Resistance genes in apple and biotypes of *Dysaphis devecta*. Ann. appl. Biol. **87** (1977): 75—81.

28 Amin, P. W., Mohammed, A. B.: Groundnut pest research at ICRISAT. Proceed, Internat. Workshop on Groundnuts, ICRISAT Center, Patancheru, India (1980): 158—166.

29 Andersen, K., Andersen, S.: Cereal root eelworm. In: Research and Educatinal Activities 1979—1980. Department of Crop Husbandry and Plant Breeding. Royal Veterinary and Agricultural University Copenhagen (1980): 1.

30 Andersen, S.: Resistance of barley to various populations of the cereal root eelworm (*Heterodera major*). Nematologica **4** (1959): 91—98.

31 — Resistens mod havreål *Heterodera avenae*. Meddel. Kgl. Veterinaer Landbrugskoles København 1961, Nr. 68: 179 S.

32 — The breeding and use of varieties resistant to *Heterodera avenae*. Bull. OEPP **10** (1980): 303—310.

33 — Andersen, K.: Linkage between marker genes on barley chromosome 2 and a gene for resistance to *Heterodera avenae*. Hereditas **73** (1973): 271—276.

34 — — Suggestions for determination and terminology of pathotypes and genes for resistance in cyst-forming nematodes, especially *Heterodera avenae*. Bull. OEPP **12** (1982): 379—386.

35 Anderson, M. M.: Resistance to gall mite (*Phytoptus ribis* Nal.) in the Eucoreosma section of *Ribes*. Euphytica **20** (1971): 422—426.

36 Anderson, R. F.: Field evaluations of potential insect resistant cotton lines. Diss. Abstr. Internat., B **41** (1980): 809 B—810 B.

37 Andersson, S.: Potatisrötnematoden, *Ditylenchus destructor* Thórne, som skadegörare i potatis. Diss. Agric. College of Sweden, Uppsala 1971. 139 p.

38 — Occurrence and behaviour of *Heterodera hordecalis* Andersson and *H. bifenestra* Cooper in Sweden, with some references to *H. avenae* Wollenweber and a similar *Heterodera* sp. Meddel. Statens Växtskyddsanstalt Nat. Sw. Inst. Plant Protection. Contributions **16** (1976): 245—287.

39 — Population dynamics and control of *Heterodera avenae* — a review with some original results. Bull. OEPP **12** (1982): 463—475.

40 Anglade, P., Baca, F., Monteagudo, F.: Assessment of the susceptibility of maize lines to the European corn borer *Ostrinia nubilalis* as part of the programme of IWGO, 1975—1976. Bull. OEPP **10** (1980): 365—369.

41 Anisimova, V. D., Kichina, V. V., Pomazkov, Ju. I.: Ustojčivost' maliny *Rubus idaeus* L. k virusam i ich perenosčikam. Met. fitopat. entomol. Issl. Selekc. rast. Nauč. Tr. VASCHNIL, Moskva 1977: 193—200.

42 Anjaneyulu, A.: Experimental induction of rice tungro virus epiphytotic. Proceed. Amer. Phytopathol. Soc. **4** (1977): 181—182.

43 — Rao, M. G., Shukla, V. D.: Control of rice tungro virus disease. Proceed. Amer. Phytopathol. Soc. **4** (1977): 182.

44 — Shukla, V. D., Rao, G. M., Singh, S. K.: Perpetuation of rice tungro virus and its vectors. Internat. Rice Res. Newsletter **6** (1981), Nr. 1: 12—13.

45 — Singh, S. K., Shenoi, M. M.: Evaluation of rice varieties for tungro resistance by field screening techniques. Trop. Pest Managem. **28** (1982): 147—155.

46 Anonym. Proceed. FAO-Symp. Integrated Pest Control. Rome 1965, Vol. 2 (1966): 7—35.

47 — Annu. Rep. Agric. Techn. Serv. Republic of South-Africa for 1967/1968 (1968): 227 p.

48 — Ceylon Tea Res. Inst. Rep. for 1968, Part II (1969): 70—78.

49 — Rice II. Internat. Rice Res. Inst., Philippines, Annu. Rep. for 1976 (1977): 418 p.

50 — Research highlights for 1977. Internat. Rice Res. Inst., Philippines, (1978): 122 p.

51 — Argentina Estacion Experimental Agricola de Tucumán. Memoria anual 1977. Publication Miscelanea, Estacion Experimental Agricola de Tucumán, Nr. 63 (1979): 147 p.

52 — Onion. Nat. Vegetable Res. Sta. Wellesbourne (Warwick), Annu. Rep. for 1978 (I), **29** (1979).

53 — Cauliflower. Nat. Vegetable Res. Sta. Wellesbourne (Warwick), Annu. Rep. for 1978 (I), **29** (1979).

54 — Mung bean. Asian Vegetable Res. Develop. Center, Taiwan, Progress Rep. for 1978 (1979): 173 p.

55 — Cowpea. Internat. Inst. Tropic. Agric., Nigeria, Annu. Rep. for 1978 (1979): 130 p.

56 — Centro Internac. Agric. Tropic., Columbia. Annu. Rep. for 1979. Bean program. (1980): 111 p.

57 — Reactions of differential varieties to the rice gall midge, *Orseolia oryzae*, in Asia. Report of an international collaborative research project. IRRI Res. Paper Ser. Nr. 61 (1981): 14 p.

58 — Improved rice variety released in the Philippines. Internat. Rice Res. Newsletter **7** (1982), Nr. 4: 3.

59 — Zimbabwe Rhodesia, Tobacco Research Board. Annual Report and Accounts for the year ended 30 June 1982. Harare, Kulsaga Res. Sta. (1983): 24 p.

60 Anstey, T. H., Moore, J. F.: Inheritance of glossy foliage and cream petals in green sprouting broccoli. J. Heredity **45** (1954): 39—41.

61 Antonio, H., Dall'Agnol, A.: Reacaceo de genotipos de girassol a duas espécies de mematóides e eficiência comparativa de tres metodos de avaliacâo. VII. Reuniao Brasil. Nematol. (1983), Nr. 7: 5—13.

62 Applebaum, S. W., Birk, Y.: Natural mechanisms of resistance to insects in legume seeds. In Rodriguez, J. G.: Insect and mite nutrition, 629—636. North-Holland, Amsterdam 1972.

63 Arakahi, N., Takahashi, F.: Oviposition preference of the rice weevil, *Sitophilus zeamais* Motschulsky (Coleoptera: Curculionidae), for unpolished and polished rice. Japan. J. Appl. Entomol. Zool. **26** (1982): 166—171.

64 Araujo, M. T., Dickson, D. W., Augustine, J. J.: Evaluations of different inoculum densities for screening tomato (*Lycopersicon esculentum* and *L. peruvianum*) for resistance to root-knot nematodes. Nematropica **9** (1979): 96.

65 — — — Basset, M. J.: Reproduction of two races of *Meloidogyne incognita* in tomato plants grown at high temperature. J. Nematol. **15** (1983): 640—641.

66 Aref'ev, Yu. F., Kobzeva, S. G., Afanas'eva, L. V., Tyagunova, G. Ya.: Individual insect resistance in

Pinus sylvestris (russ.) Dep. 56—1d. (1980): 12 p. Aus: Ref. Žurnal (1981): 1.56.69.

67 Arenz, B.: Der Einfluß verschiedener Faktoren auf die Resistenz der Kartoffel gegen die Pfirsichblattlaus. Z. Pflanzenbau Pflanzenschutz **2** (1951): 49—62.

68 Arevalo Ruiz, C., Liceras Zarate, L., Urello, G. R.: Compartamiento de nueve variedades de café al ataque del nematodo de la raiz. Nematropica **7** (1977): 3.

69 Arifin, K., Vreden, G. van: Resistensi varitas padi terhadap hama ganjur, *Pachydiplosis oryzae* W. M. Laporan Kemajuan Penelitian, Hama/Penyakit Nr. 7 (1977).

70 Arriaga, H. O., Chidichimo, H. O., Almaráz, L. B.: Evaluación de resistencia a pulgón verde *Schizaphis graminum* (Rond.) en trigo. Rev. Fac. Agron., Univ. Nacion. La Plata **56** (1980), Nr. 1/2: 53—60.

71 Artjuchova, G. A., Krylov, P. S.: Ob ustojčivosti luka repčatogo k steblevoj nematode. In: Metody fitopatol. i entomol. issled. v. selektsii rast., 181—184. Kolos, Moskva 1977.

72 Arya, M., Tiagi, B.: Reaction of some carrot cultivars to root-knot nematode, *Meloidogyne incognita*. Indian J. Nematol. **12** (1982): 397.

73 Assavanich, A.: Effect of leaf pubescence of wheat, *Triticum aestivum* L., on biotypes of hessian fly, *Mayetiola destructor* (Say). Diss. Abstr. Internat., B (1978), **38**, Nr. 10: 462B.

74 Asborno, M. D., Chidichimo, H. O.: Sorgo granifero: evaluación de la resistencia al daño por pájaros. Rev. Fac. Agron., Univ. Nacion. La Plata 1981/1982 (1983), Nr. 57/58: 11—22.

75 Asjakin, B. P.: Prinzipien der Untersuchung der Gruppenresistenz von Kruziferen gegen tierische Schaderreger (russ.). Vortrag Symp.: „Fragen der Resistenz gegen Krankheiten und Schädlinge", November 1982, WISR Leningrad.

76 Astley, D., Hawkes, J. G.: The nature of the Bolivian weed potato species *Solanum sucrense* Hawkes. Euphytica **28** (1979): 685—696.

77 Athwal, D. S., Pathak, M. D.: Genetics of resistance to rice insects. Rice Breeding 1972: 375.

78 — — Bacalangoo, E. H., Pura, C. D.: Genetics of resistance to brown planthoppers and green leafhoppers in *Oryza sativa* L. Crop Sci. **11** (1971): 747—750.

79 Atiri, G. I., Ekpo, E. J. A., Thottappilly, G.: The effect of aphid-resistance in cowpea on infestation and development of *Aphis craccivora* and the transmission of cowpea aphid-borne mosaic virus. Ann. appl. Biol. **104** (1984): 339—346.

80 Atkins, I. M., Dahms, R. G.: Reaction of small grain varieties to greenbug attack. USDA Techn. Bull. 901 (1945).

81 Auclair, J. L., Cartier, J. J.: Effets compares de jeunes intermittens et de periodes equivalentes de subsistance sur des varieties resistantes ou sensible de pois, *Pisum sativum* L., sur la croissance, la reproduction et l'excretion du puceron du pois, *Acyrthosiphon pisum* (Harr.) (Homopteres: Aphidides). Entomol. exper. appl. **3** (1960): 315—326.

82 — Maltais, J. B., Cartier, J. J.: Factors in resistance of peas to the pea aphid, *Acyrthosiphon pisum* (Harr.) (Homoptera: Aphididae). II. Amino acids. Canad. Entomol. **89** (1957): 457—464.

83 Auld, D. L., O'Keefe, L. E., Murray, G. A.: Inheritance of tolerance to feeding of the adult pea leaf weevil in peas. Agron. Abstr. 1979: 54.

84 Avalos, Q. F.: Tolerancia a la cigarrita verde *Empoasca kraemeri* Ross and Moore en cultivares de frijol. Avances en Investigación **8** (1978): 55—65.

85 Avesi, G. M., Khush, G. S.: Genetic analysis for resistance to the green leafhopper, *Nephotettix virescens* (Distant), in some cultivars of rice, *Oryza sativa* L. Crop Protect. **3** (1984): 41—51.

86 Awasthi, B. K., Pandey, V., Nigam, P. H.: Relative resistance of different rice varieties to *Sitophilus orycae* Linn. Bull. Entomol. **24** (1983): 59—60.

87 Ba-Angood, S. A., Stewart, R. K.: Effect of cereal aphid infestation on grain yield and percentage protein of barley, wheat, and oats in southwestern Quebec. Canad. Entomol. **112** (1980): 681—686.

88 Babatola, J. O.: Rice cultivars and *Heterodera sacchari*. Nematol. Mediter. **11** (1983): 103—105.

89 Badra, T., Elgindi, D. M.: The relationship between phenolic content and *Tylenchulus semipenetrans* populations in nitrogen-amended citrus plants. Rev. Nematol. **2** (1979): 161—164.

90 — Khattah, M. M.: Chemically-induced resistance to *Rotylenchulus reniformis* by ethephon growth regulant and relevant pathometabolites in mango seedlings. Nematol. Mediter. **10** (1982): 49—56.

91 Baicu, T.: The share of resistant cultivars in the integrated control. Proceed. COMECON Symp., Cluj-Napoca 1979, Bukarest (1981): 97—103.

92 Bailey, J. C.: Influence of plant bug and leafhopper populations on glabrous and nectariless cottons. Environ. Entomol. **11** (1982): 1011—1013.

93 Bain, D. C.: Selection for resistance to root-knot of white and red clover. Plant Dis. Reptr. **43** (1959): 318—322.

94 Baines, R. C., Miyakawa, T., Cameron, J., Small, R. H.: Infectivity of two biotypes of the citrus nematode on citrus and on some other hosts. J. Nematol. **1** (1969): 150—159.

95 Bajaj, K. L., Arora, Y. K., Mahajan, R.: Biochemical differences in tomato cultivars resistant and susceptible to *Meloidogyne incognita*. Rev. Nematol. **6** (1983): 143—154.

96 Baker, P. B., Ratcliffe, R. H., Steinhauer, A. L.: Tolerance to hairy chinch bug feeding in Kentucky bluegrass. Environ. Entomol. **10** (1981), 153—157.

97 Baker, P. F.: Aphid behavior on healthy and on yellows-virus infected sugar beet. Ann. appl. Biol. **48** (1960): 384—391.

98 Balasubramanian, G.: Prediction of leafhopper population in Upland cotton in relation to plant characters. Indian J. agric. Sci. **49** (1979): 970—973.

99 — Gopalan, M.: Role of carbohydrates and nitrogen in cotton varieties in relation to resistance to leafhopper. Indian J. agric. Sci. **51** (1981): 795—798.

100 — Ramakrishnan, C.: Resistance to the reniform nematode *Rotylenchulus reniformis*, in tomato. Nematol. Mediter. **11** (1983): 203—204.

101 Baloch, A. A., Soomro, B. A., Mallah, G. H.: Evaluation of some cotton varieties with known genetic markers for their resistance/tolerance against sucking and bollworm complex. Türkiye Bitki Koruma Dergisi **6** (1982): 3—14.

102 Banitza, E., Ilicevic, S.: Resistance of varieties and

lines of wheat to the wheat sawfly *Cephus pygmaeus* Latr. IX. Eucarpia Congr.: Genetic resources and plant breeding for resistance. Leningrad 1980: 30.

103 Bapat, D. R., Mote, U. N.: Sources of shootfly resistance in sorghum. J. Maharashtra Agric. Univ. **7** (1982): 238—240.

104 Barbosa Ferraz, L. C. C., Lordello, L. G. E.: Susceptibilidade e danos causados a espécies de *Eucalyptus* e *Pinus* por nematóides das galhas no Estado de Sao Paulo. Rev. Agricultura, Piracicaba (Brasil) **57** (1982): 67—73.

105 Bărbulescu, A.: Rezistența grîului și orzului la atacul unor daunători — metodă modernă de combatere. Probl. Prot. Plantelor (1976), **4** (1978): 389—412.

106 — Comportarea unor soiuri și linii de griu de toamna fata de atacul viespei griului *Cephus pygmaeus* L. An. Inst. Cercetări Cereale Plante Tehnice, Fundulea **45** (1978): 45—51.

107 — Antohe, I.: Rezistența unor linii consangvinizate de sorg fată, de atacul păduchelui verde al cerealetor *Schizaphis graminum* Rond. An. Inst. Cercetări Cereale Plante Tehnice, Fundulea (1978/1979) **47** (1981): 273—280.

108 — Cosmin, O.: New data on the response of inbred maize lines to *Ostrinia nubilalis* HB. (rumän.). An. Inst. Cercetări Cereale Plante Tehnice **46** (1981): 341—346.

109 — Saulescu, N., Ittu, G.: Comportarea unor soiuri și linii de griu și triticale fata de atacul viespei griului *Cephus pygmaeus* L. An. Inst. Cercetări Cereale Plante Tehnice **48** (1981): 411—417.

110 Barfield, C. S., Smith, J. W., Carlysle, C., Mitchell, E. R.: Impact of peanut phenology on select population parameters of the fall armyworm. Environ. Entomol. **9** (1980): 381—384.

111 Bariola, L. A., Henneberry, T. J., Kittock, D. L.: Chemical termination and inigation cut-off to reduce overwintering populations of pink bollworms. J. econ. Entomol. **74** (1981): 106—109.

112 Barlow, T., Rolston, L. H.: Types of host plant resistance to the sweetpotato weevil found in sweetpotato roots. J. Kansas entomol. Soc. **54** (1981): 649—657.

113 Barnes, H. F., Miller, B. S., Arnold, M. K.: The susceptibility of atle wheat to attack by the wheat blossom midges. Plant Pathol. **8** (1959): 143—144.

114 Barritt, B. H., Shanks, C. H.: Breeding strawberries for resistance to aphids *Chaetosiphon fragaefolii* and *C. thomasi*. Hort. Sci. **15** (1980): 287—288.

115 Basavangoud, K., Kulkarni, K. A., Thontadarya, T. S.: Safflower varietal reaction to the aphid, *Dactynotus compositae* Theobald and the differences in biochemical constituents in resistant and susceptible varieties. Mysore J. agric. Sci. **14** (1980): 512—515.

116 Basedow, T.: Die Anfälligkeit verschiedener Sommerweizensorten gegenüber Befall durch die beiden Weizengallmückenart (Dipt., Cecidomyidae). Anz. Schädlingskd., Pflanzenschutz, Umweltschutz **50** (1977): 129—131.

117 — Rosenbaum-Kurth, I., Lauenstein, G.: Freilanduntersuchungen zur Anfälligkeit verschiedener Hafersorten gegenüber den Getreideblattläusen (Hom., Aphididae). Nachrichtenbl. Dt. Pflanzenschutzdienst, Braunschweig **35** (1983): 76—77.

118 Batyr, A. K.: *Meloidogyne incognita* resistance in some cultivated flowering plants. In: Gallovye nematody sel'skokhozyaistvennykh kul'tur i mery bor'by s nimi, 60—61. Donish, Dushanbe (UdSSR) 1979.

119 Bauer, R.: ‚Rucami', ‚Rumilo' und ‚Rutrago', drei neue großfrüchtige Sorten mit Vektor-Resistenz. Erwerbsobstbau **22** (1980): 152 und 154—158.

120 Baukloh, H.: Untersuchungen zur Wirtspflanzeneignung der Kruziferen gegenüber dem Rübennematoden, *Heterodera schachtii* (Schmidt), unter besonderer Berücksichtigung der Resistenzzüchtung. Diss. Univ. Göttingen 1976. 74 S.

121 Baumeister, Gabriele: Untersuchungen zur Genetik der Resistenz gegen den Vektor *Amphorophora rubi* (Kalt.) bei Himbeersorten. Züchter **32** (1962): 1—7.

122 Beck, D. L., Dunn, G. M., Routley, D. G., Bowman, J. S.: Biochemical basis of resistance in corn to corn leaf aphid. Crop Sci. **23** (1983): 995—998.

123 Beck, S. D.: The European corn borer, *Pyrausta nubilalis* (Hübner), and its principal host plant: VI. Host plant resistance to larval establishment. J. Insect Physiol. **1** (1957): 158.

124 — The European corn borer *Pyrausta nubilalis* (Hübn.), and its principal host plant: VII. Larval feeding behavior and host plant resistance. Ann. entomol. Soc. Amer. **53** (1960): 206—212.

125 — Resistance of plants to insects. Annu. Rev. Entomol. **10** (1965): 207—232.

126 — Theoretical aspects of host plant specifity in insects. In Maxwell, F. G., and Harris, E.: Proceed. Summer Inst. Biol. Control Plant Insects and Diseases, 290—311. Univ. Press of Miss. 1974.

127 — Schoonhoven, L. M.: Insect behavior and plant resistance. In Maxwell, F. G., and Jennings, P. R.: Breeding plants resistant to insects, 115—135. John Wiley & Sons, New York, Chichester, Brisbane, Toronto 1980.

128 Becker, G. v.: Termiten-anlockende Wirkung einiger bei Basidiomyceten-Angriffen in Holz entstehender Verbindungen. Holzforschung **18** (1964): 168—172.

129 Becker, H.: Untersuchungen an hochresistenten Unterlagen. Weinberg u. Keller **7** (1960): 291—300.

130 Bedö, E., Donescu, V., Bedö, K.: Raspindirea nematodului tuberculilor (*Ditylenchus destructor* Thorne) si a nematodului tulpinilor (*Ditylenchus dipsaci* Kühn) la cartofii de sămînta produsi în zonele închise din judetul Harghita. An. Inst. Cercetăre Product. Cartofului (Brașov), Lucrări Stiintifice **10** (1979): 149—157.

131 Been, B. O.: Observations on field resistance to lethal yellowing in coconut varieties and hybrids in Jamaica. Oléagineux **36** (1981): 9—12.

132 Bell, A. C., Moore, J. P.: Varietal susceptibility of winter barley to attack by the grain weevil *Sitophilus granarius*. Ann. appl. Biol. **104** (1984), Suppl. 5: 110—111.

133 Benedict, J. H., Leigh, T. F., Frazier, J. L., Hyer, A. H.: Ovipositional behavior of *Lygus hesperus* on two cotton genotypes. Ann. entomol. Soc. Amer. **74** (1981): 392—394.

134 Bergman, J. M., Tingey, W. M.: Aspects of interaction between plant genotypes and biological control. ESA Bull. **25** (1979): 275—282.

135 Berlocher, S. H.: Biochemical approaches to strain, race and species discriminations. In Hoy, M. A., and McKelvey, J. J.: Genetics in Relation to Insect Mana-

gement, 137—144. USA, Rockefeller, Foundat., 1979.

136 Bernard, E. C., Laughlin, C. W.: Relative susceptibility of selected cultivars of potato to *Pratylenchus penetrans*. J. Nematol. **8** (1976): 239—242.

137 Bernays, E. A., Chapman, R. F.: Antifeedant properties of seedling grasses. Symp. Biol. Hung. **16** (1976):. 41—46.

138 Bhargava, P. D., Mathur, S. C., Vyas, H. K., Anwer, M.: Note on screening fennel (*Foeniculum vulgare* L.) varieties against aphid (*Hyadaphis coriandri* (Das) Vagrants) infestation. Indian J. agric. Sci. **41** (1971): 90—92.

139 Bhargava, S., Yadav, B. S.: Host range study and evaluation of certain barley varieties to the maize cyst nematode: *Heterodera zeae*. Indian J. Nematol. **9** (1979): 77.

140 Bhatnagar, V. K., Sharma, R. C., Bhatnagar, S. M., Bhargava, B. D.: Genetic stock of barley resistant to aphid under Indian conditions. Sci. Cult. **38** (1972): 415.

141 Bhatti, D. S., Dalal, M. R.: Susceptibility of some common wheat varieties to the seed gall nematode, *Anguina tritici*. Haryana Agric. Univ. J. Res. **6** (1976): 162—163.

142 Bimboni, H. G.: Damage caused to soyabean by different population densities of the greenbug, *Nezara viridula* (L.). Idia 1978 (1980), Nr. 361—366: 76—82.

143 Bingefors, S.: Studies on breeding red clover for resistance to stem nematodes. Växtodling **8** (1957): 1—123.

144 — Stem nematode in lucerne in Sweden. II. Resistance in lucerne against stem nematode. Kungl. Lantbrukshögskolans annaler **27** (1961): 385—398.

145 — Resistance to nematodes and the possible value of induced mutations. In: Mutation breeding for disease resistance, 209—235. Internat. Atomic Energy Agency, Wien 1971.

146 Bintcliffe, E. J. B., Wratten, S. D.: Resistance in peas to the pea aphid, 1978. Ann. appl. Biol. **94** (1980), Suppl. 1: 52—53.

147 — — Antibiotic resistance in potato cultivars to the aphid *Myzus persicae*. Ann. appl. Biol. **100** (1982): 383—391.

148 Birch, N., Wratten, S. D.: Patterns of aphid resistance in the genus Vicia. Ann. appl. Biol. **104** (1984): 327—338.

149 Birchfield, W.: Wheat and grain sorghum varietal reaction to *Meloidogyne incognita* and *Rotylenchulus reniformis*. Plant Disease **67** (1983): 41—42.

150 Bird, A. F.: Quantitative studies on the growth of syncytia induced in plants by root knot nematodes. Internat. J. Parasit. **2** (1972): 157—170.

151 — Histopathology and physiology of syncytia. In: Root-knot nematodes (*Meloidogyne* species), 155—170. Academic Press., London, New York 1979.

152 Blackstock, J. M.: How to pick the best aphid-resistant lucerne variety for your farm. J. Agric. **76** (1978): 186—189.

153 Blake, C. D.: Nematode diseases of banana plantations. In Webster, J. M.: Economic Nematology, 245—267. Academic Press, London, New York 1972.

154 Blau, P. A., Feeny, P., Contardo, L., Robson, D. S.: Allylglucosinolate and herbivorous caterpillars: a contrast in toxicity and tolerance. Science **200** (1978): 1296—1298.

155 Bleicher, E.: Resistência de genótipos de algodoeiro ao *Alabama argillacea* (Hübner 1818), Lepidoptera — Noctuidae. An. Soc. Entomol. Brasil **11** (1982): 197—202.

156 Blum, A.: Anatomical phenomena in seedlings of sorghum varieties resistant to the sorghum shoot fly (*Atherigona varia soccata*). Crop Sci. **8** (1968): 388—390.

157 — Sorghum breeding for shoot fly (*Atherigona soccata* Rond.) resistance in Israel. Proceed. Internat. Symp. Indian Council Agric. Res. (1971) 180—191.

158 Bochow, H., Spaar, D.: Strategische Aspekte eines umweltgerechten Pflanzenschutzes. Nachrichtenbl. Pflanzenschutz DDR **36** (1982): 133—136.

159 Boczek, J., Plaskota, E., Bielak, B.: Czymniki warunkujące wrażliwość zbóz na mszyce. Materialy XXII/XXIII Sesji Inst. Ochr. Rośl., Poznań 1982, 219—223.

160 — Zmijewska, I.: Szkodliwość niezmiarki paskowanej (*Chlorops pumilionis* Bjerk.) (Diptera: Chloropidae) i odporność na nia odmian pszenic uprawianych w Polsce. Roczniki Nauk Roln. Ser. E **2** (1972): 23—37.

161 Boer, P. J. den: Spreading of risk and stabilization of animal numbers. Acta biotheor. **18** (1968): 165—194.

162 Börner, C.: Die Anfälligkeit der Unterlagsreben gegen die Reblaus. Wein u. Rebe **24** (1942): 145—164.

163 — Die ersten reblausimmunen Rebenkreuzungen. Angew. Bot. **25** (1943): 126—143.

164 — Die Frage der züchterischen Bekämpfung der schwarzen Blattläuse der Kirschen. Z. Pflanzenkrankh. **53** (1943): 129—141.

165 — Gollmick, F.: Blutlausimmune Naumburger Edelapfelzüchtungen. Angew. Bot. **25** (1943): 144—149.

166 Boethel, D. J., Grovenburg, W. G., Eikenbary, R. D., McNew, R. W.: Infestation levels of pecan leaf phylloxera, *Phylloxera notabilis* Pergande, on pecan cultivars. Environ. Entomol. **5** (1976): 637—639.

167 Bogdanov, V. B., Asjakin, B. P., Shapiro, I. D., Ivanova, O. V.: Sravnitel'naja ustojčivost' vidov i sortov kapusty k kapustnoj tle. Bjull. Vsesojuz. nauč-issl. Inst. Zaščity Rast. (1982), Nr. 53: 25—29.

168 — Shapiro, I. D., Asjakin, B. P.: Značenie poverchnostno-kutikuljarnovo voska v ustojčivost' kapusti k kapustnoj tle (*Brevicoryne brassicae*). Bjull. Vsesojuz. nauč.-issl. Inst. Zaščity Rast. (1983), Nr. 56: 61—63.

169 Bohn, G. W., Kishaba, A. N., Toba, H. H.: Mechanism of resistance to melon aphid in a muskmelon line. Hort. Sci. **7** (1972): 281—282.

170 Bond, D. A., Lowe, H. J. B.: Tests for resistance to *Aphis fabae* in field beans (*Vicia faba*). Ann. appl. Biol. **81** (1975): 21—32.

171 Bonsi, C., Harrison, M. B.: Influence of plant resistance and chemical treatments on population dynamics of root-knot nematodes (*Meloidogyne incognita*) and growth of tomato. J. Nematol. **14** (1982): 431—432.

172 Boozaya-Angoon, D., Starks, K. J., Edwards, L. H., Pass, H.: Inheritance of resistance in oats to two biotypes of the greenbug. Environ. Entomol. **10** (1981): 557—559.

173 Borikar, S. T., Chopde, P. R.: Genetics of resistance to sorghum shootfly. Z. Pflanzenzüchtung **88** (1982): 220—224.

174 Bost, S. C., Triantaphyllou, A. C.: Genetic basis of the epidemiologic effects of resistance to *Meloidogyne incognita* in the tomato cultivar Small Fry. J. Nematol. **14** (1982): 540—544.

175 Boubals, D.: La situation des porte-greffes résistants oux nématodes ravageurs directs ou endoparasites. Bull. L'OIV **51** (574) (1978): 1062.

176 Bouquet, A.: Étude de la résistance au phylloxéra radicciola des hybrides *Vitis vinifera* x *Muscadinia rotundifolia*. Vitis **22** (1983): 311—323.

177 Bournoville, R.: Étude de quelques relations entre le végétal (espèce, variété, stade phénologique) et le puceron du pois *Acyrthosiphon pisum* Harris (Homoptera, Aphididae). Ann. Zool. Ecol. anim. **9** (1977): 87—98.

178 — La résistance variétale de la lucerne (*Medicago sativa* L.) aux insectes. Proceed. Advis. Group Meeting: Use of induced mutations for resistance of crop plants to insects. FAO, Daker (Senegal), 1977, 85—90.

179 Boyd, F. T., Perry, V. G.: The effect of sting nematodes on establishment, yield, and growth of forage grasses on Florida sandy soils. Proceed. Soil Crop Sci. Soc. Florida for 1969, **29** (1970): 288—300.

180 Branson, T. F.: Resistance of spring wheat to the wheat stem maggot. J. econ. Entomol. **64** (1971): 941—945.

181 — Sutter, G. R., Fisher, J. R.: Comparison of a tolerant and a susceptible maize inbred under artificial infestations of *Diabrotica virgifera* yield and adult emergence. Environ. Entomol. **11** (1982): 371—372.

182 Brar, K. S.: Note on the comparative susceptibility of groundnut varieties to *Aphis craccivora* Koch. Madras Agric. J. **68** (1981): 207.

183 — Sandhu, G. S.: Comparative resistance of different *Brassica* species/varieties to the mustard aphid (*Lipaphis erysimi* Kalt.) under natural and artificial condition. Indian J. agric. Res. **12** (1978): 198—200.

184 Brattsten, Lena B.: Cytochrome P-450 involvement in the interactions between plant terpenes and insect herbivores. In Hedin, P. A.: Plant resistance to insects, 173—195. ACS Symposium Series 208 (1983).

185 Brewer, G. J., Sorensen, E. L., Horber, E. K.: Laboratory techniques to evaluate resistance of alfalfa clones to the alfalfa seed chalcid (Hymenoptera: Eurytomidae). Environ. Entomol. **12** (1983): 1601—1605.

186 Briand, C.: Performance des pucerons des céréales sur trois cultivars de blé. Phytoprotection **63** (1982), Nr. 1: 35—36.

187 Briden, M. R., Hanover, J. W., Wilkinson, R. C.: Oleoresin characteristics of eastern white pine seed sources and relationship to weevil resistance. Forest Sci. **25** (1979): 175—183.

188 Briggs, F. N.: The use of the backcross in crop improvement. Amer. Naturalist **72** (1938): 285.

189 Briggs, J. B.: The distribution, abundance, and genetic relationship of four strains of the rubus aphid (*Amphorophora rubi* (Kalt.)) in relation to the raspberry breeding. J. hort. Sci. **40** (1965): 109—117.

190 — Alston, F. H.: Pest avoidance by late-flowering apple varieties. East Malling Res. Sta., Rep. for 1966 (1967): 170.

191 — Danek, J., Lyth, M., Keep, E.: Resistance to the raspberry beetle, *Botyrus tomentosus*, in *Rubus* species and their hybrid derivates with *R. idaeus*. J. hort. Sci. **57** (1982): 73—78.

192 Bristow, P. R., Barritt, B. H., McElroy, F. D.: Reaction of red raspberry clones to the root lesion nematode. Acta Horticult. **112** (1980): 39—46.

193 Brodel, C. F., Schaefers, G. A.: Evidence for antibiosis in red raspberry to *Aphis rubicola*. J. econ. Entomol. **73** (1980): 647—650.

194 — — Ourecky, D. K.: Field evaluation of red raspberry for resistance to *Aphis rubicola*. Hort. Sci. **14** (1980): 726—727.

195 Broersma, D. B., Bernard, R. L., Luckmann, W. H.: Some effects of soybean pubescence on populations of the potato leafhopper. J. econ. Entomol. **65** (1972): 78—82.

196 Brown, E. B.: Resistenta — an eelworm resistant clover. Plant Pathol. **3** (1954): 122.

197 — Goodey, J. B.: Observations on race of stem eelworm attacking lucerne. Plant Pathol. **5** (1956): 28—29.

198 Brown, R. H.: Studies on the Australian pathotype of *Heterodera avenae*. Bull. OEPP **12** (1982): 413—416.

199 — Meagher, J. W.: Resistance in cereals to the cyst nematode (*Heterodera avenae*) in Victoria. Austral. J. Exper. Agric. Animal Husb. **10** (1970): 360—365.

200 Brücher, H.: Genetic resistance against nematodes in Argentine *Solanum* spp. Phytopathology **57** (1967): 7.

201 Brueske, C. H., Dropkin, V. H.: Free phenols and root necrosis in Nematex tomato infected with the root knot nematode. Phytopathology **63** (1973): 329—334.

202 Brusse, M. J.: Alkaloid content and aphid infestation in *Lupinus angustifolius* L. New Zeal. J. agric. Res. **5** (1962): 188—189.

203 Bruton, B. D., Toler, R. W., Reinert, J. A.: Combined resistance in St. Augustinegrass to the Southern chinch bug and the St. Augustine strain of Panicum mosaic virus. Plant Disease **67** (1983): 171—172.

204 Bryushkova, F. I.: Study of the resistance of varieties of sugar-beet and species of wild beet to *Heterodera schachtii*. Bjull. Vsesojuz. Inst. gel'mintologii (1971), Nr. 6: 5—12.

205 Buča, F., Draganič, M.: Contribution to the study of the resistance of maize to *Ostrinia nubilalis* Hbn. and *Gibberella zeae* (Schw.) Petch. Zašt. Bilja **32** (1981): 251—258.

206 Buhr, H., Toball, R., Schreiber, K.: Die Wirkung von einigen pflanzlichen Sonderstoffen, insbesondere von Alkaloiden, auf die Entwicklung der Larven des Kartoffelkäfers (*Leptinotarsa decemlineata* Say). Entomol. exper. appl. **1** (1958): 209—224.

207 Bullard, R. W.: Laboratory investigations of bird repellency in sorghums. Sorghum Newsletter **21** (1978): 81—82.

208 Bumbulucz, L., Øydvin, J.: Populasjonstettleik hos potetcystenematode *Heterodera rostochiensis* Woll. og potetavlingar ved einsidig dyrking av mottakeleg og ex andigena nematoderesistent cultivar med genet H_1, 1963—1970. Forskning og Forsøk i Landbruket **27** (1976): 731—743.

209 Burdun, A. M., Gujda, A. N.: Ischodnyj material jarovoj pšenicy v selekcii na ustojčivost' k zlakovoj tle *Toxoptera graminum* R. Selskochoz. Biologia **13** (1978), Nr. 1: 136—139.

210 — — Borisenko, N. H.: Features of breeding spring wheat for resistance to pests. IX. Eucarpia Congr.:

Genetic resources and plant breeding for resistance. Leningrad 1980, 33.
211 Burk, L. G., Dean, C. E.: Hybrid fertility and aphid resistance in the cross *Nicotiana tabacum* x *N. gossei*. Euphytica **24** (1975): 59—63.
212 Burkart, A.: La selección de alfalfa immune el nemátode del tallo (*Anguillunina dipsaci*). Rev. argent. Agron. **4** (1937): 171—196.
213 Burton, G. W.: Registration of pearl millet inbred Tift 383 and Tifleaf 1 pearl millet (Reg. PL 8 and Reg. No 60). Crop Sci. **20** (1980): 293.
214 Butler, G. D., Wilson, F. D.: Activity of adult whiteflies (Homoptera: Aleyrodidae) within plantings of different cotton strains and cultivars as determined by sticky-trap catches. J. econ. Entomol. **77** (1984): 1137—1140.
215 Byers, R. A., Sherwood, R. T.: Differential reaction of clones of *Phalaris arundinacea* to *Oscinella frit*. Environ. Entomol. **8** (1979): 408—411.
216 Cabangbang, R. P., Cequina, R. L., Hautea, R. A., Reyes, T. T., Castillo, M. B.: Effectiveness of different media when selecting for resistance to damping-off disease and the reniform nematode in cotton. SABRAO-J. **10** (1978): 143—148.
217 Cain, D. W., McKenry, M. V., Tarailo, R. E.: A new pathotype of root-knot nematode on grape rootstocks. J. Nematol. **16** (1984): 207—208.
218 Calcote, V. R.: Southern pecan leaf phylloxera (Homoptera: Phylloxeridae): clonal resistance and technique for evaluation. Environ. Entomol. **12** (1983): 916—918.
219 — Hyder, D. E.: Pecan cultivars tested for resistance to pecan phylloxera. J. Georgia entomol. Soc. **15** (1980): 428—431.
220 Calinga, R. H., Ballon, F. B.: Studies on the pathologic reaction of different varieties of vegetables to *Meloidogyne incognita*. Philippine J. Plant Industry **39** (1974): 107—114.
221 Callahan, P. S.: Oviposition response of the corn earworm to differences in surface texture. J. Kansas entomol. Soc. **30** (1957): 59—63.
222 Campbell, C. A. M.: Antibiosis in hop (*Humulus lupulus*) to the damson-hop aphid, *Phorodon humuli*. Entomol. exper. appl. **33** (1983): 57—62.
223 Campbell, W. V., Dudley, J. W.: Differences among *Medicago* species in resistance to oviposition by the alfalfa weevil. J. econ. Entomol. **58** (1965): 245—248.
224 — Wynne, J. C.: Resistance of groundnuts to insects and mites. Proceed. Internat. Workshop on Groundnuts. ICRISAT Center, Patancheru, India (1980), 149—157.
225 Campos, D. V., Barbosa Ferraz, L. C. C.: Suscetibilidade de nove porta-enxertos citricos ao nematoide *Tylenchulus semipenetrans*. Soc. Brasil. Nemat. Public. **4** (1980): 85—96.
226 Cantelo, W. W., Boswell, A. L., Argauer, R. J.: *Tetranychus* mite repellent in tomato. Environ. Entomol. **3** (1974): 128—130.
227 Canto-Sáenz, M., Scurrah, M. M. de: Races of the potato cyst nematode in the Andean region and a new system of classification. J. Nematol. **8** (1976): 281—282.
228 — — Races of the potato cyst nematode in the Andean region and a new system of classification. Nematologica **23** (1977): 340—349.
229 Cantot, P., Papineau, J.: Discrimination des lupins à basse teneur en alcaloides par les adultes de *Sitona lineatus* L. (Col., Curculionidae). Agronomie **3** (1983): 937—940.
230 Cardin, M. C.: Influence of temperature on the relationships of *Meloidogyne hapla* with cucumber roots. Rev. Nématol. **2** (1979): 169—175.
231 Carlson, E. C., Witt, R.: Moth resistance of armored-layer sunflower seeds. Calif. Agric. **28** (1974), Nr. 11: 12—14.
232 Caroppo, S., Palmisano, A. M.: Reazione di linee di *Lycopersicon* spp. a popolazioni italiane di *Meloidogyne incognita* (Kofoid et White) Chitwood e *Meloidogyne hapla* Chitwood. Redia **66** (1983): 271—281.
233 Carroll, C. R., Hoffman, C. A.: Chemical feeding deterrent mobilized in response to insect herbivory and counter adaptation by *Epilachna tredecimnotata*. Science **209** (1980): 414—416.
234 Cartier, J. J.: Recognition of three biotypes of the pea aphid from southern Quebec. J. econ. Entomol. **52** (1959): 293—294.
235 — Painter, R. H.: Differential reactions of two biotypes of the corn leaf aphid to resistant and susceptible varieties, hybrids and selections of sorghums. J. econ. Entomol. **49** (1956): 498—508.
236 Casagrande, R. A.: Colorado potato beetle resistance in a wild potato, *Solanum berthaulthii*. J. econ. Entomol. **75** (1982): 368—372.
237 Castillo, M. B., Morrison, L. S., Russel, C. C., Banks, D. J.: Resistance to *Meloidogyne hapla* in peanut. J. Nematol. **5** (1973): 281—285.
238 Caswell, H., Reed, F. C.: Indigestibility of C_{14} bundle sheath cells by the grasshopper, *Melanoplus confusus*. Ann. entomol. Soc. Amer. **68** (1975): 686—688.
239 Catedral, I. G., Lantican, R. M.: Mungbean breeding program of UPLB, Philippines. 1st Internat. Mungbean Symp., Taiwan (1978), 225—227.
240 Cates, R. G., Redak, R. A., Henderson, C. B.: Patterns in defensive natural product chemistry: Douglas fir and western spruce budworm interactions. In Hedin, P. A.: Plant resistance to insects, 3—19. ACS Symposium Series 208 (1983).
241 Catling, H. D., Islam, Z.: Screening Bangladesh deepwater rice for yellow rice borer resistance. Proceed. Internat. Deepwater Rice Workshop 1981 (1982): 443—449.
242 Caubel, G.: Réaction de trois variétés de luzerne à l'inoculation des plantules par le nématode des tiges *Ditylenchus dipsaci* (Kühn) Fil. Sci. Agronom. Rennes (1974): 37—42.
243 Caviness, C. E., Riggs, R. D.: Breeding for nematode resistance. In Hill, L. D.: World soybean research, 554—601. Danville (USA) 1976.
244 Cayrol, J. C., Combettes, S.: Différence de tolérance de deux espèces d'agaric (*A. bisporus* Lange et *A. sylvicola* Vitt. et Sacc.) à l'egard du nématode mycophage *Ditylenchus myceliophagus* J. B. Goodey, 1958. Compt. Rend. Hebdomadaires Séances Acad. Agric. France **59** (1973): 1022—1030.
245 Česnokov, P. G.: Ustojčivost' zernovych kul'tur k nasekomym. Gos. izd. Sovetskaja Nauka, Moskva 1956, 307 p.
246 Chaboussou, F.: Die Vermehrung der Milben als Folge der Verwendung von Pflanzenschutzmitteln und

die biochemischen Veränderungen, die diese auf die Pflanze ausüben. Angew. Zool. **53** (1966): 257—276.

247 Chakravarthy, A. K.: Pod borer resistance in *Lablab niger* (L.) cultivars with special reference to the pod borer, *Adisura atkinsoni* Moore (Lepidoptera: Noctuidae). Thesis Abstr. **5** (1979): 38—39.

248 Chan, B. G., Waiss, A. C., Lukefahr, M.: J. Insect Physiol. **24** (1978): 113—118.

249 Chandramohan, N., Chelliah, S.: Rice resistance to yellow stem borer. Internat. Rice Res. Newsletter **8** (1983): 8.

250 Chang, C. N.: A study of citrus nematode-resistant rootstocks. Sci. Res. Abstr., Taiwan **1** (1981): 553—554.

251 Chang, N. T.: Resistance of some grain sorghum cultivars to sorghum aphid injury. Plant Protect. Bull., Taiwan, **23** (1981): 35—41.

252 Chansrisommai, N., Katanyukul, W.: Resistance of modern rice varieties to the planthopper in Thailand. Internat. Rice Res. Newsletter **7** (1982): 9.

253 Chapman, P. J.: Viability of eggs and larvae of the apple maggot (*Rhagoletis pomonella* Walsh) at 32 °F. New York State Agric. Exp. Sta., Techn. Bull. 206 (1933). 19 p.

254 Chapman, R. F.: The chemical inhibition of feeding by phytophagous insects: a review. Bull. entomol. Res. **64** (1974): 339—363.

255 Chari, M. S., Patel, G. J., Patel, P. N., Raj, S.: Evaluation of cowpea lines for resistance to aphid *Aphis craccivora* Koch. Gujarat Agric. Univ. Res. J. **1** (1976): 130—132.

256 Chatterji, S. M., Dani, R. C., Gowindaswami, W.: Evaluation of rice varieties for resistance to *Sitotroga cerealella* Oliv. (Lepidoptera: Gelechiidae). J. entomol. Res. **1** (1977): 74—77.

257 Chatters, R. M., Schlehuber, A. M.: Mechanics of feeding of the greenbug *Toxoptera graminum* (Rond.) on *Hordeum*, *Avena* and *Triticum*. USDA Techn. Bull. No T-40 (1951).

258 Chaudhary, R. C., Heinrichs, E. A., Khush, G. S., Sumia, L. M.: Increasing the level of resistance to yellow stem borer through male sterile facilitates recurrent selection in rice. Internat. Rice Res. Newsletter **6** (1981): 7—8.

259 Chedester, L. D., Michels, G. J.: An evaluation of greenbug resistance in oats. Southwestern Entomol. **7** (1982), Nr. 3: 166—169.

260 Cheema, J. S., Gurdip, S., Grewal, G. S., Labama, K. S.: Comparative incidence of sesame shoot and leaf-webber, *Antigastra catalaunalis* (Duponchel) in different cultivars of sesame. J. Res. Punjab Agric. Univ. **19** (1982): 170—171.

261 Cheema, S. S., Kapur, S. P., Chohan, J. S.: Evaluation of rough lemon strains and other rootstocks against greening disease of citrus. Indian Phytopathol. **33** (1980): 157.

262 Chelliah, S., Sambandam, C. N.: Mechanism of resistance in *Cucumis callosus* (Rottl.) Cogn. to the fruit fly, *Dacus cucurbitae* Coq. (Diptera: Tephretidae). Indian J. Entomol. **35** (1974): 290—296.

263 — Subramanian, A.: Influence of nitrogen fertilization on the infestation by the gall midge, *Pachydiplosis oryzae* (Wood-Mason) Mani in certain rice varieties. Indian J. Entomol. **34** (1972): 255—256.

264 Chen, B. H., Foster, J. E., Ohm, H. W.: Effect of wheat vernalization on *Rhopalosiphum padi* L. survival. Crop Sci. **23** (1983): 1125—1127.

265 Chen, C. C.: Varietal resistance to yellow dwarf in rice. Plant Protect. Bull., Taiwan **21** (1979): 153—160.

266 Chen, C. T.: Sugarcane white leaf disease in Taiwan. Taiwan Sugar **27** (1980): 56—61.

267 Cheng, C.-H.: The possible role of resistant rice varieties in rice brown planthopper control. In: The rice brown planthopper, compiled by Food and Fertilizer Technology Center for the Asian and Pacific Region, 214—229. Taipei (Taiwan) 1977.

268 — Pathak, M. D.: Resistance to *Nephotettix virescens* in rice varieties. J. econ. Entomol. **65** (1972): 1148—1153.

269 Cheng, K. W.: Screening for varietal resistance to sweetpotato weevil. Sci. Res. Abstr., Taiwan, 1980 (1981): 461.

270 Chew, B. H., Cook, R., Thomas, H.: Investigations on resistance of oats to *Heterodera avenae*: location of resistance genes. Euphytica **30** (1981): 669—673.

271 Chez, D., Hudon, M., Chiang, M. S.: Résistance du mais à la pyrale (*Ostrinia nubilalis* Hübner) et à la verse parasitaire causée par *Gibberella zeae* (Schw.) Petch. Phytoprotection **58** (1977): 5—17.

272 Chhabra, K. S., Kooner, B. S.: Sources of resistance in chickpea to the gram pod borer, *Heliothis armigera* Hübner (Lep.: Noctuidae). J. Res. Punjab Agric. Univ. **17** (1980): 13—16.

273 — — Sources of whitefly, *Bemisia tabaci* G. and yellow mosaic virus resistance in *Vigna radiata* Wilczek. Tropic. Grain Legume Bull. (1980), Nr. 19: 26—29.

274 Chhillar, B. S., Verma, A. N., Singh, D.: Studies on inheritance of aphid resistance in barley. Haryana Agric. Univ. J. Res. **12** (1982): 305—307.

275 Chi, H. B.: Preliminary report on breeding rice for resistance to *Nilaparvata lugens*. Fujian Nongye Keij **5** (1982): 17—20.

276 Chiang, H. C.: Host variety as an ecological factor in the population dynamics of the European corn borer, *Ostrinia nubilalis*. Ann. entomol. Soc. Amer. **61** (1968): 1521.

277 Chiang, H. S., Norris, D. M.: Soybean resistance to beanflies. Proceed. 5th Internat. Symp. Insect-Plant Relationships, Wageningen 1982, 357—361.

278 — — Morphological and physiological parameters of soybean resistance to agromyzid beanflies. Environ. Entomol. **12** (1983): 260—265.

279 — — Physiological and anatomical stem parameters of soybean resistance to agromyzid beanflies. Entomol. exper. appl. **33** (1983): 203—212.

280 — — „Purple Stem", a new indicator of soybean stem resistance to bean flies (Diptera: Agromyzidae). J. econ. Entomol. **77** (1984): 121—125.

281 — Talekar, N. S.: Identification of sources of resistance to the beanfly and two other Agromyzid flies in soybean and mungbean. J. econ. Entomol. **73** (1980): 197—199.

282 Childers, W. R., Dickson, W. D.: Bytown red clover. Canad. J. Plant Sci. **60** (1980): 1041—1043.

283 Chitambar, J. J., Raski, D. J.: Reactions of grape rootstocks to *Pratylenchus vulnus* and *Meloidogyne* spp. J. Nematol. **16** (1984): 166—170.

284 Chiu, R.-J.: Plant diseases in Taiwan due to mycoplasma-like organisms. In: Plant diseases due to mycoplasma-like organisms, 5—12, Taipei (Taiwan) 1978.

285 Chiykowski, L. N.: Epidemiology of diseases, caused by leafhopper-borne pathogens. In Maramorosch, K., and Harris, K. F.: Plant diseases and vectors. Ecology and epidemiology, 105—159. Academic Press, London 1981.

286 Choi, S. Y., Heu, M. M., Lee, J. O.: Varietal resistance to the brown planthopper in Korea. In: Brown planthopper: threat to rice production in Asia, 219—232. Internat. Rice Res. Inst. (1979).

287 — Song, Y. H., Park, J. S.: Studies on the varietal resistance of rice to the zigzag-striped leafhopper, *Recilia* (*Inazuma*) *dorsalis* Motschulsky (II). Korean J. Plant Protect. **12** (1973): 83—87.

288 Chowdhury, M. A., Miah, A. J.: Evaluation of rice mutants resistance to thrips. Internat. Rice Res. Newsletter **6** (1981): 7.

289 Chung, K. H., Kwon, S. H., Choi, S. Y.: Feasibility in differentiation of resistance of rice varieties to brown planthopper (*Nilaparvata lugens* Stal) using radioisotope (P32) tracertechnique. Korean J. Plant Protect. **20** (1981): 207—211.

290 Chunram, C.: Progress report on the root-knot nematode studies in Thailand. Proceed. 3rd Res. Planning Conf. on root-knot nematodes, *Meloidogyne* spp. Region VI, 20.—24. July 1981, Jakarta, Indonesia. North Carolina State University Raleigh (1981): 97—105.

291 Churganov, A. P.: Some economically useful characters in strawberry varieties in relation to ecological and geographical origin (russ.). Bjull. Vsesojuz. Inst. Rasteniev. im. Vavilova (1979), Nr. 88: 91—92.

292 Clamot, G.: Amélioration de la résistance de l'avoine au nématode de la tige, *Ditylenchus dipsaci* (Kühn) Filipjev. Bull. Rech. Agronom. Gembloux, Semaine d'Étude Agriculture et Hygiene des Plantes (1975): 37—46.

293 — Résistance de l'avoine à *Heterodera avenae*. Méthodes de sélection et sources de résistance. Bull. OEPP **12** (1982): 439—443.

294 — Rivoal, R.: Genetic resistance to cereal cyst nematode *Heterodera avenae* Woll. in wild oat *Avena sterilis* I. 376. Euphytica **33** (1984): 27—32.

295 Claridge, M. F., Hollander, J. den: Virulence to rice cultivars and selection for virulence in populations of the brown planthopper *Nilaparvata lugens*. Entomol. exper. appl. **32** (1982): 213—221.

296 — — Variation in virulence in populations of the brown planthopper, *Nilaparvata lugens*, in Asia. Proceed. 5th Internat. Symp. Insect-Plant Relationships, Wageningen (1982), 433—434.

297 — — The biotype concept and its application to insect pests of agriculture, Crop Protect. **2** (1983): 85—95.

298 Clayberg, C. D.: Insect resistance in a graft-induced periclinal chimera of tomato. Hort. Sci. **10** (1975): 13—15.

299 Coaker, T. H., Finch, S.: The cabbage root fly, *Erioischia brassicae* (Bouché). Nat. Veget. Res. Sta. Wellesbourne (Warwick), Annu. Rep. for 1970, **25** (1971): 23—42.

300 Cogburn, R. R., Bollich, C. N., Meola, C. S.: Factors that affect the relative resistance of rough rice to Angoumois grain moths and lesser grain borers. Environ. Entomol. **12** (1983): 936—942.

301 Cohn, E.: Nematodes on grapevines. In: Scientific activities 1971—1974 of the Division of Nematology, 129. Institute of Plant Protection, Bet Dagan, Israel, 1975.

302 — Minz, G.: Nematodes and resistance to *Fusarium* wilt in tomatoes. Hassadeh **40** (1960): 1347—1349.

303 Colbran, R. C.: Studies of plant and soil nematodes. 2. Queensland host records of root-knot nematodes (*Meloidogyne* species). Queensl. J. agric. Sci. **15** (1958): 101—136.

304 Cole, C. S., Howard, H. W.: The effect of growing resistant potatoes on a potato root eelworm (*Heterodera rostochiensis* Woll.) population. Nematologica **4** (1959): 307—316.

305 Cole, W. E., Guymon, E. P., Jensen, C. E.: Monoterpenes of lodgepole pine phloem as related to Mountain pine beetles. Res. Paper, Forest Serv., USDA (1981), No. INT-281, 10 p.

306 Combs, R. L., Valerio, J. R.: Biology of the fall armyworm on four varieties of Bermudagrass when held at constant temperatures. Environ. Entomol. **9** (1980): 393—396.

307 Contreras Lopez, J.: Ensayo comparativo de rendimiento de variedades de tomate resistentes a nemátodes con variedad local en el valle de Azapa. Idesia, Chile (1979) Nr. 5: 151—155.

308 Cook, R.: Reaction of some oat cultivars to *Meloïdogyne naasi*. Plant Pathol. **21** (1972): 41—43.

309 — Nature and inheritance of nematode resistance in cereals. J. Nematol. **6** (1974): 165—174.

310 — McLeod, R. W.: Resistance in wheat to *Hterodera avenae* in Australia and Britain. Nematologica **26** (1980): 274—277.

311 — York, P. A.: The effects of benomyl on *Heterodera avenae* on barley. Plant Dis. Reptr. **56** (1972): 261—264.

312 — — Resistance of cereals to *Heterodera avenae*: methods of investigations, sources and inheritance of resistance. Bull. OEPP **12** (1982): 423—434.

313 Coolen, W. A., Hendrickx, G. J.: Monografie over de nematologische situatie in de Belgische Rozenteelt. Rijksstat. voor Nematologie en Entomologie, Merelbeke Publikatie Nr. W 10 (1972): 29 p.

314 Cooper, J. I., Jones, A. T.: Response of plants to viruses: proposals for the use of terms. Phytopathology **73** (1983): 127—128.

315 Corcuera, L. J., Argandona, V. H., Niemeyer, H. M.: Effect of content and distribution of hydroxamic acids in wheat on infestation by the aphid *Schizaphis graminum*. Phytochemistry **20** (1981): 673—676.

316 Cosenza, G. W., Green, H. B.: Basis for resistance to the tobacco fruit-worm, *Heliothis zea* (Boddie), in processing tomatoes, *Lycopersicon esculentum* Mill. Ciência e Cultura **33** (1981): 424—427.

317 Costa, C. P. da, Jones, C. M.: Cucumber beetle resistance and mite susceptibility controlled by the bitter gene in *Cucumis sativus* L. Science **172** (1971): 1145—1146.

318 Cotten, J.: Cereal root eelworm pathotypes in England and Wales. Plant Pathol. **16** (1967): 54—59.

319 — Hayes, J. D.: Genetic resistance to the cereal cyst nematode (*Heterodera avenae*). Heredity **24** (1969): 593—600.

320 — — Genetic studies of resistance to the cereal cyst nematode (*Heterodera avenae*) in oats (*Avena* spp.). Euphytica **21** (1972): 538—542.

321 Coudriet, D. L., Kishaba, A. N., McCreight, J. D.,

Bohn, G. W.: Varietal resistance in onions to thrips. J. econ. Entomol. **72** (1979): 614—615.
322 — — — — Susceptibility in ,Deserta naja' casaba melon to a cucumber beetle. Hort. Sci. **15** (1980): 660—662.
323 Cram, W. T., Daubeny, H. A.: Responses of black vine weevil adults fed foliage from genotypes of strawberry, red raspberry, and red raspberry-blackberry hybrids. Hort. Sci. **17** (1982): 771—773.
324 Cramer, H. H.: Pflanzenschutz und Welternte. „Bayer" Pflanzenschutz, Leverkusen 1967.
325 Crittenden, H. W.: Factors associated with root-knot nematode resistance in soybeans. Phytopathology **44** (1954): 388.
326 — Resistance of oat varieties to two species of root-knot nematodes. Phytopathology **46** (1956): 466.
327 Crock, J. E., Shanks, C. H., Barritt, B. H.: Resistance in *Fragaria chiloensis* and *F.* x *ananassa* to the aphids *Chaetosiphon fragaefolii* and *C. thomasi.* Hort. Sci. **17** (1982): 959—960.
328 Crute, J. R., Dunn, J. A.: An association between resistance to root aphid (*Pemphigus bursarius* L.) and downy mildew (*Bremia lactucae* Regel) in lettuce. Euphytica **29** (1980): 483—488.
329 Cuthbert, F. P., Fery, R. L.: Value of plant resistance for reducing cowpea curculio damage to the southern pea (*Vigna unguiculata* (L.) Walp.). J. Amer. Soc. hort. Sci. **104** (1979): 199—201.
330 — Jones, A.: Resistance in sweet potatoes to Coleoptera increased by recurrent selection. J. econ. Entomol. **65** (1972): 1655—1658.
331 Dabi, R. K., Gupta, H. C., Sharma, S. K.: Relative susceptibility of some cowpea varieties to pulse beetle, *Callosobruchus maculatus* Fabricius. Indian J. agric. Sci. **49** (1979): 48—50.
332 Dabrowski, Z. T., Bungu, D. O. A., Ocheng, R. S.: Studies on the legume pod-borer, *Maruca testulalis* (Geyer). — III. Methods used in cowpea screening for resistance. Insect Sci. Applic. **4** (1983): 141—145.
333 — Kichiavai, E. L.: Resistance of some sorghum lines to the spotted stalk-borer *Chilo partellus* under Western Kenya conditions. Insect. Sci. Applic. **4** (1983): 119—126.
334 — Nyangiri, E. O.: Some field and greenhouse experiments on maize resistance to *Chilo partellus* under Western Kenya conditions. Insect Sci. Applic. **4** (1983): 109—118.
335 Daebeler, F., Hinz, B.: Wirtseignung verschiedener Futter- und Zuckerrübensorten aus dem DDR-Sortiment für die Schwarze Rübenblattlaus (*Aphis fabae* Scop.). Nachrichtenbl. Pflanzenschutz DDR **29** (1975): 199.
336 Dale, M. F. B., Phillips, M. S.: An investigation of resistance to the white potato cyst nematode. J. agric. Sci. **99** (1982): 325—328.
337 Dall'Agnol, A., Antonio, H.: Reacão de genotipos de soja aos nematoides formadores de gallias *Meloidogyne incognita* e *M. javanica.* Soc. Brasil. Nemat. Public. **6** (1982): 51—77.
338 Dang-Ngoc-Kinh, Nguyen-Thi Nghiem: Reaction of rice varieties to stem nematodes in Vietnam. Internat. Rice. Res. Newsletter **7** (1982), Nr. 3: 6—7.
339 Daniels, M. J.: Mechanisms of Spiroplasma pathogenicity. In Whitcomb, Tully: The Mycoplasmas, Vol. III. Academic Press, London 1979, 209—227.
340 Darekar, K. S., Patil, B. D.: Reaction of some grapevine varieties to root-knot and citrus nematode. J. Nematol. **12** (1982): 390—392.
341 Dariev, A. S., Klyat, V. P., Juldašev, S. Ch.: Morphology of the cotton leaf and its resistance to *Tetranychus urticae* and *Aphis gossypii* (russ.). Uzbekskij Biolog. Žurnal (1979), Nr. 1: 45—49.
342 Dasgupta, D. R., Ganguly, A. K.: Isolation, purification and characterization of a trypsin-like protease from the root-knot nematode, *Meloidogyne incognita.* Nematologica **21** (1975): 370—384.
343 Daubeny, H. A.: Nootka red raspberry. Canad. J. Plant Sci. **58** (1978): 899—901.
344 Davis, F. H., Teetes, G. L., Johnson, J. W.: Yellow sugarcane aphid in sorghum. Sorghum Newsletter **21** (1978): 112—113.
345 Dean, J. L., Struble, F. B.: Resistance and susceptibility to root-knot nematodes in tomato and sweet potato. Phytopathology **43** (1953): 250.
346 Decker, H.: Die Bedeutung wurzelparasitischer Nematoden für den Anbau von Gramineen. Wiss. Z. Univ. Halle, Math.-Nat. Reihe **10** (1961): 297—302.
347 — Pflanzenparasitäre Nematoden und ihre Bekämpfung. VEB Dt. Landwirtschaftsverlag, Berlin 1963. 374 S.
348 — Phytonematologische Untersuchungen in Cuba. Wiss. Z. Univ. Rostock, Math.-Nat. Reihe **17** (1968): 421—438.
349 — Phytonematologie. VEB Dt. Landwirtschaftsverlag, Berlin 1969. 526 S.
350 — Über das Vorkommen pflanzenparasitärer Nematoden in Bananenpflanzungen der VR Mocambique. Wiss. Z. Univ. Rostock, Math.-Nat. Reihe **30** (1981), Nr. 6: 41—45.
351 — Casamayor Garcia, R.: Algunas observaciones sobre la presencia de nemátodos formadores de agallas en las raices (*Meloidogyne* spp.) en Cuba. Centro, Boletin de Ciencias y Tecnologia, Univ. Central de Las Villas **1** (1966), Nr. 2: 19—29.
352 — — Algunas observaciones sobre la presencia de nemátodos del genero *Pratylenchus* spp. en la Provincia de Las Villa (Cuba). Centro, Boletin de Ciencias y Tecnologia, Univ. Central de Las Villas **2** (1967), Nr. 4: 7—20.
353 — — Gandoy, P.: Investigaciones sobre la aparicion del nemátodo sedentario de las raices *Rotylenchulus reniformis* en la Provincia de Las Villas (Cuba). Memoria anual, Centro de Investigaciones Agropecuarias, Univ. Central de Las Villas (1966): 169—178.
354 — — Seidel, D.: Investigaciones sobre las plantas hospederas de una poblacion de *Radopholus similis* en Cuba. Centro, Boletin de Ciencias y Tecnologia Univ. Central de Las Villas **1** (1966), Nr. 2: 7—17.
355 — Rodriguez Fuentes, M.-E.: Untersuchungen über den Wirtspflanzenkreis des sedentären Wurzelnematoden *Rotylenchulus reniformis* in Kuba. Wiss. Z. Univ. Rostock, Math.-Nat. Reihe **32** (1983): 123—126.
356 — — Schliephake, E.: Über das Vorkommen von *Xiphinema*-Arten (Nematoda: Longidoridae) in *Citrus*- und *Coffea*-Kulturen der Republik Kuba. Wiss. Z. Univ. Rostock, Math.-Nat. R. **34** (1985): 135—138.
357 — Seidel, D.: Possibilities and problems of integrated control of phytonematodes. Internat. Congr. Integrated Plant Protection, Budapest 4.—9. 7. 1983, Summary 5.
358 — Yassin, A. M., El Amin, E. M., Nasr, I. A.:

Weitere Untersuchungsergebnisse über die Phytonematodenfauna der Demokratischen Republik Sudan. Wiss. Z. Univ. Rostock, Math.-Nat. Reihe **26** (1977): 315—320.

359 Denéchère, M.: Premier résultats concernant une étude comparative de la résistance de plantules de deux variétés de mais vis-a-vis de *Rhopalosiphum padi* L. Ann. Amelior. Plant. **29** (1979): 545—556.

360 Deokar, A. B., Bharud, R. W., Umrani, N. K.: Incidence of pod borer on pigeonpea cultivars under intercropping. Internat. Pigeonpea Newsletter **2** (1983): 61—62.

361 — Munde, M. S., Patil, N. D.: Effect of sowing dates on shootfly incidence and yield of winter sorghum. Sorghum Newsletter **23** (1980): 85.

362 Dethier, V. G.: In Sondheimer, E., and Simeone, J. B.: Chemical Ecology, 83—102. Academic Press, New York 1970.

363 — Barton-Browne, L., Smith, C. N.: The designation of chemicals in terms of the responses they elicit from insects. J. econ. Entomol. **53** (1960): 124—136.

364 Devine, T. E., Ratcliffe, R. H., Busbice, T. H., Schillinger, J. A., Hoffmann, L., Buss, G. R., Cleveland, R. W., Lukezic, F. L., McMurtrey, J. E., Rincker, C. M.: Arc, a multiple pest-resistant alfalfa. Techn. Bull. Agric. Res. Serv., U. S. Dep. Agric. Nr. 1559 (1977). 28 p.

365 Dewar, A. M.: Assessment of methods for testing varietal resistance to aphids in cereals. Ann. appl. Biol. **87** (1977): 183—190.

366 Dhaliwal, G. S., Singh, J., Sidhu, G. S., Gagneja, M. R.: Evaluation of short-duration rice varieties for thrips resistance. Internat. Rice Res. Newsletter **9** (1984): 10.

367 Dhalival, J. S., Grewal, G. S.: Preference of lucerne varieties by *Hypera postica* (Gyllenhal) for feeding and oviposition. Indian J. agric. Sci. **53** (1983): 361—364.

368 Dhawan, S. C., Sethi, C. L.: Observations on the pathogenicity of *Meloidogyne incognita* to egg plant and on relative susceptibility of some varieties to the nematode. Indian J. Nematol. **6** (1978): 39—46.

369 Dickson, M. H., Eckenrode, C. J.: Variation in *Brassica oleracea* resistance to cabbage looper and imported cabbage worm in the greenhouse and field. J. econ. Entomol. **68** (1975): 757—760.

370 Dickson, R. C.: Aphid flights in relation to cantaloupe mosaic. Plant Dis. Rept., Suppl. **180** (1949): 7—8.

371 — Laird, E. F.: Crop host preferences of greenbug biotype attacking sorghum. J. econ. Entomol. **62** (1969): 1241.

372 — Swift, J. F., Anderson, L. D., Middleton, J. T.: Insect vectors of cantaloupe mosaic in California's desert valleys. J. econ. Entomol. **42** (1949), 770—774.

373 Dickstein, E. R., Krusberg, L. R.: Reaction of strawberry cultivars to the northern root-knot nematode, *Meloidogyne hapla*. Plant Dis. Reptr. **62** (1978): 60—61.

374 Dijkstra, J.: Symptoms of susceptibility and resistance in seedlings of red clover attacked by the stem eelworm *Ditylenchus dipsaci* (Kühn) Filipjev. Nematologica **2** (1957): 228—237.

375 Dimock, M. B., Kennedy, G. G.: The role of glandular trichomes in the resistance of *Lycopersicon hirsutum* f. *glabratum* to *Heliothis zea*. Entomol. exper. appl. **33** (1983): 263—268.

376 Dimond, J. B., Bishop, R. H.: Susceptibility and vulnerability of forests to the pine leaf aphid *Pineus pinifoliae* (Fitch) (Adelgidae). Maine agric. exper. Sta. Bull. **658** (1968): 1—16.

377 Diomandé, M.: Root-knot nematodes on upland rice (*Oryza sativa* et *O. glaberrima*) and cassava (*Manihot esculenta*) in Ivory Coast. Proceed. 3rd Res. Planning Conf. on root-knot nematodes, *Meloidogyne* spp. Regions IV and V 1981, Abidan, Nigeria (1982): 37—45.

378 Dishner, G. H., Everly, R. T.: Greenhouse studies on the resistance of corn and barley varieties to survival of the corn leaf aphid (*Aphis maidis* Fitch). Proceed. Indian Acad. Sci. (1961) **71** (1962): 138—141.

379 Djafaripour, M.: Wanderungs-, Probe- und Seitenwechsel-Verhalten bei der Wirtswahl von zwei Aphiden-Arten, *Acyrthosiphon pisum* (Harr.) und *Megoura viciae* (Buckt.), und einer Coccide, *Saissetia oleae* (Bern.). Diss. Univ. Bonn, 1976. 121 S.

380 Djamin, A., Pathak, M. D.: The role of silica in resistance to Asiatic rice borer *Chilo suppressalis* (Walker) in rice varieties. J. econ. Entomol. **60** (1967): 347—351.

381 Dodd, G. D., Emden, H. F. van: Shifts in host plant resistance to the cabbage aphid (*Brevicoryne brassicae*) exhibited by Brussels sprout plants. Ann. appl. Biol. **91** (1979): 251—262.

382 Dogget, H.: Breeding for resistance to sorghum shoot fly (*Atherigona soccata* Rond.) in Uganda. Proceed. Internat. Symp. Indian Council Agric. Res. (1971): 192—201.

383 — Majisu, B. N.: Sorghum, millet and maize breeding. East African Agric. Forestry Res. Organ., Annu. Rep. for 1966: 86—88.

384 — Starks, K. J., Eberhart, S. A.: Breeding for resistance to the sorghum shoot fly. Crop Sci. **10** (1970): 528—531.

385 Doi, Y., Teranaka, M., Yora, K., Asuyama, H.: Mycoplasma- or PLT group-like microorganisms found in the phloem elements of plants infected with mulberry dwarf, potato witches' broom, aster yellows, or Paulownia witches' broom. Ann. phytopath. Soc. Japan **33** (1967): 259—266.

386 Dolbeer, R. A., Woronecki, P. P., Stehn, R. A.: Effects of husk and ear characteristics on resistance of maize to blackbird (*Agelaius phoeniceus*) damage in Ohio, USA. Protection Ecology **4** (1982): 127—139.

387 Dolinka, B., Zscheischler, J.: Zur Beurteilung des durch die Fritfliege (*Oscinella frit* L.) bei Mais in der Bundesrepublik Deutschland verursachten Schadens und Möglichkeiten zur Züchtung auf Resistenz gegen die Fritfliege. Z. Pflanzenkrankh. Pflanzenschutz **77** (1970): 481—489.

388 Dollinger, P. M., Ehrlich, P. R., Fritch, W. L., Breedlove, D. E.: Alkaloid and predation patterns in Colorado lupine populations. Oecologia **13** (1973): 191—219.

389 Donelly, E. D.: Registration of Cahaba White, Vanlage, Nova II and Vanguard vetch. Crop Sci. **19** (1979): 414.

390 Dongre, T. K., Rahalkar, G. W.: Growth and development of spotted bollworm, *Earias vittella* on glanded and glandless cotton and on diet containing gossypol. Entomol. exper. appl. **27** (1980): 6—10.

391 Dosba, F., Rivoal, R.: Estimation des niveaux de

résistance au développement d'*Heterodera avenae* chez les triticinees. Bull. OEPP **12** (1982): 451—456.
392 Doskotch, R. W., Cheng, H. Y., Odell, T. M., Girard, L.: Nerolidol: an antifeeding sesquiterpene alcohol for gypsy moth larvae from *Melaleuca leucadendron*. J. Chem. Ecol. **6** (1980): 845—851.
393 Dowe, A., Decker, H.: Zur Populationsentwicklung des Kartoffelzystenälchens (*Globodera rostochiensis* (Wollenweber, 1923) Behrens, 1975) und zum Ertragsverlauf in einem langjährigen Kartoffelmonokulturversuch bei organischer und mineralischer Düngung. Arch. Phytopathol. Pflanzenschutz **17** (1981): 105—113.
394 — — Zwei Versuche zum Einfluß organischer Düngung auf die Nematodenfauna des Bodens. 7. Vortragstag. zu aktuellen Problemen der Phytonematologie, 3. 6. 1982: 60—66.
395 Dropkin, V. H.: The necrotic reaction of tomatoes and other hosts resistant to *Meloidogyne*: reversal by temperature. Phytopathology **59** (1969): 1632—1637.
396 — Helgeson, J. P., Upper, C. D.: The hypersensitivity reaction of tomatoes resistant to *Meloidogyne incognita*: Reversal by cytokinin. J. Nematol. **1** (1969): 55—61.
397 Duangploy, S.: Breeding mungbean for Thailand conditions. 1st Internat. Mungbean Symp., Taiwan (1978): 228—229.
398 Duffey, S. S., Isman, M. B.: Inhibition of insect larval growth by phenolics in glandular trichomes of tomato leaves. Experientia **37** (1981): 574—576.
399 Dugnaire, F. J., Paloneque, F.: Efecto de la fertilización sobre la intensidad de ataque del taladro del maiz *Ostrinia nubilalis* Hbn. y su estimación. Bol. Serv. Defensa Plagas Inspección Fitopatol. (1981), **7** (1982): 127—132.
400 Duhoon, S. S., Singh, M.: Resistance to spotted bollworms, *Earias* spp., in cotton, *Gossypium arboreum* Linn. Indian J. Entomol. **42** (1980): 116—121.
401 Dunbier, M. W., Palmer, T. P., Ellis, T. J., Bennett, P. P.: Field evaluation of lucerne cultivars for *Ditylenchus dipsaci* (Nematoda: Tylenchidae) and *Acyrthosiphon kondoi* (Hemiptera: Aphididae). Proceed. 2. Australasian Conf. on Grassland Invertebrate Ecology. Palmerston North, New Zealand, 1978 (1980): 99—102.
402 Duncan, R. R.: Rating worm damage on sorghum foliage. Sorghum Newsletter **21** (1978): 99.
403 Dunn, G. M., Rontley, D. G., Beck, D.: Hydroxamates (DIMBOA) in relation to resistance to corn leaf aphids. Maize Genetics Coop. Newsletter **55** (1981): 42.
404 Dunn, J. A.: The susceptibility of varieties of carrot to attack by the aphid, *Cavariella aegopodii* (Scop.). Ann. appl. Biol. **66** (1970): 301—312.
405 — Resistance to some insect pests in crop plants. Appl. Biol. **3** (1978): 43—85.
406 — Kempton, D. P. H.: Resistance of rape (*Brassica napus*) to attack by the cabbage aphid (*Brevicoryne brassicae* L.). Ann. appl. Biol. **64** (1969): 203—212.
407 — — Differences in susceptibility to attack by *Brevicoryne brassicae* (L.) on Brussels sprouts. Ann. appl. Biol. **68** (1971): 121—134.
408 — — Resistance of Brussels sprouts to cabbage aphid. Nat. Veget. Res. Sta., Wellesbourne (Warwick), Annu. Rep. for 1971, **22** (1972): 71—72.
409 — — Resistance to attack by *Brevicoryne brassicae* among plants of Brussels sprouts. Ann. appl. Biol. **72** (1972); 1—11.
410 — — Lettuce root aphid control by means of plant resistance. Plant Pathol. **23** (1974): 76—80.
411 — — Varietal differences in the susceptibility of Brussels sprouts to lepidopterous pests. Ann. appl. Biol. **82** (1976): 11—19.
412 — — Resistance to lettuce root aphid. Nat. Veget. Res. Sta., Wellesbourne (Warwick), Annu. Rep. for 1976, **27** (1977): 84—85.
413 — — Resistance to foliage aphids. Nat. Veget. Res. Sta., Wellesbourne (Warwick), Annu. Rep. for 1976, **27** (1977), 85—86.
414 — — Susceptibility to attack by root aphid in *Lactuca sativa*. Ann. appl. Biol. **94** (1980) Suppl.: 54—55.
415 Dutt, N., Biswas, A. K.: Contribution of antibiosis in locating tolerance of paddy varieties to *Nephotettix virescens* (Dist.) and *N. nigropictus* (Stal). J. entomol. Res. **3** (1979): 196—211.
416 — Maiti, B.: Ovipositor length in *Odoiporus longicollis* Oliv. (Coleoptera: Curculionidae) as a criterion for selection of site for oviposition in cultivated species of banana. J. entomol. Res. **3** (1979): 91—95.
417 Duvlea, I., Pălăgeşiu, J., Mitroi, I.: The reaction of some wheat varieties to the attack of *Oulema melanopa* L. (Coleoptera: Chrysomelidae). Lucrări Ştiintifice, Inst. Agron. Timişoara, Agronomie **16** (1979): 97—100.
418 Dvorjankina, V. A., Dvorjankin, E. A.: Ob ustojčivosti pšenicy k bolšoj zlakovoj tle. Selekcija Semenovodstvo (1983), Nr. 2:21.
419 Eason, G., Kennedy, G. G., Lower, R. L.: Screening cucumbers for resistance to the vegetable leafminer. Cucurbit Genetics Cooperative Rep. 1980, Nr. 3: 5—6.
420 Eastop, V. F.: Biotypes of aphids. Bull. entomol. Soc. New Zealand **2** (1973): 40—51.
421 Edwards, D. I., Malek, R. B.: Non-reproduction of *Heterodera lespedezae* on *Heterodera glycines* race differentiating soybean lines. Plant Dis. Reptr. **55** (1971): 974—975.
422 Eenink, A. H., Dieleman, F. L.: Development of *Myzus persicae* on a partially resistant and on a susceptible genotype of lettuce (*Lactuca sativa*) in relation to plant age. Netherl. J. Plant. Pathol. **86** (1980): 111—116.
423 — — Resistance of lettuce to leaf aphids: research on components of resistance, on differential interactions between plant genotypes, aphid genotypes and the environment and on the resistance level in the field after natural infection. Meded. Fac. Landbouwwetensch., Rijksuniv. Gent **47** (1982): 607—615.
424 — — Inheritance of resistance to the leaf aphid *Nasonovia ribis-nigri* in the wild lettuce species *Lactuca virosa*. Euphytica **32** (1983): 691—695.
425 Eghlidi, S., Guthrie, W. D., Reed, G. L.: European corn borer: laboratory evaluation of second-generation resistance in inbred lines of corn by feeding larvae sheath-collar tissue. Iowa State J. Res. **52** (1977): 9—17.
426 Ehrhardt, P.: Zum Problem der Nahrungspflanzenwahl der Aphiden. Experientia **19** (1963): 204—205.
427 Eichmeier, J., Guyer, G.: An evaluation of the rate of reproduction of the two-spotted spider mite reared

on gibberellin-treated bean plants. J. econ. Entomol. **53** (1960): 660—664.

428 Eidmann, H.: Zur unterschiedlichen Resistenz von Lärchen gegen Läusebefall. Anz. Schädlingskd. **39** (1966): 8—10.

429 — Eriksson, Marianne: Unterschiede im Befall der Fichtengallenlaus *Sacchiphantes abietis* L. an Fichtenkreuzungen. Anz. Schädlingskd. **51** (1978): 177—183.

430 El-Amin, B. N.: Relative susceptibility of seven sugarcane varieties to the stem borer, *Sesamia cretica* Led., under conditions of natural infestation at Sennar, Sudan. Beitr. Trop. Landwirtsch. Veterinärmed. **22** (1984): 73—77.

431 Elewa, M. A., Saad, A. S. A., Aly, N. M.: Susceptibility of different gland and glandless cotton varieties to infestation with some cotton pests in relation to their chemical control. Meded. Fac. Landbouwwetensch. Rijksuniv. Gent **44** (1979): 235—241.

432 Ellenby, C.: Resistance to the potato-root eelworm. Nature **162** (1948): 708.

433 Ellis, P. R.: Resistance to the potato cyst-nematode, *Heterodera rostochiensis*, in the plant genus *Lycopersicon*. Ann. appl. Biol. **61** (1968): 151—160.

434 — Cole, Rosemary A., Crisp, P., Hardman, J. A.: The relationship between cabbage root fly egg laying and volatile hydrolysis products of radish. Ann. appl. Biol. **95** (1980): 283—289.

435 — Eckenrode, C. J., Harman, G. E.: Influence of onion cultivars and their microbial colonizers on resistance to onion maggot. J. econ. Entomol. **72** (1979): 512—515.

436 — Hardman, J. A.: The consistency of the resistance of eight carrot cultivars to carrot fly attack at sereval centres in Europe. Ann. appl. Biol. **98** (1981): 491—497.

437 — — Crisp, P., Johnson, A. G., Cole, Rosemary A.: Resistance of brassicas and radish to cabbage root fly. Nat. Veget. Res. Sta., Wellesbourne (Warwick), Annu. Rep. for 1975, **26** (1976): 88—90.

438 — — Johnson, A. G., Crisp, P., Gairn, Catherine M.: Resistance of brassicas and radish to cabbage root fly. Nat. Veget. Res. Sta., Wellesbourne (Warwick), Annu. Rep. for 1974, **25** (1975): 101—102.

439 El-Sayed, A. M. K.: Das Wirtswahl-Verhalten der Getreide-Blattläuse *Rhopalosiphum padi* (L.) und *Metopolophium dirhodum* (Walk.) und dessen Beeinflussung durch verschiedene Faktoren. Diss. Univ. Bonn, 1971. 84 S.

440 El Sebae, A. H., Sherby, S. J., Mansour, N. A.: J. Environ. Sci. Health B 16 (1981): 167.

441 Elsey, K. D., Chaplin, J. F.: Resistance of tobacco introduction 1112 to the tobacco budworm and green peach aphid. J. econ. Entomol. **71** (1978): 723—725.

442 Emden, H. F. van: Plant resistance to aphids induced by chemicals. J. Sci. Food Agric. **20** (1969): 385—387.

443 — Plant resistance to *Myzus persicae* induced by a plant regulator and measured by aphid relative growth rate. Entomol. exper. appl. **12** (1969): 125—131.

444 Engel, K.-H.: Zur Krankheitsresistenz von Pflanzen. Wissenschaft u. Fortschritt **30** (1980): 55—58.

445 — Stelter, H.: Ein Modell zur Erfassung der Populationsdynamik des Kartoffelnematoden *Heterodera rostochiensis* Woll., Rasse A. Arch. Phytopathol. Pflanzenschutz **12** (1976): 329—343.

446 — — Ein Vorschlag zur Nomenklatur der Pathotypen von *Globodera rostochiensis* und *G. pallida*. Biol. Rdsch. **15** (1977): 311—314.

447 Enkerlin, D., Morales, J. A.: The grass spittlebug complex *Aenolamia albofasciata* and *Prosapia simulans* in northeastern Mexico and its possible control by resistant buffelgrass hybrids. In Harris, M. K.: Biology and breeding for resistance to arthropods and pathogens in agricultural plants, 470—494. Texas Agric. Exp. Sta. Misc. Publ. (1980).

448 Epino, P. B., Morallo-Rejesus, B.: Mechanisms of resistance in mungbean (*Vigna radiata* (L.) Wilczek) to *Callosobruchus chinensis* (L.). Philippine Entomol. **5** (1982): 447—462.

449 Epps, J. M.: Nine varieties of southern peas resistant to the soybean cyst nematode. Plant Dis. Reptr. **53** (1969): 245.

450 Eriksson, K. B.: Nematode diseases of pasture legumes and turf grasses. In Webster, J. M.: Economic Nematology, 66—96. Academic Press, London, New York 1972.

451 Esquirel, R. E. A.: Basic studies on sugarcane resistant varieties to the giant borer (*Castania licus* Drury) in Panama. Entomol. Newsletter, Internat. Soc. Sugarcane Technol. (1980), Nr. 8: 8—9.

452 Evans, K., Franco, J.: Tolerance to cyst-nematode attack in commercial potato cultivars and some possible mechanisms for its operation. Nematologica **25** (1979): 153—162.

453 Everly, R. T., Guthrie, W. D., Dicke, F. F.: Attractiveness of corn genotypes to ovipositing European corn borer moths. Agric. Rev. Manuals, USDA (1979), Nr. ARM-NC-8. 14 p.

454 Everson, E. H., Ringlund, K.: Crop Sci. **8** (1968): 705.

455 Ewert, J.-P.: Untersuchungen über die Dispersion der Fichtengallenlaus *Sacchiphantes* (*Chermes*) *abietis* (L.) auf gewöhnlichen Kulturen, Einzelstammabsaaten und Klonen ihrer Wirtspflanze. Z. angew. Entomol. **59** (1967): 272—291.

456 Faris, M. A. E.: Bird pests of grain sorghum. FAO Paper Nr. 9 (1980): 120—125.

457 Farrar, R. R., Bradley, J. R.: Effects of corolla retention in cotton on *Heliothis* spp. (Lepidoptera: Noctuidae) larval numbers and damage. J. econ. Entomol. **77** (1984): 1470—1472.

458 Farrell, J. A. K.: Plant resistance to insects and the selection of resistant lines. New Zeal. Entomol. **6** (1977): 244—261.

459 Fassuliotis, G., Deakin, J. R., Hoffmann, J. C.: Root-knot nematode resistance in snap beans: breeding and nature of resistance. J. Amer. Soc. hort. Sci. **95** (1970): 640—645.

460 Fatunla, T., Badaru, K.: Resistance of cowpea pods to *Callosobruchus maculatus* Fabr. J. agric. Sci. **110** (1983): 205—209.

461 — Salu, A.: Breeding for resistance to root-knot nematodes in tomatoes. J. agric. Sci. **88** (1977): 187—191.

462 Fazuoli, L. C., Lordello, R. R. A.: Resistência de cafeeiros Hibrido do Timor a *Meloidogyne exigua*. Ciência e Cultura **30** (1978), 7. Suppl.: 3.

463 Feder, W. A.: Differential susceptibility of selections of *Poncirus trifoliata* to attack by the citrus nematode,

Tylenchulus semipenetrans. Israel J. agric. Res. **18** (1968): 175—179.

464 Fed'ko, I. A., Kovalev, A. M.: Früherkennungsmethode zur Bewertung der Resistenz der Blätter beim Mais gegenüber dem Maiszünsler (russ.). Sel'skochoz. Biol., Moskva **17** (1982): 417—419.

465 Feeny, P. P.: J. Insect Physiol. **14** (1968): 805—815.

466 — Biochemical coevolution between plants and their insect herbivores. In Gilbert, I. E., and Raven, P. H.: Coevolution of animals and plants, 4—19. Univ. Texas Press, Austin, London 1975.

467 Fenemore, P. G.: Susceptibility of potato cultivars to potato tuber moth, *Phthorimaea operculella* Zell. (Lepidoptera: Gelechiidae). New Zeal. J. agric. Res. **23** (1980): 539—546.

468 Ferguson, J. E., Metcalf, E. R., Metcalf, R. L., Rhodes, A. M.: Influence of cucurbitacin content in cotyledons of Cucurbitaceae cultivars upon feeding behavior of *Diabroticina* beetles (Coleoptera: Chrysomelidae). J. econ. Entomol. **76** (1983): 47—51.

469 Ferguson, S., Sorensen, E. L., Horber, E. K.: Resistance to the spotted alfalfa aphid (Homoptera: Aphididae) in glandular-haired *Medicago* species. Environ. Entomol. **11** (1982): 1229—1232.

470 Fernandez Diaz-Silveira, M.: El *Psidium friedrichsthalianum* como patron para guayaba, resistente a los nemátodos del genero *Meloidogyne*. Rev. Agricultura, Cuba (1975) Nr. 3: 80—85.

471 Ferrerosa, R., Garver, Cynthia: Hoja blanca and its planthopper vector reappear „700 many chemicals" resistant varieties urged. CIAT-Internat. **2** (1983): 1—3.

472 Ferris, H.: Development of nematode damage functions and economic thresholds using *Meloidogyne incognita* on tomatoes and sweet potatoes. J. Nematol. **10** (1978): 286—287.

473 Ferris, V. R.: Cladistic approaches in the study of soil and plant parasitic nematodes. Ann. Zool. **19** (1979): 1195—1215.

474 Fery, R. L., Cuthbert, F. P.: Antibiosis in *Lycopersicon* to the tomato fruit worm (*Heliothis zea*). J. Amer. Soc. hort. Sci. **100** (1975): 276—278.

475 — Dukes, P. D.: Inheritance of root-knot resistance in the cowpea (*Vigna unguiculata* (L.) Walp.). J. Amer. Soc. hort. Sci. **105** (1980): 671—674.

476 Findley, W. R., Nault, L. R., Styer, W. E., Gordon, D. T.: Inheritance of maize chlorotic dwarf virus resistance in maize x *Zea diploperennis* backcrosses. Maize Genetics Coop. Newsletter (1982), Nr. 56: 156—166.

477 Finet, Y., Pasteels, J. M., Deligne, J.: A study of poplar resistance to *Phyllodecta vitellinae* L. (Col., Chrysomelidae). 2. Field observations. Z. angew. Entomol. **94** (1982): 363—376.

478 Fiori, B. J., Dolan, D. D.: Field tests for *Medicago* resistance against the potato leafhopper (Homoptera: Cicadellidae). Canad. Entomol. **113** (1981): 1049—1053.

479 Firempong, S.: The performance of *Planococcoides njalensis* (Homoptera: Pseudococcidae) on some cocoa cultivars. Ann. appl. Biol. **100** (1982) Suppl. 3: 100—101.

480 Firoozabady, E., Olmo, H. P.: Resistance to grape phylloxera in *Vitis vinifera* x *V. rotundifolia* grape hybrids. Vitis **21** (1982): 1—4.

481 Fisk, J.: Effects of HCN, phenolic acids and related compounds in *Sorghum bicolor* on the feeding behaviour of the planthopper *Peregrinus maidis*. Entomol. exper. appl. **27** (1980): 211—222.

482 Flor, H. H.: The complementary genetic systems in flax and flax rust. Adv. Genet. **8** (1956): 29—54.

483 Flores, H., Chapman, R. A.: Population development of *Xiphinema americanum* in relation to its role as a vector of tobacco ringspot virus. Phytopathology **58** (1968): 814—817.

484 Flores, J. M., Yepez, T. G.: *Meloidogyne* in coffee in Venezuela. In Peachey, J. E.: Nematodes of tropical crops. Techn. Commun. Commonw. Bur. Helminth. Nr. 40 (1969): 251—256.

485 Ford, H. W., Feder, W. A.: Additional citrus rootstock selections that tolerate the burrowing nematode. Proceed. Florida hort. Soc. **74** (1961): 50—53.

486 Fortier, G., Arnason, J. T., Lambert, J. D. H., McNeill, J., Nozzolillo, C., Philogène, B. J. R.: Local and improved corns (*Zea mays*) in small farm agriculture. In Belise, C. A.: taxonomy, productivity, and resistance to *Sitophilus zeamais*. Phytoprotection **63** (1982): 68—78.

487 Fortuner, R., Orton Williams, K. J.: Review of the literature on *Aphelenchoides besseyi* Christie, 1942, the nematode causing „white tip" disease in rice. Helminthol. Abstr. **44** (1975), Nr. 1: 1—40.

488 Foster, D. G.: Resistance in sorghums to the banks grass mite. J. econ. Entomol. **70** (1977): 254—262.

489 Fox, J. A., Aung, L. H., Webber, A. J.: The relationship of a steroid to resistance of soybean to *Heterodera glycines*. J. Nematol. **4** (1972): 224.

490 — Spasoff, L.: Resistance and tolerance of tobacco to *Heterodera solanacearum*. J. Nematol. **8** (1976): 284—285.

491 Fraenkel, G. S.: The nutritional value of green plants for insects. Trans-Intern. Congr. Entomol., 9. Amsterdam **2** (1953): 90—100.

492 — The raison d'etre of secondary plant substances. Science **129** (1959): 1466—1470.

493 — Evaluation of our thoughts on secondary plant substances. Entomol. exper. appl. **12** (1969): 473—486.

494 Franco, J., Evans, K.: Multiplication of some South American and European populations of potato cyst nematodes on potatoes possessing the resistance genes H_1, H_2 and H_3. Plant Pathol. **27** (1978): 1—6.

495 Frandsen, K. J.: Studies on the clover stem nematode (*Tylenchus dipsaci* Kühn). Acta Agric. Scand. **1** (1951): 203—270.

496 Franklin, R. T., Holdaway, F. G.: A relationship of the plant to parasitism of European corn borer by the tachinid parasite *Lydella grisescens*. J. econ. Entomol. **59** (1966): 440—441.

497 Frazer, B. D., Raworth, D., Gossard, T.: Faba bean: Low resistance to pea aphids, *Acyrthosiphon pisum* (Homoptera: Aphididae), in eleven cultivars. Canad. J. Plant Sci. **56** (1976): 451—453.

498 Freeland, W. J., Janzen, D. H.: Strategies in herbivory by mammals: the role of plant secondary compounds. Amer. Naturalist **108** (1974): 269—289.

499 French, E. R.: Integrated control of bacterial wilt of potatoes. In: Pathogens and pests of the potato in the tropics. Los Baños, Laguna, Philippines, 1978, 14 p.

500 Frese, L.: Resistenz der Wildmöhre *Daucus carota* ssp. *hispanicus* gegen den Wurzelgallennematoden *Meloidogyne hapla*. Gartenbauwissenschaft **48** (1983): 259—265.

501 Fresno, A. P.: Resistance of *Prunus persica* to *Meloidogyne* spp. Nematol. Soc. South. Africa Newsletter (1975), Nr. 7: 12—13.

502 Freuler, J.: Glasshouse studies of the effects of cabbage root fly larvae on cauliflower varieties. Z. angew. Entomol. **86** (1978): 98—105.

503 Fritzsche, R.: Zur Methodik von Laboruntersuchungen an Spinnmilben (Tetranychidae). Nachrichtenbl. Pflanzenschutzdienst, Berlin N.F. **9** (1955): 199—203.

504 — Einfluß der Kulturmaßnahmen auf die Entwicklung von Spinnmilbengradationen. Meded. Landbouwhogeschool Gent **26** (1961): 1088—1097.

505 — Pflanzenschädlinge. In Fritzsche, R., Geiler, H., und Sedlag, U.: Angewandte Entomologie, 515—548. VEB Gustav Fischer Verlag, Jena 1968.

506 — Gegenwärtiger Stand und Probleme der Resistenz von Kulturpflanzen gegen tierische Schaderreger. Tagungsber. Akad. Landwirtsch.-Wiss. DDR, Berlin **216** (1983): 653—666.

507 — Geißler, K., Karl, E., Lehmann, W.: Resistenz von Kulturpflanzen gegen tierische Schädlinge. Fortschrittsber. Landwirtsch. u. Nahrungsgüterwirtsch., Berlin **20** (1982), Nr. 6: 48 S.

508 — Karl, E., Lehmann, W., Proeseler, G.: Tierische Vektoren pflanzenpathogener Viren. VEB Gustav Fischer Verlag Jena 1972. 521 S.

509 — — — — Vater, J., Dubnik, H., Kramer, W., Sass, O., Zschiegner, H. J.: Die Bekämpfung tierischer Vektoren pflanzenpathogener Viren und Mykoplasmen im Getreide-, Kartoffel- und Zuckerrübenanbau. Fortschrittsber. Landwirtsch. u. Nahrungsgüterwirtsch., Berlin **10** (1972), Nr. 5/6: 90 S.

510 — Kegler, H., Decker, H., Barchend, G., Thiele, S.: Einfluß von Nematoden aus der Gruppe der Dorylaimiden mit kurzem Mundstachel auf die Infektion von Pflanzen mit dem bodenbürtigen Tabakrattle-Virus (tobacco rattle virus). Arch. Phytopathol. Pflanzenschutz **21** (1985): 259—264.

511 — Pelcz, J., Oettel, D., Thiele, S.: Wechselwirkung zwischen *Meloidogyne incognita* und *Fusarium oxysporum* f. spec. *cucumerinum* an Gewächshausgurken. Tagungsber. Akad. Landwirtsch.-Wiss. DDR, Berlin **216** (1983): 685—690.

512 — Schmidt, H. B., Müller, M., Thiele, S.: Morphologisch-anatomische Studien an Apfelblättern als Beitrag zur Aufklärung der Ursachen sortenbedingter Befallsunterschiede bzw. Resistenzmechanismen. Arch. Phytopathol. Pflanzenschutz **18** (1982): 223—232.

513 — Thiele, S.: Einfluß der CCC-Behandlung von Winterweizen auf die Blattlausvermehrung. Nachrichtenbl. Pflanzenschutz DDR **33** (1979): 39.

514 — — Einfluß des Virusbefalls der Wirtspflanzen auf die Vermehrung von Spinnmilben (Tetranychidae) und Blattläusen (Aphidina). Arch. Phytopathol. Pflanzenschutz **15** (1979), 281—287.

515 — — Resistenz von Zwiebeln gegen *Ditylenchus dipsaci* (Kühn) Filipjev. Tagungsber. Akad. Landwirtsch.-Wiss. DDR, Berlin **216** (1983): 691—697.

516 — — Methoden zur Ermittlung des Resistenzverhaltens von Gemüsearten gegen Befall durch Stengelälchen (*Ditylenchus dipsaci* (Kühn) Filipjev), Wurzelgallenälchen (*Meloidogyne* spp.), Spinnmilben (*Tetranychus urticae* Koch) und Weiße Fliege (*Trialeurodes vaporariorum* Westw.). Arch. Phytopathol. Pflanzenschutz **21** (1985): 361—373.

517 — Wolffgang, H.: Wechselwirkung zwischen Nematoden- und Milbenbefall und ihre physiologischen Ursachen. Naturwissenschaften **49** (1962): 475—476.

518 — — Opel, H.: Untersuchungen über die Abhängigkeit der Spinnmilbenvermehrung von dem Ernährungszustand der Wirtspflanze. Z. Pflanzenernähr., Düng., Bodenkd. **78** (1957): 13—27.

519 — — — Einfluß von Wurzelgallenälchen auf Stoffwechselvorgänge bei Tomaten. Nachrichtenbl. Dt. Pflanzenschutzdienst, Berlin N.F. **18** (1964): 25—27.

520 — — — Die Bedeutung des physiologischen Zustandes der Wirtspflanzen für die Entwicklung von Pflanzenschädlingen. Tagungsber. Dt. Akad. Landwirtsch.-Wiss., Berlin **74** (1965): 165—173.

521 — — — Einfluß von *Ditylenchus dipsaci* (Kühn) Filipjev auf die Entwicklung und einige Stoffwechselvorgänge bei Tabak. Pharmazie **21** (1966): 439—442.

522 — — Reiss, E., Thiele, S.: Untersuchungen zu den Ursachen sortenbedingter Befallsunterschiede von Apfelbäumen mit *Oligonychus ulmi* Koch. Arch. Phytopathol. Pflanzenschutz **16** (1980): 193—198.

523 Fröhlich, G.: Phytopathologie und Pflanzenschutz. Wörterbücher der Biologie. VEB Gustav Fischer Verlag, Jena 1979. 295 S.

524 Führer, E.: Überlegungen zur Wirkung resistenzsteigernder Maßnahmen im Wald auf den Massenwechsel forstlicher Schadinsekten. Forstarchiv **46** (1975): 228—232.

525 Fuller, J. M., Howard, H. W.: Breeding for resistance to the white potato cyst-nematode, *Heterodera pallida*. Ann. appl. Biol. **77** (1974): 121—128.

526 Funk, C. R., Halisky, P. M., Johnson, M. C., Siegel, M. R., Stewart, A. V., Ahmad, S., Hurley, R. H., Hurvey, J. C.: An endophytic fungus and resistance to sod webworms: Association in *Lolium perenne* L. Bio/Technology **1** (1983): 189—191.

527 Futai, K., Furuno, T.: The variety of resistances among pine-species to pine wood nematode, *Bursaphelenchus lignicolus*. Bull. Kyoto Univ. Forests **51** (1979): 23—36.

528 Gahukar, R. T.: Comportement alimentaire et prise de nourilure des chenilles d'*Ostrinia nubilalis* (Lep.: Pyraustidae) en présence de ‚DIMBOA'. Ann. Soc. Entomol. France **15** (1979): 649—657.

529 Gall, A., Dogger, J. R.: Effect of 2,4-D on the wheat stem sawfly. J. econ. Entomol. **60** (1967): 75—77.

530 Gallardo Covas, F.: Effects of CaC_2 on the oviposition of *Carpophilus humeralis* F. (Coleoptera: Nitidulidae). J. Agric. Univ. Puerto Rico **67** (1983): 56.

531 — Mangoes (*Mangifera indica* L.) susceptibility to *Aulacaspis tubercularis* Newstead (Homoptera: Diaspididae) in Puerto Rico. J. Agric. Univ. Puerto Rico **67** (1983): 179.

532 Gallun, R. L.: Genetic interrelationships between host plants and insects. J. environ. Quality **1** (1972): 249—265.

533 — Genetic basis of Hessian fly epidemics. In Day, P. R.: The genetic basis of epidemics in agriculture. Ann. New York Acad. Sci. **287** (1977): 1—400.

534 — Breeding for resistance to insects in wheat. In Harris, M. K.: Biology and breeding for resistance

to arthropods and pathogens in agricultural plants. Proceed. Internat. Short Course in Host Plant Resistance. Texas A & M Univ., Texas 1979, 245—262.

535 — Khush, G. S.: Genetic factors affecting expression and stability of resistance. In Maxwell, F. G., and Jennings. P. R.: Breeding plants resistant to insects, 63—85. John Wiley & Sons, New York, Chichester, Brisbane, Toronto 1980.

536 — Roberts, J. J., Finny, R. E., Patterson, F. L.: Leaf pubescence of field grown wheat: A deterrent to oviposition by the cereal leaf beetle. J. environ. Quality **2** (1973): 333—334.

537 — Starks, K. J., Guthrie, W. B.: Plant resistance to insects attacking cereals. Annu. Rev. Entomol. **20** (1975): 337—357.

538 Ganguly, A. K., Dasgupty, D. R.: Sequential development of peroxidase (EC 1.11.1.7.) and IAA-oxidase aktivities in relation to resistant and susceptible responses in tomatoes to the root-knot nematode, *Meloidogyne incognita*. Indian J. Nematol. **9** (1979): 143—151.

539 Ganguly, S., Dasgupta, D. R.: Protein patterns in resistant and susceptible tomato varieties inoculated with the root-knot nematode *Meloidogyne incognita*. Indian J. Nematol. **11** (1981): 180—188.

540 Garcia, J. E., Cardona, M. C., Schoonhoven, A. van: Resistencia del frijol común, *Phaseolus vulgaris* L. al *Empoasca kraemeri* Ross & Moore. Rev. Colombiana Entomol. **7** (1981), Nr. 3/4: 15—21.

541 Garcia, O.: *Meloidogyne*-Befall und -Resistenz. Mündl. Mitt. (1983).

542 — Fernández, E., Perez, J. A., Del Toro, M.: Compartamiento de diferentes variedades comerciales y precomerciales de Boniato (*Ipomoea batata* Lin.) a *Meloidogyne incognita*. 1. Symposio Intern. sobre Sanidad Vegetal en la Agricultura Tropical 15./16. 11. 1983, Santa Clara (Cuba), Resumenes, 41.

543 Gardenhire, J. H.: Breeding for greenbug *Schizaphis graminum* (Rondani) resistance in wheat and other small grains. In Harris, M. K.: Biology and breeding for resistance to arthropods and pathogens in agricultural plants, 237—244. Proceed. Internat. Short Course in Host Plant Resistance. Texas A & M Univ., Texas 1979.

544 — McDaniel, M. E., Tuleen, N. A.: Registrat. of Tambar 402 barley (Reg. No. 181). Crop. Sci. **22** (1982): 1259

545 — Tuleen, N. A., Stewart, K. W.: Trisomic analysis of greenbug resistance in barley. Crop Sci. **13** (1973): 684—685.

546 Gates, C. T.: The effect of water stress on plant growth. J. Austral. Inst. agric. Sci. **30** (1964): 3—22.

547 Gateva, Sh., Choleva, B., Georgiev, Kh.: Resistance of tomatoes of different origin to root-knot nematodes. Helmintologiya **17** (1984): 16—23.

548 Gaumont, R., Gaumont, J.: Observations sur l'épidémiologie des *Chermes* sur l'épicéa (*Picea excelsa*) ainsi que sur des cas de résistance individuelle à l'attaque des Chermesides (Adelgides). Marcellia **39** (1976): 11—13.

549 Gautney, T. L., Norton, J. D.: Muskmelon pickleworm resistance. Hort Sci. **17** (1982): 404—405.

550 Gawaad, A. A. A., Soliman, A. S.: Studies on *Thrips tabaci* Lindman. IX. Resistance of nineteen varieties of cotton to *Thrips tabaci* L. and *Aphis gossypii* G. Z. angew. Entomol. **70** (1972): 93—98.

551 Geißler, K.: Untersuchungen zur Morphologie und Ökologie der Erbsengallmücke (*Contarinia pisi* Winn.). Arch. Pflanzenschutz **2** (1966): 39—75.

552 — Untersuchungen zur Bekämpfung der Erbsengallmücke (*Contarinia pisi* Winn.). Arch. Pflanzenschutz **2** (1966): 83—104.

553 — Resistenzunterschiede im *Vicia faba*-Sortiment gegen *Aphis fabae* Scop. Tagungsber. Akad. Landwirtsch.-Wiss. DDR, Berlin **216** (1983): 679—684.

554 — Lehmann, W., Karl, E.: Methoden zur Ermittlung des Resistenzverhaltens von Kulturpflanzen gegen Befall durch Blattläuse (Aphidina). Arch. Phytopathol. Pflanzenschutz **17** (1981): 203—210.

555 — — Schliephake, E.: Untersuchungen zur Eignung der Lauf- und Saugaktivität von *Aphis fabae* Scop. für die Laborprüfung auf mögliche Resistenzunterschiede von Ackerbohnensorten. Arch. Phytopathol. Pflanzenschutz **19** (1983): 185—191.

556 — Steuckardt, R.: Möglichkeiten und Probleme der Resistenzzüchtung bei der Ackerbohne gegen die Schwarze Bohnenblattlaus. Wiss. Konf. Akad. Landwirtsch.-Wiss. DDR, Leipzig, 4.—6. Juli 1979, 23 bis 24.

557 Gentile, A. G., Stoner, A. K.: Resistance in *Lycopersicon* and *Solanum* species to the potato aphid. J. econ. Entomol. **61** (1968): 1152—1154.

558 — Webb, R. E., Stoner, A. K.: Resistance in *Lycopersicon* and *Solanum* to greenhouse whiteflies. J. econ. Entomol. **61** (1968): 1355—1357.

559 — — — *Lycopersicon* and *Solanum* sp. resistant to the carmine and the two-spotted spider mites. J. econ. Entomol. **62** (1969): 834—836.

560 Gepp, J.: Bewegungsbehinderung von Arthropoden durch Trichome an Bohnenpflanzen (*Phaseolus vulgaris* L.). Anz. Schädlingskd., Pflanzenschutz, Umweltschutz **50** (1977): 8—12.

561 Geraci, G., Guidice, V. Lo., Inserra, R. N.: Response of *Citrus* spp. and hybrid rootstocks to *Tylenchulus semipenetrans*. Rev. Ortoflorofrutticoltura Italiana **65** (1981): 173—178.

562 Gerhold, D. L., Craig, R., Mumma, R. O.: Analysis of trichome exudate from mite-resistant geraniums. J. Chem. Ecol. **10** (1984): 713—722.

563 Germanov, A., Barov, A.: The influence of some cultivars of maize on the fertility of the Angoumois grain moth (*Sitotroga cerealella* Oliv.) (bulg.). Rasteniev. Nauki, Sofija **16** (1979): 150—155.

564 — — The influence of four barley cultivars on the fecundity, adult emergence and sex ratio of the Angoumois grain moth (*Sitotroga cerealella* Oliv.) (bulg.). Rasteniev. Nauki, Sofija **18** (1981): 149—155.

565 Ghosh, A., John, V. T.: Rice ragged stunt virus disease in India. Plant Disease **64** (1980): 1032—1033.

566 — — Rao, J. R. K.: Studies on grassy stunt disease of rice in India. Plant Dis. Reptr. **63** (1979): 523—525.

567 Ghosh, A. B., Mukhopadhyay, S.: Varietal preference of the green leafhopper. Internat. Rice Res. Newsletter **3** (1978), Nr. 6: 13.

568 Gibson, P. T.: Inheritance of resistance to shootfly in sorghum. Diss. Abstr. Internat. B (1982), **42**, Nr. 7: 2639 B.

569 Gibson, R. W.: Glandular hairs providing resistance to aphids in certain wild potato species. Ann. appl. Biol. **68** (1971): 113—119.

570 — Trapping of the spider mite *Tetranychus urticae*

by glandular hairs on the wild potato *Solanum berthaultii*. Potato Res. **19** (1976): 179—182.

571 — Glandular hairs are a possible means of limiting aphid damage to the potato crop. Ann. appl. Biol. **82** (1976): 143—146.

572 — Pickett, J. A.: Production of (E)-β-farnesene, the aphid alarm pheromone, by the wild potato, *Solanum berthaultii*. Rothamsted exper. Sta., Rep. for 1982, Part 1 (1983): 191.

573 — — Wild potato repels aphids by release of aphid alarm pheromone. Nature **302** (1983): 608—609.

574 — Plumb, R. T.: Breeding plants for resistance to aphid infestation. In Harris, K. F., and Maramorosch, K.: Aphids as virus vectors, 473—500. Academic Press, New York, San Francisco, London 1977.

575 Giebel, J.: Biochemical mechanisms of plant resistance to nematodes: a review. J. Nematol. **6** (1974): 175—184.

576 — Jackowiak, N., Zielinska, L.: Indolacetic acid decarboxylase in resistant and susceptible potato roots infected with *Globodera rostochiensis*. Bull. Akad. Polonaise Sci. (Sci. Biol.) **27** (1979): 335—339.

577 — Lamberti, F.: Some histological and biochemical aspects of pea resistance and susceptibility to *Heterodera goettingiana*. Nematol. Mediter. **5** (1977): 173—184.

578 — Stobiecka, M.: Role of amino acids in plant tissue response to *Heterodera rostochiensis*. I. Protein-proline and hydroxy-proline content in roots of susceptible and resistant solanaceous plants. Nematologica 20 (1974): 407—414.

579 Gilbert, J. C., McGuire, D. C.: Root-knotresistance in commercial type tomatoes in Hawaii. Proceed. Amer. Soc. hort. Sci. **60** (1952): 401—411.

580 Giliomee, J. H., Strydom, D. K., Zyl, H. J. van: Northern Spy, Merton and Malling-Merton rootstocks susceptible to woolly aphid, *Eriosoma lanigerum*, in the Western Cape (South Africa). South Afr. J. agric. Sci. **11** (1968): 183—186.

581 Gill, C. C., Metcalfe, D. R.: Resistance in barley to the corn leaf aphid *Rhopalosiphum maidis*. Canad. J. Plant Sci. **57** (1977): 1063—1070.

582 Gill, J. S., Swarup, G.: On the host range of the cereal cyst nematode *Heterodera avenae* Woll. 1925, the causal organism of „Molya" disease of wheat and barley in Rajasthan, India. Indian J. Nematol. **1** (1971): 63—67.

583 Gillard, A., Brande, J. van den: Bijdrage tot de studie der wardplanten van de wortelknobbelaaltjes *Meloidogyne hapla* Chitwood en *Meloidogyne arenaria* Neal. Meded. Landbouwhogeschool Gent **21** (1956): 653—662.

584 Gilman, D. F., Marshall, J. G., Rabb, J. L., Habetz, R. J., Boquet, D. J., Hutchinson, R. L.: Performance of soybean varieties in Louisiana, 1975—79. Bull. Agric. Exper. Sta., Louisiana State Univ. Nr. 729 (1980): 27 p.

585 Glotova, L. E., Glotova, E. V., Metlickaja, K. V.: Neobchodim kompleks meroprijatij. Zaščita Rastenij (1984), Nr. 9: 20.

586 Glukhovtseva, N. I., Kuznetsova, N. A.: Forms of spring wheat resistant to *Cephus pygmaeus* (russ.). Selekcija Semenovodstvo (1979), Nr. 1: 27.

587 Götz, B.: Weinberg u. Keller **3** (1956): 126—132.

588 Goffart, H.: Untersuchungen am Hafernematoden (*Heterodera schachtii* Schm.) unter besonderer Berücksichtigung der schleswig-holsteinischen Verhältnisse. II. Arb. Biol. Reichsanst. Berlin **23** (1941): 141—161.

589 — Nematodes, Fadenwürmer. In: Sorauer, Handbuch der Pflanzenkrankheiten, Bd. 4, 1. T., 1. Lief. 1949, 4—95.

590 — Anbauversuche mit „Heertvelder"-Roggen zur Bekämpfung der Stockkrankheit des Roggens. Z. Pflanzenkrankh. Pflanzenschutz **65** (1958): 657—660.

591 — Das Resistenzproblem in der Nematodenforschung. Mitt. Biol. Bundesanst. Land- u. Forstwirtsch. **111** (1964): 3—28.

592 — Ross, H.: Untersuchungen zur Frage der Resistenz von Wildarten der Kartoffel gegen den Kartoffelnematoden (*Heterodera rostochiensis* Wr.). Züchter **24** (1954): 193—201.

593 Golden, A. M.: Subspecific forms of the *Meloidogyne incognita* complex. J. Nematol. **9** (1977): 268—269.

594 Goldson, S. L., French, R. A.: Age-related susceptibility of lucerne to sitone weevil, *Sitona discoideus* Gyllenhall (Coleoptera: Curculionidae), larvae and the associated patterns of adult infestation. New Zeal. J. agric. Res. **26** (1983): 251—255.

595 Golebiowska, Z., Mackiewicz, S., Walkowski, W.: Wystepowanie ploniarki zbozowki (*Oscinella frit* L., Diptera, Chloropidae) na kilku odmianach owsa, sianych w trzech terminach. Prace Nauk. Inst. Ochr. Rośl. **19** (1977): 95—121.

596 Golodriga, P. Ya., Usatov, V. T., Mal'chikov, Yu., Volynkin, V. A.: Production of immune grape varieties (russ.). Vestnik Sel'skoch. Nauki 1979, Nr. 3: 87—91.

597 Gomes Carneiro, R., Gomes Carneiro, R. M. D.: Selecão preliminar de plantas para rotacão de culturas em areas infestadas par *M. incognita* nos anos de 1979 e 1980. Soc. Brasil. Nemat. Public. **6** (1982): 141—148.

598 Gomez, P. L., Plaisted, R. L., Brodie, B. B.: Inheritance of the resistance to *Meloidogyne incognita*, *M. javanica*, and *M. arenaria* in potatoes. Amer. Potato J. **60** (1983): 339—351.

599 — — Thurston, H. D.: Combining resistance to *Meloidogyne incognita*, *M. javania*, *M. arenaria* and *Pseudomonas solanacearum* in potatoes. Amer. Potato J. **60** (1983): 353—360.

600 Gommers, F. J.: Biochemical interactions between nematodes and plants and their relevance to control. Helminthol. Abstr., Ser. B, **50** (1981): 9—24.

601 Gonzales, D., Gordh, G., Thompson, S. N., Adler, J.: Biotype discrimination and its importance in biological control. In Hoy, M. A., and McKelvey, J. J.: Genetics in relation to insect management, 129—136. USA, Rockefeller Foundation, 1979.

602 Goodey, J. B.: Laboratory methods for work with plant and soil nematodes. Techn. Bull. No. 2, Minist. Agric., 4. ed., London 1963, 72 p.

603 — Hooper, D.-J.: Observations on the attack by *Ditylenchus dipsaci* on varieties of oats. Nematologica **8** (1962): 33—38.

604 Goonewardene, H. F., Kwolek, W. F., Mousin, T. E., Williams, E. B.: A ‚no choice' study for evaluating resistance of apple fruits to four insect pests. Hort. Sci. **14** (1979): 165—166.

605 — Williams, E. B., Kwolek, W. F., McCabe, L. D.:

Resistance to European red mite *Panonychus ulmi* (Koch) in apples. J. Amer. Soc. hort. Sci. **101** (1976): 532—537.

606 Gooris, J., D'Herde, C. J.: Study on the biology of *Meloidogyne naasi* Franklin 1965. State Nematol. Entomol. Res. Sta. Merelbeke (1977): 115 p.

607 Gorlenko, M. V.: Kratkij kurs immuniteta rastenij k infekcionnym boleznjam. Vysšaja škola, Moskva (1973): 366 p.

608 Gorsevikova, O. L., Popov, K. I.: K poznaniju biochimičeskich osobennostej sortov gorocha, otnositel'no ustojčivych i vospriimčivych k gorochovoj tle. Biol. Nauk, Moskva **16** (1973): 89—95.

609 Gorz, H. J., Manglitz, G. R., Haskins, F. A.: Selection for yellow clover aphid and pea aphid resistance in red clover. Crop Sci. **19** (1979): 257—260.

610 Gowda, G., Jayaram, K. R., Reddy, B. M. R.: Varietal resistance of rice to leaf folder. Internat. Rice Res. Newsletter **6** (1981): 8.

611 Gowen, S. R.: Varietal responses and prospects for breeding nematode resistant banana varieties. Nematropica **6** (1976): 45—49.

612 Greany, P. D., Styer, S. C., Davis, P. L., Shaw, P. E., Chambers, D. L.: Biochemical resistance of citrus to fruit flies. Demonstration and elucidation of resistance to the Caribbean fruit fly, *Anastrepha suspensa*. Entomol. exper. appl. **43** (1983): 40—50.

613 Greco, N., Lamberti, F.: Suscettibilità di varietà di carota agli attacchi di *Heterodera carotae*. Nematol. Mediter. **5** (1977): 103—107.

614 — Vito, M., Di, Brandonisio, A., Giordano, I., Marinis, G. De: The effect of *Globodera pallida* and *G. rostochiensis* on potato yield. Nematologica **28** (1982): 379—386.

615 Green, T. R., Ryan, C. A.: Wound-induced proteinase inhibitor in plant leaves: a possible defense mechanism against insects. Science **175** (1972): 776—777.

616 Griffin, G. D., Hunt, O. J.: Effect of plant age on resistance of alfalfa to *Meloidogyne hapla*. J. Nematol. **4** (1972): 87—90.

617 Grosse, E., Decker, H.: Über Versuche zum Einsatz resistenter Getreidesorten auf unterschiedlich stark durch *Heterodera avenae* Wollenweber, 1924, verseuchten Flächen. 8. Vortragstag. Aktuelle Probleme der Phytonematologie, Rostock, 2. 6. 1983, 27—32.

618 — — Untersuchungen zum Einfluß von N-Dünger auf den Larvenschlupf und die Populationsentwicklung von *Heterodera avenae* Wollenweber, 1924. Arch. Phytopathol. Pflanzenschutz **20** (1984): 135—143.

619 Grunert, Ch., Hamann, W., Schmidt, H.-H., Geißler, K.: Methodische Anleitung zur Durchführung von Versuchen mit Pflanzenschutzmitteln und Mitteln zur Steuerung biologischer Prozesse unter Freiland- und Gewächshausbedingungen. Kompendium 1978.

620 Günther, E.: Grundriß der Genetik. VEB Gustav Fischer Verlag, Jena 1978. 504 S.

621 Günther, K.: Ökologische und funktionelle Anmerkungen zur Frage des Nahrungserwerbes bei Tiefseefischen mit einem Exkurs über die ökologischen Zonen und Nischen. Moderne Biologie. Festschrift Nachtsheim, Berlin (1950): 55—93.

622 Guglielmetti, M. H., Guiñez, S. A.: Pruebas de resistencia al nemátodo dorado (*Globodera rostochiensis* Woll.) de algunos clones de papa (*Solanum tuberosum* L.). Agric. Tecnica **42** (1982): 329—331.

623 Guiñez, S. A.: Comportamiento de siete cultivares de tomate (*Lycopersicon esculentum* Mill.) en suelo infestado con una alta población de *Meloidogyne incognita*. Agric. Tecnica **42** (1982): 245—249.

624 Guiran, G. de: Le problème *Meloidogyne* sur tabac à Madagascar. Cah. O. R. S. T. O. M., Ser. Biol. (1970), Nr. 11: 187—208.

625 Gulati, S. C., Jain, K. B. L., Varma, N. S.: Inheritance of resistance to corn leaf aphid in barley. Indian J. Genetics Plant Breed. **38** (1978): 285—288.

626 Gunathilaga, R. K., Kumaraswami, T.: Screening of egg plants for resistance to *Epilachna vigintioctopunctata* F. Sci. Cult. **45** (1979): 60—61.

627 Gundy, S. D. van, Kirkpatrick, J. D., Golden, J.: The nature and role of metabolic leakage from root-knot nematode galls and infection by *Rhizoctonia solani*. J. Nematol. **9** (1977): 113—121.

628 — McElroy, F. D.: Sheath nematode: its biology and control. Proceed. 1st Internat. Citrus Symp., Riverside 1968 (1969), Vol. 2, 985—989.

629 Gunenc, Y., Gibson, R. W.: Effects of glandular foliar hairs on the spread of potato virus Y. Potato Res. **23** (1980): 345—351.

630 Gupta, J. C.: Evaluation of various treatments and varietal resistance for the control of banana nematodes. Haryana J. hort. Sci. **4** (1975): 152—156.

631 Gupta, M. P.: Resistance of some promising date palm cultivars against rainfall and bird damage. Punjab Hort. J. **20** (1980): 74—77.

632 Gupta, P., Edward, J. C.: Some economically important new hosts of *Heterodera vigni* in Uttar Pradesh, India. Plant Dis. Reptr. **58** (1974): 345—347.

633 Gupta, P. D., Thorsteinson, A. J.: Foodplant relationships of the diamondback moth *Plutella maculipennis* (Curt.). II. Sensory regulation of oviposition of the adult female. Entomol. exper. appl. **3** (1960): 305—314.

634 Guskova, L. A., Gladkaja, R. M.: Integrated approach to the control of the golden nematode, *Heterodera rostochiensis*. J. Nematol. **6** (1974): 185—186.

635 Guslich, I. S., Zubkov, A. F.: O vredonosti krasnogrudij p'javici *Lema melanopus* L. (Coleoptera, Chrysomelidae) na ozimykh pshenicakh. Entomol. Obozrenie, Leningrad **59** (1980): 713—724.

636 Guthrie, F. E., Campbell, W. V., Baron, R. L.: Feeding sites of the green peach aphid with respect to its adaptation to tobacco. Ann. entomol. Soc. Amer. **55** (1962): 42—46.

637 Guthrie, W. D.: Breeding for resistance to insects in corn. Proceed. Internat. Short Course in Host Plant Resistance, Texas A & M Univ., Texas 1979, 290—302.

638 — Barry, B. D., Dollinger, E. J.: Evaluation of a mutable system for inducing European corn borer and stalk rot resistance on susceptible inbred lines of dent corn. Proceed. North Central Branch Entomol. Soc. Amer. **33** (1979): 23—24.

639 — Lillehoj, E. B., McMillian, W. W., Barry, D., Kwolek, W. F., Franz, A. O., Catalano, E. A., Russell, W. A., Widstrom, N. W.: Effect of hybrids with different levels of susceptibility to second generation European corn borers on aflatoxin contamination in corn. J. Agric. Food Chem. **29** (1981): 1170—1172.

640 Gwynn, G. R., Severson, R. F., Jackson, D. M.: Inheritance of leaf surface chemicals in tobacco and

relationship to insect resistance. Agron. Abstr. 1983: 66.

641 Hackerott, H. L., Harvey, T. L.: Effect of temperature on spotted alfalfa aphid reaction to resistance in alfalfa. J. econ. Entomol. **52** (1959): 949—953.

642 Haddad, G. O., Surga, R. J. R., Wagner, O. M.: Relationship between genomic composition in the Musaceae and the degree of attraction for adults and of damage by larvae of *Cosmopolites sordidus* G. (Coleoptera: Curculionidae). Agron. Tropic **29** (1979): 429—438.

643 Hadisoeganda, W. W., Sasser, J. N.: Resistance of tomato, bean, southern pea, and garden pea cultivars to root-knot nematodes based on host suitability. Plant Disease **66** (1982): 145—150.

644 Hagberth, N. O.: Weibulls Original Hedvig. Sveriges första havresort med resistens mot havrecystnematoder. In: Weibulls årsbok, 4—7. Landskrona, Sweden, 1979.

645 Hahn, S. K., Leuschner, K.: Breeding sweet potato for weevil resistance. Proceed I[st] Internat. Symp., Taiwan, 23—27 March 1981 (1982): 331—336.

646 Hainsworth, E.: Tea nematodes. Tea (J. Tea Boards E. Africa) **11** (1970): 15—17.

647 Hamann, B.: Untersuchungen zur Resistenzprüfung beim Getreidezystenälchen *Heterodera avenae* Wollenweber, 1924 unter besonderer Berücksichtigung der Pathotypenfrage sowie einiger, die Zystenausbildung beeinflussender biologisch-ökologischer Faktoren. Diss. Akad. Landwirtsch.-Wiss., Berlin 1984. 178 S.

648 Haniotakis, G. E., Lange, W. H.: Beet yellows virus resistance in sugar beets: mechanism of resistance. J. econ. Entomol. **67** (1974): 25—28.

649 Harborne, J. B.: Introduction to ecological biochemistry. Academic Press, London, New York, San Francisco 1977.

650 Hardman, J. A., Ellis, P. R.: Host plant factors influencing the susceptibility of cruciferous crops to cabbage root fly attack. Entomol. exper. appl. **24** (1978): 393—397.

651 Hare, J. D.: Fungicides inhibit feeding of Colorado potato beetles. Frontiers of Plant Sci. **34** (1982): 2—4.

652 Hare, W. W.: Comparative resistance of seven pepper varieties to five root-knot nematodes. Phytopathology **46** (1956): 669—672.

653 Harley, K. L. S., Thorsteinson, A. J.: The influence of plant chemicals on the feeding behavior, development and survival of the two-striped grasshopper, *Melanoplus bivittatus* (Say), Acrididae: Orthoptera. Canad. J. Zool. **45** (1967): 305—319.

654 Harmuth, P.: Untersuchungen zum Mechanismus der Resistenz von Hafer gegen das Getreidezystenälchen (*Heterodera avenae* Wollenweber, 1924). Diss. Univ. Hohenheim 1978. 111 S.

655 Harper, A. M.: Varietal resistance of sugar beets to the sugar-beet root aphid *Pemphigus betae* Doane (Homoptera: Aphididae). Canad. Entomol. **96** (1964): 520—522.

656 Harris, A. R.: Studies on *Xiphinema index* and other dagger nematodes on grapevines in Victoria. J. Austral. Inst. agric. Sci. **48** (1982): 142.

657 Harris, M. K.: Host resistance to the pear psylla in a *Pyrus communis* x *P. ussuriensis* hybrid. Environ. Entomol. **2** (1973): 883—887.

658 — Allopatric resistance: searching for sources of insect resistance for use in agriculture. Environ. Entomol. **4** (1975): 661—669.

659 — Arthropod-plant interactions related to agriculture, emphasizing host plant resistance. In Harris, M. K.: Biology and breeding for resistance to arthropods and pathogens in agricultural plants, 23—51. Proceed. Internat. Short Course in Host Plant Resistance, Texas A & M Univ., Texas 1979.

660 Harris, M. O., Miller, J. R.: Color stimuli and oviposition behavior of the onion fly, *Delia antiqua* (Meigen) (Diptera: Anthomyiidae). Ann. entomol. Soc. Amer. **76** (1983): 766—771.

661 — — Foliar form influences ovipositional behaviour of the onion fly. Physiol. Entomol. **9** (1984): 145—155.

662 Hartwig, E. E., Epps, J. M.: Registration of Centemial soybeans (Reg. No. 114). Crop Sci. **17** (1977): 979.

663 Harwood, R. R., Granados, R. Y., Jamorman, S., Granados, R. G.: Breeding for resistance to the sorghum shoot fly (*Atherigona soccata* Rond.) in Thailand. Proceed. Internat. Symp. Indian Council agric. Res. (1971): 208—217.

664 Hasan, A.: Reaction of chickpea cultivars to root-knot nematode. Internat. Chickpea Newsletter (1983), Nr. 8: 26—27.

665 Hashioka, Y.: The rice stem nematode *Ditylenchus angustus* in Thailand. Plant Protect. Bull. **11** (1963): 97—102.

666 Hassanein, M. H., El-Sebae, A. H., Khalil, F. M., Mouftah, S. M.: Susceptibility of certain cotton varieties to *Aphis gossypii* infestation and the effect of these varieties on the biology of the insect (Hemiptera-Homoptera: Aphididae). Bull. Soc. Entomol. Égypte **55** (1972): 355—361.

667 Hatchett, J. H.: Resistance to Great Plains biotype and biotype D of hessian fly in triticale and rye. Proceed. North Central Branch Entomol. Soc. Amer. **33**, (1978):21.

668 — Gill, B. S.: D-genome sources of resistance in *Triticum tauschii* to Hessian fly. J. Heredity **72** (1981): 126—127.

669 Hatchett, J. R., Gallun, R. L.: Genetics of the ability of the Hessian fly, *Mayetiola destructor*, to survive on wheats having different genes for resistance. Ann. entomol. Soc. Amer. **63** (1970): 1400—1407.

670 Haukioja, E.: Birch leaves as a resource for herbivores: seasonal occurrence of increased resistance in foliage after mechanical damage of adjacent leaves. Oecologia **39** (1979): 151—159.

671 — Inclucible defences of white birch to a geometrid defoliator, *Epirrifa autumna*. Proceed. 5th Internat. Symp. Insect-Plant-Relationships, Wageningen (1982), 199—203.

672 Hauschild, I.: Zur Virusresistenzzüchtung bei der Kartoffel. Der Einfluß der Resistenz auf Virusbefall und Ertrag. Züchter **20** (1950): 306—311.

673 Havlíčková, H.: Význam laboratorních testů při studiu příčin obdolnosti krackuvůči listopasům (*Sitona* spp.). Ochr. Rostl. **14** (1978): 207—213.

674 — Causes of preference and nonpreference of alfalfa seedlings by pea leaf weevil (*Sitona lineatus* L.) (tschech.). Vědecké Práce VURV Praha-Ruzyné **21** (1981): 185—196.

675 — Vliz ziru listopasa carkovaneho (*Sitona lineatus*) a castecne umele defoliace na obsah cukru a fenolu ve vojtesce. Ochr. Rostl. **18** (1982): 277—284.

676 Haynes, R. L., Jones, C. M.: Effects of the Bi locus in cucumber on preference by degree of damage and by fecundity of the melon aphid, *Aphis gossypii* Glover. J. Amer. Soc. hort. Sci. **100** (1975): 697—700.

677 Hedin, P. A., Jenkins, J. N., Collum, D. H., White, W. H., Parrot, W. L.: Multiple factors in cotton contributing to resistance to the tobacco budworm, *Heliothis virescens*. In Hedin, P. A.: Plant resistance to insects. ACS Sympos. Series 208 (1983): 347—365.

678 — Maxwell, F. G., Jenkins, J. N.: Insect plant attractants, feeding stimulants, repellents, deterrents, and other related factors affecting insect behavior. In Maxwell, F. G., and Harris, F. A.: Proceed. Summer Inst. Biol. Control Plant Insects and Diseases (1974), 494—527.

679 — Miles, L. R., Thompson, A. C., Minyard, J. P.: Constituents of a cotton bud. X. Formulation of a boll weevil feeding stimulant mixture. J. Agric. Food Chem. **16** (1968): 505—513.

680 Heijbroek, W.: The influence of resistant cruciferous green manure crops on beet cyst nematodes. Meded. Instituut voor Rationale Suikerproductie (1982), Nr. 8: 20 p.

681 — Roelands, A. J., Jong, J. H. De: Transfer of resistance to beet cyst nematode from *Beta patellaris* to sugar beet. Euphytica **32** (1983): 287—298.

682 Heinicke, D. H.: Untersuchungen über den Einfluß von Pflanzeninhaltsstoffen auf das Verhalten der Fritfliege (*Oscinella frit* L.) und ihrer Maden. Diss. Stuttgart-Hohenheim 1978. 219 S.

683 Heinrichs, E. A.: Varietal resistance to the brown planthopper and yellow stem borer. Rice improvement in China and other Asian countries, Los Banos (Philippines), IRRI (1980): 195—217.

684 — Rapusas, H.: Correlation of resistance to the green leafhopper, *Nephotettix virescens* (Homoptera: Cicadellidae) with tungro virus infection in rice varieties having different genes for resistance. Environ. Entomol. **12** (1983): 21—205.

685 — — Levels of resistance to the whitebacked planthopper, *Sogatella furcifera* (Homoptera: Delphacidae), in rice varieties with different resistance genes. Environ. Entomol. **12** (1983): 1793—1797.

686 Henke, O.: Über die Bedeutung der Stickstoffverbindungen für die stoffwechselphysiologischen Beziehungen zwischen Parasit und Wirt am Beispiel Reblaus—Rebe. Phytopath. Z. **41** (1961): 387—426.

687 Henson, W. R., O'Neil, L. C., Merger, F.: Natural variation in susceptibility of *Pinus* to *Neodiprion* sawflies as a basis for the development of a breeding scheme for resistant trees. Bull. School Forestry, Yale Univ. **78** (1970). 71 p.

688 Herfs, W.: Weitere Untersuchungen zur Anfälligkeit verschiedener Kopfsalat-Sorten gegenüber der Salatwurzellaus (*Pemphigus bursarius* (L.)). Anz. Schädlingskd. **45** (1972): 145—152.

689 — Die Bedeutung verschiedener Pappelarten und -kreuzungen als Winterwirt für die Salatwurzellaus. Jahresber. Biol. Bundesanst. Land- u. Forstwirtsch. 1974 (1975): H 23.

690 Hesling. J. J.: Nematology. Rep. Glasshouse Crops Res. Inst. for 1963 (1964): 83.

691 — Wallace, H. R.: Susceptibility of varieties of chrysanthemum to infestation by *Aphelenchoides ritzema-bosi* (Schwartz). Nematologica **5** (1960): 297—302.

692 Hibbs, E. T., Dattlman, D. L., Rice, R. L.: Potato foliage sugar concentration in relation to infestation by the potato leafhopper, *Empoasca fabae* (Homoptera: Cicadellidae). Ann. entomol. Soc. Amer. **57** (1964): 517—521.

693 Hicks, K. L.: Mustard oil glucosides: Feeding stimulants for adult cabbage flea beetles, *Phyllotreta cruciferae* (Coleoptera: Chrysomelidae). Ann. entomol. Soc. Amer. **67** (1974): 261—274.

694 Hifner, K.: Öszi buzafajták és fajtajelöltek buzafonalféreggel szembeni rezisztenciajanak, fogékonyságának viszgalata es érfékelése provokációs kisérlekben. In: Évi országos fajtakisérletek. Budapest, 1970, 163—177. Országo Mesögazdasági Fajtakiserleti Intézet (1972).

695 Hill, R. R., Byers, R. A.: Allocation of resources in selection for resistance to alfalfa blotch leafminer in alfalfa. Crop Sci. **19** (1979): 253—257.

696 — Newton, R. C.: A method for mass screening alfalfa for meadow spittlebug resistance in the greenhouse during the winter. J. econ. Entomol. **65** (1972): 621—623.

697 Hills, F. J., Lange, W. H., Kishiyama, J.: Varietal resistance to yellows, vector control, and planting date as factors in the suppression yellows and mosaic of sugar beet. Phytopathology **59** (1969): 1728—1731.

698 — — Reed, I. L., Loomis, R. S.: Aphid control and planting date for the control of yellows of sugar beet. J. Amer. Soc. Sugar Beet Techn. **14** (1965): 117—126.

699 Hinz, B.: Weitere Untersuchungen zur Anfälligkeit verschiedener Winterweizensorten gegenüber Getreideblattläusen. Wiss. Z. Univ. Rostock **24** (1975): 893—896.

700 — Daebeler, F.: Wirkung von Benomyl auf die Entwicklung von Getreideblattläusen. Arch. Phytopathol. Pflanzenschutz **9** (1973): 337—339.

701 — — Untersuchungen zur Anfälligkeit verschiedener Getreidearten und -sorten gegenüber Getreideblattläusen. Arch. Phytopathol. Pflanzenschutz **10** (1974): 341—346.

702 — — Wirkung von Camposan auf Getreideblattläuse an Wintergerste. Nachrichtenbl. Pflanzenschutz DDR **33** (1979): 38—39.

703 — — Wirkung von Herbiziden auf Getreideblattläuse an Winterweizen. Nachrichtenbl. Pflanzenschutz DDR **34** (1980): 214—215.

704 — — Untersuchungen zur Anfälligkeit verschiedener Rapssorten gegenüber der Mehligen Kohlblattlaus, *Brevicoryne brassicae* (L.) und zur Schadwirkung der Blattlaus an Winterraps. Arch. Phytopathol. Pflanzenschutz **17** (1981): 115—125.

705 — — Gießmann, H.-J.: Untersuchungen zum Einfluß von Chlorcholinchlorid (CCC) auf die Entwicklung und Vermehrung der Getreideblattlaus *Macrosiphum* (*Sitobion*) *avenae* (F.) an Weizen. Arch. Phytopathol. Pflanzenschutz **9** (1973): 21—27.

706 Hirano, K., Kawamura, T.: Changes in parasitism of *Fusarium* spp. in plants exposed to root-knot nematode and *Fusarium*-complex. Techn. Bull. Fac. Horticulture, Chiba Univ., Nr. 19 (1971): 29—38.

707 Hirao, J.: Studies on the smaller brown planthopper, *Laodelphax striatellus* Fallén, as a vector of rice stripe

virus. 3. Incidence of the vector planthopper and assessment of yield losses caused by the virus disease in the semi-early seasonal culture of rice. Bull. Chugoku Agric. Exper. Sta., Ser. E (1969), Nr. 4: 111–135.

708 Hirling, W.: Das Erdbeerälchen und seine Bekämpfung. Obst u. Garten **87** (1968): 323–325.

709 — *Ditylenchus dipsaci* (Kühn, 1857) Filipjev, 1936, an Erdbeeren. Z. Pflanzenkrankh. Pflanzenschutz **83** (1976): 620–630.

710 Ho, D. T., Heinrichs, E. A., Medrano, F.: Tolerance of the rice variety Triveni to the brown planthopper *Nilaparvata lugens*. Environ. Entomol. **11** (1982): 598–602.

711 Hodges, J. D., Elam, W. W., Watson, W. E., Nebeker, T. E.: Oleoresin characteristics and susceptibility of four southern pines to southern pine beetle (Coleoptera: Scolytidae) attacks. Canad. Entomol. **111** (1979): 884–896.

712 Hodkinson, I. D., Hughes, M. K.: Insect Herbivory. Outline Studies in Ecology. Chapman & Hall, London, New York 1982. 77 p.

713 Hönick, A.: Nematodenresistente Tomatensorten. Ein Fortschritt auf verseuchten Böden. Gemüse **18** (1982): 218–220.

714 — Resistenz gegen Wurzelgallenälchen. Neue Veredlungsunterlagen für Gurken unter Glas. Gemüse **20** (1984): 45–46.

715 Hoffmann, G. M., Nienhaus, F., Schönbeck, F., Weltzien, H. C., Wilbert, H.: Lehrbuch der Phytomedizin. 1. Aufl. Paul Parey, Berlin, Hamburg 1976. 490 S.

716 Hollander, J. den, Pathak, P. K.: The genetics of the „biotypes" of the rice brown planthopper *Nilaparvata lugens*. Entomol. exper. appl. **29** (1981): 76–78.

717 Hollenhorst, Margaret M., Joppa, L. R.: Chromosomal location of genes for resistance to greenbug in ‚Largo' und ‚Amigo' wheats. Crop Sci. **23** (1983): 91–93.

718 Holmes, N. D., Larson, R. I., Peterson, L. K., MacDonald, M. D.: Influence of periodic shading on the length and solidness of the internodes of Rescue wheat. Canad. J. Plant Sci. **40** (1960): 183–187.

719 Holt, J.: Aphid resistance in *Vicia faba*. Fabis Newsletter (1979), Nr. 1: 26–27.

720 Homeyer, B.: Neue Möglichkeiten der Nematodenbekämpfung im Kartoffelbau. Mitt. Biol. Bundesanst. Land- u. Forstwirtsch. **178** (1978): 135–136.

721 Hommes, M.: Prüfung von Sorten verschiedener Gemüsearten auf Resistenz gegenüber Schädlingen. Jahresber. Biol. Bundesanst. Land- u. Forstwirtsch. 1981 (1982): H 23.

722 Honeyborne, C. H. B.: Performance of *Aphis fabae* and *Brevicoryne brassicae* on plants treated with growth regulators. J. Sci. Food. Agric. **20** (1969): 388–390.

723 Hooper, D. J.: Observations on stem nematode, *Ditylenchus dipsaci*, attacking field beans, *Vicia faba*. Rothamsted exper. Sta., Rep. for 1983, Part 2 (1984): 239–260.

724 Hoppe, J. H.: Sortenwahl bei Sommergetreide im Hinblick auf die Bekämpfung von Getreidenematoden. Arbeiten DLG **166** (1980): 66–70.

725 Horber, E.: Versuche zur Verhinderung der vom Maikäferengerling (*Melolontha vulgaris* F.), von der Fritfliege (*Oscinella frit* L.) und vom Maiszünsler (*Pyrausta nubilalis* Hbn.) verursachten Schäden mittels resistenter Sorten. Landw. Jahrb. Schweiz **75** (1961): 645–668.

726 — Types and classification of resistance. In Maxwell, F. G., and Jennings, P. R.: Breeding plants resistant to insects, 15–21, John Wiley & Sons, New York, Chichester, Brisbane, Toronto, 1980.

727 — Leath, K. T., Berrang, B., Marcarian, V., Hanson, C. H.: Biological activities of saponin components from Du Puits and Lahontan alfalfa. Entomol. exper. appl. **17** (1974): 410–424.

728 Hori, K., Atalay, R.: Biochemical changes in the tissue of chinese cabbage injured by the bug *Lygus disponsi*. Appl. Entomol. Zool. **15** (1980): 234–241.

729 Hormchong, T., Wood, E. A.: Evaluation of barley varieties for resistance to the corn leaf aphid. J. econ. Entomol. **56** (1963): 113–114.

730 Hornung, Ursula: Zum Einfluß der Wirtspflanze auf ihren Parasiten am Beispiel *Humulus lupulus* L. — *Phorodon humuli* Schrank. Angew. Bot. **49** (1975): 45–53.

731 Hoshino, T.: Resistance to bird damage in grain sorghum. Characteristics and effectiveness of bird-resistant varieties. Agric. Hortic. **52** (1977): 889–894.

732 Howard, H. W.: Plant Breed. Inst. Trumpington (Cambridge), Annu. Rep. for 1963/64 (1965): 65–66.

733 — Genetics of the potato, *Solanum tuberosum*. Logos Press Ltd., London 1970. 126 p.

734 — Fuller, J. M.: Resistance to the cream and white potato cyst nematodes. Plant Pathol. **20** (1971): 32–35.

735 Howe, W. L., Pesho, G. R.: Influence of plant age on the survival of alfalfa varieties differing in resistance to the spotted alfalfa aphid. J. econ. Entomol. **53** (1960): 142–144.

736 Howlett, F. M.: Chemical reactions of fruit-flies. Bull. entomol. Res. **6** (1915): 297–305.

737 Hoxie, R. P., Wellso, S. G., Webster, J. A.: Cereal leaf beetle response to wheat trichome lenght and density. Environ. Entomol. **4** (1975): 365–370.

738 Hsiao, T. H., Fraenkel, G.: The influence of nutrient chemicals on the feeding behavior of the Colorado potato beetle, *Leptinotarsa decemlineata* (Coleoptera: Chrysomelidae). Ann. entomol. Soc. Amer. **61** (1968): 44–54.

739 — — The role of secondary plant substances in the food specifity of the Colorado potato beetle. Ann. entomol. Soc. Amer. **61** (1968): 485–490.

740 Hsu, S., Robinson, A. G.: Resistance of barley varieties to the aphid *Rhopalosiphum padi* (L.). Canad. J. Plant Sci. **42** (1962): 247–251.

741 — — Further studies on resistance of barley varieties to the aphid *Rhopalosiphum padi* (L.). Canad. J. Plant Sci. **43** (1963): 343–348.

742 Huang, C. S., Buu, R. H., Cheng, C. H., Liu, C.: Breeding for resistance to brown planthopper in keng (japonica) rice. Proceed. Symp. Plant Breeding, Taichung (Taiwan) 1981 (1982): 89–97.

743 Huang, Z. H.: Breeding the rice variety Tainong (Tainung) 67. J. agric. Res. China **28** (1979): 57–66.

744 Hudon, M., Chiang, M. S., Shapiro, I. D., Pereverzev, D. S.: Sovieto-Canadian entomological investigations on the influence of resistant and susceptible

maize inbred lines on the fecundity of the European corn borer, *Ostrinia nubilalis* (Hbn.). Ann. Soc. Entomol. Québec **25** (1980): 36—54.

745 Huijsman, C. A.: Breeding for resistance to pathotype Pa-3 of *Globodera pallida*. Potato Res. **26** (1983): 404—405.

746 — Lamberts, H.: Breeding for resistance to the potato cyst-nematode in the Netherlands. Internat. Symp. on key problems and potentials for greater use of the potato in the developing world. Lima, Peru, 17.—19. 7. 1972, 161—171.

747 Hunnius, W., Scheidt, M.: Ein Beitrag zur Resistenzzüchtung gegen den Kartoffelnematoden *Heterodera rostochiensis* Woll. auf der Basis *S. spegazzinii*. Bayer. Landwirtsch. Jahrb. **51** (1974): 294—303.

748 Hunt, O. J., Faulkner, L. R., Peaden, R. N.: Breeding for nematode resistance. In Hanson, C. H.: Alfalfa science and technology, 355—370. Amer. Soc. Agronomy, Madison, Wisconsin 1972.

749 Hyer, A. H., Jorgenson, E. C., Garber, R. H., Smith, S.: Resistance to root-knot nematode in control of root-knot nematode — fusarium wilt disease complex in cotton. Crop Sci. **19** (1979): 898—901.

750 Ibrahim, I. K. A., E.-Saedy, M. M.: Resistance of 20 soybean cultivars to root-knot nematodes in Egypt. J. Nematol. **14** (1982): 445.

751 — Rezk, M. A., Khalil, H. A. A.: Reaction of fifteen malvaceous plant cultivars to root-knot nematodes, *Meloidogyne* spp. Nematol. Mediter. **10** (1982): 135—139.

752 Ichinohe, M., Yuhara, I.: Ecology of the root-knot nematode in the northern part of Hokkaido. Japan. J. Ecol. **6** (1956): 24—28.

753 Idiatulina, F. F.: A study and evaluation of the world collection of kenaf for resistance to root-knot nematode. Materialy 7 Nauch, Konf. Molodykh Uzbekistana po selskoch. Zashchita rastenii, Taschkent (1974): 131—135.

754 Iheagwam, E. U.: Influence of cabbage *Brassica oleracea* varieties and temperature on population variables of the cabbage whitefly *Aleyrodes brassicae*. Oikos **36** (1981): 233—237.

755 Ikeda, R., Kaneda, C.: Trisomic analysis of the gene Bph 1 for resistance to the brown planthopper, *Nilaparvata lugens* Stal. Japan. J. Breeding **33** (1983): 40—44.

756 Ikeda, T., Matsumura, F., Benjamin, D. M.: Chemical basis for feeding adaptation of pine sawflies *Neodiprion swainei*. Science **197** (1977): 497—499.

757 Ikeshoji, T., Matsumoto, Y., Nagai, M., Komochi, S., Tsutsumi, M., Mitsui, Y.: Correlation between the susceptibility of onion cultivars to the onion maggot, *Hylemya antiqua* Meigen (Diptera: Anthomyiidae), and the biochemical characteristics of onion plant. Appl. Entomol. Zool. **17** (1982): 507—518.

758 Il'in, V. S.: A variety of gooseberry with increased field resistance to the sawfly (russ.). Zaščita Rastenij (1981), Nr. 10: 27.

759 Inagaki, H.: Race status of five Japanese populations of *Heterodera glycines*. Japan. J. Nematol. **9** (1979): 1—4.

760 Inserra, R. N., O'Bannon, J. H., Divito, M., Ferris, H.: Response of two alfalfa cultivars to *Meloidogyne hapla*. J. Nematol. **15** (1983): 644—646.

761 Irizarry, H., Jenkins, W. R., Childers, N. F.: Interaction of soil temperature and *Meloidogyne* ssp. on resistance of the common bean, *Phaseolus vulgaris* L., to the root-knot disease. Nematropica **1** (1971): 41—42, 46—47.

762 Isaak, A., Sorensen, E. L., Painter, R. H.: Stability of resistance to pea aphid and spotted alfalfa aphid in several alfalfa clones under various temperature regimes. J. econ. Entomol. **58** (1965): 140—143.

763 Ishii, S., Hirano, C.: Growth responses of larvae of the rice stem borer to rice plants treated with 2,4-D. Entomol. exper. appl. **6** (1963): 257—262.

764 Isom, W. H., Green, W. L., Stanford, E. H., Lehman, W. F., Marble, V. L., Teuber, L. R.: Registration of UC-PX 1971, alfalfa germplasma (Reg. No. GP 104). Crop Sci. **20** (1980): 288—289.

765 Ivancheva-Gabrovska, T.: Sources of resistance to tomato spotted wilt virus and *Thrips tabaci* Lind. Bull. Inform. Coresta (1978), Special Ed.: 95—96.

766 Ivanova, T. S., Kankina, V. K.: A nematode parasitic on strawberry, (russ.). Zaščita Rastenij (1974), Nr. 8: 50.

767 Jacenko, N. D., Bakalova, V. V.: Metodika ispytanija ustojčivosti sortoobrazcov gorocha k gorochovoj tle. Selekcija Semenovodstvo (1980), Nr. 8: 17—18.

768 Jackel, L. E. N.: A field screening technique for resistance of cowpea (*Vigna unguiculata*) to the pod borer *Maruca testulalis* (Lepidoptera: Pyralidae). Bull. entomol. Res. **72** (1982): 145.

769 Jain, R. K., Bhatti, D. S., Bhutani, R. D., Kalloo: Screening of germplasm of some vegetable crops for resistance to root knot nematode *Meloidogyne javanica*. Indian J. Nematol. **13** (1983): 212—215.

770 Jarvis, J. L.: Differential reaction of introductions of crambe to the turnip aphid and the green peach aphid. J. econ. Entomol. **62** (1969): 697—698.

771 Jaswant, S., Sajjan, S. S.: Losses in maize yield due to different damage grades (1—9 scale) caused by maize borer, *Chilo partellus* (Swinhoe). Indian J. Entomol. **44** (1982): 41—48.

772 Jatala, P., Gutarra, L., French, E. R., Arango, J.: Interaction of *Heterodera pallida* and *Pseudomonas solanacearum* on potatoes. J. Nematol. **8** (1976): 289—290.

773 — Rowe, P. R.: Reaction of 62 tuber-bearing *Solanum* species to the root-knot nematode *Meloidogyne incognita acrita*. J. Nematol. **8** (1976): 290.

774 — Russel, C. C.: Nature of sweet potato resistance to *Meloidogyne incognita* and the effects of temperature on parasitism. J. Nematol. **4** (1972): 1—7.

775 Jayaraj, S.: Preference of castor varieties for feeding and oviposition by the leafhopper, *Empoasca flavescens* (F.) (Homoptera, Jassidae) with particular reference to its honeydew excretion. J. Bombay Nat. Hist. Soc. **65** (1968): 64—74.

776 Jayaswal, A. P., Saini, R. K., Kairon, M. S.: Incidence of pink bollworm in some promising varieties of upland cotton in Haryana. Indian J. agric. Sci. **51** (1981): 577—578.

777 Jayraprakash, A., Rao, Y. S.: Reaction of rice cultivars against the cyst nematode *Heterodera oryzicola*. Indian J. Nematol. **13** (1983): 117—118.

778 Jena, R. N., Rao, Y. S.: Root-knot nematode resistance in rice. Indian J. Genetics Plant Breed. **34A** (1974): 443—445.

779 — — Nature of root-knot (*Meloidogyne graminicola*)

resistance in rice (*Oryza sativa*). I. Isolation of resistant varieties. Proceed. Indian Acad. Sci. **83B** (1976): 177—184.

780 — — Nature of resistance in rice (*Oryza sativa* L.) to the root-knot nematode (*Meloidogyne graminicola* Golden and Birchfield). II. Mechanism of resistance. Proceed. Indian Acad. Sci. **86B** (1977): 33—38.

781 Jenkins, J. N., Maxwell, F. G., Lafever, H. N.: The comparative preference of insects for glanded and glandless cottons. J. econ. Entomol. **59** (1966): 352—356.

782 — Parrott, W. L.: Effectiveness of frago bract as a boll weevil resistance character in cotton. Crop Sci. **11** (1971): 739—743.

783 Jennings, P. R., Pineda, A. T.: Screening rice for resistance to the planthopper, *Sogatodes oryzicola* (Muir). Crop Sci. **10** (1970): 687—689.

784 Jenser, G., Sheta, I. B.: Investigation of the resistance of a few Hungarian sour-cherry hybrids against the San-José scale (*Quadraspidiotus perniciosus* Comst.). Acta Phytopath. Acad. Sci. Hung. **4** (1969): 313—315.

785 Jermy, T.: Insect-host-plant-relationship — coevolution or sequential evolution? Symp. Biol. Hung. **16** (1976): 109—113.

786 Johannsen, W.: Über Erblichkeit in Populationen und reinen Linien. Gustav Fischer Verlag, Jena 1903.

787 Johnson, A. W.: Resistance of sweet corn cultivars to plant parasitic nematodes. Plant Dis. Reptr. **59** (1975): 373—376.

788 Johnson, J. W., Teetes, G. L.: Breeding for arthropod resistance in sorghum. In Harris, M. K.: Biology and breeding for resistance to arthropods and pathogens in agricultural plants, 168—180. Texas Univ., College Station, Texas 1979.

789 — — Rosenow, D. T., Phillips, J. M.: Corn leaf aphid resistance in sorghum. Sorghum Newsletter **21** (1978): 113.

790 — — Wuensche, A. L., Rosenow, D. T., Phillips, J. M.: Sorghum cultivars resistant to the sorghum midge. Sorghum Newsletter **22** (1979): 87.

791 Johnson, K. J. R., Sorensen, E. L., Horber, E. K.: Behavior of adult alfalfa weevils (*Hypera postica*) on resistant and susceptible *Medicago* species in free-choice preference tests. Environ. Entomol. **10** (1981): 580—585.

792 Johnson, R.: The concept of durable resistance. Phytopathology **69** (1979): 198—199.

793 — Durable resistance: definition of genetic control, and attainment in plant breeding. Phytopathology **71** (1981): 567—568.

794 — Law, C. N.: Genetic control of durable resistance to yellow rust (*Puccinia striiformis*) in the wheat cultivar Hybride de Bersée. Ann. appl. Biol. **81** (1975): 385—391.

795 Jonasson, T.: Havrens resistens mot fritflugeangrepp. Växtskyddskonf. 1978 Uppsala, Växtskyddsrapporter Jordbruk 1978, Nr. **4**: 35—40.

796 — Susceptibility of oat seedlings to oviposition by the frit fly, *Oscinella frit* L. (Dipt., Chloropidae). Z. angew. Entomol. **89** (1980): 263—268.

797 — Resistance of oat plants to larval attack by the frit fly, *Oscinella frit* L. (Dipt., Chloropidae). Z. angew. Entomol. **93** (1982): 508—515.

798 Jones, A. T.: The effect of resistance to *Amphorophora rubi* in raspberry (*Rubus idaeus*) on the spread of aphid-borne viruses. Ann. appl. Biol. **82** (1976): 503—510.

799 — Further studies on the effect of resistance to *Amphorophora idaei* in raspberry (*Rubus idaeus*) on the spread of aphid-borne viruses. Ann. appl. Biol. **92** (1979): 119—123.

800 — Performance of aphid-resistant genotypes. Effects of four aphid-borne viruses latent in raspberry. Scott. Hort. Res. Inst., Annu. Rep. for 1978, **25** (1979): 105.

801 — Viruses infecting raspberry. Performance of aphid-resistant cultivars. Scott. Hort. Res. Inst., Annu. Rep. for 1980, **27** (1981): 98—99.

802 Jones, F. G. W.: Integrated control of the potato cyst-nematode. Proceed. 5th Brit. Insectic. Fungic. Conf., Brighton **3** (1969): 646—656.

803 — Background to biological control of nematode pests. In Jones, D. P.: Biology in pest and disease control, 249—268. Blackwell Sci. Publ., 1974.

804 — Parrott, D. M.: The genetic relationships of pathotypes of *Heterodera rostochiensis* Woll. which reproduce on hybrid potatoes with genes for resistance. Ann. appl. Biol. **56** (1965): 27—36.

805 — — Perry, J. N.: The gene-for-gene relationship and its significance for potato cyst nematodes and their solanaceous hosts. In Zuckerman, B. M., and Rhode, R. A.: Plant parasitic nematodes, Vol. III, 23—26. Academic Press, London, New York 1981.

806 Jones, M. G. K.: The development and function of plant cells modified by endoparasitic nematodes. In Zuckerman, B. M., and Rhode, R. A.: Plant parasitic nematodes, Vol. III, 255—279. Academic Press, London, New York 1981.

807 — Northcote, D. H.: Nematode-induced syncytium — a multinucleate transfer cell. J. Cell. Sci. **10** (1972): 789—809.

808 Jones, O. T., Coaker, T. H.: A basis for host plant feeding in phytophagous larvae. Meded. Fac. Landbouwwetensch. Rijksuniv. Gent **42** (1977): 472—484.

809 Joppa, L. R., Timian, R. G., Williams, N. D.: Inheritance of resistance to greenbug toxicity in an amphiploid of *Triticum turgidum*/*T. tauschii*. Crop Sci. **20** (1980): 343—344.

810 Joshi, B. G., Ramapracad, G., Sitaramaiah, S.: A note on relative toxicity of some *Nicotiana* species to green peach aphid, *Myzus persicae* Sulz. Tobacco Res. **4** (1978): 65—66.

811 Jotwani, M. G., Davies, J. C.: Insect resistance studies on sorghum at international institutes and national programs with special reference to India. In Harris, M. K.: Biology and breeding for resistance to arthropods and pathogens in agricultural plants, 224—236. Texas Agric. Exp. Sta. Misc. Publ., Texas 1980.

812 Juneja, P. S., Gholson, R. K., Burton, R. L., Starks, K. J.: The chemical basis for greenbug resistance in small grains. I. Benzyl alcohol as a possible resistance factor. Ann. entomol. Soc. Amer. **65** (1972): 961—964.

813 Juvik, J. A., Berlinger, M. J., Ben-David, T., Rudich, J.: Resistance among accessions of the genera *Lycopersicon* and *Solanum* to four of the main insect pests of tomato in Israel. Phytoparasitica **10** (1982): 145—156.

814 Kabir, M. A., Alam, M. S.: Varietal screening for

resistance to brown planthopper and its biotype in Bangladesh. Internat. Rice Res. Newsletter **6** (1981): 8—9.

815 Kacar, N.: Observations on the damage caused by the grape berry moth (*Lobesia botrana* Schiff. u. Den.) (Lep.: Tortricidae) on some grape varieties appropriate to the conditions of the Aegean region. Türkiye Bitki Kormud Dergisi **6** (1982): 105—109.

816 Kain, W. M., Wyeth, T. K., Gaynor, D. L., Slay, M. W.: Argentine stem weevil (*Hyperodes bonariensis* Kushel) resistance in perennial and hybrid ryegrasses. I. Field resistance in perennial ryegrass. New Zeal. J. agric. Res. **25** (1982): 255—259.

817 Kalkuliya, M. A., Chotorlishvili, I. O., Zedginidze, M. G., Tvalchrelidze, N. A.: Result of a search for varieties and local forms of mulberry resistant to dwarfing disease, (russ.). Tr. Vses. seminara po genet. i selektsii tutovogo shelkopryada i shelkovitsy. Tashkent, 1977, 143—153.

818 Kalloo, Jain, R. K., Bhatti, D. S.: Inheritance studies on resistance to root-knot nematodes in tomato (*Lycopersicon esculentum* Mill.). Z. Pflanzenzüchtung **81** (1978): 281—284.

819 Kalode, M. B., Sain, M., Bentur, J. S., Pophaly, D. J., Raghvaiah, G.: New donors and mechanism of resistance to gallmidge in rice grown in the greenhouse. Indian J. agric. Sci. **53** (1983): 483—485.

820 Kamel, S. A.: Relationship between leaf hairiness and resistance to cotton leaf worm. Emp. Cotton Grow. Rev. **42** (1965): 41—48.

821 — Elkassaby, E. Y.: Relative resistance of cotton varieties in Egypt to spider mites, leaf hoppers and aphids. J. econ. Entomol. **58** (1965): 209—212.

822 Kameraz, A. Ja., Olefir, V. V.: Resistance to the stem nematode (*Ditylenchus destructor* Thorne) in different species and interspecific hybrids of potato (russ.). Tr. Priklad. Botanike, Genetike i Selekcii **53** (1974): 216—231.

823 — Ponin, I. Ja.: Initial material and proposals for using it in breeding potatoes for resistance to the potato nematode (*Heterodera rostochiensis* Woll.). (russ.) Tr. Priklad. Botanike, Genetike i Selekcii **53** (1974): 199—215.

824 Kamm, J. A., Fronk, W. D.: Olfactory response of the alfalfa-seed chalcid, *Bruchophagus roddi* Guss., to chemicals found in alfalfa. Wyoming agr. exp. Sta. Bull. **413** (1964): 36.

825 Kaneda, C.: Present status and prospects of rice breeding for brown planthopper resistance in Japan. Japan Agric. Res. Quarterly **12** (1978): 57—63.

826 Kanehira, O.: Seasonal prevalence of foxglove aphid *Acyrthosiphon solani* (Kaltenbach) in soybean varieties — differences in inheritance to the soybean dwarf disease. Bull. Hokkaido Pref. Agric. Exper. Sta. **40** (1978): 51—60.

827 Kankina, V. K., Milkus, B. N.: Effektivnost' bor'by s parazitami vinogradnoj lozy. Zaščita Rastenij (1984), Nr. 9: 22—25.

828 Kanterina, N. F., Azarova, E. F., Antonova, G. A.: Pea varieties resistant to *Cydia nigricana* (russ.). Selekcija Semenovodstvo (1981); Nr. 7: 20—22.

829 Kanyagia, S. T.: Reaction of tomato cultivars to *Meloidogyne* spp. in Kenya. East African Agric. Forestry J. **44** (1979): 328—331.

830 Kaplan, D. T., Keen, N. T.: Mechanism conferring plant incompatibility to nematodes. Rev. Nematol. **3** (1980): 123—134.

831 — — Thomason, I. J.: Studies on the mode of action of glyceollin in soybean incompatibility to the root knot nematode, *Meloidogyne incognita*. Physiol. Plant Pathol. **16** (1980): 319—325.

832 Kappelmann, A. J.: Resistance to *Fusarium* wilt pathogen in currently used cotton cultivars. Plant Disease **66** (1982): 837—839.

833 Karel, A. K., Malinga, Y.: Leafhopper and aphid resistance in cowpea varieties. Tropic. Grain Legume Bull. (1980), Nr. 20: 10—11.

834 Karim, A. N. M. R., Pathak, M. D.: New genes for resistance to green leafhopper, *Nephotettix virescens* (Distant) in rice, *Oryza sativa* L. Crop Protect. **1** (1982): 483—490.

835 Karl, E., Eisbein, K.: Anfälligkeit einiger Kopfkohlsorten und -zuchtstämme mit unterschiedlich ausgebildeten kutikularen Wachsstrukturen gegenüber *Brevicoryne brassicae* (L.) und *Myzus persicae* (Sulz.). Arch. Phytopathol. Pflanzenschutz **23** (1987): 369—376.

836 — Giersemehl, Ingelore: Untersuchungen zum Saugverhalten verschiedener Aphidenarten an mit ^{32}P markierten Wirts- und Nichtwirtspflanzen. Arch. Phytopathol. Pflanzenschutz **10** (1974): 53—60.

837 — Hartleb, H.: Beobachtungen zur Schädigung von Erdbeerfrüchten durch Laufkäfer (Carabidae). Nachrichtenbl. Dt. Pflanzenschutzdienst, Berlin N. F. **17** (1963): 79—83.

838 Katanyukul, W., Kadkao, S., Tayathum, C., Khambanonda, P., Chombhubol, M.: Resistance of RD4 and RD7 mutants to rice gall midge. Internat. Rice Res. Newsletter **8** (1983): 7—8.

839 Keep, E.: Breeding for resistance to aphids in *Rubus* and *Ribes*. Bull. SROP (1977), Nr. 3: 79—84.

840 — Knight, R. L.: A new gene from *Rubus occidentalis* L. for resistance to strains 1, 2, and 3 of *Rubus* aphid, *Amphorophora rubi* Kalt. Euphytica **16** (1967): 209—214.

841 — — Parker, J. H.: Further data of resistance to the *Rubus* aphid *Amphorophora rubi* (Kltb.). East Malling Res. Sta., Rep. for 1969 (1970): 129—131.

842 Keetch, D. P.: Some host plants of the burrowing eelworm *Radopholus similis* (Cobb) in Natal. Phytophylactica **4** (1972): 51—57.

843 Kegler, H., Kleinhempel, H.: Virusresistenz der Pflanzen. Akademie-Verlag, Berlin 1987. 184 S.

844 Kendall, D. A., Smith, B. D., Hazell, S., Mathias, L., Hammock, P., Chinn, N., March, C., Young, J., Smith, T. A., Best, G. R., Miles, D. M.: Cereal aphids and spread of barley yellow dwarf virus (BYDV). Long Ashton Rep. for 1979 (1980): 123—124.

845 Kennedy, G. G.: Host plant resistance and the spread of plant viruses. Environ. Entom. **5** (1976): 827—832.

846 — 2-Tridecanone, tomatoes and *Heliothis zea*: potential incompatibility of plant antibiosis with insecticidal control. Entom. exp. appl. **35** (1984): 305—311.

847 — Abou-Ghadir, M. F.: Bionomics of the turnip aphid on two turnip cultivars. J. econ. Entomol. **72** (1979): 754—757.

848 — Kishaba, A. N.: Bionomics of *Aphis gossypii* on resistant and susceptible cantaloupe. Environ. Entomol. **5** (1976): 357—361.

849 — — Bohn, G. W.: Response of several pest species to *Cucumis melo* L. lines resistant to *Aphis gossypii* Glover. Environ. Entomol. **4** (1975): 653—657.

850 — Schaefers, G. A.: Evidence for nonpreference and antibiosis in aphid-resistant red raspberry cultivars. Environ. Entomol. **3** (1974): 773—777.

851 — — Evaluation of immunity in red raspberry to *Amphorophora agathonica* via cuttings. J. econ. Entomol. **67** (1974): 311—312.

852 Kennedy, J. S.: A biological approach to plant viruses. Nature **168** (1951), 890—894.

853 — Booth, C. O.: Host alternation in *Aphis fabae* Scop. I. Feeding preferences and fecundity in relation to the age and kind of leaves. Ann. appl. Biol. **38** (1951): 25—64.

854 — — Responses of *Aphis fabae* Scop. to water shortage in host plants in the field. Entomol. exper. appl. **2** (1959): 1—11.

855 — — Kershaw, W. J. S.: Host findings by aphids in the field. III. Visual attraction. Ann. appl. Biol. **49** (1961): 1—21.

856 — Lamb, K. P., Booth, C. O.: Responses of *Aphis fabae* Scop. to water shortage in host plants in pots. Entomol. exper. appl. **1** (1958): 274—290.

857 Kenten, R. H., Legg, J. T.: Varietal resistance of cocoa to swollen shoot disease in West Africa. FAO Plant Protect. Bull. **19** (1971): 1—11.

858 Kerr, A., Vythilingam, M. K.: Resistance of tea clones to the root lesion eelworm *Pratylenchus loosi*. Tea Q. **38** (1967): 42—51.

859 Khalifa, H.: Breeding for insect resistance in cotton. Proceed. Advis. Group Meeting: Use of induced mutations for resistance of crop plants to insects. Dakar (Senegal) 17—21 Oct. 1977 (1978): 5—16.

860 — Gameel, O. I.: Control of cotton stickiness through breeding cultivars resistant to whitefly (*Bemisia tabaci* (Genn.)) infestation. Internat. Atomic Energy Agency, Wien (1982): 181—186.

861 Khan, Z. R., Saxena, R. C.: Electronic device to record feeding behavior of whitebacked planthopper on susceptible and resistant rice varieties. Internat. Rice Res. Newsletter **9** (1984), Nr. 1: 8—9.

862 Khandelwal, R. C., Nath, P.: Evaluation of cultivars of watermelon for resistance to fruit fly. Egypt. J. Genet. Cytol. **8** (1979): 46—56.

863 Khanna, M. L.: Multiple resistance to heat, drought, frost charoal rot and nematode in commercial potato. Current Sci. **35** (1966): 494—496.

864 Khare, B. P., Chandra, S., Sharma, V. K.: Relative susceptibility of maize germplasms to red flour beetle, *Tribolium castaneum* Herbst. Indian J. agric. Sci. **52** (1982): 228—231.

865 Khattab, A. A. S., El-Saudany, G. B., Mourud, S. A.: Relative susceptibility of five maize varieties to the infestation of the lesser cotton leafworm, *Spodoptera exigua* (Hb.), in Egypt. Bull. Soc. Entomol. Égypte, 1977 (1981), Nr. 61: 75—77.

866 Khattak, S. V. K., Shafigue, M.: Susceptibility of some wheat varieties to Angoumois grain moth, *Sitotroga cerealella* Oliv. (Lepidoptera: Gelechiidae). Pakistan J. Zool. **13** (1981): 99—103.

867 Khrolinskij, L. G.: Osobennosti pitanija i pishhe varenija koloradskogo zhuka (*Leptinotarsa decemlineata* Say.) na raznykh sortakh kartofelja. Tr. vses. nauč.-issl. Inst. Zaščity Rast. **6** (1979): 76—81.

868 Khurana, A. D.: Studies on resistance in forage sorghum to *Chilo partellus* (Swinhoe) (Lepidoptera: Crambidae) and *Atherigona soccata* (Rondani) (Diptera: Muscidae). Thesis Abstr. **6** (1980): 190—192.

869 — Verma, A. N.: Some biochemical plant characters in relation to susceptibility of sorghum to stemborer and shoot-fly. Indian J. Entomol. **45** (1983): 29—37.

870 Khush, G. S.: Breeding for multiple disease and insect resistance in rice. In Harris, M. K.: Biology and breeding for resistance to arthropods and pathogens in agricultural plants, 341—345. Texas Agric. Exp. Sta. Misc. Publ., 1980.

871 Kieckhefer, R. W., Jedlinski, H., Brown, C. M.: Host preferences and reproduction of four cereal aphids on 20 *Avena* sections. Crop Sci. **20** (1980): 400—402.

872 — Thysell, J. R.: Host preferences and reproduction of four cereal aphids on 20 triticale cultivars. Crop Sci. **21** (1981): 322—324.

873 Kilian, L., Nielson, M. W.: Differential effects of temperature on the biological activity of four biotypes of the pea aphid. J. econ. Entom. **64** (1971): 153—155.

874 Kim, K. C.: Studies on the resistance of leading rice varieties to leaf- and planthoppers. Korean J. Plant Protect. **17** (1978): 53—63.

875 Kimm, S. S., Boo, K. S., Son, J. S.: Differences in oviposition and larval development of stored tobacco insects among different tobacco varieties. Res. Bull. Korea Tob. Inst. **2** (1980): 68—71.

876 Kim, Y. H., Lee, J. O., Goh, H. G.: Differences between seedling bulk and population build up tests of varietal resistance to whitebacked planthopper. Internat. Rice Res. Newsletter **7** (1982): 11.

877 Kimmins, F.: The probing behaviour of *Rhopalosiphum maidis*. Proceed. 5th Internat. Symp. Insect-Plant Relationships, Wageningen 1982. Pudoc, Wageningen 1982, 411—412.

878 Kindler, S. D., Staples, R.: Nutrients and the reaction of two alfalfa clones to the spotted alfalfa aphid. J. econ. Entomol. **63** (1970): 938—940.

879 — — The influence of fluctuating and constant temperatures, photoperiod, and soil moisture on the resistance of alfalfa to the spotted alfalfa aphid. J. econ. Entomol. **63** (1970): 1198—1201.

880 — — Spomer, S. M., Adeniji, O.: Resistance of bluegrass cultivars to biotypes C and E greenbug (Homoptera: Aphididae). J. ec. Entom. **76** (1983): 1103—1105.

881 King, P. D., Meekings, J. S., Smith, S. M.: Studies of the resistance of grapes (*Vitis* spp.) to phylloxera (*Dactylosphaira vitifoliae*). New Zeal. J. exper. Agric. **10** (1982): 337—344.

882 Kinloch, R. A., Hiebsch, C. K., Hinson, K.: Combined resistance in soybean breeding lines to *Meloidogyne arenaria*, *M. incognita*, and *Heterodera glycines* (Race 3). J. Nematol. **14** (1982): 451.

883 Kiraly, Z. Z., Klement, F., Solmosy, F., et al.: Methods in plant pathology with special reference to breeding for disease resistance. Akad. Kiadó Budapest (1970). 509 p.

884 Kisha, J. S. A.: Effect of the jassid *Empoasca lybica* on the growth and yield of two eggplant cultivars. Insect Sci. Applic. **2** (1981): 223—225.

885 — Observations on the trapping of the whitefly *Bemisia tabaci* by glandular hairs on tomato leaves. Ann. appl. Biol. **97** (1981): 123—127.

886 Kishaba, A. N., Bohn, G. W., Toba, H. H.: Resistance to *Aphis gossypii* in muskmelon. J. econ. Entomol. **64** (1971): 935—937.

887 — — — Genetic aspects of antibiosis to *Aphis gossypii* in *Cucumis melo* from India. J. Amer. Soc. hort. Sci. **101** (1976): 557—561.

888 Klashorst, G. van den, Tingey, W. M.: Effect of seedling age, environmental temperature, and foliar total glycoalkaloids on resistance of five *Solanum* genotypes to the potato leafhopper. Environ. Entomol. **8** (1979): 690—693.

889 Klausnitzer, B.: Evolution der Insekten als Einmischungsprozeß bei Angiospermen. Biol. Rdsch. **15** (1977): 366—377.

890 Klein, M., Zur, M., Meisner, J., Ben-Moshe, E., Levski, S., Dor, Z.: Studies of the response of the spring bollworm, *Earias insulana*, to rearing on leaves, flower buds and bolls of high-terpenoide-aldehyde cotton genotypes in the laboratory. Phytoparasitica **10** (1982): 157—167.

891 Kleinhempel, H., Spaar, D.: 30 Jahre Entwicklung des Instituts für Phytopathologie Aschersleben — Entwicklung der Resistenzforschung. Tagungsber. Akad. Landwirtsch.-Wiss. DDR, Berlin **216** (1983): 17—38.

892 Klingauf, F.: Die Wirkung des Glukosids Phlorizin auf das Wirtswahlverhalten von *Rhopalosiphum insertum* (Walk.) und *Aphis pomi* De Geer (Homoptera: Aphididae). Z. angew. Entomol. **68** (1971): 41—55.

893 — Die Bedeutung von peripher vorliegenden Pflanzensubstanzen für die Wirtswahl von phloemsaugenden Blattläusen (Aphididae). Z. Pflanzenkrankh. Pflanzenschutz **79** (1972): 471—477.

894 — Selbstschutz der Pflanzen vor Insektenbefall. Meded. Fac. Landbouwwetensch. Rijksuniv. Gent **48** (1983): 137—147.

895 — Salem, I. E. M.: Insektenbefall — Pflanzenresistenz. Versuch einer Synthese der Wirtswahltheorien. Mitt. dt. Ges. allg. angew. Entomol. **1** (1978): 6—14.

896 Klun, J. A., Guthrie, W. D., Hallauer, A. R., Russell, W. A.: Genetic nature of the concentration of 2,4-dihydroxy-7-methoxa-2H-1,4-benzoxazin-3(4H)-one and resistance to the European corn borer in a diallel set of eleven maize inbreds. Crop Sci. **10** (1970): 87.

897 — Tipton, C. L., Brindley, T. A.: 2,4-dihydroxy-7-methoxy-1,4-benzoxazin-3-one (DIMBOA), an active agent in the resistance of maize to the European corn borer. J. econ. Entomol. **60** (1967): 1529—1533.

898 Knight, R. L., Briggs, J. B., Massee, A. M., Tydeman, H. M.: The inheritance of resistance to woolly aphid, *Eriosoma lanigerum* (Hsmnn.), in the apple. J. hortic. Sci. **37** (1962): 207—218.

899 Kobayashi, A.: Inheritance of resistance to green rice leafhopper, (*Nephotettix cincticeps* Uhler) and rice dwarf disease. Fourth Internat. SABRO Congr. 4—8 May 1981, Kuala Lumpur (1981): 16—17.

900 — Supaad, M. A., Othman, B. O.: Inheritance of resistance of rice to tungro and biotype selection of green leafhopper in Malaysia. JARQ **16** (1983): 306—311.

901 Kochba, J., Samish, R. M.: Effect of kinetin and l-napthylacetic acid on root-knot nematodes in resistant and susceptible peach rootstocks. J. Amer. Soc. hort. Sci. **96** (1971): 458—461.

902 — Spiegel-Roy, P.: Inheritance of resistance to the root-knot nematode (*Meloidogyne javanica* Chitwood) in bitter almond progenies. Euphytica **24** (1975): 453—457.

903 Koesnang, S., Rao, P. S.: Life span of and tungro transmission by viruliferous *Nephotettix virescens* on 10 rice varieties at LPPM, Indonesia. Internat. Rice Res. Newsletter **5** (1980): 9—10.

904 Kogan, M.: Intake and utilization of natural diets by the Mexican bean beetle, *Epilachna varivestis*. A multivariate analysis. In Rodriguez: Insect and mite nutrition: significance and implication in ecology and pest management, 107—126. North-Holland, Amsterdam 1972.

905 — Plant resistance in pest management. In Metcalf, R. L. and Luckmann, W. H.: Introduction to insect pest management, 103—146. John Wiley & Sons, New York, London, Sidney, Toronto 1975.

906 — Ortman, E. F.: Antixenosis — a new term proposed to define Painter's „nonpreference" modality of resistance. Bull. entomol. Soc. Amer. **24** (1978): 175—176.

907 — Paxton, J.: Natural inducers of plant resistance to insects. In Hedin, P. A.: Plant resistance to insects, 153—171. ACS Symposium Series **208** (1983).

908 Kok-Yokomi, M. L.: Mechanisms of host plant resistance in tomato to the potato aphid, *Macrosiphum euphorbiae* (Thomas). Diss. Abstr. Internat., B (1978), **39**, Nr. 3: 1121 B.

909 Komm, D. A., Terrill, T. R.: A rapid screening technique for the determination of resistance in *Nicotiana tabacum* to a tobacco cyst nematode, *Globodera solanacearum*. Coresta Symp., Winston-Salem 31. 10.—4. 11. 1982, NC USA „Progress in tobacco research". Bull. Inform. Coresta (1982), Special Ed., 64—65.

910 Kondakova, E. I., Kvasnikov, B. V., Ignatova, S. I.: The resistance of greenhouse tomato cultivars and hybrids to *Meloidogyne incognita*. (russ.) In: Metody Fitopatol. i Entomol. Issled. v Selekt. Rast, 166—172. Kolos, Moskva 1977.

911 Kort, J., Dantuma, G., Essen, A. van: On biotypes of the cereal root eelworm (*Heterodera avenae*) and resistance in oats and barley. Netherl. J. Plant Pathol. **70** (1964): 9—17.

912 — Jaspers, C. P., Dijkstra, D. L.: Testing for resistance to pathotype C of *Heterodera rostochiensis* and the practical application of *Solanum vernei*-hybrids in the Netherlands. Ann. appl. Biol. **71** (1972): 289—294.

913 — Ross, H., Rumpenhorst, H. J., Stone, A. R.: An international scheme for identifying and classifying pathotypes of potato cyst-nematodes, *Globodera rostochiensis* and *G. pallida*. Nematologica **23** (1977): 333—339.

914 Koura, F. H., Osman, H. A.: Pathogenicity of the nematodes *Hoplolaimus aegypti* and *Hoplolaimus columbus* on soybean and the histopathology of infected soybean roots. Res. Bull. Fac. Agric., Ain Shams Univ. (1980), Nr. 1372: 10 p.

915 Koyama, T., Hirao, J.: Varietal resistance of rice to the rice stem maggot. Tropic. Agric. Res. Ser. Nr. 5 (1971): 251—266.

916 Kozár, F.: Susceptibility of peach varieties to infection by scale, with special regard to San José scale. Acta Phytop. Acad. Sci. Hung. **7** (1972): 409—414.

917 Krall, E., Krall, Ch.: K voprosy ob ėvoljucii paraziticeskich vzaimootnošenij fitogel'mintov semejstva geteroderid s ich rastenijami-chozjaevami. Sbornik nauč. Trud. Estonsk. Sel'skochoz. Akad. **70** (1970): 152—154.

918 — — A new biological race of *Anguina radicicola* parasitizing fodder grasses in Estonia (russ.). Mater. 7-go Pribaltiiskogo Sovež. po Zaščite Rast. Čast I. Elgava 1970, 57—60.

919 — — Perestrojka sistemy fitonematod semejstva Heteroderidae na osnove trofičeskoj specializacii etich parasitov i soprjažennoj evoljucii ich s rastenijami chozjaevami. Fitogel'mintologičeskie issledovanija. Izdat. Nauka, Moskva 1978, 39—56.

920 Krause, M., Krause, W., Wiesner, K.: Eine Methode zur Prüfung von Zuckerrüben auf Resistenz gegenüber *Heterodera schachtii* Schmidt, 1871. Tagungsber. Akad. Landwirtsch.-Wiss. DDR, Berlin **212** (1983): 47—51.

921 Kreitner, G. L., Sorenson, E. L.: Crop Sci. **19** (1979): 380.

922 Krishnananda, N., Agarwal, R. A.: Sources of resistance to jassid, *Amrasca devastans* Distant in cotton. Indian J. Entomol. **41** (1979): 177—180.

923 Krishnaprasad, K. S., Krishnappa, K.: Reactions of a few rice varieties to the build up of stunt nematode *Tylenchorhynchus claytoni*. Indian J. Nematol. **12** (1982): 173—174.

924 Kronenberg, H. G., Fluiter, H. J. de: Resistentie van frambozen tegen de grote frambozenluis *Amphorophora rubi* Kalt. T. Plantenziekt. **57** (1951): 114—123.

925 Krujaić, D., Krujaić, S., Nikosavić, Z., Popović, M., Marinković, N.: Osetljivost nekih sorti i hibrida paradajza preme korenovoj nematodi *Meloidogyne incognita* (Kofoid et White, 1919) Chitwood, 1949. Prethodno saopštenje. Zašt. Bilja **26** (1975): 269—274.

926 Krzymańska, J.: Biochemiczne aspekty odporności roślin na owady. Materialy XVI Sesji Nauk. Inst. Ochr. Rośl., Poznań 1976: 115—132.

927 — Waligóra, D.: Znaczenie saponin w odporności lucerny na mszycę grochową (*Acyrthosiphon pisum* Harris). Prace Nauk. Inst. Ochr. Rośl. **24** (1983): 153—160.

928 Kubajak, A.: Wstepne badania nad odpornościa pomidorów na matwiki *Meloidogyne hapla* (Chitw.) i *Meloidogyne javanica* (Treub.). Roczniki Nauk Roln. Ser. E **5** (1976): 141—144.

929 Kudagamage, C.: Varietal resistance to the rice thrips, *Baliothrips biformis*. Internat. Rice. Res. Newsletter **2** (1977): 11.

930 Küthe, K., Dern, R.: Erfahrungen bei der Untersuchung von *Ditylenchus*-Befall an Mais (*Zea mays*) in Hessen. Gesunde Pflanzen **22** (1970): 101—104.

931 Kugler, J. L., Beard, D. F., Kawaguchi, I. I., Force, J. L., Graham, J. H.: Registration of WL 315 alfalfa (Reg. No. 114). Crop Sci. **23** (1983): 180.

932 — Ratcliffe, R. H.: Resistance in alfalfa to a red form of the pea aphid (Homoptera: Aphididae). J. econ. Entomol. **76** (1983): 74—76.

933 Kuhn, R., Gouhe, A.: Über die Bedeutung des Demissins für die Resistenz von *S. demissum* gegen die Larven des Kartoffelkäfers. Z. Naturforsch. **26** (1947): 407—408.

934 — Löw, I.: Über Demissin, ein Alkaloidglykosid aus den Blättern von *Solanum demissum*. Chem. Ber. **80** (1947): 406—410.

935 Kuiper, K.: Resistance of white clover varieties to the clover cyst-eelworm, *Heterodera trifolii* Goffart. Nematologica, Suppl. II (1960): 95—96.

936 Kumar, A. C., Viswanathan, P. R. K.: Studies on physiological races of *Pratylenchus coffeae*. J. Coffee Res. **2** (1972): 10—15.

937 Kunda, G. G., Jotwani, M. G., Verma, K. K., Srivastava, K. P.: Screening of some high yielding genotypes of ragi (*Eleusine coracana* Gaertn.) to the pink borer, *Sesamia inferens* (Walker) (Lepidoptera: Noctuidae). J. entomol. Res. **4** (1980): 97—100.

938 Kuo, H.-L.: Untersuchungen zur Resistenz von Getreide gegen Blattläuse. Mitt. Biol. Bundesanst. Land- u. Forstwirtsch., Berlin-Dahlem **203** (1981): 82.

939 Kuriyan, K. J., Seshadri, A. R.: Screening for resistance to the root-knot nematodes, *Meloidogyne incognita* and *M. javanica* in tobacco. Indian J. Nematol. **9** (1979): 77—78.

940 Kuroli, G.: Zusammenhänge zwischen Anzahl von *Myzus persicae* Sulz. und dem Gehaltswert vom Kartoffelblatt (ungarisch). Mitt. Agrarwiss. Fak. Mosonmagyaróvár **25** (1983): 397—408.

941 Laan, P. A. van der: The influence of organic manuring in the development of the potato root eelworm, *Heterodera rostochiensis*. Nematologica **1** (1956): 112—124.

942 Lapido, J. L., Allen, D. J.: Identification of resistance to cowpea aphid-borne mosaic virus. Tropic. Agric. 1979, **56** (1981): 353—359.

943 Lakshminarayana, A., Khush, G. S.: New genes for resistance to the brown planthopper in rice. Crop Sci. **17** (1977): 96—100.

944 Lal, O. P.: Relative susceptibility of some cucumber and squash varieties to melon aphid, *Aphis gossypii* Glov. Indian J. Plant Protect., 1977, **5** (1979): 208—210.

945 Lall, B. S., Singh, B.: Studies on the variability of resistance in different varieties of bindhi, brinjal and cucumber against the red spider mite, *Tetranychus telarius* Linn. (Acarina: Tetranychidae). Labdev J. Sci. Technol. **6** (1968): 161—164.

946 — Sinha, R. P.: Reaction of different cucurbit varieties to invasion by melon fly, *Dacus cucurbitae* Coq. Proceed. Bihar Acad. agric. Sci. **22/23** (1974/1975): 100—103.

947 Lamb, E. M., Dickson, H. H., Eckenrode, C. J.: Screening techniques and heritability of resistance to seed corn maggot in snap beans. Hort. Sci. **15** (1980): 381.

948 Lamb, K. P.: Field trials of five swede varieties with special reference to aphid resistance. New Zeal. J. Sci. Techn. **35** (A) (1953), Nr. 2: 135—145.

949 — Field trial of eight varieties of *Brassica* crops in the Auckland district. I. Susceptibility to aphids and virus diseases. New Zeal. J. agric. Res. **3** (1960): 320—331.

950 Lamb, R. C., Aldwinckle, H. S.: Breeding for disease and insect resistance in tree crops. In Harris, M. K.: Biology and breeding for resistance to arthropods and pathogens in agricultural plants, 546—560. Texas Agric. Exp. Sta. Misc. Publ. (1980).

951 Lamb, R. J.: Hairs protect pods of mustard (*Brassica hirta* ‚Gisilba') from flea beetle feeding damage. Canad. J. Plant Sci. **60** (1980): 1439—1440.

952 Lambe, R. C., Elliot, A. P., Wichs, R. L., Alexander, S. A., Heikhenen, H. J., Shultz, P. B.: Pinewood nematode disease of ornamental conifers. J. Nichels Dean College, Blacksburg, Virginia 1984. 8 p.

953 Lambert, L.: Characterization of thirty-five foreign cultivars of cotton for resistance to boll weevil, tobacco budworm, tarnished plant bug and bandedwinged whitefly. Diss. Abstr. Internat., B (1978), **39**, Nr. 7: 3034 B.

954 — Jenkins, J. N., Parrott, W. L., McCarty, J. C.: Greenhouse technique for evaluating resistance to the bandedwinged whitefly (Homoptera: Aleyrodidae) used to evaluate thirty-five foreign cotton cultivars. J. econ. Entomol. **75** (1982): 1166—1168.

955 Lamberti, F., Baines, R. C.: Pathogenicity of four species of *Meloidogyne* in three varieties of olive trees. J. Nematol. **1** (1969): 111—115.

956 Lammerink, J.: A new biotype of cabbage aphid (*Brevicoryne brassicae* (L.)) on Aphid Resistant rape (*Brassica napus* L.). New Zeal. J. agric. Res. **11** (1968): 341—344.

957 Lamp, C. A.: Aphis resistant rape. Tasman. J. Agric. **36** (1965), Nr. 1: 21—24.

958 Lampe, U.: Examinations of the influence of hooked epidermal hairs of French beans (*Phaseolus vulgaris*) on the pea aphid, *Acyrthosiphon pisum*. Proceed. 5th Internat. Symp. Insect-Plant Relationships, Wageningen 1982, 419.

959 Landis, B. J.: Insect hosts and nymphal development of *Podisus maculiventris* Say and *Perillus bioculatus* F. Ohio J. Sci. **37** (1937): 252—259.

960 Lange, W. H., Kishiyama, J. S., Hills, F. J.: Integrated pest management of sugar beet insects. Calif. Agric. **32** (1978), Nr. 2: 21—22.

961 Lapointe, S. L., Tingey, W. M.: Feeding response of the green peach aphid (Homoptera: Aphididae) to potato glandular trichomes. J. econ. Entomol. **77** (1984): 386—389.

962 Lara, F. M., Busoli, A. C., Barbosa Filho, C. C., Ayala-Osuna, A., Percein, D.: Preferência de *Diatraea saccharalis* (Fabr. 1794) a génotipos de sorgho — *Sorghum bicolor* (L.) Moench., em condiciões de campo. An. Soc. Entomol. Brasil. **6** (1977): 58—63.

963 — Coelho, A., Mayor, J.: Resistência de variedades de couve à *Brevicoryne brassicae* (Linnaeus, 1758). II. Antibiose. An. Soc. Entomol. Brasil. **8** (1982): 217—223.

964 — Galli, A. J. B., Busoli, A. C.: Tipos de resistência de *Sorghum bicolor* (L.) Moench a *Schizaphis graminum* (Rondani, 1852) (Homoptera: Aphididae). Cientifica **9** (1981): 273—280.

965 Larka, R. K., Gupta, D. S., Bhanot, J. P.: Nature and extent of damage and varietal susceptibility of peaches to peach borer, *Sphenoptera lafertei* Thomson. Indian J. Entomol. **42** (1980): 233—239.

966 Laterrot, H.: Sélection de variétés de tomate résistantes aux *Meloidogyne*. Bull. OEPP **3** (1973): 89—92.

967 Layne, R. E. C.: Breeding peach rootstocks for Canada and the northern United States. Hort. Sci. **9** (1974): 364—366.

968 Lear, B.: Reproduction of the sugar-beet nematode and the cabbage root nematode on several cultivars of Brussels sprout. Plant Dis. Reptr. **55** (1971): 1005—1006.

969 Lebedeva, M. E., Metlitskij, O. Z., Drozdovskij, E. M.: Chrysanthemum eelworm as a parasite of strawberry in southern Ukraine. Kul'tura zemljaniki v SSR. Kolos, Moskva 1972, 446—450.

970 Lecoq, H., Cohen, S., Pitrat, M., Labonne, G.: Resistance to cucumber mosaic virus transmission by aphids in *Cucumis melo*. Phytopathology **69** (1979): 1223—1225.

971 — Labonne, H., Pitrat, M.: Specificity of resistance to virus transmission by aphids in *Cucumis melo*. Ann. Phytopathol. **12** (1980): 139—144.

972 Lee, C. S.: White leaf disease of sugarcane in Taiwan. In: Plant diseases due to mycoplasma-like organisms, 68—77. Taipei, Taiwan 1978.

973 Lee, D. K., Hong, S. H., Kim, K. S.: Phenolic substances of *Pinus densiflora* and *Pinus thunbergii* susceptible or resistant and *Pinus rigida* resistant to pine gall midge. Res. Rep. Inst. Forest Genetics, Korea **17** (1981): 24—31.

974 Lee, G.: Host non-preference and antibiotic resistance to the aphid *Metopolophium dirhodum* in winter wheat cultivars. Ann. appl. Biol. **97** (1981). Suppl. 2: 68—69.

975 — Field and laboratory assessments of antibiotic resistance to *Sitobion avenae* in ancient and modern winter wheats. Ann. appl. Biol. **102** (1983) Suppl.: 124—125.

976 Lee, J. O., Goh, H. G., Kim, Y. H., Kim, C. G., Lee, S. K.: Brown planthopper-resistant japonica varieties developed in Korea. Internat. Rice Res. Newsletter **8** (1983): 5.

977 Lee, S. C.: Screening for varietal resistance to sterility of rice caused by tarsonemid mite. Plant Protect. Bull., Taiwan **22** (1980): 91—100.

978 Lehmann, W., Karl, E., Schliephake, E.: Vergleich von Methoden zur Prüfung der Resistenz von Kulturpflanzen gegen Aphiden. Tagungsber. Akad. Landwirtsch.-Wiss. DDR, Berlin **216** (1983): 667—677.

979 Leigh, T. F., Hyer, A. H., Rice, R. E.: Frago bract condition of cotton in relation to insect populations. Environ. Entomol. **1** (1972): 390—391.

980 Lellbach, H.: Klärung der Möglichkeiten der Züchtung von resistenten Sorten gegen den Kartoffelnematoden *Heterodera pallida* (Rasse E). F/E-Bericht Inst. Kartoffelforsch. Groß Lüsewitz **11** (1976): 19 S.

981 — Kuhn, R., Schüler, K.: Stand der Resistenzzüchtung gegen die zystenbildenden Kartoffelnematoden. Fortschrittsber. Landwirtsch.- u. Nahrungsgüterwirtsch., Berlin **20** (1982), Nr. 13: 68 S.

982 Leroi, B., Jarry, M.: Relations d' *Acanthoscelides obtectus* avec différentes espèces de *Phaseolus*: influence sur la fecondité et possibilités de développement larvaire. Entomol. exper. appl. **30** (1981): 73—82.

983 Łeska, W., Suski, Z., Łeski, R.: Nasilenie występowania roztocza truskawkowego (*Steneotarsonemus pallidus* Banks) i przędziorka chmielowca (*Tetranychus telarius* L.) na różnych odmianach truskawek. Prace Inst. Sadown., Skierniewice **8** (1964): 213—226.

984 Leuck, D. B., Hammons, R. O.: Resistance of wild peanut plants to the mite *Tetranychus tumidellus*. J. econ. Entomol. **61** (1968): 687—688.

985 Levchenko, E. A., Balayan, V. M.: Method of determining resistance to insect pests in grain of different varieties. USSR Patent No. 801816 (1981).

986 Levin, D. A.: The chemical defenses of plants to pathogens and herbivores. Annu. Rev. Ecol. Syst. **7** (1976): 121—159.

987 Levinson, H. Z.: Ernährungs- und Stoffwechselphysiologie der Insekten und deren Anwendungsmöglichkeiten zur Schädlingsbekämpfung. Z. angew. Entomol. **82** (1976): 219—220.

988 Lim, B. K., Castillo, M. B.: Interactions of *Meloidogyne incognita* and *Rotylenchulus reniformis* with selected soybean varieties. Philippine J. Biology, Kalikasan **7** (1978): 165—176.

989 Lin, C. S.: Resistance of beans to insects. Chinese J. Entomol. **1** (1981): 1—6.

990 Lin, J., Eckenrode, C. J., Dickson, M. H.: Variation in *Brassica oleracea* resistance to Diamondback moth (Lepidoptera: Plutellidae). J. econ. Entomol. **76** (1983): 1423—1427.

991 Linde, W. J. van der: The *Meloidogyne*'problem in South Africa. Nematologica **1** (1956): 177—183.

992 Lindgren, D. T., Shaerman, R. C., Bruneau, A. H., Schaaf, D. M.: Kentucky bluegrass cultivar response to bluegrass billbug, *Sphenophorus parvulus* Gyllenhal. Hort. Sci. **16** (1981): 339.

993 Lindley, G.: A guide to the orchard and kitchen garden. Longman, Rees, Orme, Brown and Green, London 1831. 601 p.

994 Ling, K. C., Carbonell, M. P.: Movement of individual viruliferous *Nephotettix virescens* in cages and tungro infection of rice seedlings. Philippine Phytopathol. **11** (1975): 32—45.

995 Lipke, H., Fraenkel, G. S., Liener, I. E.: Growth inhibitors: Effect of soybean inhibitors on growth of *Tribolium confusum*. J. Agric. Food Chem. **2** (1954): 410—414.

996 Litvinov, P. L., Pupko, V. B.: Clonal selection for resistance to *Phylloxera* (russ.) Sadovodstvo (1982), Nr. 6: 30—31.

997 Livers, R. W., Harvey, T. L.: Greenbug resistance in rye. J. econ. Entomol. **62** (1969): 1368—1370.

998 Lodge, G. N., Greenup, L. R.: Field tests for evaluating spotted alfalfa aphid resistance in lucerne cultivars: a comparison with glasshouse studies. Austral. J. Exper. Agric. Animal Husb. **23** (1983): 393—398.

999 Loebenstein, G.: Localization and induced resistance in virusinfected plants. Annu. Rev. Phytopathol. **10** (1972): 177—206.

1000 Löptien, H.: Breeding nematode-resistant beets. I. Development of resistant alien additions by crosses between *Beta vulgaris* L. and wild species of the section Patellares. Z. Pflanzenzüchtung **92** (1984): 208—220.

1001 Loera, J., Poston, F. L.: Effects of selected corn plant tissues on southwestern corn borer development. Proceed. North Central Branch Entomol. Soc. Amer. **33** (1978): 23.

1002 Long, B. J., Dunn, G. M., Bowman, J. S., Routley, D. G.: Relationship of hydroxamic acid content in corn and resistance to the corn leaf aphid. Crop Sci. **17** (1977): 55—58.

1003 Loper, G. M.: Crop Sci. **8** (1968): 104—106.

1004 López, E., Fernández, C., López, O.: Influencia de la fertilización nitrogenada sobre el ataque de *Diatraea saccharalis* a la caña de azúcar. Ciencias Agricult. (1982), Nr. 12: 32—37.

1005 Lordello, A. I. L., Lara, F. M.: Preferência para oviposição de *Spodoptera frugiperda* (J. E. Smith, 1797) em sorgo, em condições de laboratório. An. Soc. Entomol. Brasil. **9** (1980): 11—21.

1006 Lourenção, A. L., Rosetto, C. J., Germek, E. B., Igne, T., Rezende, J. A. M., Pereira, J. C. V. N. A.: Comportamento de clones de cana de açúcar em relação à *Diatraea saccharalis* (Fabr. 1794). Bragantia **41** (1982): 145—154.

1007 Lowe, H. J. B.: Testing sugar beet for aphid-resistance in the glasshouse: a method and some limiting factors. Z. angew. Entomol. **76** (1974): 311—321.

1008 — Infestation of aphid-resistant and susceptible sugar beet by *Myzus persicae* in the field. Z. angew. Entomol. **79** (1975): 376—383.

1009 — Detection of resistance to aphids in cereals. Ann. appl. Biol. **88** (1978): 401—406.

1010 — Resistance to aphids in immature wheat and barley. Ann. appl. Biol. **95** (1980): 129—135.

1011 — Resistance to aphids. Plant Breed. Inst., Trumpington (Cambridge), Annu. Rep. for **1981** (1982): 99—101.

1012 — Benevicius, L. A. D.: Increase of numbers of cereal aphids by insecticide application as an aid to plant breeding. J. agric. Sci. Camb. **69** (1981): 703—705.

1013 — Russell, G. E.: Inherited resistance of sugar beet to aphid colonization. Ann. appl. Biol. **63** (1969): 337—344.

1014 Lowe, S., Strong, F. E.: The unsuitability of some viruliferous plants as hosts for the green peach aphid, *Myzus persicae*. J. econ. Entomol. **56** (1963): 307—309.

1015 Lownsbery, B. F., Martin, G. C., Forde, H. I., Moody, E. H.: Comparative tolerance of walnut species, walnut hybrids, and wingnut to the root-lesion nematode, *Pratylenchus vulnus*. Plant Dis. Reptr. **58** (1974): 630—633.

1016 Lubberts, J. H., Toxopeus, H.: Het ontwikkelen van bietecystenaaltjesresistente bladrammenas engele mosterd. Zaadbelangen **36** (1982): 66—69.

1017 Lücke, E., Saefkow, M.: Untersuchungen über Befall und Zystenbildung durch das Getreidezystenälchen am Mais. Z. Pflanzenkrankh. Pflanzenschutz **85** (1978): 385—392.

1018 Lukefahr, M. J.: Varietal resistance to cotton insects. Proceed. Beltwide Cotton Prod. Res. Conf., (1977), 236—237.

1019 — Houghtaling, J. E.: High gossypol cottons as a source of resistance to the cotton fleahopper. Proceed. Beltwide Cotton Prod. Res. Conf., Memphis, Tenn. (1975): 93—94.

1020 — — Graham, H. M.: Suppression of *Heliothis* populations with glabrous cotton strains. J. econ. Entomol. **64** (1971): 486—488.

1021 — Martin, D. F.: Cotton-plant pigments as a source of resistance to the bollworm and tobacco budworm. J. econ. Entomol. **59** (1966): 176—179.

1022 — — Meyer, J. R.: Plant resistance to five Lepidoptera attacking cotton. J. econ. Entomol. **58** (1965): 516—518.

1023 — Nobel, L. W., Houghtaling, J. E.: Growth and infestation of bollworms and other insects on glanded and glandless strains of cotton. J. econ. Entomol. **59** (1966): 817—820.

1024 — Shaver, T. N., Cruhm, D. E., Houghtaling, J. E.: Location, transference and recovery of a *Heliothis* growth inhibition factor present in three *Gossypium hirsutum* race stocks. Proceed. Beltwide Cotton Prod. Res. Conf., Memphis, Tenn. (1974): 93—95.

1025 Lundin, P.: Kan vi Klara nematoderna på stråsäd? Weibulls Arsbok (1978), 16—18.

1026 — Jönsson, H. A.: Weibull's vertus, a lucerne variety with high resistance to stem nematodes and *Verticillium* wilt. Agric. Hort. Genetica **33** (1975): 27—32.

1027 Lung, G.: Neue Aspekte zur Frage der Resistenzmechanismen, insbesondere bei Getreide. Phytomedizin — Mitt. DPG **14** (1984), Nr. 2: 30.

1028 Lupton, F. G. H.: The use of resistant varieties in crop protection. World Rev. Pest Control **6** (1967): 47—58.

1029 Lyman, J. M., Cardona, C., Garcia, J.: Estudios sobre la resistencia del frijol lima al *Empoasca kraemeri* Ross & Moore. Rev. Colombiana Entomol. (1981), Nr. 7: 27—32.

1030 Lyth, M.: Host resistance. Pear sucker, *Psylla pyricola*. East Malling Res. Sta., Rep. for 1978 (1979): 127.

1031 — Host resistance. Tree fruits. Soft fruits. East Malling Res. Sta., Rep. for 1979 (1980): 128.

1032 — Host resistance. East Malling Res. Sta., Rep. for 1980 (1981): 103.

1033 — Host resistance. Tree fruits. Soft fruits. East Malling Res. Sta., Rep. for 1982 (1983): 109—110.

1034 — Watkins, R.: Methods for detection of resistance to woolly aphid (*Eriosoma lanigerum*) in apple. Ann. appl. Biol. **98** (1981): 35—42.

1035 Ma, W. C.: Meded. Landbouwhogeschool Wageningen 1972, 71.

1036 — Schoonhoven, L. M.: Tarsal contact chemosensory hairs of the large white butterfly *Pieris brassicae* and their possible role in oviposition behaviour. Entomol. exper. appl. **16** (1973): 343—357.

1037 Maas, P. W. T., Maenhout, C. A. A. A.: Het graswortelknobbelaaltje (*Meloidogyne naasi*) bij suikerbieten. Gewasbescherming **9** (1978): 159—166.

1038 Maassen, H.: Beiträge zur Kenntnis der Erdbeerviren. Phytopath. Z. **36** (1959): 317—380.

1039 Macaron, J.: Étude de la résistance de deux varietés de tomate aux *Meloidogyne* spp. et au *Phytophthora parasitica*. Nematol. Mediter. **3** (1975): 35—41.

1040 MacCarter, L. E., Habeck, D. H.: The melon aphid: screening *Citrullus* varieties and introductions for resistance. J. econ. Entomol. **66** (1973): 1111—1112.

1041 Macedo, M. C. M.: Susceptibilidade de cafeeiros ao nematoide reniforme. Solo **66** (1974). Nr. 2: 15—16.

1042 MacGillivray, H. G., Forbes, R. S., Titus, F. A.: Apparent resistance of some firs to attack by the balsam gall midge. Bi-Monthly Res. Notes **27** (1971): 2.

1043 MacKenzie, D. R.: The problem of variable pests. In Maxwell, F. G., and Jennings, P. R.: Breeding plants resistant to insects, 183—213. John Wiley & Sons, New York, Chichester, Brisbane, Toronto 1980.

1044 MacKenzie, J. D., Gregory, P., Tingey, W. M.: Foliar glycoalkaloid content of some wild potato species with differential resistance to green peach aphid and potato leafhopper. Amer. Potato J. **54** (1977): 509.

1045 MacKinnon, J. P.: Relationships between ease of infection of *Solanum* species with potato leaf roll virus and their suitability as hosts for aphids. Amer. Potato J. **39** (1962): 327—331.

1046 Madamba, C. P., Espina, J. N., Empig, L. T.: Screening sugarcane varieties for resistance to root-knot nematode, *Meloidogyne* spp. Sugarcane Pathol. Newsletter (1974), Nr. 11/12: 27—31.

1047 Mahal, M. S., Dhawan, A. K., Singh, B.: Relative susceptibility of okra varieties to the leafroller, *Sylepta derogata* F. Indian J. Ecol. **7** (1980): 155—158.

1048 Mai, W. F.: Susceptibility of *Lycopersicon* species to the golden nematode. Phytopathology **42** (1952): 461.

1049 — Cairns, E. J., Krusberg, L. R., Lownsbery, B. F., Mc Beth, C. W., Raski, D. J., Sasser, J. N., Thomason, I. J.: Control of plant parasitic nematodes. In: Principles of plant and animal pest control, Vol. 4. 172 p. National Acad. of Science, Washington (1968).

1050 Maison, P., Kerlan, C., Massonié, G.: Sélection de semis de *Prunus persica* (L.) Batsch résistants à la transmission du virus de la Sharka par les virginopares aptères de *Myzus persicae* Sulzer. Compt. Rend. Séances Acad. Agric. France **69** (1983): 337—346.

1051 — Massonié, G.: Premières observations sur la spécifité de la résistance du pêcher à la transmission aphidienne du virus de la sharka. Agronomie **2** (1982): 681—683.

1052 Maiti, R. K., Bidinger, F. R.: A simple approach to the identification of shootfly tolerance in sorghum. Indian J. Plant Protect. **7** (1979): 135—140.

1053 — Gibson, P. T.: *Sorghum* leaf trichomes. II. Association with shootfly resistance. Agron. Abstr. (1980): 61.

1054 Malec, K., Stefan, K.: Biul. Inst. Ziemn. (Bonin) **12** (1973): 129—136.

1055 Malinovskij, B. N., Budnik, G. S.: Selekcija sorgo na ustojčivost'k tljam. Dokl. VASCHNIL (1981), Nr. 9: 6—8.

1056 Maltais, J. B., Auclair, J. L.: Factors in resistance of peas to the pea aphid, *Acyrthosiphon pisum* (Harr.) (Homoptera: Aphididae). I. The sugar-nitrogen ratio. Canad. Entomol. **89** (1957): 365—370.

1057 Mane, S. S., Vyahalkar, G. R.: Jassid resistance and hairiness in American cotton. Res. Bull. Marathwada Agric. Univ. **2** (1978): 144—145.

1058 Manglitz, G. R., Calkins, C. O., Walstrom, R. J., Hintz, S. D., Kindler, S. D., Peters, L. L.: Holocyclic strain of the spotted alfalfa aphid in Nebraska and adjacent states. J. econ. Entomol. **59** (1966): 636—639.

1059 — Gorz, H. J.: Inheritance of resistance in sweetclover to the sweetclover aphid. J. econ. Entomol. **61** (1968): 90—93.

1060 — Kehr, W. R.: Resistance to spotted alfalfa aphid (Homoptera: Aphididae) in alfalfa seedlings of two plant introductions. J. econ. Entomol. **77** (1984): 357—359.

1061 Mangoendidjojo, W.: Measurement of resistance to corn borer (*Ostrinia furnacatis* Guenee) in a composite variety of maize. Ilani Pertamian **2** (1979): 307—314.

1062 Manser, P. D.: Notes on the rice root-knot nematode in Laos. Plant Protect. Bull. **19** (1971): 138—139.

1063 Manwan, J.: Resistance of rice varieties to yellow borer, *Tryporyza incertulas* (Walker). Ph. D. Thesis, Univ. Philippines, Los Banos (1975). 185 p.

1064 Margetts, S. W.: Aphis resistant rape. J. agric. Victor. Dep. Agric. **61** (1963): 498—499.

1065 Markkula, M., Roukka, K.: Resistance of plants to the pea aphid *Acyrthosiphon pisum* Harris

(Hom., Aphididae). I. Fecundity of the biotypes on different host plants. Ann. Agric. Fenn. **9** (1970): 127—132.

1066 — — Resistance of plants to the pea aphid *Acyrthosiphon pisum* Harris (Hom., Aphididae). II. Fecundity on different red clover varieties. Ann. Agric. Fenn. **9** (1970): 304—308.

1067 — — Resistance of plants to the pea aphid *Acyrthosiphon pisum* Harris (Hom., Aphididae). III. Fecundity on different pea varieties. Ann. Agric. Fenn. **10** (1971): 33—37.

1068 — — Resistance of cereals to the aphids *Rhopalosiphum padi* (L.) and *Macrosiphum avenae* (F.) and fecundity of these aphids on Gramineae, Cyperaceae and Juncaceae. Ann. Agric. Fenn. **11** (1972): 417—423.

1069 Marrewijk, G. A. M. van, Dieleman, F. L.: Screening techniques for the determination of aphid resistance in barley. Bull. SROP (1977), Nr. 3: 37—43.

1070 — Ponti, O. M. B. De: Possibilities and limitations of breeding for pest resistance. Meded. Fac. Landbouwwetensch., Rijksuniv. Gent **40** (1975): 229.

1071 Martin, G. A., Richard, C. A., Hensley, S. D.: Host resistance to *Diatraea saccharalis* (F.): Relationship of sugarcane internode hardness to larval damage. Environ. Entomol. **4** (1975): 687—688.

1072 Martin, G. C.: Root-knot nematodes (*Meloidogyne* spp.) in the Federation of Rhodesia and Nyasaland. Nematologica **3** (1958): 332—349.

1073 — Armstrong, A. M.: Observations on *Aphelenchoides besseyi* on rice from Rhodesia and Zambia. Nematol. Soc. South. Africa Newsletter (1975), Nr. 7: 5.

1074 Martin, J. T., Juniper, B. E.: The cuticles of plants. St. Martin's Press, New York 1970. 347 p.

1075 Martin, T. J., Harvey, T. L., Livers, R. W.: Resistance to wheat streak mosaic virus and its vector *Aceria tulipae*. Phytopathology **66** (1976): 346—349.

1076 Martin, W. W.: Clover germplasm resists aphids. Agric. Res. **27** (1979): 16.

1077 Martinez, C. P., Rosero, M. J.: ICA Inform. **12** (1978): 3—10.

1078 Martins, J. F. S., Rosetto, C. J., Roccia, A. O.: Preferência para oviposição de *Diatraea saccharalis* (Fabricius, 1794) em variedades de arroz. An. Soc. Entomol. Brasil. **6** (1977): 64—72.

1079 Marumine, S., Sakamoto, S.: Selection for resistance to the root-knot nematode (*Meloidogyne incognita*) in sweet potato. Kyushu Agric. Res. (1979), Nr. 41: 47.

1080 — — Selection for resistance to the root-lesion nematode (*Pratylenchus coffeae*) in sweet potato. Kyushu Agric. Res. (1979), Nr. 41: 48.

1081 Marx, J. L.: Applied ecology: showing the way to better insect control. Science **195** (1977): 860—862.

1082 Masood, A., Husain, S. I.: Biochemical study of the root-knot disease of vegetables. I. Phenolic and orthodihydroxy phenolic change and their role in the resistance and susceptibility of three tomato varieties. XIIth Internat. Nematol. Symp., Granada (1974): 69.

1083 Massonié, G., Maison, P.: Résistance de deux varietés de *Prunus persica* L. Batsch à *Myzus persicae* Sulz. et à *Myzus varians* Davids.: étude préliminaire des mécanismes de la résistance. Ann. Zool. Ecol. anim. **11** (1979): 479—485.

1084 — — Peach resistance to aphid vectors of plum pox virus. Acta Phytopath. Acad. Sci. Hung. **15** (1980): 89—95.

1085 Mathur, S. C., Anwer, M., Chandola, R. P.: Note on screening coriander (*Coriandrum sativum* L.) varieties against aphid *Hyadaphis coriandri* (Das) Vagrants. Sci. Cult. **37** (1971): 162—163.

1086 — Rao, M., Prakash, J.: Induction of resistance to rice tungro virus disease in rice cultivar Pusa 2—21 through irradiation. J. Nucl. Agric. Biol. **8** (1979): 135—137.

1087 Matias, C. A. C.: Filoxera da pereira (*A. piri* Chol.). Um novo problema a considerar. Série Técnica, Direcção-Geral Extensão Rural (1982), Nr. 7: 10 p.

1088 Matioli, J. C., Amleida, A. A. de: Alterations in the chemical characteristics of the maize grain caused by infestation with *Sitophilus oryzae* (L., 1763). II. Oil content and acidity. Rev. Brasil. Armazenamento **4** (1979): 47—56.

1089 — — Alterations in the chemical characteristics of the maize grain caused by infestation with *Sitophilus oryzae* (L., 1763). III. Total nitrogen and carbohydrates. Rev. Brasil. Armazenamento **4** (1979): 57—68.

1090 Matos, A., Franco, J.: Compartamiento de 10 cultivares comerciales de papa al ataque y multiplicatión de *Globodera pallida* (P_4A). Fitopatologia **16** (1981): 48—54.

1091 Matsumoto, Y.: Volatile organic sulfur compounds as insect attractants with special reference to host selection. In Wood, D. L., Silverstein, R. M., and Nakajima, M.: Control of insect behavior by natural products, 133—160. Academic Press, New York, 1970.

1092 Maugh, T. H.: Exploring plant resistance to insects. Science **216** (1982): 722—723.

1093 Maxwell, F. G., Jenkins, J. N., Parrot, W. L.: Resistance of plants to insects. Adv. Agronomy **24** (1972): 187—265.

1094 — Jennings, P. R.: Breeding plants resistant to insects. John Wiley & Sons, New York, Chichester, Brisbane, Toronto, 1980: 683 p.

1095 — Lafever, H. N., Jenkins, J. N.: Influence of the glandless genes in cotton on feeding, oviposition, and development of the boll weevil in the laboratory. J. econ. Entomol. **59** (1966): 585—588.

1096 Maxwell, R. C., Harwood, R. F.: Increased reproduction of pea aphids on broad beans treated with 2,4-D. J. econ. Entomol. **53** (1960): 199—205.

1097 McFarlane, J. S., Hartzler, E., Frazier, W. A.: Breeding tomatoes for nematode resistance and for high vitamin C content in Hawaii. Proceed. Amer. Soc. hort. Sci. **47** (1946): 262—270.

1098 McIntyre, J. L., Dodds, J. A., Hare, J. D.: Induced resistance in plants may protect from insects and pathogens. Frontiers of Plant Science 1980: 4—5.

1099 McLean, D. L., Kinsey, M. G.: A technique for electronically recording aphid feeding and salivation. Nature **202** (1964): 1358—1359.

1100 McMurtry, J. A.: Resistance of alfalfa to spotted alfalfa aphid in relation to environmental factors. Hilgardia **32** (1962): 501—539.

1101 — Stanford, E. H.: Observations of feeding habits of the spotted alfalfa aphid on resistant and susceptible alfalfa plants. J. econ. Entomol. **53** (1960): 714—717.

1102 McNicol, R. J., Williamson, B., Jennings D. L., Woodford, J. A. T.: Resistance to raspberry cane midge (*Resseliella theobaldi*) and its association with wound periderm in *Rubus crataegifolius* and its red raspberry derivaties. Ann. appl. Biol. **103** (1983): 489—495.

1103 McWilliams, J. M.: Relationship of soybean pod development to bollworm and tobacco budworm damage. J. econ. Entomol. **76** (1983): 502—506.

1104 Mehetre, S. S., Thombre, M. V.: Note on the reaction of some promising mutants of Upland cotton to the attack of bollworms. Indian J. agric. Sci. **52** (1982): 474—476.

1105 Meinx, R.: Die Wirkung von Chlorcholinchlorid (CCC). Förderungsdienst **14** (1966): 48—53.

1106 Meisner, J., Ascher, K. R. S., Zur, M., Kabonci, E.: Synergistic and antagonistic effects of gossypol for phosfolan in *Spodoptera littoralis* larvae on cotton leaves. J. econ. Entomol. **70** (1977): 617—619.

1107 — Navon, A., Zur, M., Ascher, K. R. S.: The response of *Spodoptera littoralis* larvae to gossypol incorporated in an artificial diet. Environ. Entomol. **6** (1977): 243—244.

1108 — Zur, M., Kabonci, E., Ascher, K. R. S.: Influence of gossypol content of leaves of different cotton strains on the development of *Spodoptera littoralis* larvae. J. econ. Entomol. **70** (1977): 714—716.

1109 Melton, K. D., Teetes, G. L.: Effects of resistant sorghum hybrids on sorghum midge (Diptera: Cecidomyiidae) biology. J. econ. Entomol. **77** (1984): 626—631.

1110 Mendoza, H. F., Pérez García, R. I.: Estudio del grado de preferencia de *Heliothis virescens* (F.) (Lepidoptera: Noctuidae) en cinco variedades de tabaco negro. Centro Agricola **7** (1980): 33—39.

1111 Meredith, C. P., Lider, L. A., Raski, D. J., Ferrari, N. L.: Inheritance of tolerance to *Xiphinema index* in *Vitis* species. Amer. J. Enol. Viticult. **33** (1982): 154—158.

1112 Meredith, W. R., Laster, M. L.: A genetic analysis of tolerance to tarnished plant bugs in cotton. Agron. Abstr. 1974: 57.

1113 — Schuster, M. F.: Tolerance of glabrous and pubescent cottons to tarnished plant bug. Crop Sci. **19** (1979): 484—488.

1114 Merkle, M. E., Meyer, J. R.: Studies of resistance of cotton strains to boll weevil. J. econ. Entomol. **52** (1963): 860—862.

1115 Messiaen, C. M.: Les variétés résistantes. Méthode de lutte contre les maladies et ennemies des plantes. Inst. Nat. Rech. Agronom., Paris 1981. 374 p.

1116 Metlickij, O. Z.: Ditilenchoz sadovoj zemljaniki *Fragaria* x *ananassa* Duch. i mery bor'by s nim. Diss. Akad. Nauk. Moskva (Thesen) (1967).

1117 Miah, M. A. H., Mohammad Husain: Assessment of soybean (*Glycine max* (L.) Merril) cultivars for resistance to insect pests. Sci. Cult. **47** (1981): 72—73.

1118 Miah, S. A., Bakr, M. A.: Sources of resistance to ufra disease of rice in Bangladesh. Internat. Rice Res. Newsletter **2** (1977), Nr. 5: 8.

1119 Michaijlova, N. A.: Influence of structural peculiarities of different species of wheat on the attack by *Haplothrips tritici* and *Trigonotylus coelstialium*. Acta Phytopath. Acad. Sci. Hung. **16** (1981): 199—202.

1120 — Ustojčivost' sel'skochozjajstvennych kul'tur k vrednym nasekomym. Obzornaja informacija. Fortschrittsber. für leitende Kader der Landwirtschaft und Nahrungsgüterwirtschaft, Akad. Landwirtsch.-Wiss. DDR, 1982, Nr. 15. 45 S.

1121 — Modell einer Weizensorte, die resistent gegen einige saugende Schadinsekten ist (russ.). Sel'skochoz. Biol., Moskva (1983), Nr. 2: 32—35.

1122 Migushova, E. F., Eremenko, O. V.: Resistance of wheat wild relatives to *Meromyza nigriventris* Mcq. (Diptera, Chloropidae). (russ.) Entomol. Obozrenie **58** (1979): 548—552.

1123 Miles, J. D., Chaplin, J. F., Burk, L. G.: Tobacco hornworm resistance in *Nicotiana tabacum*. Tob. Inst. **182** (1980): 72—74.

1124 Milinkó, Z., Rakk, V., Kovács, G.: Population dynamics of aphids, vectors of maize dwarf mosaic virus and aphid resistance of some maize hybrids. Acta Phytopath. Acad. Sci. Hung. **18** (1983): 201—208.

1125 Miller, L. I.: Physiologic variation within the Virginia-2 population of *Heterodera glycines*. J. Nematol. **3** (1971): 318.

1126 Millikan, C. R.: Eelworm (*Heterodera schachtii* Schmidt) disease of cereals. J. Dept. Agric. Victoria **36** (1938): 452—468, 509—520.

1127 Milne, D. L.: Nematodes of tobacco. In Webster, J. M.: Economic nematology, 159—186. Academic Press, London 1972.

1128 Minton, N. A., Adamson, W. C.: Control of *Meloidogyne javanica* and *M. arenaria* on kenaf and roselle with genetic resistance and nematicides. J. Nematol. **11** (1979): 37—41.

1129 — Donnelly, E. D.: Reaction of field-grown *Sericea lespedeza* to selected *Meloidogyne* spp. J. Nematol. **3** (1971): 369—373.

1130 Minyard, J. P., Hardee, D. D., Gueldner, R. C., Thompson, A. C., Wiygul, G., Hedin, P. A.: Constituents of the cotton bud. Compounds attractive to the boll weevil. J. Agric. Food Chem. **17** (1969): 1093—1097.

1131 Miranda, M. A. C. de, Rosetto, C. J., Rosetto, D., Braga, N. R., Muscarenhus, H. A. A., Teixeira, J. P. F., Massariol, A.: Resistência de soja a *Nezera viridula* e *Piezodorus guildinii* em condições de campo. Bragantia **38** (1979): 181—188.

1132 Mir Hamid, A., Rao, B. H. N.: Bird pests of rice. Internat. Rice Comm. Newsletter **25** (1976): 51.

1133 Mishra, D.: Rice ragged stunt disease in Orissa, India. Internat. Rice Res. Newsletter **4** (1979), Nr. 3: 14.

1134 Mitchell, H. C., Cross, W. H., McGovern, W. L., Dawson, E. M.: Behavior of the boll weevil on frego bract cotton. J. econ. Entomol. **66** (1973): 677—680.

1135 Mitra, R., Bhatia, C. R.: Bioenergetic considerations in breeding for insect and pathogen resistance in plants. Euphytica **31** (1982): 429—437.

1136 Möbius, K.: Die Auster und die Austernwirtschaft. Berlin 1877.

1137 Moericke, V.: Wie finden geflügelte Blattläuse ihre Wirtspflanze? Mitt. Biol. Bundesanst. Land- u. Forstwirtsch., Berlin-Dahlem **75** (1953): 90—97.

1138 Mohammad Amin: Relative resistance of 25 varieties of wheat against ear cockle of wheat (*Anguina tritici*). Proceed. Pakistan Sci. Conf. Rajshahi 1970, Part III. Lahore (1970): A 81—A 82.

1139 Moltmann, Esther: Einwanderungsverhalten von *He-*

terodera avenae an Getreidewurzeln. Phytomedizin, Mitt. DPG **14** (1984), Nr. 2: 31.

1140 Mooney, A. H., Gulmon, S. L., Johnson, N. D.: Physiological constraints on plant chemical defenses. In Hedin, P. A.: Plant resistance to insects. ACS Symposium Series **208** (1983): 21—36.

1141 Moore, D.: The distribution of opaline silica bodies in the leaf sheaths of two perennial ryegrass cultivars differing in their susceptibility to attack by dipterous stemborers. Grass Forage Sci. **39** (1984): 205—208.

1142 Moore, J. F.: Potato varieties susceptible to *Ditylenchus destructor*, the potato tuber nematode. Irish J. agric. Res. **10** (1971): 239—240.

1143 Moore, K. C., McLeod, R. W.: Stem nematode resistant lucerne could pay off. Agric. Gazette New South Wales **91** (1980), Nr. 3: 28—30.

1144 Moraes, G. J. de, Magalhaes, A. A. de, Oliveira, C. A. V.: Resistencia de variedades de *Vigna unguiculata* ao ataque de *Liriomyza sativa* (Diptera, Agromyzidae). Pesquisa Agropecuária Brasil. **16** (1981): 219—221.

1145 — Oliveira, C. A. V.: Comportamento de variedades de *Vigna unguiculata* Walp. em relacao ao ataque de *Empoasca kraemeri* Ross & Moore, 1957. An. Soc. Entomol. Brasil **10** (1981): 255—259.

1146 Morallo-Rejesus, B., Javier, B. A., Juliano, B. O.: Properties of brown rice and varietal resistance to storage insects. Philippine Entomol. (1981) **5** (1982): 227—238.

1147 Moran, N.: Intraspecific variability in herbivore performance and host quality: a field study of *Uroleucon caligatum* (Homoptera: Aphididae) and its *Solidago* hosts (Asteraceae). Ecol. Entomol. **6** (1981): 301—306.

1148 Morgan, J., Wilde, G., Johnson, D.: Greenbug resistance in commercial sorghum hybrids in the seedling stage. J. econ. Entomol. **73** (1980): 510—514.

1149 Moshy, A. J., Leigh, T. F., Foster, K. W., Schreiber, F.: Screening selected cowpea, *Vigna unguiculata* (L.) Walp., lines for resistance to *Lygus hesperus* (Heteroptera: Miridae). J. econ. Entomol. **76** (1983): 1370—1373.

1150 Mote, U. N.: Varietal susceptibility of brinjal (*Solanum melongena* L.) to jassid (*Amrasca biguttula biguttula* Ishida). J. Maharashtra Agric. Univ. **7** (1982): 59—60.

1151 — Bapat, D. R.: Evaluation of some sorghum genotypes for multiple resistance to shootfly and stem borer. J. Maharashtra Agric. Univ. **8** (1983): 151—153.

1152 — Sonone, H. N.: Relative susceptibility of different varieties of onion (*Allium cepa*) to thrips (*Thrips tabaci* Lind.). J. Maharashtra Agric. Univ. **2** (1977): 152—155.

1153 Mountain, W. B.: Theoretical considerations of plant-nematode relationships. In Sasser, J. N., and Jenkins, W. R.: Nematology, 419—421. Univ. North Carolina Press, Chapel Hill. (1960).

1154 Müller, H. J.: The behaviour of *Aphis fabae* in selecting its host plants, especially different varieties of *Vicia faba*. Entomol. exper. appl. **1** (1958): 66—72.

1155 — Über die Ursachen der unterschiedlichen Resistenz von *Vicia faba* L. gegenüber der Bohnenblattlaus, *Aphis (Doralis) fabae* Scop. V. Antibiotische Wirkungen auf die Vermehrungskraft. Entomol. exper. appl. **1** (1958): 181—190.

1156 — Über die Anflugdichte von Aphiden auf farbige Salatpflanzen. Entom. exp. appl. **7** (1964): 85—104.

1157 — Über die Ursachen der unterschiedlichen Resistenz von *Vicia faba* L. gegenüber der Bohnenblattlaus *Aphis (Doralis) fabae* Scop. IX. Der Einfluß ökologischer Faktoren auf das Wachstum von *Aphis fabae* Scop. Entomol. exper. appl. **9** (1966): 42—66.

1158 — Über die Ursachen der unterschiedlichen Resistenz von *Vicia faba* L. gegenüber der Bohnenblattlaus, *Aphis (Doralis) fabae* Scop. X. Vermehrung und Wachstum verschiedener Aphidenarten auf Rastatter und Schlanstedter Ackerbohnen. Entomol. exper. appl. **11** (1968): 355—371.

1159 — Hennig, E.: Eine Methode zur Blattlausmassenzucht für öko-physiologische Untersuchungen. Arch. Pflanzenschutz **1** (1965): 41—48.

1160 Mugniery, D.: Hybridation entre *Globodera rostochiensis* (Wollenweber) et. *G. pallida* (Stone). Rev. Nematol. **2** (1979): 153—159.

1161 — Fayet, G.: Determination du sexe chez *Globodera pallida* Stone. Rev. Nématol. **4** (1981): 41—45.

1162 Mukhopadhyay, S., Saha, P. K.: Differential response of *Nephotettix virescens* (Distant) to few rice varieties. Indian Agricult. **25** (1981): 125—129.

1163 Mukuru, S. Z.: Progress Report: *Sorghum* improvement in East Africa. Proceed. 5th East African Cereals Res. Conf. Malawi, March 10—15, 1974, 219—223.

1164 Mulkern, G. B.: Behavioral influence on ford selection in grasshoppers (Orthoptera: Acrididae). Entomol. exper. appl. **12** (1969): 509—523.

1165 Muralidharan, R., Sivakumar, C. V.: Susceptibility of certain Indian varieties of cotton and wild species of *Gossypium* to the reniform nematode, *Rotylenchulus reniformis*. Indian J. Nematol. **5** (1977): 116—118.

1166 Murant, A. F.: The development of our knowledge of *Rubus* viruses. Acta Horticult. **66** (1976): 13—17.

1167 Muse, B. D.: Histopathology of susceptible and resistant reactions in „Wando" pea seedlings to two populations of *Ditylenchus dipsaci*. J. Nematol. **1** (1969): 299.

1168 Mushtaq Ahmad: Evaluation of pod-fly (*Melanagromyza obtusa*) damage to different varieties of pigeon pea (*Cajanus cajan*). Agric. Pakistan **28** (1977): 281—284.

1169 Mustafa, M. E.: Comparative resistance of some crops to *Meloidogyne javanica* J. (russ.). Nauč. Tr. Leningradsk. Sel'skoch. Inst. **389** (1980): 45—50.

1170 Myrzin, A. S., Kasyanov, A. I.: Evaluation of infestation of rice by aphids (russ.). Zaščita Rastenij (1981), Nr. 10: 26.

1171 Nacken, B.: Laboruntersuchungen über den Einfluß verschiedener Faktoren auf das Wirtswahlverhalten der Schwarzen Bohnenblattlaus, *Aphis fabae* Scop., unter besonderer Berücksichtigung geflügelter Tiere. Diss. Univ. Bonn, 1974. 90 S.

1172 Naito, A.: Studies on the feeding habits of some leafhoppers attacking the forage crops. I. Comparison of the feeding habits of the adults. Japan. J. Appl. Entomol. Zool. **20** (1976): 1—8.

1173 — Studies on the feeding habits of some leafhoppers attacking the forage crops. II. Comparison of the feeding habits of the green rice leafhoppers in different developmental stages. Japan. J. Appl. Entomol. Zool. **20** (1976): 51—54.

1174 Napiere, C. M.: Varying inoculum levels of bacteria-nematodes and the severity of tomato bacterial wilt. Ann. Tropic. Res. **2** (1980): 129—134.

1175 Nathani, R. K.: Studies on varietal susceptibility and chemical control of brinjal shoot and fruit borer *Leucinodes orbonalis* Guenee). Thesis Abstr. **9** (1983): 51.
1176 Nault, L. R., Styer, W. E.: Effects of sinigrin on host selection by aphids. Entomol. exper. appl. **15** (1972): 423—437.
1177 Nayar, J. K., Fraenkel, G.: The chemical basis of host selection in the Mexican bean beetle *Epilachna varivestis* (Coleoptera: Coccinellidae). Ann. entomol. Soc. Amer. **56** (1963): 174—178.
1178 — Thorsteinson, A. J.: Further investigations into the chemical basis of insect-host relationships in an oligophagous insect, *Plutella maculipennis* (Curtis). Canad. J. Zool. **41** (1963): 923—929.
1179 Neal, J. C.: The root-knot disease of the peach, orange, and other plants in Florida, due to the work of *Anguillula*. Bull. U.S. Div. Entomol. **20** (1889): 1—31.
1180 Nedov, P.: Resistanee of grapevines to *Phylloxera* and root rot, and breeding for immunity (bulg.). Rep. 1st Nation. Symp. Plant Immunity, Varna (Bulgaria) 1976 (1978), Part 3: 118—127.
1181 Neel, W. W., Hedin, P. A., Carpenter, T. L.: Chemical constituents of pecan leaves as possible indicators of susceptibility to the blackmargined aphid. Southwest. Entomol. **5** (1980): 118—124.
1182 Nelson, C. H.: Resistance to the stunt nematode in corn. Plant Dis. Reptr. **40** (1956): 635—639.
1183 Nelson, D. L., Barnes, D. K., Sheaffer, C. C., Rabas, D. L., MacDonald, D. H.: Breeding for resistance to the lesion nematode (*Pratylenchus*) in alfalfa. Rep. 28th Alfalfa Improvement Conf., 13.—16. July 1982, Univ. California, Davis (1983): 42.
1184 Nelson, L. R., Scott, G. E.: Diallel analysis of corn (*Zea mays* L.) to corn stunt. Crop Sci. **13** (1973): 162—164.
1185 Nelson, R. R.: Stabilizing racial populations of plant pathogens by use of resistance genes. J. environ. Quality **1** (1972): 220—227.
1186 — Genetics of horizontal reristance to plant diseases. Annu. Rev. Phytopathol. **16** (1978): 359—378.
1187 — MacKenzie, D. R., Scheifele, G. L.: Interaction of genes for pathogenicity and virulence in *Trichometasphaeria turcica* with different numbers of genes for vertical resistance in *Zea mays*. Phytopathology **60** (1970): 1250—1254.
1188 Netscher, C.: Les nematodes parasites des cultures maraîchères au Senégal. Cah. O. R. S. T. O. M. Ser. Biol. (1970), Nr. 11: 209—229.
1189 — Arbres resistants au *Meloidogyne* spp.: utilisation comme brise-vent au Senégal. Agron. Tropic. **36** (1981): 175—177.
1190 Newman, W., Pimentel, D.: Garden peas resistant to the pea aphid. J. econ. Entomol. **67** (1974): 365—367.
1191 Newton, H. C., Middleton, G. K., Green, J. M., Helm, J. L.: Registration of McNair 1003 wheat (Reg. No. 633). Crop Sci. **20** (1980): 828.
1192 Nielsen, C. H.: Untersuchungen über die Vererbung der Resistenz gegen den Getreidenematoden (*Heterodera avenae*) beim Weizen. Nematologica **12** (1967): 575—578.
1193 — The test assortment for cereal cyst nematode (*Heterodera avenae*). Abstr. 11th Internat. Symp. Nematol., Reading 1972, 50—51.
1194 Nielsen, J. K., Larsen, L. M., Sørensen, H.: Entomol. exper. appl. **26** (1979): 40—48.
1195 Nielson, M. W., Don, H.: Probing behavior of biotypes of the spotted alfalfa aphid on resistant and susceptible alfalfa clones. Entomol. exper. appl. **17** (1974): 477—486.
1196 — — Interaction between biotypes of the spotted alfalfa aphid and resistance in alfalfa. J. econ. Entomol. **67** (1974): 368—370.
1197 — — Schonhorst, M. H., Lehman, W. F., Marble, V. L.: Biotypes of the spotted alfalfa aphid in western Unit. States. J. econ. Entomol. **63** (1970): 1822—1825.
1198 — Kuehl, R. O.: Screening efficacy of spotted alfalfa aphid biotypes and genic systems for resistance in alfalfa. Environ. Entomol. **11** (1982): 989—996.
1199 — Lehman, W. F.: Multiple aphid resistance in CUF-101 alfalfa. J. econ. Entomol. **70** (1977): 13—14.
1200 — — Kodet, R. T.: Resistance in alfalfa to *Acyrthosiphon kondoi*. J. econ. Entomol. **69** (1976): 471—472.
1201 — Olson, D. L.: Horizontal resistance in ‚Lahontan‘ alfalfa to biotypes of the spotted alfalfa aphid (Homoptera: Aphididae). Environ. Entomol. **11** (1982): 928—930.
1202 Nikolenko, M. P., Omel'čenko, L. I.: Vredonosnost' bolshoj zlakovoj tli *Sitobion avenae* F. i ustojchivost' ozimoj pshenicy k ee povrezhdenijam. Sel'skochoz. Biol., Moskva **13** (1978), Nr. 1: 130—135.
1203 — — Dremljuk, G. K., Dranenko, I. A.: Ob ystojchivosti sorgo k zlakovym tljam. Nauč.-techn. Bjull. Vsesojuzn. selek.-genet. inst., **33** (1979): 50—54.
1204 — — Sulima, U. G.: Resistance of winter hexaploid triticales to pests. IX. Eucarpia Congr.: Genetic resources and plant breeding for resistance. Leningrad, 1980. Symp. II, Summaries of papers, 41.
1205 Nilsson-Ehle, H.: Über Resistenz gegen *Heterodera schachtii* bei gewissen Gerstensorten, ihre Vererbungsweise und Bedeutung für die Praxis. Hereditas (1920), Nr. 1: 1—34.
1206 Niraz, S., Dabrowski, Z.: The mechanisms involved in the sensitivity of winter wheats to aphids infestation. IX. Eucarpia Congr.: Genetic resources and plant breeding for resistance. Leningrad, 1980. Symp. II, Summaries of papers, 42—43.
1207 Nishizawa, T.: Preliminary experiment on varietal reaction of corn to three *Meloidogyne* species. Proceed. 3rd Res. Planning Conf. on root-knot nematodes, *Meloidogyne* spp., Region VI 1981, Jakarta, Indonesia (1981), 55—63.
1208 Nolte, H.-W., Adam, H.: Über das Verhalten des Erbsenwicklers gegenüber Erbsensorten und Erbsen-Neuzuchtstämmen. Züchter **32** (1962): 175—179.
1209 Norris, D. M.: Quinol stimulation and quinone deterrency of gustation by *Scolytus multistriatus*. Ann. entomol. Soc. Amer. **63** (1970): 476—478.
1210 — Kogan, M.: Biochemical and morphological bases of resistance. In Maxwell, F. C., and Jennings, P. R.: Breeding plants resistant to insects, 23—61. John Wiley & Sons, New York. Chichester, Brisbane, Toronto 1980.
1211 Norton, D. C.: *Helicotylenchus pseudorobustus* as a pathogen on corn, and its densities on corn and soybean. Java State J. Res. **51** (1977): 279—285.
1212 Novaretti, W. R. T., Nunez, D.: Comportamento de clones SP e variedades comerciais de cana-de-acucar em relacão ao nematoide *Meloidogyne javanica*. Resultados preliminares. Soc. Brasil. Nemat. Public. **4** (1980): 47—58.

1213 Nozato, K.: Influence of group size and growth stage of rice on survival of hatched larvae of *Chilo suppressalis* Walker (Lepidoptera: Pyralidae). Japan. J. Appl. Entomol. Zool. **26** (1982): 63—67.
1214 Nwana, I. E., Akibo-Betts, D. T.: The resistance of some rice varieties to damage by *Sitophilus zeamais* Motschulský during storage. Trop. Stored Prod. Inform. Nr. 43 (1982): 10—15.
1215 Nwanze, K. F., Horber, E., Pitts, C. W.: Evidence for ovipositional preference of *Callosobruchus maculatus* for cowpea varieties. Environ. Entomol. **4** (1975): 409—412.
1216 Nyczepir, A. P., Lewis, S. A.: Population response of *Hoplolaimus columbus* to different soybean genotypes. J. Nematol. **8** (1976): 259.
1217 O'Bannon, J. H., Radewald, J. O., Tomerlin, A. T., Inserra, R. N.: Comparative influence of *Radopholus similis* and *Pratylenchus coffeae* on citrus. J. Nematol. **8** (1976): 58—63.
1218 — Yuhl, W. A., Tomerlin, A. T.: Pathogenicity of two races of *Radopholus similis* to six peanut cultivars. Proceed. Soil Crop Sci. Soc. Florida **31** (1971): 364—366.
1219 O'Brien, D. G., Prentice, E. G.: An eelworm disease of potatoes caused by *Heterodera schachtii*. Scott. J. Agric. **13** (1930): 415—444.
1220 O'Brien, P. C., Fisher, J. M., Rathjen, A. J.: Inheritance of resistance in two wheat cultivars to an Australian population of *Heterodera avenae*. Nematologica **26** (1980): 69—74.
1221 Ogbuji, R. O.: Infectivity of three *Meloidogyne* spp. on soybean in Nigeria. Tropenlandwirt **82** (1981): 149—152.
1222 — Variations in infectivity among populations of *Meloidogyne javanica* on tobacco and pepper. Plant Disease **65** (1981): 65—66.
1223 — Susceptibility of maize cultivars to Race 1 of *Meloidogyne incognita* in Nigeria. Beitr. Trop. Landwirtsch. Veterinärmed. **21** (1983): 101—105.
1224 Ogunfowora, A. O.: Reaction of barley to cereal root-knot nematode, *Meloidogyne naasi*. Plant Pathol. **26** (1977): 161—166.
1225 — Preliminary investigation on population levels of *Meloidogyne incognita* in soil and damage to tomato in Western State. Occasional Publ. Nigerian Soc. Plant Protect. (1977), Nr. 2: 58—59.
1226 Ohashi, Y.: Reactions of species of *Nicotiana* to the root-knot nematode, *Meloidogyne javanica*. Japan. J. Nematol. **7** (1977): 1—5.
1227 — Reactions of *Nicotiana* species to the root-knot nematode *Meloidogyne incognita*. Japan. J. Breeding **27** (1977): 193—200.
1228 Ohkawa, K., Saigusa, T.: Resistance of rose rootstocks to *Meloidogyne hapla*, *Pratylenchus penetrans* and *Pratylenchus vulnus*. Hort. Sci. **16** (1981): 559—560.
1229 Ohnesorge, B., Sharaf, N., Allawi, T.: Population studies on the tobacco whitefly *Bemisia tabaci* Genn. (Homoptera: Aleyrodidae) during the winter season. I. The spatial distribution on some host plants. Z. angew. Entomol. **90** (1980): 226—232.
1230 Oka, I. N., Pimentel, D.: Herbicide (2,4-D) increases insect and pathogen pests on corn. Science **193** (1976): 239—240.
1231 Okamoto, K.: Pathogenicity and larval dimensions of resistance-breaking races of root-knot nematode, *Meloidogyne incognita*. Japan. J. Nematol. **9** (1979): 16—19.
1232 Okopnyj, N. S., Mavlyanov, O. M., Narbaev, Z. N.: Mechanisms of resistance to root-knot nematodes in cotton (russ.). Uzbekskii Biolog. Žurnal (1983), Nr. 6: 45—47.
1233 — Sadykin, A. V.: K voprosy ob ystojčivosti tomatov k gallovym nematodam. VIII. Vsesojužnoe soveščanie po nematodnym boleznjam sel'skochozjajstvennych kul'tur. Kishinev (1976), 108—109.
1234 Oliveira, J. V., Ribeiro, A. S.: Estudo do nematoide *Aphelenchoides besseyi* Christie, em arroz irrigado. Lavoura Arrozeira **33** (1980): 40—43.
1235 Olsson, E.: Använding av nematodresistenta potatissorter med hýnsyn till patotypsituationen i södra Sverige. Nordisk Jordbrugsforskning **63** (1981): 559—560.
1236 Olthof, T. H. A.: Screening rye cultivars and breeding lines for resistance to the root-lesion nematode *Pratylenchus penetrans*. Canad. J. Plant Sci. **60** (1980): 281—282.
1237 — Effect of age of alfalfa root on penetration by *Pratylenchus penetrans*. J. Nematol. **14** (1982): 100—105.
1238 Omel'čenko, L. I., Nikolenko, M. P.: Resistance of cereal crops to grain aphids (russ.). Issled. po entomol. i. akarol. na Ukraine. Tez. Dokl. 2-go S"zda UEO, Uzhgorod 1980: 151—153.
1239 Omori, T., Agrawal, B. L., House, L. R.: Componental analysis of the factors influencing shoot fly resistance in sorghum (*Sorghum bicolor* (L.) Moench). JARQ **17** (1983): 215—218.
1240 Onukogu, F. A., Guthrie, W. D., Russell, W. A., Reed, G. L., Robbins, J. C.: Location of genes that condition resistance in maize to sheath-collar feeding by second-generation European corn borer. J. econ. Entomol. **71** (1978): 1—4.
1241 Oostenbrink, M.: Het aardappelaaltje (*Heterodera rostochiensis* Wollenweber), een gevaarlijke parasiet voor de eenzijdige aardappelcultuur. Versl. Meded. Plantenziektenkundige Dienst, Wageningen Nr. 151 (1950): 230 p.
1242 — Harmonious control of nematode infestation. Nematologica **10** (1964): 49—56.
1243 Oram, R. N.: *Medicago sativa* L. (lucerne) cv. Sirotasman (Reg. No. B-8a-10). J. Austral. Inst. agric. Sci. **46** (1980): 202—203.
1244 — Register of Australian herbage plant cultivars. B. Legumes. 19. Sainfoin. a *Onobrychis viciifolia* Scop. cv. Othello (Reg. No. B-19a-1). J. Austral. Inst. agric. Sci. **46** (1980): 260—262.
1245 Orbin, D. P.: Effect of the spiral nematode, *Helicotylenchus dihystera* on the yield of five soybean cultivars. J. Alabama Acad. Sci. **40** (1969): 143.
1246 Orellana Pérez, P., Giganarte Lagart, A.: Resistencia varietal del arroz (*Oryza sativa* L.) a la enfermedad „Hoja Blanca". Centro Agricola **4** (1977): 83—99.
1247 Ortega, A.: CIMMYT's integrated approach in improving genetic resistance to pests in maize. Afric. J. Plant Protect. **2** (1980): 17—43.
1248 — Vasal, S. K., Mihm, I., Hershey, C.: Breeding for insect resistance in maize. In Maxwell, F. G., and Jennings, P. R.: Breeding plants resistant to insects, 371—419. John Wiley & Sons, New York, Chichester, Brisbane, Toronto 1980.

1249 Ortman, E. E., Peters, D. C.: Role of host-plant resistance in insect management. In Maxwell, F. G., and Jennings, P. R.: Breeding plants resistant to insects, 3—13. John Wiley & Sons, New York, Chichester, Brisbane, Toronto 1980.

1250 Osborne, R. E.: J. agric. Soc. Trinidad Tobago **63** (1963): 35—45.

1251 Osche, G.: Ökologie. Freiburg, Basel, Wien 1973.

1252 Oschmann, M.: Untersuchungen zur Resistenz des Maises gegenüber der Fritfliege (*Oscinella frit* L.). Nachrichtenbl. Pflanzenschutz DDR **35** (1981): 118—121.

1253 Osipova, E. A., Evdokimova, Z. Z.: Parent material for selecting potatoes for resistance to *Globodera rostochiensis*. (russ.) Bjull. Vsesojuz. nauč.-issl. Inst. Rasteniev. im. Vavilova (1980), Nr. 105: 20—23.

1254 Osman, H. A., Moussa, F. F.: Host response of cantaloup cultivars to *Meloidogyne incognita* infection. Bull. National Res. Center, Cairo **5** (1980): 204—210.

1255 Osuna, J. A., Lara, F. M., Favrin, L. J. B., Campos, M. S. de: Avaliação seleção de progênies S_1 de Composto Flint de milho, visandao resistencia ao ataque de *Heliothis zea* (Boddie, 1850) (Lepidoptera-Noctuidae). An. Soc. Entomol. Brasil **10** (1981): 239—254.

1256 Ouden, L. H. den: Carrot. Res. Inst. Plant Protect. Wageningen, Annu. Rep. for 1981, **38** (1982).

1257 Oya, S., Sato, A.: Differences in feeding habits of the green rice leafhopper, *Nephotettix cincticeps* Uhler (Hemiptera: Deltocephalidae), on resistant and susceptible rice varieties. Appl. Entomol. Zool. **16** (1981): 451—457.

1258 Páez Lamadrid, A., Carballo, A.: Response of maize lines and hybrids of the Central Plateau to pest and disease attack. Rev. Chapingo **7** (1982): 40—47.

1259 Painter, R. H.: Insect resistance in crop plants. Mac Millan Company, New York 1951, 520 p.

1260 — Resistance of plants to insects. Annu. Rev. Entomol. **3** (1958): 269—290.

1261 — Crops that resist insects provide a way to increase world food supply. Bull. Agric. Exper. Sta. Kansas State Univ. (1968): 520.

1262 Palacios, A. A., Sosa Moss, C.: Resistencia genética de algunas variedades de tomate (*Lycopersicum esculentum*) al ataque de *Meloidogyne* spp. Agrociencia **9** (1972): 119—125.

1263 Palmer, T. P.: Aphis rasistant rape. New Zeal. J. Agric. **101** (1960): 375—376.

1264 Panda, N., Heinrichs, E. A.: Levels of tolerance and antibiosis in rice varieties having moderate resistance to the brown planthopper, *Nilaparvata lugens* (Stal) (Hemiptera: Delphacidae). Environ. Entomol. **12** (1983): 1204—1214.

1265 — Raju, A. K.: Varietal resistance of green-gram (*Phaseolus aureus* Roxb.) to *Aphis craccivora* (Koch). Indian J. agric. Sci. **42** (1972): 670—673.

1266 Parfitt, D. E.: Relationship of morphological plant characteristics of sunflower to bird feeding. Canad. J. Plant Sci. **64** (1984): 37—42.

1267 Park, J. S., Han, S. C., Lee, Y. B.: Studies on the ecology and feeding preference of *Hirschmanniella oryzae*. Res. Rep. Office Rural Development, South Korea, Plant Environment **13** (1970): 93—98.

1268 — Lee, J. O.: Varietal resistance of rice to the white-tipped nematode *Aphelenchoides besseyi*. Internat. Rice Res. Newsletter (1976), Nr. 1: 15.

1269 Parlevliet, J. E.: Plant pathosystems: an attempt to elucidate horizontal resistance. Euphytica **26** (1977): 553—556.

1270 Parodi, R. A., Scantamburla, J. L., Gamba, R. D.: The male sterile „1240 a INTA", tolerant to the *Contarinia sorghicola* Coq. „sorghum midge". Sorghum Newsletter **20** (1977): 1—2.

1271 Parrott, D. M.: The gene-for-gene relationship. Rothamsted exper. Sta., Nematology Departm. Rep. (1978): 182.

1272 — Evidence for gene-for-gene relationships between resistance gene H_1 from *Solanum tuberosum* ssp. *andigena* and a gene in *Globodera rostochiensis*, and between H_2 from *S. multidissectum* and a gene in *G. pallida*. Nematologica **27** (1981): 372—384.

1273 — Berry, M. M.: Selection of Dutch pathotypes of potato cyst-nematodes on resistant potatoes. Rothamsted Exper. Sta., Rep. for 1973, Part 1 (1974): 154—155.

1274 — Trudgill, D. L.: The resistance of hybrids of *Solanum tuberosum* ssp. *andigena* and *S. multidissectum* to *Heterodera rostochiensis* pathotype E. Plant Pathol. **21** (1972): 86—88.

1275 Paschal, E. H., Rogers, C. E.: Soybean breeding for resistance to foliage feeding arthropods. In Harris, M. K.: Biology and breeding for resistance to arthropods and pathogens in agricultural plants, 390—397. Texas Agric. Exp. Sta. Misc. Pub., 1980.

1276 Patanakamjorn, S., Pathak, M. D.: Varietal resistance of the Asiatic rice borer, *Chilo suppressalis* (Lepidoptera: Crambidae), and its association with various plant characteristics. Ann. entomol. Soc. Amer. **60** (1967): 287—292.

1277 Pathak, M. D.: Genetics of plants in pest management. In Rabb, R. L., and Guthrie, F. E.: Concepts of pest management, 138—157. North Carolina State Univ., 1970.

1278 — Cheng, C. H., Fortuno, M. E.: Resistance to *Nephotettix impicticeps* and *Nilaparvata lugens* in varieties of rice. Nature **223** (1969): 502—504.

1279 — Painter, R. H.: Differential amounts of material taken up by four biotypes of corn leaf aphids from resistant and susceptible sorghums. Ann. entomol. Soc. Amer. **51** (1958): 250—254.

1280 — — Effect of the feeding of the four biotypes of corn leaf aphid, *Rhopalosiphum maidis* (Fitch) on susceptible White Martin sorghum and Spartan barley plants. J. Kansas entomol. Soc. **31** (1958): 93—100.

1281 — Saxena, R. C.: Breeding approaches in rice. In Maxwell, F. G., and Jennings, P. R.: Breeding plants resistant to insects, 422—455. John Wiley & Sons, New York, Chichester, Brisbane, Toronto 1980.

1282 Patil, S. M., Jadhar, L. D.: Studies on relative susceptibility of some promising varieties of pea, *Pisum sativum* L., to pulse beetle, *Callosobruchus maculatus* Fab., in storage. Bull. Grain Technol. **20** (1982): 47—50.

1283 Patterson, C. C., Thurston, R., Rodriguez, J. G.: Twospotted spider mite resistance in *Nicotiana* species. J. econ. Entomol. **67** (1974): 341—343.

1284 Paulik, W.: Drahtwurm und Fritfliege. Bedeutung und Bekämpfung im Mais. Mais (1978), Nr. 2: 20—21.

1285 Pauly, G., Vaissayre, M.: Étát actuel des traveaux de sélection sur les caractères de résistance du cottonier

aux chenilles de la capsule en Afrique centrale. Coton Fibres Tropic. **35** (1980): 209—216.
1286 Pavlov, G. N.: Mulberry varieties resistant to dwarf disease. (russ.) Bjull. Vsesojuz. Inst. Rasteniev. im. Vavilova (1977), Nr. 75: 67—69.
1287 Pawelska-Kozinska, K., Szota, Z.: Badania nad stopniem tolerancji odmian i rodów burakow cukrowich na matwika (*Heterodera schachtii* Schm.). Hodowla Rosl. Aklimat. Nasien. **14** (1970): 39—48.
1288 Peacock, F. C.: Studies on root-knot nematodes of the genus *Meloidogyne* in the Gold Coast. Part I. Comparative development on susceptible and resistant host species. Nematologica **2** (1957): 76—84.
1289 — The development of a technique for studying the host/parasite relationship of the root-knot nematode *Meloidogyne incognita* under controlled conditions. Nematologica **4** (1959): 43—55.
1290 Peaden, R. N., Hunt, O. J., Faulkner, L. R., Griffin, G. D., Jensen, H. J., Stanford, E. H.: Registration of a multiple-pest resistant alfalfa germplasma. Crop Sci. **16** (1976): 125—126.
1291 Pedersen, M. W., Sorensen, E. L., Anderson, M. J.: A comparison of pea aphid-resistant and susceptible alfalfas for field performance, Saponin concentration, digestibility, and insect resistance. Crop Sci. **15** (1975): 254—256.
1292 Pelcz, J., Oettel, G.,Thiele, S., Fritzsche, R.: Beeinflussung des Resistenzverhaltens von Gurken gegenüber *Fusarium oxysporum* Schlecht. emend. Sny. et Hans. f. spec. *cucumerinum* Owen durch gleichzeitigen Befall mit dem Wurzelgallenälchen (*Meloidogyne incognita* (Kofoid and White 1919) Chitwood 1949). Arch. Phytopathol. Pflanzenschutz **19** (1983): 161—166.
1293 — — — — Schmidt, H. B., Müller, M.: Einfluß von *Meloidogyne incognita* (Kofoid and White 1919) Chitwood 1949 auf die Infektion und die Krankheitssymptome von Gewächshausgurken durch *Fusarium oxysporum* Schlecht. emend. Sny. et Hans. f. spec. *cucumerinum* Owen. Arch. Phytopathol. Pflanzenschutz **18** (1982): 233—242.
1294 — Skadow, K., Fritzsche, R.: Einfluß von *Meloidogyne incognita* auf die Wirtseignung der Gurke gegenüber *Fusarium oxysporum* f. spec. *lycopersici* sowie der Tomate gegenüber *Fusarium oxysporum* f. spec. *cucumerinum*. Nematologica **29** (1983): 443—453.
1295 Peng, Z. K., Tang, M. Y., Chen, Y. S.: Studies of resistance to brown plant-hopper in hybrid rice. Sci. Agric. Sinica 1979, No. 2: 71—77.
1296 Peraiah, A., Roy, J. K.: Studies on biochemical nature of gall midge resistance in rice. Oryza **16** (1979): 149—150.
1297 — Sethi, M., Roy, J. K.: Añatomical characters of rice stems in relation to brown plant hopper resistance. Oryza **16** (1979): 73—74.
1298 Pereverzev, D. S.: Characteristics of inheritance in maize to the European corn borer (russ.). Genetika **16** (1980): 853—858.
1299 Perju, T.: La lutte intégrée contre le puceron du hublon (*Phorodon humuli* Schrnk.) (Aphididae-Homoptera). Bull. Acad. Sci. Agric. Forestr. Bucarest (1984): 117—131.
1300 — Ghizdavu, I., Zaharia, R., Stan, O., Gherman, I.: Comportarea unor soiuri de hamei la atacul paduchelui verde (*Phorodon humuli* Schrk.) — Aphidide — Homoptera. Lucrarile II Simp., Cultura hameiului in România, Cluj-Napoca, 22.—23. 11. 1978, 155—159.
1301 Person, C., Groth, J. V., Mlyk, O. M.: Genetic change of the population level in host-parasite systems. Annu. Rev. Phytopathol. **14** (1976): 177—200.
1302 Person, F.: Genetic relations between resistant cultivars of barley and two races, Fr 1 and Fr 4, of *Heterodera avenae* in France. ESN XVth Internat. Nematol. Symp. 1980, Bari, Abstr., 59—60.
1303 — Doussinault, G.: Influence de la témpérature et des caractéres des races d'*Heterodera avenae* Woll. sur la validité d'un test en conditions controlées, utilisable en sélection des céreales. Ann. Amélior. Plant. **28** (1979): 513—527.
1304 Person-Dedryver, F., Pannetier, D.: Les cultivars d' orge, facteurs de discrimination des pathotypes d' *Heterodera avenae*. Bull. OEPP **12** (1982): 393—398.
1305 Perutik, R.: Resistance in oats to caryopsis attack by the frit fly. (russ.) Sbornik UVTIZ **13** (1977): 265—275.
1306 Pesho, G. R., Lieberman, F. V., Lehman, W. F.: A biotype of the spotted alfalfa aphid on alfalfa. J. econ. Entomol. **53** (1960): 146—150.
1307 — Muehlbauer, F. J., Harberts, W. H.: Resistance of pea introductions to the pea weevil. J. econ. Entomol. **70** (1977): 30—33.
1308 Peter, K. V., Goth, R. W., Webb, R. E.: Indian hot peppers as new sources of resistance to bacterial wilt, *Phytophthora* root rot, and root-knot nematode. Hort. Sci. **19** (1984): 277—278.
1309 Petersen, B. B., Søegaard, B.: Studies on resistance to attacks of *Chermes cooleyi* (Gill.) on *Pseudotsuga taxifolia* (Poir.) Britt. Forstl. Forsøgsv. Danmark **25** (1958): 37—45.
1310 Peterson, A.-G.: Increase of the green peach aphid following the use of some insecticides on potatoes. Amer. Potato J. **40** (1963): 121—129.
1311 Pew, L. J. De, Witt, M. D.: Evaluations of greenbug-resistant sorghum hybrids. J. econ. Entomol. **72** (1979): 177—179.
1312 Phillips, M. S., Trudgill, D. L.: Variations in the ability of *Globodera pallida* to produce females on potato clones bred from *Solanum vernei* or *S. tuberosum* ssp. *andigena* CPC 2802. Nematologica **29** (1983): 217—226.
1313 Pierce, H. D., Vernon, R. S., Borden, J. H., Oehlschlager, A. C.: Host selection by *Hylemya antiqua* (Meigen). Identification of three new attractants and oviposition stimulants, J. Chem. Ecol. **4** (1978): 65—72.
1314 Pierzchalski, T., Werner, E.: Changes in glycoalkaloid contents in leaves of cultivated and wild potatoes and their hybrids during growth and their influence on the Colorado potato beetle (*Leptinotarsa decemlineata* Say). Part 1. Hodowla Rosl. Aklimat. Nasien. **2** (1958): 157—180.
1315 Pillai, G. B., Abraham, V. A.: Intensity of ‚pollu' beetle, *Longitarsus nigripennis* Mots. (Coleoptera: Chrysomelidae) infestation on different cultivars of black pepper, *Piper nigrum* L. In: Proceed. Sec. Ann. Symp. on Plantation Crops — PLACROSYM II 1979 (1983): 289—293.
1316 Pillai, K. B., Nair, N. R., Thomas, M. J.: Tolerance of some rice varieties to whorl maggot damage. Agric. Res. J. Kerala **17** (1979): 297.
1317 Pillemer, E. A., Tingey, W. M.: Hooked trichomes and resistance of *Phaseolus vulgaris* to *Empoasca fabae*

(Harris). Entomol. exper. appl. **24** (1978): 83—94.

1318 Pimentel, D.: An evaluation of insect resistance in broccoli, brussels sprouts, cabbage, collards, and kale. J. econ. Entomol. **54** (1961): 156—158.

1319 — Wheeler, A. G.: Influence of alfalfa resistance on the pea aphid population and its associated parasites, predators, and competitors. Environ. Entomol. **2** (1973): 1—11.

1320 Pinochet, J., Rowe, P. R.: Progress in breeding for resistance to *Radopholus similis* on bananas. Nematropica **9** (1979): 76—78.

1321 Pitcher, R. S.: Interactions of nematodes with other pathogens. In Southey, J. F.: Plant Nematology, 63—77. Her Majesty's State Office, London 1978.

1322 — Patrick, Z. A., Mountain, W. B.: Studies on the host-parasitic relations of *Pratylenchus penetrans* (Cobb) to apple seedlings. I. Pathogenicity under sterile conditions. Nematologica **5** (1960): 309—314.

1323 Pitrat, M., Lecoq, H.: Relations génétiques entre les résistances par non-acceptation et par antibiose du melon à *Aphis gossypii.* Recherche de liaisons avec d'autres gènes. Agronomie **2** (1982): 503—508.

1324 Plaisted, R. L., Harrison, M. B., Peterson, L. C.: A genetic model to describe the inheritance of resistance to the golden nematode, *Heterodera rostochiensis* (Wollenweber) in *Solanum vernei.* Amer. Potato J. **39** (1962): 418—435.

1325 — Thurston, H. D., Peterson, L. L., Fricke, D. H., Cetas, R. C., Harrison, M. B., Sieczka, J. B., Jones, E. D.: Hudson: A high yielding variety resistant to golden nematode. Amer. Potato J. **50** (1973): 212—215.

1326 Plank, J. E. van der: Plant diseases: Epidemics and control. Academic Press, New York, London 1963. 349p.

1327 — Disease resistance in plants. Academic Press, New York, London 1968. 206p.

1328 Platt, A. W.: The influence of some environmental factors on the expression of the solid stem character in certain wheat varieties. Sci. Agric. **21** (1941): 139—151.

1329 Poe, S. L.: Entomology and the control of arthropod pests of plants. In Roberts. D. A.: Fundamentals of plant-pest control, 139—163. Freeman and Comp., San Francisco 1978.

1330 Pongprasert, S., Weerapat, P.: Varietal resistance to the brown planthopper in Thailand. In: Brown planthopper: threat to rice production in Asia, 273—283. Internat. Rice Res. Inst. (1979).

1331 Ponte, J. J. da, Cavalcante, F. S., Bispo, C. M., Matos, F. V., Franco, A.: Indicacão de plantas imunes ã meloidogynae. I. Primeira triagem entre gramineas forrageiras. Soc. Brasil. Nemat. Public. **5** (1981): 51—55.

1332 — Santos, C. D. G.: Compartamento de novos hibridos de feijão macássar, *Vigna unguiculata* Walp., em relacão ao parasitismo de nematóides das galhas, *Meloidogyne* spp. VI Reuniao Brasil. Nematol. (1982): 27—32.

1333 — Torres, J., Simplicio, M. E.: Compartamento de cultivares de mandioea em relacão a nematoides das galhas. Soc. Brasil. Nemat. Publ. **4** (1980): 107—113.

1334 Ponti, O. M. B. de: Resistance in *Cucumis sativus* L. to *Tetranychus urticae* Koch. Euphytica **26** (1977): 633—654.

1335 — Breeding onion *(Allium cepa)* for resistance to onion fly *(Delia antiqua)*. In Minks, A. K., and Gruys, P.: Integrated control of insect pests in the Netherlands, 173—175. Pudoc, Wageningen 1980.

1336 — Ouden, H. den: Resistentie tegen koolrupsen en koolluis: eerste ervarigent met uniek materiaal uit de USA. Zaadbelangen **37** (1983): 91.

1337 — Steenhuis, M. M., Elzinga, P.: Partial resistance of tomato to the greenhouse whitefly (*Trialeurodes vaporariorum* Westw.) to promote its biological control. Meded. Fac. Landbouwwetensch., Rijksuniv. Gent **48** (1983): 195—198.

1338 Popkova, K. V.: Učenie ob immunitete rastenij. Kolos, Moskva 1979. 272p.

1339 Popov, V. V.: A rapid method of evaluating breeding material for resistance to Colorado beetle. (russ.). Sel'skoch. za rubežom (1977), Nr. 9: 25.

1340 Porter, D. M., Powell, N. T.: Influence of certain *Meloidogyne* species on *Fusarium* wilt development in-flue-cured tobacco. Phytophatology **57** (1967): 282—285.

1341 Post, A.: Effect of cultural measures on the population density of the fruit tree red spider mite, *Metatetranychus ulmi* Koch (Acari, Tetranychidae). Meded. Proefstat. Fruitteelt in de volle Grond **4** (1962): 1—110.

1342 Potter, J. W., Dirks, V. A., Johnson, P. W., Olthof, T. H. A., Layne, R. E. C., McDonnell, M. M.: Response of peach seedlings to infection by the root lesion nematode *Pratylenchus penetrans* under controlled conditions. J. Nematol. **16** (1984): 317—322.

1343 Powell, G. S., Campbell, W. V.: Adult *Sitona hispidulus* feeding preferences among ninety-six genotypes of Ladino white clover. J. Georgia entomol. Soc. **18** (1983): 294—300.

1344 Powell, N. T.: Interactions between nematodes and fungi in disease complexes. Annu. Rev. Phytopathol. **9** (1971): 253—274.

1345 — Nusbaum, C. J.: The black shank-root-knot complex in flue-cured tobacco. Phytopathology **50** (1960): 899—906.

1346 Prakash, A.: Varietal resistance of stored rice grains to *Rhyzopertha dominica* Fabr. (Coleoptera: Bostrychidae). Uttar Pradesh J. Zool. **2** (1982): 89—92.

1347 Prasad, J. S., Rao, Y. S.: Screening of some rice cultivars against the root lesion nematode, *Pratylenchus indicus.* Nematol. Mediter. **10** (1982): 215—216.

1348 Prasad, K. S. K., Rao, Y. S.: Interaction between *Tylenchorhynchus claytoni* and *Helicotylenchus crenatus* in rice. Indian J. Nematol. **7** (1979): 170—172.

1349 Pree, D. J.: Resistance to development of larvae of the apple maggot in crab apples. J. econ. Entomol. **70** (1977): 611—614.

1350 Premachandran, O., Dasgupta, D. R.: A theoretical model for plant-nematode interaction. Rev. Nématol. **6** (1983): 311—314.

1351 Premila, K. S., Dale, D.: Induction of resistance in rice plants to insect pests by the application of chelated metal complexes. Crop Protect. **3** (1984): 187—192.

1352 Preverzev, D. S., Shapiro, I. D.: Radical protection from the stem borer (russ.). Zaščita Rastenij (1980), Nr. 12: 28—32.

1353 Princ, E. Ja.: The comparative resistance of plum varieties to the San José scale in the conditions of Moldavia (russ.). Vred. polez. Fauna Bespozvon. Moldavii **4—5** (1969): 184—189.

1354 Printz, Ya. I.: Elaboration and selection results of

Phylloxera resistant varieties of grapes and working out of ecological indexes on *Phylloxera* for the basing of *Phylloxera* virulence and chemical control method. Summary of the Scientific Research Work of the Institute of Plant Protection for the Year 1939. Leningrad, Lenin Acad. agric. Sci. (1940): 105—112.

1355 Proeseler, G., Fritzsche, R.: Viröse Vergilbung der Zuckerrüben. Fortschrittsber. Landwirtsch. u. Nahrungsgüterwirtsch., Berlin **18** (1980), Nr. 8: 36 S.

1356 Prot, J.-G.: A naturally occurring resistance breaking biotype of *Meloidogyne arenaria* on tomato. Reproduction and pathogenicity on tomato cultivars Roma and Rossol. Rev. Nématol. **7** (1984): 23—28.

1357 Puca, N. M., Čižov, V. N., Šesteperov, A. A., Kručina, S. N., Terent'eva, T. G.: Parazity kormovych trav. Zaščita Rastenij (1984), Nr. 9: 18—19.

1358 Quebral, F. C.: Plant diseases in the Philippines presumed to be due to mycoplasma-like organisms. In: Plant diseases due to mycoplasma-like organisms, 46—51. Taipei, Taiwan 1978.

1359 Quiros, C. F., Stevens, M. A., Rick, C. M., Kok-Yokomi, M. L.: Resistance in tomato to the pink form of the potato aphid (*Macrosiphum euphorbiae* Thomas): role of anatomy, epidermal hairs, and foliage composition. J. Amer. Soc. hort. Sci. **102** (1977): 166—171.

1360 Quisenberry, J. E., Rummel, D. R.: Natural resistance to thrips injury in cotton as measured by differential leaf area reduction. Crop Sci. **19** (1979): 879—881.

1361 Rabb, R. L., Bradley, J. R.: The influence of host plants on parasitism of eggs of the tobacco hornworm. J. econ. Entomol. **61** (1968): 1249—1252.

1362 Radcliffe, E. B., Chapman, R. K.: Seasonal shifts in the relative resistance to insect attack of eight commercial cabbage varieties. Ann. entomol. Soc. Amer. **58** (1965): 892—897.

1363 — Lauer, F. I.: Resistance to *Myzus persicae* (Sulzer), *Macrosiphum euphorbiae* (Thomas), and *Empoasca fabae* (Harris) in the wild tuber-bearing *Solanum* (Tourn.) L. species. Agric. Exper. Sta., Minnesota Univ., Techn. Bull. Nr. **259** (1968): 1—27.

1364 — — Lee, M. H., Robinson, D. P.: Evaluation of the United States potato collection for resistance to green peach aphid and potato aphid. Agric. Exper. Sta., Minnesota Univ., Techn. Bull. Nr. **331** (1981): 1—44.

1365 Radewald, J. D., Isom, W. H., Brendler, R. A., Shibuya, F.: Results of a trial testing the tolerance of oat varieties to tulip root caused by the nematode *Ditylenchus dipsaci*. Plant Dis. Reptr. **55** (1971): 433—437.

1366 Raffa, K. F., Berryman, A. A.: Physiological differences between lodgepole pines resistant and susceptible to the Mountain pine beetle and associated microorganisms. Environ. Entomol. **11** (1982): 486—496.

1367 Raina, A. K., Thindwa, H. Z., Othieno, S. M., Douglass, L. W.: Resistance in sorghum to sorghum shoot fly (Diptera: Muscidae) oviposition on selected cultivars. J. econ. Entomol. **77** (1984): 648—651.

1368 Rajapakse, R. H. S., Kulasekera, V. K.: Rate of development and oviposition of *Callosobruchus chinensis* L. in different cultivars of soybean. In: Soybean seed quality and stand establishment, 191. Proceed. Conf. Scientists in Asia, Jan. 25—31, 1981, Colombo, Sri Lanka, 1982.

1369 Raman, K. V., Singh, S. S., van Emden, H. F.: Mechanism of resistance to leafhopper damage in cowpea. J. econ. Entomol. **73** (1980): 484—488.

1370 Ramanatha Menon, M., Christudas, S. P.: Studies on the population of the aphid *Pentalonia nigronervosa* Coq. on banana plants in Kerala. Agric. Res. J. Kerala **5** (1967): 84—86.

1371 Ramavarma, K. T., Apparao, K., Sitharamaiah, S., Narayanan, A. I.: Interspecific transfer of resistance to tobacco caterpillar (*Spodoptera litura* F.) from *N. benthamiana* to *N. tabacum*. Cytologia **45** (1980): 103—111.

1372 Randolph, N. M., Meisch, M. V.: Evaluation of chemicals and resistant alfalfa varieties for control of the three-cornered alfalfa hopper. J. econ. Entomol. **63** (1970): 979—981.

1373 Rao, G. M., Anjaneyulu, A.: Influence of nitrogen nutrition on tungro diseased plants of different rice cultivars. Oryza **13** (1976): 73—79.

1374 Rao, M. V., Reddy, P. S., Rao, V. L. V. P.: Multiple tolerance to insect pests in certain rice cultures at Warangal. Oryza **19** (1982): 208.

1375 Rao, U. P., Kalode, M. B., Sastry, M. V. S., Srinivasan, T. E.: Breeding for gall midge resistance in rice. Indian J. Genetics Plant Breed. **40** (1980): 581—584.

1376 Rapoport, E. G.: Resistance of *Brassica* to *Delia* species: antibiosis and tolerance (russ.). Nauka sel'skomu chozjajstvu. Riga, Zinatne, 1979, 42—44.

1377 Rasch, D., Herrendörfer, G., Bock, J., Busch, K.: Verfahrensbibliothek. Versuchsplanung und -auswertung. Bd. 1—3. 1595 S. VEB Deutscher Landwirtschaftsverlag, Berlin 1978/1981.

1378 Raski, D. J., Schmitt, R. V., Hemstreet, C.: Comparison of grape rootstocks in nematode-infested soil after preplant soil fumigation. Plant Dis. Reptr. **57** (1973): 416—419.

1379 Ratcliffe, R. H., Murray, J. J.: Selection for greenbug (Homoptera: Aphididae) resistance in Kentucky bluegrass cultivars. J. econ. Entomol. **76** (1983): 1221—1224.

1380 — Oakes, A. J.: Yellow sugarcane aphid resistance in selected *Digitaria* germplasm. J. econ. Entomol. **75** (1982): 308—314.

1381 Raut, U. M., Sonone, H. N.: A preliminary observation on resistance in okra to shoot and fruit borer, *Earias vitella* (Fabricius) (Arctiidae (sic.) Lepidoptera). J. Maharashtra Agric. Univ. **4** (1979): 101—103.

1382 Rautapää, J.: Studies on the host plant relationships of *Aphis idaei* v. d. Goot and *Amphorophora rubi* (Kalt.) (Hom., Aphididae). Ann. Agric. Fenn. **6** (1967): 174—190.

1383 Rebois, R. V.: The effect of *Rotylenchulus reniformis* inoculum levels on yield, nitrogen, potassium, phosphorus and amino acids of seed of resistant and susceptible soybean *(Glycine max)*. J. Nematol. **3** (1971): 326—327.

1384 — Steele, A. E., Stoner, A. K., Eldridge, B. J.: A gene for resistance to *Rotylenchulus reniformis* in tomato, and a possible correlation with resistance to *Heterodera schachtii*. J. Nematol. **9** (1977): 280—281.

1385 — Webb, R. E.: Reniform nematode resistance in potato clones. Amer. Potato J. **56** (1979): 313—315.

1386 Reddy, A. R., Venkateswarlu, S., Singh, O. N.: Note on screening of germplasm of pigeonpea for resistance to podfly (*Melanagromyza obtusa* Mall.). Indian J. agric. Sci. **52** (1982): 342.

1387 Reddy, P. P., Singh, D. B.: Evaluating the reaction of some species and varieties of *Citrus* and *Poncirus* to the citrus nematode. Indian J. Nematol. **8** (1979): 82—84.

1388 Reddy, V. V., Kalode, M. B.: Rice varietal resistance to brown planthopper. Internat. Rice Res. Newsletter **6** (1981), Nr. 4: 8.

1389 Reed, G. L., Brindley, T. A., Showers, W. B.: Influence of resistant corn leaf tissue on the biology of the European corn borer. Ann. entomol. Soc. Amer. **65** (1972): 658—662.

1390 Rees, C. J. C.: Chemoreceptor specifity associated with choice of feeding site by the beetle, *Chrysolina bruns-vicensis*, on its hostplant, *Hypericum hirsutum*. In Wilde, J. De, and Schoonhoven, L. M.: Insect and host plant, 563—583. North-Holland, Amsterdam, 1969.

1391 Reese, J. C.: Interactions of allelochemicals with nutrients in herbivore food. In Rosenthal, G. A., and Janzen, D. H.: Herbivores, their interaction with secondary plant metabolites, 309—330. Academic Press, London, New York, 1979.

1392 — Nutrient-allelochemical interactions in host plant resistance. In Hedin, P. A.: Plant resistance to insects, 231—243. ACS Symposium Series 208 (1983).

1393 Reh, O.: Tierische Schädlinge. In Sorauer, P.: Handbuch der Pflanzenkrankheiten. 4. Aufl. Berlin 1929.

1394 Reinert, J. A., Toler, R. W., Bruton, B. D., Busey, P.: Retention of resistance by mutants of ‚Floratum' St. Augustinegrass to the southern chinch bug and St. Augustine decline. Crop Sci. **21** (1981): 464—466.

1395 Reinmuth, E.: Der Kartoffelnematode (*Heterodera schachtii* Schm.). Beiträge zur Biologie und Bekämpfung. Z. Pflanzenkrankh. **39** (1929): 241—276.

1396 Renwick, J. A. A.: Nonpreference mechanisms: Plant characteristics influencing insect behavior. In Hedin, P. A.: Plant resistance to insects, 199—213. ACS Symposium Series 208 (1983).

1397 Reynolds, G. W., Smith, C. M., Kester, K. M.: Reductions in consumption, utilization, and growth rate of soybean looper (Lepidoptera: Noctuidae) larvae fed foliage of soybean genotype ‚PI 227687'. J. econ. Entomol. **77** (1984): 1371—1375.

1398 Rezende, J. A. M.; Rosetto, C. J., de Miranda, M. A.: Comportamento de populações paternais e F_1 de soja em relação a *Colaspis* sp. e *Diabrotica speciosa* (Germar, 1824). Bragantia **39** (1980): 15—20.

1399 Rhoades, D. F., Cates, R. G.: Toward a general theory of plant antiherbivore chemistry. In Wallace, J. M., and Mansell, R. L.: Biochemical interaction between plants and insects, 168—213. Plenum Press, New York, London 1976.

1400 Rhode, R. A.: Expression of resistance in plants to nematodes. Annu. Rev. Phytopathol. **10** (1972): 233—252.

1401 Rich, J. R., Keen, K. T., Thomason, I. J.: Association of coumestans with the hypersensitivity of Lima bean roots to *Pratylenchus scribneri*. Physiol. Plant Pathol. **10** (1977): 105—116.

1402 — Thomason, I. J., O'Melia, F. C.: Host-parasite interactions of *Pratylenchus scribneri* on selected crop plants. J. Nematol. **9** (1977): 131—135.

1403 Richardson, L. G.: Resistance of soybeans to a stem-borer *Dectes texanus* Lewati. Diss. Abstr. Internat., B **36** (1976): 5960 B.

1404 Ridland, P. M., Berg, G. N.: Seedling resistance to pea aphid of lucerne, annual medic and clover species in Victoria. Austral. J. Exper. Agric. Animal Husb. **21** (1981): 506—511.

1405 Riggs, R. D., Hamblen, M. L.: Further studies on the host range of the soybean-cyst nematode. Agric. Exp. Stat., Univ. Arkansas, Fayetteville, Bull. **718** (1966). 19 p.

1406 Riggs, R. W., Winstead, N. N.: Studies on resistance in tomato to root-knot nematodes and the occurrence of pathogenic biotypes. Phytopathology **49** (1959): 716—724.

1407 Rijspere, M., Rijspere, A., Jaagus, M.: Ristikute kidu-ussiresistentsusest. Sotsialistlik Pollumajandus **26** (1971): 545—547.

1408 Rilishkene, M. A., Rilishkis, A. I.: Study of the inheritance of resistance to the yellow black-currant sawfly (*Pteronidea leucotricha* Hartig) in black currant. Acta Entomol. Lituanica **6** (1983): 5—11.

1409 Risk, G. N., Mostafa, S. A. S., Shaaban, A. M., Choniem, H. G.: The population density of the cigarette beetle, *Lasioderma serricorne* (F.), of two types of tobacco in Egypt. Z. angew. Entomol. **90** (1980): 180—183.

1410 Risser, G., Pitrat, M., Lecoq, H., Rode, J. C.: Sensibilité variétal du melon (*Cucumis melo* L.) au virus du rabougrissement jaune du melon (MYSV) et à sa transmission par *Aphis gossypii*. Hérédité de la reaction de flétrissement. Agronomie **1** (1981): 835—838.

1411 Ritzema Bos, J.: Untersuchungen über *Tylenchus devastatrix* Kühn. Biol. Cbl. **8** (1888): 129—138 u. 164—178.

1412 — Het stengelaaltje (*Tylenchus devastatrix*, Kühn). T. Plantenziekt. **28** (1922): 159—180.

1413 Rivoal, R.: Le nématode à kystes des céréales, *Heterodera avenae*, en France: caractéristiques biologiques et perspectives de lutte par l'utilisation de variétes résistantes. Défense de Végéteaux **172** (1975): 53—64.

1414 — Person, F., Caubel, G., Massese, C. S. La: Méthodes d'évaluation de la résistance des céréales au développment des nématodes: *Ditylenchus dipsaci*, *Heterodera avenae* et *Pratylenchus* spp. Ann. Amelior. Plant. **28** (1978): 371—394.

1415 — Person-Dedryver, F.: Caractérisation des pathotypes d'*Heterodera avenae* en France: influence de la période de culture sur le pouvoir discriminant de cultivars d'*Avena sativa* et différences dans la capacité a former des femelles. Bull. OEPP **12** (1982): 387—391.

1416 Rizk, G. N., Mohammed, O. S.: Ecological studies on the olive scale insect, *Leucaspis riccae* Targ. (Hemiptera: Homoptera, Diaspididae), in Iraq. Res. Bull., Fac. Agric., Ain Shams Univ. (1981), Nr. 1668: 7 p.

1417 Rizvi, S. A. H., Raman, K. V.: Effect of glandular trichomes on the spread of potato virus Y (PVY) and potato leafroll virus (PLRV) in the field.. Proceed. Internat. Congr. Celebration 10th anniversary Internat. Potato Center, Lima (Peru) 1982 (1983), 162—163.

1418 Robbins, J. C., Daugherty, D. M., Hatchett, J. H.: Ovipositional and feeding preference of leafhoppers (Homoptera: Cicadellidae) on Clark soybean in relation to plant pubescence. J. Kansas entomol. Soc. **52** (1979): 603—608.

1419 Roberts, D. A.: Fundamentals of plant-pest control. W. H. Freeman, San Francisco, 1978, 69—222.

1420 Roberts, D. W. A., Tyrrell, C.: Sawfly resistance in wheat. IV. Some effects of light intensity on resistance. Canad. J. Plant Sci. **41** (1961): 457—465.

1421 Roberts, J. J.: Leaf pubescence of soft red winter wheat: its inheritance and association with important insect pests, diseases and agronomic characters. Diss. Abstr. Internat., B **38** (1977), Nr. 2: 450 B.

1422 — Foster, J. E.: Effect of leaf pubescence in wheat on the bird cherry aphid (Homoptera: Aphididae). J. econ. Entomol. **76** (1983), 1320—1322.

1423 Roberts, P. A.: Plant resistance in nematode pest management. J. Nematol. **14** (1982): 24—33.

1424 — Gundy, S. O. van, Waines, J. G.: Reaction of wild and domesticated *Triticum* and *Aegilops* species to root-knot nematodes *(Meloidogyne)*. Nematologica **28** (1982): 182—191.

1425 — Scheuerman, R. W.: Field evaluation of sweet potato clones for reaction to root-knot and stubby root nematodes in California. Hort. Sci. **19** (1984): 270—272.

1426 — Stone, A. R.: Comparisons of invasion and development of *Globodera* spp. and European potato cyst-nematode pathotypes in roots of resistant *Solanum* sg. *Leptostemonum* spp. Nematologica **29** (1983): 55—108.

1427 Roberts, R. L., Gallun, R. L., Patterson, F. L., Foster, J. E.: Effects of leaf pubescence of soft red winter wheat on agronomic performance and insect resistance. Agron. Abstr., 1974: 60.

1428 Robinson, A. G.: Effect of maleic hydrazide and other plant growth regulators on the pea aphid, *Acyrthosiphon pisum* (Harris), caged on broad bean, *Vicia faba* L. Canad. Entomol. **92** (1960): 494—499.

1429 Robinson, R. A.: Plant Pathosystems. Adv. Ser. Agric. Sci. (3). Springer Verl., Berlin, Heidelberg, New York 1976. 184 p.

1430 Rodriguez, J. G.: Nutritional studies in the Acarina. Acarologica **6** (1967): 324—377.

1431 — Campbell, J. M.: Effects of gibberelin on nutrition of the mites, *Tetranychus telarius* and *Panonychus ulmi*. J. econ. Entomol. **54** (1961): 984—987.

1432 — Chen, H. H., Smith, W. T.: Effects of soil insecticides on beans, soybeans, and cotton and resulting effect on mite nutrition. J. econ. Entomol. **50** (1957): 587—593.

1433 — — — Effects of soil insecticides on apple trees and resulting effect on mite nutrition. J. econ. Entomol. **53** (1960): 487—490.

1434 — Dabrowski, Z. T., Stoltz, L. P., Chaplin, C. E., Smith, O.: Studies on resitance of strawberries to mite. 2. Preference and nonpreference responses of *Tetranychus urticae* and *T. turkestani* to water-soluble extracts of foliage. J. econ. Entomol. **64** (1971): 383—387.

1435 — Maynard, D. E., Smith, W. T.: Effects of soil insecticides and absorbents on plant sugar and resulting effect on mite nutrition. J. econ. Entomol. **53** (1960): 491—495.

1436 Rodriguez Fuentes, M.-E., Decker, H.: Untersuchungen zum Einfluß der Pflanzenarten auf den Entwicklungszyklus des sedentären Wurzelnematoden *Rotylenchulus reniformis* Linford et Oliveira, 1940. 8. Vortragstag. Aktuelle Probleme der Phytonematologie, Rostock, 2. 6. 1983, 40—43.

1437 Roemer, T., Fuchs, W. H., Isenbeck, K.: Die Züchtung resistenter Rassen der Kulturpflanzen. Verlag Paul Parey, Berlin 1938.

1438 Rogers, C. E.: Resistance of sunflower species to the western potato leafhopper. Environ. Entomol. **10** (1981): 697—700.

1439 — Kreitner, G. L.: Phytomelanin of sunflower achenes: a mechanism for pericarp resistance to abrasion by larvae of the sunflower moth (Lepidoptera: Pyralidae). Environ. Entomol. **12** (1983): 277—285.

1440 — Thompson, T. E.: Resistance of wild *Helianthus* species to an aphid, *Masonaphis masoni*. J. econ. Entomol. **71** (1978): 221—229.

1441 — — *Helianthus* resistance to the sunflower beetle (Coleoptera: Chrysomelidae). J. Kansas entomol. Soc. **53** (1980): 727—730.

1442 Rogers, C. H.: Registration of 16 tobacco cultivars. Crop Sci. **15** (1975): 101—103.

1443 Rogers, D. J.: Host plant resistance to *Ophiomyia phaseoli* (Tryon) (Diptera: Agromyzidae) in *Phaseolus vulgaris*. J. Austral. entomol. Soc. **18** (1979): 245—250.

1444 Rogers, R. R., Mills, R. B.: Reactions of sorghum varieties to maize weevil infestation under three humidities. J. econ. Entomol. **67** (1974): 692.

1445 Rohde, R. A.: Expression of resistance in plants to nematodes. Annu. Rev. Phytopathol. **10** (1972): 233—252.

1446 Rohitha, B. H., Penman, D. R.: Performance of bluegreen lucerne aphid on three lucerne cultivars (*Medicago sativa* L.) under controlled conditions. New Zeal. J. agric. Res. **25** (1982): 261—265.

1447 Roivainen, O., Tinnilä, A.: The resistance of certain red clover varieties to the stem nematode *Ditylenchus dipsaci* (Kühn) Filipjev. Ann. Agric. Fenn. **2** (1963): 1—6.

1448 Rolston, L. H., Barlow, T., Jones, A., Hernandez, T.: Potential of host plant resistance in sweet potato for control of a white grub, *Phyllophaga ephelida* Say (Coleoptera: Scarabaeidae). J. Kansas entomol. Soc. **54** (1981): 378—380.

1449 Romascu, E.: Cercetari privind rezistenta unor soiuri gnu de toamna si de primavera la atacul nematodului *Anguina (Tylenchus) tritici* Steinb. Comunri Zool. Bucaresti (1969): 91—98.

1450 Rosenthal, G. A., Janzen, D. H., Dahlman, D. L.: Degradation and detoxification of canavanine by a specialized seed predator. Science **196** (1977): 658—660.

1451 Ross, H.: Über die Vererbung der Resistenz gegen den Kartoffelnematoden (*Heterodera rostochiensis* Woll.) in Kreuzungen von *Solanum famatinae* Bitt. et Wittm. mit *Solanum tuberosum* L. und mit *S. chacoense* Bitt. Züchter **32** (1962): 74—80.

1452 — Die Züchtung resistenter Sorten. Proceed. 3rd Trienn. Conf. EAPR, Zürich, 4.—10. 9. 1966, 71—81.

1453 — Züchtung von Kartoffelsorten mit Resistenz gegen *Heterodera rostochiensis* Woll. Mitt. Biol. Bundesanst. Land- u. Forstwirtsch. **136** (1969): 59—64.

1454 — Resistenz. In Klinkowski, M., Mühle, E., Reinmuth, E., und Bochow, H.: Phytopathologie und Pflanzenschutz Bd. I, 2. Aufl. 257—271. Akademie-Verlag Berlin 1974.

1455 Ross, W. M., Kindler, S. D., Kofoid, K. D., Hookstra, G. H., Guthrie, W. D., Atkins, R. E.: European corn borer resistance in half-sib families from a sorghum random-mating population. Crop Sci. **22** (1982): 973—977.

1456 Rossetto, C. J.: Types of resistance of sorghum to *Contarinia sorghicola*. Sorghum Newsletter **20** (1977): 5.

1457 — Igue, T.: Heranca da resistencia da variedade de sorgo AF-28 a *Contarinia sorghicola* Coquillet. Bragantia **42** (1983): 211—219.

1458 Rossetto, D., Costa, A. S., Miranda, M. A. C., Nagai, V., Abramides, E.: Diferencas na oviposicao de *Bemisia tabaci* em variedades de soja. An. Soc. Entomol. Brasil. **6** (1977): 256—263.

1459 Rudman, P., Gay, F. J.: The causes of natural durability in timber. VI. Measurement of anti-termitic properties of anthraquinones from *Tectona grandis* L. f. by a rapid semi-micromethod. Holzforschung **15** (1961): 117—120.

1460 Rudnew, D. F., Smeljanez, W. P.: Ustojčivost rastenij v zaščite ot vreditelej. Žurnal obščej biologii **3** (1977): 414—421.

1461 Rueda, L. M., Calilung, V. J.: Biological study of the sugar cane woolly aphid, *Ceratovacuna lanigera* Zehntner (Hemiptera: Aphidoidea: Pemphigidae) on five varieties of sugar cane. Philippine Entomol. **3** (1975): 129—147.

1462 Rufty, R. C., Powell, N. T., Gooding, G. V.: Relationship between resistance to *Meloidogyne incognita* and a necrotic response to infection by a strain of potato virus Y in tobacco. Phytopathology **73** (1983): 1418—1423.

1463 — Wernsman, E. A., Powell, N. T.: A genetic analysis of the association between resistance to *Meloidogyne incognita* and a necrotic response to infection by a strain of potato virus Y in tobacco. Phytopathology **73** (1983): 1413—1418.

1464 Rummel, D. R., Quisenberry, J. E.: Influence of thrips injury on leaf development and yield of various cotton genotypes. J. econ. Entomol. **72** (1979): 706—709.

1465 Russell, G. B., Sutherland, O. R. W., Christmas, P. E., Wright, H.: Feeding deterrents for black beetle larvae, *Heteronychus arator* (Scarabaeidae) in *Trifolium repens*. New Zeal. J. Zool. **9** (1982): 145—149.

1466 — — Hutchins, R. F. N., Christmas, P. E.: Vestitol: a phytoalexin with insect feeding-deterrent activity. J. Chem. Ecol. **4** (1978): 571—579.

1467 Russell, G. E.: Breeding for resistance to infection with yellowing viruses in sugar beet. I. Resistance in virus-tolerant breeding material. Ann. appl. Biol. **57** (1966): 311—319.

1468 — Preliminary studies in breeding for aphid resistance in beet. Rev. Inst. Intern. Rech. Better. **1** (1966): 117—125.

1469 — Plant breeding for pest and disease resistance. Butterworths, London, Boston, Sydney, Wellington, Durban, Toronto 1978. 485 p.

1470 — Resistant varieties and crop protection in the future. Proceed. Brit. Crop Protect. Conf. Pests and Diseases, 1979 (1980): 761—766.

1471 Russell, M. P.: Effects of four sorghum varieties on the longevity of the lesser rice weevil, *Sitophilus oryzae* (L.) J. Stored Prod. Res. **2** (1966): 75—79.

1472 Russell, W. A., Guthrie, W. D.: Registration of B 85 and B 86 germplasm lines of maize (Reg. Nos. GP 79 and GP 77). Crop Sci. **19** (1979): 565.

1473 Ruyooka, D. B. A., Groves, K. W.: Variations in the natural resistance of timber. I. Effect of the termites *Coptotermes lacteus* (Froggatt) and *Nasutitermes exitiosus* (Hill) on the natural resistance of selected eucalypts under laboratory and field conditions. Material u. Organismen **15** (1980): 125—148.

1474 Ryan, C. A.: Proteinase inhibitors. In Rosenthal, G. A., and Janzen, D. H.: Herbivores, their interaction with secondary plant metabolites, 599—618. Academic Press, London, New York 1979.

1475 Rygg, T., Sömme, L.: Oviposition and larval development of *Hylemya floralis* (Fallén) (Dipt., Anthomyiidae) on varieties of swedes and turnips. Norsk entomol. Tidsskr. **19** (1972): 81—90.

1476 Rymal, K. S., Chambliss, O. L. McGuire, J. A.: The role of volatile principles in nonpreference resistance to cowpea curculio in southern pea, *Vigna unguiculata* (L.) Walp. Hort. Sci. **16** (1981): 670—672.

1477 Sachan, G. C., Verma, S. K.: Relative susceptibility of various sorghum lines to the attack of almond moth, *Ephestia caudella* (Walker). Pestology **5** (1981): 18—19.

1478 Sagar, P., Mehta, S. K.: Field screening of exotic cowpea cultivars against jassid *Amrasca biguttula biguttula* (Ishida) (Cicadellidae: Homoptera) in Punjab. J. Res. Punjab Agric. Univ. **19** (1982): 222—223.

1479 Said, A., Rosli, M., Rahim, A. S.: The effectiveness of three preservations and the relative resistance of ten Malaysian hardwoods against the subterranean termite, *Coptotermes curvignathus* (Holm.). Pertanika **5** (1982): 219—223.

1480 Saleh, H., Sikora, R. A.: Influence of benomyl on *Glomus fasciculatus* induced resistance to *Meloidogyne incognita* on cotton. XVI th Internat. Symp. Europ. Soc. Nematol. St. Andrews, Scotland, 1982, Abstr.: 58.

1481 Saleh, M. R. A., Hassanein, M. H., El-Sebae, A. M.: Susceptibility of broad bean varieties to natural infestation with *Aphis craccivora* Koch (Homoptera: Aphididae). Bull. Soc. Entomol. Égypte **56** (1973): 191—194.

1482 Salgado, S. E., Silguero, J. F.: Respuesta de la linea de algodonero LA 17801 (Sm, ne) al ataque des gusano bellotero, *Heliothis virescens* (Fab.), en el sur de Tamaulipas. Agric. Técnica México **7** (1981): 149—158.

1483 Sandhu, G. S., Nijjar, A. S.: Resistance of some varieties/clone of lucerne to spotted alfalfa aphid, *Therioaphis trifolii* (Monell). Indian J. Entomol. **42** (1980): 403—407.

1484 Sanford, L. L.: Effect of plant age on potato leafhopper infestation of resistant and susceptible potato clones. Amer. Potato J. **59** (1982): 9—16.

1485 — Sleesman, J. P.: Genetic variation in a population of tetraploid potatoes: response to the potato leafhopper and the potato fleabeetle. Amer. Potato J. **47** (1970): 19—34.

1486 Santhakumari, P., Mathai, G., Devi, L. R.: Rice grassy stunt disease in Kerala, India. Internat. Rice Res. Newsletter **7** (1982), Nr. 6: 5.

1487 Santo, G. S., O'Bannon, J. H.: Pathogenicity of the Columbia root-knot nematode (*Meloidogyne chitwoodi*) on wheat, corn, oat and barley. J. Nematol. **13** (1981): 548—550.

1488 Sarin, K., Sharma, A.: Varietal resistance and susceptibility to *Tribolium castaneum* (Herbst) in wheat. Indian J. Entomol. **44** (1982): 197—200.

1489 Saringer, G.: Oviposition behaviour of *Ceutorrhyn-*

chus macula-alba Herbst. (Col.: Curculionidae). Symp. Biol. Hung. **16** (1976): 241—245.
1490 Saroja, R., Raju, N.: Varietal reaction to rice stemborer under different nitrogen levels. Internat. Rice Res. Newsletter **6** (1981): 7.
1491 Sasamoto, K.: Studies on the relation between the silica content in rice-plant and the insect pests. Botyu-Kagaku (Inst. Insect Control) **22** (1957): 159—164.
1492 — Studies on the relation between the silica content in rice plant and the insect pests. IV. On the injury of silicated rice plant caused by the rice stem borer and its feeding behavior. Japan. J. Appl. Entomol. Zool. **2** (1958): 88—92.
1493 Sasser, J. N.: Identification and host-parasite relationships of certain root-knot nematodes (*Meloidogyne* spp.). Bull. Md. agric. Exper. Sta. A—77 (Tech.) (1954). 31 p.
1494 — Einführung in die Probleme des Nematodenbefalls an den Kulturpflanzen der Welt mit einer Übersicht über gegenwärtige Bekämpfungsverfahren. Pflanzenschutz-Nachrichten Bayer **24** (1971): 3—50.
1495 — Kirby, M. F.: Crop cultivars resistant to root-knot nematodes, *Meloidogyne* species. Internat. Meloidogyne Project, North Caroline State Univ., Raleigh, N. C. (1979): 24 p.
1496 — Lucas, G. B., Powers, H. R.: The relationship of root-knot nematodes to black-shank resistance in tobacco. Phytopathology **45** (1955): 459—461.
1497 Savitsky, H.: Hybridization between *Beta vulgaris* and *B. procumbens* and transmission of nematode (*Heterodera schachtii*) resistance to sugar beet. Canad. J. Genetics Cytology **17** (1975): 197—209.
1498 — Nematode resistance transmission of diploid *Beta vulgaris-procumbens* hybrids and the production of homozygous nematode-resistant plants. Genetics **94** (1980): 93.
1499 Sawhney, R., Webster, J. M.: The role of plant growth hormones in determining the resistance of tomato plants to the root-knot nematode, *M. incognita*. Nematologica **21** (1975): 95—103.
1500 Saxena, J. K., Srivastava, R. L., Singh, L. N., Tripathi, R. M.: Leaf miner (*Phytomyza atricornis* M.) resistance in pea (*Pisum sativum* L.). Sci. Cult. **42** (1976): 561—562.
1501 Saxena, K. N.: Patterns of insect-plant relationships determining susceptibility or resistance of different plants to an insect. Entomol. exper. appl. **12** (1969): 751—766.
1502 Saxena, R. C., Pathak, M. D.: Factors governing susceptibility and resistance of certain rice varieties to the brown planthopper. In: Brown Planthopper: Threat to rice production in Asia. Internat. Rice Res. Inst. (1979): 303—317.
1503 Ščerbakov, V. K.: Genetika ustojčivosti nekotorych kul'tur k nasekomym-vrediteljam. Sel'sk. Choz. za rubežom (1975), Nr. 6: 18—23.
1504 Schalk, J. M., Kindler, S. D., Manglitz, G. R.: Temperature and preference of the spotted alfalfa aphid for resistant and susceptible alfalfa plants. J. econ. Entomol. **62** (1969): 1000—1003.
1505 — Ratcliffe, R. H.: Evaluation of the United States Department of Agriculture Program on alternative methods of insect control: Host plant resistance to insects. FAO Plant Protect. Bull. (1977): 9—14.
1506 — Stoner, A. K.: A bioassay differentiates resistance to the Colorado potato beetle on tomatoes. J. Amer. Soc. hort. Sci. **101** (1976): 74—76.
1507 — — Webb, R. E., Winters, H. F.: Resistance in eggplant, *Solanum melongena* L., and nontuberbearing *Solanum* species to carmine spider mite. J. Amer. Soc. hort. Sci. **100** (1975): 479—481.
1508 Scheibe, A.: Einführung in die Allgemeine Pflanzenzüchtung. Eugen Ulmer, Stuttgart 1951. 475 S.
1509 Schieber, E., Sosa, O. N.: Nematodes on coffee in Guatemala. Plant Dis. Reptr. **44** (1960): 722—723.
1510 Schillinger, J. S., Gallun, R. L.: Leaf pubescence of wheat as a deterrent to the cereal leaf beetle, *Oulema melanopus*. Ann. entomol. Soc. Amer. **61** (1968): 900—903.
1511 Schmalz, H.: Pflanzenproduktion, Pflanzenzüchtung. 3. Aufl. 352 S. VEB Deutscher Landwirtschaftsverlag, Berlin 1980.
1512 Schmidt, H. B., Fritzsche, R., Müller, M., Thiele, S.: Rasterelektronenmikroskopische Untersuchungen an Zwiebelpflanzen (*Allium cepa* L.) als Grundlage für die Aufklärung des Infektionsweges durch das Stengelälchen (*Ditylenchus dipsaci* (Kühn) Filipjev). Arch. Phytopathol. Pflanzenschutz **21** (1985): 489—493.
1513 Schmidt, H. E., Geißler, K., Karl, E., Schmidt, H. B.: Eine Ackerbohnenlinie (*Vicia faba* L.) mit kombinierter Resistenz gegen das Bohnengelbmosaik-Virus (bean yellow mosaic virus), das Kleegelbadrigkeits-Virus (clover yellow vein virus) und die Schwarze Bohnenlaus (*Aphis fabae* Scop.). Arch. Phytopathol. Pflanzenschutz **22** (1986): 87—99.
1514 Schmidt, J.: Der gegenwärtige Stand der Kartoffelnematodenforschung. Wiss. Z. Univ. Rostock, Math.-Nat. Reihe **3** (1953/54): 371—377.
1515 Schmiediche, P.: Evaluation of clones of *Solanum acaule* for resistance to *Heterodera pallida* and *H. rostochiensis*. IX. Annu. Meeting OTAN, Lima (Peru), 20.—24. 3. 1977. Nematropica **7** (1977): 6—7.
1516 Schmitt, D. P.: Relative suitability of soybean cultivars to *Pratylenchus brachyurus*. J. Nematol. **8** (1976): 302.
1517 — Suitability of soybean cultivars to *Xiphinema americanum* and *Macroposthonia ornata*. J. Nematol. **9** (1977): 284.
1518 Schönbeck, F., Dehne, H.-W., Beicht, W.: Untersuchungen zur Aktivierung unspezifischer Resistenzmechanismen in Pflanzen. Z. Pflanzenkrankh. Pflanzenschutz **87** (1980): 654—666.
1519 Schoonhoven, A. van: *Thrips* on cassava: economic importance, sources and mechanisms of resistance. In Brekelbaum, T., Bellotti, A., and Lozano, J. C.: Proceed. cassava protection workshop CIAT, Cali, Colombia, 7—12 Nov. 1977 (1978), 177—180.
1520 — Cardona, C., Valor, J.: Resistance to the bean weevil and the Mexican bean weevil (Coleoptera: Bruchidae) in noncultivated common bean accessions. J. econ. Entomol. **76** (1983): 1255—1259.
1521 — Gardena, C., Flower Valor, R.: Levels of resistance to the Mexican bean weevil, *Zabrotes subfasciatus* (Boheman) in cultivated and wild beans. Rev. Colombiana Entomol. (1982), Nr. 7: 41—45.
1522 Schoonhoven, L. M.: Sensitivity changes in some insect chemoreceptors and their effect on food selection behavior. Proceed. Ser-Koninkl. Nederl. Akad. Wetensch. C **72** (1969): 491—498.

1523 — Secondary plant substances and insects. In Runeckless, V. C.: Structural and functional aspects of phytochemistry, 197—227. Academic Press, New York 1972.

1524 — Plant recognition by Lepidopterous larvae. In Van Emden, H. F.: Insect/plant relationship. Symp. Roy. entomol. Soc. London **6** (1972): 87—99.

1525 Schreiber, K., Sembdner, G.: Über „Antischlüpfstoffe" für den Kartoffelnematoden in Wurzeldiffusaten. Naturwissenschaften **46** (1959): 434—435.

1526 Schütte, F.: Untersuchungen über die Populationsdynamik des Eichenwicklers (*Tortix viridana* L.). Teil 1. Z. angew. Entomol. **40** (1957): 1—36.

1527 — Zur Möglichkeit des Einsatzes von Regulatoren des Pflanzenwachstums in der Schädlingsbekämpfung. Anz. Schädlingskd. Pflanzenschutz Umweltschutz **51** (1978): 97—99.

1528 — Diercks, R.: Möglichkeiten und Grenzen des integrierten Pflanzenschutzes im Ackerbau. Mitt. Biol. Bundesanst. Land- u. Forstwirtsch. **165** (1975): 63—81.

1529 Schütte, H. R.: Biosynthese niedermolekularer Naturstoffe. VEB Gustav Fischer Verlag, Jena 1982. 176 S.

1530 Schultz, G. A.: Plant resistance to aster yellows. Proceed. North Central Branch, Entomol. Soc. Amer. **28** (1973): 93—99.

1531 — Chapman, R. K.: Carrot resistance to aster yellows. Proceed. North Central Branch, Entomol. Soc. Amer. **33** (1979): 52—53.

1532 Schumann, K.: Krankheiten und Beschädigungen. In Seidel, D.: Grundlagen der Phytopathologie und des Pflanzenschutzes. 2. Aufl. 27—28. VEB Deutscher Landwirtschaftsverlag, Berlin 1982.

1533 Schuster, D. J.: Resistance in tomato accessions to the tomato pinworm. J. econ. Entomol. **70** (1977): 434—436.

1534 — Effect of tomato cultivars on insect damage and chemical control. Fla. Entomol. **60** (1977): 227—232.

1535 Schuster, M. F.: Insect resistance in cotton. In Harris, M. K.: Biology and breeding for resistance to arthropods and pathogens in agricultural plants, 101—112. Texas Agric. Exp. Sta. Misc. Publ., 1980.

1536 — Frazier, J. L.: Mechanisms of resistance to *Lygus* spp. in *Gossypium hirsutum* L. EUCARPIA/OILB Host Plant Resistance Proceed., Wageningen 1976, 129—135.

1537 — Lukefahr, M. J., Maxwell, F. G.: Impact of nectariless cotton on plant bugs and natural enemies. J. econ. Entomol. **69** (1976): 400—402.

1538 — Maxwell, F. G., Jenkins, J. N., Parrot, W. L.: Mass screening seedlings of *Gossypium* sp. for resistance to the twospotted spider mite. J. econ. Entomol. **65** (1972): 1104—1107.

1539 Schwerdtfeger, F.: Ökologie der Tiere. Bd. II: Demökologie, 448 S. Paul Parey, Hamburg, Berlin 1968.

1540 — Waldkrankheiten. 4. Aufl., 486 S. Paul Parey, Hamburg, Berlin 1981.

1541 Scott, G. E., Guthrie, W. D., Pesho, G. R.: Effect of second-brood European corn borer infestations on 45 single cross corn hybrids. Crop Sci. **7** (1967): 229—230.

1542 Scotto La Massese, C.: Participation de la Station de Recherches sur les Nématodes en matière agrumicola. Fruits (Fruits d'Outre-Mer) **33** (1978): 857—861.

1543 — Vassy, R., Zaouchi, H.: Influence de trois portegreffe sur la production et l'infestation par *Tylenchulus semipenetrans* de deux variétes de citrus en Algére. Nematol. Mediter. **3** (1975): 29—34.

1544 Scriber, J. M., Tingey, W. M., Gracen, V. E., Sullivan, S. L.: Leaf feeding resistance to the European corn borer in genotypes of tropical (Low Dimboa) and U.S. inbred (High Dimboa) maize. J. econ. Entomol. **68** (1975): 823—826.

1545 Šedivý, J.: Beitrag zur Kenntnis der Feldresistenz der Luzerne gegen die Luzernesproß-Gallmücke (*Dasyneura ignorata* Wachtl). Vědecké Práce VURV Praha-Ruzyné **15** (1969): 161—167.

1546 Seidel, M., Decker, H.: Der Kartoffelnematode (*Globodera rostochiensis*) — vom Erstfund bis zur Gegenwart. In: 80 Jahre Pflanzenschutz im Bezirk Rostock, 39—46. Wilh.-Pieck-Univ. Rostock, Sektion Meliorationswesen und Pflanzenproduktion (1983).

1547 Seigler, D. S.: Role of lipids in plant resistance to insects. In Hedin, P. A.: Plant resistance to insects, 303—327. ACS Symp. Ser. 208 (1983).

1548 Seinhorst, J. W.: Stengelaaltjes en knollenaaltjes bij aardappelen. Landbouwkund. Tijdschr. Wageningen **61** (1949): 638—641.

1549 — Biologische rassen van het stengelaaltje *Ditylenchus dipsaci* (Kühn) Filipjev en hun waardplanten: I. Reacties van vathare en resistente planten op aantasting en verschillende vormen van resistentie. T. Plantenziekt. **62** (1956): 179—188.

1550 — Population studies on stem eelworm (*Ditylenchus dipsaci*). Nematologica **1** (1956): 159—164.

1551 — The host range of *Ditylenchus dipsaci* and methods for its investigation. In: Plant Nematology. Techn. Bull. Minist. Agric. **7** (1959): 44—49.

1552 Sekar, P., Chelliah, S.: Varietal resistance to white leafhopper. Internat. Rice Res. Newsletter **8** (1983), Nr. 2: 7.

1553 Sellam, M. A., Rushdi, M. H., El-Gendi, D. M.: Interrelationship of *Meloidogyne incognita* Chitwood and *Pseudomonas solanacearum* on tomato. Egyptian J. Phytopathol. **12** (1980): 35—42.

1554 Semikolenova, N. I.: Evaluation of varieties of *Gossypium barbadense* resistant to *Meloidogyne acrita*. In: Gallovye nematody sel'skokhozyaistvenniykh kultur i mery bor'by s nimi, 42—44. Donish, Dushanbe (1979).

1555 Sen Gupta, G. C., Miles, P. W.: Studies on the susceptibility of varieties of apple to the feeding of two strains of woolly aphis (Homoptera) in relation to the chemical content of the tissues of the host. Austral. J. agric. Res. **26** (1975): 157.

1556 Sen-Sarma, P. K., Thakuv, M. L.: Relative termite resistance of heartwood of teak trees from known seed sources. Holzforsch. u. Holzverarbeitung **31** (1979): 14—16.

1557 Sethi, C. L., Sharma, N. K.: Nature of resistance of cowpea to the root-knot nematode, *Meloidogyne incognita* and the pigeon pea cyst nematode, *Heterodera cajani*. Indian J. Nematol. **6** (1978): 81—85.

1558 Sethi, G. R., Prasad, H., Singh, K. M.: Incidence of insect pests on different varieties of sunflower, *Helianthus annuus*, Linnaeus. Indian J. Entomol. **40** (1978): 101—103.

1559 Setokuchi, O.: Ecology of *Longiunguis sacchari* (Zehntner) (Aphididae) infesting sorghums. IV. Varietal difference of sorghums in the aphid occurrence. Proceed. Association Plant Protect. Kyushu **22** (1976): 139—141.

1560 Shablovskaya, M. I., Nikuradze, V. G., Ebanoidze, K. A., Berdzenidze, V. G., Kharshiladze, Z. V.: Breeding mulberry for resistance to dwarf disease (russ.). Tr. Vses. seminara po genet. i selektsii tutovogo shelkopryada i shelkovitsky. Tashkent 1977, 137—142.

1561 Shade, R. E., Axtell, J. D., Wilson, M. C.: A relationship between plant height of alfalfa and the rate of alfalfa weevil larval development. J. econ. Entomol. **64** (1971): 437—438.

1562 Shagalina, L. M., Arutgunov, A. V.: Nematodes of the family Heteroderidae on plants in the Botanical Garden of the Academy of Sciences of the Turkmenian SSR. Izvestija Akademii Nauk Turkmenskoj SSR, Biologič. Nauki (1971), Nr. 2: 70—75.

1563 Shanks, C. H., Barritt, B. H.: *Fragaria chiloensis* clones resistant to the strawberry aphid. Hort. Sci. **9** (1974): 202—203.

1564 Shapiro, I. D.: On methodology of studies in plant resistance to pests. Proceed. Internat. Congr. Entomol., Moskva, Leningrad (1968) **2** (1971): 382—383.

1565 — Ustojčivye sorta. Zaščita Rastenij (1975) Nr. 1: 4—5.

1566 — Otbor ustojčivych k švedskoj muche form kukuruzy. Met. issl. patolog. izmenenij rast., Moskva 1976, 199—202.

1567 — Značenie ustojčivych k nasekomym sortov kartofelja. Zaščita Rastenij (1978), Nr. 7: 25—28.

1568 — Metodičeskie ukazanija po sozdaniju iskusstvennogo infekcionnogo fona dlja ocenki ustojčivosti pšenicy k rasam gessenskoj muchi. Vses. nauč.-issl. Inst. Zaščity Rast., Leningrad 1978. 21 p.

1569 — Metodičeskie rekomendacii. WISR Leningrad (1978—1979).

1570 — Prospects of the use of arthropod-resistant cultivars and problems of the long-term complex plant immunity research programs. Proceed. COMECON Symp., Cluj-Napoca (1979): 95—96.

1571 — Metodičeskie ukazanija po vyjavleniju ustojčivych sortov belokočannoj kapusty k kapustnym mucham. Vses. nauč.-issl. Inst. Zaščity Rast., Leningrad 1979. 36 p.

1572 — Metodičeskie rekomendacii po ocenke ustojčivosti luka k lukovoj muche. Vses. nauč.-issl. Inst. Zaščity Rast., Leningrad 1980. 26 p.

1573 — Prospects of the use of arthropod-resistant cultivars and problems of the long-term complex plant immunity research programs. Proceed. COMECON Symp., Cluj-Napoca 1979, Bukarest (1981), 87—96.

1574 — Vilkova, H. A.: O prirode immuniteta rastenij k vrediteljam. Sel'skochoz. Biol., Moskva (1972), Nr. 7: 846—855.

1575 — — Obzornaja Inform., Moskva 731 (1973). 64 p.

1576 — — Novoe v zaščite rastenij ot vrednych organizmov. Vestnik Sel'skoch. Nauki (1973), Nr. 7: 93—102.

1577 — — Novye tendencii v selekcii i voprosy bor'by s vredіymi organizmami. Bjull. Vsesojuz. nauč.-issl. Inst. Zaščity Rast. (1974), Nr. 27: 35—39.

1578 — — Froloff: Grundlegende Termini und Begriffe zum Gebiet „Immunität von Pflanzen gegen tierische Schaderreger". (russ.) (unveröffentlicht).

1579 — Węgorek, W.: Postep naukowo-techniczny w uprawie roślin oraz zagadnienia ochrony roślin przed skodnikami. Prace Nauk. Inst. Ochr. Rośl. **20** (1978): 157—174.

1580 Sharma, D. D., Yazdani, S. S., Choudhary, L. B.: Note on the relative susceptibility of cheena cultivars (*Panicum millacium*) to shoot fly (*Atherigona varia soccata* Rond.) incidence. Sci. Cult. **46** (1980): 396—397.

1581 Sharma, H. C., Agarwal, R. A.: Role of some chemical components and leaf hairs in varietal resistance in cotton jassid, *Amrasca biguttula biguttula* Ishida. J. entomol. Res. **7** (1983): 145—149.

1582 — — Relationship between insect population and the proline content in some cotton genotypes. Indian J. Entomol. **45** (1983): 244—246.

1583 Sharma, R. D.: Resistencia de cultivares de trigo (*Triticum aestivum* L.) ão nematoide *Meloidogyne javanica* (Treub, 1885) Chitwood, 1949. Soc. Brasil. Nemat. Public. **5** (1981): 119—127.

1584 — Guazelli, R. J.: Avaliacão de algumas linhagens do feijoeiro resistentes ão nematoide de galhas, *Meloidogyne javanica*. Soc. Brasil. Nemat. Public. **5** (1981): 99—107.

1585 — Medeiros, A. C. de S.: Reacões de alguns genótipos de sorgo sacarino aos nematóides, *Meloidogyne javanica* e *Pratylenchus brachyurus*. Pesquisa Agropecuára Brasil. **17** (1982): 697—701.

1586 — Prabhu, A. S.: Reacões de alguns cultivares de arroz de sequeiro ão nematoide das galhas, *Meloidogyne javanica*. Soc. Brasil. Nemat. Public. **5** (1981): 171—182.

1587 Shaw, S. P., Chand, P., Prasad, S. C.: A different biotyp of gall midge (*Orseolia oryzae*) at Ranchi. Oryza **18** (1981): 168—169.

1588 Shelton, A. M., Becker, R. F., Andaloro, J. T.: Varietal resistance to onion thrips (Thysanoptera: Thripidae) in processing cabbage. J. econ. Entomol. **76** (1983): 85—86.

1589 Shepard, M., Keerati-Kasikorn, M., Blood, P. R. B., Morgan, D.: Soybean resistance in adults of lucerne crown borer, *Zygrila diva* Thomson (Coleoptera: Cerambycidae). J. Georgia entomol. Soc. **16** (1981): 34—40.

1590 Shepherd, A. M.: Development of beet eelworm, *Heterodera schachtii* Schmidt, in the wild beet, *Beta patellaris*. Nature **180** (1957): 341.

1591 Shepherd, J. A., Coombs, R. F.: The effect of four *Meloidogyne* species (Nematoda: Meloidogynidae) on *Panicum maximum* cv. Umtali. Rhodesian J. agric. Res. **17** (1979): 155—156.

1592 — — The effect of four *Meloidogyne* species (Nematoda: Meloidogynidae) on breeding lines of *Nicotiana* resistant to *Meloidogyne javanica*. Zimbabwe J. agric. Res. **19** (1981): 123—125.

1593 Shepherd, R. L.: New sources of resistance to root-knot nematodes among primitive cottons. Crop Sci. **23** (1983): 999—1002.

1594 Shesteperov, A. A.: The susceptibility of red clover varieties and some leguminous species to the ectoparasitic nematodes, *Paratylenchus projectus* and *Tylenchorhynchus dubius*. Bjull. Vsesojuz. Inst. gel'mintologii (1975), Nr. 15: 125—130.

1595 Shiabova, N.: Study of the resistance of cereals to *Heterodera avenae*. In: Principy i metody izučenija vzaimootnošenii meždu parasitič. nematodami i ra-

stenijami, 83—89. Akademija Nauk. Estonskoj SSR, Tartu 1978.
1596 Shigematsu, Y., Murofushi, N., Ito, K., Kaneda, C., Kawabe, S., Takahashi, N.: Sterols and asparagine in the rice plant, endogenous factors related to resistance against the brown planthopper (*Nilaparvata lugens*). Agric. Biol. Chem. **46** (1982): 2877—2879.
1597 Shrivastava, S. K.: Reaction of local improved rice varieties in Madhya Pradesh to gall midge. Oryza **17** (1980): 161.
1598 Shurovenov, Yu. B., Michajlova, N. A.: Resistance of wheat to thrips (russ.). Zaščita Rastenij (1978), Nr. 7: 29—30.
1599 Sidhu, G. S., Webster, J. M.: Genetic control of resistance in tomato. I. Identification of genes for host resistance to *Meloidogyne incognita*. Nematologica **19** (1973): 546—550.
1600 — — Genetics of resistance in the tomato root-knot nematode-wilt-fungus complex. J. Heredity **65** (1974): 153—156.
1601 — — Linkage and allelic relationships among genes for resistance in tomato (*Lycopersicon esculentum*) against *Meloidogyne incognita*. Canad. J. Genetics Cytology **17** (1975): 323—328.
1602 — — Genetic control of resistance in tomato. II. Segregations for high and low levels of resistance to *Meloidogyne incognita*. Canad. J. Genetics Cytology **22** (1980): 223—226.
1603 — — Genetics of plants — nematode interactions. In Zuckerman, B. M., and Rhode, R. A.: Plant Parasitic Nematodes, Vol. III, 61—87. Academic Press, London, New York 1981.
1604 Sikora, R. A., Koshy, P. K., Malek, R. B.: Evaluation of wheat selections for resistance to the cereal cyst nematode. Indian J. Nematol. **2** (1972): 81—82.
1605 Simmonds, N. W.: Strategy of disease resistance breeding. FAO Plant Protect. Bull. **31** (1983): 2—9.
1606 Simons, J. N.: Some plant-vector-virus relationships of southern cucumber mosaic virus. Phytopathology **45** (1955): 217—219.
1607 — Three strains of cucumber mosaic virus affecting bell pepper in the Everglades area of South Florida. Phytopathology **47** (1957): 145—150.
1608 — Resistance to disease: vector aspects. I. Internat. Congr. Plant Pathol., London 1968.
1609 Sinden, S. L., Schalk, J. M., Stoner, A. K.: Effects of daylenght and maturity of tomato plants on tomatine content and resistance to the Colorado potato beetle. J. Amer. Soc. hort. Sci. **103** (1978): 596—600.
1610 Singh, B. B., Hadley, H. H., Bernard, R. L.: Morphology of pubescence in soybeans and its relationship to plant vigor. Crop Sci. **11** (1971): 13—16.
1611 — Merrett, P. J.: Leafminer — a new pest of cowpeas. Tropic. Grain Legume Bull. (1980), Nr. 21: 15—17.
1612 Singh, C. B., Katiyar, O. P., Reddy, A. R., Mukharji, S. P.: Incidence of *Macrosiphum* (*Sitobion*) *avenae* (Aphididae: Homoptera) on certain germ-plasms of wheat at Varanasi. Sci. Cult. **38** (1972): 207—208.
1613 Singh, D. B.; Reddy, P. P., Rao, V. R., Rajendran, R.: Reaction of some varieties and selections of french bean to *Meloidogyne incognita*. Indian J. Nematol. **11** (1981): 81—83.
1614 Singh, D. P., Nanda, J. S.: Genetics of rice tungro virus and its vector. Riso **29** (1980): 43—51.
1615 Singh, K., Agrawal, N. S.: Susceptibility of high-yielding varieties of wheat to *Sitophilus oryzae* (Linn.) and *Trogoderma granarius* Everts. Indian J. Entomol. **38** (1977): 363—369.
1616 Singh, O. P., Mehta, S. K., Sharma, S. M., Gangrade, G. A.: Response of new strains of soybean to girdle beetle *Oberea brevis* Swed. (Coleoptera: Lamiidae). JNKVV Res. J., 1976, **10** (1979): 267—268.
1617 Singh, R. N., Das, R., Gangasaran, Singh, R. K.: Differential response of mustard varieties to aphid *Lipaphis erysimi* Kalt. Indian J. Entomol. **44** (1982): 408.
1618 Singh, S. P., Jotwani, M. G.: Mechanism of resistance in sorghum to shootfly. I. Ovipositional non-preference. Indian J. Entomol. **42** (1980): 240—247.
1619 — — Mechanism of resistance in sorghum to shootfly. II. Antibiosis. Ind. J. Entom. **42** (1980): 353—360.
1620 — — Mechanism of resistance in sorghum to shootfly. III. Biochemical basis of resistance. Indian J. Entomol. **42** (1980): 551—566.
1621 — Singh, V. P.: Incidence of stalk borer in sugarcane varieties as influenced by nitrogen levels and row spacings. Indian Sugar Crops J. **9** (1983): 18.
1622 Singh, S. R.: A proposal for integrated control of cowpea insect pests. Proceed. I.I.T.A. Collab. Meet. Grain Legume Improv. (1975): 41—43.
1623 — Cowpea cultivars resistant to insect pests in world germplasm collection. Tropic. Grain Legume Bull. (1977), Nr. 9: 3—7.
1624 — Biology of cowpea pests and potential for host plant resistance. In Harris, M. K.: Biology and breeding for resistance to arthropods and pathogens in agricultural plants, 398—421. Texas Agric. Exp. Sta. Misc. Publ., 1980.
1625 — Soenardi, S.: Insect pests of Java, Indonesia. Internat. Rice Comm. Newsletter **22** (1973): 22—25.
1626 Sinha, A. K., Krishna, S. S.: Further studies on feeding behavior of *Aulacophora foveicollis* on cucurbitacin. J. econ. Entomol. **63** (1970): 333.
1627 Sisler, G. M. de, Casaurang, A. P. de: Reacción de cultivares de tomate y pimiento a *Nacobbus aberrans* (Nematoda, Nacobbidae). Rev. Fac. Agron. Univ. Buenos Aires **4** (1983): 79—82.
1628 Sivapalan, P.: Report from Sri Lanka. Proceed. 3rd Res. Planning Conf. on root-knot nematodes, *Meloidogyne* spp., Region VI, 20.—24. July 1981, Jakarta (Indonesia). North Carolina State University Raleigh (1981): 9—19.
1629 Siwi, B. H., Harahap, Z., Beachell, H. M.: In the years ahead Indonesian farmers will require tailor-made rice varieties. Indonesian Agric. Res. Development J. **2** (1980): 8—12.
1630 Slabaugh, W. B.: The nature of resistance in tomatoes to three nematodes. Diss. Abstr. Internat., B **34** (1974): 5280.
1631 Slana, L. J., Stavely, J. R., Golden, A. M.: Reaction of *Nicotiana* species to *Meloidogyne incognita acrita* and *M. incognita incognita*. Proceed. Amer. Phytopathol. Soc. **3** (1977): 331.
1632 — — — Reaction of *Nicotiana* species to *Meloidogyne grahami*. J. Nematol. **11** (1979): 313—314.
1633 Slootmaker, L. A. J., Lange, W., Jochemsen, G., Schepers, J.: Monosomic analysis in bread wheat of resistance to cereal root eelworm. Euphytica **23** (1974): 497—505.
1634 Small, E., Brookes, B. S.: Coiling of alfalfa pods in

relation to resistance against seed chalcids. Canad. J. Plant Sci. **62** (1982): 131—135.

1635 Smeljanez, W. P.: Klassifizierung der Resistenzerscheinungen von Pflanzen gegenüber Schadinsekten. Anz. Schädlingskd., Pflanzenschutz, Umweltschutz **51** (1978): 34—37.

1636 Smelyanets, V. P.: Mechanism of plant resistance in Scotch pine (*Pinus sylvestris*). 6. Changes in pest population during feeding on pines having different degree of resistance (residual preferendum and phase of afteraction). Z. angew. Entomol. **84** (1977): 344—353.

1637 Smith, C. M., Brim, C. A.: Field and laboratory evaluations of soybean lines for resistance to corn earworm leaf feeding. J. econ. Entomol. **72** (1979): 78—80.

1638 — Knight, W. E., Pitre, H. N.: Feeding preference of the clover head weevil on clovers of the genus *Trifolium*. J. econ. Entomol. **68** (1975): 165—176.

1639 — Robinson, J. F.: Effect of rice cultivar height on infestation by the least skipper, *Ancyloxypha numilor* (F.) (Lepidoptera: Hesperiidae). Environ. Entomol. **12** (1983): 967—969.

1640 Smith, D. H., Webster, J. A., Everson, E. H.: Registration of six germplasm sources of cereal leaf beetle resistant hard spring wheats (Reg. No. GP132 and GP137). Crop Sci. **20** (1980): 420.

1641 Smith, E. S. C.: Review of control measures for *Pantorhytes* (Coleoptera: Curculionidae) in cocoa. Protection Ecology **3** (1981): 279—297.

1642 — Moles, D. J.: Susceptibility of clonal cocoa to attack by two insect pests in Papua New Guinea. Proceed. 8th Internat. Cocoa Res. Conf., Oct. 18—23, 1981: Cattagena, Colombia; Lagos, Nigeria; Cocoa Producers Alliance (1982): 735—739.

1643 Smith, J. W.: Arthropod resistance in peanuts, *Arachis hypogaea* L., in the United States. In Harris, M. K.: Biology and breeding for resistance to arthropods and pathogens in agricultural plants, 448—457. Texas Agric. Exp. Sta. Misc. Publ., 1980.

1644 Smith, M. E.: Studies on fall armyworm resistance in Tuxpeño and Antigua maize populations. Diss. Abstr. Internat., B **43** (1982): 938 B.

1645 Smith, O. D., Boswell, T. E., Thames, W. H.: Lesion nematode resistance in peanuts. Crop Sci. **18** (1978): 1008—1011.

1646 — Schlehuber, A. M., Curtis, B. C.: Inheritance studies of greenbug *Toxoptera graminum* (Rond.) resistance in four varieties of winter barley. Crop Sci. **2** (1962), 489—491.

1647 Smith, S. F. G., Grodowik, G. U.: Effects of nonglandular trichomes of *Artemisia ludoviciana* Nutt. (Asteraceae) on ingestion, assimilation and growth of the grasshoppers *Hypochlora alba* (Dodge) and *Melanoplus sanguinipes* (F.) (Orthoptera: Acrididae). Environ. Entomol. **12** (1983): 1766—1772.

1648 Snelling, R. O.: Resistance of plants to insect attack. Bot. Rev. **7** (1941): 543—586.

1649 Soans, A. B., Pimentel, D., Soans, J. S.: Resistance in the eggplant to two-spotted spider mites. J. New York entomol. Soc. **71** (1973): 34—39.

1650 — — — Resistance in cucumber to the twospotted spider mite. J. econ. Entomol. **66** (1973): 380—382.

1651 Soest, L. J. M., Hondelmann, W.: Taxonomische und Resistenz-Untersuchungen an Kartoffel-Wildarten und -Primitivformen der deutsch-niederländischen Sammelreise in Bolivien 1980. Landbauforschung Völkenrode **33** (1983): 11—23.

1652 Sogawa, K.: Hybridization experiments on three biotypes of the brown planthopper, *Nilaparvata lugens* (Homoptera: Delphacidae) at the IRRI, the Philippines. Appl. Entomol. Zool. **16** (1981): 193—199.

1653 — Pathak, M. D.: Mechanisms of brown planthopper resistance in Mudgo variety of rice (Hemiptera: Delphacidae). Appl. Entomol. Zool. **5** (1970): 145—158.

1654 — Sato, A.: The green rice leafhopper, *Nephotettix cincticeps* Uhler (Hemiptera: Deltocephalidae), populations with differential reactions to rice varieties. Japan J. Appl. Entomol. Zool. **25** (1981): 280—285.

1655 Sohi, S. S., Swenson, K. G.: Pea aphid biotypes differing in bean yellow mosaic virus transmission. Entomol. exper. appl. **7** (1964): 9—14.

1656 Sokolov, A. M., Sokolova, R. A.: Ustojčivost' plodovych rastenij k vrediteljam i boleznjam (na primere jabloni i gruši). Izdatel'stvo Kolos, Moskva 1974: 160 S.

1657 Somaatmadja, S., Sutarman, T.: Present status of mungbean breeding in Indonesia. 1st Internat. Mungbean Symp., Taiwan (1978): 230—232.

1658 Song, Y. H., Choi, S. Y., Park, J. S.: Studies on the resistance of Tong-il variety (IR-667) to the brown planthopper, *Nilaparvata lugens* (Stal). Korean J. Plant Protect. **11** (1972): 61—68.

1659 Sorensen, E. L., Stuteville, D. L., Horber, E. K.: Registration of KS 145 alfalfa germplasm (Reg. No. GP 123). Crop Sci. **23** (1983): 188—189.

1660 Sosa, O., Foster, J. E.: Temperature and the expression of resistance in wheat to the Hessian fly. Environ. Entomol. **5** (1976): 333—336.

1661 Sotherton, N. W., Emden, H. F. van: Laboratory assessments of resistance to the aphids *Sitobion avenae* and *Metopolophium dirhodum* in three *Triticum* species and two modern wheat cultivars. Ann. appl. Biol. **101** (1982): 99—107.

1662 Sotirova, V., Georgiev, Kh.: Ustojčivost na različni proidchodi ot *Solanum pennellii* Coocell kam oranžerijnata bjala mucha. Genetika Selekcija (Sofija) **12** (1979), Nr. 1: 75—77.

1663 — — Selekcija na sortove domati, ustojčivi na oranžerijnata belokrilke. Rast. Zaštita **32** (1984), Nr. 2: 26—27.

1664 Sour, L., Rivoal, R.: Contribution à l'étude de l'hérédité de la résistance de l'avoine cultivée c. v. „Nelson" au développement d' *Heterodera avenae* Woll. Ann. Amelior. Plant. **29** (1979): 463—469.

1665 Spaar, D.: Probleme der Resistenz von Pflanzen gegen Viren, bakterielle und pilzliche Krankheitserreger sowie tierische Schaderreger. Tagungsber. Akad. Landwirtsch.-Wiss. DDR, Berlin **216** (1983): 5—16.

1666 — Kleinhempel, H.: Bekämpfung von Viruskrankheiten der Kulturpflanzen. VEB Deutscher Landwirtschaftsverlag, Berlin 1985. 440 S.

1667 Sparrow, D. H. B., Dube, A. J.: Breeding barley cultivars resistant to cereal cyst nematode in Australia. In: Barley genetics IV, 410—417. Proceed. 4th Internat. Barley Genetics Symp., Edinburgh 22.—29. 7. 1981. Edinburgh University Press 1981.

1668 Sprau, F.: Untersuchungen über Methoden zur Prüfung auf Nematodenresistenz von Kartoffelneuzüchtungen. Meded. Fac. Landbouwwetensch., Rijksuniv. Gent **32** (1967): 476—488.

1669 Srinivasachar, D., Malik, R. S.: An induced aphid-resistant, non-waxy mutant in turnip, *Brassica rapa.* Current Sci. **41** (1972): 820—821.

1670 Srivastava, J. L., Dixit, R. V.: Note on the resistance of linseed germplasm to field infestation by *Dasyneura lini* Barnes (Diptera: Cecidomyidae). Indian J. agric. Sci. **48** (1978): 252—253.

1671 Staedler, E., Buser, H. R.: Oviposition stimulants for the carrot fly in the surface wax of carrot leaves. Proceed. 5th Internat. Symp. Insect-Plant Relationships, Wageningen 1982, 230.

1672 Stanford, E. H., Goplen, B. P., Allen, M. W.: Sources of resistance in alfalfa to the northern root-knot nematode, *Meloidogyne hapla.* Phytopathology **48** (1958): 347—349.

1673 — McMurtry, J. A.: Indications of biotypes of the spotted alfalfa aphid. Agron. J. **51** (1959): 430—431.

1674 Staniland, L. N.: The immunity of apple stocks from attacks of the woolly aphis (*Eriosoma lanigerum* Hausmann). II. The causes of the relative resistance of the stocks. Bull. entomol. Res. **15** (1924): 157—170.

1675 Stanton, J. M., Fisher, J. M., Britton, R.: Resistance of cultivars of *Avena sativa* to, and host range of, an oat-attacking race of *Ditylenchus dipsaci* in South Australia. Austral. J. Exper. Biol. Medical Sci. **24** (1984): 267—271.

1676 Starks, K. J., Burton, R. L.: Greenbugs: a comparison of mobility on resistant and susceptible varieties of four small grains. Environ. Entomol. **6** (1977): 331—332.

1677 — — Greenbugs: determining biotypes, culturing, and screening for plant resistance, with notes on rearing parasitoids. Techn. Bull., Agric. Res. Serv., USDA, Nr. 1556 (1977): 1—12.

1678 — — Merkle, O. G.: Greenbugs (Homoptera: Aphididae) plant resistance in small grains and sorghum to biotype E. J. econ. Entomol. **76** (1983): 877—880.

1679 — Cacady, A. J., Merkle, O. G., Boozaya-Angoon, D.: Chinch bug resistance in pearl millet. J. econ. Entomol. **75** (1982): 337—339.

1680 — Merkle, O. G.: Low level resistance in wheat to greenbug. J. econ. Entomol. **70** (1977): 305—306.

1681 — Mirkes, K. A.: Yellow sugarcane aphid: plant resistance in cereal crops. J. econ. Entomol. **72** (1979): 486—488.

1682 — Muniappan, R., Eikenbary, R. D.: Interaction between plant resistance and parasitism against the greenbug on barley and sorghum. Ann. entomol. Soc. Amer. **65** (1972): 650—655.

1683 — Weibel, D. E.: Resistance in bloomless and sparse-bloom sorghum to greenbugs. Environ. Entomol. **10** (1981): 963—965.

1684 Steele, A. E.: Inheritance of resistance to *Heterodera schachtii* in *Lycopersicon* spp. J. Nematol. **9** (1977): 285.

1685 Stefan, Krystina: Zagadnienie odpornosci ziemniakow na porazenie przez *Ditylenchus destructor.* Zeszyty Probl. Postép. Nauk Roln. **232** (1980): 55—61.

1686 Stein, M., Lehmann, W.: Untersuchungen zur Befallshäufigkeit von Speisemöhren mit der Möhrenfliege (*Psila rosae* F.). Arch. Gartenbau **32** (1984): 407—413.

1687 Steiner, L. F.: Methyl Eugenol as an attractant for oriental fruit fly. J. econ. Entomol. **45** (1952): 241.

1688 Stelter, H.: Der Kartoffelnematode (*Heterodera rostochiensis* Wollenweber). Akad.-Verl. Berlin 1971: 290S.

1689 — Zur Konkurrenz von *Globodera rostochiensis* (Woll.), Pathotyp 1, mit *G. pallida* (Stone), Pathotyp 77, an Kartoffeln unterschiedlicher Resistenzeigenschaften. Arch. Phytopathol. Pflanzenschutz **19** (1983): 381—389.

1690 — Engel, K.-H.: Resistenz gegen *Heterodera rostochiensis* Woll., Rasse A, und *Heterodera pallida* Stone, Rasse E., in einem *Lycopersicon*-Sortiment. Arch. Züchtungsforsch. **6** (1976): 73—76.

1691 — — Raeuber, A.: Befall-Schaden-Relation des Kartoffelnematoden *Globodera rostochiensis,* Pathotyp 1. Arch. Phytopathol. Pflanzenschutz **16** (1980): 13—27.

1692 — Meinl, G.: Untersuchungen zur Toleranz von anfälligen und resistenten Kartoffelsorten gegen *Globodera rostochiensis,* Pathotyp 1. Arch. Züchtungsforsch. **10** (1980): 111—118.

1693 — Rothacker, D.: Einige Bemerkungen zu der Nematodenresistenz der Arten *S. multidissectum* Hawk., *S. kurtzianum* Bitt. et Wittm. und *S. juzepczukii* Buk. Züchter **35** (1965): 180—186.

1694 Stephens, S. G.: Sources of resistance of cotton strains to the boll weevil and their possible utilization. J. econ. Entomol. **50** (1957): 415—418.

1695 — Laboratory studies on feeding and oviposition preference of *Anthonomus grandis* Boh. J. econ. Entomol. **52** (1959): 390—396.

1696 Stipanovic, R. D.: Function and chemistry of plant trichomes and glands in insect resistance. Protective chemicals in plant epidermal glands and appendages. In Hedin, P. A.: Plant resistance to insects, 69—100. ACS Symposium Series **208** (1983).

1697 Stirling, G. R., Cirami, R. M.: Resistance and tolerance of grape rootstocks to South Australian populations of root-knot nematode. Austral. J. Exper. Agric. Animal Husb. **24** (1984): 277—282.

1698 — Wachtel, M. F.: Field performance of tomato varieties resistant to root-knot nematodes. Austral. J. Exper. Agric. Animal Husb. **22** (1982): 357—360.

1699 Støen, M.: *Heterodera avenae*, rase-og resistensundesokelser. Nordiske Jordbrugsforskeres Forening Kongr., Uppsala, Section IV (1971): 101—102.

1700 Stokes, S., Lee, G., Wratten, S. D.: Resistance to cereal aphids in winter wheat cultivars 1978. Ann. appl. Biol. **94** (1980) Suppl.: 50—51.

1701 Stone, A. R.: Co-evolution of nematodes and plants. Symb. Bot. Uppsala **22** (1979), Nr. 4: 46—61.

1702 — Three approaches to the status of a species complex, with a revision of some species of *Globodera* (Nematoda: Heteroderidae). In Stone, A. R., Platt, H. M., and Khalil, L. F.: Concepts in nematode systematics, 221—233. Academic Press, London, New York 1983.

1703 — Changing approaches in nematode taxonomy. Plant Disease **68** (1984): 551—554.

1704 — Turner, S. J.: Selection for virulence against cyst-nematode in potatoes. Internat. Pflanzenschutzkongr., Melbourne 1983, 52 (Summaries Nr. 207).

1705 Stoner, A. K.: Breeding for insect resistance in vegetables. Hort. Sci. **5** (1970): 76—79.

1706 — Frank, J. A., Gentile, A. G.: The relationship of glandular hairs on tomatoes to spider mite resistance. Proceed. Amer. Soc. hort. Sci. **93** (1968): 532—538.

1707 — Webb, R. E.: Multiple insect resistant tomatoes. Hort. Sci. **5** (1970): 342.

1708 Stover, R. H., Buddenhagen, I.: Plant Protection. Paradisiaca (1976), Nr. 1: 3—4.

1709 Sturhan, D.: Biological races. In Zuckerman, B. M., Mai, W. F., and Rohde, R. A.: Plant parasitic nematodes, Vol. II, 51—71. Academic Press, New York, London 1971.

1710 — Untersuchungen von *Vicia faba*-Sorten auf Resistenz gegenüber Stengelälchen *(Ditylenchus dipsaci)*. Meded. Fac. Landbouwwetensch. Rijksuniv. Gent **40** (1975): 443—450.

1711 Subbarao, D. V., Perraju, A.: Resistance in some rice strains to first-instar larvae of *Tryporyza incertulas* (Walker) in relation to plant nutrients and anatomical structure of the plants. Internat. Rice Res. Newsletter **1** (1976): 14—15.

1712 Subramanian, V., Butler, L. G., Jambunathan, R., Rao, K. E. P.: Some agronomic and biochemical characters of brown sorghums and their possible role in bird resistance. J. Agric. Food Chem. **31** (1983): 1303—1307.

1713 Sullivan, S. L., Gracen, V. E., Ortega, A.: Resistance of exotic maize varieties to the European corn borer, *Ostrinia nubilalis* (Hübner). Environ. Entomol. **3** (1974): 718—720.

1714 Sundararaju, D.: Performance of gall midge-resistant rice cultivars at Goa, India, Internat. Rice Res. Newsletter **9** (1984): 10—11.

1715 Sundararaju, P., Koshi, P. K.: Response of *Areca* collections against *Radopholus similis*. Indian J. Nematol. **12** (1982): 402—404.

1716 Sutherland, O. R. W.: A chemical basis for plant resistance to grass grub and black beetle larvae (Coleoptera: Scarabaeidae). Proceed. New Zeal. Grassland Association **37** (1976): 126—131.

1717 — Hutchins, R. F. N., Russell, G. B., Lane, G. A., Biggs, D. R.: Biochemical plant resistance mechanisms: an evaluation of basic research. Proceed. 3rd Australasian Conf. Grassland Invertebrate Ecology (1982), 245—254.

1718 — Russell, G. B., Biggs, D. L., Lane, G. A.: Biochem. Systemat. Ecol. **8** (1980): 73—75.

1719 — Wearing, C. H., Hutchins, R. F. N.: Production of α-farnesene, an attractant and oviposition stimulant for codling moth, by developing fruit of ten varieties of apple. J. Chem. Ecol. **3** (1977): 625—631.

1720 Swenson, K. G.: Role of aphids in the ecology of plant viruses. Annu. Rev. Phytopathol. **6** (1968): 351—374.

1721 Szczygiel, A.: Trials on susceptibility of strawberry cultivars to the northern root-knot nematode *Meloidogyne hapla*. Fruit Sci. Rep., Skierniewice **8** (1981): 115—119.

1722 — Trials on susceptibility of strawberry cultivars to the root lesion nematode, *Pratylenchus penetrans*. Fruit Sci. Rep., Skierniewice **8** (1981): 121—125.

1723 — Trials on susceptibility of strawberry cultivars to the needle nematode, *Longidorus elongatus*. Fruit Sci. Rep., Skierniewice **8** (1981): 127—131.

1724 — Danek, J.: Susceptibility of strawberry cultivars to leaf and bud nematodes (*Aphelenchoides* spp.). Fruit Sci. Rep., Skierniewice **2** (1975): 47—57.

1725 Szerszen, J.: The ecological relationship of *Fusarium* ssp., and plant parasitic nematodes. I. Influence of *Fusarium oxysporum* f. sp. *pisi* alone and in combination with *Pratylenchus penetrans* on peas. Ekologia Polska, Ser. A **28** (1980): 615—631.

1726 Tahhan, O., Hariri, G.: Screening of aphid resistance in faba bean lines. Fabis Newsletter (1981), Nr. 3: 57.

1727 — — Saxena, M.: *Bruchus dentipes* Baudi (Coleoptera: Bruchidae) infestation as infected by genotypes, planting date and plant population of faba beans. Fabis Newsletter (1982), Nr. 5: 22—23.

1728 Talekar, N. S., Chen, B. S.: Identification of sources of resistance to Limabean podborer (Lepidoptera: Pyralidae) in soybean. J. econ. Entomol. **76** (1983): 38—39.

1729 Taniguchi, G. Y., Ota, A. K., Chang, V. C. S.: Effects of Fiji disease-resistant sugarcane (*Saccharum* sp.) on the biology of the sugarcane Delphacid. J. econ. Entomol. **73** (1980): 660—663.

1730 Tansley, A.: The use and abuse of vegetational concepts and terms. Ecology **16** (1935): 284—307.

1731 Tanton, M. T.: The effect of leaf „toughness" on the feeding of larvae of the mustard beetle *Phaedon cochleariae* Fab. Entomol. exper. appl. **5** (1962): 74—78.

1732 Tanveer, M., Saad, A. T.: Reaction of some cultivated crops to two species of root-knot nematodes. Plant Dis. Reptr. **55** (1971): 1082—1084.

1733 Tarte, R., Cerrud, D., Rodriguez, I., Osorio, J. M.: Presencia y parasitismo de *Pratylenchus zeae* en caña de azúcar en Panamá con indicationes sobre la susceptibilidad relativa de algunos cultivares. Turrialba **27** (1977): 259—265.

1734 Taylor, A. L., Sasser, J. N.: Biology, identification and control of root-knot nematodes (*Meloidogyne* species). North Carolina State Univ. Graphics (1978): 111 p.

1735 Taylor, C. E.: The multiplication of *Longidorus elongatus* (de Man) on different host plants with reference to virus transmission. Ann. appl. Biol. **59** (1967): 275—281.

1736 Taylor, J. B.: The selection of Aotea apple rootstocks for resistance to woolly aphis and to root canker, a decline and replant disease caused by basidiomycete fungi. New Zeal. J. agric. Res. **24** (1981): 373—377.

1737 Tchatchoua, J., Sikora, R. A.: Veränderungen in der Anfälligkeit welkeresistenter Baumwollpflanzen gegenüber *Verticillium dahliae*, verursacht durch *Rotylenchulus reniformis*. Z. Pflanzenkrankh. Pflanzenschutz **90** (1983): 232—237.

1738 Teetes, G. L.: Breeding sorghums resistant to insects. In Maxwell, F. G., and Jennings, P. R.: Breeding plants resistant to insects, 457—486. John Wiley & Sons, New York, Chichester, Brisbane, Toronto 1980.

1739 Teli, V. S., Dalaya, V. P.: Varietal resistance in okra to *Amrasca biguttula biguttula* (Ishida). Indian J. agric. Sci. **51** (1981): 729—731.

1740 Temiz, K., Akar, K., Yürektürk, M., Pehlivan, E.: Bazi domates cesitlerinin kök ur nematoduna dayanikilik derecelerinin saptanmasi üzerine arastirmalar. Yalova Bahc Kultürleri Arastirwa ve Egitim Merkezi Dergisi **2** (1969), Nr. 3: 17—28.

1741 Teryaev, S. A.: Disease and pest resistance of Amphidiploid 206 (russ.). Selekcija Semenovodstvo (1980), Nr. 2: 33—34.

1742 Tešić, T.: Prilog proučavanju otpornosti sorti pšenice prema pšeničnoj nematodi. Savremen. Poljopr. Novi Sad **17** (1969): 541—543.

1743 Thalenhorst, W.: Zur Frage der Resistenz der Fichte

gegen die Gallenlaus *Sacchiphantes abietis* (L.). Z. angew. Entomol. **71** (1972): 225—249.

1744 Theurer, J. C., Blickenstaff, C. C., Mahrt, G. G., Doney, D. L.: Breeding for resistance to the sugarbeet root maggot. Crop Sci. **22** (1982): 641—645.

1745 Thiele, A., Thiele, M.: Erste Erfahrungen bei der Schaffung von Zuchtmaterial mit Resistenz gegen *Heterodera avenae*. Arch. Züchtungsforsch. **7** (1977): 43—47.

1746 Thielges, B. A., Campbell, R. L.: Genetic resistance: alternative to chemical control. Ohio Rep. Res. Developm. Agric., Home Economics, Nat. Resources **56** (1971), Nr. 4: 55—56.

1747 Thomas, P. E., Martin, M. W.: Vector preference, a factor of resistance to curly top virus in certain tomato cultivars. Phytopathology **61** (1971): 1257—1260.

1748 Thompson, K. F.: Resistance to the cabbage aphid (*Brevicoryne brassicae*) in *Brassica* plants. Nature **198** (1963): 209.

1749 Thrower, L. B.: Observations on the root-knot nematode in Papua-New Guinea. Tropic. Agric. **35** (1958): 213—217.

1750 Thurston, R.: Toxicity of trichome exudates of *Nicotiana* and *Petunia* species to tobacco hornworm larvae. J. econ. Entomol. **63** (1970): 272.

1751 — Smith, W. T., Cooper, B. P.: Alkaloid secretion by trichomes of *Nicotiana* species and resistance to aphids. Entomol. exper. appl. **9** (1966): 428—432.

1752 — Webster, J. A.: Toxicity of *Nicotiana gossei* Domin to *Myzus persicae* (Sulzer). Entomol. exper. appl. **5** (1962): 233—238.

1753 Tichonova, L. V., Šupakovskij, V. F., Podkin, O. V., Konochova, V. P.: Metodičeskie ukazanija po vyjavleniju i učety ricovoj listovoj nematody i mery bor'by s neju. Kolos, Moskva 1975. 32 p.

1754 Tingey, W. M., Gibson, R. W.: Feeding and mobility of the potato leafhopper impaired by glandular trichomes of *Solanum berthaultii* and *S. polyadenium*. J. econ. Entomol. **71** (1978): 856—858.

1755 — Laubengayer, J. E.: Defense against the green peach aphid and potato leafhopper by glandular trichomes of *Solanum berthaultii*. J. ec. Entom. **74** (1981): 721—725.

1756 — Leigh, T. F., Hyer, A. H.: *Lygus hesperus*: growth, survival, and egg laying resistance of cotton genotypes. J. econ. Entomol. **68** (1975): 28—30.

1757 — MacKenzie, J. D., Gregory, P.: Total foliar glycoalkaloids and resistance of wild potato species to *Empoasca fabae* (Harris). Amer. Potato J. **55** (1978): 577—585.

1758 — Plaisted, R. L.: Tetraploid sources of potato resistance to *Myzus persicae*, *Macrosiphum euphorbiae*, and *Empoasca fabae*. J. econ. Entomol. **69** (1976): 673—676.

1759 — Singh, S. R.: Environmental factors influencing the magnitude and expression of resistance. In Maxwell, F. G., and Jennings, P. R.: Breeding plants resistant to insects, 87—113. John Wiley & Sons, New York, Chichester, Brisbane, Toronto 1980.

1760 Tin Sein: Varietal resistance to ufra disease in Burma. Internat. Rice Res. Newsletter **2** (1977): 3.

1761 Tiongco, E. R., Cabunagan, R. C., Hibino, H.: Resistance of five IR varieties to tungro. Internat. Rice Res. Newsletter **8** (1983), Nr. 4: 6.

1762 Tiwari, S. M., Rathore, Y. S., Bhattacharya, A. K.: Intrinsic rate of increase of *Spodoptera litura* (Fabricius) on different varieties of groundnut. Sci. Cult. **47** (1981): 261—262.

1763 Tjia, B., Houston, D. B.: Phenolic constituents of Norway spruce resistant or susceptible to the eastern spruce gall aphid. Forest Sci. **21** (1975): 180—184.

1764 Todd, G. W., Getahun, A., Cress, D. C.: Resistance in barley to the greenbug *Schizaphis graminum*. I. Toxicity of phenolic and flavonoid compounds and related substances. Ann. entomol. Soc. Amer. **64** (1971): 718—722.

1765 Townsend, J. L., Baensiger, H.: Evidence of resistance to root-knot and root lesion nematodes in alfalfa clones. Canad. J. Plant Sci. **56** (1976): 977—979.

1766 Townsend, R., Markham, P. G., Plaskitt, K. A.: Multiplication and morphology of *Spiroplasma citri* in the leafhopper *Euscelis plebejus*. Ann. appl. Biol. **87** (1977): 307—313.

1767 Toxopeus, H. J., Huijsman, C. A.: Genotypical background of resistance to *Heterodera rostochiensis* in *Solanum tuberosum* var. *andigenum*. Nature **170** (1952): 1016—1017.

1768 — — Breeding for resistance to potato root eelworm. I. Preliminary data concerning the inheritance and the nature of resistance. Euphytica **2** (1953): 180—186.

1769 Triantaphyllou, A. C.; Oogenesis and the chromosomes of the pathogenetic root-knot nematode *Meloidogyne incognita*. J. Nematol. **13** (1981): 95—104.

1770 Troxler, J., Collaud, J.-F., Lehmann, J., Weilenmann, F.: Borrus, une nouvelle variété d'avoine polyvalente dans notre assortiment. Rev. Suisse Agric. **12** (1980): 99—101.

1771 Tseng, C. T.: European cornborer and studies on methods for its control. Sci. Meeting Rep., Tainan District, Agric. Improv. Sta., Nr. 70 (1981): 29—36.

1772 Turner, J. W., Lloyd, D. L., Hilder, T. B.: Effects of aphids on seedling growth of lucerne lines. 3. Blue green aphid and spotted alfalfa aphid: a glasshouse study. Austral. J. Exper. Agric. Anim. Husb. **21** (1981): 227—230.

1773 — Robins, P. A.: Aphid resistant lucernes. Queensl. Agric. J. **108** (1982): 153.

1774 Turnipseed, S. G.: Influence of trichome variations on populations of small phytophagous insects in soybean. Environ. Entomol. **6** (1977): 815—817.

1775 Tusa, C., Barbulescu, A.: Quelques résultats expérimentaux sur la résistence de certaines variétés d'orge de printemps au mildiou (*Erysiphe graminis* D. C. f. sp. *hordei* March) et aux attaques de l'oscinie ravageuse ou mouche de frit (*Oscinella frit* L.). Bull. Acad. Sci. Agric. Forest., Bucarest (1976), Nr. 6: 51—56.

1776 Tvalchrelidze, N. A., Kalkuliya, M. A.: Identifying local forms of mulberry resistant to dwarf disease. Shelk (1981), Nr. 3: 4—5.

1777 Tyler, J. M., Hatchett, J. H.: Temperature influence on expression of resistance to Hessian fly (Diptera: Cecidomyiidae) in wheat derived from *Triticum tauschii*. J. econ. Entomol. **76** (1983): 323—326.

1778 Udalova, V. B.: Search for parent plants of cucumber varieties resistant to *Meloidogyne incognita*. In: Gallovye nematody sel'skochozj. kul'tur i mery bor'by s nimi, 62. Donisk, Dushanbe 1979.

1779 Uhlenbroek, J. H., Bijloo, J. D.: Isolation and structure of a nematicidal principle occurring in *Tagetes* roots. Verh. IV. Internat. Pflanzenschutzkongr., Hamburg 1957 (1959), Bd. 1, 579—581.

1780 Ulloa, M., Bell, M. G., Miller, J. D.: Losses caused by *Diatraea saccharalis* in Florida. J. Amer. Soc. Sugar Cane Techn. **1** (1982): 7—10.

1781 Ullrich, J.: Epidemiologische Aspekte bei der Krankheitsresistenz von Kulturpflanzen. Fortschritte der Pflanzenzüchtung, Beihefte zur Z. Pflanzenzüchtung **6** (1976). 88 S.

1782 Ungs, W. D., Woodbridge, C. G., Csizinszky, A. A.: Screening peppers (*Capsicum annuum* L.) for resistance to curly top virus. Hort. Sci. **12** (1977): 161—162.

1783 Upadhyay, V. R., Shah, A. H., Desai, N. D.: Varietal resistance of poddy varieties to *Sitotroga cerealella* Oliv. Indian J. Entomol. **41** (1979): 190—192.

1784 Uthamasamy, S., Balusubramaniam, K. M., Ramaswamy, N. M.: Bird damage on some rice varieties at Aduthurai, India. Internat. Rice Res. Newsletter 7 (1982): 16.

1785 — Subramaniam, T. R., Jayarai, S.: Madras agric. J. **60** (1973): 27—31.

1786 — — Santharam, G.: Evaluation of okra (*Abelmoschus esculentus* (L.) Moench.) varieties for resistance to the aphid, *Aphis gossypii* G. (Aphididae: Homoptera). Indian J. Entomol. **36** (1976): 366—367.

1787 Vaidya, G. R., Kalode, M. B.: Studies on biology and varietal resistance to white backed planthopper *Sogatella furcifera* (Horvath) in rice. Indian J. Plant Protect. **9** (1982): 3—12.

1788 Valencia, V. L.: Comportamiento de seis variedades comerciales de papa a los daños del áfido de la papa (*Macrosiphum euphorbiae* Th.) y de ka mosca minadora (*Liriomyza huidobrensis* B.). Rev. Peruana Entomol. **21** (1978): 113—114.

1789 — Campos, R.: Detección de resistencia a los daños de la mosca minadora (*Liriomyza huidobrensis* B.) y del ácaro blanco (*Polyphagotarsonemus latus*) en variedades comerciales de papa. Rev. Peruana Entomol. **22** (1979): 21—23.

1790 Valloton, R.: Étude du comportement et de la multiplication du nématode à kyst *Heterodera avenae* sur céréales d'automne, sur céréales de printemps résistantes ou sensibles et sur mais. Rev. Suisse Agric. **12** (1980): 255—263.

1791 Vančo, B.: Occurrence of the green clover weevil, *Apion virens* (Coleoptera, Curculionidae) on selected cultivars of red clover (tschech.). Ochr. Rostl. **16** (1980): 285—291.

1792 Vanin, I. I., Kursakova, L. E.: Višnevaja tlja. Sadovodstvo (1974), Nr. 3: 42.

1793 Vargas, C. J., Villarneal, F. E., Salgado, S. E.: Lineas de algodonero resistentes al ataque del complejo bellotero *Heliothis* spp., en el sur de Tamaulipas. Agric. Técnica México **5** (1979): 11—19.

1794 Varis, A. L.: On the susceptibility of the different varieties of big-leafed turnip to damage caused by cabbage maggots (*Hylemyia* spp.). J. Sci. Agric. Soc. Fin. **30** (1958): 271—275.

1795 Varma, J. P., Poonam: Occurrence of tomato big bud like disease in Haryana. Sci. Cult. **45** (1979): 205—207.

1796 Vasal, S. K., Ortega, A., Pandey, S.: Population improvement and varietal development in C's maize program. Proceed. Carib. Food Crops Soc. 1978, **15** (1979): 59—78.

1797 Vavilov, N. I.: Učenie ob immunitete rastenij k infekcionnych zabolevanijam (Primentel'no k saprosam selekcii). Bd. 4, 314. Nauka, Moskva, Leningrad 1964.

1798 Veech, J. A.: Plant resistance to nematodes. In Zuckerman, B. M., and Rhode, R. A.: Plant parasitic nematodes, Vol. III, 377—403. Academic Press, London, New York 1981.

1799 — Phytoalexins and their role in the resistance of plants to nematodes. J. Nematol. **14** (1982): 2—9.

1800 — McClure, M. A.: Terpenoid aldehydes in cotton roots susceptible and resistant to the root-knot nematode, *Meloidogyne incognita*. J. Nematol. **9** (1977): 225—229.

1801 Vendramim, J. D., Lara, F. M., Fornasier, J. B.: Influência de cultivares de couve (*Brassica oleracea* L. var. *acephala*) na biologia de *Agrotis subterranea* (Fabricius, 1794) (Lepidoptera: Noctuidae). An. Soc. Entomol. Brasil. **11** (1982): 283—285.

1802 Venkitesan, T. S., Setty, K. G. H.: Reaction of 27 black pepper cultivars and wild forms of the burrowing nematode *Radopholus similis* Cobb. Thorne. J. Plantation Crops **6** (1978): 81—84.

1803 Verbitskij, N. M., Pokazeeva, A. P.: Breeding pea for immunity to *Bruchus pisorum*. (russ.) Selekcija i semenovodstvo zern. i kormov. kul'tur, Rostov 1980: 80—84.

1804 Verderevskij, D. D., Vojtovič, K. A.: Immunitet vinogradnoj lozy k boleznjam i filloksere. Zaščita Rastenij (1974), Nr. 10: 16—18.

1805 Verma, A. C., Yadav, B. S.: Occurrence of *Heterodera cajani* in Rajasthan and susceptibility of certain sesame varieties. Indian J. Nematol. **5** (1977): 235—237.

1806 Verma, S. K., Prasad, S. K.: The reniform nematode, *Rotylenchulus reniformis*. II. Studies on control. Indian J. Entomol. **32** (1970): 68—73.

1807 Verma, T. S., Bhagchandani, P. M., Narendra Singh, Lal, O. P.: Screening of cabbage germplasm collections for resistance to *Brevicoryne brassicae* and *Pieris brassicae*. Indian J. agric. Sci. **51** (1981): 302—305.

1808 Veronica, B. K., Kalode, M. B.: Rice varieties having multiple resistance to leafhoppers. Indian J. agric. Sci. **53** (1983): 378—380.

1809 Videgard, G.: Stellungnahme zu den Begriffen Rasse oder Pathotyp. Nematol. News **15** (1969): 20—21.

1810 Vidya, S. S., Bhatia, S. K., Murthy, B. N.: Effect of hull on the resistance of barley varieties to the rice weevil, *Sitophilus oryzae* (Linn.) infestation. Indian J. Entomol. **42** (1980): 576—581.

1811 Vidyachandra, B., Roy, J. K., Das, B.: Chemical differences in rice varieties susceptible or resistant to gall midge and stem borer. Internat. Rice Res. Newsletter **6** (1981): 7—8.

1812 Viereck, A.: Der Einfluß der Gewebehärte auf die Resistenz von Maisgenotypen gegen den Maiszünsler *Ostrinia nubilalis* Hbn. Diss. Univ. Hohenheim (1981): 108 S.

1813 Vilkova, N. A., Ekman-Burinskaja, N. V.: Nekotorye aspekty belkovogo pitanija vrednoj cherepashki *Eurygaster integriceps* Put. na raslichnykh po ustojchivosti sortakh pshenicy. Tr. vses. nauč.-issl. Inst. Zaščity Rast., Leningrad **52** (1977): 39—44.

1814 Villalba-Gault, D. A., Fernandez-Borrero, O., Baeza-Aragon, C. A.: Identificacion de una nueva raza de *Meloidogyne incognita* en *Coffea arabica* variedad caturra 1. Cenicafe **33** (1982): 91—101.

1815 Vinogradov, V. A., Trofimova, L. I., Sarychev, Yu. F.: Field resistance of varieties, hybrids and chemical mutants of tobacco to tobacco thrips and tomato spotted wilt virus. Tabak **3** (1982): 43—44.

1816 Visser, J. H.: Differential sensory perceptions of plant compounds by insects. In Hedin, P. A.: Plant resistance to insects. ACS Symposium Series **208** (1983): 215—230.

1817 — Avé, D. A.: General green leaf volatiles in the olfactory orientation of the Colorado beetle, *Leptinotarsa decemlineata*. Entomol. exper. appl. **24** (1978): 738—749.

1818 — Straten, S. van, Maarse, H.: Isolation and identification of volatiles in the foliage of potato, *Solanum tuberosum*, a host plant of the Colorado beetle, *Leptinotarsa decemlineata*. J. Chem. Ecol. **5** (1979): 13—25.

1819 Viswanathan, P. R. K., Kalode, M. P.: Studies on varietal resistance and host specifity of rice green leafhoppers. Internat. Rice Res. Newsletter **6** (1981), Nr. 3: 7—8.

1820 Vito, M. Di: Reaction of *Beta* spp. to root-knot nematodes. J. Nematol. **15** (1983): 144—145.

1821 — Greco, N., Lamberti, F.: Comportamento di popolazione di *Heterodera goettingiana* su specie diverse di leguminose. Informatore Fitopatol. **30** (1980), Nr. 5: 7—10.

1822 — Saccardo, F.: Resistance of *Capsicum* to root-knot nematodes (*Meloidogyne* spp.). Capsicum Newsletter (1982), Nr. 1: 70—71.

1823 Waiss, A. C., Chan, B. G., Elliger, C. A., Garrett, V. H.: Larvicidal factors contributing to host-plant resistance against sunflower moth. Naturwissenschaften **64** (1977): 341.

1824 — — — Wiseman, B. R., McMillian, W. W., Widstrom, N. W., Zuber, M. S., Keaster, A. J.: Maysin, a flavon glycoside from corn silks with antibiotic activity toward corn earworm. J. econ. Entomol. **72** (1979): 256—258.

1825 Walden, D. B.: Maite breeding and genetics. Section 4: Diseases and insect problems since the advent of hybrid corn. John Wiley & Sons, New York 1978, 279—419.

1826 Walgenbach, P. J.: Laboratory studies on host plant selection by *Hylemya brassicae* (Bouché) (Diptera: Anthomyiidae). Proceed. North Central Branch Entomol. Soc. Amer. **33** (1978): 19.

1827 — Libby, J. L.: Progress in screening for insect resistance in crucifers. Proceed. North Central Branch Entomol. Soc. Amer. **33** (1978): 52.

1828 Walker, J. K., Hart, E. R., Gannaway, J. R., Niles, G. A.: Bollweevil and thrips resistance in pilose cotton. Southwest. Entomol. **4** (1979): 132—140.

1829 — Niles, G. A., Gannaway, J. R., Robinson, J. V., Cowan, C. B., Lukefahr, M. J.: Cotton fleahopper damage to cotton genotypes. J. econ. Entomol. **67** (1974): 537—542.

1830 Walker-Simons, M., Ryan, C. A.: Wound induced accumulation of trypsin inhibitor activities in plant leaves. Plant Physiol. **59** (1977): 437—439.

1831 Wallace, H. R.: The nature of resistance in chrysanthemum varieties to *Aphelenchoides ritzemabosi*. Nematologica **6** (1961): 49—58.

1832 Wallace, L. E., McNeal, F. H., Berg, M. A.: Minimum stem solidness required in wheat for resistance to the wheat stem sawfly. J. econ. Entomol. **66** (1973): 1121—1123.

1833 Wallis, R. L., Gaskill, J. O.: Sugar-beet root aphid resistance in sugar beet. J. Amer. Soc. Sugar Beet Techn. **12** (1963): 571—572.

1834 Wallner, W. E., Walton, G. S.: Host defoliation: a possible determinant of gypsy moth population quality. Ann. entomol. Soc. Amer. **72** (1979): 62—67.

1835 Wartman, F. S.: Relative suitability of selected soybean cultivars for reproduction of *Pratylenchus alleni* and *P. brachyurus*. J. Nematol. **12** (1980): 240.

1836 Watzl, O.: Über die Anfälligkeit verschiedener Weizensorten für die Halmfliege (*Chlorops taeniopus* Meig.). Z. angew. Entomol. **18** (1931): 133—135.

1837 Waudo, S. W., Norton, D. C.: Population changes of *Pratylenchus hexincisus* and *P. scribneri* in maize inbred lines. Plant Disease **67** (1983): 1369—1370.

1838 Way, M. J., Murdie, G.: An example of varietal variations in resistance of Brussels sprouts. Ann. appl. Biol. **56** (1965): 326—328.

1839 Wearing, C. H.: Selection of Brussels sprouts of different water status by apterous and alate *Myzus persicae* and *Brevicoryne brassicae* in relation to the age of leaves. Entomol. exper. appl. **15** (1972): 139—154.

1840 — Emden, H. F. van: Studies on the relations of insect and host plant. I. Effects of water stress in host plants on infestation by *Aphis fabae* Scop., *Myzus persicae* (Sulz.) and *Brevicoryne brassicae* (L.). Nature **213** (1967): 1051—1052.

1841 Weatherhead, P. J., Tinker, S. H.: Maize ear characteristics affecting vulnerability to damage by red winged blackbirds. Protection Ecology **5** (1983): 167—175.

1842 Weaver, J. B., Reddy, M. S.: Boll weevil nonpreference, antibiosis and hatchability studies utilizing cotton lines with multiple nonpreferred characters. J. econ. Entomol. **70** (1977): 283—285.

1843 Webb, R. E., Smith, F. F.: Effect of temperature on resistance in Lima bean, tomato, and chrysanthemum to *Liriomyza munda*. J. econ. Entomol. **62** (1969): 458—462.

1844 Webber, A. J., Fox, J. A.: Parasitism of „Tif-green" Bermuda grass and red canary grass by root-knot nematodes. Virginia Acad. J. Sci. **22** (1971): 87.

1845 Weber, I.: Analyse der Viruskrankheiten an Gurken in der DDR und ihre Bekämpfung unter besonderer Berücksichtigung der Virusresistenzzüchtung. Diss., Akad. Landwirtsch.-Wiss. DDR, Berlin, (1981). 125 S.

1846 Webster, J. A., Smith, D. H.: Yield losses and host selection of cereal leaf beetles in resistant and suceptible spring barley. Crop Sci **19** (1979): 901—904.

1847 — — Developing small grains resistant to the cereal leaf beetle. Techn. Bull. USDA Nr. 1673 (1983): 9 p.

1848 — Starks, K. J.: Sources of resistance in barley to two biotypes of the greenbug *Schizaphis graminum* (Rondani), Homoptera: Aphididae. Protection Ecology **6** (1984): 51—55.

1849 Webster, J. M.: Aspects of the host-parasite relationship of plant parasitic nematodes. Adv. Parasitol. **13** (1975): 225—250.

1850 Węgorek, W., Dunajska, Lydia: Morfologia i anatomia odpornych i nieodpornych odmian tubinów na mszycę grochową — *Acyrthosiphon pisum* Harris. Biul. Inst. Ochr. Rośl. **27** (1964): 1—15.

1851 — Krzymańska, Jadwiga: Biochemiczne przyczyny odporności niektórych odmian tubinu na mszycę grochową (*Acyrthosiphon pisum* Harris). Prace Nauk. Inst. Ochr. Rośl. **10** (1068), Nr. 1: 7—30.

1852 — — Dalsze badania nad odpornością tubinu na

mszycę grochową (*Acyrthosiphon pisum* Harr.). Prace Nauk. Inst. Ochr. Rośl. **13** (1971), Nr. 1: 7—23.

1853 — —Wstępne badania nad różnicami biochemicznymi pomiędzy odmianami lucerny podatnymi i odpornymi na żer mszycy grochowej (*Acyrthosiphon pisum* H.). Prace Nauk. Inst. Ochr. Rośl. **15** (1973), Nr. 1: 5—10.

1854 — — Biochemical factors of resistance of lucerne to pea aphid (*Acyrthosiphon pisum* Harris). Prace Nauk. Inst. Ochr. Rośl. **17** (1975), Nr. 2: 19—27.

1855 Wehunt, E. J., Hutchinson, D. J., Edwards, D. I.: Reaction of banana cultivars to the burrowing nematode (*Radopholus similis*). J. Nematol. **10** (1978): 368—370.

1856 Weinberger, H. H., Marth, P. C., Scott, D. H.: Inheritance study of root-knot nematode resistance in certain peach varieties. Proceed. Amer. Soc. hort. Sci. **42** (1943): 321—325.

1857 Weischer, B.: Wechselwirkungen zwischen Nematoden und anderen Schaderregern an Nutzpflanzen. Compt. Rend. 8. Symp. Int. Nematol., Antibes 1965, 91—107.

1858 Wellso, S.: Cereal leaf beetle: Larval feeding, orientation, development, and survival on four small grain cultivars in the laboratory. Ann. entomol. Soc. Amer. **66** (1973): 1201—1208.

1859 Wensler, R. J. D.: Mode of host selection by an aphid. Nature **195** (1962): 830—831.

1860 Whitehead, A. G.: Os nemátodos parasitas do *Coffea canephora* e a „morte subita" dos cafeiros em Angola. Rev. Café port. **7** (1963), Nr. 28: 5—16.

1861 Whittaker, R. H.: The biochemical ecology of higher plants. In Sondheimer, E., and Simeone, D. B.: Chemical Ecology, 43—70. Academic Press, Inc., New York 1970.

1862 — Feeny, P. P.: Allelochemics: Chemical interactions between species. Science **171** (1971): 757—770.

1863 Widdowson, J. P., Healy, W. B., Yeates, G. W.: The effect of nematodes on the growth and utilization of phosphorus by white clover on a yellow-brown loam. Proceed. Agron. Soc. New Zealand (1972): 125—126.

1864 Widstrom, N. W., McMillian, W. W., Redlinger, L. M., Wiser, W. J.: Dent corn inbred sources of resistance to the maize weevil (Coleoptera: Curculionidae). J. econ. Entomol. **76** (1983): 31—33.

1865 — Wiseman, B. R., McMillian, W. W.: Plant trait responses in maize associated with index selection for resistance to the corn earworm. Agron. Abstr. 1979: 81.

1866 Wilbert, H.: Über Festlegung und Einhaltung der mittleren Dichte von Insektenpopulationen. Z. Morph. Ökol. Tiere **50** (1962): 576—615.

1867 — Der Einfluß resistenter Pflanzen auf die Populationsdynamik von Schadinsekten. Z. angew. Entomol. **89** (1980): 298—314.

1868 Wilcoxson, R. D., Peterson, A. G.: Resistance of Dollard red clover to the pea aphid, *Macrosiphum pisi*. J. econ. Entomol. **53** (1960): 863—865.

1869 Wilde, G., Feese, H.: A new corn leaf aphid biotype and its effect on some cereal and small grains. J. econ. Entomol. **66** (1973): 570—572.

1870 Wilkinson, R. C.: Oleoresin crystallization in eastern whitepine: relationship with chemical components of cortical oleoresin and resistance to the whitepine weevil. Forest Serv. Res. Paper NE-438 (1979): 10 p.

1871 Williams, T. D., Beane, J.: Variations in cereal yield losses associated with *Heterodera avenae* in England and Wales. Bull. OEPP **12** (1982): 485—490.

1872 Wilson, E. R. L.: White clover and grass grub. I. Screening technique for resistance and tolerance. New Zeal. J. agric. Res. **21** (1978): 715—721.

1873 — White clover and grass grub. II. Screening 74 overseas lines for resistance and tolerance. New Zeal. J. agric. Res. **21** (1978): 723—726.

1874 Wilson, F. D., George, B. W.: Effect of pink bollworm on agronomic properties of resistant and susceptible cotton. Crop Sci. **23** (1983): 695—698.

1875 Wilson, R. L., Courteau, J. B.: Search of plant introduction Proso millets for fall armyworm resistance. J. econ. Entomol. **17** (1984): 171—173.

1876 — Starks, K. J., Pass, H., Wood, E. A.: Resistance in four oat lines to two biotypes of the greenbug. J. econ. Entomol. **71** (1978): 886—887.

1877 Wiseman, B. R., Williams, W. P., Davis, F. M.: Fall armyworm resistance mechanisms in selected corns. J. econ. Entomol. **74** (1981): 622—624.

1878 Wnuck, A., Wiech, K.: Susceptibility of pea varieties to damage caused by feeding activity of adult weevils, *Sitona* spp. (Coleopt., Curculionidae). (poln.) Polskie Pismo Entomol. **50** (1980): 599—605.

1879 Wolffgang, H.: Resistenzphysiologie. Biol. Zbl. **91** (1972): 625—637.

1880 — Fritzsche, R.: Einfluß eines Befalls von *Ditylenchus dipsaci* (Kühn) Filipjev an *Digitalis purpurea* L. auf den Gehalt der Blätter an Glykosiden. Pharmazie **21** (1966): 629—633.

1881 — — Einfluß von *Ditylenchus dipsaci*-Befall bei *Digitalis purpurea* L. auf den Gehalt der Blätter an Stickstoffverbindungen und reduzierenden Zuckern. Pharmazie **21** (1966): 633—634.

1882 — — Die biochemischen und physiologischen Ursachen der Resistenz von Pflanzen gegen Schaderreger. Biol. Zbl. **94** (1975): 423—429.

1883 Wood, E. A.: Biological studies of a new greenbug biotype. J. econ. Entomol. **54** (1961): 1171—1173.

1884 — Chada, H. L., Saxena, P. N.: Reaction of small grain sorghum to three greenbug biotypes. Okla. Agr. Exp. Sta., Progr. Rep. P-618-625 (1969).

1885 — Sebesta, E. E., Starks, K. J.: Resistance of ,Gaucho' *Triticale* to *Schizaphis graminum*. Environ. Entomol. **3** (1974): 720—721.

1886 — Starks, K. J.: Effect of temperature and host plant interaction on the biology of three biotypes of the greenbug. Environ. Entomol. **1** (1972): 230—234.

1887 Woodhead, S., Cooper-Driver, G.: Phenolic acids and resistance to insect attack in *Sorghum bicolor*. Biochem. Systemat. Ecol. **7** (1979): 309—310.

1888 — Padgham, D. E., Bernays, E. A.: Insect feeding on different sorghum cultivars in relation to cyanide and phenolic acid content. Appl. Biol. **95** (1980): 151—157.

1889 Wright, L. C., Berryman, A. A., Gurusiddaiah, S.: Host resistance to the fir engraver beetle, *Scolytus ventralis* (Coleoptera: Scolytidae). 4. Effect of defoliation on wound monoterpene and inner bark carbohydrate concentrations. Canad. Entomol. **111** (1979): 1255—1262.

1890 Wünsche, A. L.: An assessment of plant resistance to the sorghum midge *Contarinia sorghicola* in selected lines of *Sorghum bicolor*. Diss. Abstr. Internat., B **41** (1981): 2475 B.

1891 Wyatt, I. J.: Factors affecting aphid infestation of chrysanthemums. Ann. appl. Biol. **63** (1969): 331—337.

1892 Wysoki, M., Izhar, Y., Swirski, E., Gurevitz, E., Greenberg, S.: Susceptibility of avocado varieties to the long-tailed mealybug, *Pseudococcus longispinus* (Targioni Tozzetti) (Homoptera: Pseudococcidae), and a survey of its host plants in Israel. Phytoparasitica **5** (1977): 140—148.

1893 Wyss, U., Lehmann, H., Jank-Ladwig, R.: Ultrastructure of modified root-tip cells in *Ficus carica*, induced by the ectoparasitic nematode *Xiphinema index*. J. Cell Sci. **41** (1980): 193—208.

1894 Xie, X. S., Bi, Z. B.: Genetic study on aphid resistance in sorghum. J. agric. Association China (Taiwan) (1982), Nr. 117: 6—14.

1895 Yadar, S. P., Rana, B. S.: Tannin content at different stages of grain development in some bird susceptible and resistant sorghums. Current Sci. **52** (1983): 804—806.

1896 Yamamoto, R., Jenkins, R. Y.: Host plant preferences of tobacco hornworm moths. In Rodriguez, J. G.: Insect and Mite Nutrition, 567—574. North-Holland, Amsterdam 1972.

1897 Yamvrias, C., Mourikis, P. A.: A new entomological pest on celery (*Apium graveolens* L.) by *Depressaria* sp. (Lepidoptera: Olcophoridae). Ann. Inst. Phytopathol. Benaki **12** (1979): 144—146.

1898 Yang, H., Powell, N. T., Barker, K. R.: Interactions of concomitant species of nematodes and *Fusarium oxysporum* f. sp. *vasinfectum* on cotton. J. Nematol. **8** (1976): 74—80.

1899 Yang, Z. C.: A study of the heritability of the principal economic characters in sweet potato. Hereditas **3** (1981), Nr. 2: 16—18.

1900 Yarger, L. W., Baker, L. R.: Cultivar influence on response of carrot to northern root-knot nematode. Hort. Sci. **16** (1981): 69—71.

1901 Yassin, A. M.: Problems of plant parasitic nematodes. Symposium on crop pest management, Khartoum (Sudan), 6.—8. Febr. 1978. 11 p.

1902 Yeates, G. W., Healy, W. B., Widdowson, J. P.: Screening of legume varieties for resistance to the root nematodes *Heterodera trifolii* and *Meloidogyne hapla*. New Zeal. agric. Res. **16** (1973): 81—86.

1903 Yik, C. P., Birchfield, W.: Resistant germplasma in *Gossypium* species and related plants to *Rotylenchulus reniformis*. J. Nematol. **16** (1984): 146—153.

1904 Yoshida, M.: Breeding peach rootstocks resistant to root-knot nematode. 1. Resistance in peaches and plums. Bull. Fruit Tree Res. Sta., A (1981), Nr. 8: 13—30.

1905 Young, E., Rock, G. C., Zeiger, D. C., Cummins, J. N.: Infestation of some *Malus* cultivars by the North Carolina woolly apple aphid biotype. Hort. Sci. **17** (1982): 787—788.

1906 Yu, M. H.: Inheritance of resistance to *Heterodera schachtii* and chromosome segregation in triploid beets. Canad. J. Genetics Cytology **24** (1982): 567—574.

1907 Yuhara, I.: On the resistance of wild beet species to *Meloidogyne hapla*. Bull. Sugar Beet Res. Tokyo (1967), Suppl. Nr. 9: 169—172.

1908 Zacheo, G., Bleve-Zacheo, T., Lamberti, F.: Role of peroxidase and superoxide dismutase activity in resistant and susceptible tomato cultivars infested by *Meloidogyne incognita*. Nematol. Mediter. **10** (1982): 75—80.

1909 Zadoks, J. C., Schein, R. D.: Epidemiology and plant disease management. Oxford Univ. Press., New York 1979.

1910 Zagovora, A. V., Krasilovets, Yu. G., Kravchenko, A. B., Pashchenko, E. D.: Some results of breeding cereal crops for pest resistance. Issled. entomol. akarol. Ukraine. Tez. dokl. 2-go S'ezda UEO, Uzhgorod 1980, 143.

1911 Zakrezewski, J., Malickaj, A.: Badania nad odpornoscia odmian koniczyny czerwonej na wegorka niszayka (*Ditylenchus dipsaci* Kühn). Hodowla Rosl. Aklimat. Nasien. **22** (1978): 321—329.

1912 Zammo, G. R., Benedict, J. H., Segers, J. C.: Effect of the plant growth regulator Mepiquatchloride on host plant resistance in cotton to bollworm (Lepidoptera: Noctuidae). J. econ. Entomol. **77** (1984): 922 bis 924.

1913 Zem, A. C., Alves, E. J., Lordello, L. E. G., Monteiro, A. R.: Susceptibilidade das bananeiras prata e Mysore aos nematóides *Radopholus similis* e *Helicotylenchus multicinctus*. An. E. S. A. „Luiz de Queiroz" **38** (1981): 569—578.

1914 — Lordello, L. G. E.: Meloidoginose de bananeira (Sintomas e susceptibilidade de cultivares). An. E. S. A. „Luiz de Queiroz" **38** (1981): 875—883.

1915 Zhou, L. G., Tu, K. Y., Tsao, L., Li, S. Y.: Screening of rice varieties for resistance to ragged stunt disease. Internat. Rice Res. Newsletter **8** (1983), Nr. 2: 6.

1916 Zhou, M. Z., Xie, Y. C.: Studies on the mechanism of resistance to *Meromyza saltatrix* on spring wheat varieties. Acta Phytopathol. Sinica **6** (1979), Nr. 3: 24—31.

1917 Zhu, J. L.: Preliminary observations on the resistance of varieties of spring wheat to *Hydrellia griseola* (Fallen). Insect Knowledge (Kunchong Zhishi) **18** (1981): 213—214.

1918 Zimmerman, A.: Het Groepsgewijs afsterven der Koffe heesters in gesloten Plantsoenen. Teysmannia 1897. 23 p.

1919 Zotova, Z. Ya.: Flies— pests of grasses in the Nonchernozem zone. (russ.) Bjull. Vsesojuz. Inst. Rasteniev. im. Vavilova (1979), Nr. 88: 73—78.

1920 Zolulya, A. L., Manannikova, G. T.: Resistance of breeding material of maize to diseases and pests under the conditions of Bukovina. Kukuruza (1978), Nr. 11: 29.

1921 Žukovskii, S. G., Schuster, M. M.: Sostojanie biotopičeskoj populjacii vreditelja i izbiratel'naja toksičnost' insekticidov na pocevach klevera. Sel'skochoz. Biol. **16** (1981), Nr. 3: 427—431.

1922 Zummo, G. R., Benedict, J. H., Segers, J. C.: No-choice study of plant-insect interactions for *Heliothis zea* (Boddie) (Lepidoptera: Noctuidae) on selected cottons. Environ. Entomol. **12** (1983): 1833—1836.

1923 Zwölfer, H.: Mechanismen und Ergebnisse der Co-Evolution von phytophagen und entomophagen Insekten und höheren Pflanzen. Sonderbd. Naturwiss. Ver. Hamburg **2** (1978): 7—50.

1924 Zykin, A. G.: Ustojčivost' kartofelja k tljam — perenosčikam virusov. Immunitet Sel'skochoz. Rastenij k Boleznjam i Vrediteljam. Nauč. Tr. VASCHNIL, Moskva 1975, 349—352.

15. Register

15.1. Tierische Schaderreger und Synonyme

Kursiv gedruckte Seitenzahlen beziehen sich auf Abbildungen. In das Verzeichnis der tierischen Schaderreger konnten nur wichtige und häufig gebrauchte Synonyme aufgenommen werden.

15.2. Stichwortverzeichnis

Kursiv gedruckte Seitenzahlen beziehen sich auf Abbildungen. Halbfette Seitenzahlen verweisen auf Begriffsdefinitionen und schwerpunktmäßige Darstellungen. Bei einigen sehr häufig auftretenden Begriffen (z. B. Befall, Anfälligkeit, Nahrungsaufnahme, Eiablage) ist unter Berücksichtigung der Wichtigkeit der Aussage nur auf eine Auswahl von Seiten verwiesen worden.